핀란드 6학년 수학 교과서

초등학교 학년 반

이름

Star Maths 6A : ISBN 978-951-1-32701-1

QR코드를 스캔하면 놀이 수학
동영상을 보실 수 있습니다.

핀란드 6학년 수학 교과서 6-1 1권

초판 1쇄 발행 2022년 7월 15일

지은이 파이비 키빌루오마, 킴모 뉘리넨, 피리타 페랄라, 페카 록카, 마리아 살미넨, 티모 타피아이넨
그린이 미리야미 만니넨 **옮긴이** 박문선 **감수** 이경희, 핀란드수학교육연구회
펴낸이 정혜숙 **펴낸곳** 마음이음

책임편집 이금정 **디자인** 디자인서가
등록 2016년 4월 5일(제2018-000037호)
주소 03925 서울시 마포구 월드컵북로 402, 9층 917A호(상암동, KGIT센터)
전화 070-7570-8869 **팩스** 0505-333-8869
전자우편 ieum2016@hanmail.net
블로그 https://blog.naver.com/ieum2018

ISBN 979-11-92183-16-9 64410
979-11-92183-13-8 (세트)

어린이제품안전특별법에 의한 제품표시
제조자명 마음이음 **제조국명** 대한민국 **사용연령** 만 12세 이상 어린이 제품
KC마크는 이 제품이 공통안전기준에 적합하였음을 의미합니다.

핀란드 6학년 수학 교과서 6-1 1권

글 파이비 키빌루오마, 킴모 뉘리넨, 피리타 페랄라,
페카 록카, 마리아 살미넨, 티모 타피아이넨

그림 미리야미 만니넨

옮김 박문선

감수 이경희(전 수학 교과서 집필진), 핀란드수학교육연구회

마음이음

핀란드 학생들이 수학을 잘하고 수학 흥미도도 높은 비결은?

우리나라 학생들이 수학 학업 성취도가 세계적으로 높은 것은 자랑거리이지만 수학을 공부하는 시간이 다른 나라에 비해 많은 데다 사교육에 의존하고, 흥미도가 낮은 건 숨기고 싶은 불편한 진실입니다. 이러한 측면에서 사교육 없이 공교육만으로 국제학업성취도평가(PISA)에서 상위권을 놓치지 않는 핀란드의 교육 비결이 궁금하지 않을 수가 없습니다. 더군다나 핀란드에서는 숙제도, 순위를 매기는 시험도 없어 학교에서 배우는 수학 교과서 하나만으로 수학을 온전히 이해해야 하지요. 과연 어떤 점이 수학 교과서 하나만으로 수학 성적과 흥미도 두 마리 토끼를 잡게 한 걸까요?

- 핀란드 수학 교과서는 수학과 생활이 동떨어진 것이 아닌 친밀한 것으로 인식하게 합니다. 그래서 시간, 측정, 돈 등 학생들은 다양한 방식으로 수학을 사용하고 응용하면서 소비, 교통, 환경 등 자신의 생활과 관련지으며 수학을 어려워하지 않습니다.

– 교과서 국제 비교 연구에서도 교과서의 삽화가 학생들의 흥미도를 결정하는 데 중요한 역할을 한다고 했습니다. 핀란드 수학 교과서의 삽화는 수학적 개념과 문제를 직관적으로 쉽게 이해하도록 구성하여 학생들의 흥미를 자극하는 데 큰 역할을 하고 있습니다.

– 핀란드 수학 교과서는 또래 학습을 통해 서로 가르쳐 주고 배울 수 있도록 합니다. 교구를 활용한 놀이 수학, 조사하고 토론하는 탐구 과제는 수학적 의사소통 능력을 향상시키고 자기 주도적인 학습 능력을 길러 줍니다.

– 핀란드 수학 교과서는 창의성을 자극하는 문제를 풀게 합니다. 답이 여러 가지 형태로 나올 수 있는 문제, 스스로 문제 만들고 풀기를 통해 짧은 시간에 많은 문제를 푸는 것이 아닌 시간이 걸리더라도 사고하며 수학을 하도록 합니다.

– 핀란드 수학 교과서는 코딩 교육을 수학과 연계하여 컴퓨팅 사고와 문제 해결을 돕는 다양한 활동을 담고 있습니다. 코딩의 기초는 수학에서 가장 중요한 논리와 일맥상통하기 때문입니다.

핀란드는 국정 교과서가 아닌 자율 발행제로 학교마다 교과서를 자유롭게 선정합니다. 마음이음에서 출판한 『핀란드 수학 교과서』는 핀란드 초등학교 2190개 중 1320곳에서 채택하여 수학 교과서로 사용하고 있습니다. 또한 이웃한 나라 스웨덴에서도 출판되어 교과서 시장을 선도하고 있지요.

코로나로 인한 온라인 수업으로 학습 격차가 커지고 있습니다. 다행히 『핀란드 수학 교과서』는 우리나라 수학 교육 과정을 다 담고 있으며 부모님 가이드도 있어 가정 학습용으로 좋습니다. 자기 주도적인 학습이 가능한 『핀란드 수학 교과서』는 학업 성취와 흥미를 잡는 해결책이 될 수 있을 것으로 기대합니다.

이경희(전 수학 교과서 집필진)

수학은 흥미를 끄는 다양한 경험과 스스로 공부하려는 학습 동기가 있어야 좋은 결과를 얻을 수 있습니다. 국내에 많은 문제집이 있지만 대부분 유형을 익히고 숙달하는 데 초점을 두고 있으며, 세분화된 단계로 복잡하고 심화된 문제들을 다룹니다. 이는 학생들이 수학에 흥미나 성취감을 갖는 데 도움이 되지 않습니다.

공부에 대한 스트레스 없이도 국제학업성취도평가에서 높은 성과를 내는 핀란드의 교육 제도는 국제 사회에서 큰 주목을 받아 왔습니다. 이번에 국내에 소개되는 『핀란드 수학 교과서』는 스스로 공부하는 학생을 위한 최적의 학습서입니다. 다양한 실생활 소재와 풍부한 삽화, 배운 내용을 반복하여 충분히 익힐 수 있도록 구성되어 학생이 흥미를 갖고 스스로 탐구하며 수학에 대한 재미를 느낄 수 있을 것으로 기대합니다.

전국수학교사모임

수학 학습을 접하는 시기는 점점 어려지고, 학습의 양과 속도는 점점 많아지고 빨라지는 추세지만 학생들을 지도하는 현장에서 경험하는 아이들의 수학 문제 해결력은 점점 하향화되는 추세입니다. 이는 학생들이 흥미와 호기심을 유지하며 수학 개념을 주도적으로 익히고 사고하는 경험과 습관을 형성하여 수학적 문제 해결력과 사고력을 신장하여야 할 중요한 시기에, 빠른 진도와 학습량을 늘리기 위해 수동적으로 설명을 듣고 유형 중심의 반복적 문제 해결에만 집중한 결과라고 생각합니다.

『핀란드 수학 교과서』를 통해 흥미와 호기심을 유지하며 수학 개념을 스스로 즐겁게 내재화하고, 이를 창의적으로 적용하고 활용하는 수학 학습 태도와 습관이 형성된다면 학생들이 수학에 쏟는 노력과 시간이 높은 수준의 창의적 문제 해결력이라는 성취로 이어질 것입니다.

손재호(KAGE영재교육학술원 동탄본원장)

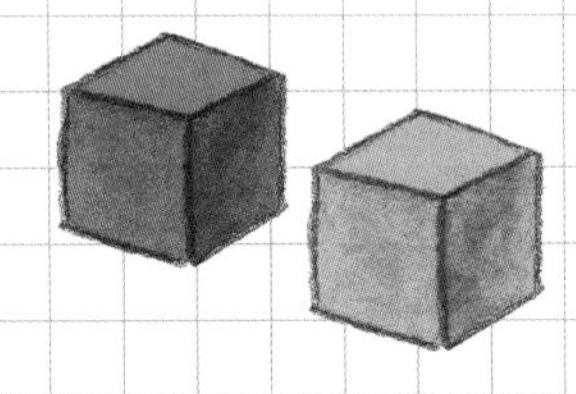

한국의 학생들에게

「핀란드 수학 교과서(Star Maths)」 시리즈를 펴낸 오타바(Otava) 출판사는 교재 전문 출판사로 120년이 넘는 역사를 지닌 명실상부한 핀란드의 대표 출판사입니다. 특히 「Star Maths」 시리즈는 핀란드 학교 현장의 수학 전문가들이 최신 핀란드 국립교육과정을 반영하여 함께 개발한 핀란드의 대표 수학 교과서입니다.

수 개념과 십진법을 이해하기 위한 탄탄한 기반을 제공하여 연산 능력을 키우고, 기본, 응용, 심화 문제 등 학생 개개인의 학습 차이를 다각도에서 고려하여 다양한 평가 문제를 실었습니다. 또한 친구 또는 부모님과 함께 놀이를 통해 문제 해결을 하며 수학적 즐거움을 발견하여 수학에 대한 긍정적인 태도를 갖도록 합니다.

한국의 학생들이 이 책과 함께 즐거운 수학 세계로 여행을 떠나길 바랍니다.

파이비 키빌루오마, 킴모 뉘리넨, 피리타 페랄라, 페카 록카,
마리아 살미넨, 티모 타피아이넨(STAR MATHS 공동 저자)

핀란드 수학 교과서, 왜 특별할까?

- 수학과 연계하여 컴퓨팅 사고와 문제 해결력을 키워 줘요.
- 교구를 활용한 놀이를 통해 수학 개념을 이해시켜요.

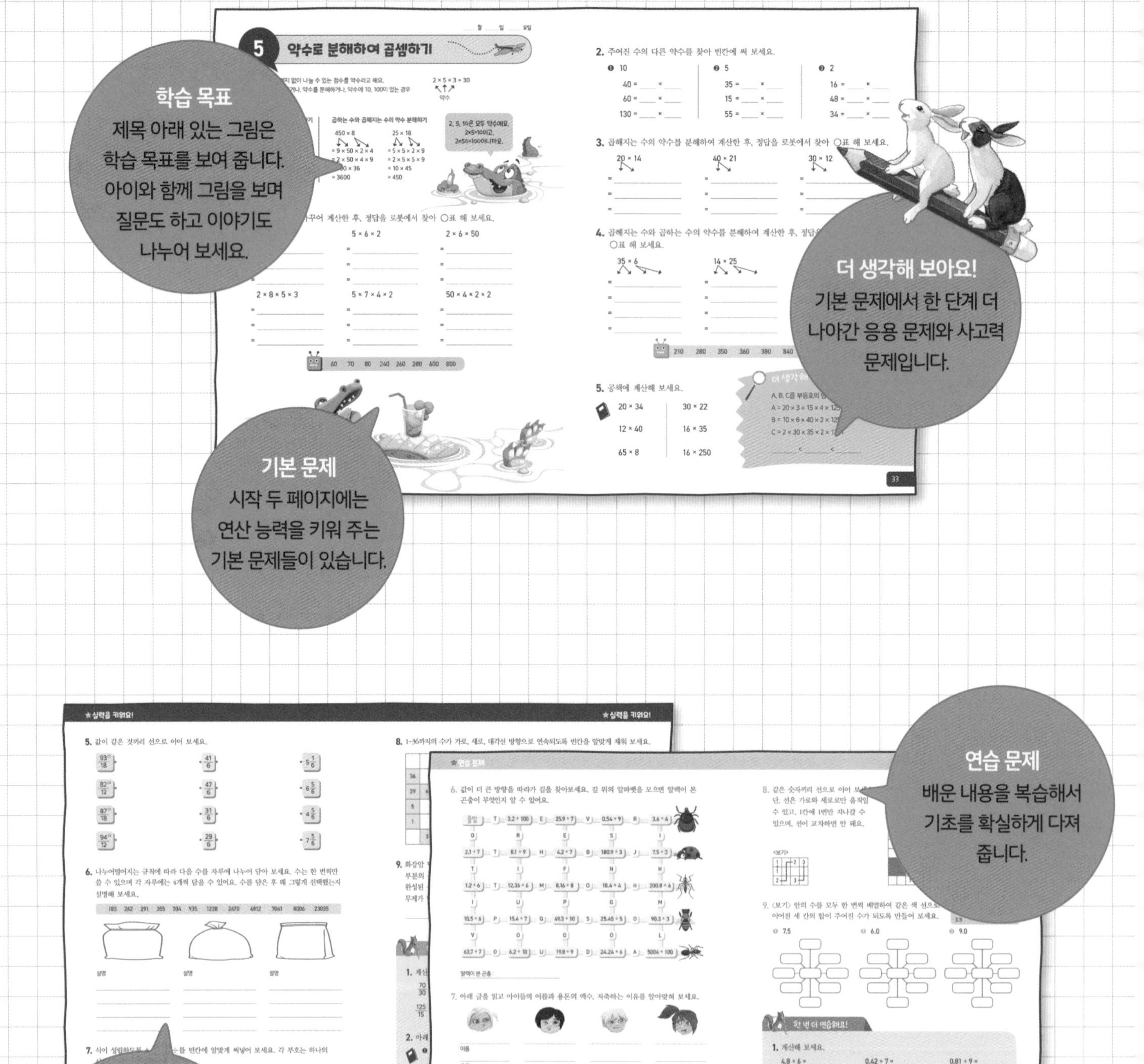

5 약수로 분해하여 곱셈하기
학습 목표
제목 아래 있는 그림은 학습 목표를 보여 줍니다. 아이와 함께 그림을 보며 질문도 하고 이야기도 나누어 보세요.
더 생각해 보아요!
기본 문제에서 한 단계 더 나아간 응용 문제와 사고력 문제입니다.
기본 문제
시작 두 페이지에는 연산 능력을 키워 주는 기본 문제들이 있습니다.

연습 문제
배운 내용을 복습해서 기초를 확실하게 다져 줍니다.

실력을 키워요!
좀 더 응용된 문제를 통해 배운 개념을 확실하게 익힐 수 있습니다.

수학적 이야기가 풍부한 그림으로 수학 학습에 영감을 불어넣어요.
수학적 구조를 발견하고 이해하게 하여 수학 공식을 암기할 필요가 없어요.
연산, 서술형, 응용과 심화, 사고력 문제가 한 권에 모두 들어 있어요.

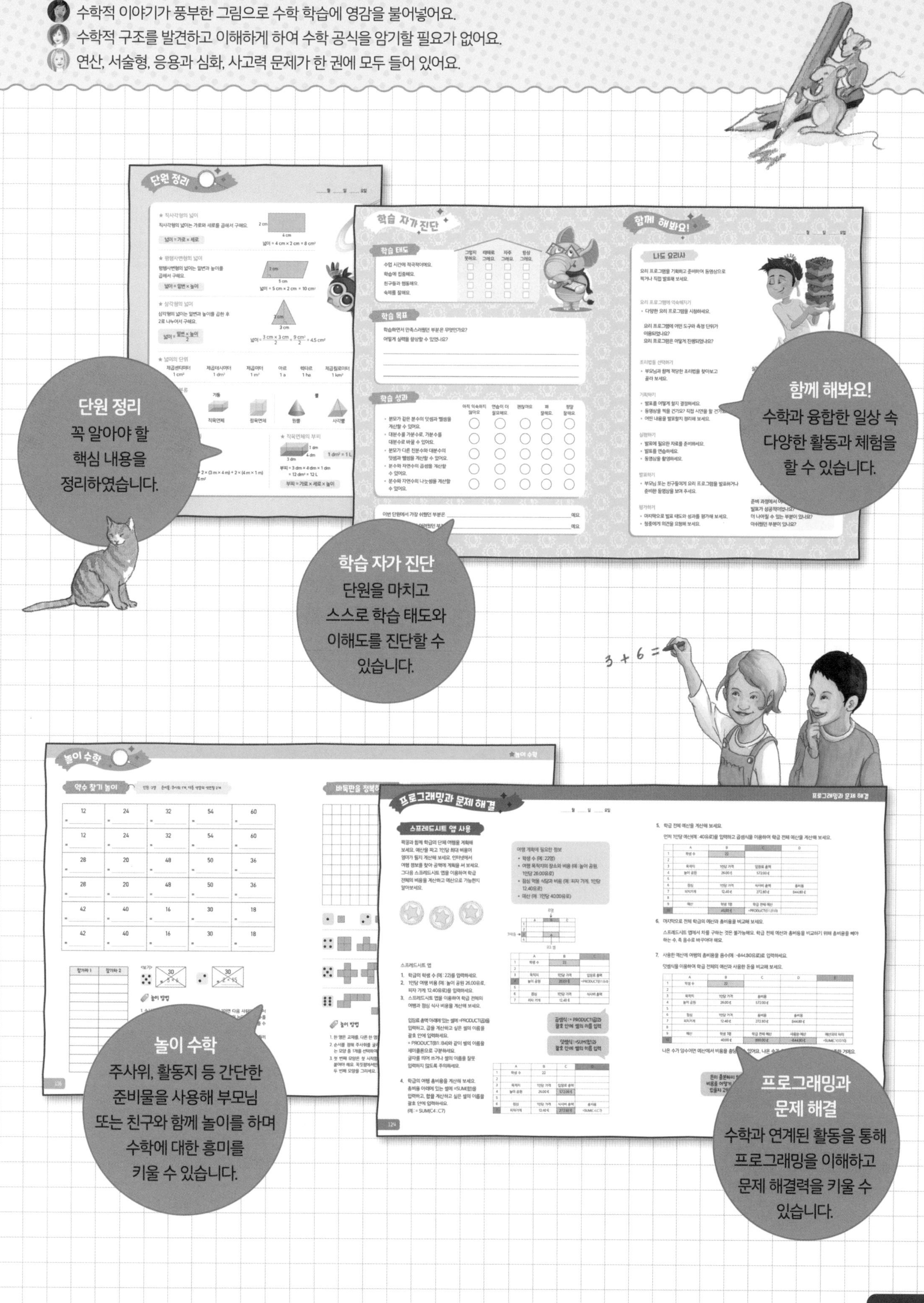

단원 정리
꼭 알아야 할 핵심 내용을 정리하였습니다.
학습 자가 진단
단원을 마치고 스스로 학습 태도와 이해도를 진단할 수 있습니다.
함께 해봐요!
수학과 융합한 일상 속 다양한 활동과 체험을 할 수 있습니다.
3 + 6 =
놀이 수학
주사위, 활동지 등 간단한 준비물을 사용해 부모님 또는 친구와 함께 놀이를 하며 수학에 대한 흥미를 키울 수 있습니다.
프로그래밍과 문제 해결
수학과 연계된 활동을 통해 프로그래밍을 이해하고 문제 해결력을 키울 수 있습니다.

차례

핀란드 학생들이 수학을 잘하고 수학 흥미도도 높은 비결은? 4

추천의 글 6

한국의 학생들에게 7

이 책의 구성 8

1 혼합 계산의 순서 ······ 12

2 서술형 문제 ······ 16

3 단계별로 나누어 계산하기 ······ 20

연습 문제 ······ 24

4 자릿수로 분해하여 곱셈하기 ······ 28

5 약수로 분해하여 곱셈하기 ······ 32

6 분수의 약분 ······ 36

7 가분수를 대분수로 나타내기 ······ 40

연습 문제 ······ 44

실력을 평가해 봐요! ······ 50

단원 종합 문제 ······ 52

단원 정리 ······ 55

학습 자가 진단 ······ 56

함께 해봐요! ······ 57

8 분모가 같은 분수의 덧셈과 뺄셈 ······ 58

9 대분수를 가분수로 나타내기 ······ 62

10 대분수의 덧셈과 뺄셈 ······ 66

11 분수의 통분 ······ 70

12 분모가 다른 분수의 덧셈 ······ 74

13 분모가 다른 분수의 뺄셈 ···· 78

연습 문제 ···· 82

14 분수와 자연수의 곱셈 ···· 86

15 분수와 자연수의 나눗셈 ···· 90

연습 문제 ···· 94

실력을 평가해 봐요! ···· 100

단원 종합 문제 ···· 102

단원 정리 ···· 105

학습 자가 진단 ···· 106

함께 해봐요! ···· 107

전략적으로 계산하기 복습 ···· 108

분수 복습 ···· 112

놀이 수학

- 약수 찾기 놀이 ···· 116
- 바둑판을 정복하라! ···· 117
- 정답이 곧 점수! ···· 118
- 연속으로 기호 4개 만들기 ···· 119

____ 월 ____ 일 ____ 요일

1 혼합 계산의 순서

기본 계산

$8 + 2 = 10$	$8 - 2 = 6$	$8 \times 2 = 16$	$8 \div 2 = 4$
합	차	곱	몫

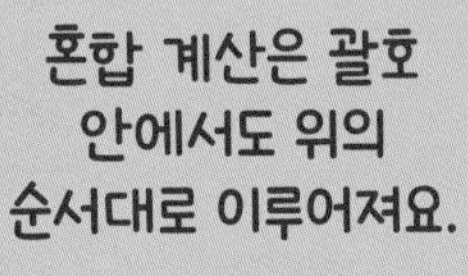

<혼합 계산의 순서>

1. 먼저 괄호 안의 식을 계산해요.
2. 그다음 곱셈과 나눗셈을 왼쪽에서 오른쪽으로 차례로 계산해요.
3. 마지막으로 덧셈과 뺄셈을 왼쪽에서 오른쪽으로 차례로 계산해요.

$20 \div 4 + 100 \times 6$
$= 5 + 600$
$= 605$

$(2 + 2 \times 3) \div 10$
$= (2 + 6) \div 10$
$= 8 \div 10$
$= 0.8$

혼합 계산은 괄호 안에서도 위의 순서대로 이루어져요.

1. 9와 3으로 계산해 보세요.

❶ 합 ________ ❷ 차 ________ ❸ 곱 ________ ❹ 몫 ________

2. 계산한 후, 정답을 로봇에서 찾아 ○표 해 보세요.

$30 \div 3 - 4 \times 2$
= ________
= ________

$(20 - 17) \times (2 + 5)$
= ________
= ________

$5 \times 4 \div 2$
= ________
= ________

$18 \div 2 \times 7$
= ________
= ________

$(18 + 15 + 5) \div 10$
= ________
= ________

$5 \times (12 - 2 - 4)$
= ________
= ________

2 3.6 3.8 10 21 24 30 63

3. 공책에 계산한 후, 정답을 로봇에서 찾아 ○표 해 보세요.

$58 - 7 \times 7$	$35 \div 5 + 18 \div 3$	$(2 \times 3.5 + 1) \times 9$
$120 \div 4 \times 3$	$(49 + 23) \div (30 - 21)$	$46 \div (27 - 5 \times 5)$

8　9　13　23　24　54　72　90

4. 값이 같은 것끼리 선으로 이어 보세요.

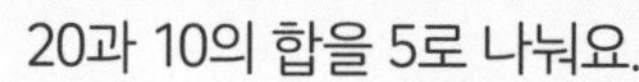

20과 10의 합을 5로 나눠요.	$20 - 10 \div 5$	150
20에서 5를 뺀 후 10을 곱해요.	$10 \times (20 - 5)$	6
20을 5로 나눈 몫에 10을 더해요.	$(5 + 10 + 20) \div (10 - 5)$	18
10을 5로 나눈 몫을 20에서 빼요.	$(20 + 10) \div 5$	7
5, 10, 20 세 수의 합을 10과 5의 차로 나누어요.	$10 + 20 \div 5$	14

5. 식이 성립하도록 4, 6, 8을 한 번씩 빈칸에 써넣어 보세요.

$\square \times \square - \square = 26$

$\square + \square \times \square = 32$

$\square \times \square \div \square = 3$

$(\square + \square) \times \square = 72$

더 생각해 보아요!

한스는 윗몸 일으키기를 5일 동안 100회 했어요. 전날보다 2회씩 횟수를 늘려서 했다면 한스가 첫날 한 윗몸 일으키기는 몇 회일까요?

6. 정답을 따라 길을 찾아보세요. 에멧의 취미가 무엇인지 알 수 있어요.

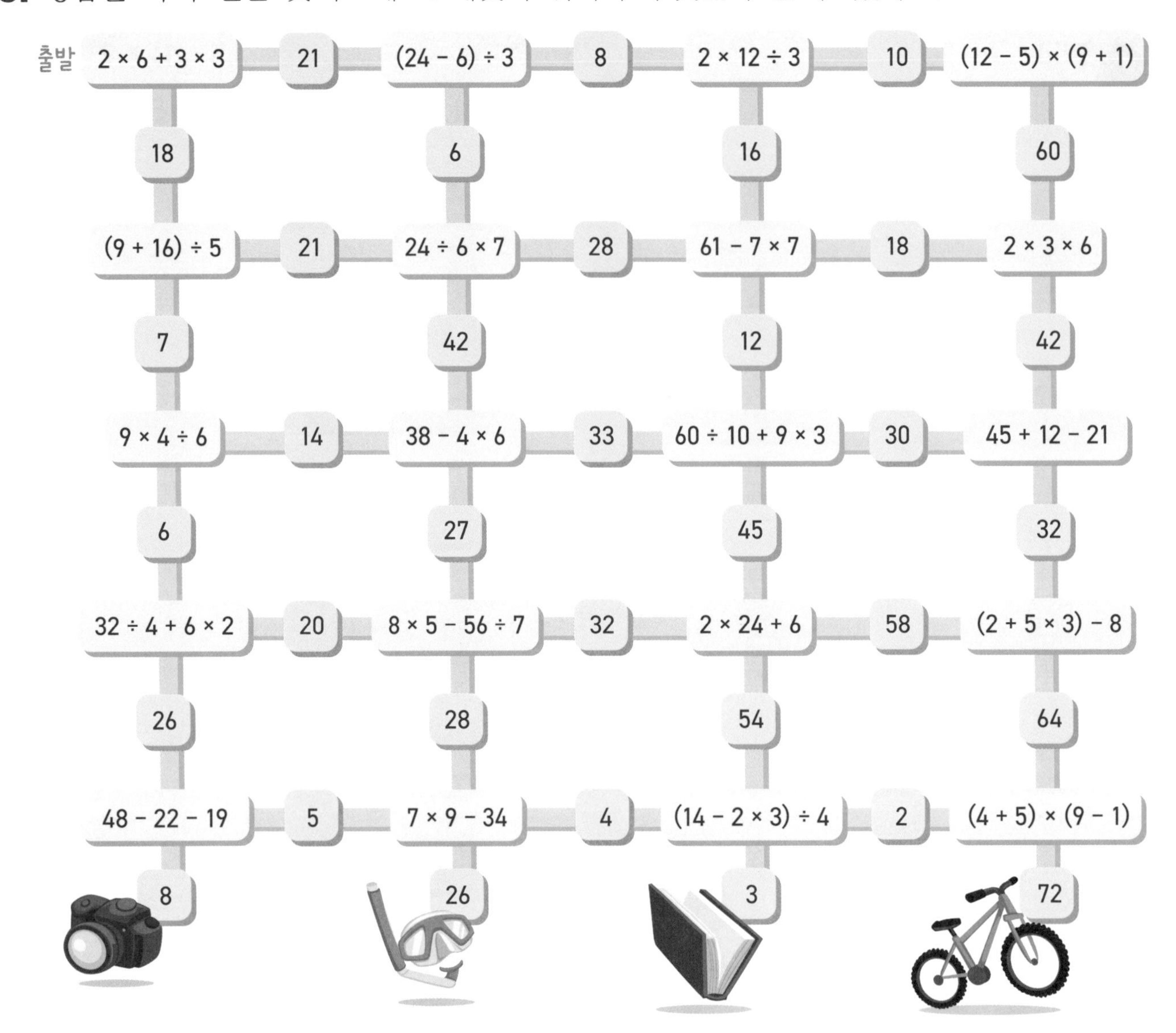

7. 질문에 답해 보세요.

❶ 합하여 81이 되는 연속된 2개의 수는 무엇일까요? ________, ________

❷ 합하여 135가 되는 연속된 3개의 수는 무엇일까요? ________, ________, ________

❸ 곱하여 120이 되는 연속된 3개의 수는 무엇일까요? ________, ________, ________

❹ 곱하여 132가 되는 연속된 2개의 수는 무엇일까요? ________, ________

8. 계산식이 성립하도록 아래 식에 괄호를 넣어 보세요.

$2 \times 50 + 2 + 25 = 129$

$56 \div 7 - 3 + 4 - 2 = 5$

$69 - 14 \div 5 - 3 = 8$

$180 \div 6 \times 5 \times 4 = 24$

9. 세로는 아래에서 위로, 가로는 왼쪽에서 오른쪽으로만 움직일 수 있어요. 출발점에서 도착점까지 길 위에 있는 수의 합이 주어진 수가 되도록 길을 찾아보세요.

<보기>

❶ 도착 23

1	2	2	1	2	2
2	1	1	1	1	1
1	1	2	1	1	2
2	2	1	2	1	2
2	2	2	2	1	1
1	1	1	1	1	2
2	2	1	1	2	2
2	1	1	2	1	2

출발

❷ 도착 38

1	2	2	2	1	2
2	3	1	3	4	3
4	1	1	3	1	2
1	2	4	2	3	1
4	1	3	1	2	1
3	1	4	3	4	1
2	1	1	1	1	3
3	4	2	3	2	1

출발

한 번 더 연습해요!

1. 20과 5로 계산해 보세요.

❶ 합 ________ ❷ 차 ________ ❸ 곱 ________ ❹ 몫 ________

2. 계산해 보세요.

$28 - 4 \times 4$
= ________
= ________

$20 \div 10 \times 7$
= ________
= ________

$(21 + 15) \div (14 - 8)$
= ________
= ________

2 서술형 문제

서술형 문제는 부분으로 나누거나 하나의 식을 세워 계산해요.

과일 맛 사탕 27개와 감초 맛 사탕 43개가 있어요. 사탕을 봉지 7개에 똑같이 나누려고 해요. 한 봉지에 들어가는 사탕은 몇 개일까요?

부분으로 나누어 계산하기

사탕의 총 개수 $27 + 43 = 70$

한 봉지 안에 있는 사탕의 개수 $70 \div 7 = 10$

정답 : 사탕 10개

하나의 식으로 계산하기

$(27 + 43) \div 7 = 10$

$= 70 \div 7$

$= 10$

정답 : 사탕 10개

엄마에게 48유로가 있어요. 엄마는 마벨에게 가진 돈의 $\frac{1}{4}$을 주었어요. 마벨은 그 돈으로 3유로짜리 립밤을 샀어요. 이제 마벨에게 남은 돈은 얼마일까요?

부분으로 나누어 계산하기

가진 돈의 $\frac{1}{4}$ 48 € ÷ 4 = 12 €

남은 돈 12 € - 3 € = 9 €

정답 : 9유로

하나의 식으로 계산하기

48 € ÷ 4 - 3 €

= 12 € - 3 €

= 9 €

정답 : 9유로

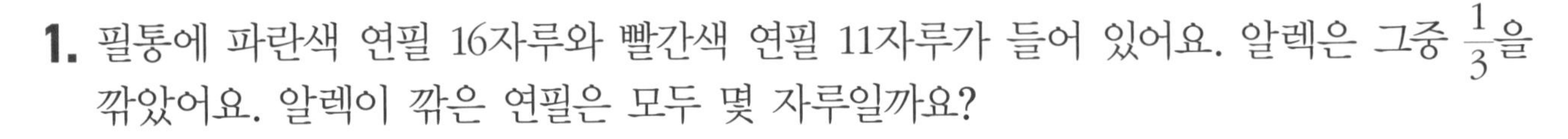

1. 필통에 파란색 연필 16자루와 빨간색 연필 11자루가 들어 있어요. 알렉은 그중 $\frac{1}{3}$을 깎았어요. 알렉이 깎은 연필은 모두 몇 자루일까요?

❶ 부분으로 나누어 계산하기

연필의 총 개수 16 + ________

깎은 연필의 개수 ________

정답 : ________

❷ 하나의 식을 세워 계산하기

____

____

정답 : ________

2. 공책은 1권에 3유로이고, 연필은 1자루에 2유로예요. 엠마는 공책 2권과 연필 8자루를 샀어요. 물건값은 모두 얼마일까요?

❶ 부분으로 나누어 계산하기

공책의 총 가격 3€ × ________

연필의 총 가격 ________

물건값의 총 가격 ________

정답 : ________

❷ 하나의 식을 세워 계산하기

____

____

____

정답 : ________

3. 아래 서술형 문제를 부분으로 나누어 계산했어요. 어떻게 나누어 계산했는지 빈칸에 써 보세요.

❶ 폴라는 50유로를 가지고 있는데, 1권에 7유로인 책 6권을 샀어요. 이제 폴라에게 남은 돈은 얼마일까요?

7€ × 6 = 42€ ______________________

50€ - 42€ = 8€ ______________________

❷ 한 봉지에 사탕 28개가 들어 있고, 다른 봉지에 20개가 들어 있어요. 사탕의 $\frac{1}{3}$은 과일 맛이에요. 케이틀린은 과일 맛 사탕 중 절반을 먹었어요. 케이틀린이 먹은 과일 맛 사탕은 모두 몇 개일까요?

28 + 20 = 48 ______________________

48 ÷ 3 = 16 ______________________

16 ÷ 2 = 8 ______________________

4. 공책에 알맞은 식을 세워 답을 구한 후, 정답을 로봇에서 찾아 ○표 해 보세요.

❶ 6-1반은 학생이 29명, 6-2반은 24명, 6-3반은 25명이에요. 학생을 6모둠으로 똑같이 나누었어요. 한 모둠에 학생이 몇 명 있을까요?

____

❷ 엄마는 봉지 3개에 번 8개를 넣었고, 봉지 2개에 번 6개를 넣었어요. 봉지에 넣은 번은 모두 몇 개일까요?

____

❸ 아이들 5명이 각각 물을 2컵씩 마셨어요. 물 1컵은 2.5dL예요. 아이들이 마신 물은 모두 몇 dL일까요?

____

❹ 에밀리가 학교에 가는 거리는 8.2km예요. 그중 7.7km는 버스를 타고, 나머지는 걸어가요. 5일 동안 에밀리가 왕복으로 걸어야 하는 거리는 모두 몇 km일까요?

____

더 생각해 보아요!

5432100이라는 수를 2곳에서 분리하면 새로운 수 3개를 만들 수 있어요. 새로운 수 3개의 합을 가장 작게 만들려면 어떻게 분리해야 할까요?

__________, __________, __________

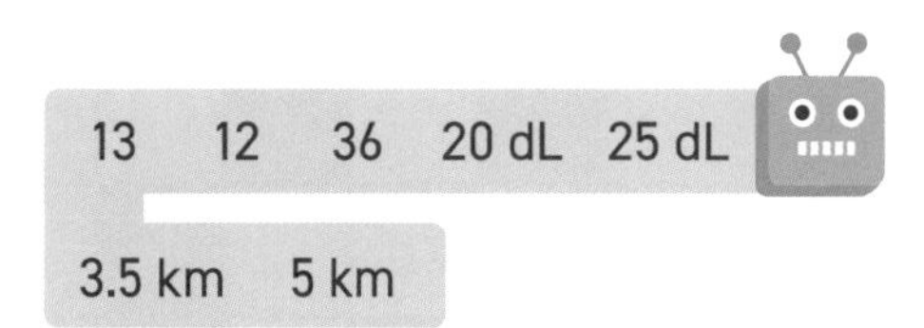

5. 아래 서술형 문제를 부분으로 나누어 계산했어요. 어떻게 나누어 계산했는지 해당 부분을 선으로 잇고 불필요한 부분은 X표 해 보세요.

학교에서 머핀 288개를 만들었어요. 머핀을 테이블 6개에 똑같이 나누어 놓은 후, 봉지 8개에 똑같이 나누어 담았어요. 선생님은 두 봉지를 샀어요. 선생님이 산 머핀은 모두 몇 개일까요?

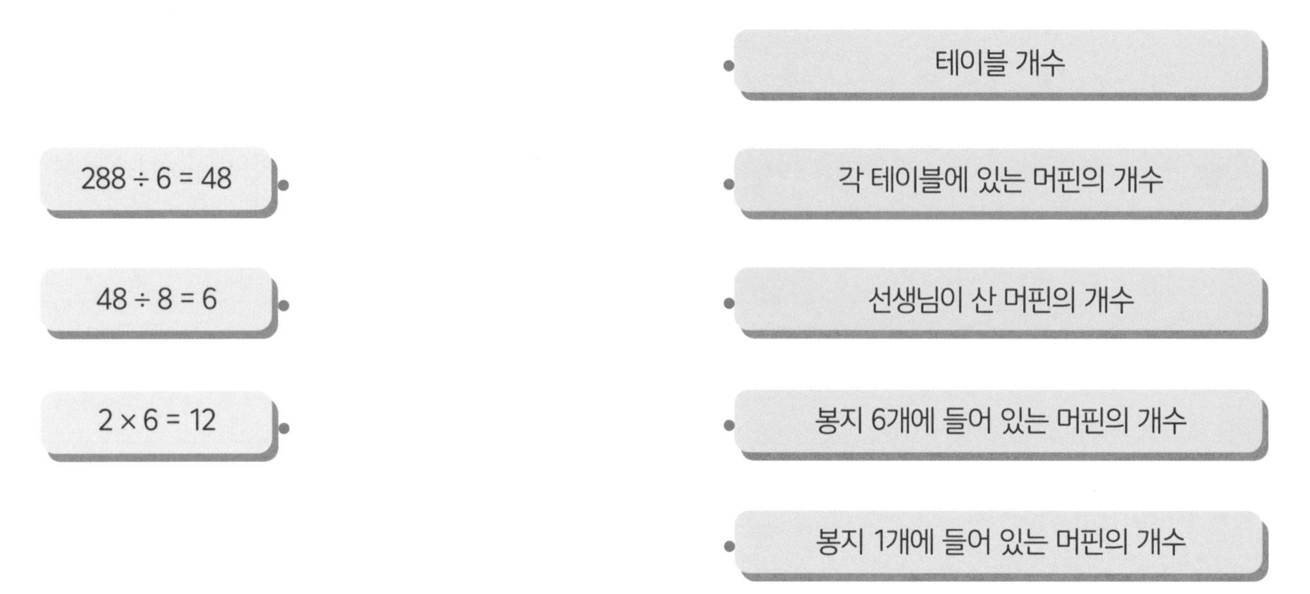

6. 식이 성립하도록 +, −, ×, ÷를 빈칸에 알맞게 써넣어 보세요. 각 부호는 하나의 식에 한 번씩 사용할 수 있어요.

6 □ 3 □ 4 = 18

14 □ 7 □ 2 = 4

6 □ 2 □ 9 □ 3 = 9

(13 □ 8 □ 4) □ 5 = 9

7. 빈칸을 파란색이나 빨간색으로 색칠해 보세요. 각각의 가로줄과 세로줄에 있는 파란색 칸과 빨간색 칸의 개수는 같아요. 단, 한 줄에서 같은 색깔의 칸이 연속되는 것은 2개까지만 가능해요.

❶

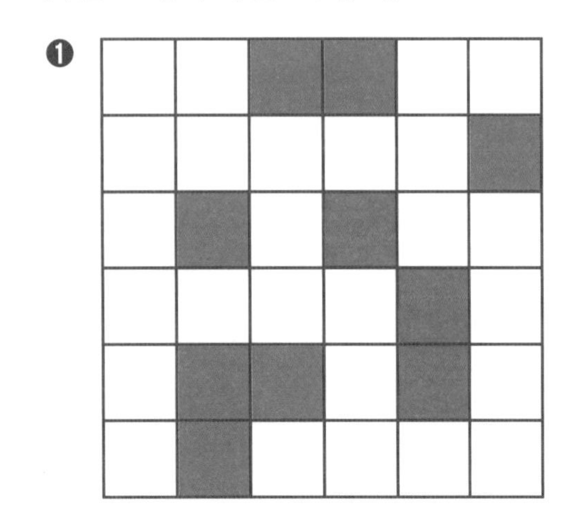

❷

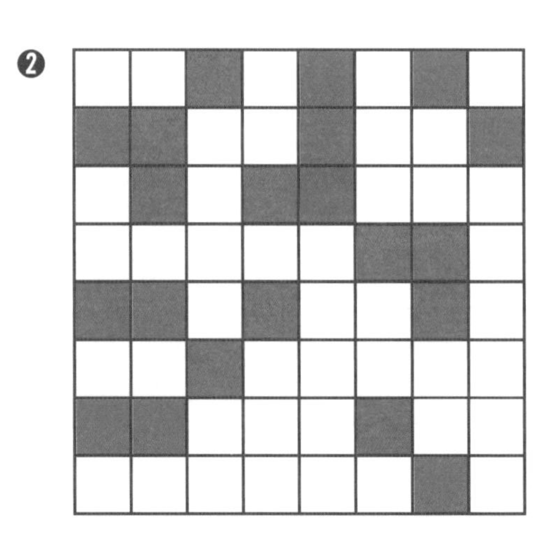

8. 그림이 들어간 식을 보고 그림의 값을 구해 보세요.

(+) × = 36

÷ + = 8

(+) × (+) = 121

(× −) ÷ = 7

= ______

= ______

= ______

= ______

9. 아래 서술형 문제를 부분으로 나누어 계산했어요. 옳지 않은 식을 찾아 바르게 고쳐 보세요.

한 반에 학생이 33명 있어요. 그중 $\frac{1}{3}$은 축구나 육상 또는 야구를 취미로 가지고 있어요. 축구가 취미인 학생은 5명이에요. 나머지 학생 중 $\frac{1}{3}$은 육상이 취미예요. 야구가 취미인 학생은 몇 명일까요?

$33 \div 3 = 11$

$11 - 5 = 6$

$6 \div 3 = 2$

$11 - 6 - 2 = 3$

______

한 번 더 연습해요!

1. 아래 글을 읽고 알맞은 식을 세워 답을 구해 보세요. 부분으로 나누거나 하나의 식으로 계산해 보세요.

❶ 봉지 3개에 막대 사탕이 8개씩 들어 있어요. 티나와 네시는 막대 사탕을 똑같이 나누어 가졌어요. 한 사람이 가진 막대 사탕은 몇 개일까요?

식 : ______

______

정답 : ______

❷ 톰은 월요일에 12km를, 목요일과 금요일 그리고 일요일에 각각 7km씩 달렸어요. 톰이 달린 거리는 모두 몇 km일까요?

식 : ______

______

정답 : ______

____ 월 ____ 일 ____ 요일

3 단계별로 나누어 계산하기

12명의 단체 여행 비용이 500유로예요. 단체에는 아이들이 4명 포함되어 있어요. 성인 1명의 비용이 50유로라면 아이 1명의 비용은 얼마일까요?

성인의 수	12 − 4 = 8
성인의 총비용	50 € × 8 = 400 €
아이의 총비용	500 € − 400 € = 100 €
아이 1명의 비용	100 € ÷ 4 = 25 €
	정답 : 25 €

1시간 동안의 해외 전화 비용이 120유로예요. 분당 가격이 같다면 1분 30초간의 전화 비용은 얼마일까요?

분당 비용	120 € ÷ 60 = 2 €
30초(0.5분)당 비용	2 € ÷ 2 = 1 €
1분 30초간의 비용	2 € + 1 € = 3 €
	정답 : 3 €

1시간 = 60분
1분 = 60초

1. 아래 서술형 문제를 단계별로 나누어 계산해 보세요.

❶ 엄마는 엽서를 4장, 할머니는 12장을 보냈어요. 그중 6장은 해외로, 나머지는 국내로 보냈어요. 엽서 1장을 국내로 보내는 비용은 1.40유로예요. 엄마와 할머니가 국내로 보낸 엽서의 총비용은 얼마일까요?

엽서의 수 ____________________

국내로 보낸 엽서의 수 ____________________

국내로 보낸 엽서에 대한 우편 비용 ____________________

정답 : ____________________

❷ 사탕 240개가 팩 3개에 똑같이 담겨 있어요. 한 팩에는 10봉지가 들어 있는데 각 봉지마다 같은 개수의 사탕이 들어 있어요. 한 봉지에 든 사탕 중 절반은 과일 맛 사탕이에요. 과일 맛 사탕 중 3개는 딸기 맛이고 나머지는 라즈베리 맛이에요. 한 봉지에 든 라즈베리 맛 사탕은 모두 몇 개일까요?

한 팩에 들어 있는 사탕의 수 ____________________

한 봉지에 들어 있는 사탕의 수 ____________________

한 봉지에 들어 있는 과일 맛 사탕의 수 ____________________

한 봉지에 들어 있는 라즈베리 맛 사탕의 수 ____________________

정답 : ____________________

2. 아래 서술형 문제를 단계별로 나누어 계산했어요. 어떻게 나누어 계산했는지 빈칸에 써 보세요.

창고에 자가 4팩 있어요. 한 팩에 자가 15개씩 들어 있어요. 그중 $\frac{1}{3}$은 5학년 학생에게, $\frac{1}{5}$은 6학년 학생에게 나누어 줄 거예요. 5학년과 6학년 학생에게 나누어 줄 자는 모두 몇 개일까요?

$15 \times 4 = 60$ ______________________

$60 \div 3 = 20$ ______________________

$60 \div 5 = 12$ ______________________

$20 + 12 = 32$ ______________________

3. 공책에 알맞은 식을 세워 답을 구한 후, 정답을 로봇에서 찾아 ○표 해 보세요.

❶ 6인 가족의 항공료가 총 1660유로예요. 이 가족에는 아이가 4명 있어요. 아이 1명의 항공료가 210유로라면 성인 1명의 항공료는 얼마일까요?

____

❷ 6-1반 학생 25명이 영화를 보러 가요. 영화표는 1장에 6유로인데 5명당 1명의 학생이 2유로를 할인받을 수 있어요. 학급비 400유로에서 영화표를 사고 나면 얼마가 남을까요?

____

❸ 아빠가 사이클을 85km 탔어요. 처음 1시간 동안 15km를 타고, 그다음 1시간 동안 20km를 탔어요. 나머지 거리를 타는 데 2시간이 걸렸어요. 나머지 거리를 타는 동안 아빠의 시간당 평균 거리는 몇 km일까요?

____

❹ 차 2대가 같은 도로의 같은 지점에서 출발하여 서로 반대 방향으로 주행하기 시작했어요. A차는 시속 80km로, B차는 시속 60km로 주행했어요. 30분 후 두 차의 거리는 얼마나 벌어져 있을까요?

____

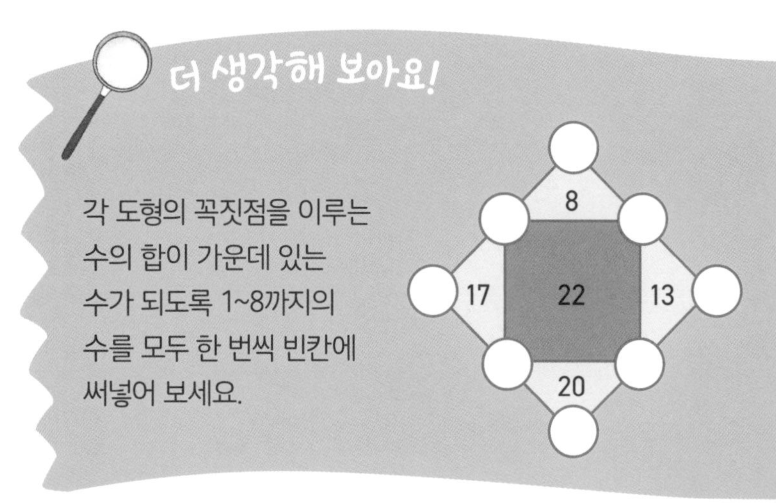

각 도형의 꼭짓점을 이루는 수의 합이 가운데 있는 수가 되도록 1~8까지의 수를 모두 한 번씩 빈칸에 써넣어 보세요.

4. 계산하여 빈칸을 채워 보세요. 단, 한 칸에는 한 개의 숫자만 들어갑니다.

1.		■	2.		■	■
	■	4.		■	3.	10.
	■		■	13.	■	
■	11.	■	■	8.		■
5.		■	12.	■	■	■
6.		■		■	9.	
■	■	7.		■		■

가로

1. $6 \times 5 - 6$
2. $2 \times 2 \times 5$
3. $60 \div 6 + 22$
4. $(41 + 3) \div 4$
5. $10 \times 6 - 5$
6. $(4 + 4) \times (5 + 5)$
7. $12 \div 2 \times 7$
8. $2 \times 100 \div 4$
9. $2 \times 15 - 1$

세로

1. $240 - 3 \times 10$
2. $5 + 4 \times 4$
4. $14 \div 7 \times 5$
5. $9 \times 7 - 5$
9. $36 \div 6 + 17$
10. $40 - 4 \times 3$
11. $200 - 2 \times 25$
12. $12 + 2 \times 50$
13. $(3 + 2) \times 9$

5. 아래 글을 읽고 공책에 알맞은 식을 세워 답을 구해 보세요.

❶ 연극이 1.5시간 후에 시작해요. 옷을 갈아입는 데 20분, 분장하는 데 40분이 걸려요. 나머지 시간의 $\frac{1}{3}$은 대본 연습을 해야 해요. 대본 연습 시간은 얼마일까요?

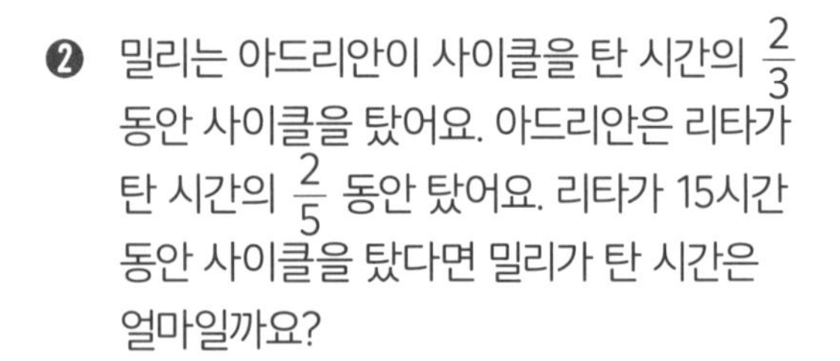

❷ 밀리는 아드리안이 사이클을 탄 시간의 $\frac{2}{3}$ 동안 사이클을 탔어요. 아드리안은 리타가 탄 시간의 $\frac{2}{5}$ 동안 탔어요. 리타가 15시간 동안 사이클을 탔다면 밀리가 탄 시간은 얼마일까요?

❸ 티나는 수잔나보다는 6km 적게, 미리야보다는 2km 많게 사이클을 탔어요. 아이들이 사이클을 탄 거리가 모두 25km라면 미리야가 탄 거리는 얼마일까요?

6. 원 안의 수의 합이 모두 같게 2~9까지의 수를 알맞게 넣어 보세요. 단, 각 영역에 1개의 수만 쓸 수 있어요.

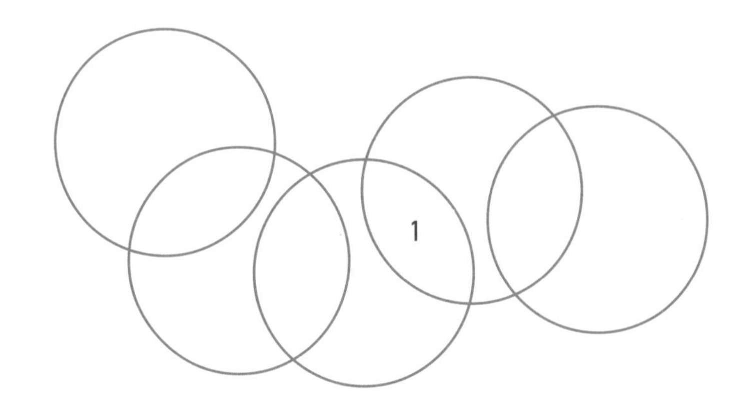

7. 아래 글을 읽고 배가 침몰한 년도와 보물의 가치를 알아맞혀 보세요.

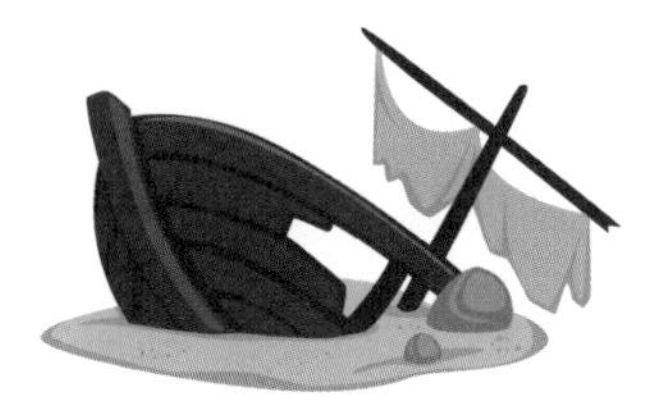

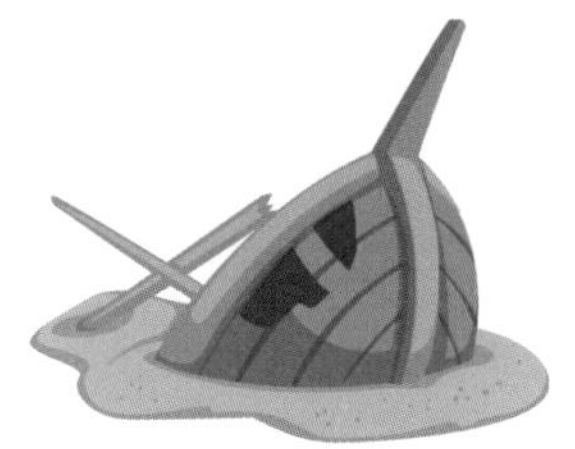

침몰한 년도				
보물				
보물의 가치				

- 검은 배는 갈색 배가 침몰하고 50년 후에 침몰했어요.
- 에메랄드를 실었던 배는 루비를 실었던 배보다 140년 후에 침몰했어요.
- 은화의 가치는 3000유로예요.
- 1702년에 침몰한 배에는 금이 있었어요.
- 갈색 배에 있던 루비는 1500년에 바다 밑으로 가라앉았어요.
- 가장 최근에 침몰한 배의 보물은 12000유로의 가치가 있는 것이에요.
- 가장 비싼 보물의 가치는 25000유로예요.
- 10000유로 이하의 보물을 실은 배는 딱 한 대예요.
- 회색 배에 실었던 보물은 하얀 배의 보물보다 2배 더 가치 있어요.

한 번 더 연습해요!

1. 아래 서술형 문제를 단계별로 나누어 계산해 보세요.

영화관에 관람객이 16명 있어요. 그중 9명은 성인이고, 나머지는 아이들이에요. 아이 1명의 영화표는 7유로예요. 관람객의 영화표가 모두 130유로라면 성인 1명의 영화표는 얼마일까요?

아이의 수 ______________

아이들의 영화표 가격 ______________

성인들의 영화표 가격 ______________

성인 1명의 영화표 가격 ______________

정답 : ______________

2. 아래 글을 읽고 공책에 알맞은 식을 세워 답을 구해 보세요.

6학년은 4개 학급이 있어요. 한 반은 학생이 26명이고, 나머지 반은 28명씩이에요. 6학년 학생의 $\frac{1}{5}$은 취미가 음악이고, 음악을 좋아하는 학생 중 절반이 피아노 수업을 들어요. 6학년 중 피아노 수업을 받는 학생은 모두 몇 명일까요?

____

____

정답: ______________

___ 월 ___ 일 ___ 요일

1. 계산한 후, 정답을 로봇에서 찾아 ○표 해 보세요.

$15 \div 3 + 18$
= ______
= ______

$8 \times (7 + 2)$
= ______
= ______

$28 \div 4 \times 6$
= ______
= ______

$45 \div 5 + 18 \div 3$
= ______
= ______

$65 \div (18 - 2 - 6)$
= ______
= ______

$(3 \times 3 + 2) \times 4$
= ______
= ______

6.5 7.5 15 18 23 42 44 72

2. 아래 서술형 문제를 단계별로 나누어 계산했어요. 어떻게 나누어 계산했는지 빈칸에 써 보세요.

1팩이 20권인 공책 9팩이 있어요. 공책을 3개 반에 똑같이 나누어 주었어요. 한 반에 학생이 20명씩 있어요. 공책을 학생들에게 똑같이 나누어 준다면 학생 1명이 받는 공책은 몇 권일까요?

$20 \times 9 = 180$ ______

$180 \div 3 = 60$ ______

$60 \div 20 = 3$ ______

여기서 잠깐!
수학에서 규칙에 따르듯 도로에서 교통 법규를 지키며 다른 사람을 배려해 보세요.

3. 삼각형의 두 변의 길이가 각각 8cm와 12cm예요. 나머지 한 변의 길이는 가장 길이가 긴 변의 절반이에요. 삼각형의 둘레는 몇 cm일까요?

❶ 부분으로 나누어 계산하기

나머지 한 변의 길이 ______________________

삼각형의 둘레 ______________________

정답 : ______________________

❷ 하나의 식을 세워 계산하기

식 : ______________________

____

정답 : ______________________

4. 아래 글을 읽고 공책에 알맞은 식을 세워 답을 구한 후, 정답을 로봇에서 찾아 ○표 해 보세요. 부분으로 나누거나 하나의 식으로 계산해 보세요.

❶ 스탠리는 영화표 5장을, 앨런은 2장을 샀어요. 표 1장이 9유로라면 영화표는 모두 얼마일까요?

____

❷ 폴과 세 친구는 콘서트에 가려고 해요. 콘서트 표는 4장에 52유로예요. 폴이 지금 가진 돈이 5유로라면 콘서트에 가기 위해서 얼마를 더 저축해야 할까요?

____

❸ 마이크는 주말에 조부님을 뵈러 가려고 해요. 편도표는 15.20유로이고, 왕복표는 28.20유로예요. 마이크가 왕복표를 산다면 편도표보다 얼마나 더 저렴할까요?

____

❹ 병에 세제가 18dL 들어 있어요. 네타는 1주일에 빨래를 4번 해요. 한 번 세탁할 때 세제가 1.5dL씩 필요하다면 세제를 1병 다 쓰는 데 몇 주가 걸릴까요?

____

❺ 빈 바구니의 무게가 750g이에요. 1개에 100g인 사과가 21개 있어요. 엄마가 사과를 바구니에 담았는데 바구니가 넘쳐 3개를 못 담았어요. 꽉 찬 바구니는 몇 kg일까요?

____

❻ 봉지에 설탕이 9dL 들어 있어요. 엠마는 먼저 설탕 4dL를 케이크 반죽에 넣고 남은 설탕의 절반을 파이 반죽에 넣었어요. 엠마는 케이크 반죽에 파이 반죽보다 얼마나 더 많은 설탕을 넣었을까요?

____

3 2.20 € 8 € 63 € 1.5 dL

2.5 dL 2.350 kg 2.550 kg

더 생각해 보아요!

커피 1잔과 번 1개는 합해서 2.50유로이고, 커피 4잔과 번 2개는 합해서 7.60유로예요. 번 1개의 가격은 얼마일까요?

____

5. 1팩에 압정이 43개 들어 있어요. 압정은 모두 몇 개일지 계산해 보세요.

❶ 10팩 ______________________

❷ 11팩 ______________________

❸ 100팩 ______________________

❹ 99팩 ______________________

6. 질문에 답해 보세요.

❶ 줄넘기는 얼마일까요?

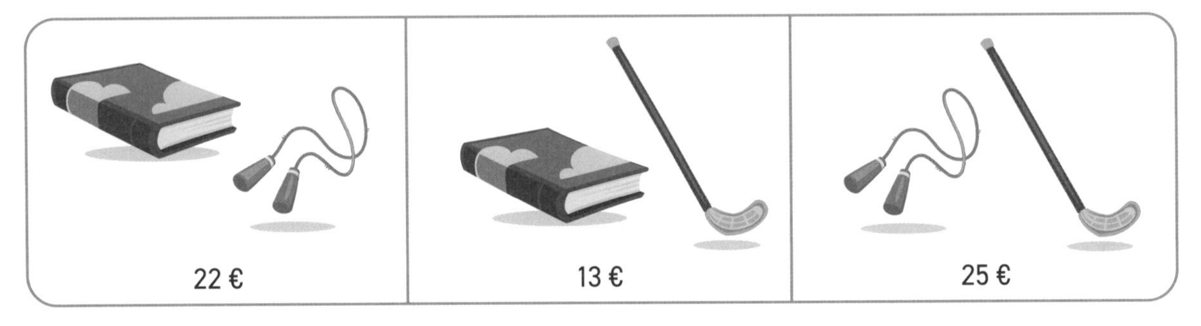

정답 : ______________

❷ 연필깎이는 얼마일까요?

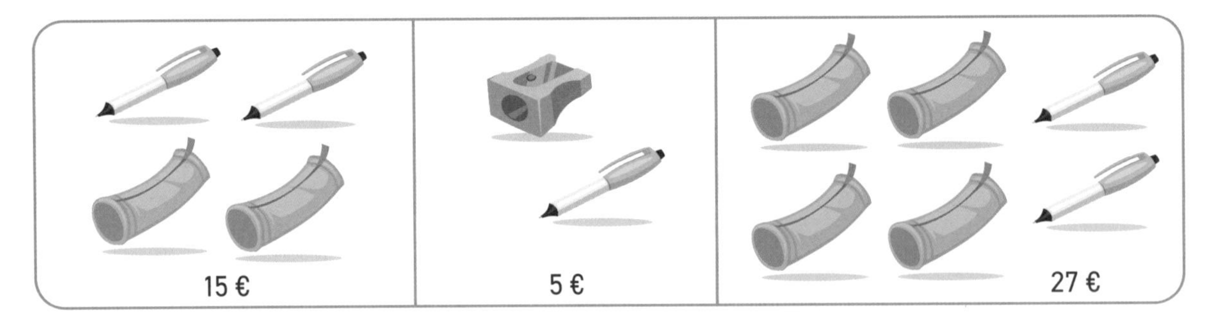

정답 : ______________

❸ 사탕 1팩은 얼마일까요?

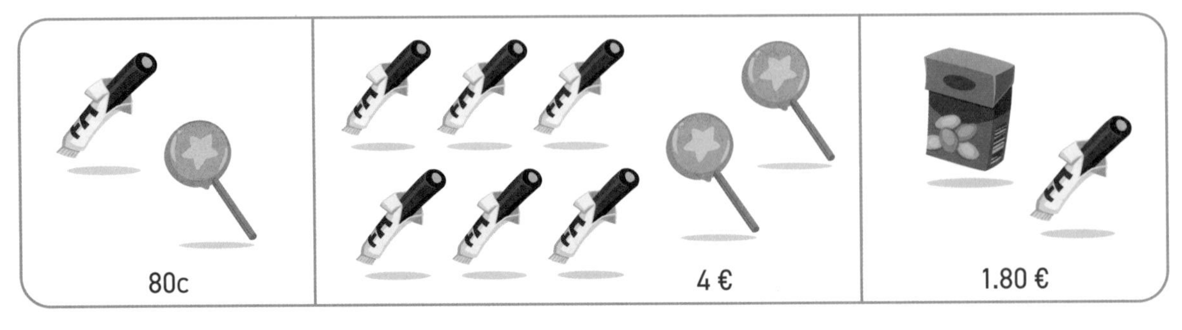

정답 : ______________

*100c(센트)는 1€예요.

7. 5개 수의 합이 1000이에요. 아래에서 5개의 수를 골라 써 보세요.

250	108	245	150	124	301	215	176	300

_____ + _____ + _____ + _____ + _____ = 1000

8. x 대신 어떤 수를 쓸 수 있을까요?

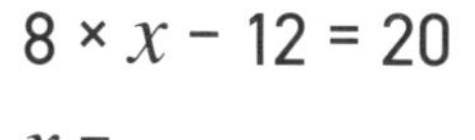

$8 \times x - 12 = 20$

$x =$ _____

$24 \div x + 3 = 15$

$x =$ _____

$x + 28 \div 4 = 16$

$x =$ _____

$(2 \times x + 12) \div 5 = 6$

$x =$ _____

$(7 - 4) \times (x + 2) = 66$

$x =$ _____

$(3 + 9 - x) \times 8 = 48$

$x =$ _____

한 번 더 연습해요!

1. 계산해 보세요.

$40 \div 5 + 6 \times 2$

= _____

= _____

$(37 + 27) \div (12 - 4)$

= _____

= _____

$3 \times 8 \div 2$

= _____

= _____

2. 아래 글을 읽고 공책에 알맞은 식을 세워 답을 구해 보세요.

❶ 매트의 반에 여학생은 13명, 남학생은 15명 있어요. 학생들을 4모둠으로 나누면 한 모둠의 학생은 몇 명일까요?

_____

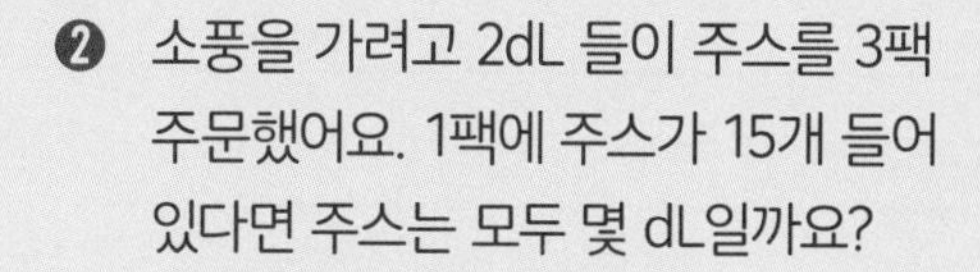

❷ 소풍을 가려고 2dL 들이 주스를 3팩 주문했어요. 1팩에 주스가 15개 들어 있다면 주스는 모두 몇 dL일까요?

_____

❸ 6개의 그릇에 귤이 8개씩 담겨 있어요. 그중 4개의 그릇에는 사과가 9개씩 담겨 있어요. 귤이 사과보다 몇 개 더 많을까요?

_____

❹ 9명의 여행 총 경비가 1170유로예요. 9명 중 3명이 아이이고, 성인 1명의 여행 경비는 150유로예요. 아이 1명의 여행 경비는 얼마일까요?

_____

4 자릿수로 분해하여 곱셈하기

곱해지는 수를 분해하기

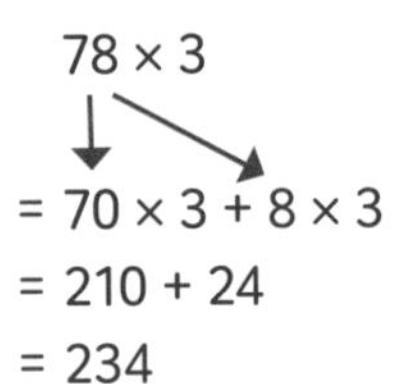

78×3
$= 70 \times 3 + 8 \times 3$
$= 210 + 24$
$= 234$

곱하는 수를 분해하기

15×14
$= 15 \times 10 + 15 \times 4$
$= 150 + 60$
$= 210$

- 먼저 곱하는 수나 곱해지는 수를 자릿수별로 분해하세요.
- 곱셈을 계산하세요.
- 곱셈의 결과를 합하세요.

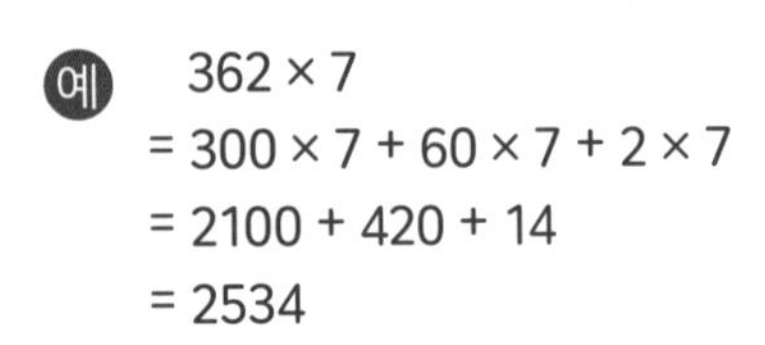

예

362×7
$= 300 \times 7 + 60 \times 7 + 2 \times 7$
$= 2100 + 420 + 14$
$= 2534$

300×12
$= 300 \times 10 + 300 \times 2$
$= 3000 + 600$
$= 3600$

2309×4
$= 2000 \times 4 + 300 \times 4 + 9 \times 4$
$= 8000 + 1200 + 36$
$= 9236$

1. 계산한 후, 정답을 로봇에서 찾아 ○표 해 보세요. 곱해지는 수를 자릿수별로 분해해 보세요.

26×4
= $20 \times 4 + 6 \times$ ______
= ______
= ______

329×3
= ______
= ______
= ______

317×5
= ______
= ______
= ______

1028×7
= ______
= ______
= ______

104　761　987　1585　3255　7196

2. 곱하는 수를 자릿수별로 분해해 계산한 후, 정답을 로봇에서 찾아 ○표 해 보세요.

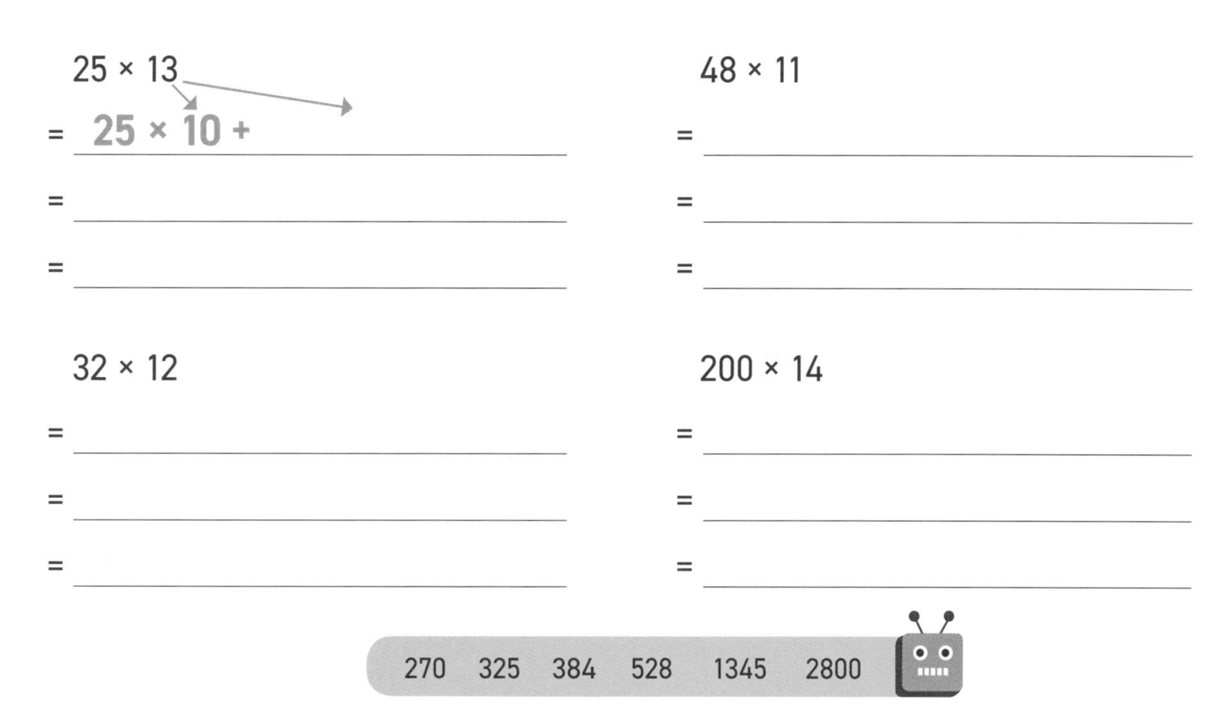

25 × 13
= 25 × 10 + ______
= ______
= ______

48 × 11
= ______
= ______
= ______

32 × 12
= ______
= ______
= ______

200 × 14
= ______
= ______
= ______

270 325 384 528 1345 2800

3. 공책에 알맞은 식을 세워 답을 구한 후, 정답을 로봇에서 찾아 ○표 해 보세요.

❶ 아빠는 뮤지컬표 5장을 샀어요. 표 1장이 58유로라면 표 값은 모두 얼마일까요?

______

❷ 선생님이 연극표를 12장 샀어요. 표 1장이 27유로라면 표 값은 모두 얼마일까요?

______

❸ 15명이 헬싱키로 기차 여행을 가요. 1인당 여행 경비는 25유로예요. 기차에서 2유로인 커피를 다들 1잔씩 마셨어요. 단체의 기차 여행 경비는 모두 얼마일까요?

______

❹ 4인 가족이 비행기를 타고 이탈리아에 2번 갔어요. 1인당 왕복표가 238유로라면 가족의 비행기 비용은 모두 얼마일까요?

______

290 € 324 € 405 €
899 € 1904 € 2167 €

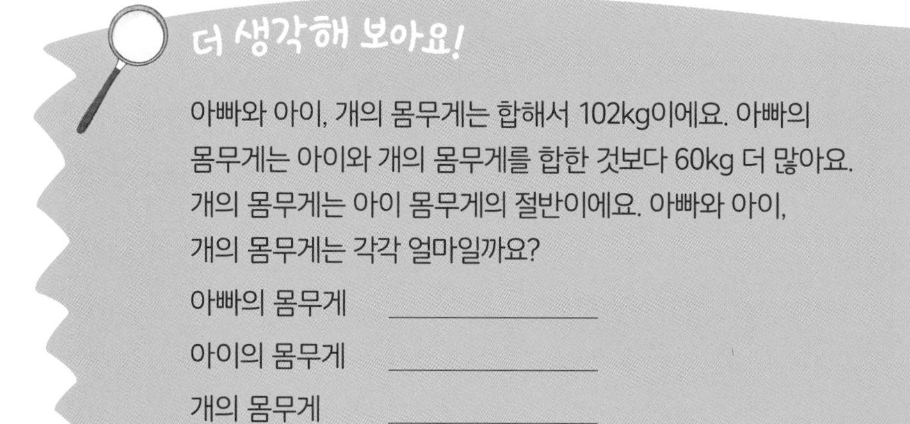

더 생각해 보아요!

아빠와 아이, 개의 몸무게는 합해서 102kg이에요. 아빠의 몸무게는 아이와 개의 몸무게를 합한 것보다 60kg 더 많아요. 개의 몸무게는 아이 몸무게의 절반이에요. 아빠와 아이, 개의 몸무게는 각각 얼마일까요?

아빠의 몸무게 ______
아이의 몸무게 ______
개의 몸무게 ______

4. 값이 같은 것끼리 선으로 이어 보세요.

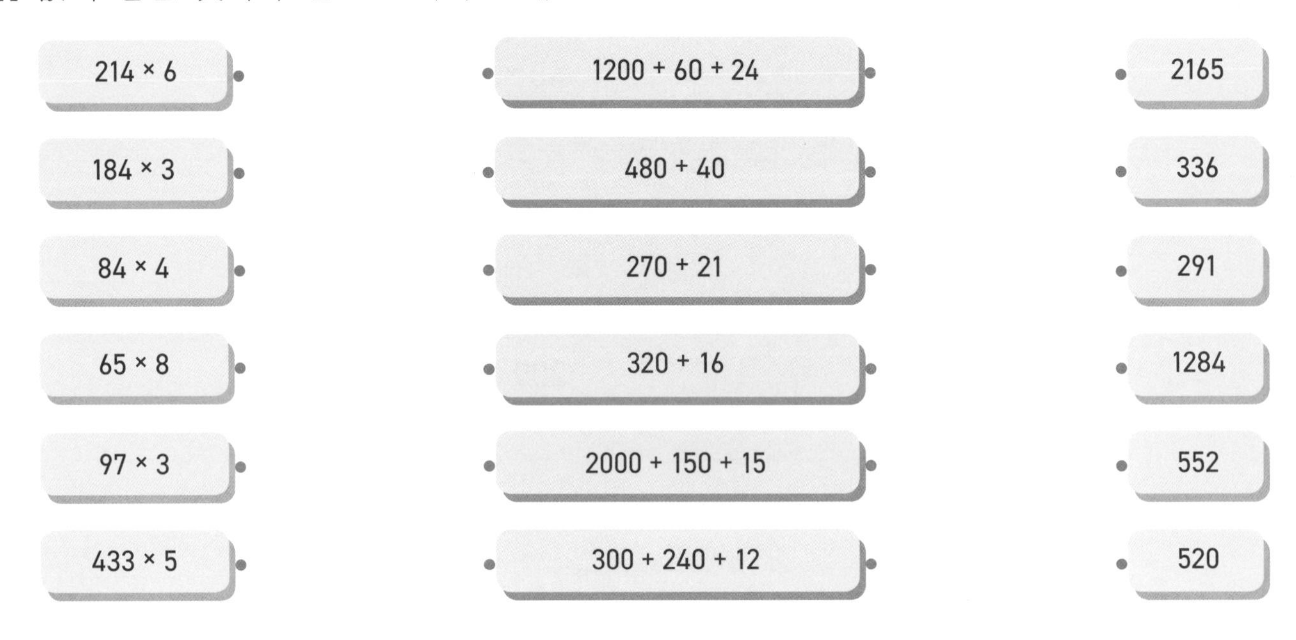

214 × 6
1200 + 60 + 24
2165
184 × 3
480 + 40
336
84 × 4
270 + 21
291
65 × 8
320 + 16
1284
97 × 3
2000 + 150 + 15
552
433 × 5
300 + 240 + 12
520

5. 다트 점수는 아래 규칙에 따라 정해져요. 공책에 알맞은 식을 세워 답을 구해 보세요.

- 초록색 부분의 점수에 6을 곱하세요.
- 파란색 부분의 점수에 25를 곱하세요.
- 노란색 부분의 점수에 8을 곱하세요.
- 보라색 부분의 점수를 빼세요.

❶ 오토의 총점은 몇 점일까요?

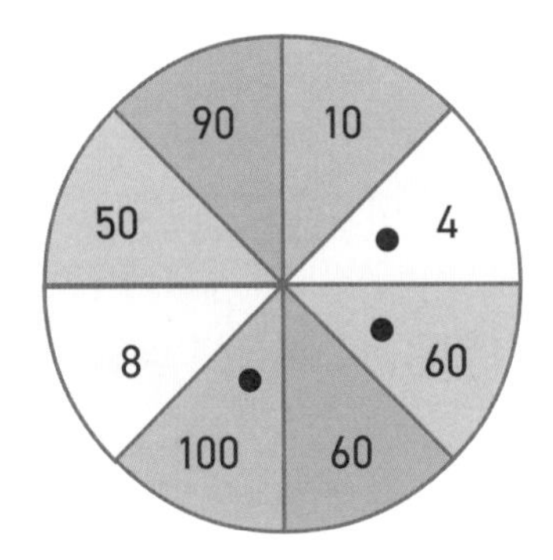

❷ 오로라의 총점은 몇 점일까요?

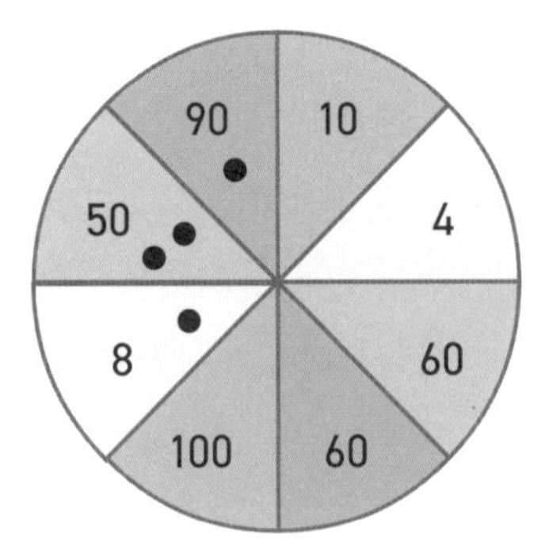

❸ 키티는 다트를 4개 던져서 총 306점을 득점했어요. 다트가 꽂힌 부분을 다트판에 표시해 보세요.

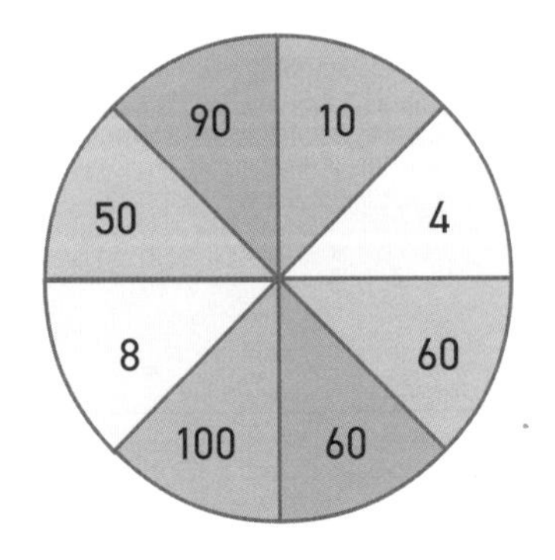

❹ 믹은 다트를 4개 던져서 총 2600점을 득점했어요. 다트가 꽂힌 부분을 다트판에 표시해 보세요.

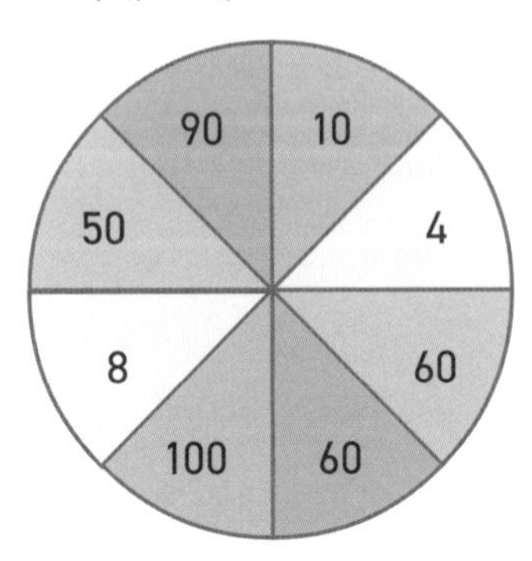

6. 아래 설명을 읽고 네모 칸의 위치를 찾아 색칠해 보세요.

- 오른쪽 칸에는 빨간색, 파란색, 노란색, 초록색, 검은색 칸이 각각 1개씩 있어요.
- 각각의 가로줄과 세로줄에 색깔 칸이 1개씩만 있어요.
- 초록색 칸은 맨 아랫줄 왼쪽 끝에 있어요.
- 노란색 칸은 검은색과 빨간색 칸의 꼭짓점에 접해 있어요.
- 파란색 칸은 맨 윗줄에 있어요.
- 빨간색 칸은 노란색 칸의 왼쪽에 있어요.

7. 완성된 곱셈식을 참고하여 남은 문제를 계산해 보세요.

36 × 15 = 540
72 × 15 = ________
36 × 30 = ________
46 × 15 = ________

28 × 240 = 6720
14 × 240 = ________
28 × 120 = ________
18 × 240 = ________

34 × 202 = 6868
39 × 202 = ________
29 × 202 = ________
45 × 202 = ________

한 번 더 연습해요!

1. 곱해지는 수를 자릿수별로 분해하여 계산해 보세요.

257 × 4
= ________
= ________
= ________

2123 × 3
= ________
= ________
= ________

2. 아래 글을 읽고 공책에 알맞은 식을 세워 답을 구해 보세요.

❶ 3인 가족이 비행기를 타고 프랑스에 갔어요. 1인당 왕복표가 326유로라면 가족의 비행기표 값은 모두 얼마일까요?

____

❷ 단체 14명이 박물관을 방문했어요. 입장권 1장이 23유로이고, 1인당 가이드 투어 비용이 3유로예요. 단체의 박물관 관람 비용은 모두 얼마일까요?

____

5 약수로 분해하여 곱셈하기

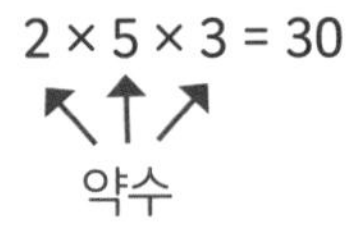

- 어떤 수를 나누어떨어지게 하는 수를 그 수의 약수라고 해요.
- 약수의 자리를 바꾸거나, 약수를 분해하거나, 약수에 10, 100이 있는 경우 곱셈은 더 쉬워져요.

$2 \times 5 \times 3 = 30$ (2, 5, 3: 약수)

곱해지는 수의 약수 분해하기

20×16
$= 10 \times 2 \times 16$
$= 10 \times 32$
$= 320$

곱하는 수와 곱해지는 수의 약수 분해하기

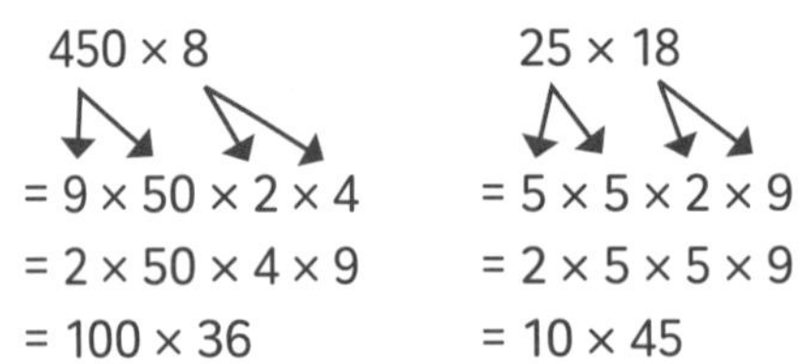

450×8
$= 9 \times 50 \times 2 \times 4$
$= 2 \times 50 \times 4 \times 9$
$= 100 \times 36$
$= 3600$

25×18
$= 5 \times 5 \times 2 \times 9$
$= 2 \times 5 \times 5 \times 9$
$= 10 \times 45$
$= 450$

2, 5, 10은 유용한
약수예요. 2×5=10이고
2×50=100이니까요.

1. 약수의 순서를 바꾸어 계산한 후, 정답을 로봇에서 찾아 ○표 해 보세요.

$5 \times 7 \times 2$
$= 5 \times 2 \times$ ____
= ____
= ____

$5 \times 6 \times 2$
= ____
= ____
= ____

$2 \times 6 \times 50$
= ____
= ____
= ____

$2 \times 8 \times 5 \times 3$
$= 2 \times 5 \times$ ____
= ____
= ____

$5 \times 7 \times 4 \times 2$
= ____
= ____
= ____

$50 \times 4 \times 2 \times 2$
= ____
= ____
= ____

60　70　80　240　260　280　600　800

2. 주어진 수의 다른 약수를 찾아 빈칸에 써 보세요.

❶ 10

40 = 10 × ____

60 = ____ × ____

130 = ____ × ____

❷ 5

35 = 5 × ____

15 = ____ × ____

55 = ____ × ____

❸ 2

16 = 2 × ____

48 = ____ × ____

34 = ____ × ____

3. 곱해지는 수의 약수를 분해하여 계산한 후, 정답을 로봇에서 찾아 ○표 해 보세요.

20 × 14
= 10 × 2 × 14
= 10 ×
= ____

40 × 21
= ____
= ____
= ____

30 × 12
= ____
= ____
= ____

4. 곱해지는 수와 곱하는 수의 약수를 분해하여 계산한 후, 정답을 로봇에서 찾아 ○표 해 보세요.

35 × 6
= 7 × 5 × 2 ×
= ____
= ____
= ____

14 × 25
= ____
= ____
= ____
= ____

350 × 18
= ____
= ____
= ____
= ____

210 280 350 360 380 840 6300 6800

5. 공책에 계산해 보세요.

20 × 34

12 × 40

65 × 8

30 × 22

16 × 35

16 × 250

더 생각해 보아요!

A, B, C를 부등호의 방향에 맞게 써 보세요.

A = 20 × 3 × 15 × 4 × 1251

B = 10 × 6 × 40 × 2 × 1251

C = 2 × 30 × 35 × 2 × 1251

____ < ____ < ____

6. 빈칸에 알맞은 약수를 써넣어 보세요.

❶ 60

□ × 15

□ × 2 × 5 × □

❷ 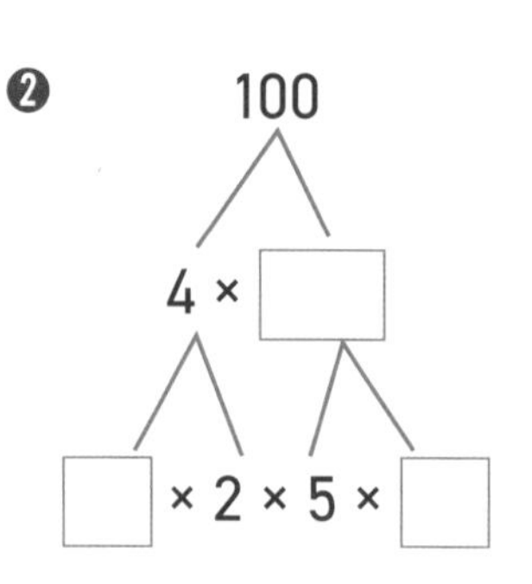

❸ 180

□ × 6

□ × 5 × 2 × □

❹ 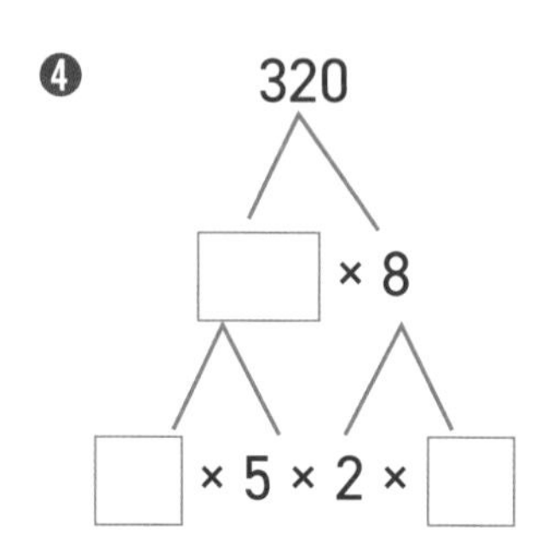

7. 아이들이 벽에 공을 던지고 있어요. 공이 구멍에 맞으면 구멍 아래에 있는 점수를 득점해요. 공 1개는 구멍 1개에만 들어갈 수 있어요.

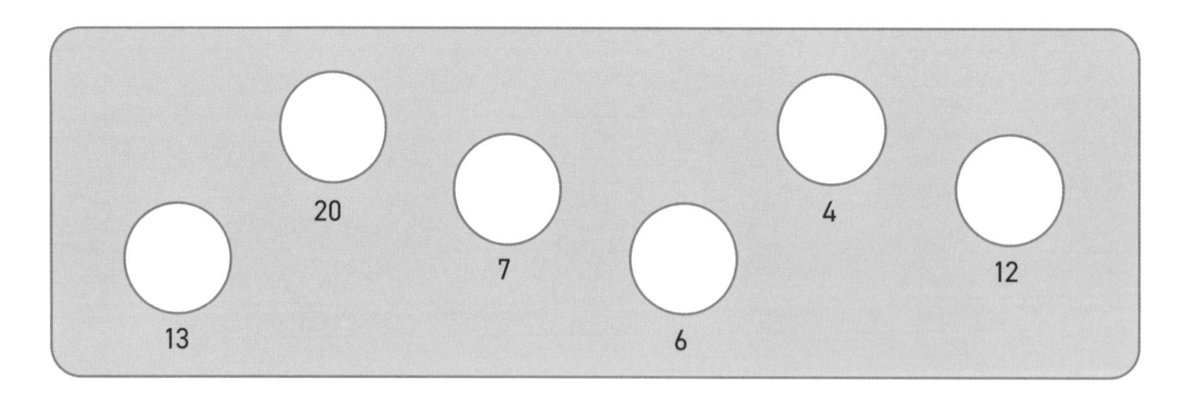

❶ 노버트는 3번 던져서 25점을 득점했어요.
노버트가 맞힌 구멍

________, ________, ________

❷ 다나는 3번 던져서 29점을 득점했어요.
다나가 맞힌 구멍

________, ________, ________

❸ 에디는 4번 던져서 45점을 득점했어요.
에디가 맞힌 구멍

________, ________, ________, ________

❹ 헬가는 4번 던져서 44점을 득점했어요.
헬가가 맞힌 구멍

________, ________, ________, ________

8. 아래 설명을 읽고 네모 칸의 위치를 찾아 색칠해 보세요.

- 오른쪽 칸에는 빨간색, 파란색, 노란색, 초록색, 검은색 칸이 각각 1개씩 있어요.
- 각각의 가로줄과 세로줄에 색깔 칸이 1개씩만 있어요.
- 빨간색 칸은 초록색 칸과 노란색 칸의 꼭짓점에 접해 있어요.
- 파란색 칸은 맨 아랫줄 끝에 있어요.
- 초록색 칸은 가로줄 맨 위의 가운데에 있어요.
- 노란색 칸은 세로줄의 가장 왼쪽에 있어요.

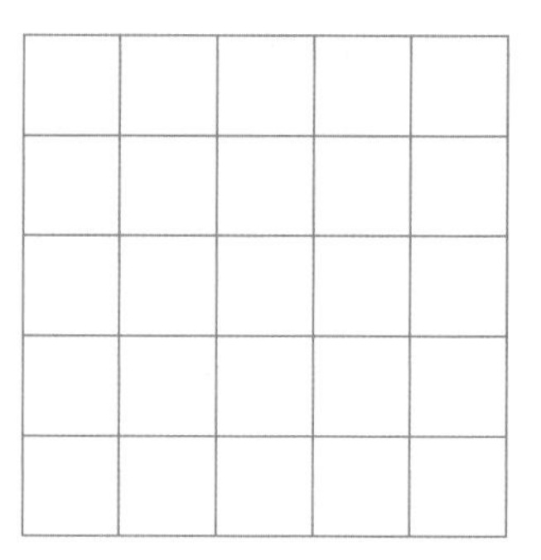

9. 나는 어떤 수일까요?

❶
- 각 자리에 숫자 1, 2, 3, 4가 있어요.
- 2000보다 크고 4000보다 작아요.
- 2로 나눌 수 있어요.
- 첫 번째 자리와 마지막 자리의 숫자를 합하면 6이에요.
- 세 번째 자리의 숫자는 첫 번째 자리의 숫자보다 작아요.

____

❷
- 4자리 수이고 2개 자리의 숫자만 같아요.
- 각 자리의 숫자는 모두 홀수예요.
- 첫 번째 자리의 숫자에 3을 곱하면 마지막 자리의 숫자가 되어요.
- 가운데 2개 자리의 숫자는 같아요.
- 3으로 나누어떨어져요.

____

한 번 더 연습해요!

1. 약수의 순서를 바꾸어 계산해 보세요.

$5 \times 3 \times 2$
= __________
= __________
= __________

$2 \times 9 \times 5$
= __________
= __________
= __________

$50 \times 7 \times 2 \times 2$
= __________
= __________
= __________

2. 공책에 곱해지는 수와 곱하는 수의 약수를 분해하여 계산해 보세요.

35×6　　8×25　　350×14

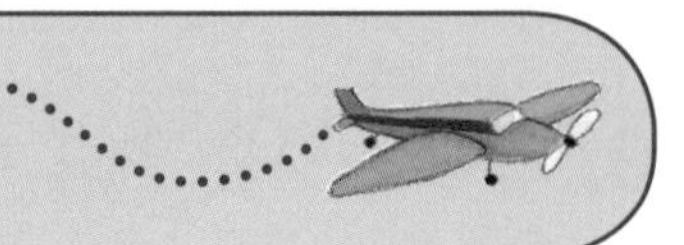

6 분수의 약분

공 144개를 12개의 자루에 똑같이 나누어 담으려고 해요. 자루 1개에 들어가는 공은 몇 개일까요?

- 나눗셈도 분수와 마찬가지로 약분할 수 있어요. 나누는 수가 두 자리 수일 때 나누는 수를 약분하여 한 자리 수로 바꾸어요.

나는 최대한 많이 약분해.

$$\frac{144^{(2}}{12} = \frac{72^{(2}}{6} = \frac{36^{(3}}{3} = \frac{12}{1} = 12$$

정답 : 12개

나는 한 번 약분하고 나눗셈을 해.

$$\frac{144^{(2}}{12} = \frac{72}{6} = 12$$

정답 : 12개

10, 2, 5, 3 외에 다른 수로도 약분할 수 있어.

<약분하는 방법>

1. 최대한 많이 10으로 약분하세요. 마지막 자리의 숫자가 0이면 10으로 나눌 수 있어요.
2. 최대한 많이 2로 약분하세요. 마지막 자리의 숫자가 짝수이면 2로 나눌 수 있어요.
3. 최대한 많이 5로 약분하세요. 마지막 자리의 숫자가 5나 0이면 5로 나눌 수 있어요.
4. 최대한 많이 3으로 약분하세요. 각 자리 숫자의 합이 3으로 나누어떨어지면 3으로 나눌 수 있어요.

1. 암산한 후, 정답을 로봇에서 찾아 ○표 해 보세요.

$\frac{18}{3}$ = ________　　$\frac{28}{7}$ = ________　　$\frac{35}{5}$ = ________

$\frac{24}{6}$ = ________　　$\frac{64}{8}$ = ________　　$\frac{63}{9}$ = ________

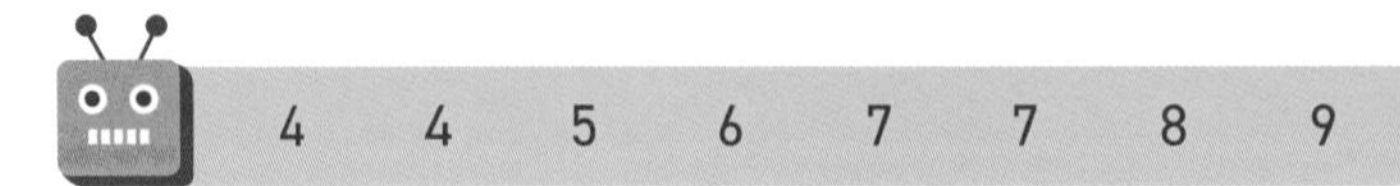

2. 주어진 수를 다음 중 어떤 수로 가장 먼저 약분할 수 있을까요? 찾아서 X표 해 보세요.

$\frac{120}{40}$

10 | 2 | 5 | 3

$\frac{96}{8}$

10 | 2 | 5 | 3

$\frac{147}{21}$ 10 | 2 | 5 | 3

$\frac{260}{20}$ 10 | 2 | 5 | 3

$\frac{120}{15}$ 10 | 2 | 5 | 3

$\frac{154}{14}$ 10 | 2 | 5 | 3

3. 한 번 약분하여 나눗셈을 계산한 후, 정답을 로봇에서 찾아 ○표 해 보세요.

$\frac{420}{70}$ = ________________

$\frac{105}{15}$ = ________________

$\frac{126}{14}$ = ________________

$\frac{128}{16}$ = ________________

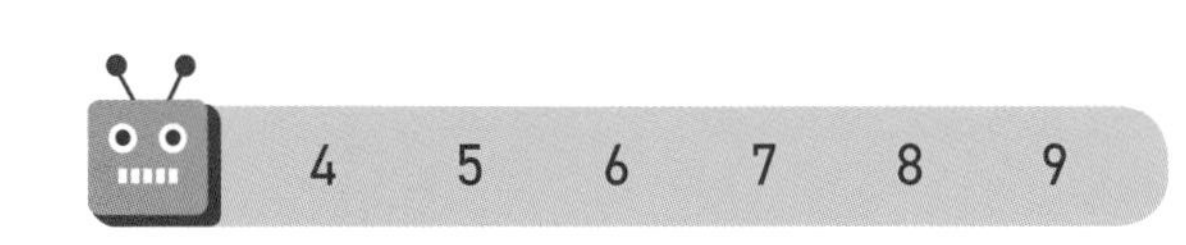

4. 최대한 많이 약분하여 나눗셈을 계산한 후, 정답을 로봇에서 찾아 ○표 해 보세요.

$\frac{216}{24} = \frac{108}{12}$ ________________

$\frac{168}{56}$ = ________________

$\frac{140}{28}$ = ________________

$\frac{3600}{120}$ = ________________

$\frac{840}{40}$ = ________________

$\frac{256}{32}$ = ________________

3 5 8 9

18 21 28 30

5. 아래 글을 읽고 공책에 알맞은 식을 세워 답을 구해 보세요.

❶ 180개의 도넛을 봉지 36개에 똑같이 나누어 담았어요. 봉지 1개에 담긴 도넛은 몇 개일까요?

____

❷ 1680개의 롤을 봉지 240개에 똑같이 나누어 담았어요. 봉지 1개에 담긴 롤은 몇 개일까요?

____

더 생각해 보아요!

사탕을 똑같이 나누기 위해 케이티는 가지고 있던 사탕의 $\frac{1}{4}$을 시몬에게 주었어요. 사탕은 모두 24개예요. 시몬이 처음에 가지고 있던 사탕은 몇 개였을까요?

____

6. 짝이 맞는 것끼리 선으로 이어 보세요.

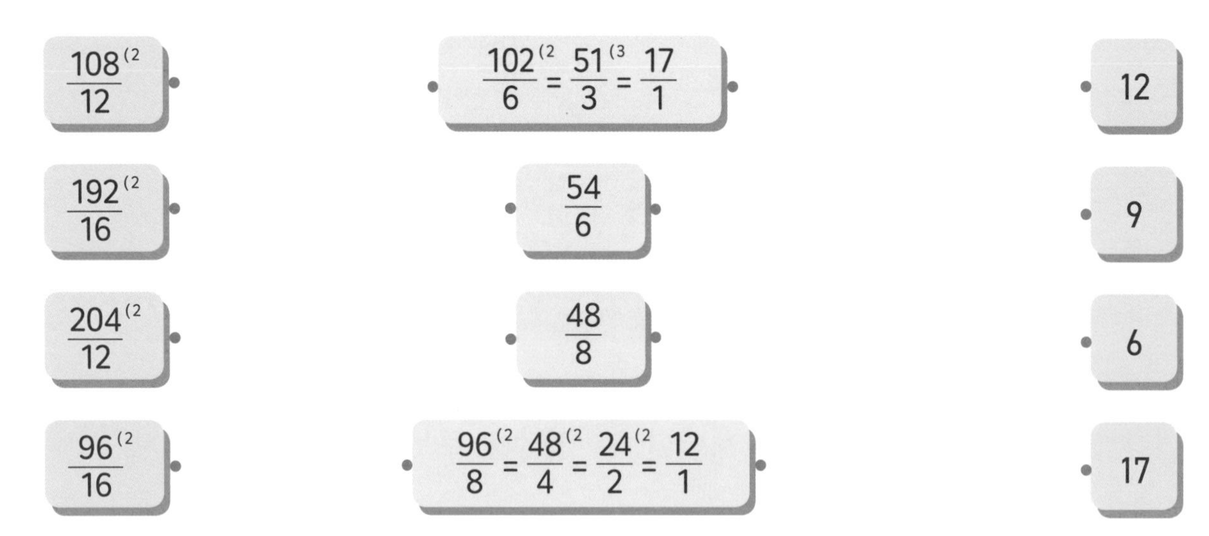

7. 주어진 수를 다음 중 어떤 수로 나눌 수 있을지 모두 찾아 ○표 해 보세요.

8400	2	3	5	10
12932	2	3	5	10
189024	2	3	5	10
131175	2	3	5	10

8. 아래 설명을 읽고 길을 찾아보세요.

<진행 순서>
주황색 칸에서 노란색 칸으로, 노란색 칸에서 파란색 칸으로, 파란색 칸에서 초록색 칸으로, 초록색 칸에서 주황색 칸으로 움직이세요. 가로나 세로로 한 칸씩 이동할 수 있고 대각선으로는 움직일 수 없어요.

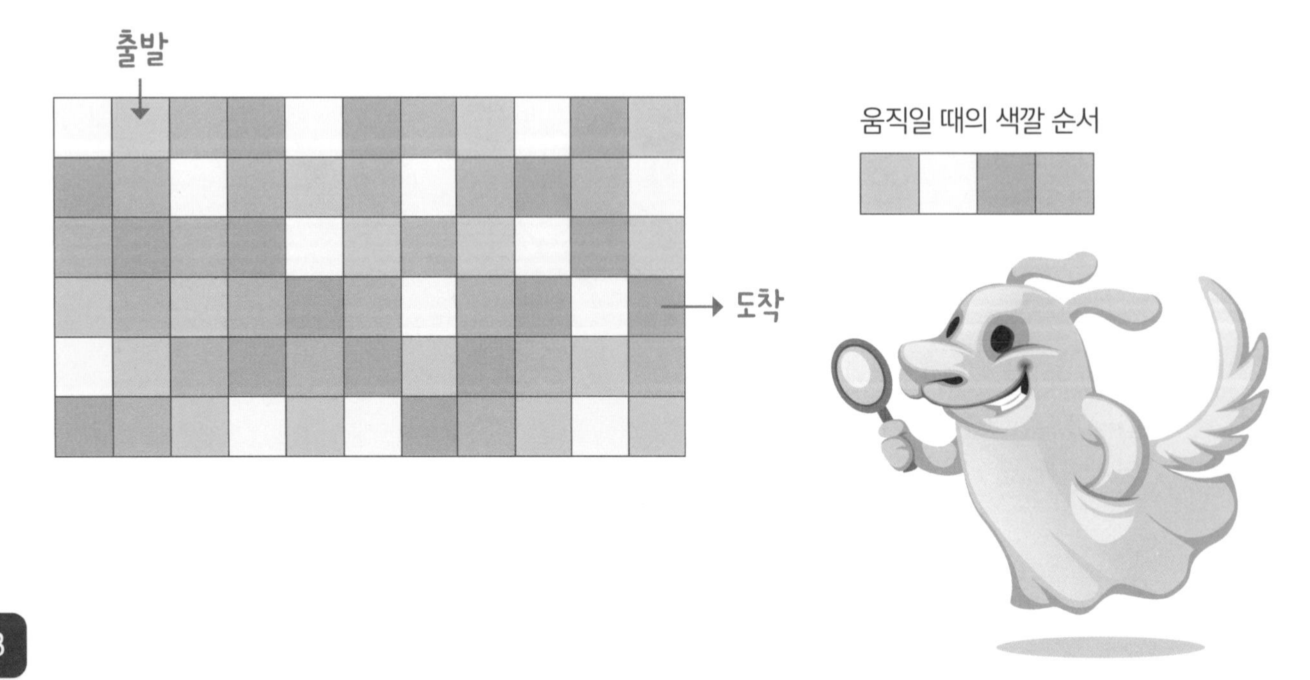

9. 아래 문장을 읽고 참 또는 거짓을 써 보세요.

상자에 색연필이 36자루 있어요. 그중 $\frac{1}{3}$은 파란색이고, 나머지는 초록색이에요. 색연필의 절반은 부러졌고, 나머지 절반은 부러지지 않았아요.

❶ 색연필 1자루를 집으면 분명히 초록색일 거예요. ________

❷ 색연필 13자루를 집으면 그중 1자루는 분명히 초록색일 거예요. ________

❸ 색연필 24자루를 집었을 때 색연필이 모두 초록색일 수 있어요. ________

❹ 파란색 색연필은 모두 부러지지 않았을 수 있어요. ________

❺ 초록색 색연필은 모두 부러졌을 수 있어요. ________

10. 공책에 계산하여 답을 구해 보세요.

$\frac{15600}{240}$

$\frac{45000}{2500}$

$\frac{67200}{3200}$

한 번 더 연습해요!

1. 공책에 계산하여 답을 구해 보세요.

$\frac{360}{24}$ $\frac{416}{32}$ $\frac{1280}{80}$

2. 아래 글을 읽고 알맞은 식을 세워 답을 구해 보세요.

❶ 비스킷 2400개를 통 120개에 똑같이 나누어 담았어요. 통 1개에 담긴 비스킷은 몇 개일까요?

식 : ____________________

____

정답 : ____________________

❷ 롤 98개를 봉지 14개에 똑같이 나누어 담았어요. 봉지 1개에 담긴 롤은 몇 개일까요?

식 : ____________________

____

정답 : ____________________

7 가분수를 대분수로 나타내기

• 나눗셈이 나누어떨어지지 않으면 결과를 대분수로 나타낼 수 있어요.

$\frac{66\text{ kg}}{12}$

$\frac{66^{(2}}{12} = \frac{33^{(3}}{6} = \frac{11}{2} = 5\frac{1}{2}$

정답 : $5\frac{1}{2}$kg

1. 대분수로 바꾼 후, 정답을 로봇에서 찾아 ○표 해 보세요.

$\frac{3}{2}$ = ______ $\frac{9}{2}$ = ______ $\frac{13}{4}$ = ______

$\frac{31}{7}$ = ______ $\frac{23}{9}$ = ______ $\frac{42}{5}$ = ______

$1\frac{1}{2}$ $2\frac{5}{9}$ $3\frac{1}{4}$ $3\frac{3}{4}$ $4\frac{3}{7}$ $4\frac{1}{2}$ $8\frac{2}{5}$ $8\frac{4}{5}$

2. 최대한 많이 약분한 후, 나눗셈을 계산해 보세요. 결과를 대분수로 바꾼 후, 정답을 로봇에서 찾아 ○표 해 보세요.

$\frac{50}{20}$ = ______

$\frac{93}{18}$ = ______

$\frac{124}{24}$ = ______

$\frac{40}{12}$ = ______

$\frac{104}{14}$ = ______

$\frac{390}{150}$ = ______

$2\frac{1}{2}$ $2\frac{3}{5}$ $3\frac{1}{3}$ $5\frac{1}{6}$ $5\frac{1}{6}$ $7\frac{1}{6}$ $7\frac{3}{7}$ $8\frac{4}{7}$

3. 아래 글을 읽고 알맞은 식을 세워 답을 구한 후, 정답을 로봇에서 찾아 ○표 해 보세요.

❶ 상인이 블루베리 42kg을 상자 8개에 똑같이 나누어 담았어요. 상자 1개에 담긴 블루베리는 몇 kg일까요?

식 :

정답 :

❷ 상인이 딸기 54kg을 상자 12개에 똑같이 나누어 담았어요. 상자 1개에 담긴 딸기는 몇 kg일까요?

식 :

정답 :

4. 공책에 알맞은 식을 세워 답을 구한 후, 정답을 로봇에서 찾아 ○표 해 보세요.

❶ 딸기 86kg을 상자 12개에 똑같이 나누어 담았어요. 상자 1개에 담긴 딸기는 몇 kg일까요?

❷ 블루베리 145kg을 상자 15개에 똑같이 나누어 담았어요. 상자 1개에 담긴 블루베리는 몇 kg일까요?

❸ 감자 148kg이 있어요. 그중 절반은 이미 먹었고, 나머지는 8봉지에 똑같이 나누어 담았어요. 봉지 1개에 담긴 감자는 몇 kg일까요?

❹ 딸기 5상자가 있는데, 각 상자에는 딸기가 21kg씩 들어 있어요. 그리고 블루베리 3상자가 있는데, 각 상자에는 블루베리가 17kg씩 들어 있어요. 딸기와 블루베리를 섞어서 32상자에 똑같이 나누어 담았어요. 상자 1개에 담긴 딸기와 블루베리는 몇 kg일까요?

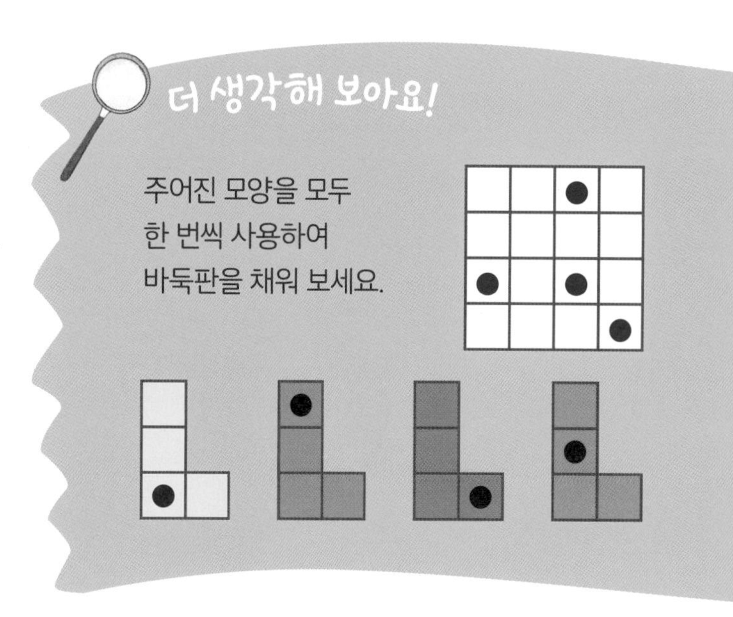
더 생각해 보아요!
주어진 모양을 모두
한 번씩 사용하여
바둑판을 채워 보세요.

$4\frac{1}{2}$ kg　$4\frac{7}{8}$ kg　$5\frac{1}{4}$ kg　$6\frac{5}{6}$ kg　$7\frac{1}{6}$ kg　$8\frac{1}{3}$ kg　$9\frac{1}{4}$ kg　$9\frac{2}{3}$ kg

5. 값이 같은 것끼리 선으로 이어 보세요.

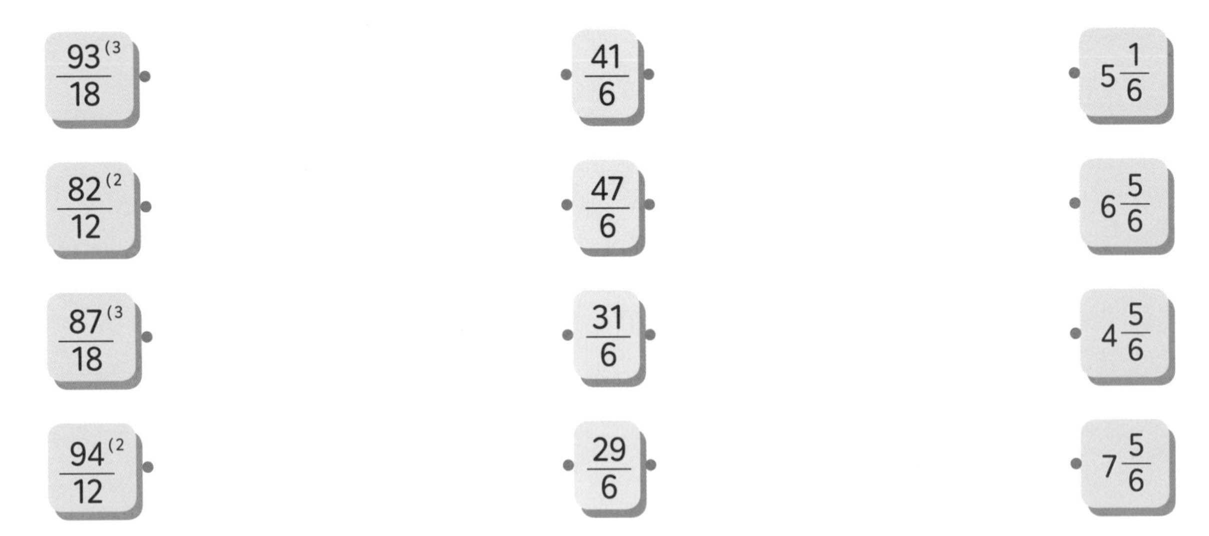

6. 나누어떨어지는 규칙에 따라 다음 수를 자루에 나누어 담아 보세요. 수는 한 번씩만 쓸 수 있으며 각 자루에 4개씩 담을 수 있어요. 수를 담은 후 왜 그렇게 선택했는지 설명해 보세요.

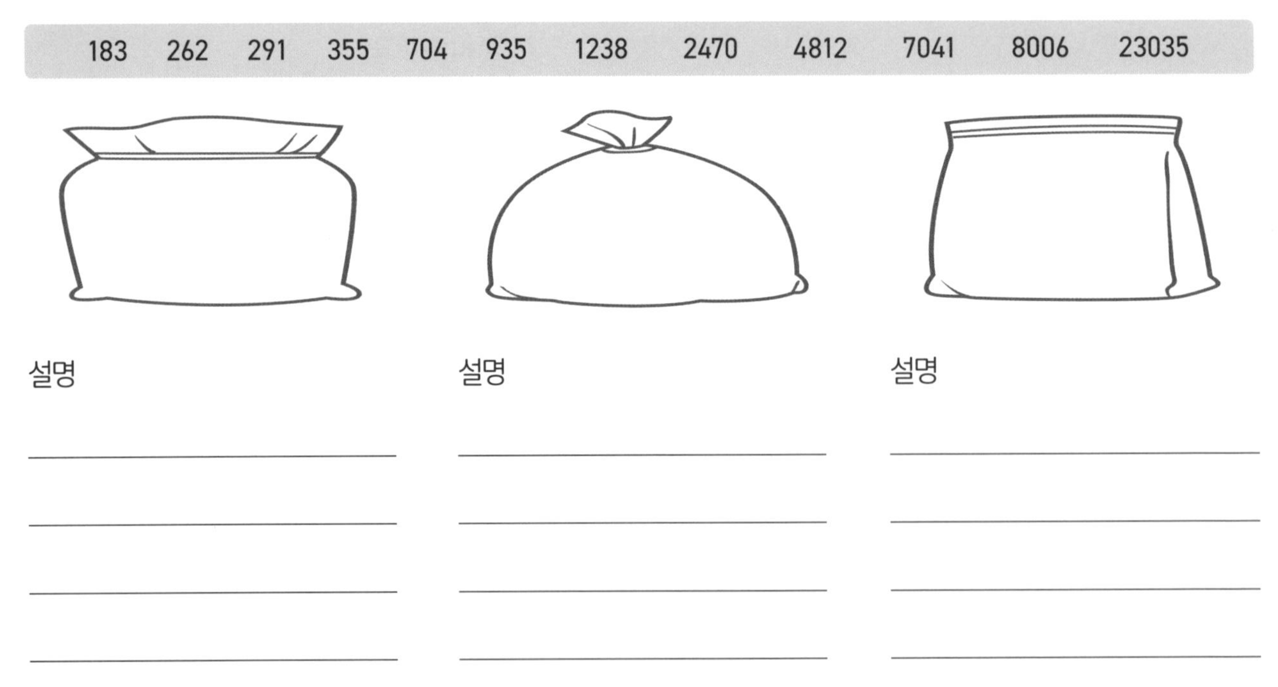

7. 식이 성립하도록 +, −, ×, ÷를 빈칸에 알맞게 써넣어 보세요. 각 부호는 하나의 식에 한 번씩 사용할 수 있어요.

70 ☐ 70 ☐ 70 = 4830

90 ☐ 90 ☐ 90 ☐ 90 = 1

50 ☐ 50 ☐ 50 = 51

12 ☐ 12 ☐ 12 ☐ 12 = 143

8. 아래의 칸에는 각 칸에서 가로, 세로, 대각선의 위치에 그다음 수가 오는 규칙을 가지고 있어요. 1~36까지의 수를 빠짐없이 한 번씩 넣어 빈칸에 들어갈 수를 알맞게 채워 보세요.

		31			10
36		33			14
29	6				
5		27		16	
1			18		
	3			23	

9. 화강암 덩어리의 $\frac{1}{3}$을 잘라 냈어요. 잘라 낸 부분의 $\frac{4}{5}$는 석상을 조각하는 데 썼어요. 완성된 석상이 600kg이라면 원래 화강암의 무게는 몇 kg이었을까요?

한 번 더 연습해요!

1. 계산해 보세요.

$\frac{70}{30}=$ ____________　　$\frac{100}{16}=$ ____________

$\frac{125}{15}=$ ____________　　$\frac{122}{12}=$ ____________

2. 아래 글을 읽고 공책에 알맞은 식을 세워 답을 구해 보세요.

❶ 못이 128kg 있는데, 상자 24개에 똑같이 나누어 담았어요. 상자 1개에 담긴 못은 몇 kg일까요?

❷ 나사가 164kg 있는데, 상자 32개에 똑같이 나누어 담았어요. 상자 1개에 담긴 나사는 몇 kg일까요?

____월 ____일 ____요일

1. 계산한 후, 정답을 로봇에서 찾아 ○표 해 보세요.

318 × 5
= ______________________
= ______________________
= ______________________

214 × 4
= ______________________
= ______________________
= ______________________

2. 곱해지는 수를 자릿수별로 분해하여 계산한 후, 정답을 로봇에서 찾아 ○표 해 보세요.

12 × 24　　　14 × 21　　　12 × 42

3. 곱해지는 수의 약수를 분해하여 계산한 후, 정답을 로봇에서 찾아 ○표 해 보세요.

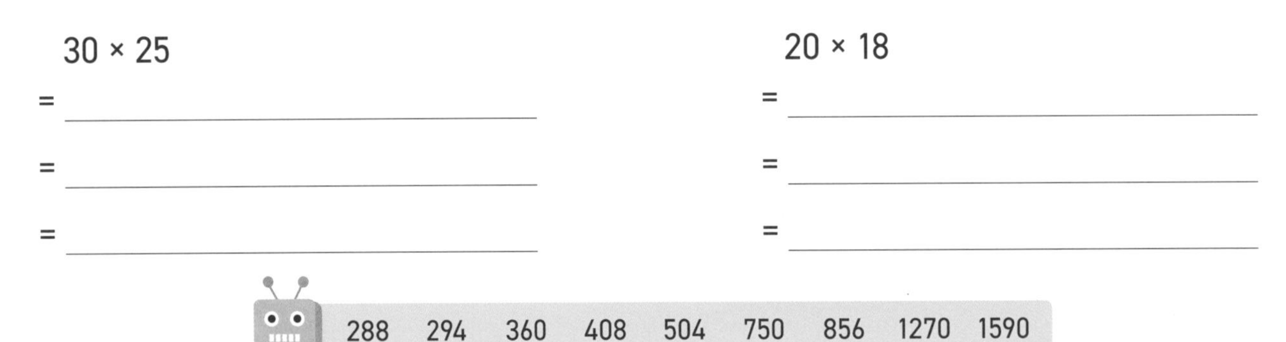

30 × 25
= ______________________
= ______________________
= ______________________

20 × 18
= ______________________
= ______________________
= ______________________

288　294　360　408　504　750　856　1270　1590

4. 곱해지는 수와 곱하는 수의 약수를 분해하여 계산한 후, 정답을 로봇에서 찾아 ○표 해 보세요.

❶ 8 × 25　　❷ 35 × 18　　❸ 15 × 22

200　330　560　630　830

여기서 잠깐!

체스판에는 64칸이 있어요. 낟알 하나가 처음 칸에 놓이면 두 번째 칸에서는 2, 세 번째 칸에서는 4, 이렇게 계속하다 보면 전체 체스판에 1800경 이상의 낟알이 놓이게 돼요.
100경 = 100만 × 100만 × 100만

5. 계산한 후, 정답을 로봇에서 찾아 ○표 해 보세요.

$\frac{160}{20}=$ ______________________

$\frac{224}{32}=$ ______________________

$\frac{98}{12}=$ ______________________

$\frac{140}{16}=$ ______________________

$\frac{132}{14}=$ ______________________

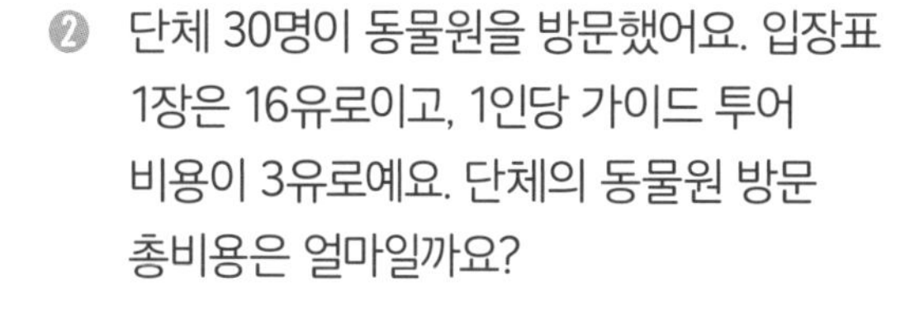

$6\frac{1}{8}$ 7 8 $8\frac{1}{6}$ $8\frac{3}{8}$ $8\frac{3}{4}$ $9\frac{3}{7}$

6. 공책에 알맞은 식을 세워 답을 구한 후, 정답을 로봇에서 ○표 해 보세요.

❶ 5명이 기차를 타고 로바니에미에 2번 다녀왔어요. 1인당 왕복표가 89유로라면 기차표 가격은 모두 얼마일까요?

____

❷ 단체 30명이 동물원을 방문했어요. 입장표 1장은 16유로이고, 1인당 가이드 투어 비용이 3유로예요. 단체의 동물원 방문 총비용은 얼마일까요?

____

❸ 딸기 130kg을 상자 18개에 똑같이 나누어 담았어요. 상자 1개에 담긴 딸기는 몇 kg일까요?

____

❹ 상인이 블루베리 38kg과 딸기 44kg을 섞어 상자 16개에 똑같이 나누어 담았어요. 상자 1개에 담긴 블루베리와 딸기는 몇 kg일까요?

____

더 생각해 보아요!

요나스는 매주 3유로를, 빈센트는 5.50유로를 저축하여 각자 66유로를 모았어요. 빈센트는 요나스보다 몇 주 더 빨리 66유로를 모았을까요?

____

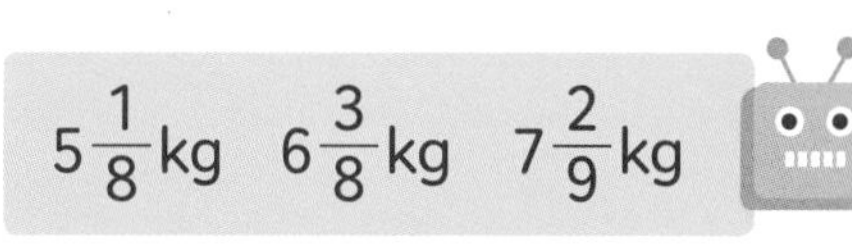

$5\frac{1}{8}$kg $6\frac{3}{8}$kg $7\frac{2}{9}$kg

570 € 620 € 890 €

7. 계산하여 정답이 있는 곳을 찾아 이동해 보세요. 알렉은 어느 도시를 여행하고 있나요?

출발	$4\frac{5}{7}$	280	13
$\frac{120}{30}$ = ________	10 × 16 = ________	20 × 28 = ________	$\frac{120}{15}$ = ________
160	8	4	560
20 × 16 = ________	10 × 28 = ________	4 × 12 = ________	$\frac{29}{7}$ = ________
48	$4\frac{1}{7}$	3	315
3 × 105 = ________	$\frac{180}{60}$ = ________	$\frac{33}{7}$ = ________	$\frac{260}{20}$ = ________
420	$4\frac{3}{7}$	320	250
쿠오피오	로바니에미	투르쿠	유배스큘래

알렉은 ____________________를 여행하고 있어요.

8. 상자를 채우려면 작은 정육면체는 몇 개 필요할까요?

❶

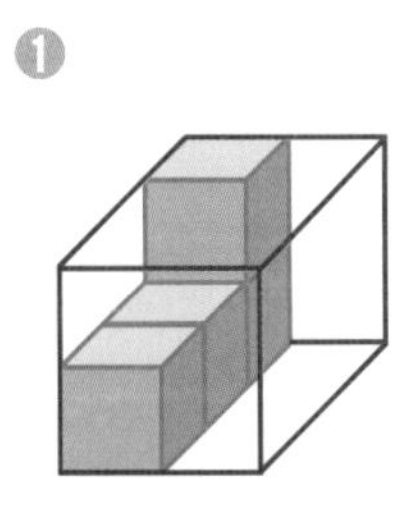

____________개

❷

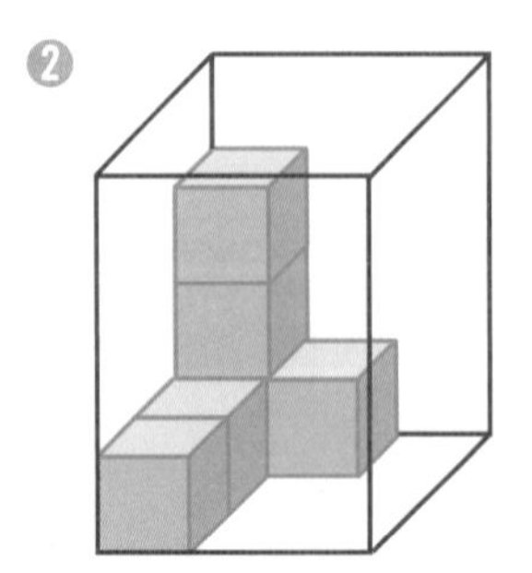

____________개

❸

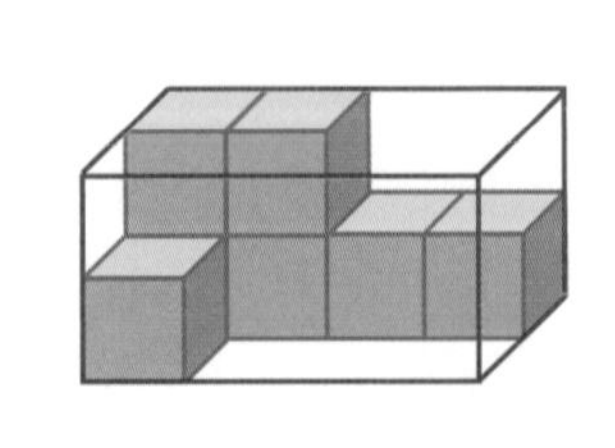

____________개

9. 아래 글을 읽고 공책에 답을 구해 보세요. 필요하다면 그림을 그려도 좋아요.

❶ 수족관에 물고기가 12마리 있어요. 그중 8마리는 몸에 빨간색이 있고, 10마리는 검은색이 있어요. 모든 물고기 몸에 빨간색이나 검은색이 있다면 빨간색과 검은색이 모두 있는 물고기는 몇 마리일까요?

❷ 수족관에 물고기가 20마리 있어요. 그중 5마리는 줄무늬이고, 12마리는 머리 부분이 검은색이에요. 나머지 7마리는 몸 전체가 노란색이에요. 줄무늬이면서 머리 부분이 검은 물고기는 모두 몇 마리일까요?

❸ 수족관에 물고기가 15마리 있어요. 그중 10마리는 몸에 빨간색이 있고, 12마리는 검은색이 있어요. 한 가지 색으로 된 물고기는 몇 마리일까요?

10. 설명을 읽고 어떤 수인지 알아맞혀 보세요.

❶ 이 수는 3, 6, 9로 나누어떨어지는 수예요. 20보다 크고 40보다 작아요.

❷ 이 수는 4, 6, 8로 나눌 수 있어요. 이 수의 일의 자리 숫자에 2를 더하면 10이 되고 50보다 작아요.

한 번 더 연습해요!

1. 공책에 계산해 보세요.

❶ 곱해지는 수를 자릿수별로 분해해 보세요.
345×3

❷ 곱해지는 수를 자릿수별로 분해해 보세요.
15×12

❸ 곱해지는 수의 약수를 분해해 보세요.
30×12

❹ 곱해지는 수와 곱하는 수의 약수를 분해해 보세요.
55×18

2. 공책에 계산해 보세요.

$\frac{180}{30}$ $\frac{198}{18}$ $\frac{190}{40}$ $\frac{86}{14}$

11. 어떤 수일까요?

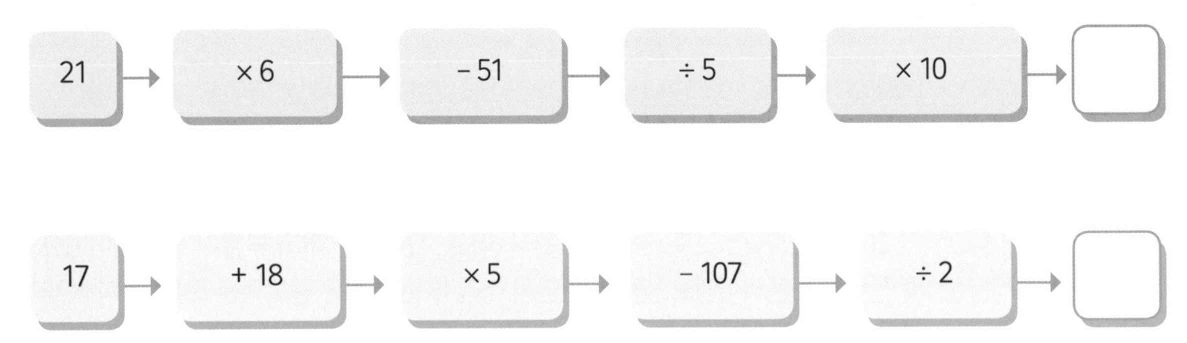

12. 승객들의 자리가 어디인지, 그리고 그들이 차에서 무엇을 하고, 무엇을 먹는지 알아맞혀 보세요.

- 비올레타는 음악을 들어요.
- 뒷좌석 가운데에 앉은 사람은 잠들었어요.
- 앞좌석에 앉은 사람은 책을 읽으며 샌드위치를 먹어요.
- 베라는 운전을 해요.
- 알렉스와 비올레타는 같은 것을 먹었어요.
- 존은 신문을 읽어요.
- 앞좌석의 다른 사람은 바나나를 먹었어요.
- 존은 에디 바로 뒤 가장자리에 앉았어요.
- 뒷좌석의 두 사람은 비스킷을 먹었고, 또 한 사람은 사과를 먹었어요.

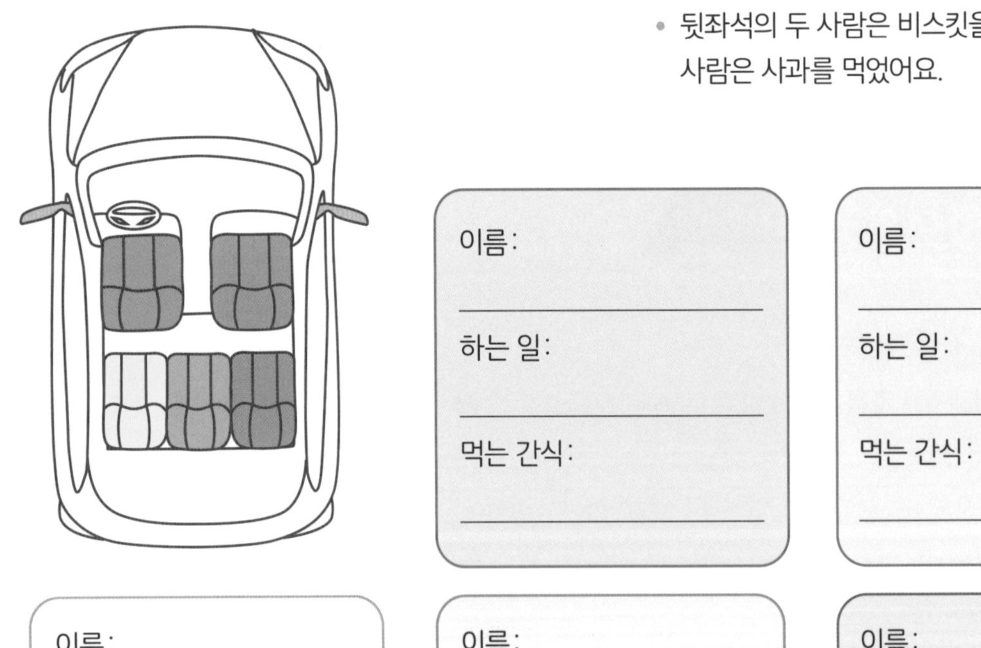

이름: ______
하는 일: ______
먹는 간식: ______

이름: ______
하는 일: ______
먹는 간식: ______

이름: ______
하는 일: ______
먹는 간식: ______

13. 아래 글을 읽고 공책에 알맞은 식을 세워 답을 구해 보세요.

4대의 자동차가 같은 도로의 다른 차선을 달리고 있어요. 4대의 자동차가 20km를 주행하는 데 걸리는 시간은 각각 얼마일까요?

❶ 1번 차 : 평균 속력은 시속 60km예요.

____

❷ 2번 차 : 주행 중 평균 속력은 시속 80km예요. 절반 정도 갔을 때 도로 공사 때문에 2분 동안 멈추었어요.

____

❸ 3번 차 : 주행 중 평균 속력은 시속 100km예요. 6km 간격으로 있는 신호등 때문에 1분씩 멈추었어요.

____

❹ 4번 차 : 주행 중 평균 속력은 시속 120km예요. 7km 간격으로 발생한 교통 체증 때문에 3분씩 멈추었어요. 그리고 절반 정도 갔을 때 도로 공사 때문에 2분 동안 또 멈추었어요.

____

한 번 더 연습해요!

1. 계산해 보세요.

❶ 곱해지는 수를 자릿수별로 분해해 보세요.

237 × 3

= ________________

= ________________

= ________________

❷ 곱하는 수를 자릿수별로 분해해 보세요.

32 × 11

= ________________

= ________________

= ________________

❸ 곱해지는 수의 약수를 분해해 보세요.

30 × 22

= ________________

= ________________

= ________________

❹ 곱해지는 수와 곱하는 수의 약수를 분해해 보세요.

15 × 12

= ________________

= ________________

= ________________

실력을 평가해 봐요!

____ 월 ____ 일 ____ 요일

1. 계산해 보세요.

$30 \div 6 \times 4$
= ______
= ______

$3 \times 9 + 40 \div 5$
= ______
= ______

$50 - (2 + 6 \times 6)$
= ______
= ______

2. 계산해 보세요.

❶ 곱해지는 수를 자릿수별로 분해해 보세요.
252×4
= ______
= ______
= ______

❷ 곱하는 수를 자릿수별로 분해해 보세요.
38×11
= ______
= ______
= ______

❸ 곱해지는 수의 약수를 분해해 보세요.
20×24
= ______
= ______
= ______

❹ 곱해지는 수와 곱하는 수의 약수를 분해해 보세요.
35×6
= ______
= ______
= ______
= ______

3. 한 번 약분한 후, 나눗셈을 계산해 보세요.

$\frac{560}{80}$ = ______

$\frac{64}{16}$ = ______

4. 계산해 보세요.

$\frac{288}{16}$ = ______

$\frac{260}{40}$ = ______

$\frac{1680}{80}$ = ______

5. 아래 글을 읽고 부분으로 나누거나 하나의 식을 세워 답을 구해 보세요.

❶ 3팀에는 선수가 각각 8명씩 있고, 4팀에는 선수가 각각 7명씩 있어요. 선수는 모두 몇 명일까요?

식 : ______________________

____

____

정답 : ______________________

❷ 아이 6명의 워터파크 입장권이 모두 42유로예요. 그리고 아이들은 2유로인 음료를 1개씩 샀어요. 아이 1명당 비용은 얼마일까요?

식 : ______________________

____

____

정답 : ______________________

6. 아래 글을 읽고 부분으로 나누어 식을 세우고 답을 구해 보세요.

❶ 6인 가족이 외식을 했어요. 성인의 식사비는 아이의 식사비보다 3배 더 비싸요. 아이들 4명의 식사비는 모두 32유로예요. 성인 2명의 식사비는 얼마일까요?

식 : ______________________

____

____

____

정답 : ______________________

❷ 탄산음료 10병이 한 팩으로 구성되어 있는데, 파티를 위해 4팩을 구매했어요. 1병에 탄산음료가 2L씩 들어 있어요. 파티 전에 5병을 이미 마셨고, 나머지는 파티에서 마셨어요. 파티에서 마신 탄산음료는 모두 몇 L일까요?

식 : ______________________

____

____

____

정답 : ______________________

실력이 자란 만큼 별을 색칠하세요.

★★★ 정말 잘했어요.
★★☆ 꽤 잘했어요.
★☆☆ 앞으로 더 노력할게요.

단원 종합 문제

____ 월 ____ 일 ____ 요일

1. 공책에 계산해 보세요.

$24 \div 3 \times 2$

$(25 - 3 \times 3) \div 4$

2. 계산해 보세요.

❶ 곱해지는 수를 자릿수별로 분해해 보세요.
237×3

= ______________________

= ______________________

= ______________________

❷ 곱하는 수를 자릿수별로 분해해 보세요.
32×12

= ______________________

= ______________________

= ______________________

❸ 곱해지는 수의 약수를 분해해 보세요.
30×22

= ______________________

= ______________________

= ______________________

❹ 곱해지는 수와 곱하는 수의 약수를 분해해 보세요.
15×12

= ______________________

= ______________________

= ______________________

= ______________________

3. 공책에 계산해 보세요.

$\frac{300}{15}$

$\frac{240}{20}$

$\frac{164}{16}$

4. 공책에 알맞은 식을 세워 답을 구해 보세요.

❶ 헤일리는 1개에 1.20유로인 연필 4자루와 0.80유로인 지우개 1개를 샀어요. 헤일리가 물건값으로 10유로 지폐를 내면 거스름돈으로 얼마를 받을까요?

____

❷ 6학년 학생 36명을 3모둠으로 똑같이 나누었어요. 각 모둠에는 5학년 학생도 2명씩 추가되었어요. 한 모둠에 학생은 모두 몇 명일까요?

____

5. 계산해 보세요.

55 × 12

= ______

= ______

= ______

= ______

40 × 24 + 22

= ______

= ______

= ______

= ______

6. 공책에 알맞은 식을 세워 답을 구해 보세요.

❶ 딸기가 6상자 있는데, 상자 1개에 딸기가 18kg씩 들어 있어요. 그리고 블루베리가 12상자 있는데, 상자 1개에 블루베리가 6kg씩 들어 있어요. 딸기와 블루베리를 섞어서 상자 36개에 똑같이 나누어 담았어요. 상자 1개에 담긴 블루베리와 딸기는 몇 kg일까요?

______

❷ 색연필이 108자루 있어요. 그중 $\frac{1}{3}$이 빨간색이고, 나머지는 파란색이에요. 파란색 색연필을 연필꽂이 12개에 똑같이 나누어 담았어요. 연필꽂이 1개에 파란색 색연필은 모두 몇 자루 있을까요?

______

7. 그림이 들어간 식을 보고 그림의 값을 구해 보세요.

❶ 5 × ★ + 7 × ★ = 48

★ = ______

❷ (✸ + ✸) × ✸ = 200

✸ = ______

❸ ◗ ÷ 3 + ◗ = 80

◗ = ______

❹ ❤ − ❤ ÷ 4 = 24

❤ = ______

8. 공책에 계산해 보세요.

$40 \times 22 - 3 \times 120$ $\qquad$ $30 \times 12 + 480 \div 40$

$12 \times 45 \div 6$ $\qquad$ $(500 - 18 \times 20) \div 20$

9. 아래 글을 읽고 알맞은 식을 세워 답을 구해 보세요.

❶ 상인이 라즈베리 82kg을 상자 18개에 똑같이 나누어 담았어요.
그리고 블루베리 104kg을 상자 18개에 똑같이 나누어 담았어요.
한 손님이 라즈베리 1상자와 블루베리 1상자를 샀어요. 손님은 블루베리를 라즈베리보다 몇 kg 더 많이 사게 될까요?

____

____

❷ 상자 4개에 각각 크레용 15팩이 들어 있어요. 1팩은 16개의 크레용으로 구성되어 있어요. 상자에는 크레용이 총 992개 들어 있어야 해요. 크레용이 몇 팩 더 있어야 할까요?

____

____

10. 식이 성립하도록 각 도형에 해당하는 수를 알맞게 써넣어 보세요.

❶ 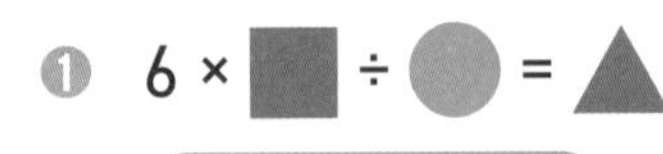

▲ = 12

● = 2

■ = ______

❷ 4 × ■ ÷ ● = ▲

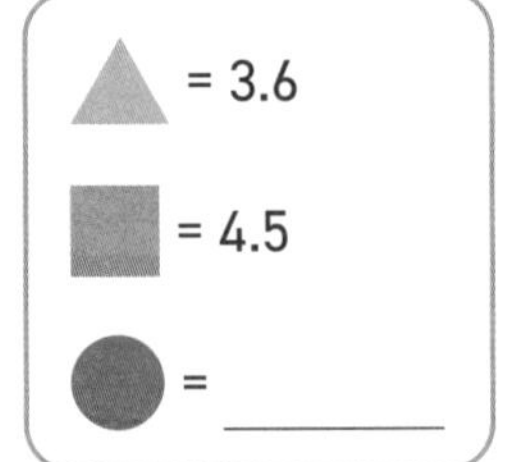

❸ 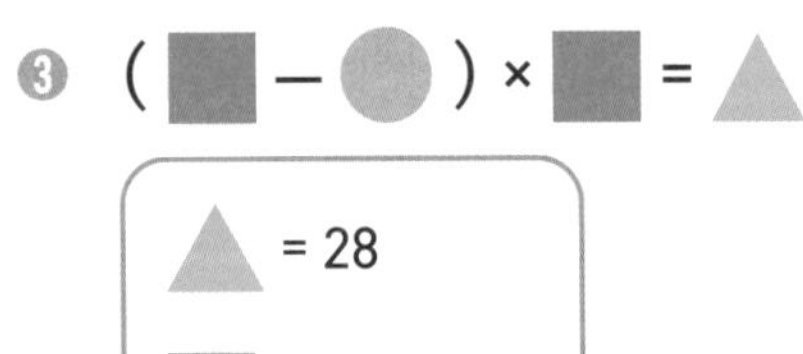

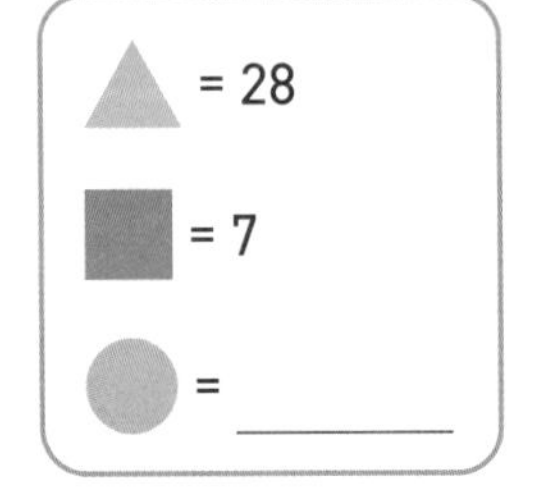

❹ 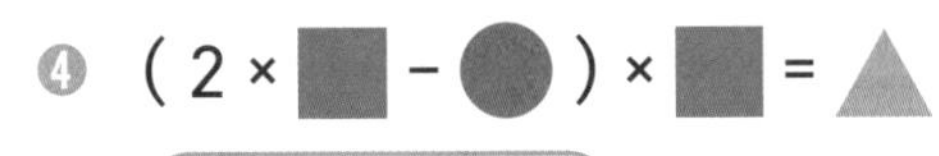

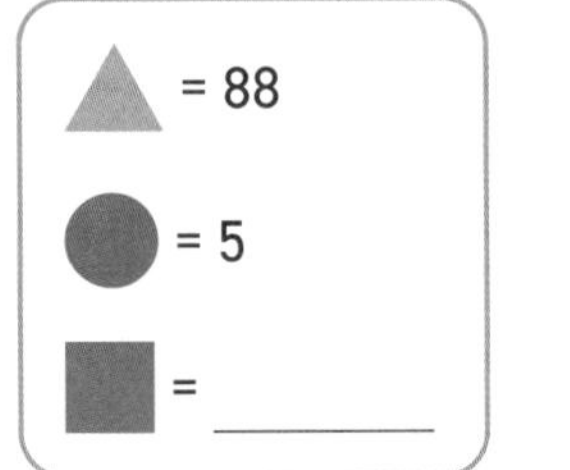

_____월 _____일 _____요일

★ 혼합 계산의 정리

1. 괄호
2. 곱셈과 나눗셈을 왼쪽에서 오른쪽으로
3. 덧셈과 뺄셈을 왼쪽에서 오른쪽으로

★ 서술형 문제

블루베리 45개와 라즈베리 39개를 상자 4개에 똑같이 나누어 담았어요. 상자 1개에 담긴 블루베리와 라즈베리는 모두 몇 개일까요?

<부분으로 나누어 계산하기>

45 + 39 = 84

84 ÷ 4 = 21

정답 : 21개

<하나의 식으로 계산하기>

(45 + 39) ÷ 4 = 21

정답 : 21개

★ 자릿수로 분해하여 곱셈하기

곱해지는 수를 분해하기

67 × 4
= 60 × 4 + 7 × 4
= 240 + 28
= 268

곱하는 수를 분해하기

12 × 15
= 12 × 10 + 12 × 5
= 120 + 60
= 180

- 먼저, 곱하는 수나 곱해지는 수를 자릿수별로 분해하세요.
- 곱셈을 계산하세요.
- 결과를 합하세요.

★ 약수를 분해하여 곱셈하기

곱해지는 수를 분해하기

50 × 12
= 10 × 5 × 12
= 10 × 60
= 600

곱해지는 수나 곱하는 수를 분해하기

18 × 35
= 9 × 2 × 5 × 7
= 2 × 5 × 9 × 7
= 10 × 63
= 630

- 약수의 자리를 바꾸거나, 약수를 분해하거나, 약수에 10, 100이 있는 경우 곱셈은 더 쉬워져요.

★ 나눗셈의 약분

최대한 많이 약분해요.

$\frac{156}{12}^{(2} = \frac{78}{6}^{(2} = \frac{39}{3}^{(3} = \frac{13}{1} = 13$

나눗셈이 나누어떨어지지 않으면 결과를 대분수로 나타낼 수 있어요.

$\frac{122}{12}^{(2} = \frac{61}{6} = 10\frac{1}{6}$

학습 자가 진단

학습 태도

	그렇지 못해요.	때때로 그래요.	자주 그래요.	항상 그래요.
수업 시간에 적극적이에요.	□	□	□	□
학습에 집중해요.	□	□	□	□
친구들과 협동해요.	□	□	□	□
숙제를 잘해요.	□	□	□	□

학습 목표

학습하면서 만족스러웠던 부분은 무엇인가요?

어떻게 실력을 향상할 수 있었나요?

____

____

____

학습 성과

	아직 익숙하지 않아요.	연습이 더 필요해요.	괜찮아요.	꽤 잘해요.	정말 잘해요.
• 혼합 계산의 순서를 이해할 수 있어요.	○	○	○	○	○
• 서술형 문제의 답을 구할 수 있어요.	○	○	○	○	○
• 자릿수로 분해하여 곱셈을 계산할 수 있어요.	○	○	○	○	○
• 약수를 분해하여 곱셈을 계산할 수 있어요.	○	○	○	○	○
• 약분을 이용하여 나눗셈을 계산할 수 있어요.	○	○	○	○	○

이번 단원에서 가장 쉬웠던 부분은 ______________________________예요.

이번 단원에서 가장 어려웠던 부분은 ______________________________예요.

함께 해봐요!

____월 ____일 ____요일

경로 설정

친구들과 모둠을 나눠 경로를 계획하고 실행해 보세요.
다른 모둠이 그 경로를 가게 될 거예요. 가는 도중에 힌트가 쪽지에 적혀 있어요. 그 힌트를 따라 경로 탐험을 진행해요.
경로 끝에 반드시 완수해야 하는 임무가 있어요.

계획하기

- 어디를 갈지 계획해요.
- 경로를 따라갈 때 필요한 3~6가지의 힌트를 준비해요.
- 완수해야 하는 마지막 임무를 준비해요.

힌트는 예를 들면 이런 거예요. "검은색과 흰색을 쳤더니 소리가 난다." 이것은 피아노를 암시하는 거예요.

마지막 임무는 예를 들면 이런 거예요. "자신의 팀을 위한 응원 구호를 만들어 보세요."

실행하기

- 종이쪽지에 힌트를 적으세요.
- 힌트를 적은 쪽지를 경로의 필요한 곳에 두세요.
- 첫 힌트가 있는 종이를 다른 모둠에게 주세요.
- 자신의 모둠도 힌트가 있는 종이를 다른 모둠으로부터 받을 거예요.
- 경로를 따라가면서 마지막 임무를 완수하세요.

힌트를 워드 프로세서로 작성한 후 프린트해도 좋아요.

마무리하기

- 모둠 모두 마지막 임무를 완수하세요.

평가하기

- 자신의 모둠이 서로 잘 협조했는지 평가해 보세요.
- 경로 계획이 어떻게 진행되었는지 평가해 보세요.
- 경로를 찾아가는 것이 어떻게 진행되었는지 평가해 보세요.

준비 과정에서 친구들과 협력이 잘 되었나요?
진행이 성공적이었나요?
더 나아질 수 있는 부분이 있나요?
아쉬웠던 부분이 있나요?

8 분모가 같은 분수의 덧셈과 뺄셈

분수의 약분

- 약분할 때 분모와 분자를 같은 수로 나누어요. 약분이 더 이상 안 될 때까지 약분해요. 약분해도 분수의 크기는 변하지 않아요.

나는 이렇게 약분해!

$\frac{24}{30}^{(6} = \frac{4}{5}$

나는 이렇게 해!

$\frac{24}{30}^{(2} = \frac{12}{15}^{(3} = \frac{4}{5}$

- 분모가 같은 분수는 분모에 있는 숫자가 같아요.
- 분모가 같은 분수를 더하거나 뺄 때 분모는 그대로 두고 분자끼리만 계산해요.
- 결과를 약분한 후, 가능하다면 자연수나 대분수로 바꾸어요.

분모가 같은 분수의 덧셈

$\frac{2}{15} + \frac{8}{15} = \frac{10}{15}^{(5} = \frac{2}{3}$

$\frac{5}{9} + \frac{7}{9} = \frac{12}{9}^{(3} = \frac{4}{3} = 1\frac{1}{3}$

분모가 같은 분수의 뺄셈

$\frac{7}{10} - \frac{3}{10} = \frac{4}{10}^{(2} = \frac{2}{5}$

$2 - \frac{3}{8} = \frac{16}{8} - \frac{3}{8} = \frac{13}{8} = 1\frac{5}{8}$

1. 약분한 후, 정답을 로봇에서 찾아 ○표 해 보세요.

$\frac{2}{4}^{(} =$ ________ $\frac{3}{9}^{(} =$ ________ $\frac{15}{20}^{(} =$ ________ $\frac{12}{21}^{(} =$ ________

2. 분수를 자연수나 대분수로 나타낸 후, 정답을 로봇에서 찾아 ○표 해 보세요.

$\frac{5}{5} =$ ________ $\frac{5}{2} =$ ________ $\frac{11}{3} =$ ________

$\frac{7}{4} =$ ________ $\frac{18}{6} =$ ________ $\frac{12}{5} =$ ________

$\frac{1}{2}$ $\frac{1}{3}$ $\frac{3}{4}$ $\frac{2}{5}$ $\frac{4}{7}$ 1 $1\frac{3}{4}$ $2\frac{1}{2}$ $2\frac{2}{5}$ 3 $3\frac{1}{3}$ $3\frac{2}{3}$

3. 계산한 후, 정답을 로봇에서 찾아 ○표 해 보세요.

$\frac{4}{15} + \frac{7}{15}$

= ____________

= ____________

$\frac{11}{24} + \frac{5}{24}$

= ____________

= ____________

$\frac{7}{4} + \frac{3}{4}$

= ____________

= ____________

$\frac{7}{30} - \frac{1}{30}$

= ____________

= ____________

$\frac{13}{5} - \frac{3}{5}$

= ____________

= ____________

$2 - \frac{4}{9}$

= ____________

= ____________

4. 아래 글을 읽고 공책에 알맞은 식을 세워 답을 구한 후, 정답을 로봇에서 찾아 ○표 해 보세요.

❶ 반죽에 밀가루 $\frac{3}{4}$dL와 감자 전분 $\frac{3}{4}$dL가 필요해요. 반죽에 가루가 얼마나 필요할까요?

____

❷ 우유 1팩에 우유 $\frac{3}{4}$L가 들어 있어요. 그중 $\frac{1}{4}$L가 팬케이크 반죽에 쓰였어요. 남은 우유의 양은 얼마일까요?

____

❸ 네타는 블루베리, 딸기, 라즈베리, 월귤을 파이에 넣었어요. 과일 종류별로 $\frac{3}{10}$L씩 사용했어요. 네타가 파이에 넣은 과일의 양은 모두 얼마일까요?

____

❹ 안드레아는 같은 크기의 피자 2개를 만들었어요. 안드레아는 야채 피자의 $\frac{3}{8}$을, 햄 피자의 $\frac{1}{8}$을 먹었어요. 남은 피자의 양은 얼마일까요?

____

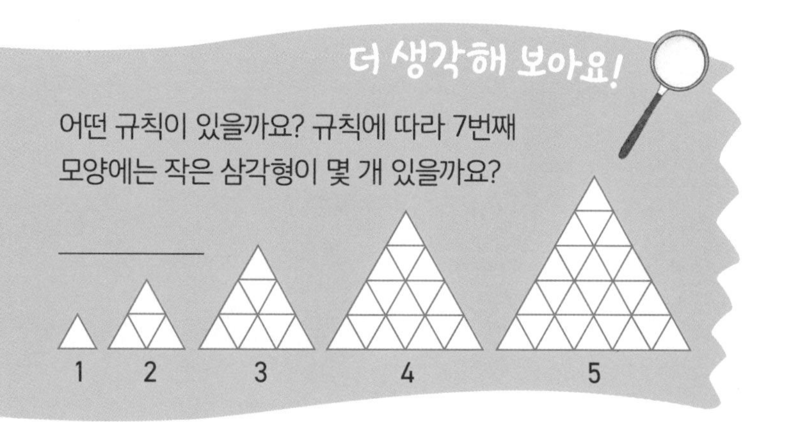

더 생각해 보아요!
어떤 규칙이 있을까요? 규칙에 따라 7번째 모양에는 작은 삼각형이 몇 개 있을까요?
1
2
3
4
5

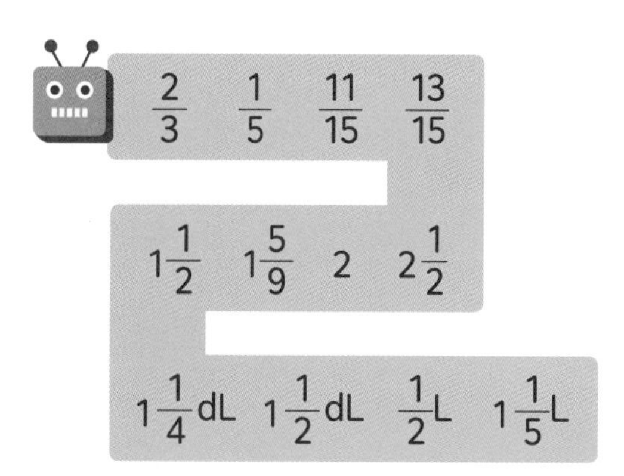

5. 그림이 들어간 식을 보고 그림의 값을 구해 보세요.

■ + ■ = ●

● − $\frac{5}{9}$ = $\frac{1}{3}$

▲ − ■ = ●

▲ = ______ ● = ______ ■ = ______

6. 리차드, 앤, 토마스, 헬레나는 모두 같은 식을 계산했는데, 선생님은 학생들에게 각각 다른 점수를 주었어요. 선생님이 왜 그런 점수를 주었는지 설명해 보세요.

❶ $\frac{3}{4}+\frac{3}{4}=\frac{6}{8}$

점수 : 0/3

설명 : ______________________

____

____

❷ $\frac{3}{4}+\frac{3}{4}=\frac{6^{(2}}{4}=\frac{3}{2}=1\frac{1}{4}$

점수 : 2/3

설명 : ______________________

____

____

❸ $\frac{3}{4}+\frac{3}{4}=\frac{6}{4}=1\frac{2}{4}$

점수 : 2/3

설명 : ______________________

____

____

❹ $\frac{3}{4}+\frac{3}{4}=\frac{6^{(2}}{4}=\frac{3}{2}=1\frac{1}{2}$

점수 : 3/3

설명 : ______________________

____

____

7. 아래 조각을 모두 한 번씩 사용하여 바둑판을 완성해 보세요. 조각의 방향을 돌리거나 위치를 바꿀 수 없어요.

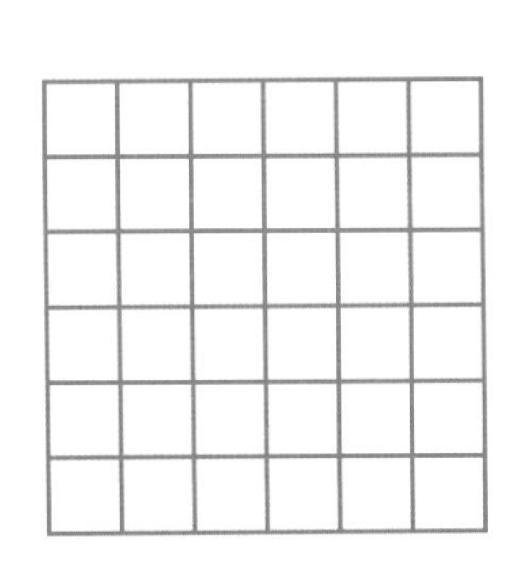

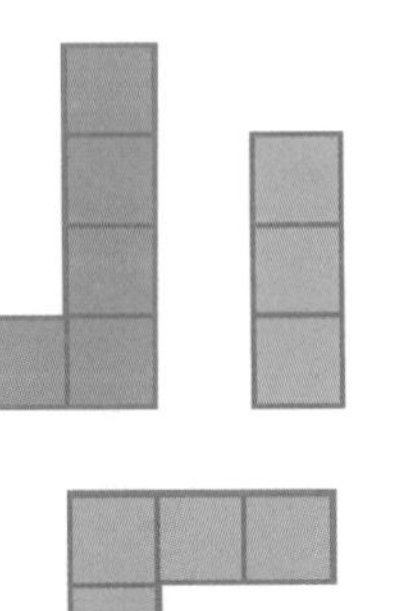

8. 아래 글을 읽고 공책에 알맞은 식을 세워 답을 구해 보세요.

❶ 2단 책꽂이에 없어진 책이 있어요. 위의 책꽂이는 아래 책꽂이보다 4권이 더 없어졌어요. 현재 책꽂이에 총 40권의 책이 있어요. 각 층에 25권의 책이 있으려면 아래 책꽂이에 몇 권의 책이 더 있어야 할까요?

____

❷ 집에서 여름 별장까지의 거리는 240km예요. 폴라의 엄마는 집에서 떠났고, 나머지 가족들은 여름 별장에서 떠났어요. 같은 도로를 서로 반대 방향으로 운전했어요. 폴라의 엄마는 가야 할 거리의 $\frac{2}{5}$를 갔고, 나머지 가족들은 $\frac{3}{8}$을 갔어요. 엄마와 가족들이 서로 떨어진 거리는 몇 km일까요?

____

9. 빵 바구니에 얇은 비스킷 6개, 호밀빵 4개 그리고 소다빵 2개가 있어요. 아래 조건을 만족하려면 얇은 비스킷 몇 개가 없어야 할까요?

❶ 바구니의 빵 중 $\frac{1}{3}$이 얇은 비스킷이어야 해요.

____

❷ 바구니의 빵 중 $\frac{1}{2}$이 호밀빵이어야 해요.

____

한 번 더 연습해요!

1. 주어진 분수를 약분하거나 대분수로 나타내 보세요.

$\frac{30}{40}$ = ________　　$\frac{15}{25}$ = ________　　$\frac{11}{5}$ = ________　　$\frac{19}{6}$ = ________

2. 공책에 계산해 보세요.

$\frac{7}{9}+\frac{7}{9}$　　$\frac{15}{32}+\frac{9}{32}$　　$\frac{11}{18}-\frac{5}{18}$　　$3-\frac{4}{5}$

9 대분수를 가분수로 나타내기

- 대분수를 가분수로 나타낼 때 분수 부분의 분모에 자연수를 곱한 후, 이 곱에 분수 부분의 분자를 더해서 구해요.
- 가분수의 분모는 대분수의 분모와 같아요.

자연수 부분 → $2\frac{3}{4}$ ← 분수 부분

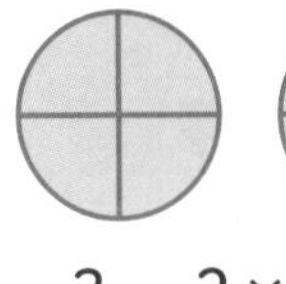
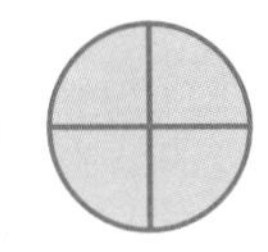
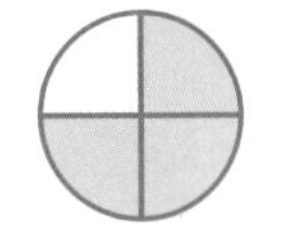

$2\frac{3}{4} = \frac{2 \times 4 + 3}{4} = \frac{8+3}{4} = \frac{11}{4}$

- 대분수 $2\frac{3}{4}$은 $\frac{1}{4}$이 11개 있는 것을 뜻해요.

아래와 같은 방법으로 바꾸어도 괜찮아요.

$2\frac{3}{4} = 2 + \frac{3}{4} = \frac{8}{4} + \frac{3}{4} = \frac{11}{4}$

1. 값이 같은 것끼리 선으로 이어 보세요.

$4\frac{3}{7}$	$\frac{5 \times 7 + 2}{7}$	$\frac{16}{5}$
$7\frac{2}{5}$	$\frac{7 \times 5 + 2}{5}$	$\frac{20}{7}$
$2\frac{6}{7}$	$\frac{3 \times 5 + 1}{5}$	$\frac{37}{7}$
$3\frac{1}{5}$	$\frac{4 \times 7 + 3}{7}$	$\frac{31}{7}$
$5\frac{2}{7}$	$\frac{2 \times 7 + 6}{7}$	$\frac{37}{5}$

2. 대분수를 가분수로 바꾸어 보세요. 그림을 이용해도 좋아요.

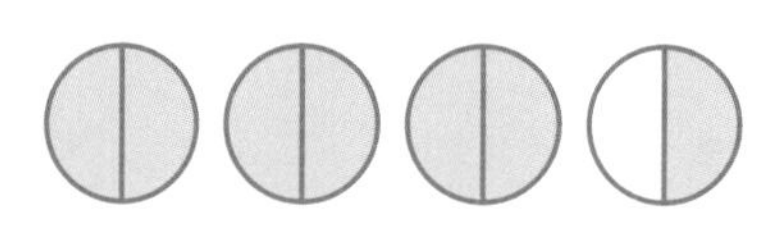 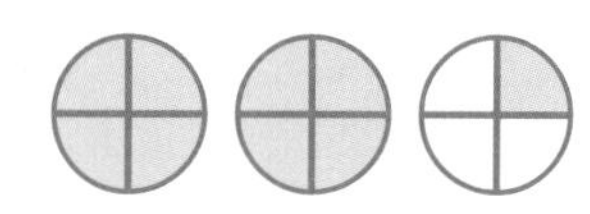 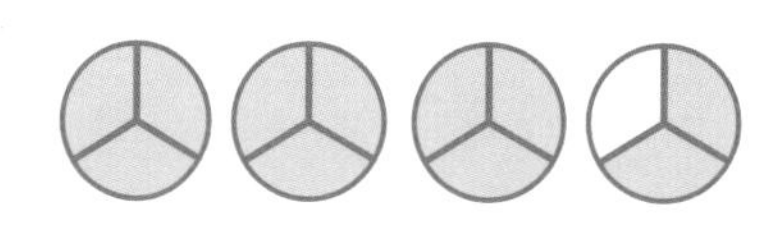

$3\frac{1}{2} = \frac{3\times2+1}{2} =$ ______ $2\frac{1}{4} =$ ______ $3\frac{2}{3} =$ ______

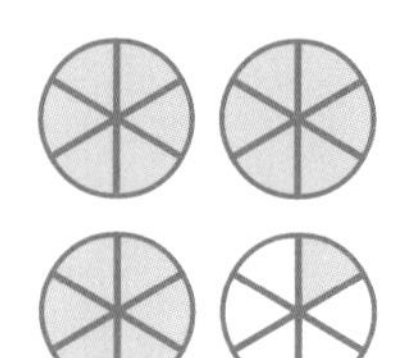 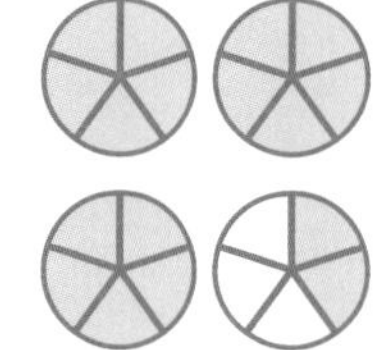 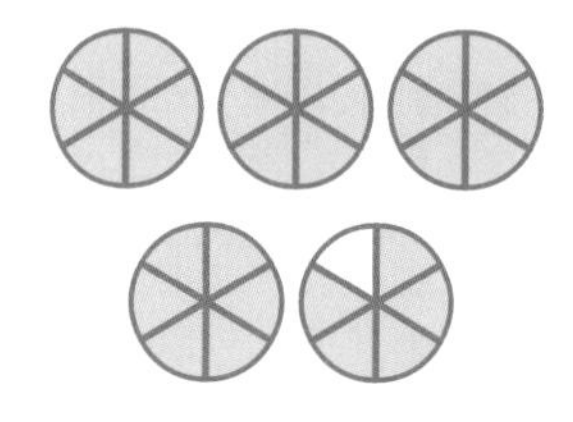

$3\frac{1}{6} =$ ______ $3\frac{2}{5} =$ ______ $4\frac{5}{6} =$ ______

3. 대분수를 가분수로 바꾼 후, 정답을 로봇에서 찾아 ○표 해 보세요.

$2\frac{1}{2} = \frac{2\times2+1}{2} =$ ______ $2\frac{1}{3} =$ ______

$1\frac{3}{4} =$ ______ $8\frac{2}{3} =$ ______

$7\frac{1}{4} =$ ______ $4\frac{1}{2} =$ ______

4. 대분수를 가분수로 바꾼 후, 정답을 로봇에서 찾아 ○표 해 보세요.

$7\frac{5}{6} =$ ______ $8\frac{3}{4} =$ ______ $3\frac{7}{8} =$ ______

$9\frac{1}{3} =$ ______ $4\frac{3}{8} =$ ______ $10\frac{3}{5} =$ ______

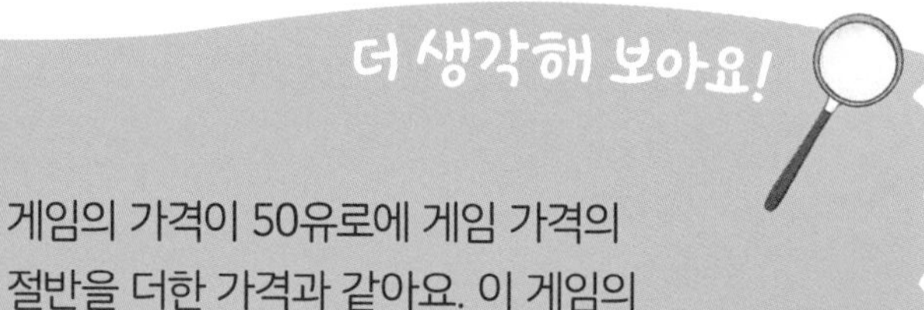

게임의 가격이 50유로에 게임 가격의 절반을 더한 가격과 같아요. 이 게임의 가격은 얼마일까요?

______

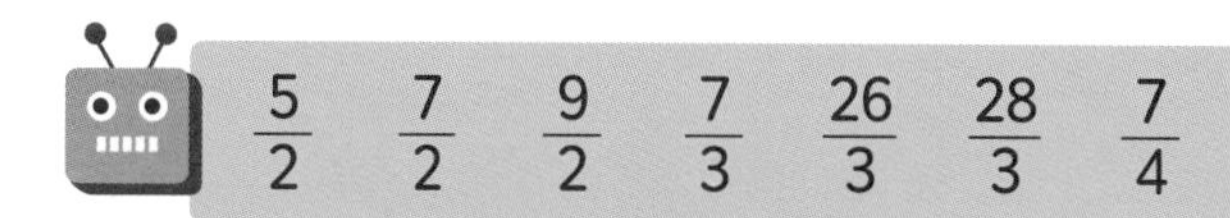

$\frac{5}{2}$ $\frac{7}{2}$ $\frac{9}{2}$ $\frac{7}{3}$ $\frac{26}{3}$ $\frac{28}{3}$ $\frac{7}{4}$

$\frac{11}{4}$ $\frac{29}{4}$ $\frac{35}{4}$ $\frac{53}{5}$ $\frac{47}{6}$ $\frac{31}{8}$ $\frac{35}{8}$

5. 값이 같은 것끼리 선으로 이어 보세요.

❶

$1\frac{4}{5}$ •	• $\frac{16}{5}$
$3\frac{1}{5}$ •	• $\frac{14}{5}$
$1\frac{2}{5}$ •	• $\frac{9}{5}$
$2\frac{4}{5}$ •	• $\frac{7}{5}$

❷

$1\frac{3}{6}$ •	• $\frac{19}{6}$
$3\frac{1}{6}$ •	• $\frac{9}{6}$
$1\frac{5}{6}$ •	• $\frac{14}{6}$
$2\frac{2}{6}$ •	• $\frac{11}{6}$

6. 아래 규칙에 따라 숫자 1, 2, 3, 4, 5가 가로줄과 세로줄에 한 번씩 들어가도록 칸에 알맞게 써넣어 보세요. 단, 진한 선으로 묶인 부분끼리 계산해요.

- 노란색 부분은 그 칸에 있는 수끼리 더해요.
- 초록색 부분은 그 칸에 있는 수끼리 빼요.
- 각 칸의 왼쪽 위에 있는 작은 수가 계산식의 정답이에요.

<보기>

5 4	1

5 1	4

<보기>와 같이 노란색 부분의 왼쪽 위 작은 수가 5라면 합이 5가 되는 두 수를 찾아 써요.

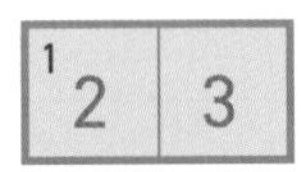

1 3	2

1 2	3

<보기>와 같이 초록색 부분의 왼쪽 위 작은 수가 1이라면 차가 1이 되는 두 수를 찾아 써요.

❶

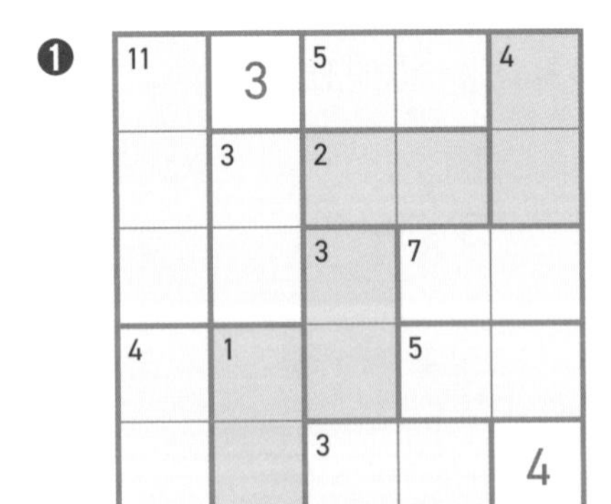

11	**3**	5		4
	3	2		
		3	7	
4	1		5	
		3		**4**

❷

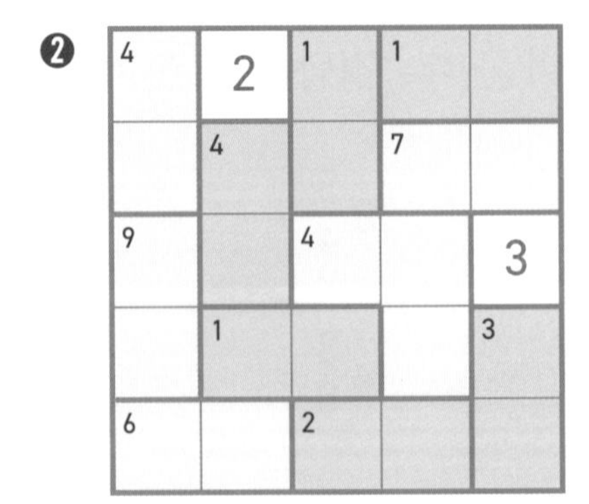

4	**2**	1	1	
	4		7	
9		4		**3**
	1			3
6		2		

7. 자밀라와 토니의 돈을 합하면 17유로예요. 토니와 네아가 가진 돈을 합하면 19유로이고, 네아와 햄사가 가진 돈을 합하면 24유로예요. 햄사와 자밀라가 가진 돈을 합하면 얼마일까요?

____

8. 빈칸을 빨간색이나 파란색으로 색칠해 보세요. 단, 가로, 세로, 대각선으로 같은 색깔의 칸이 연속되는 것은 3개까지만 가능해요.

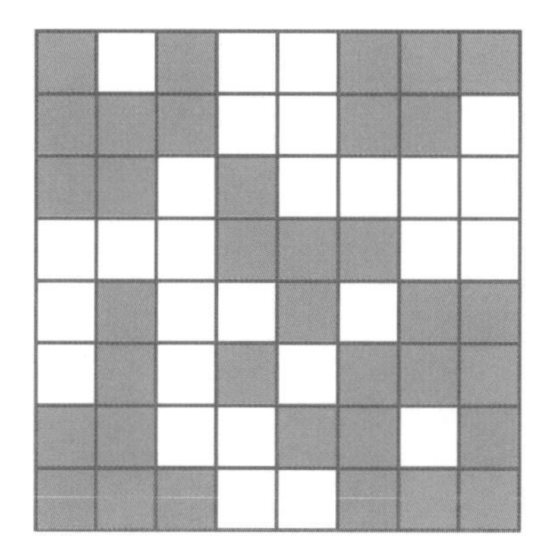

한 번 더 연습해요!

1. 대분수를 가분수로 바꾸어 보세요. 그림을 이용해도 좋아요.

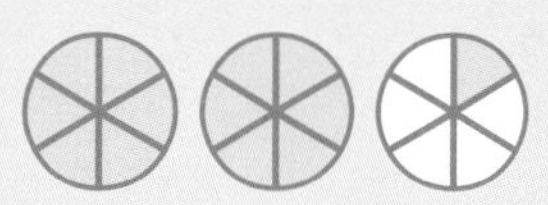

$1\frac{3}{5}$ = ______________ $2\frac{1}{6}$ = ______________ $3\frac{1}{3}$ = ______________

2. 대분수를 가분수로 바꾸어 보세요.

$4\frac{1}{3}$ = ______________ $5\frac{1}{2}$ = ______________

$10\frac{3}{5}$ = ______________ $7\frac{2}{3}$ = ______________

___월 ___일 ___요일

10 대분수의 덧셈과 뺄셈

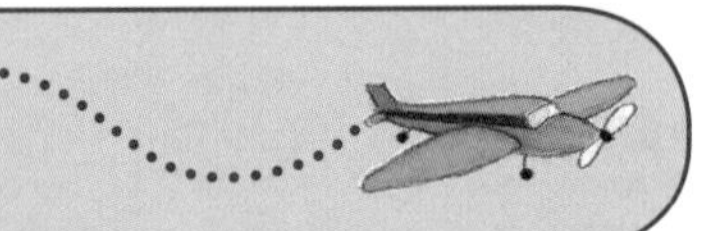

분모가 같은 대분수의 덧셈

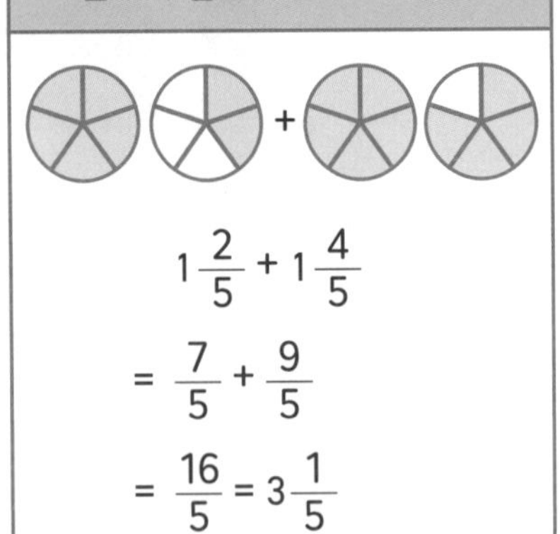

$1\frac{2}{5} + 1\frac{4}{5}$

$= \frac{7}{5} + \frac{9}{5}$

$= \frac{16}{5} = 3\frac{1}{5}$

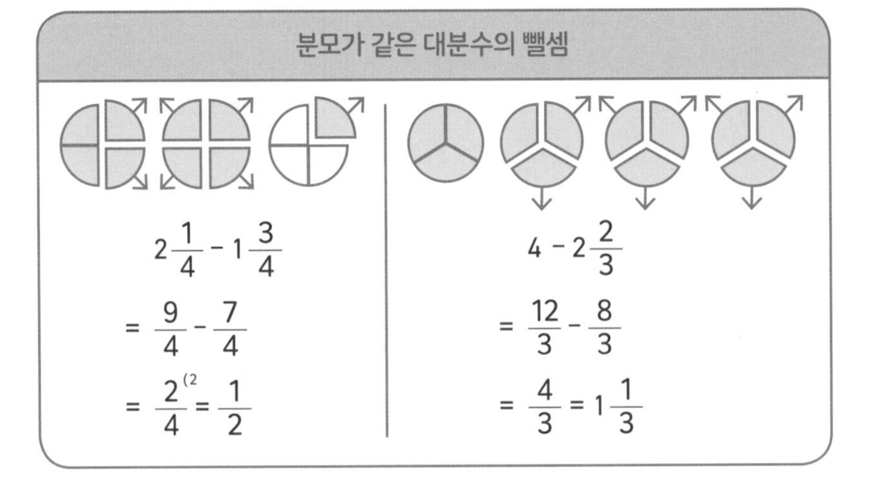

분모가 같은 대분수의 뺄셈

$2\frac{1}{4} - 1\frac{3}{4}$

$= \frac{9}{4} - \frac{7}{4}$

$= \frac{2}{4} = \frac{1}{2}$ (2

$4 - 2\frac{2}{3}$

$= \frac{12}{3} - \frac{8}{3}$

$= \frac{4}{3} = 1\frac{1}{3}$

- 대분수나 자연수를 가분수로 바꾸세요.
- 덧셈이나 뺄셈을 계산하세요.
- 결과를 약분한 후, 가능하다면 자연수나 대분수로 나타내세요.

1. 대분수를 가분수로 바꾸어 보세요.

$4\frac{2}{5}$ = ________ $2\frac{4}{9}$ = ________ $3\frac{2}{7}$ = ________ $9\frac{2}{3}$ = ________

2. 계산한 후, 정답을 로봇에서 찾아 ○표 해 보세요.

$1\frac{2}{5} + 2\frac{1}{5}$

= ________

= ________

$2\frac{2}{3} + 2\frac{2}{3}$

= ________

= ________

$1\frac{5}{6} + 2\frac{1}{6}$

= ________

= ________

$4\frac{1}{3} - 1\frac{2}{3}$

= ________

= ________

$3\frac{1}{4} - 2\frac{3}{4}$

= ________

= ________

$3 - 1\frac{4}{5}$

= ________

= ________

$\frac{1}{2}$ $\frac{1}{4}$ $1\frac{1}{5}$ $2\frac{1}{3}$ $2\frac{2}{3}$ $3\frac{3}{5}$ 4 $5\frac{1}{3}$

3. 공책에 계산한 후, 정답을 로봇에서 찾아 ○표 해 보세요.

$3\frac{1}{4} + 1\frac{3}{4}$　　$\frac{4}{5} + 4\frac{3}{5}$　　$1\frac{5}{6} + 4\frac{5}{6}$

$7\frac{1}{3} - 6\frac{2}{3}$　　$3\frac{1}{8} - \frac{5}{8}$　　$5\frac{2}{5} - 1\frac{3}{5}$

$\frac{2}{3}$　$1\frac{5}{8}$　$2\frac{1}{2}$　$2\frac{3}{8}$　$3\frac{4}{5}$　5　$5\frac{2}{5}$　$6\frac{2}{3}$

4. 아래 글을 읽고 공책에 답을 구한 후, 정답을 로봇에서 찾아 ○표 해 보세요.

❶ 롤 케이크 반죽을 만드는 데 밀가루 $3\frac{1}{2}$dL, 호밀가루 $1\frac{1}{2}$dL, 보리가루 2dL가 필요해요. 반죽에 들어가는 가루는 모두 몇 dL일까요?

____

❷ 케이크 반죽에 설탕 $3\frac{3}{4}$dL가 필요해요. 1봉지에는 설탕 $1\frac{1}{4}$dL가 들어 있어요. 설탕은 얼마나 더 필요할까요?

____

❸ 애플파이를 만들려면 밀가루 $4\frac{3}{4}$dL가 필요하고, 블루베리 파이를 만들려면 밀가루 $3\frac{3}{4}$dL가 필요해요. 1봉지에 밀가루 10dL가 들어 있어요. 파이를 만든 후, 봉지에 남은 밀가루는 몇 dL일까요?

____

❹ 1봉지에 세몰리나 $4\frac{1}{2}$dL가 들어 있어요. 베리 죽을 만드는 데 $2\frac{1}{2}$dL가 필요하고, 푸딩을 만드는 데 $5\frac{1}{2}$dL가 필요해요. 베리 죽과 푸딩을 만드는 데 세몰리나가 얼마나 더 필요할까요?

* 세몰리나는 파스타나 푸딩을 만드는 데 쓰이는 밀의 종류로 알갱이가 더 단단하고 거칠어요.

____

$1\frac{1}{2}$ dL　$2\frac{1}{2}$ dL　$3\frac{1}{2}$ dL　$4\frac{1}{2}$ dL　6 dL　7 dL

5. x 대신 어떤 수를 쓸 수 있을까요?

$x + 1\frac{4}{5} = 3$　　$4 - x = 1\frac{5}{6}$　　$x - 3\frac{1}{5} = 1\frac{3}{5}$

x = ______　　x = ______　　x = ______

더 생각해 보아요!

개미가 점 A에서 점 B로 이동하는 경로는 몇 가지가 있을까요? 단, 개미는 3개의 모서리만 따라서 움직일 수 있어요.

____

A

← 모서리

B

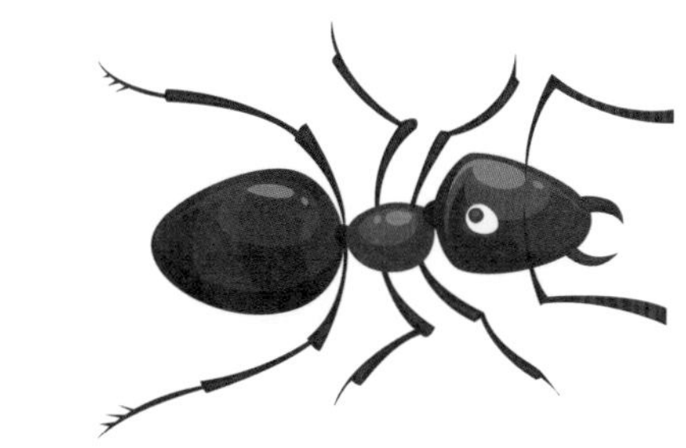

6. 빈칸에 알맞은 수를 써넣어 보세요.

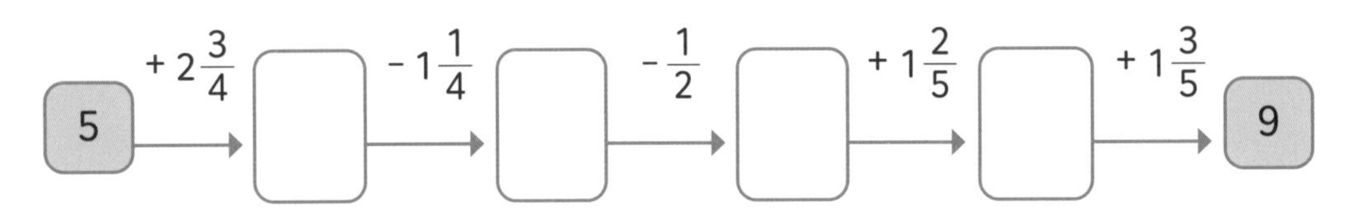

10 $\xrightarrow{-2\frac{1}{2}}$ ☐ $\xrightarrow{+1\frac{1}{2}}$ ☐ $\xrightarrow{-4\frac{3}{4}}$ ☐ $\xrightarrow{+1\frac{1}{4}}$ ☐ $\xrightarrow{-5\frac{1}{2}}$ 0

7. 아래 글을 읽고 항아리의 무게가 얼마인지 알아맞혀 보세요. 같은 색깔의 항아리는 무게가 같아요.

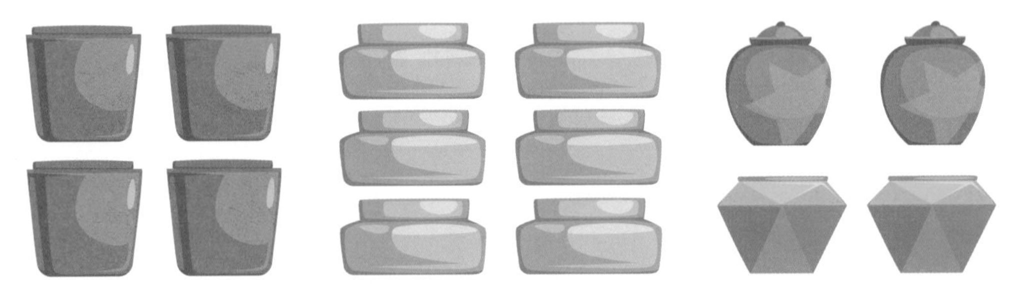

- 항아리의 무게는 모두 합해서 9kg이에요.
- 빨간 항아리의 무게는 모두 합해서 5kg이에요.
- 초록 항아리의 무게는 모두 합해서 $1\frac{1}{2}$kg이에요.
- 파란 항아리 3개는 초록 항아리 1개와 무게가 같아요.

 = ________  = ________  = ________ 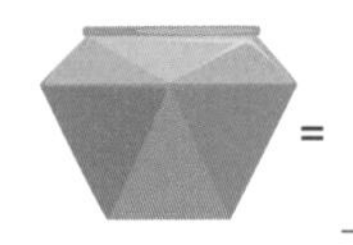 = ________

8. 규칙을 찾아보세요.

❶

수	규칙	정답
$2\frac{4}{5}$	→	$5\frac{1}{5}$
$3\frac{3}{5}$	→	6
7	→	$9\frac{2}{5}$

규칙: ____________________

____

❷

수	규칙	정답
$3\frac{5}{8}$	→	$2\frac{1}{2}$
$4\frac{3}{8}$	→	$3\frac{1}{4}$
6	→	$4\frac{7}{8}$

규칙: ____________________

____

9. 계산해 보세요.

❶ $3\frac{1}{2}$의 절반 ____________

❷ $1\frac{3}{4}$의 절반 ____________

❸ $6\frac{1}{2}$의 $\frac{1}{3}$ ____________

❹ $5\frac{1}{2}$의 $\frac{1}{4}$ ____________

10. 아래 글을 읽고 빈칸에 알맞은 모양을 그려 보세요.

- 진한 색으로 표시된 조각 1개에 X나 ▽ 또는 O가 4개씩 있어요.
- 왼쪽에 있는 숫자들은 가로줄에 해당 모양이 몇 개 들어가야 하는지를 알려 주는 지표예요.
- 위쪽에 있는 숫자들은 세로줄에 해당 모양이 몇 개 들어가야 하는지를 알려 주는 지표예요.

		×	7	7	1	3	4	5	1	1	4	3
		▽	2	2	5	5	2	1	3	4	3	5
×	▽	○	1	1	4	2	4	4	6	5	3	2
3	5	2										
1	7	2										
3	5	2										
4	4	2										
3	5	2										
2	1	7										
3	1	6										
6	1	3								▽		
5	2	3							▽	▽		
6	1	3							▽			

한 번 더 연습해요!

1. 공책에 계산해 보세요.

$1\frac{3}{7}+1\frac{4}{7}$　　$3\frac{3}{5}-1\frac{4}{5}$　　$2\frac{1}{8}+\frac{5}{8}$　　$5-1\frac{2}{3}$

2. 아래 글을 읽고 공책에 알맞은 식을 세워 답을 구해 보세요.

❶ 칼은 월귤 $1\frac{1}{10}$L, 라즈베리 $2\frac{3}{10}$L, 블루베리 3L를 땄어요. 칼이 딴 열매는 모두 몇 L일까요?

____

❷ 번을 만들려면 설탕 $3\frac{3}{4}$dL가, 케이크를 만들려면 설탕 $2\frac{1}{4}$dL가 필요해요. 오나에게 현재 설탕 $2\frac{3}{4}$dL가 있다면 설탕이 얼마나 더 필요할까요?

____

11 분수의 통분

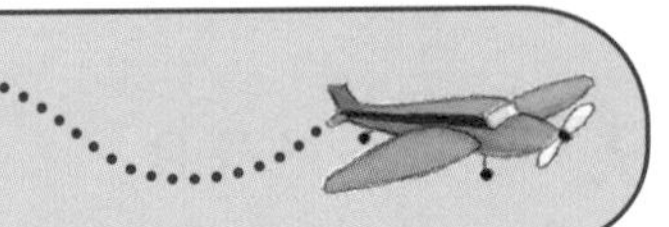

- 통분할 때 분자와 분모에 같은 수를 곱해요.
- 통분해도 분수의 크기는 변함이 없어요.

분수 $\frac{2}{3}$와 $\frac{5}{12}$를 분모가 같은 분수로 통분해 보세요.

$\frac{2}{3}$의 분자와 분모에 같은 수를 곱해요.

$^{4)}\frac{2}{3} = \frac{8}{12}$

분수 $\frac{8}{12}$과 $\frac{5}{12}$는 분모가 같아요.

분수 $\frac{3}{4}$과 $\frac{2}{5}$를 분모가 같은 분수로 통분해 보세요.

우선 분모 4와 5의 배수를 나열해 보세요.

4의 배수 : 4, 8, 12, 16, 20, 24…

5의 배수 : 5, 10, 15, 20, 25…

두 수의 최소공배수를 찾으세요.

20이 두 수의 최소공배수예요.

20을 두 분수의 공통분모로 정하세요.

분수 $\frac{3}{4}$과 $\frac{2}{5}$를 통분하여 분모가 20이 되도록 만드세요.

$^{5)}\frac{3}{4} = \frac{15}{20}$, $^{4)}\frac{2}{5} = \frac{8}{20}$

통분한 $\frac{15}{20}$와 $\frac{8}{20}$은 분모가 같아요.

1. 분모를 30으로 통분한 후, 정답을 로봇에서 찾아 ○표 해 보세요.

$^{)}\frac{2}{3}$ = ______ $^{)}\frac{5}{6}$ = ______ $^{)}\frac{3}{5}$ = ______ $^{)}\frac{13}{15}$ = ______

2. 주어진 분수와 $\frac{5}{24}$의 분모가 같게 통분한 후, 정답을 로봇에서 찾아 ○표 해 보세요.

$\frac{1}{6}$ = ______ $\frac{3}{8}$ = ______ $\frac{3}{4}$ = ______ $\frac{1}{2}$ = ______

$\frac{4}{24}$ $\frac{6}{24}$ $\frac{9}{24}$ $\frac{12}{24}$ $\frac{18}{24}$ $\frac{18}{30}$ $\frac{20}{30}$ $\frac{24}{30}$ $\frac{25}{30}$ $\frac{26}{30}$

3. 주어진 두 분수 중 하나만 통분하여 분모가 같은 분수를 만들어 보세요.

$\frac{1}{4}$과 $\frac{5}{8}$ ______ $\frac{2}{5}$와 $\frac{17}{30}$ ______ $\frac{15}{32}$와 $\frac{3}{8}$ ______

4. 분수 $\frac{2}{5}$와 $\frac{1}{6}$을 통분하여 분모가 같은 분수를 만들어 보세요.

- $\frac{2}{5}$의 분모 5의 배수를 나열해 보세요.

  5, 10, ______

- $\frac{1}{6}$의 분모 6의 배수를 나열해 보세요.

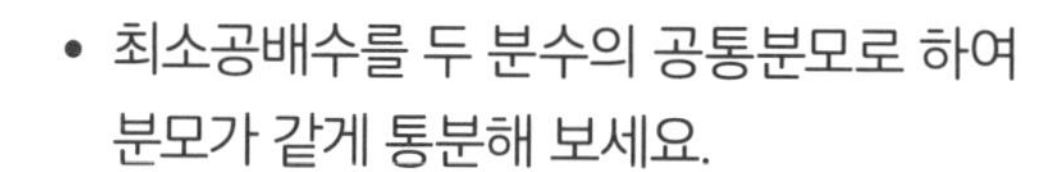

  6, 12, ______

- 두 분모의 최소공배수를 찾으세요.

  ______

- 최소공배수를 두 분수의 공통분모로 하여 분모가 같게 통분해 보세요. $\frac{2}{5}$ = ______ $\frac{1}{6}$ = ______

5. 통분하여 분모가 같은 분수를 만들어 보세요. 아래 배수 표를 이용해도 좋아요.

$\frac{1}{2}$과 $\frac{2}{3}$ ______ $\frac{3}{5}$과 $\frac{3}{4}$ ______

$\frac{4}{5}$와 $\frac{1}{2}$ ______ $\frac{3}{4}$과 $\frac{1}{3}$ ______

2	4	6	8	10	12	14	16	18	20
3	6	9	12	15	18	21	24	27	30
4	8	12	16	20	24	28	32	36	40
5	10	15	20	25	30	35	40	45	50

더 생각해 보아요!

모리가 학교에 자전거를 타고 가는 데 걸리는 시간은 $5\frac{1}{3}$분이에요. 집으로 오는 시간은 40초 더 걸려요. 집으로 올 때 걸리는 시간은 얼마일까요?

______

6. 주어진 수의 배수를 공책에 써 보세요.

6　　7　　8　　9

7. 분수의 크기가 같은 것끼리 선으로 이어 보세요.

❶

$\frac{4}{9}$ •	• $\frac{15}{20}$
$\frac{6}{7}$ •	• $\frac{16}{36}$
$\frac{3}{4}$ •	• $\frac{15}{24}$
$\frac{5}{8}$ •	• $\frac{18}{21}$

❷

$\frac{3}{8}$ •	• $\frac{24}{40}$
$\frac{2}{3}$ •	• $\frac{21}{56}$
$\frac{3}{5}$ •	• $\frac{30}{42}$
$\frac{5}{7}$ •	• $\frac{30}{45}$

8. 오나가 다트를 3개 던졌는데, 모두 다트판에 꽂혔어요. 오나가 맞춘 점수는 각각 어디일까요?

❶ 총점이 34일 경우

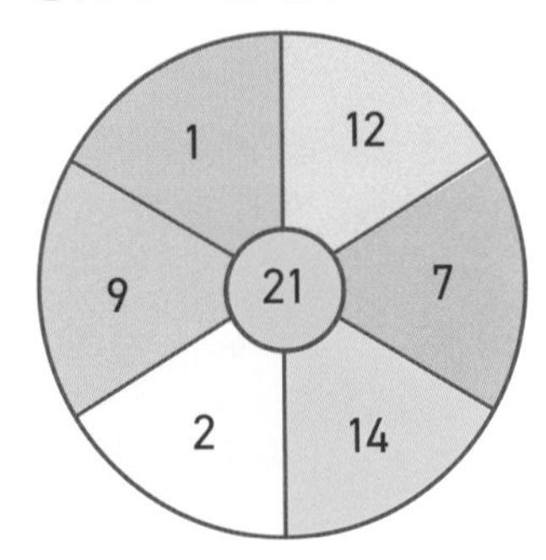

❷ 총점이 43일 경우

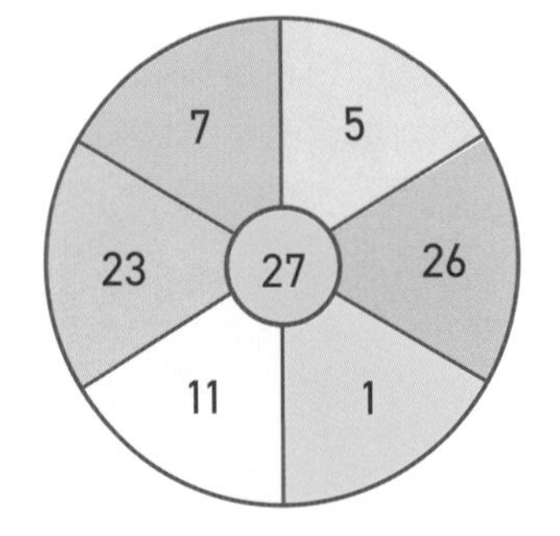

9. 원 주변의 4개 수의 합이 원 안의 수가 되도록 빈칸에 5~9까지의 수를 알맞게 써넣어 보세요.

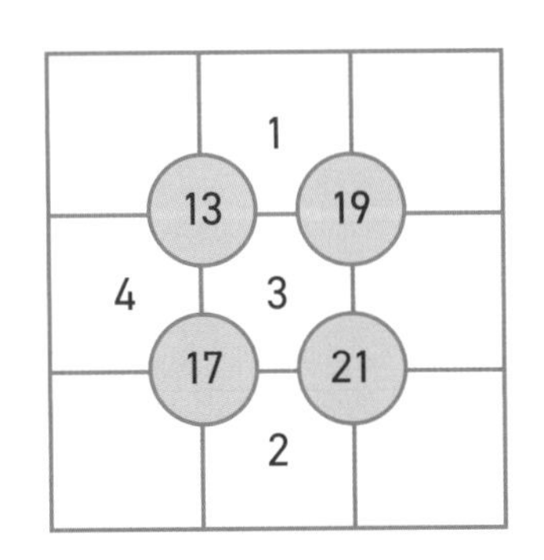

10. 알파벳 A, B, C, D, E, F, G, H, I를 빈칸에 써넣어 보세요. 가로줄, 세로줄, 그리고 각각의 색깔 경로에 알파벳이 겹치지 않아야 하고 한 번씩 쓸 수 있어요.

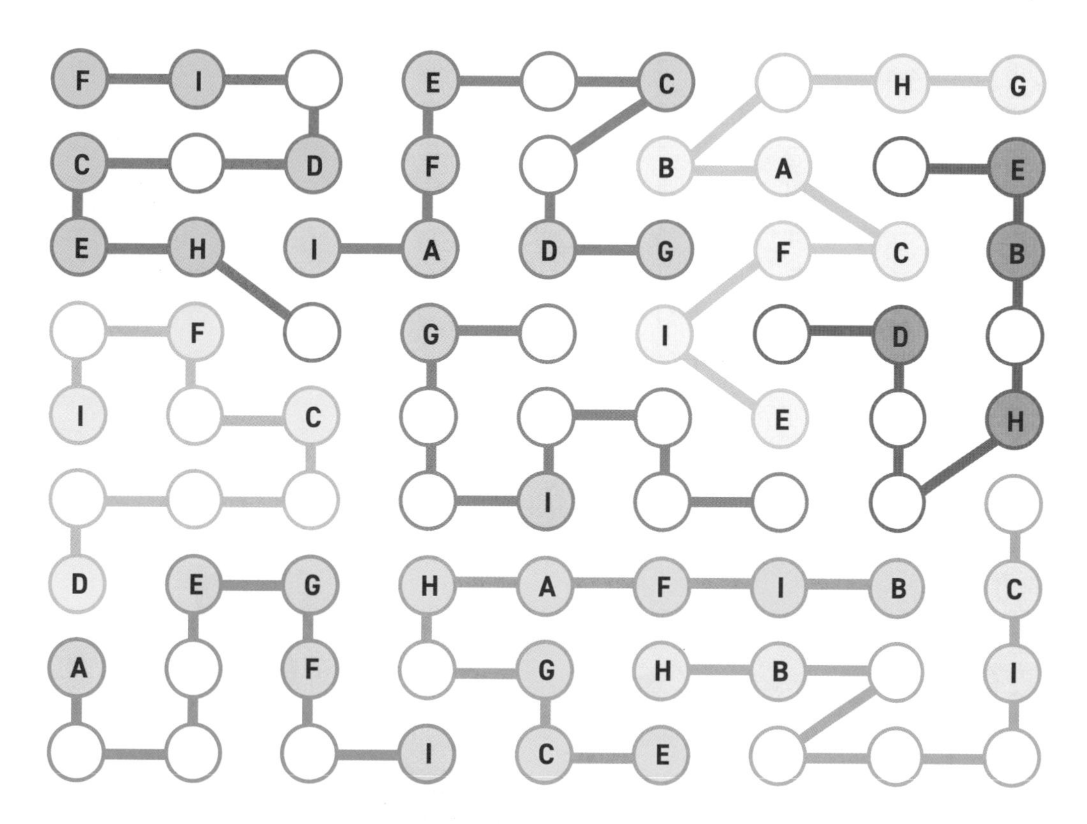

한 번 더 연습해요!

1. 분모가 60이 되도록 통분해 보세요.

$\frac{3}{10}$ = ______ $\frac{1}{6}$ = ______ $\frac{1}{2}$ = ______ $\frac{11}{20}$ = ______

2. 주어진 분수와 $\frac{13}{36}$의 분모가 같게 통분해 보세요.

$\frac{5}{6}$ = ______ $\frac{5}{9}$ = ______ $\frac{1}{4}$ = ______ $\frac{7}{12}$ = ______

3. 두 분수의 분모가 같게 공책에 통분해 보세요.

$\frac{4}{5}$와 $\frac{7}{15}$ $\frac{3}{4}$과 $\frac{2}{3}$ $\frac{1}{6}$과 $\frac{3}{5}$ $\frac{7}{8}$과 $\frac{5}{6}$

______ ______ ______ ______

12 분모가 다른 분수의 덧셈

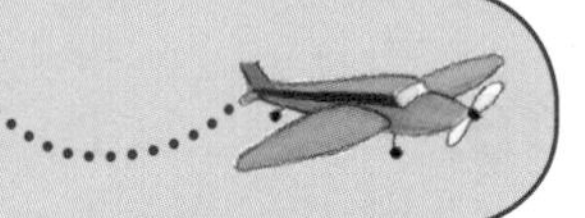

먼저 대분수를 가분수로 바꾸어요.

분모가 다른 분수의 덧셈		분모가 다른 대분수의 덧셈
$\frac{3}{10} + {}^{2)}\frac{1}{5}$	${}^{3)}\frac{1}{2} + {}^{2)}\frac{2}{3}$	$2\frac{1}{4} + 1\frac{5}{6}$
$= \frac{3}{10} + \frac{2}{10}$	$= \frac{3}{6} + \frac{4}{6}$	$= {}^{3)}\frac{9}{4} + {}^{2)}\frac{11}{6}$
$= \frac{5}{10}{}^{(5}$	$= \frac{7}{6}$	$= \frac{27}{12} + \frac{22}{12}$
$= \frac{1}{2}$	$= 1\frac{1}{6}$	$= \frac{49}{12} = 4\frac{1}{12}$

- 분모가 다른 분수를 더할 때 먼저 분모를 같게 통분하세요.
- 결과를 약분한 후, 가능하다면 자연수나 대분수로 나타내세요.

1. 계산한 후, 정답을 로봇에서 찾아 ○표 해 보세요.

${}^{)}\frac{4}{5} + \frac{3}{10}$

= ____________

= ____________

$\frac{7}{12} + {}^{)}\frac{1}{3}$

= ____________

= ____________

${}^{)}\frac{2}{5} + \frac{4}{15}$

= ____________

= ____________

2. 공책에 계산한 후, 정답을 로봇에서 찾아 ○표 해 보세요.

$\frac{5}{8} + \frac{1}{4}$　　$\frac{3}{4} + \frac{5}{16}$　　$\frac{3}{4} + \frac{1}{20}$

$\frac{2}{3}$　$\frac{4}{5}$　$\frac{5}{6}$　$\frac{7}{8}$　$\frac{11}{12}$　$1\frac{1}{10}$　$1\frac{5}{12}$　$1\frac{1}{16}$

3. 계산한 후, 정답을 로봇에서 찾아 ○표 해 보세요.

2) $\frac{1}{6}$ + 3) $\frac{1}{4}$ = ________ = ________

) $\frac{1}{5}$ +) $\frac{2}{3}$ = ________ = ________

) $\frac{3}{4}$ +) $\frac{1}{3}$ = ________ = ________

4. 공책에 계산한 후, 정답을 로봇에서 찾아 ○표 해 보세요.

$\frac{2}{3} + \frac{3}{4}$　　$\frac{2}{9} + \frac{1}{2}$　　$1\frac{3}{4} + 1\frac{3}{10}$

$\frac{5}{12}$　$\frac{13}{15}$　$\frac{13}{18}$　$1\frac{1}{12}$　$1\frac{5}{12}$　$1\frac{7}{15}$　$1\frac{3}{20}$　$3\frac{1}{20}$

5. 공책에 알맞은 식을 세워 답을 구한 후, 정답을 로봇에서 찾아 ○표 해 보세요.

❶ 파티에 쓰려고 주스 $2\frac{1}{3}$L와 탄산음료 $5\frac{1}{2}$L를 샀어요. 구입한 음료수는 모두 몇 L일까요?

____

❷ 물 $4\frac{1}{2}$L와 주스 농축액 $\frac{5}{6}$L를 섞어 주스를 만들었어요. 주스의 양은 몇 L일까요?

____

❸ 식탁에 물병이 3개 있어요. 병 2개에는 물이 $\frac{3}{5}$L씩, 나머지 한 병에는 물이 $\frac{1}{2}$L 담겨 있어요. 물은 모두 몇 L일까요?

____

❹ 파이를 만들려면 설탕 $3\frac{1}{2}$dL와 밀가루 $5\frac{1}{4}$dL가, 비스킷을 만들려면 설탕 $2\frac{1}{4}$dL와 밀가루 $3\frac{1}{4}$dL가 필요해요. 필요한 설탕과 밀가루의 양을 합하면 모두 몇 dL일까요?

____

$1\frac{7}{10}$L　$5\frac{1}{3}$L　$7\frac{5}{6}$L

$8\frac{1}{4}$L　$13\frac{3}{5}$dL　$14\frac{1}{4}$dL

가로, 세로, 대각선으로 X가 3개가 되지 않도록 X를 6개 표시해 보세요.

6. 정답을 따라 길을 찾아보세요. 그리고 길을 거슬러 올라가며 알파벳을 나열해 보세요.

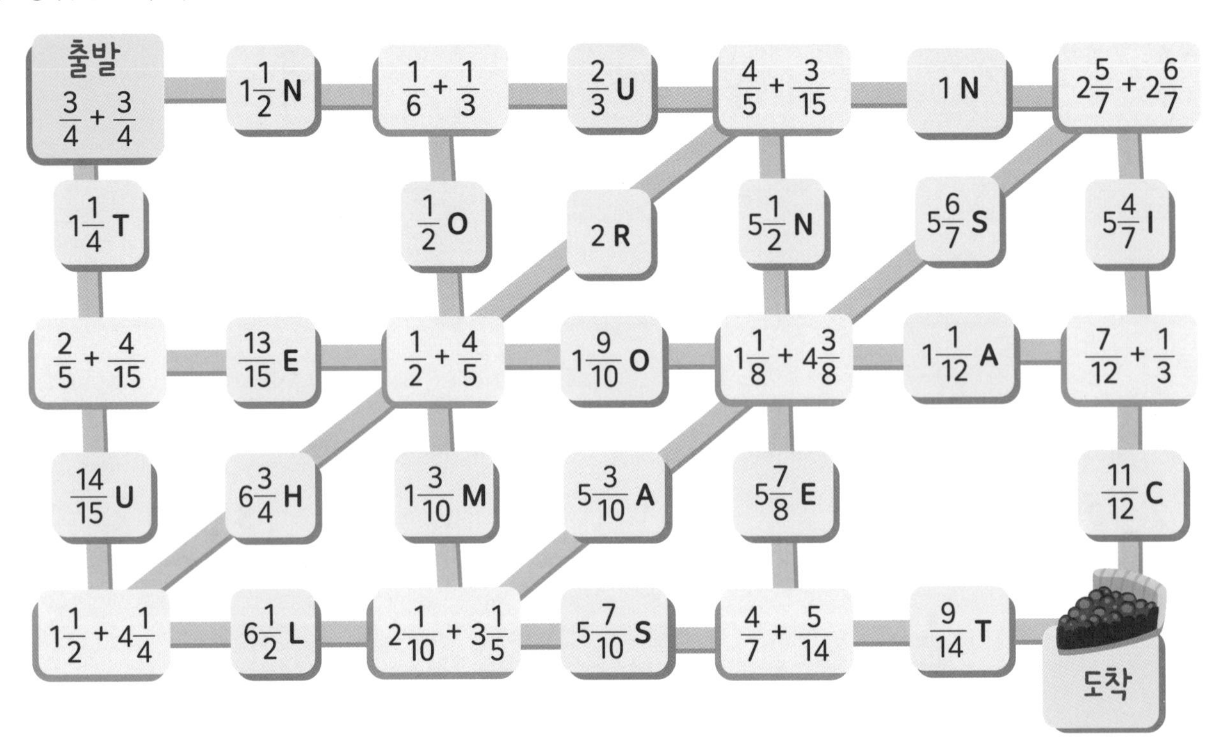

알렉이 만든 케이크의 향신료는 무엇일까요? ______________________

7. 주어진 조각을 모두 한 번씩 이용하여 바둑판을 완성해 보세요. 단 조각들의 방향을 바꿀 수 없어요.

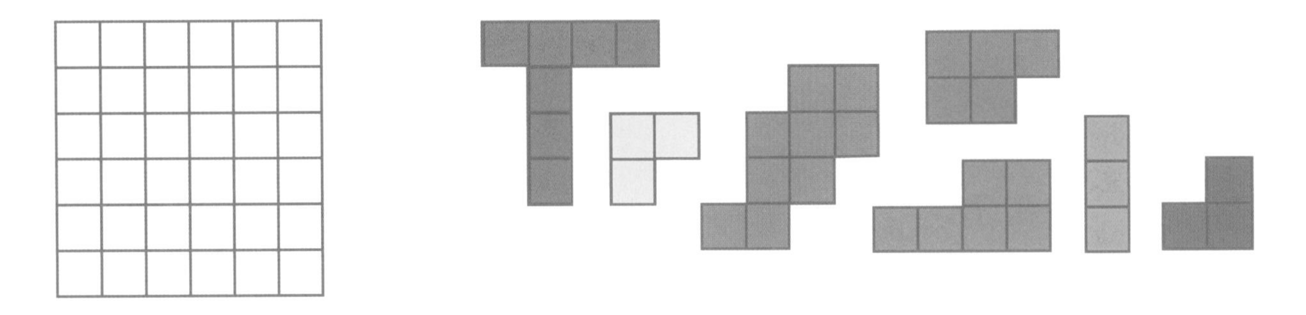

8. 가로와 세로선을 이용하여 같은 수를 연결해 보세요. 단, 선이 교차해서는 안 되고, 칸은 한 번씩만 통과할 수 있어요.

<보기>

1		2	3
1			
2		3	

3	2		1		1
			6		
		4			
5	3	5			6
			4	2	

9. 잉가는 23유로를 썼어요. 잉가 저축액의 절반에 해당하는 금액이에요. 알렉은 36유로를 썼는데, 이는 저축액의 $\frac{3}{7}$이에요. 에밀리는 저축액의 $\frac{2}{5}$에 해당하는 금액인 44유로를 썼어요. 잉가, 알렉, 에밀리가 저축한 금액은 모두 얼마일까요?

____

10. A, B, C팀의 연습 일정을 보고 공책에 아래 질문의 답을 구해 보세요.

연습은 10시에 시작해요.

❶ A와 B팀이 처음으로 같이 휴식하는 시각은 몇 시일까요?

____

❷ B와 C팀이 처음으로 같이 휴식하는 시각은 몇 시일까요?

____

A팀 : 연습 20분, 휴식 5분
B팀 : 연습 30분, 휴식 10분
C팀 : 연습 40분, 휴식 10분

한 번 더 연습해요!

1. 계산해 보세요.

$\frac{5}{6}+\frac{7}{12}$

= ________________

= ________________

$\frac{11}{24}+\frac{1}{8}$

= ________________

= ________________

$\frac{2}{5}+\frac{13}{30}$

= ________________

= ________________

2. 공책에 계산해 보세요.

$2\frac{1}{4}+2\frac{1}{2}$　　$1\frac{5}{6}+1\frac{1}{3}$　　$2\frac{1}{7}+\frac{1}{2}$

3. 아래 글을 읽고 공책에 알맞은 식을 세워 답을 구해 보세요.

❶ 엠마는 햄 피자의 $\frac{1}{3}$과 야채 피자의 $\frac{3}{4}$을 먹었어요. 엠마가 먹은 피자의 양은 모두 얼마일까요?

____

❷ 냉장고에 탄산음료 $2\frac{1}{3}$L와 우유 $3\frac{1}{2}$L가 있어요. 냉장고에 있는 탄산음료와 우유는 합해서 모두 몇 L일까요?

____

13 분모가 다른 분수의 뺄셈

분모가 다른 분수의 뺄셈

$\frac{2}{3} - \frac{1}{6}$ (×2)

$= \frac{4}{6} - \frac{1}{6}$

$= \frac{3}{6}$ (÷3)

$= \frac{1}{2}$

$\frac{3}{4} - \frac{2}{3}$ (×3, ×4)

$= \frac{9}{12} - \frac{8}{12}$

$= \frac{1}{12}$

분모가 다른 대분수의 뺄셈

$3\frac{1}{2} - 1\frac{1}{4}$

$= \frac{7}{2} - \frac{5}{4}$ (×2)

$= \frac{14}{4} - \frac{5}{4}$

$= \frac{9}{4} = 2\frac{1}{4}$

먼저 대분수를 가분수로 바꾸어요.

- 분모가 다른 분수를 뺄 때 먼저 분모를 같게 통분하세요.
- 결과를 약분한 후, 가능하다면 자연수나 대분수로 나타내세요.

1. 계산한 후, 정답을 로봇에서 찾아 ○표 해 주세요.

$\frac{7}{8} - \frac{3}{4}$ (×2)

= ____________

= ____________

$\frac{4}{5} - \frac{7}{15}$

= ____________

= ____________

$\frac{2}{3} - \frac{1}{6}$

= ____________

= ____________

2. 공책에 계산한 후, 정답을 로봇에서 찾아 ○표 해 주세요.

$\frac{5}{6} - \frac{1}{2}$ $\frac{7}{10} - \frac{2}{5}$ $\frac{3}{4} - \frac{7}{20}$

$\frac{1}{2}$ $\frac{1}{3}$ $\frac{1}{3}$ $\frac{3}{4}$ $\frac{2}{5}$ $\frac{1}{8}$ $\frac{1}{10}$ $\frac{3}{10}$

3. 계산한 후, 정답을 로봇에서 찾아 ○표 해 보세요.

$\frac{1}{3} - \frac{1}{5}$ (5) (3)

= ____________

= ____________

$\frac{1}{2} - \frac{1}{3}$ ( ) ( )

= ____________

= ____________

$\frac{5}{6} - \frac{3}{4}$ ( ) ( )

= ____________

= ____________

4. 공책에 계산한 후, 정답을 로봇에서 찾아 ○표 해 보세요.

$\frac{4}{5} - \frac{1}{2}$　　$\frac{7}{9} - \frac{1}{2}$　　$1\frac{2}{3} - \frac{3}{4}$

$\frac{1}{6}$　$\frac{7}{8}$　$\frac{3}{10}$　$\frac{1}{12}$　$\frac{11}{12}$　$\frac{2}{15}$　$\frac{3}{15}$　$\frac{5}{18}$

5. 아래 글을 읽고 공책에 답을 구한 후, 정답을 로봇에서 찾아 ○표 해 보세요.

❶ 냉장고에 우유 $5\frac{1}{2}$L가 있어요. 점심 식사 동안 우유 $1\frac{3}{4}$L를 마셨어요. 이제 남은 우유는 몇 L일까요?

____

❷ 번 중에서 $\frac{1}{8}$은 시나몬 번, $\frac{1}{4}$은 치즈 번, 나머지는 버터 번이에요. 버터 번이 전체에서 차지하는 비중은 얼마일까요?

____

❸ 초콜릿 파이를 만들려면 초콜릿 바 $2\frac{1}{2}$개가 필요해요. 그중 $1\frac{1}{8}$개는 반죽에 쓰고, 나머지는 프로스팅에 써요. 프로스팅에 쓰는 초콜릿의 양은 얼마일까요?

* 프로스팅 : 설탕으로 만든 달콤한 혼합물

____

❹ 물 $3\frac{1}{5}$L와 주스 농축액 $1\frac{1}{10}$L를 섞어 주스를 만들었어요. 만든 주스 중 $2\frac{1}{5}$L를 마셨어요. 이제 남은 주스의 양은 얼마일까요?

____

가로와 세로줄에 있는 수의 합이 15가 되도록 1~9까지의 수를 알맞게 써넣어 보세요.

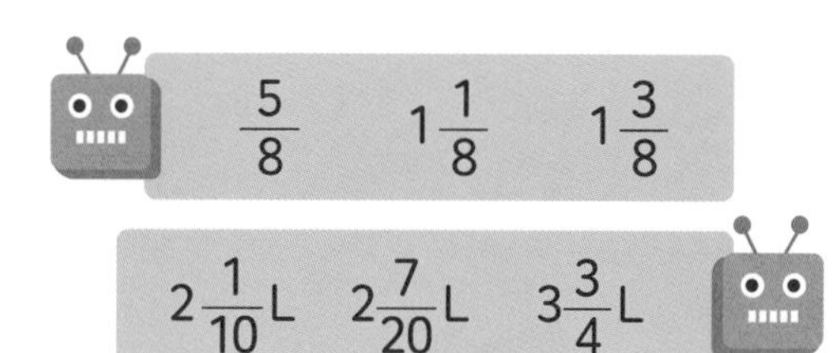

6. 분수의 값이 같은 것끼리 선으로 이어 보세요.

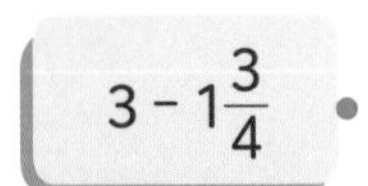

$3-1\frac{3}{4}$	$\frac{1}{8}$	$\frac{10}{3}-\frac{4}{3}$
$4\frac{3}{4}-4\frac{1}{2}$	$1\frac{1}{4}$	$\frac{5}{8}-\frac{1}{2}$
$\frac{9}{16}-\frac{7}{16}$	2	$2\frac{7}{8}-1\frac{5}{8}$
$3\frac{1}{4}-1\frac{1}{4}$	$\frac{1}{4}$	$\frac{7}{12}-\frac{1}{3}$

7. 차고에 빨간색, 파란색, 노란색 주차 구역이 있어요. 교차로마다 차들이 두 군데로 나누어 들어가요. 자동차는 화살표 방향으로만 움직일 수 있어요. 차고로 줄지어 들어오는 차가 32대예요. 각 주차 구역으로 들어오는 차는 몇 대일까요?

❶ 빨간색 주차 구역 ________

❷ 파란색 주차 구역 ________

❸ 노란색 주차 구역 ________

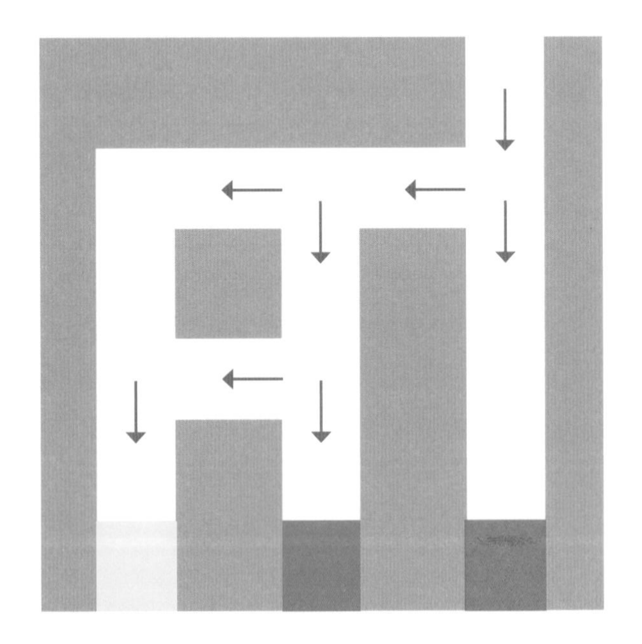

8. 4인 가족이 휴가에 1600유로를 썼어요. 비용 중 절반은 여행, $\frac{1}{5}$은 쇼핑, 나머지는 식사에 썼어요. 항목별로 쓴 돈은 각각 얼마일까요?

❶ 여행 ________ ❷ 쇼핑 ________ ❸ 식사 ________

9. 원 주변의 4개 수의 합이 원 안의 수가 되도록 빈칸에 1~9까지의 수를 알맞게 써넣어 보세요. 일부 수는 이미 적혀 있어요.

❶ 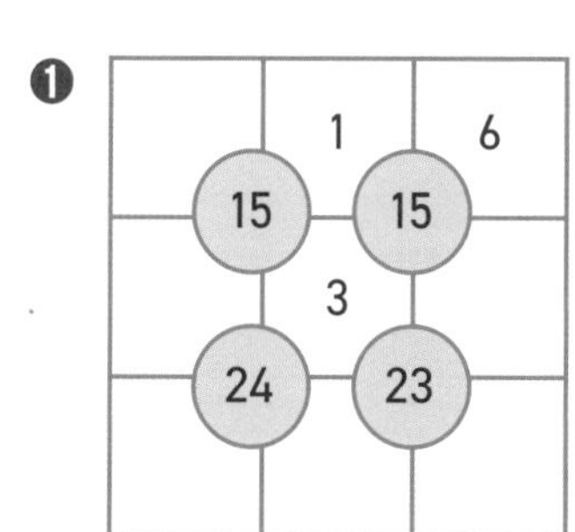

❷ 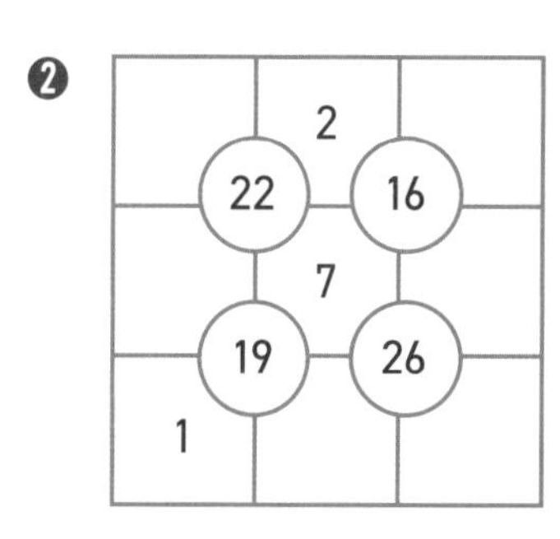

10. 아래 글을 읽고 공책에 답을 구해 보세요.

- 비스킷 3개와 번 1개는 파이 2개와 가격이 같아요.
- 번 1개는 비스킷 2개와 가격이 같아요.
- 비스킷 1개, 번 2개, 파이 3개는 모두 합쳐 25유로예요.

❶ 비스킷 1개는 얼마일까요? __________

❷ 번 1개는 얼마일까요? __________

❸ 파이 1개는 얼마일까요? __________

한 번 더 연습해요!

1. 계산해 보세요.

$\frac{15}{16} - \frac{3}{4}$

= __________

= __________

$\frac{9}{10} - \frac{7}{20}$

= __________

= __________

$\frac{11}{15} - \frac{1}{3}$

= __________

= __________

2. 아래 글을 읽고 공책에 답을 구해 보세요.

❶ 통에 물이 $4\frac{3}{10}$L 들어 있어요. 그중 $2\frac{1}{2}$L를 마셨어요. 이제 통 안에 남은 물은 몇 L일까요?

____

❷ 한 봉지에 밀가루 2kg이 들어 있어요. 그중 $\frac{4}{5}$kg은 롤을, $\frac{3}{4}$kg은 번을 만드는 데 썼어요. 이제 남은 밀가루는 몇 kg일까요?

____

____ 월 ____ 일 ____ 요일

1. 대분수를 가분수로 바꾼 후, 정답을 로봇에서 찾아 ○표 해 보세요.

$5\frac{1}{3}$ = ____________________ $2\frac{3}{5}$ = ____________________

$3\frac{4}{7}$ = ____________________ $4\frac{2}{9}$ = ____________________

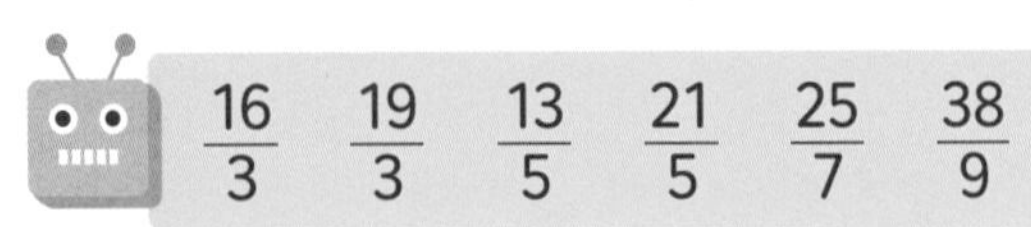

$\frac{16}{3}$ $\frac{19}{3}$ $\frac{13}{5}$ $\frac{21}{5}$ $\frac{25}{7}$ $\frac{38}{9}$

2. 계산한 후, 정답을 로봇에서 찾아 ○표 해 보세요.

$\frac{7}{10}+\frac{1}{5}$ $\frac{3}{4}+\frac{9}{16}$ $\frac{5}{6}+\frac{11}{12}$

= ____________ = ____________ = ____________

= ____________ = ____________ = ____________

$\frac{3}{8}-\frac{1}{4}$ $\frac{7}{12}-\frac{1}{4}$ $\frac{2}{5}-\frac{3}{20}$

= ____________ = ____________ = ____________

= ____________ = ____________ = ____________

3. 공책에 계산한 후, 정답을 로봇에서 찾아 ○표 해 보세요.

$\frac{3}{5}+\frac{3}{4}$ $\frac{5}{7}+\frac{2}{3}$ $\frac{5}{8}+\frac{2}{3}$

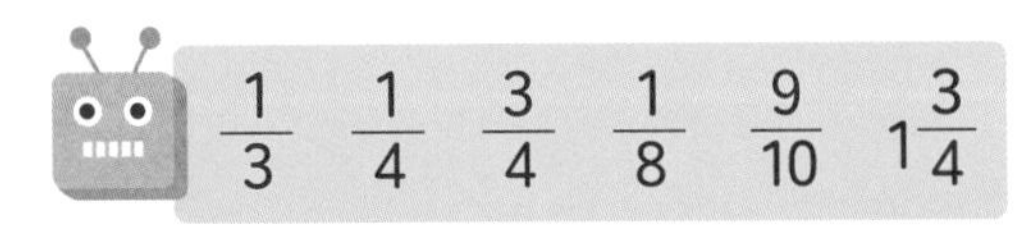

$1\frac{5}{16}$ $1\frac{9}{16}$ $1\frac{7}{20}$ $1\frac{8}{21}$ $1\frac{7}{24}$

여기서 잠깐!

이집트인은 분자가 1인 분수만 알았어요. 그래서 다른 분수는 분자가 1인 분수의 합으로 표현했어요.

$\frac{3}{4}=\frac{1}{2}+\frac{1}{4}$ $\frac{4}{5}=\frac{1}{2}+\frac{1}{4}+\frac{1}{20}$

4. 계산한 후, 정답을 로봇에서 찾아 ○표 해 보세요.

$\frac{4}{5}-\frac{2}{3}$

= ______________

= ______________

$\frac{5}{6}-\frac{3}{4}$

= ______________

= ______________

$\frac{7}{9}-\frac{1}{6}$

= ______________

= ______________

$\frac{1}{12}$ $\frac{2}{15}$ $\frac{7}{15}$ $\frac{11}{18}$ $\frac{13}{18}$

5. 아래 글을 읽고 공책에 답을 구한 후, 정답을 로봇에서 찾아 ○표 해 보세요.

❶ 안나는 $9\frac{1}{6}$시간을, 말라는 $7\frac{2}{3}$시간을 잤어요. 안나는 말라보다 얼마나 더 잤을까요?

____

❷ 크리시는 $1\frac{1}{2}$L들이 탄산음료 2병과 $\frac{1}{3}$L들이 1병을 샀어요. 크리시가 산 탄산음료는 모두 몇 L일까요?

____

❸ 르네는 영화 2편을 봤어요. 첫 번째 영화를 보는 데 $2\frac{3}{10}$시간이, 두 번째 영화를 보는 데 $1\frac{4}{5}$시간이 걸렸어요. 영화 2편를 보는 데 걸린 시간은 모두 얼마일까요?

____

❹ 반죽을 하려면 크림과 우유를 합하여 $\frac{7}{10}$L가 필요해요. 우유가 $\frac{1}{2}$L 있다면 크림은 몇 L 필요할까요?

____

❺ 엄마가 파이를 만들었어요. 반죽하는 데 $\frac{1}{6}$시간, 굽는 데 $\frac{1}{2}$시간, 식히는 데 $\frac{1}{3}$시간이 걸렸어요. 파이를 만드는 데 걸린 시간은 모두 몇 시간일까요?

____

❻ 한 봉지에 밀가루 4dL가 들어 있어요. 메이는 케이크를 3개 만들 거예요. 케이크 1개에 밀가루 $1\frac{3}{4}$dL가 필요해요. 메이는 밀가루가 얼마나 부족할까요?

____

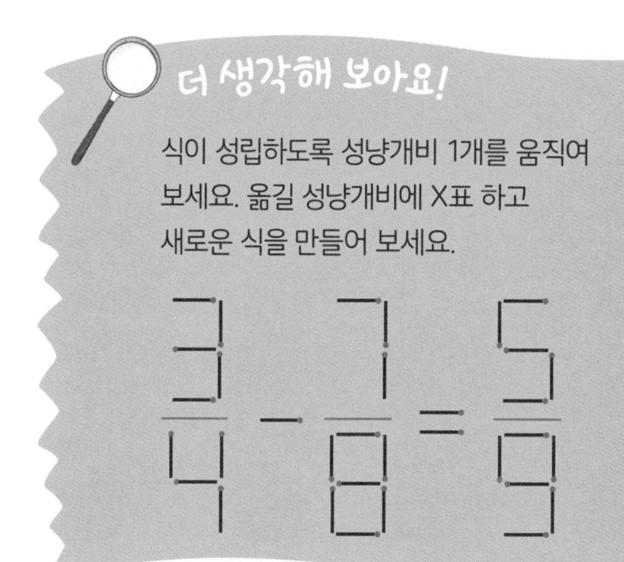

더 생각해 보아요!
식이 성립하도록 성냥개비 1개를 움직여 보세요. 옮길 성냥개비에 X표 하고 새로운 식을 만들어 보세요.

$1\frac{1}{4}$dL $2\frac{1}{2}$dL $\frac{1}{5}$L $3\frac{1}{3}$L 1 $1\frac{1}{2}$ $3\frac{3}{4}$ $4\frac{1}{10}$

6. 암호 메시지를 해독해 보세요. 분수에 해당하는 알파벳을 찾아 빈칸에 써넣어 보세요.

𝅝 $= \frac{4}{4} = 1$　　𝅗𝅥 $= \frac{2}{4} = \frac{1}{2}$

♩ $= \frac{1}{4}$　　♪ $= \frac{1}{8}$　　𝅘𝅥𝅯 $= \frac{1}{16}$

$\frac{1}{16}$	$\frac{3}{16}$	$\frac{1}{4}$	$\frac{1}{2}$	1	$1\frac{1}{8}$	$1\frac{1}{4}$	$1\frac{1}{2}$	$1\frac{3}{4}$	2
B	D	L	E	K	R	A	C	S	O

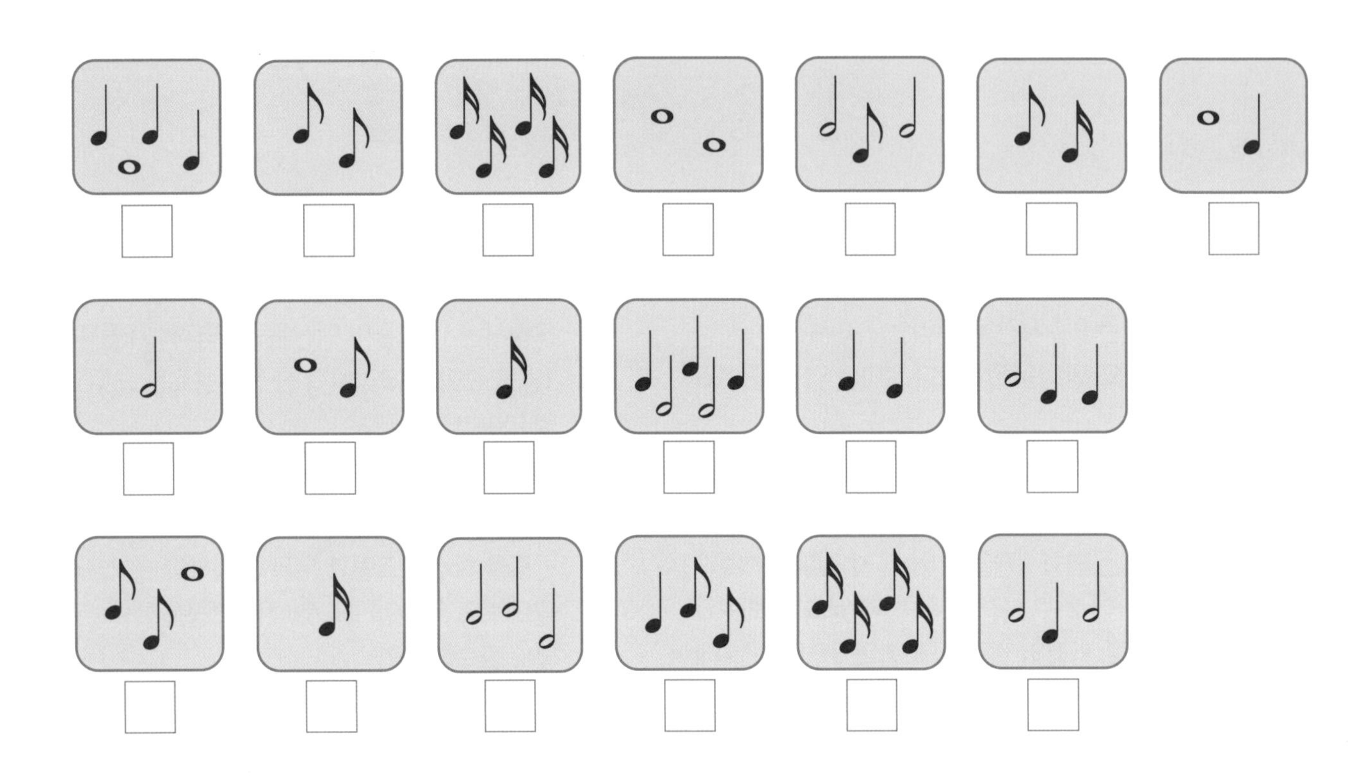

7. 그림을 선으로 이어 보세요. 그림 안의 숫자는 그 그림으로부터 다른 그림으로 이어지는 선의 개수를 나타내요. 그림 2개는 1개의 선으로만 이을 수 있고 가로, 세로, 대각선으로 연결할 수 있어요. 단, 선이 서로 교차해서는 안 돼요.

8. 그림이 들어간 식을 보고 그림의 값을 구해 보세요.

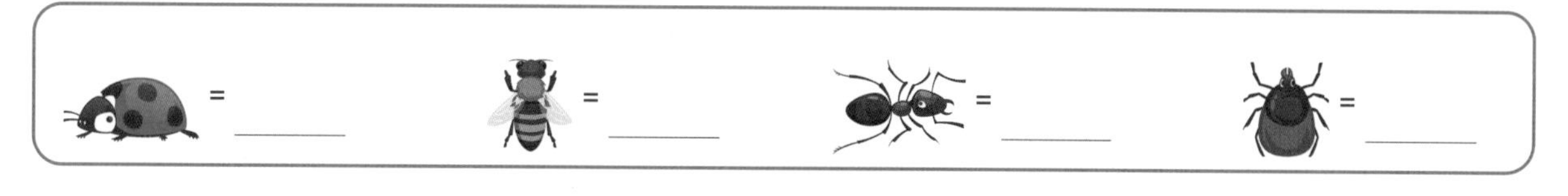

9. 엠마와 앨리스는 로키 쇼어 쪽으로 좁을 길을 따라 걷고 있어요. 잉가와 엘라도 울프 라빈 쪽으로 같은 길을 걷고 있어요. 아이들은 한 지점에서 마주쳤는데 서로 지나치려면 한 번에 한 사람만 지나갈 수 있는 좁은 구역에서만 가능해요. 아이들이 길을 계속 가려면 어떻게 해야 할까요? 단, 길 밖으로 벗어날 수는 없어요.

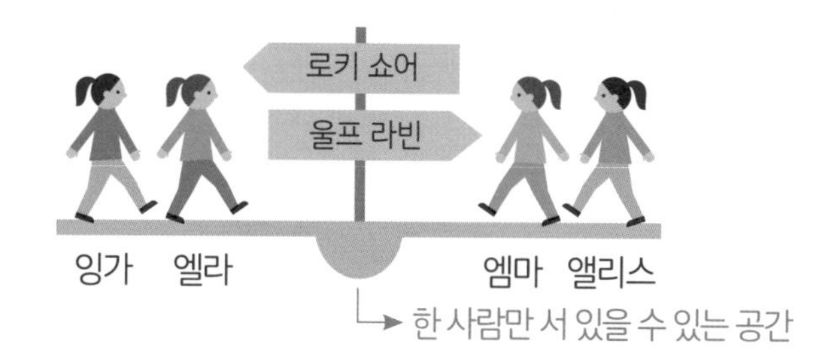

한 번 더 연습해요!

1. 공책에 계산해 보세요.

$\frac{1}{6} + \frac{7}{36}$ = ______

$\frac{3}{7} - \frac{1}{4}$ = ______

$\frac{8}{15} + \frac{3}{10}$ = ______

2. 아래 글을 읽고 공책에 알맞은 식을 세워 답을 구해 보세요.

❶ 폴은 야채 피자의 $\frac{5}{12}$와 햄 피자의 $\frac{1}{8}$을 먹었어요. 폴이 먹은 피자의 양은 모두 얼마일까요?

______

❷ 반죽을 하려면 밀가루와 호밀가루를 합하여 $5\frac{3}{4}$dL만큼 필요해요. 호밀가루가 $1\frac{1}{2}$dL 있다면 밀가루는 얼마나 필요할까요?

______

14 분수와 자연수의 곱셈

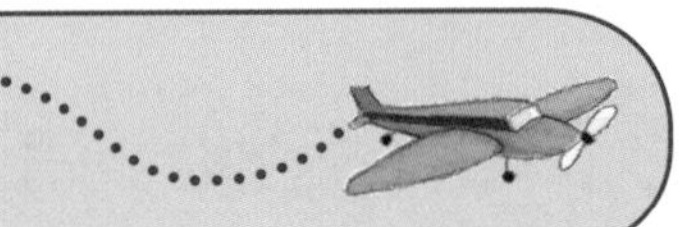

엠마가 탄산음료 10병을 샀어요. 한 병에 음료가 $\frac{1}{3}$L씩 들어 있어요. 엠마가 산 탄산음료는 모두 몇 L일까요?

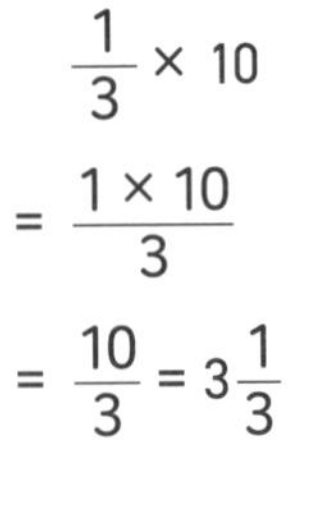

$\frac{1}{3} \times 10$

$= \frac{1 \times 10}{3}$

$= \frac{10}{3} = 3\frac{1}{3}$

정답 : $3\frac{1}{3}$ L

파이 1조각에는 설탕 $1\frac{3}{4}$dL가 필요해요. 파이 2조각을 만들려면 설탕이 얼마나 필요할까요?

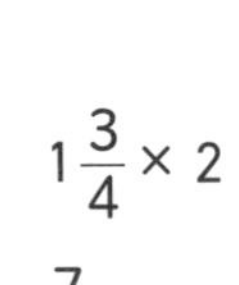

$1\frac{3}{4} \times 2$

$= \frac{7}{4} \times 2$

$= \frac{7 \times 2}{4}$

$= \frac{14}{4}$ (2

$= \frac{7}{2} = 3\frac{1}{2}$

정답 : $3\frac{1}{2}$ dL

- 곱셈을 계산하기 전에 먼저 대분수를 가분수로 바꾸어요.
- 나누어진 부분의 개수, 즉 분자에만 자연수를 곱하세요. 분모는 그대로 두고요.
- 결과를 약분한 후, 가능하다면 자연수나 대분수로 나타내세요.

1. 계산한 후, 정답을 로봇에서 찾아 ○표 해 보세요.

$\frac{1}{8} \times 6$

= ____________

= ____________

$\frac{3}{4} \times 4$

= ____________

= ____________

$\frac{4}{9} \times 3$

= ____________

= ____________

$1\frac{2}{3} \times 2$

= ____________

= ____________

= ____________

$2\frac{4}{5} \times 3$

= ____________

= ____________

= ____________

$1\frac{1}{8} \times 2$

= ____________

= ____________

= ____________

$\frac{3}{4}$ $1\frac{1}{3}$ $1\frac{3}{4}$ $2\frac{1}{4}$ 3 $3\frac{1}{3}$ $3\frac{3}{5}$ $8\frac{2}{5}$

2. 아래 글을 읽고 공책에 답을 구한 후, 정답을 로봇에서 찾아 ○표 해 보세요.

❶ 탁자 위에 주스가 7병 있어요. 주스 1병에 주스가 $\frac{7}{10}$L씩 들어 있어요. 주스는 모두 몇 L일까요?

❷ 2L 병의 물을 $\frac{2}{5}$L씩 4컵에 나누어 따랐어요. 이제 병에 남은 물은 몇 L일까요?

❸ 빵집의 개업 시간은 매일 $\frac{2}{3}$시간씩 단축되었어요. 5일 후에는 개업 시간이 몇 시간 단축될까요?

❹ 빵집은 월요일부터 목요일까지 $4\frac{1}{6}$시간 동안, 금요일엔 $3\frac{1}{2}$시간 동안 영업해요. 월요일부터 금요일까지 빵집이 영업하는 시간은 모두 몇 시간일까요?

$\frac{2}{5}$L $3\frac{1}{5}$L $4\frac{9}{10}$L $3\frac{1}{3}$ $15\frac{5}{6}$ $20\frac{1}{6}$

3. 공책에 계산한 후, 정답을 로봇에서 찾아 ○표 해 보세요.

$\frac{2}{9} \times 4 + \frac{4}{9}$

$5 - \frac{2}{3} \times 5$

$3 \times \left(6\frac{1}{6} - 5\frac{5}{6}\right)$

$1\frac{1}{5} + 1\frac{2}{5} \times 2$

$\frac{3}{8} \times 5 - \frac{1}{4}$

$1\frac{2}{3} \times 2 + 1\frac{1}{6} \times 5$

1 $1\frac{1}{3}$ $1\frac{2}{3}$ $1\frac{5}{8}$ $2\frac{1}{8}$ 4 $7\frac{5}{6}$ $9\frac{1}{6}$

더 생각해 보아요!

아래 단서를 읽고 아이들의 나이를 알아맞혀 보세요.

- 카트리나와 윌의 나이를 합하면 24살이에요.
- 엘라와 윌의 나이를 합하면 22살이에요.
- 카트리나와 엘라의 나이를 합하면 28살이에요.

카트리나 : ________ 윌 : ________

엘라 : ________

4. 정답을 따라 길을 찾아보세요.

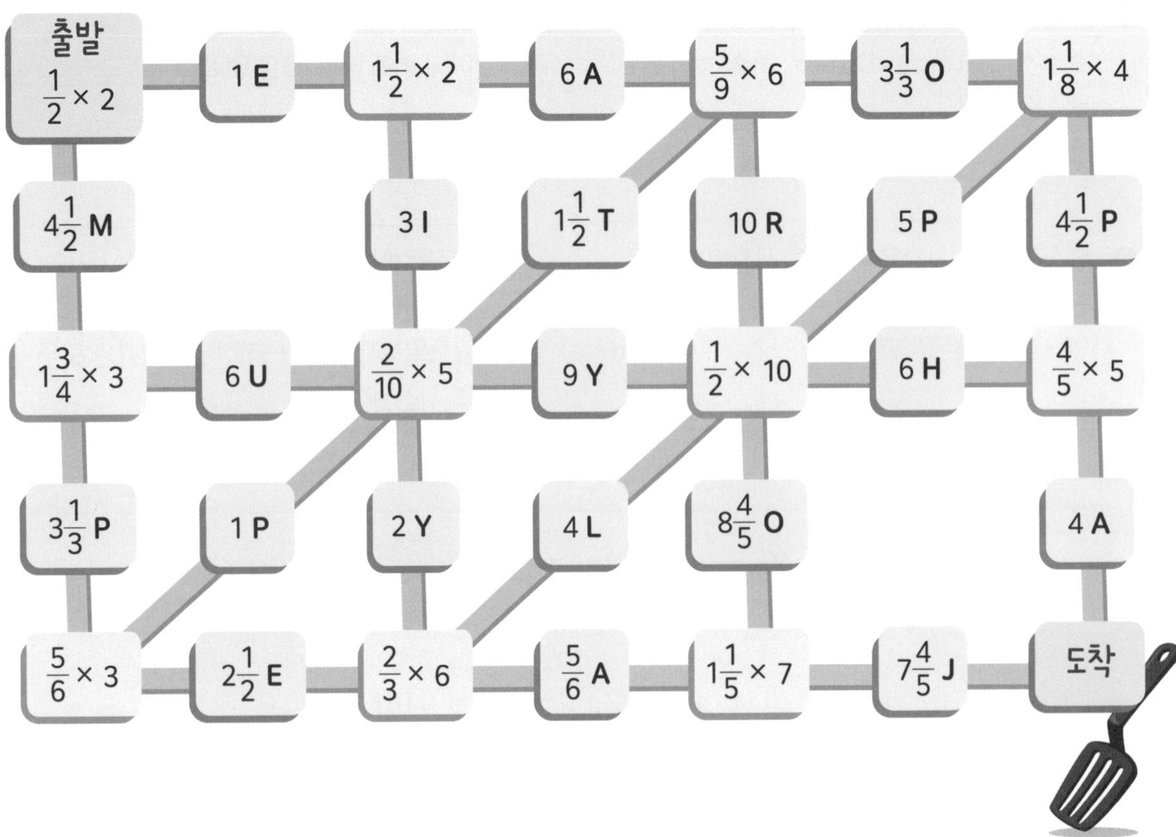

길 위의 알파벳이 모여 어떤 단어를 만들까요?

---

5. 질문에 답해 보세요.

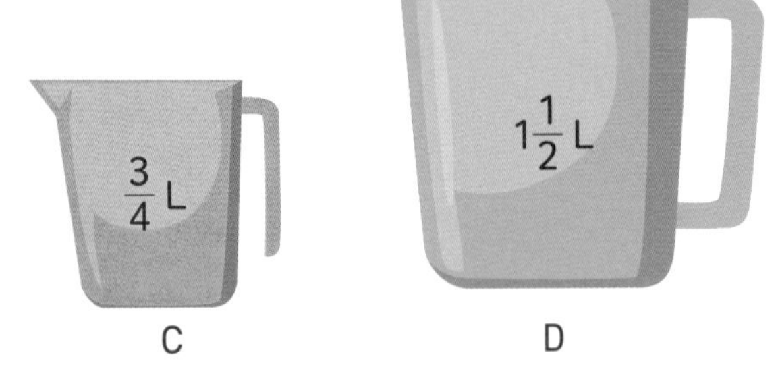

❶ 계량컵 A로 몇 번 부어야 계량컵 B가 가득 찰까요?

정답 : ____________________

❷ 계량컵 C로 몇 번 부어야 계량컵 D가 가득 찰까요?

정답 : ____________________

❸ 계량컵 D에 물이 가득 차 있어요. 계량컵 B에 몇 번 나누어 부을 수 있을까요?

정답 : ____________________

❹ 계량컵 A로 몇 번 부어야 계량컵 D가 가득 찰까요?

정답 : ____________________

6. 저울이 모두 수평을 이루었을 때 각 모양에 해당하는 수를 구해 보세요. 단, 같은 모양은 무게가 같아요.

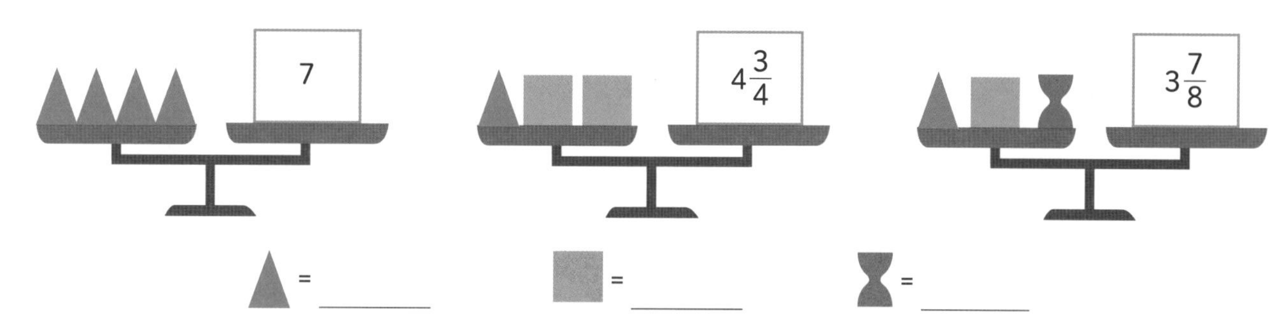

▲ = ______ ■ = ______ ⧗ = ______

7. 질문에 답해 보세요. x 대신 어떤 수를 쓸 수 있을까요?

$2\frac{1}{3} \times x = 9\frac{1}{3}$ $x =$ ______

$1\frac{3}{4} \times x + 2\frac{1}{4} = 5\frac{3}{4}$ $x =$ ______

$10\frac{4}{9} - \frac{5}{9} \times x = 6$ $x =$ ______

한 번 더 연습해요!

1. 공책에 계산해 보세요.

$\frac{1}{3} \times 9$ $\frac{2}{5} \times 6$ $\frac{1}{4} \times 10$ $2\frac{1}{3} \times 2$

$1\frac{3}{8} \times 3$ $1\frac{1}{8} \times 2$ $\frac{1}{6} \times 7 + \frac{2}{3}$ $2 \times \left(1\frac{1}{4} + 2\frac{1}{4}\right)$

2. 아래 글을 읽고 공책에 답을 구해 보세요.

❶ 파이 1개당 베리 $\frac{4}{5}$L가 들어가요. 파이 10개에 들어가는 베리의 양은 모두 얼마일까요?

______

❷ 케이크 4개에 밀가루 $4\frac{1}{2}$dL가 각각 필요해요. 파이 2개에는 밀가루 $3\frac{1}{4}$dL가 각각 필요해요. 필요한 밀가루의 양은 모두 얼마일까요?

______

_____ 월 _____ 일 _____ 요일

15 분수와 자연수의 나눗셈

피자가 $\frac{1}{2}$이 있어요. 피자를 아이 3명에게 똑같이 나누어 주려고 해요. 아이 1명이 받는 피자의 양은 얼마일까요?

파이가 $1\frac{1}{2}$이 있어요. 파이를 아이 6명에게 똑같이 나누어 주려고 해요. 아이 1명이 받는 파이의 양은 얼마일까요?

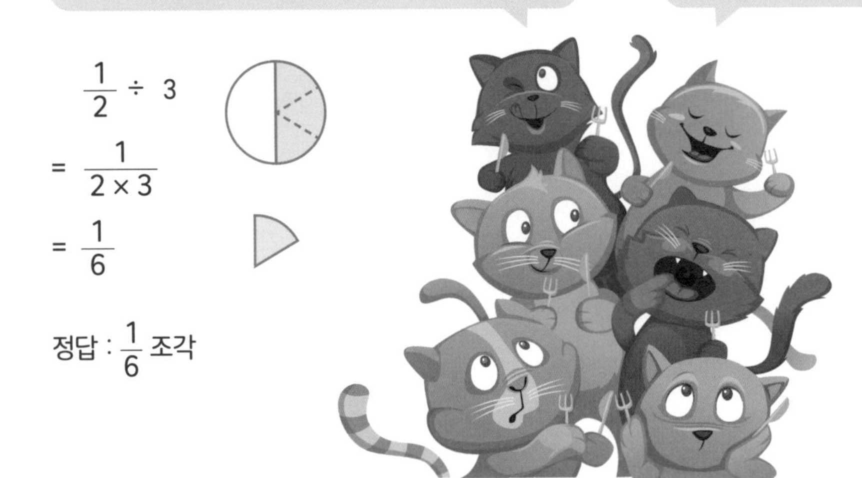

$\frac{1}{2} \div 3$

$= \frac{1}{2 \times 3}$

$= \frac{1}{6}$

정답 : $\frac{1}{6}$ 조각

$1\frac{1}{2} \div 6$

$= \frac{3}{2} \div 6$

$= \frac{3}{2 \times 6}$

$= \frac{3}{12}^{(3} = \frac{1}{4}$

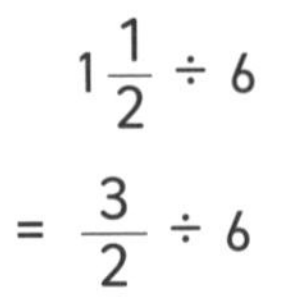

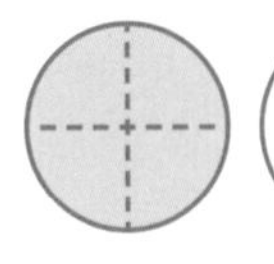

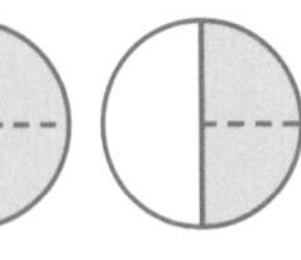

정답 : $\frac{1}{4}$ 조각

- 나눗셈을 계산하기 전에 대분수를 가분수로 바꾸어요.
- 나누는 수를 분수의 분모에 곱하세요. 분자는 그대로 두고요.
- 결과를 약분한 후, 가능하다면 자연수나 대분수로 나타내세요.

1. 계산한 후, 정답을 로봇에서 찾아 ○표 해 보세요.

$\frac{1}{6} \div 2$

$= \frac{1}{6 \times 2}$

= ______

$\frac{3}{5} \div 2$

= ______

= ______

$\frac{3}{4} \div 2$

= ______

= ______

$\frac{5}{6} \div 6$

= ______

= ______

$\frac{3}{5} \div 6$

= ______

= ______

$\frac{8}{9} \div 4$

= ______

= ______

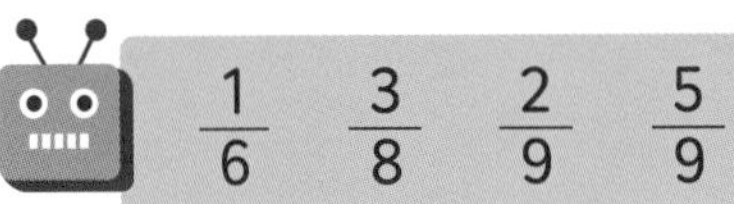

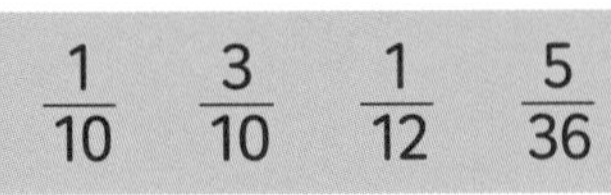

$\frac{1}{6}$ $\frac{3}{8}$ $\frac{2}{9}$ $\frac{5}{9}$ $\frac{1}{10}$ $\frac{3}{10}$ $\frac{1}{12}$ $\frac{5}{36}$

2. 먼저 대분수를 가분수로 바꾸어 계산한 후, 정답을 로봇에서 찾아 ○표 해 보세요.

$1\frac{3}{4} \div 2$

= ______

= ______

= ______

$2\frac{1}{3} \div 7$

= ______

= ______

= ______

$3\frac{1}{5} \div 4$

= ______

= ______

= ______

$2\frac{1}{4} \div 3$

= ______

= ______

= ______

$2\frac{4}{5} \div 2$

= ______

= ______

= ______

$10\frac{5}{6} \div 5$

= ______

= ______

= ______

$\frac{1}{3}$ $\frac{3}{4}$ $\frac{2}{5}$ $\frac{4}{5}$ $\frac{7}{8}$ $1\frac{2}{5}$ $1\frac{4}{5}$ $2\frac{1}{6}$

3. 아래 글을 읽고 공책에 답을 구한 후, 정답을 로봇에서 찾아 ○표 해 보세요.

❶ 피자의 $\frac{3}{5}$이 남았어요. 피자를 아이 6명에게 똑같이 나누어 주려고 해요. 아이 1명이 받는 피자의 양은 얼마일까요?

______

❷ 케일은 물 $1\frac{1}{2}$L를 6컵에 나누어 담았어요. 1컵에 담는 물의 양은 얼마일까요?

______

❸ 알렉과 엠마가 친구 8명을 파티에 초대하여 케이크를 함께 먹고 $\frac{5}{6}$를 남겼어요. 남은 케이크는 모두가 똑같이 나누어 가졌어요. 1명이 받는 케이크의 양은 얼마일까요?

______

❹ 아리는 밀가루 $\frac{3}{4}$kg을 통 2개에 똑같이 나누어 담았어요. 그런 후 호밀가루 $\frac{1}{8}$kg을 통에 각각 더 담았어요. 통 1개에 담은 가루의 양은 얼마일까요?

______

더 생각해 보아요!

어떤 대분수에 8을 곱하면 63의 $\frac{3}{7}$과 값이 같아요. 이 대분수는 어떤 수일까요?

______

$\frac{1}{10}$ $\frac{1}{12}$ $\frac{1}{2}$kg $\frac{3}{4}$kg $\frac{1}{4}$L $\frac{3}{4}$L

4. 정답을 따라 길을 찾아보세요.

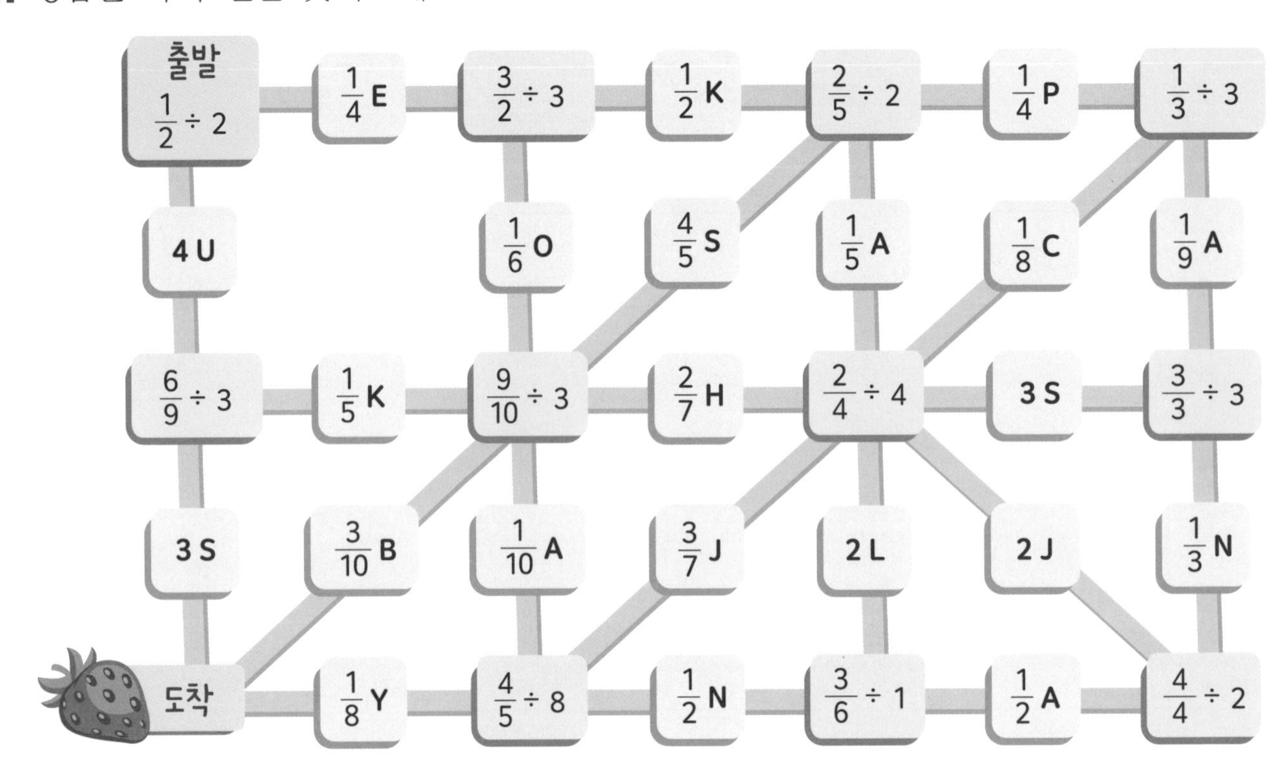

길 위의 알파벳이 모여 어떤 단어를 만들까요?

---

5. 아래 글을 읽고 공책에 알맞은 식을 세우고 답을 구해 보세요.

❶ 줄스의 조부모님 댁은 120년 된 집이에요. 줄스 할아버지의 연세는 120년의 $\frac{2}{3}$와 같아요. 줄스 엄마의 나이는 할아버지 연세의 $\frac{5}{8}$예요. 줄스의 나이는 엄마 나이의 $\frac{2}{5}$고요. 줄스의 나이는 몇 살일까요?

---

❷ 리아의 소포는 베르나의 소포 무게의 $\frac{2}{3}$예요. 베르나의 소포는 베라의 소포 무게의 $\frac{4}{5}$이고, 베라의 소포는 엘리의 소포 무게의 절반이에요. 엘리의 소포 무게가 30kg이라면 4개의 소포 무게는 모두 얼마일까요?

---

❸ 이리나는 리사보다 6살 많고, 레오보다 4살 어려요. 아이들의 나이가 모두 합해 28이라면 레오는 몇 살일까요?

6. 주사위 6개를 던졌더니 오른쪽과 같이 나왔어요.
보이지 않는 면의 눈의 수를 모두 합하면 얼마일까요?

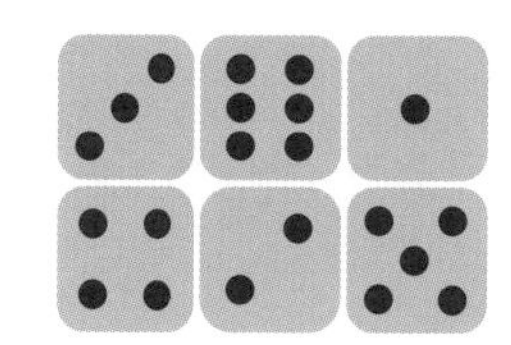

____

7. 아래 규칙에 따라 1, 2, 3, 4, 5가 가로줄과 세로줄에 한 번씩 들어가도록 알맞게 써넣어 보세요.

- 파란색 부분이면 그 칸에 있는 수끼리 더해요.
- 노란색 부분이면 그 칸에 있는 수끼리 빼요.
- 초록색 부분이면 그 칸에 있는 수끼리 곱해요.
- 각 칸의 왼쪽 위에 있는 작은 수가 계산식의 정답이에요.

❶

9		12	**4**	40
	7			
9	**5**	1		5
	3	3	6	**5**

❷

1	40			2
4	10	**5**	4	
8		2		14
	1			
		7	**5**	

한 번 더 연습해요!

1. 계산해 보세요.

$\frac{3}{5} \div 4$

= ________________

= ________________

$\frac{8}{13} \div 2$

= ________________

= ________________

$\frac{4}{11} \div 4$

= ________________

= ________________

2. 아래 글을 읽고 공책에 알맞은 식을 세워 답을 구해 보세요.

❶ 파이의 $\frac{2}{3}$가 남았어요. 남은 파이를 아이들 6명에게 똑같이 나누어 주려고 해요. 아이 1명이 받는 파이의 양은 얼마일까요?

____

❷ 루크는 물 $2\frac{1}{4}$L를 3병에 똑같이 나누어 담았어요. 1병에 담긴 물의 양은 몇 L일까요?

____

___ 월 ___ 일 ___ 요일

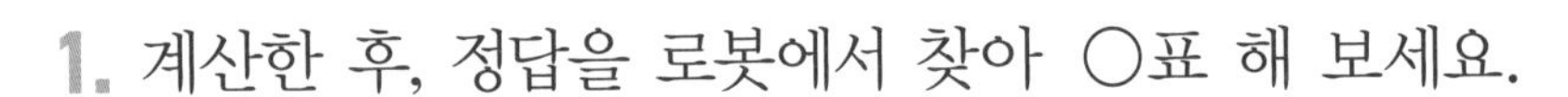

1. 계산한 후, 정답을 로봇에서 찾아 ○표 해 보세요.

$\frac{1}{12} \times 10$

= ______

= ______

$\frac{2}{5} \times 5$

= ______

= ______

$\frac{7}{9} \times 5$

= ______

= ______

$2\frac{1}{6} \times 4$

= ______

= ______

= ______

$1\frac{4}{9} \times 2$

= ______

= ______

= ______

$\frac{5}{6}$ 2 $2\frac{8}{9}$ $3\frac{8}{9}$

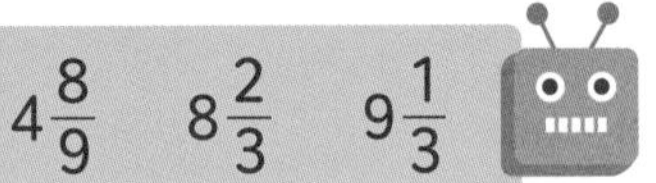

2. 계산한 후, 정답을 로봇에서 찾아 ○표 해 보세요.

$\frac{1}{3} \div 6$

= ______

= ______

$\frac{9}{10} \div 3$

= ______

= ______

$\frac{4}{5} \div 6$

= ______

= ______

$8\frac{3}{4} \div 5$

= ______

= ______

= ______

$5\frac{1}{3} \div 10$

= ______

= ______

= ______

$\frac{3}{10}$ $\frac{2}{15}$ $\frac{8}{15}$ $\frac{1}{18}$ $\frac{5}{18}$ $1\frac{1}{2}$ $1\frac{3}{4}$

여기서 잠깐!

우주인의 몸무게는 지구에서나 달에서나 같아요. 하지만 달의 중력이 지구 중력의 $\frac{1}{6}$이기 때문에 우주인은 달 표면에서 쉽게 점프할 수 있어요.

3. 공책에 계산한 후, 정답을 로봇에서 찾아 ○표 해 보세요.

❶ 미나는 매일 $2\frac{3}{4}$km를 달렸어요. 5일 동안 미나가 달린 거리는 모두 몇 km일까요?

____

❷ 케일은 사탕 $1\frac{1}{2}$kg을 봉지 6개에 나누어 담았어요. 1봉지에 담긴 사탕은 몇 kg일까요?

____

❸ 멜리나는 $14\frac{1}{2}$km를 3일 동안 하이킹할 계획이에요. 멜리나가 하루에 하이킹할 거리는 평균 몇 km일까요?

____

❹ 오마르는 3일 동안 매일 $2\frac{1}{5}$km를 달렸고, 넷째 날에 $3\frac{4}{5}$km를 더 달렸어요. 오마르가 달린 거리는 모두 몇 km일까요?

____

❺ 비비안에게 딸기 5kg이 있어요. 파이 3개를 만들었는데, 파이 1개에 딸기 $\frac{3}{4}$kg을 각각 넣었어요. 파이를 만들고 남은 딸기는 몇 kg일까요?

____

❻ 베리 파이 1개에 블루베리 $\frac{2}{5}$kg과 라즈베리 $\frac{7}{10}$kg이 필요해요. 제빵사가 베리 파이 8개를 만드는 데 드는 베리는 모두 kg인가요?

____

$\frac{1}{4}$kg　$2\frac{3}{4}$kg　$6\frac{1}{2}$kg　$8\frac{4}{5}$kg　$4\frac{5}{6}$km　$10\frac{2}{5}$km　$12\frac{1}{5}$km　$13\frac{3}{4}$km

4. 공책에 계산한 후, 정답을 로봇에서 찾아 ○표 해 보세요.

$3 \times \frac{2}{7} - \frac{4}{7}$

$1\frac{3}{10} + 2 \times 1\frac{1}{10}$

$4 - 3 \times \frac{2}{3}$

$5 \times \frac{3}{8} + \frac{1}{4}$

$2 \times (7\frac{3}{4} - 4\frac{1}{4})$

$2\frac{3}{4} \div 3 - 1\frac{2}{3} \div 4$

!

<혼합 계산의 순서>

1. 괄호
2. 곱셈과 나눗셈을 왼쪽에서 오른쪽으로
3. 덧셈과 뺄셈을 왼쪽에서 오른쪽으로

$\frac{1}{2}$　$\frac{2}{7}$　$\frac{4}{7}$　2　$2\frac{1}{8}$　$3\frac{1}{2}$　5　7

더 생각해 보아요!

식이 성립하도록 +, -, ×, ÷ 중 알맞은 부호를 빈칸에 써넣어 보세요.

3 □ 3 □ 3 = 2

3 □ 3 □ 3 = 4

3 □ 3 □ 3 = -2

5. 아래 단서를 읽고 봉지 안의 내용물, 무게, 그리고 봉지 색깔을 알아맞혀 보세요.

내용물					
무게					
색깔					

- 파란색 봉지에는 밀가루가 있어요.
- 어떤 봉지에는 사과가 있어요.
- 겨(벼, 보리 등 곡물의 껍질)의 무게가 제일 가벼워요.
- 두 번째로 가벼운 봉지에는 쌀이 있어요.
- 회색과 파란색 봉지의 무게는 합해서 $3\frac{1}{2}$kg 이에요.
- 노란색 봉지는 색깔이 같은 두 봉지 사이에 있어요.
- 봉지 중 $\frac{2}{5}$는 색깔이 같아요.
- 회색 봉지는 오른쪽에서 두 번째에 있어요.
- 설탕 봉지는 밀가루 봉지 옆에 있어요.
- 가장 무거운 봉지는 가운데에 있어요.
- 봉지들의 무게를 모두 합하면 8kg이에요.
- 같은 색깔 봉지의 무게를 모두 합하면 4kg이고, 한 봉지가 다른 봉지보다 2kg 무거워요.
- 빨간색 봉지 중 어떤 봉지는 가운데에 있어요.
- 회색 봉지의 무게는 $1\frac{1}{2}$kg이에요.

6. 아이비, 조엘, 파올로, 베릿은 모두 같은 식을 계산했어요. 선생님은 학생들에게 각각 다른 점수를 주었어요. 선생님이 왜 그런 점수를 주었는지 설명해 보세요.

❶ $\frac{2}{3} \times 6 = \frac{8}{3}$

아이비

점수 : 0/3
설명 :

❷ $\frac{2}{3} \times 6 = \frac{2 \times 6}{3} = \frac{12}{3}$

조엘

점수 : 2/3
설명 :

❸ $\frac{2}{3} \times 6 = \frac{12}{18}$

파올로

점수 : 0/3
설명 :

❹ $\frac{2}{3} \times 6 = \frac{2 \times 6}{3} = \frac{12^{(3}}{3} = 4$

베릿

점수 : 3/3
설명 :

7. 아래 규칙에 따라 수 1, 2, 3, 4, 5가 가로줄과 세로줄에 한 번씩 들어가도록 칸에 알맞게 써넣어 보세요.

1	40			2
	10		4	
10		2		14
	1			
		7		

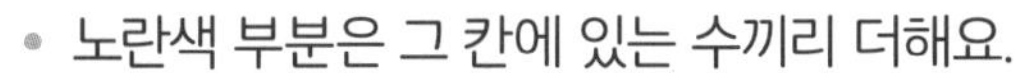

- 노란색 부분은 그 칸에 있는 수끼리 더해요.
- 초록색 부분은 그 칸에 있는 수끼리 빼요.
- 파란색 부분은 그 칸에 있는 수끼리 곱해요.
- 각 칸의 왼쪽 위에 있는 작은 수가 계산식의 정답이에요.

8. 빈칸을 빨간색과 파란색으로 색칠해 보세요.
단, 가로, 세로, 대각선으로 같은 색깔의 칸이 연속되는 것은 3개까지만 가능해요.

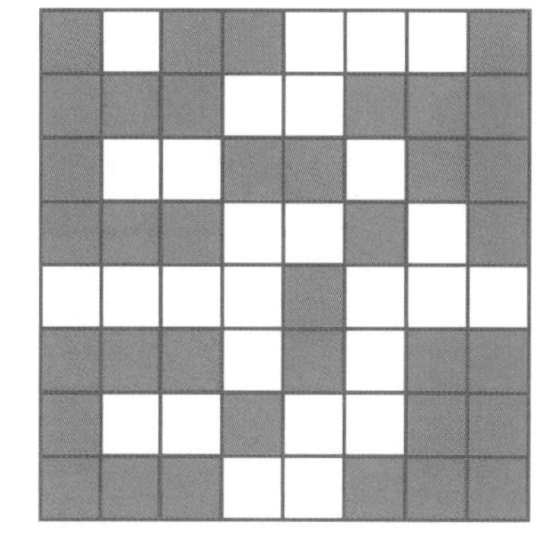

한 번 더 연습해요!

1. 공책에 계산해 보세요.

$\frac{1}{6} \times 7$　　$\frac{4}{5} \times 10$　　$\frac{3}{8} \div 5$　　$\frac{9}{20} \div 3$

$2\frac{5}{6} \times 2$　　$8\frac{1}{2} \times 3$　　$6\frac{1}{2} \div 4$　　$18\frac{1}{3} \div 5$

2. 아래 글을 읽고 공책에 알맞은 식을 세워 답을 구해 보세요.

❶ 메이는 베리 $7\frac{3}{4}$L를 냉동용 지퍼백 4개에 똑같이 나누어 담았어요. 지퍼백 1개에 들어가는 베리는 몇 L일까요?

❷ 라스는 베리를 냉동용 지퍼백 3개에 각각 $\frac{9}{10}$L씩 담았고, $\frac{1}{2}$L를 다른 봉지에 담았어요. 라스가 담은 베리는 모두 몇 L일까요?

9. 아래 빵 만드는 법을 보고 공책에 알맞은 식을 세워 답을 구해 보세요.

<재료>

호밀가루 $2\frac{3}{4}$dL

밀가루 $1\frac{1}{2}$dL

통밀 밀가루 $1\frac{3}{4}$dL

물 $5\frac{1}{2}$dL

기름 $\frac{3}{4}$dL

이스트 30g

소금 1작은술

<준비 시간>

반죽 섞기 $\frac{1}{6}$시간

반죽 부풀리기 $\frac{1}{3}$시간

빵 모양 만들기 $\frac{1}{12}$시간

빵 숙성하기 $\frac{3}{10}$시간

빵 굽기 $\frac{7}{12}$시간

❶ 필요한 가루의 양은 모두 얼마일까요?

❷ 통밀 밀가루는 밀가루보다 얼마나 더 필요할까요?

❸ 물과 기름은 합해서 얼마나 필요할까요?

❹ 반죽을 섞고 부풀리는 데 걸리는 시간은 모두 얼마일까요?

❺ 빵 모양을 만들고 숙성하는 데 걸리는 시간은 모두 얼마일까요?

❻ 빵을 굽는 시간이 빵을 숙성하는 시간보다 얼마나 더 걸릴까요?

10. 규칙에 따라 빈칸에 알맞은 수를 써넣어 보세요.

❶ $\frac{1}{8}$ $\frac{1}{4}$ $\frac{3}{8}$ ____ ____ ____

❷ 5 $2\frac{1}{2}$ $1\frac{1}{4}$ ____ ____ ____

11. 아래 글을 읽고 공책에 알맞은 식을 세워 답을 구해 보세요.

❶ 자카리는 가진 돈의 $\frac{5}{8}$를 아이스크림에, $\frac{1}{4}$을 음료수를 사는 데 썼더니 1.5유로가 남았어요. 자카리가 원래 가지고 있던 돈은 얼마일까요?

❷ 안드레아는 가진 돈의 $\frac{2}{3}$를 옷에, $\frac{1}{4}$을 액세서리를 사는 데 썼더니 6유로가 남았어요. 안드레아가 원래 가지고 있던 돈은 얼마일까요?

12. 그림이 들어간 식을 보고 그림의 값을 구해 보세요.

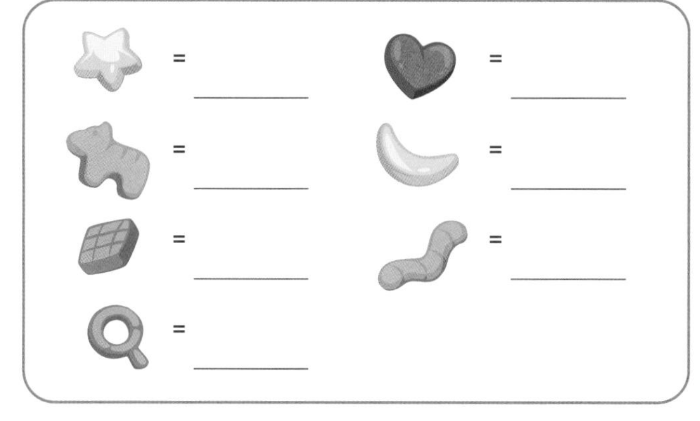

한 번 더 연습해요!

1. 계산해 보세요.

$\frac{7}{8} \times 2 - \frac{5}{8}$

= ____________

= ____________

= ____________

$1 - \frac{1}{6} \div 2$

= ____________

= ____________

= ____________

= ____________

$5 \times \left(\frac{1}{3} + \frac{1}{4}\right)$

= ____________

= ____________

= ____________

= ____________

2. 아래 글을 읽고 공책에 알맞은 식을 세워 답을 구해 보세요.

❶ 사탕 중에서 $\frac{5}{12}$는 과일 맛, $\frac{1}{6}$은 감초 맛, 나머지는 초콜릿 맛이에요. 초콜릿 맛 사탕은 전체의 얼마를 차지할까요?

____

❷ 주스 $5\frac{1}{2}$L가 있는데 4병에 똑같이 나누어 담으려고 해요. 병 1개에 담는 주스의 양은 얼마일까요?

____

실력을 평가해 봐요!

____월 ____일 ____요일

1. 대분수를 가분수로 바꾸어 보세요.

$2\frac{3}{4}$ = ______________________ $5\frac{2}{9}$ = ______________________

2. 계산해 보세요.

$2\frac{1}{3}+2\frac{1}{3}$

= ______________

= ______________

$1\frac{5}{12}-\frac{11}{12}$

= ______________

= ______________

$3\frac{1}{7}-2\frac{4}{7}$

= ______________

= ______________

3. 두 분수의 분모가 같게 통분해 보세요.

$\frac{2}{5}$와 $\frac{13}{15}$ ______________

$\frac{5}{7}$와 $\frac{2}{3}$ ______________

$\frac{5}{6}$와 $\frac{3}{4}$ ______________

4. 계산해 보세요.

$\frac{3}{4}+\frac{1}{12}$

= ______________

= ______________

$\frac{7}{15}-\frac{1}{5}$

= ______________

= ______________

$\frac{3}{5}+\frac{4}{7}$

= ______________

= ______________

5. 계산해 보세요.

$\frac{1}{6} \times 3$

= ______________

= ______________

$\frac{1}{4} \div 2$

= ______________

= ______________

$\frac{6}{7} \div 3$

= ______________

= ______________

$1\frac{3}{4} \times 3$

= ______________

= ______________

= ______________

$5\frac{1}{2} \times 4$

= ______________

= ______________

= ______________

$1\frac{1}{2} \div 9$

= ______________

= ______________

= ______________

6. 아래 글을 읽고 알맞은 식을 세워 답을 구해 보세요.

❶ 식탁 위에 컵이 9개 있어요. 8컵에는 주스를 $2\frac{1}{2}$dL씩 따르고, 1컵에는 $3\frac{1}{2}$dL를 따랐어요. 9컵에 따른 주스의 양은 모두 얼마일까요?

식 : ______________

____

____

정답 : ______________

❷ 비올라는 밀가루 $\frac{9}{10}$kg을 용기 3개에 똑같이 나누어 담았어요. 그리고 설탕 $\frac{1}{5}$kg을 각각의 용기에 더 담았어요. 용기 1개에 담은 밀가루와 설탕의 양은 모두 얼마일까요?

식 : ______________

____

____

정답 : ______________

실력이 자란 만큼 별을 색칠하세요.

★★★ 정말 잘했어요.

★★☆ 꽤 잘했어요.

★☆☆ 앞으로 더 노력할게요.

단원 종합 문제

____ 월 ____ 일 ____ 요일

1. 대분수를 가분수로 바꾸어 보세요.

$3\frac{2}{5}$ = ______

$11\frac{3}{4}$ = ______

2. 두 분수의 분모가 같게 통분해 보세요.

) $\frac{5}{6}$와 $\frac{11}{18}$

) $\frac{4}{5}$와 $\frac{3}{4}$

) $\frac{1}{2}$과 $\frac{4}{7}$

______ ______ ______

3. 계산해 보세요.

$\frac{9}{20} + \frac{2}{5}$

= ______

= ______

$\frac{7}{9} - \frac{1}{2}$

= ______

= ______

$\frac{3}{5} + \frac{3}{8}$

= ______

= ______

4. 계산해 보세요.

$\frac{4}{15} \times 3$

= ______

= ______

$\frac{2}{3} \div 5$

= ______

= ______

$\frac{8}{13} \div 2$

= ______

= ______

$2\frac{3}{10} + 1\frac{1}{10}$

= ______

= ______

= ______

$1\frac{1}{8} \times 2$

= ______

= ______

= ______

$2\frac{2}{5} \div 3$

= ______

= ______

= ______

5. 계산해 보세요.

$\frac{7}{12} + \frac{5}{8}$ = ______ = ______

$\frac{7}{11} + \frac{1}{4}$ = ______ = ______

$\frac{4}{5} + \frac{6}{7}$ = ______ = ______

6. 아래 글을 읽고 공책에 알맞은 식을 세워 답을 구해 보세요.

❶ 케이틀린은 밀가루 $3\frac{1}{2}$dL와 호밀가루 $2\frac{3}{4}$dL를 섞었어요. 섞은 가루를 용기 2개에 똑같이 나누어 담았어요. 용기 1개에 담긴 가루의 양은 얼마일까요?

______

❷ 물 3L 중 $\frac{1}{2}$L는 1병에, 나머지는 6컵에 나누어 따랐어요. 1컵에 담긴 물의 양은 얼마일까요?

______

❸ 헬가의 병에는 주스 $\frac{5}{8}$L가, 올리의 병에는 $\frac{3}{4}$L가, 알렉의 병에는 $\frac{1}{2}$L가 들어 있어요. 3명의 주스를 5컵에 똑같이 나누어 따랐어요. 1컵에 따른 주스의 양은 얼마일까요?

______

❹ 병 2개에 주스 $\frac{3}{4}$L가 각각 들어 있어요. 다른 2병에 $\frac{2}{3}$L가 각각 들어 있고, 또 다른 1병에 $\frac{1}{2}$L가 들어 있어요. 주스의 양은 모두 얼마일까요?

______

7. 계산해 보세요.

$\frac{5}{6} \times 9$ = ______ = ______ = ______ = ______

$8\frac{1}{2} \times 4$ = ______ = ______ = ______ = ______

$1\frac{4}{5} \div 3$ = ______ = ______ = ______ = ______

$8\frac{1}{3} \div 5$ = ______ = ______ = ______ = ______

8. 알파벳 A, B, C의 값을 각각 구해 보세요.

$B \div 11 = C$　　$A \div 2 = B$　　$3\frac{2}{3} \div 3 = A$

A = ______　B = ______　C = ______

9. 계산해 보세요.

$\frac{1}{4} + \frac{1}{9} \times 6$

= ______

= ______

= ______

$\frac{5}{6} \times 3 - 2\frac{1}{2}$

= ______

= ______

= ______

$\frac{3}{4} \div 5 + 4\frac{1}{6} \div 5$

= ______

= ______

= ______

10. 계산하여 빈칸에 알맞은 수를 써넣어 보세요.

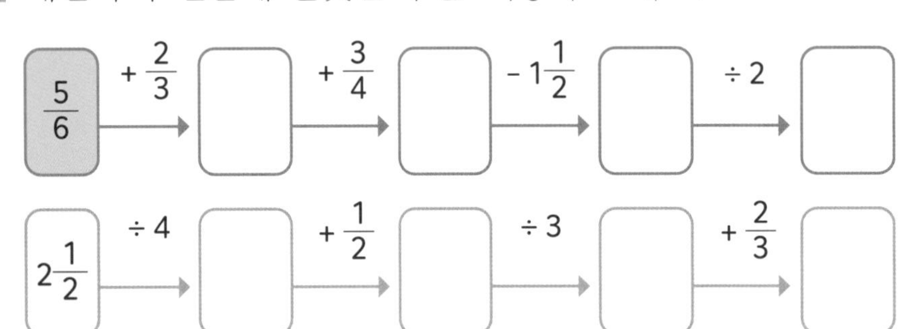

11. 가로, 세로, 대각선에 있는 세 수의 합이 각각 같게 빈칸을 채워 보세요.

❶

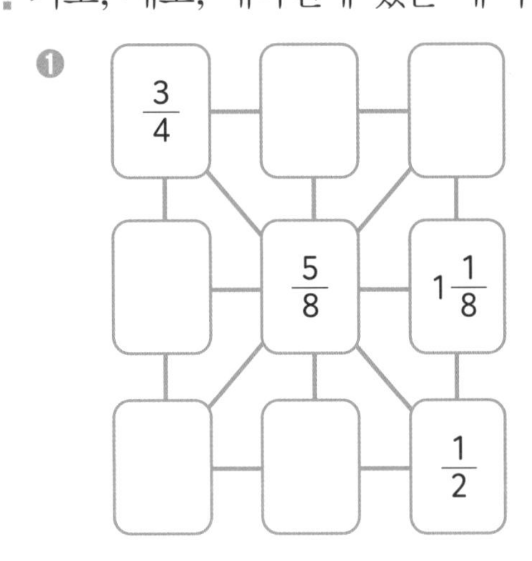

❷

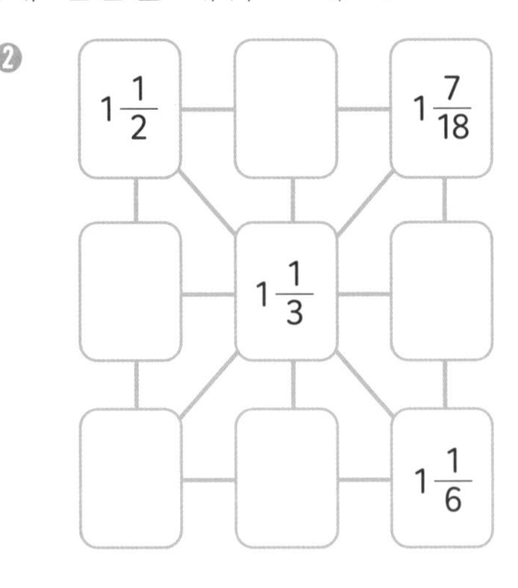

12. 아래 글을 읽고 공책에 알맞은 식을 세워 답을 구해 보세요.

❶ 에씨는 밀가루 $3\frac{1}{2}$dL를 첫번째 용기에, $4\frac{3}{4}$dL를 두 번째 용기에, $5\frac{1}{4}$dL를 세 번째 용기에 담았어요. 에씨가 용기 1개에 담은 밀가루의 양은 평균 몇 dL일까요?

______

❷ 무게가 같은 사과 6봉지의 총 무게가 $5\frac{1}{4}$kg이에요. 무게가 같은 사과 4봉지의 총 무게는 몇 kg일까요?

______

____월 ____일 ____요일

★ 분수의 약분

- 약분은 분수의 분자와 분모를 같은 수로 나누는 것이에요.

$$\frac{10^{(5}}{25} = \frac{2}{5}$$

★ 분수의 통분

- 통분은 분수의 분자와 분모에 같은 수를 곱하는 것이에요.

$$\frac{{}^{6)}3}{4} = \frac{18}{24}$$

★ 대분수를 가분수로 바꾸기

$$2\frac{1}{3} = \frac{2 \times 3 + 1}{3} = \frac{7}{3}$$

★ 가분수를 대분수로 바꾸기

$$\frac{7}{3} = 2\frac{1}{3}$$

★ 분모가 같은 대분수의 덧셈과 뺄셈

- 덧셈과 뺄셈을 계산하기 전에 먼저 대분수를 가분수로 바꾸어요.
- 결과를 약분하고 가능하면 자연수나 대분수로 바꾸어요.

$$2\frac{3}{5} + 3\frac{4}{5} = \frac{13}{5} + \frac{19}{5} = \frac{32}{5} = 6\frac{2}{5}$$

$$4\frac{1}{10} - 2\frac{3}{10} = \frac{41}{10} - \frac{23}{10} = \frac{18^{(2}}{10} = \frac{9}{5} = 1\frac{4}{5}$$

★ 분모가 다른 분수의 덧셈과 뺄셈

- 덧셈과 뺄셈을 계산하기 전에 먼저 분모가 같게 통분해요.

$$\frac{1}{12} + \frac{{}^{3)}3}{4} = \frac{1}{12} + \frac{9}{12} = \frac{10^{(2}}{12} = \frac{5}{6}$$

$$\frac{{}^{2)}2}{3} + \frac{{}^{3)}1}{2} = \frac{4}{6} + \frac{3}{6} = \frac{7}{6} = 1\frac{1}{6}$$

$$\frac{{}^{2)}5}{6} - \frac{{}^{3)}1}{4} = \frac{10}{12} - \frac{3}{12} = \frac{7}{12}$$

★ 진분수와 자연수, 대분수와 자연수의 곱셈

- 곱셈을 계산하기 전에 대분수를 가분수로 바꾸어요.
- 나누어진 부분의 개수, 즉 분자에만 자연수를 곱하세요. 분모는 그대로 두고요.

$$\frac{1}{4} \times 9 = \frac{1 \times 9}{4} = \frac{9}{4} = 2\frac{1}{4}$$

$$3\frac{1}{2} \times 5 = \frac{7}{2} \times 5 = \frac{7 \times 5}{2} = \frac{35}{2} = 17\frac{1}{2}$$

★ 진분수와 자연수, 대분수와 자연수의 나눗셈

- 나눗셈을 계산하기 전에 대분수를 가분수로 바꾸어요.
- 나누는 수를 분수의 분모에 곱하세요. 분자는 그대로 두고요.

$$\frac{6}{7} \div 2 = \frac{6}{7 \times 2} = \frac{6^{(2}}{14} = \frac{3}{7}$$

$$4\frac{1}{2} \div 3 = \frac{9}{2} \div 3 = \frac{9}{2 \times 3} = \frac{9^{(3}}{6} = \frac{3}{2} = 1\frac{1}{2}$$

학습 자가 진단

학습 태도

	그렇지 못해요.	때때로 그래요.	자주 그래요.	항상 그래요.
수업 시간에 적극적이에요.	□	□	□	□
학습에 집중해요.	□	□	□	□
친구들과 협동해요.	□	□	□	□
숙제를 잘해요.	□	□	□	□

학습 목표

학습하면서 만족스러웠던 부분은 무엇인가요?

어떻게 실력을 향상할 수 있었나요?

____

____

____

학습 성과

	아직 익숙하지 않아요.	연습이 더 필요해요.	괜찮아요.	꽤 잘해요.	정말 잘해요.
• 분모가 같은 분수의 덧셈과 뺄셈을 계산할 수 있어요.	○	○	○	○	○
• 대분수를 가분수로, 가분수를 대분수로 바꿀 수 있어요.	○	○	○	○	○
• 분모가 다른 진분수와 대분수의 덧셈과 뺄셈을 계산할 수 있어요.	○	○	○	○	○
• 분수와 자연수의 곱셈을 계산할 수 있어요.	○	○	○	○	○
• 분수와 자연수의 나눗셈을 계산할 수 있어요.	○	○	○	○	○

이번 단원에서 가장 쉬웠던 부분은 ______________________________예요.

이번 단원에서 가장 어려웠던 부분은 ______________________________예요.

함께 해봐요!

____월 ____일 ____요일

나도 요리사

요리 프로그램을 계획하고 준비하여 동영상으로
찍거나 직접 발표해 보세요.

요리 프로그램에 익숙해지기

- 다양한 요리 프로그램을 시청하세요.

요리 프로그램에 어떤 도구와 측정 단위가
이용되었나요?
요리 프로그램은 어떻게 진행되었나요?

조리법을 선택하기

- 부모님과 함께 적당한 조리법을 찾아보고
  골라 보세요.

실제 재료를 이용할 건가요? 아니면 상상의
재료를 이용할 건가요?
발표하려면 어떤 종류의 장비와 도구가
필요할까요?

계획하기

- 발표를 어떻게 할지 결정하세요.
- 동영상을 찍을 건가요? 직접 시연을 할 건가요?
- 어떤 내용을 발표할지 정리해 보세요.

실행하기

- 발표에 필요한 자료를 준비하세요.
- 발표를 연습하세요.
- 동영상을 촬영하세요.

발표하기

- 부모님 또는 친구들에게 요리 프로그램을 발표하거나
  준비한 동영상을 보여 주세요.

평가하기

- 마지막으로 발표 태도와 성과를 평가해 보세요.
- 청중에게 의견을 요청해 보세요.

준비 과정에서 어려운 점은 없었나요?
발표가 성공적이었나요?
더 나아질 수 있는 부분이 있나요?
아쉬웠던 부분이 있나요?

전략적으로 계산하기 복습

____월 ____일 ____요일

1. 공책에 계산한 후, 정답을 로봇에서 찾아 ○표 해 보세요.

$23 + 6 \times 5$

$120 \div 3 - 72 \div 9$

$(38 + 42) \div (65 - 25)$

$4 \times 8 \div 2$

$63 \div (39 - 5 \times 6)$

$(2 \times 4.5 + 3) \times 5$

2　4　7　14　16　32　53　60

2. 계산한 후, 정답을 로봇에서 찾아 ○표 해 보세요.

❶ 곱하는 수를 자릿수별로 분해해 보세요.
5×133

= ______________________

= ______________________

= ______________________

❷ 곱해지는 수를 자릿수별로 분해해 보세요.
14×21

= ______________________

= ______________________

= ______________________

❸ 곱해지는 수의 약수를 분해해 보세요.
20×14

= ______________________

= ______________________

= ______________________

❹ 곱해지는 수와 곱하는 수의 약수를 분해해 보세요.
35×12

= ______________________

= ______________________

= ______________________

= ______________________

240　280　294　420　665　695

3. 공책에 계산한 후, 정답을 로봇에서 찾아 ○표 해 보세요.

$\frac{180}{20}$　$\frac{312}{24}$　$\frac{186}{18}$　$\frac{150}{16}$

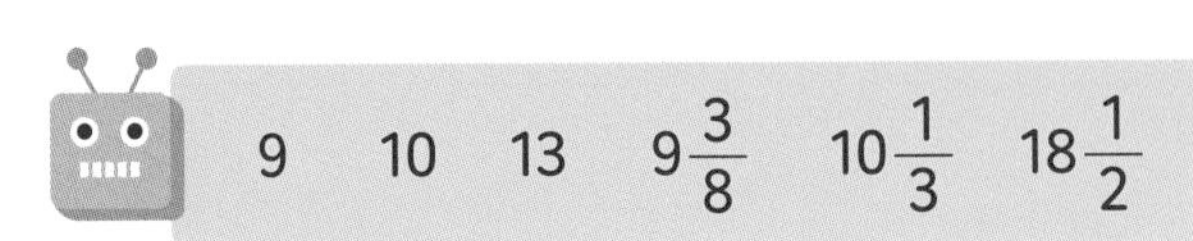

9　10　13　$9\frac{3}{8}$　$10\frac{1}{3}$　$18\frac{1}{2}$

4. 공책에 계산한 후, 정답을 로봇에서 찾아 ◯표 해 보세요.

❶ 학생 5명이 2유로짜리 공책 7권을 각자 샀어요. 산 물건은 모두 얼마일까요?

❷ 학교에서 축구공 14개를 주문했어요. 공 1개가 13유로라면 축구공 14개는 모두 얼마일까요?

❸ 성인 표 1장은 45유로이고, 어린이 표는 성인 표 가격의 $\frac{1}{3}$이에요. 성인 표 2장과 어린이 표 2장은 모두 얼마일까요?

❹ 32명의 단체 여행 비용이 모두 5180유로예요. 성인이 20명 있고, 아이 1명당 비용이 90유로라면 성인 1명의 비용은 얼마일까요?

더 생각해 보아요!

규칙에 따라 빈칸에 알맞은 수를 써넣어 보세요.

	1	20	400	

5. 값이 같은 것끼리 선으로 이어 보세요.

43 × 3	350 + 70	608
35 × 12	230 + 69	420
152 × 4	120 + 9	129
23 × 13	400 + 200 + 8	5175
1035 × 5	320 + 64	299
32 × 12	5000 + 150 + 25	384

6. 계산하여 빈칸을 채워 보세요. 단, 한 칸에는 한 개의 숫자만 들어갑니다.

가로
1. 4 × 34
3. 250 ÷ 25
4. 6 × 15
5. 936 ÷ 3
6. (9 × 9 + 12) ÷ 3
7. 2 × 6 × 15
8. 40 ÷ 8 × 3
9. 308 ÷ 2

세로
1. 6 × 8 − 31
2. 20 × 30
3. 2 × 14 × 5
6. 8 × 8 ÷ 2
7. 505 ÷ (9 − 4)
8. 105 ÷ 35 + 15
10. 3 × 8 + 100 × 6

7. 그림이 들어간 식을 보고 그림의 값을 구해 보세요.

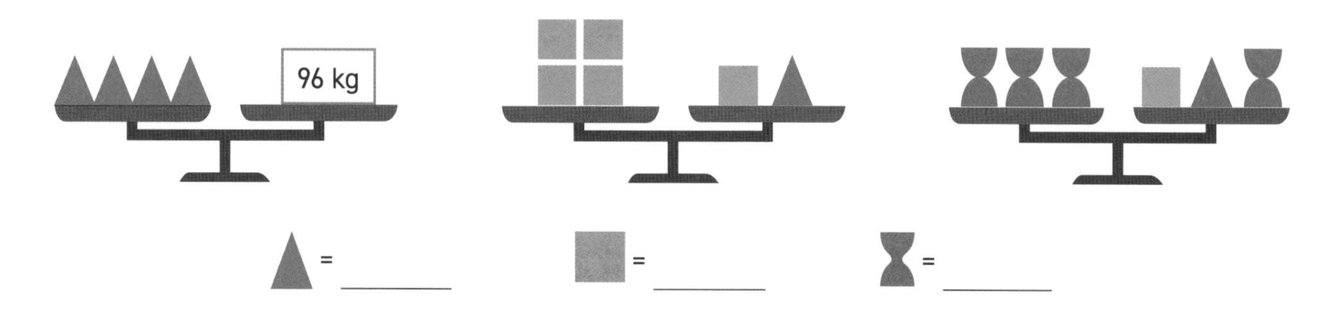

= ______ = ______ = ______

8. 빈칸에 알맞은 수를 써넣어 보세요. 1~37까지의 수가 연결되어 있어요.

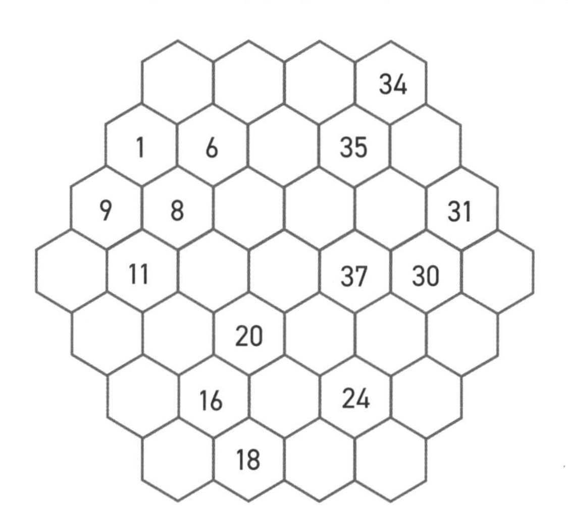

한 번 더 연습해요!

1. 공책에 계산해 보세요.

❶ 곱하는 수를 자릿수별로 분해해 보세요.
3 × 218

❷ 곱해지는 수의 약수를 분해해 보세요.
30 × 16

2. 아래 글을 읽고 공책에 알맞은 식을 세워 답을 구해 보세요.

❶ 케이틀린에게 25유로가 있어요. 우르술라는 케이틀린보다 4유로 적은 돈을 가지고 있어요. 케이틀린은 가진 돈의 $\frac{1}{5}$을 썼고, 우르술라는 가진 돈의 $\frac{1}{7}$을 썼어요. 케이틀린과 우르술라가 쓴 돈은 모두 얼마일까요?

____

❷ 학급에 368유로가 있어요. 체험학습에 드는 총비용의 $\frac{1}{3}$에 해당하는 돈이에요. 체험학습 비용의 절반을 마련하려면 학급에서 모아야 하는 돈은 얼마일까요?

____

분수 복습

____월 ____일 ____요일

1. 대분수를 가분수로 바꾸어 보세요.

$2\frac{5}{8}$ = ________________

$10\frac{1}{3}$ = ________________

$8\frac{3}{4}$ = ________________

$9\frac{4}{9}$ = ________________

2. 계산한 후, 정답을 로봇에서 찾아 ○표 해 보세요.

$\frac{11}{12} - \frac{3}{12}$

= ________

= ________

$\frac{4}{5} + \frac{4}{15}$

= ________

= ________

$\frac{4}{9} + \frac{1}{2}$

= ________

= ________

$\frac{5}{16} \times 2$

= ________

= ________

$\frac{7}{8} \div 4$

= ________

= ________

$\frac{6}{11} \div 3$

= ________

= ________

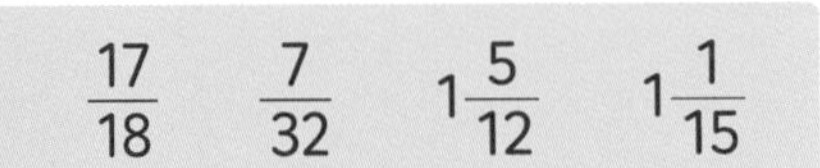

$\frac{2}{3}$ $\frac{5}{8}$ $\frac{2}{11}$ $\frac{13}{13}$ $\frac{17}{18}$ $\frac{7}{32}$ $1\frac{5}{12}$ $1\frac{1}{15}$

3. 계산한 후, 정답을 로봇에서 찾아 ○표 해 보세요.

$3\frac{3}{8} - 2\frac{5}{8}$

= ________

= ________

= ________

$4\frac{2}{5} \div 4$

= ________

= ________

= ________

$2\frac{1}{3} \times 6$

= ________

= ________

= ________

$\frac{3}{4}$ $\frac{5}{8}$ $1\frac{1}{10}$ 12 14

4. 공책에 알맞은 식을 세워 답을 구한 후, 정답을 로봇에서 찾아 ○표 해 보세요.

❶ 저스틴은 베리 파이를 만드는 데 라즈베리 $\frac{1}{5}$kg과 블루베리 $\frac{3}{10}$kg을 넣었어요. 저스틴이 베리 파이를 만드는 데 넣은 베리는 모두 몇 kg일까요?

____

❷ 아르네는 번 반죽에 우유 $7\frac{1}{2}$dL를, 롤 반죽에 $5\frac{3}{4}$dL를 넣었어요. 번 반죽에 넣은 우유의 양은 롤 반죽에 넣은 우유의 양보다 얼마나 더 많을까요?

____

❸ 자카리는 탄산음료 $1\frac{1}{2}$L를 5컵에 똑같이 나누어 따랐어요. 1컵에 따른 탄산음료는 몇 L일까요?

____

❹ 반죽을 하는 데 보리가루와 호밀가루를 합해서 $1\frac{1}{4}$kg이 필요해요. 호밀가루가 $\frac{1}{2}$kg 이용된다면 보리가루는 몇 kg이 필요할까요?

____

❺ 햄 파이 5개를 만들었어요. 파이 1개당 크림 $2\frac{1}{2}$dL를 사용했어요. 사용한 크림은 모두 몇 dL일까요?

____

❻ 주전자에 물 $1\frac{3}{5}$L가 있어요. 다니엘라는 빵 3개를 만들었어요. 빵 1개에는 물 $\frac{2}{5}$L가 필요했어요. 이제 주전자에 남은 물은 몇 L일까요?

____

$\frac{1}{2}$kg　$\frac{3}{4}$kg　$\frac{4}{5}$kg　$\frac{2}{5}$L　$\frac{4}{5}$L　$\frac{3}{10}$L　$1\frac{3}{4}$dL　$12\frac{1}{2}$dL

5. 공책에 계산한 후, 정답을 로봇에서 찾아 ○표 해 보세요.

$\frac{4}{5} + 3 \times \frac{3}{10}$

$3 \times \frac{3}{4} + 2 \times \frac{2}{3}$

$2 \times \left(4\frac{3}{5} - 3\frac{2}{5}\right)$

$2\frac{3}{5} - 2 \times \frac{7}{10}$

$7 \times \frac{3}{8} - \frac{1}{4} \div 2$

$5\frac{5}{8} \div 5 + 3\frac{1}{2} \div 4$

<혼합 계산의 순서>

1. 괄호
2. 곱셈과 나눗셈을 왼쪽에서 오른쪽으로
3. 덧셈과 뺄셈을 왼쪽에서 오른쪽으로

$1\frac{1}{5}$　$1\frac{7}{8}$　$1\frac{7}{10}$　2　$2\frac{1}{2}$　$2\frac{2}{5}$　$3\frac{5}{12}$　$3\frac{7}{12}$

더 생각해 보아요!

제이크는 과녁을 향해 석궁을 쏘았어요. 쏜 화살 중 $\frac{2}{7}$는 과녁을 못 맞혔어요. 과녁을 못 맞힌 화살 중 $\frac{1}{4}$은 수풀 속에 사라졌어요. 저녁에 제이크는 사라진 화살 3개 중 1개를 찾았어요. 제이크가 쏜 화살은 몇 발이었을까요?

____

6. 답이 $1\frac{1}{5}$인 곳을 따라 길을 찾아보세요.

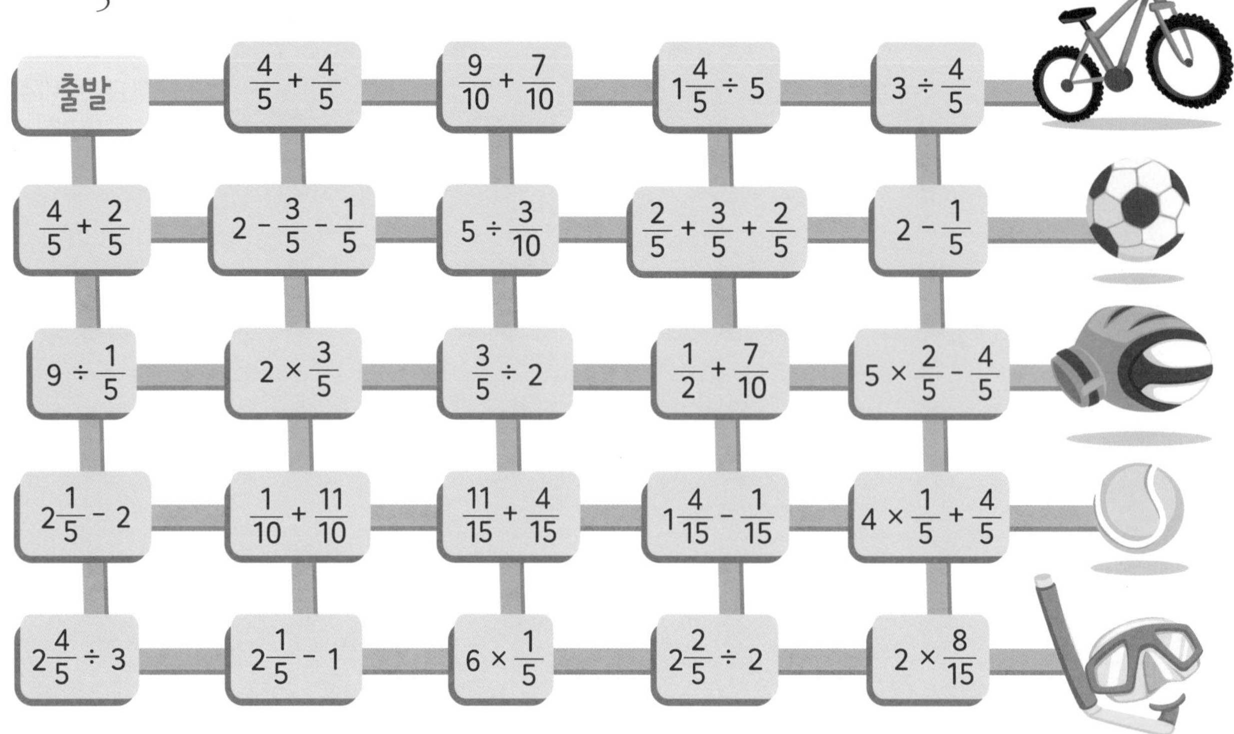

출발
$\frac{4}{5}+\frac{4}{5}$
$\frac{9}{10}+\frac{7}{10}$
$1\frac{4}{5}\div 5$
$3\div\frac{4}{5}$
$\frac{4}{5}+\frac{2}{5}$
$2-\frac{3}{5}-\frac{1}{5}$
$5\div\frac{3}{10}$
$\frac{2}{5}+\frac{3}{5}+\frac{2}{5}$
$2-\frac{1}{5}$
$9\div\frac{1}{5}$
$2\times\frac{3}{5}$
$\frac{3}{5}\div 2$
$\frac{1}{2}+\frac{7}{10}$
$5\times\frac{2}{5}-\frac{4}{5}$
$2\frac{1}{5}-2$
$\frac{1}{10}+\frac{11}{10}$
$\frac{11}{15}+\frac{4}{15}$
$1\frac{4}{15}-\frac{1}{15}$
$4\times\frac{1}{5}+\frac{4}{5}$
$2\frac{4}{5}\div 3$
$2\frac{1}{5}-1$
$6\times\frac{1}{5}$
$2\frac{2}{5}\div 2$
$2\times\frac{8}{15}$

7. 공책에 알맞은 식을 세워 답을 구해 보세요.

필통에 빨간색, 파란색, 보라색 연필이 들어 있어요. 전체의 30퍼센트인 보라색 연필은 모두 12자루예요. 파란색 연필은 빨간색 연필보다 6자루 적어요.

❶ 필통에는 연필이 모두 몇 자루 있을까요? ________

❷ 필통에는 파란색 연필이 몇 자루 있을까요? ________

8. 아래의 칸에는 각 칸에서 가로, 세로, 대각선의 위치에 그다음 수가 오는 규칙을 가지고 있어요. 1~36까지의 수를 빠짐없이 한 번씩 넣어 빈칸에 들어갈 수를 알맞게 채워 보세요.

❶

5			1		13
	3	2	8	12	
31		9		11	
	30	25	10	23	
34				19	
36			27		20

❷

30	31	36		26	
		34	27		23
17		28		22	8
	16	20	11		7
15	19				4
14		1	2		

9. 숫자 1, 2, 3, 4, 5, 6이 보라색 칸 주변을 둘러싸도록 빈칸에 써넣어 보세요. 일부 숫자는 이미 바른 자리에 써 있어요.

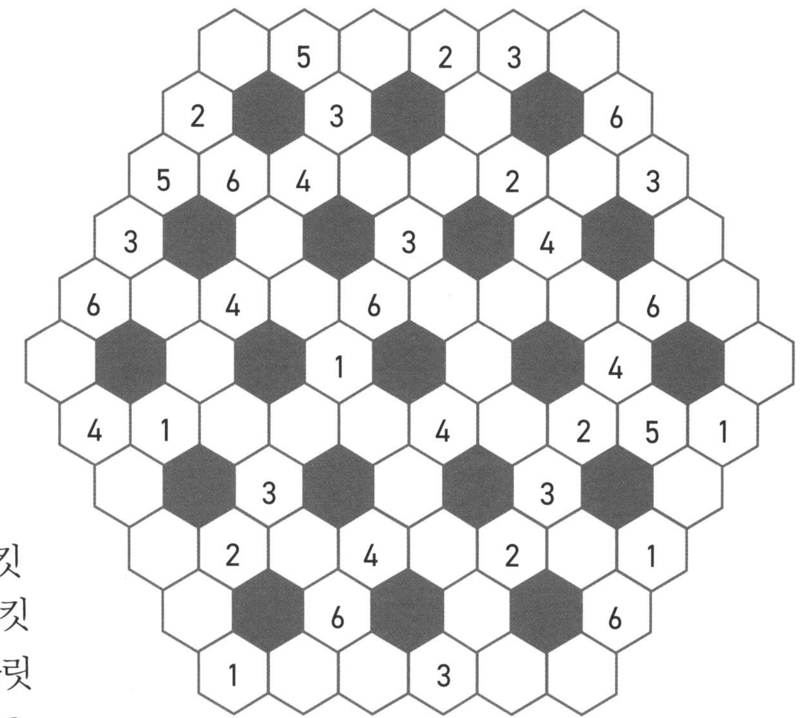

10. 초콜릿 비스킷 4개는 귀리 비스킷 5개와 가격이 같아요. 귀리 비스킷 3개의 가격이 5.40유로라면 초콜릿 비스킷 2개의 가격은 얼마일까요?

____

한 번 더 연습해요!

1. 공책에 계산해 보세요.

$\frac{4}{5}-\frac{3}{10}$	$\frac{3}{4}+\frac{5}{6}$	$\frac{5}{7}-\frac{1}{3}$
$5\times\frac{1}{6}$	$\frac{4}{5}\div 7$	$\frac{3}{10}\div 3$
$2\frac{1}{3}+6\frac{1}{3}$	$3\times 1\frac{1}{3}$	$2\frac{4}{5}\div 2$

2. 아래 글을 읽고 공책에 알맞은 식을 세워 답을 구해 보세요.

❶ 파라는 케이크를 만드는 데 밀가루 $3\frac{1}{2}$dL를, 번을 만드는 데 밀가루 $5\frac{1}{4}$dL를 넣었어요. 파라가 넣은 밀가루는 모두 몇 dL일까요?

____

❷ 한나는 $1\frac{1}{2}$L인 탄산음료 3병과 $\frac{1}{3}$L인 탄산음료 2병을 샀어요. 한나가 산 탄산음료는 모두 몇 L일까요?

____

약수 찾기 놀이

인원 : 2명 준비물 : 주사위 1개, 다른 색깔의 색연필 2개

★122쪽 활동지로 한 번 더 놀이해요!

12 = ______	24 = ______	32 = ______	54 = ______	60 = ______
12 = ______	24 = ______	32 = ______	54 = ______	60 = ______
28 = ______	20 = ______	48 = ______	50 = ______	36 = ______
28 = ______	20 = ______	48 = ______	50 = ______	36 = ______
42 = ______	40 = ______	16 = ______	30 = ______	18 = ______
42 = ______	40 = ______	16 = ______	30 = ______	18 = ______

참가자 1	참가자 2

<보기>

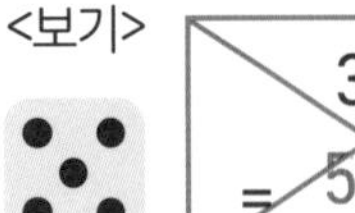

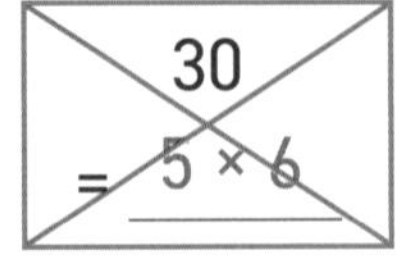

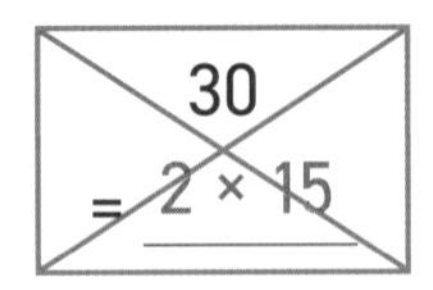

놀이 방법

1. 순서를 정해 주사위를 굴리세요. 주사위 눈이 1이면 다음 사람에게 순서가 넘어가요. 주사위 눈이 2~6 가운데 하나이면 주사위 눈이 약수인 수를 놀이판에서 찾으세요. 예를 들어 주사위 눈이 5가 나왔다면 30을 고를 수 있어요. 30=5×6이어서 30의 약수니까요.
2. 빈칸에 곱셈식을 쓰고 해당 칸을 색연필로 X표 하세요. 놀이 참가자들끼리 서로 다른 색깔의 색연필을 사용해야 구분할 수 있어요.
3. 하나의 수를 같은 약수로 두 번 분해할 수 없어요. 자신의 색연필로 같은 수를 두 번 X표 하게 되면 1점을 얻어요. 점수를 표에 기록하세요.
4. 모든 칸에 X표 할 때까지 놀이를 계속해요. 점수가 높은 사람이 놀이에서 이겨요.

바둑판을 정복하라!

인원 : 2명   준비물 : 연필, 주사위 1개, 121쪽 활동지

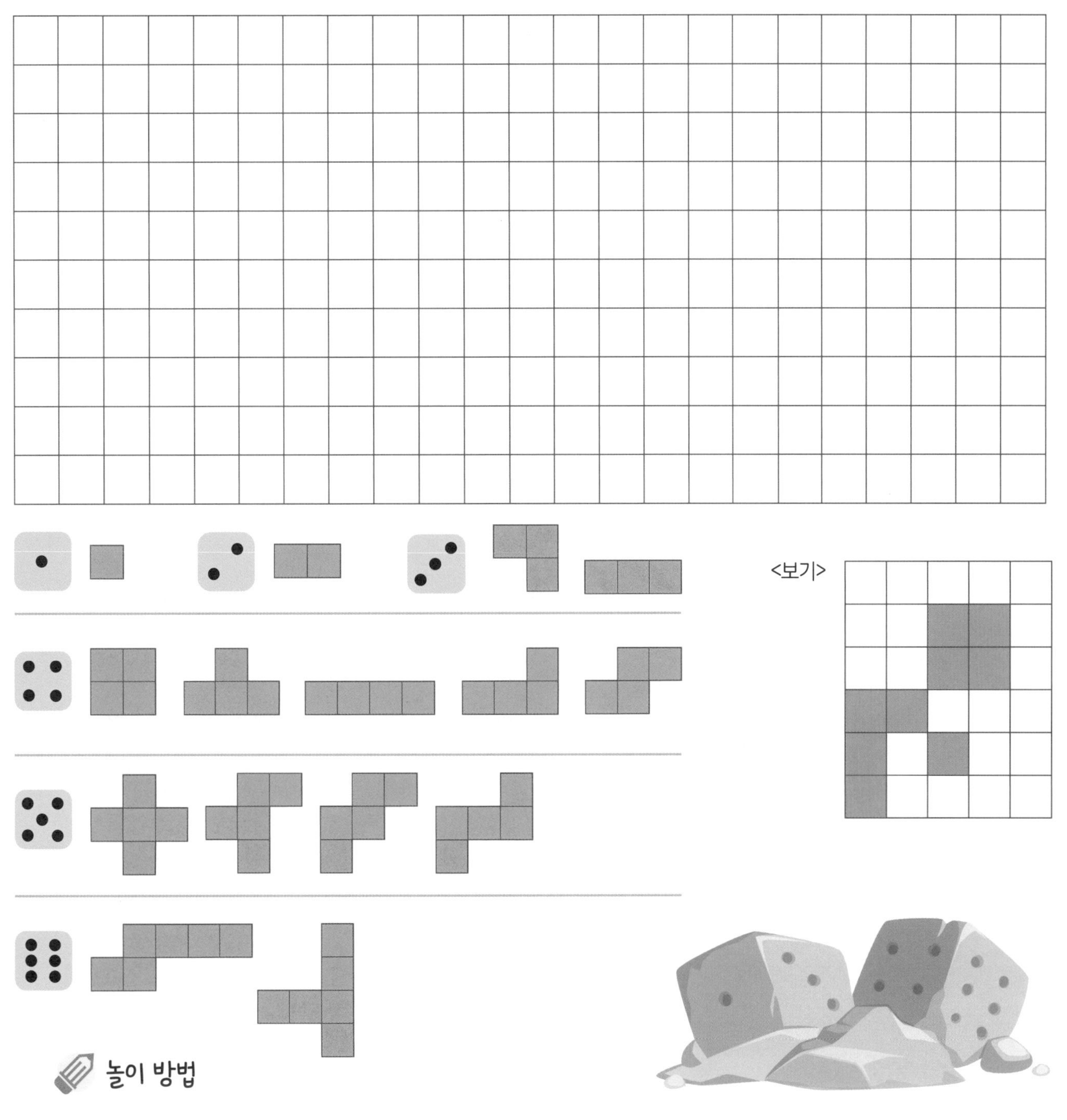

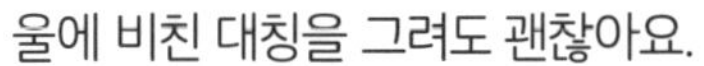

놀이 방법

1. 한 명은 교재를, 다른 한 명은 활동지를 이용하세요.
2. 순서를 정해 주사위를 굴리세요. 주사위 눈에 해당하는 모양 중 1개를 선택하여 바둑판에 그리세요.
3. 첫 번째 모양은 첫 시작점으로 바둑판의 가장자리에 붙여야 해요. 꼭짓점에서만 첫 번째 모양에 연결되도록 두 번째 모양을 그리세요. 모양의 방향을 바꾸거나 거울에 비친 대칭을 그려도 괜찮아요.
4. 주사위 눈에 해당하는 모양을 바둑판에 더 그릴 수 없을 때까지 계속해서 번갈아 그리세요.
5. 놀이가 끝났을 때 바둑판에 빈칸이 적은 사람이 놀이에서 이겨요.

정답이 곧 점수!

인원 : 2명 준비물 : 주사위 1개

★122쪽 활동지로 한 번 더 놀이해요!

1점 정답

$2 \times \frac{\square}{8} = 1$	$\square \times \frac{1}{2} = 1$
$6 \times \frac{\square}{6} = 1$	$\square \times \frac{1}{3} = 1$
$2 \times \frac{\square}{6} = 1$	$\square \times \frac{1}{5} = 1$
$\frac{\square}{3} \div 2 = 1$	$\frac{9}{3} \div \square = 1$
$\frac{\square}{2} \div 2 = 1$	$\frac{10}{5} \div \square = 1$

2점 정답

$5 \times \frac{\square}{10} = 2$	$\square \times \frac{1}{3} = 2$
$\frac{16}{4} \div \square = 2$	$\frac{24}{\square} \div 3 = 2$

3점 정답

$\frac{12}{2} \div \square = 3$	$\square \times \frac{1}{2} = 3$

놀이 방법

1. 한 사람의 교재를 놀이판으로 이용하세요.
2. 한 사람은 X를, 다른 사람은 O를 자신의 기호로 사용하세요.
3. 순서를 정해 주사위를 굴리세요. 나온 주사위 눈이 빈칸에 들어갔을 때 식이 성립하는 식을 고르세요.
4. 빈칸에 그 수를 쓰고 수 위에 자신의 기호를 표시하세요. 나온 주사위 눈이 그 어떤 식에도 맞지 않으면 순서는 다음 사람에게 넘어가요.
5. 모든 식이 성립하도록 빈칸을 채울 때까지 놀이를 계속해요.
6. 놀이가 끝나면 각 정답에 해당하는 점수를 곱하여 총점을 구해요. 총점이 더 높은 사람이 놀이에서 이겨요.

연속으로 기호 4개 만들기

인원 : 2명　준비물 : 연필

★123쪽 활동지로 한 번 더 놀이해요!

1회

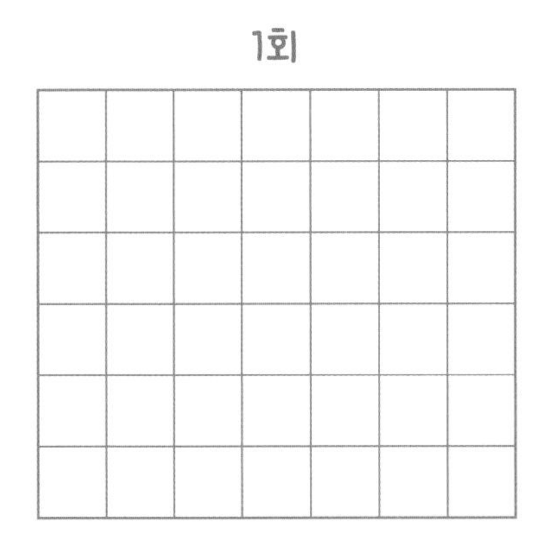

2회

<보기>

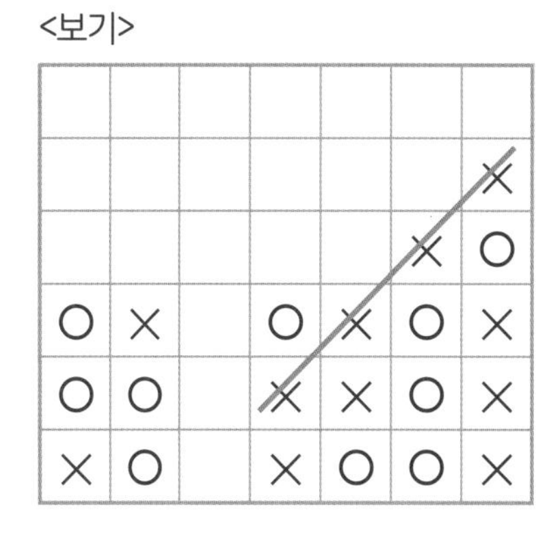

3회

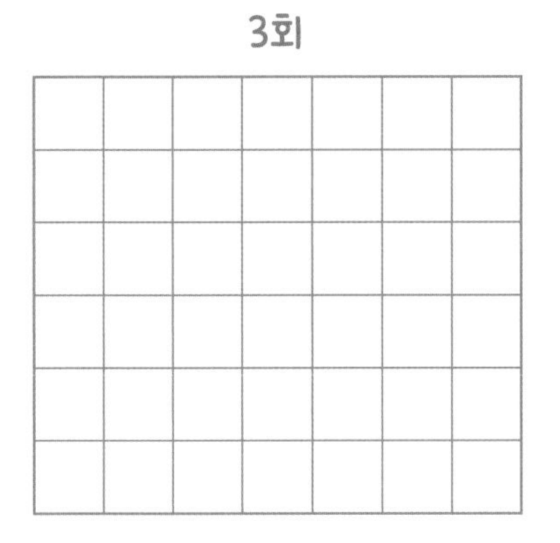

4회

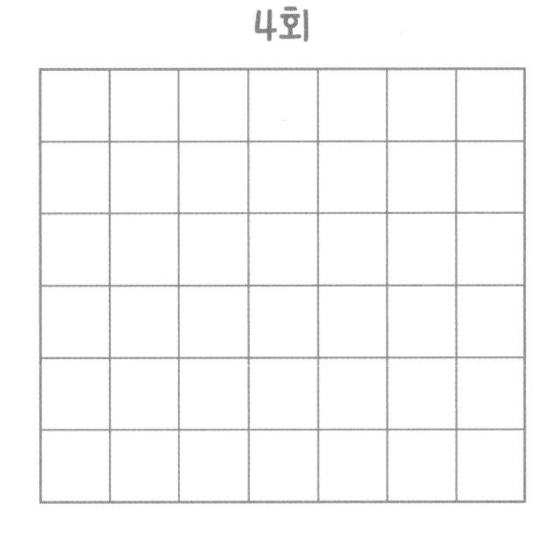

5회

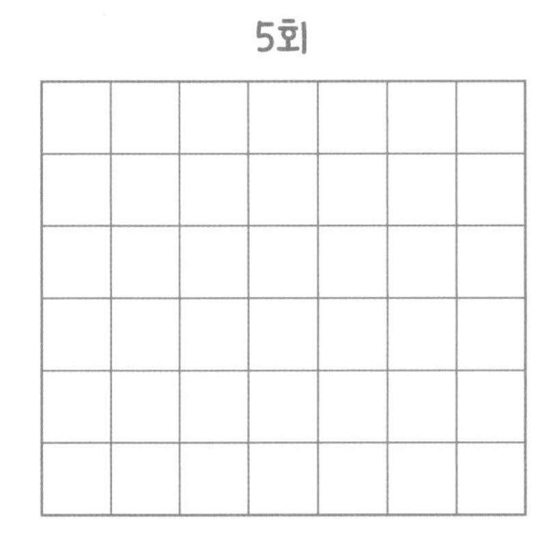

6회

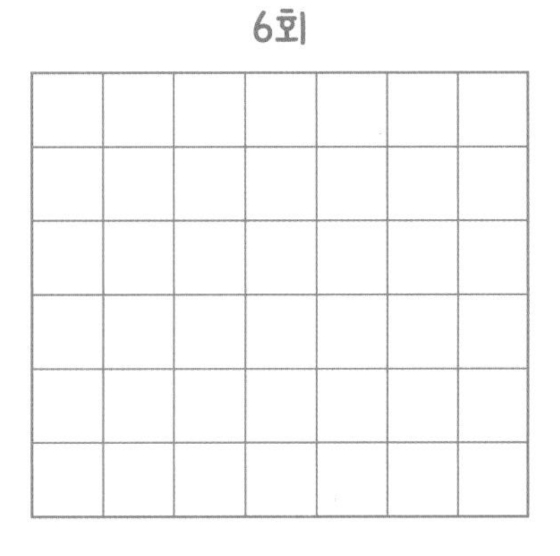

놀이 방법

1. 한 사람의 교재를 놀이판으로 이용하세요.
2. 한 사람은 X를, 다른 사람은 O를 자신의 기호로 사용하세요.
3. 이 놀이의 목표는 가로, 세로, 대각선으로 자신의 기호 4개를 일렬로 만드는 것이에요. 순서를 정해 바둑판에 자신의 기호를 표시하세요.
4. 처음 시작하는 사람이 맨 아래 줄에 기호를 표시해요. 두 번째 사람은 맨 아래 줄이나 혹은 첫 번째 사람이 표시한 기호 위에 자신의 기호를 표시해요. 항상 상대의 기호 위에 표시해야 하므로 위 방향으로만 움직일 수 있고 사이에 빈칸을 두어서는 안 돼요.
5. 기호 4개를 연속되게 먼저 완성하는 사람이 놀이에서 이겨요.

117쪽 놀이 수학 <바둑판을 정복하라>에 활용하세요.

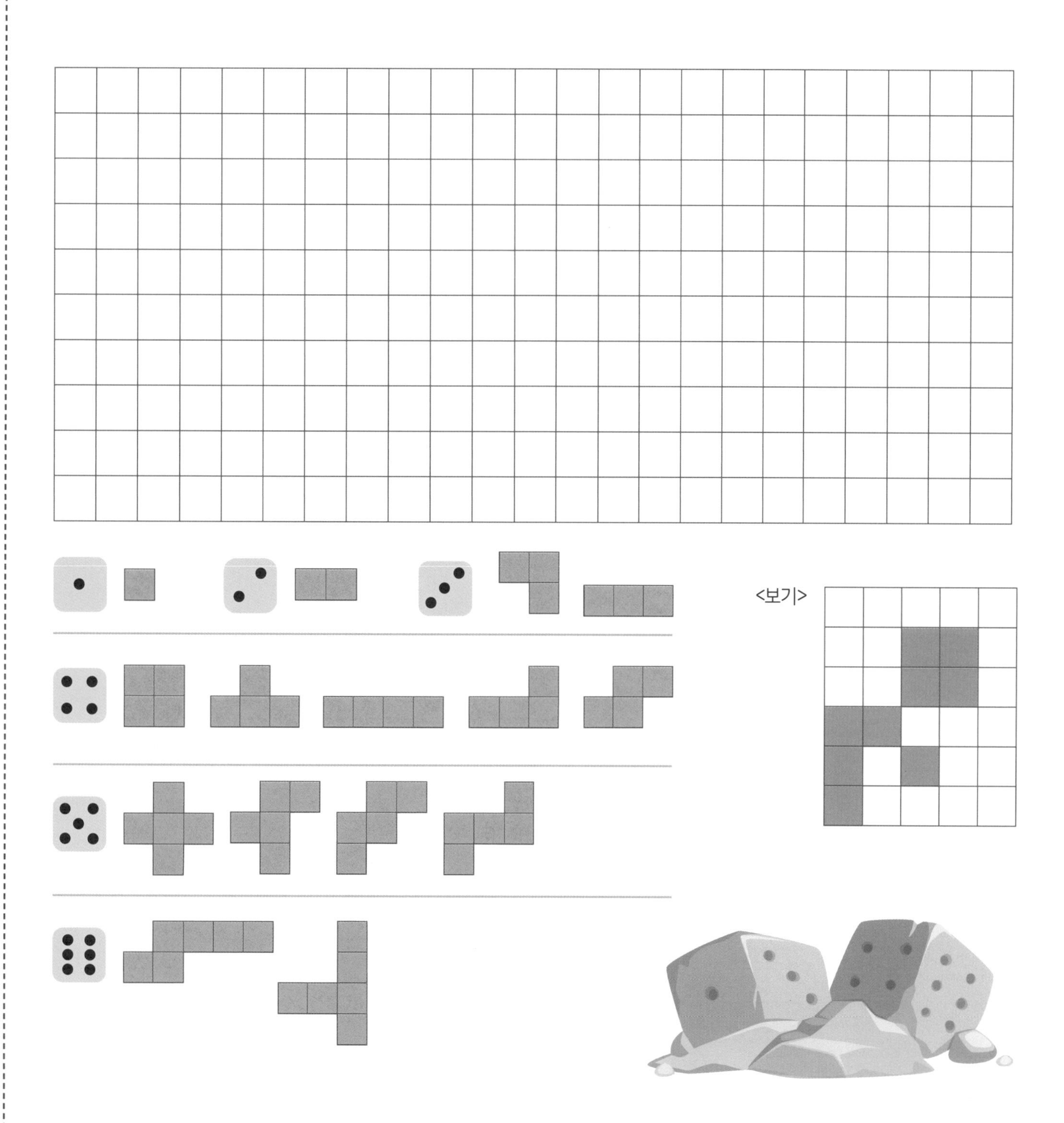

116쪽 놀이 수학 <약수 찾기 놀이>에 활용하세요.

12	24	32	54	60
= ______	= ______	= ______	= ______	= ______
12 = ______	24 = ______	32 = ______	54 = ______	60 = ______
28 = ______	20 = ______	48 = ______	50 = ______	36 = ______
28 = ______	20 = ______	48 = ______	50 = ______	36 = ______
42 = ______	40 = ______	16 = ______	30 = ______	18 = ______
42 = ______	40 = ______	16 = ______	30 = ______	18 = ______

참가자 1	참가자 2

118쪽 놀이 수학 <정답이 곧 점수!>에 활용하세요.

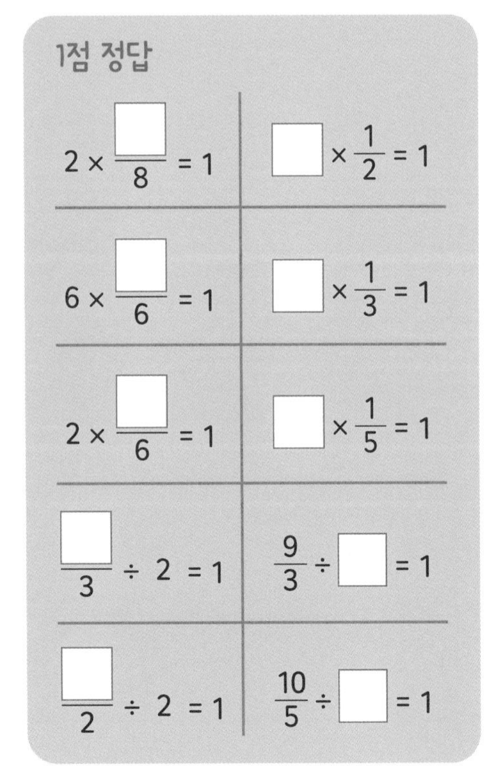

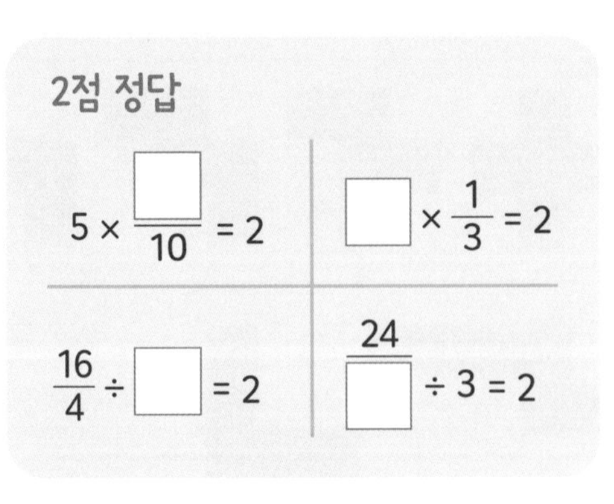

2점 정답
$5 \times \frac{\square}{10} = 2$
$\square \times \frac{1}{3} = 2$
$\frac{16}{4} \div \square = 2$
$\frac{24}{\square} \div 3 = 2$
3점 정답
$\frac{12}{2} \div \square = 3$
$\square \times \frac{1}{2} = 3$

119쪽 놀이 수학 <연속으로 기호 4개 만들기>에 활용하세요.

1회

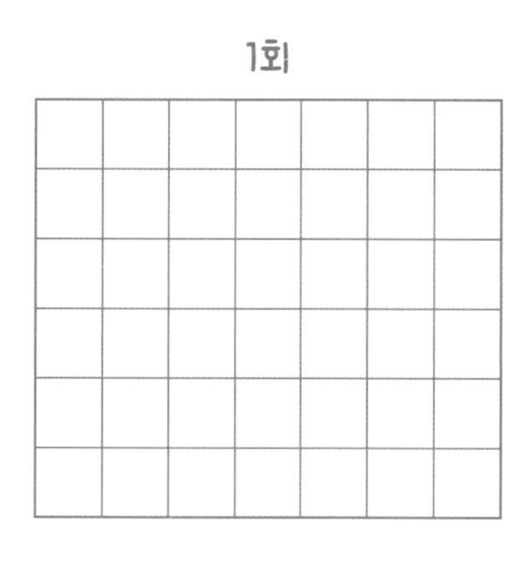

2회

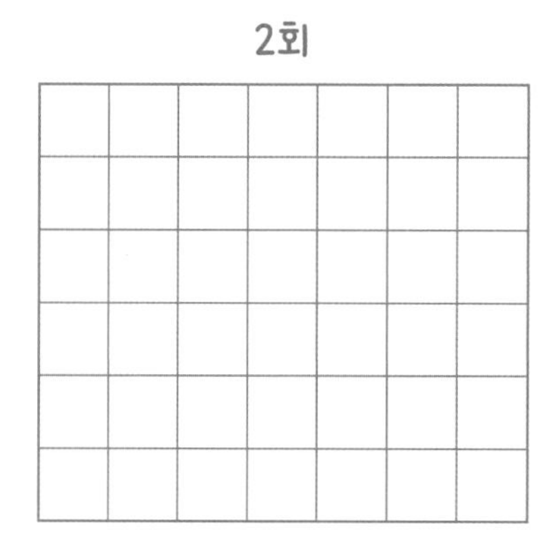

<보기>

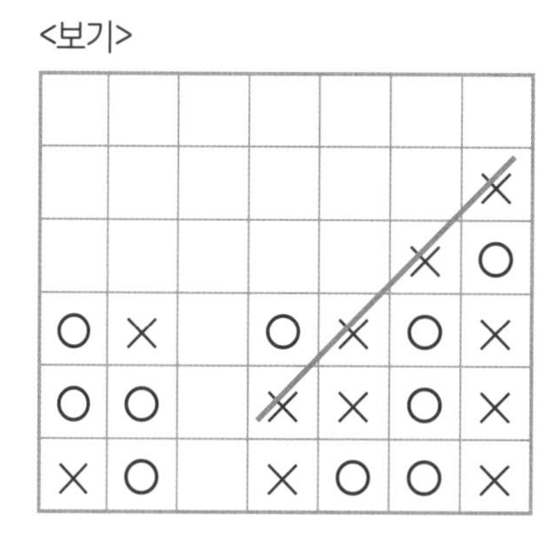

3회

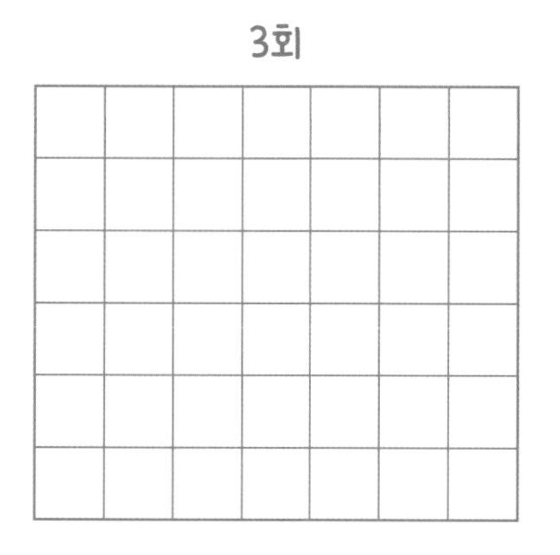

4회

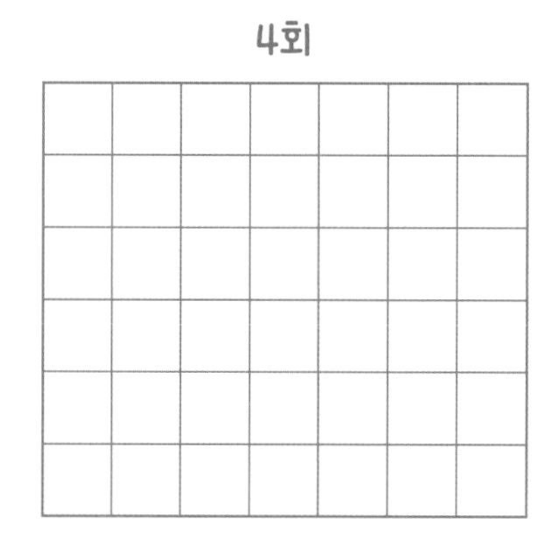

5회

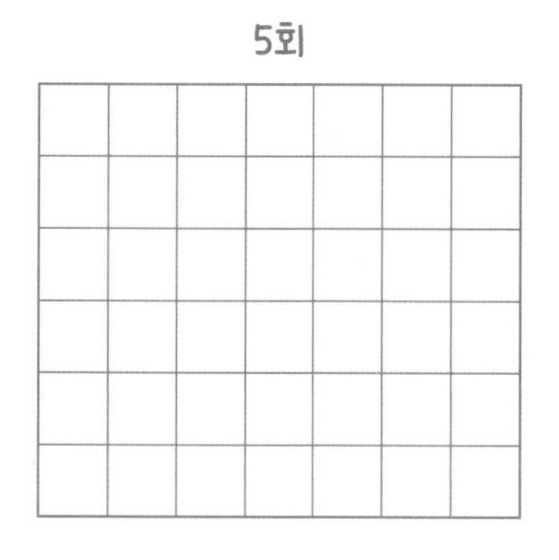

6회

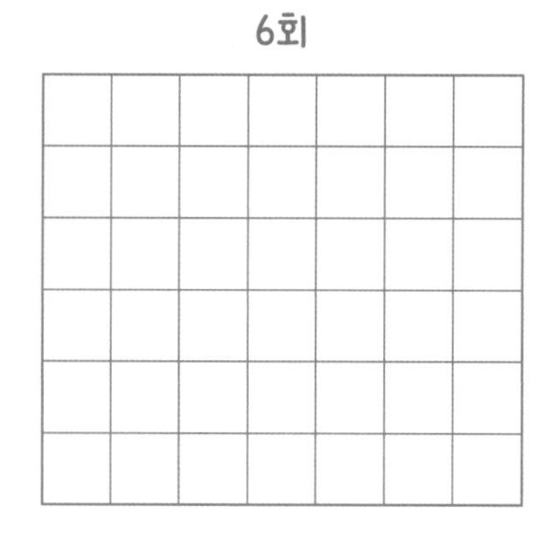

핀란드 6학년 수학 교과서

6-1

2권

글 파이비 키빌루오마, 킴모 뉘리넨, 피리타 페랄라, 페카 록카, 마리아 살미넨, 티모 타피아이넨

그림 미리야미 만니넨

옮김 박문선

감수 이경희(전 수학 교과서 집필진), 핀란드수학교육연구회

놀이 수학 카드와 동영상 제공

마음이음

글 **파이비 키빌루오마** | Päivi Kiviluoma

탐페레에서 초등학교 교사로 일하고 있습니다. 학생들마다 문제 해결 도출 방식이 다르므로 수학 교수법에 있어서도 어떻게 접근해야 할지 늘 고민하고 도전합니다.

킴모 뉘리넨 | Kimmo Nyrhinen

투루쿠에서 수학과 과학을 가르치고 있습니다. 「핀란드 수학 교과서」 외에도 화학, 물리학 교재를 집필했습니다. 낚시와 버섯 채집을 즐겨하며, 체력과 인내심은 자연에서 얻을 수 있는 놀라운 선물이라 생각합니다.

피리타 페랄라 | Pirita Perälä

탐페레에서 초등학교 교사로 일하고 있습니다. 수학을 제일 좋아하지만 정보통신 기술을 활용한 수업에도 관심이 많습니다. 「핀란드 수학 교과서」를 집필하면서 다양한 수준의 학생들이 즐겁게 도전하며 배울 수 있는 교재를 만드는 데 중점을 두었습니다.

페카 록카 | Pekka Rokka

교사이자 교장으로 30년 이상 재직하며 1~6학년 모든 과정을 가르쳤습니다. 학생들이 수학 학습에서 영감을 얻고 자신만의 강점을 더 발전시킬 수 있는 교재를 만드는 게 목표입니다.

마리아 살미넨 | Maria Salminen

오울루에서 초등학교 교사로 일하고 있습니다. 체험과 실습을 통한 배움, 협동, 유연한 사고를 중요하게 생각합니다. 수학 교육에 있어서도 이를 적용하여 똑같은 결과를 도출하기 위해 얼마나 다양한 방식으로 접근할 수 있는지 토론하는 것을 좋아합니다.

티모 타피아이넨 | Timo Tapiainen

오울루에 있는 고등학교에서 수학 교사로 있습니다. 다양한 교구를 활용하여 수학을 가르치고, 학습 성취가 뛰어난 학생들에게 적절한 도전 과제를 제공하는 것을 중요하게 생각합니다.

옮김 **박문선**

연세대학교 불어불문학과를 졸업하고 한국외국어대학교 통역번역대학원 영어과를 전공하였습니다. 졸업 후 부동산 투자 회사 세빌스코리아(Savills Korea)에서 5년간 에디터로 근무하면서 다양한 프로젝트 통번역과 사내 영어 교육을 담당했습니다. 현재 프리랜서로 번역 활동 중입니다.

감수 **이경희**

서울교육대학교와 동 대학원에서 초등교육방법을 전공했으며, 2009 개정 교육과정에 따른 초등학교 수학 교과서 집필진으로 활동했습니다. ICME12(세계 수학교육자 대회)에서 한국 수학 교과서 발표, 2012년 경기도 연구년 교사로 덴마크에서 덴마크 수학을 공부했습니다. 현재 학교를 은퇴하고 외국인들에게 한국어를 가르쳐 주며 봉사활동을 하고 있습니다. 집필한 책으로는 『외우지 않고 구구단이 술술술』 『예비 초등학생을 위한 든든한 수학 짝꿍』 『한 권으로 끝내는 초등 수학사전』 등이 있습니다.

핀란드수학교육연구회

학생들이 수학을 사랑할 수 있도록 그 방법을 고민하며 찾아가는 선생님들이 모였습니다. 강주연(위성초), 김영훈(위성초), 김태영(서하초), 김현지(서상초), 박성수(위성초), 심지원(위성초), 이은철(위성초), 장세정(서상초), 정원상(함양초) 선생님이 참여하였습니다.

핀란드 6학년 수학 교과서

_________ 초등학교 ____ 학년 ____ 반

이름 ____________________

QR코드를 스캔하면 놀이 수학
동영상을 보실 수 있습니다.

핀란드 6학년 수학 교과서 6-1 2권

초판 1쇄 발행 2022년 7월 15일

지은이 파이비 키빌루오마, 킴모 뉘리넨, 피리타 페랄라, 페카 록카, 마리아 살미넨, 티모 타피아이넨
그린이 미리야미 만니넨 **옮긴이** 박문선 **감수** 이경희, 핀란드수학교육연구회
펴낸이 정혜숙 **펴낸곳** 마음이음

책임편집 이금정 **디자인** 디자인서가
등록 2016년 4월 5일(제2018-000037호)
주소 03925 서울시 마포구 월드컵북로 402, 9층 917A호(상암동, KGIT센터)
전화 070-7570-8869 **팩스** 0505-333-8869
전자우편 ieum2016@hanmail.net
블로그 https://blog.naver.com/ieum2018

ISBN 979-11-92183-17-6 64410
979-11-92183-13-8 (세트)

어린이제품안전특별법에 의한 제품표시
제조자명 마음이음 **제조국명** 대한민국 **사용연령** 만 12세 이상 어린이 제품
KC마크는 이 제품이 공통안전기준에 적합하였음을 의미합니다.

핀란드 6학년 수학 교과서

6-1 2권

글 파이비 키빌루오마, 킴모 뉘리넨, 피리타 페랄라,
페카 록카, 마리아 살미넨, 티모 타피아이넨

그림 미리야미 만니넨

옮김 박문선

감수 이경희(전 수학 교과서 집필진), 핀란드수학교육연구회

마음이음

아이들이 수학을 공부해야 하는 이유는 수학 지식을 위한 단순 암기도 아니며, 많은 문제를 빠르게 푸는 것도 아닙니다. 시행착오를 통해 정답을 유추해 가면서 스스로 사고하는 힘을 키우기 위함입니다.

핀란드의 수학 교육은 다양한 수학적 활동을 통하여 수학 개념을 자연스럽게 깨닫게 하고, 논리적 사고를 유도하는 문제들로 학생들이 수학에 흥미를 갖도록 하는 데 성공했습니다. 이러한 자기 주도적인 수학 교과서가 우리나라에 번역되어 출판하게 된 것을 두 팔 벌려 환영하며, 학생들이 수학을 즐겁게 공부하게 될 것이라 생각하여 감히 추천하는 바입니다.

하동우(민족사관고등학교 수학 교사)

수학은 언어, 그림, 색깔, 그래프, 방정식 등으로 다양하게 표현하는 의사소통의 한 형태입니다. 이들 사이의 관계를 파악하면서 수학적 사고력도 높아지는데, 안타깝게도 우리나라 교육 환경에서는 수학이 의사소통임을 인지하기 어렵습니다. 수학 교육 과정이 수직적으로 배열되어 있기 때문입니다. 그런데 『핀란드 수학 교과서』는 배운 개념이 거미줄처럼 수평으로 확장, 반복되고, 아이들은 넓고 깊게 스며들 듯이 개념을 이해할 수 있습니다.

정유숙(쑥샘TV 운영자)

『핀란드 수학 교과서』를 보는 순간 다양한 문제들을 보고 놀랐습니다. 다양한 형태의 문제를 풀면서 생각의 폭을 넓히고, 생각의 힘을 기르고, 수학 실력을 보다 안정적으로 만들 수 있습니다. 또한 놀이와 탐구로 학습하면서 수학에 대한 흥미가 높아져 문제를 스스로 이해하고 터득하는 데 도움이 됩니다.

숫자가 바탕이 되는 수학은 세계적인 유일한 공통 과목입니다. 21세기를 이끌어 갈 아이들에게 4차산업혁명을 넘어 인공지능 시대에 맞는 창의적인 사고를 길러 주는 바람직한 수학 교육이 이 책을 통해 이루어지길 바랍니다.

김재련(사월이네 공부방 원장)

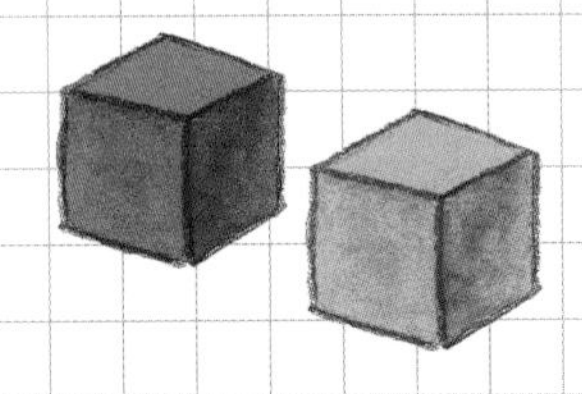

한국의 학생들에게

「핀란드 수학 교과서(Star Maths)」 시리즈를 펴낸 오타바(Otava) 출판사는 교재 전문 출판사로 120년이 넘는 역사를 지닌 명실상부한 핀란드의 대표 출판사입니다. 특히 「Star Maths」 시리즈는 핀란드 학교 현장의 수학 전문가들이 최신 핀란드 국립교육과정을 반영하여 함께 개발한 핀란드의 대표 수학 교과서입니다.

수 개념과 십진법을 이해하기 위한 탄탄한 기반을 제공하여 연산 능력을 키우고, 기본, 응용, 심화 문제 등 학생 개개인의 학습 차이를 다각도에서 고려하여 다양한 평가 문제를 실었습니다. 또한 친구 또는 부모님과 함께 놀이를 통해 문제 해결을 하며 수학적 즐거움을 발견하여 수학에 대한 긍정적인 태도를 갖도록 합니다.

한국의 학생들이 이 책과 함께 즐거운 수학 세계로 여행을 떠나길 바랍니다.

파이비 키빌루오마, 킴모 뉘리넨, 피리타 페랄라, 페카 록카,
마리아 살미넨, 티모 타피아이넨(STAR MATHS 공동 저자)

차례

추천의 글 4

한국의 학생들에게 5

1 소수의 덧셈 ········ 8
2 소수의 뺄셈 ········ 12
3 소수의 곱셈 ········ 16
4 소수에 10, 100 곱하기 ········ 20
연습 문제 ········ 24
5 소수와 자연수의 나눗셈 ········ 28
6 부분으로 나누어 나눗셈하기 ········ 32
7 분해하여 나눗셈하기 ········ 36
8 세로셈으로 나눗셈하기 ········ 40
9 몫의 반올림 ········ 44
연습 문제 ········ 48
실력을 평가해 봐요! ········ 54
단원 종합 문제 ········ 56
단원 정리 ········ 59
학습 자가 진단 ········ 60
함께 해봐요! ········ 61

10 도형의 넓이 ········ 62
11 직사각형의 넓이 ········ 66
12 평행사변형의 넓이 ········ 70
13 삼각형의 넓이 ········ 74

14 넓이의 단위 ······ 78
연습 문제 ······ 82
15 입체도형의 분류 ······ 86
16 직육면체의 겉넓이 ······ 90
17 직육면체의 부피 ······ 94
연습 문제 ······ 100
실력을 평가해 봐요! ······ 104
단원 종합 문제 ······ 106
단원 정리 ······ 109
학습 자가 진단 ······ 110
함께 해봐요! ······ 111
소수 복습 ······ 112
도형 복습 ······ 116

 놀이 수학
- 점수를 계산해라 ······ 120
- 계산하고, 운동하고! ······ 121
- 땅따먹기 ······ 122
- 수조에 물 채우기 ······ 123

프로그래밍과 문제 해결 ······ 124

1 소수의 덧셈

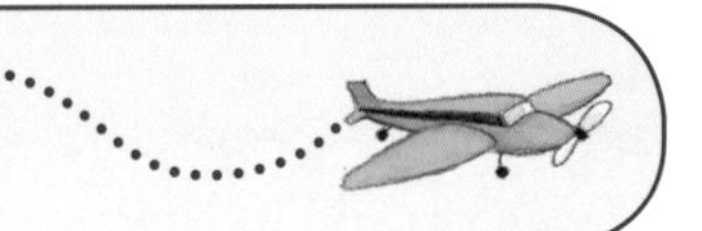

엠마에게 8.75유로가 있는데, 3.50유로를 더 저축했어요.
엠마가 가진 돈은 모두 얼마일까요?

나는 이런 과정을 거쳐 계산해.

일의 자리		소수 첫째 자리	소수 둘째 자리			일의 자리		소수 첫째 자리	소수 둘째 자리	
8	.	7	5	€	+	3	.	5	0	€

= 8.00 € + 0.75 € + 3.00 € + 0.50 €
= 11.00 € + 1.25 €
= 12.25 €
정답 : 12.25유로

나는 이렇게 계산해.

일의 자리		소수 첫째 자리	소수 둘째 자리			일의 자리		소수 첫째 자리	소수 둘째 자리	
8	.	7	5	€	+	3	.	5	0	€

= 8.75 € + 3.00 € + 0.50 €
= 11.75 € + 0.50 €
= 12.25 €
정답 : 12.25유로

나는 소수점과 자릿수에 맞추어 식을 쓴 후, 세로셈으로 계산해.

		1		
		8.	7	5
+		3.	5	0
	1	2.	2	5

정답 : 12.25유로

엄마가 147유로인 비행기 표와 39.55유로인 기차표를 샀어요.
표는 합해서 얼마일까요?

백의 자리	십의 자리	일의 자리			십의 자리	일의 자리		소수 첫째 자리	소수 둘째 자리	
1	4	7	€	+	3	9	.	5	5	€

소수점 아래 자리에 0을 붙여서 모든 자릿수를 맞추어 주세요.

		1			
	1	4	7.	0	0
+		3	9.	5	5
	1	8	6.	5	5

정답 : 186.55유로

1. 계산 과정을 쓰면서 계산한 후, 정답을 로봇에서 찾아 ○표 해 보세요.

3.40 + 4.55

= ____________________

= ____________________

= ____________________

4.65 + 2.70

= ____________________

= ____________________

= ____________________

8.60 + 5.85

= ____________________

= ____________________

= ____________________

14.25 + 6.95

= ____________________

= ____________________

= ____________________

7.35 7.95 8.05 14.45 18.25 21.20

2. 세로셈으로 계산한 후, 정답을 로봇에서 찾아 ○표 해 보세요.

7.45 + 9.85

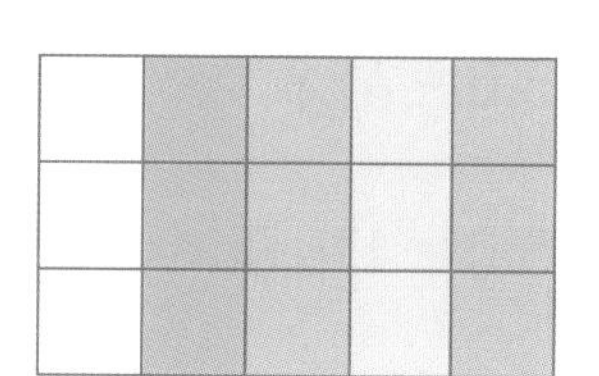

89 + 16.35

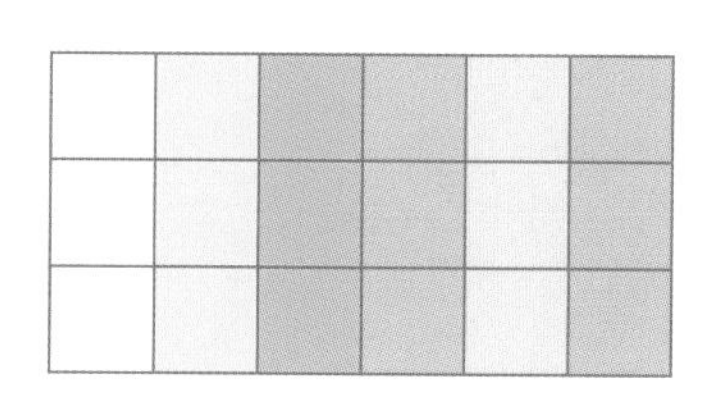

267.4 + 42.69

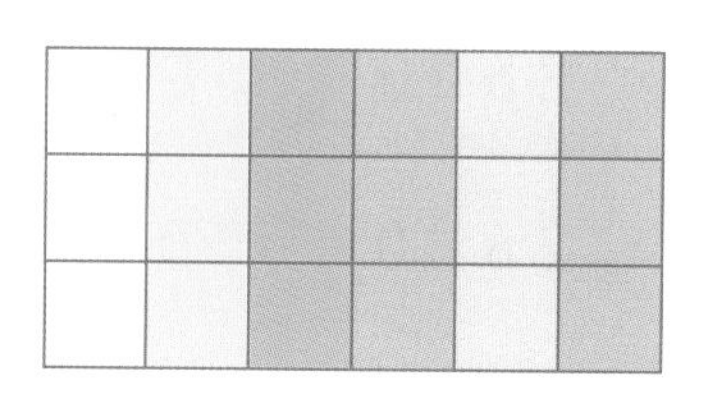

17.30 105.35 110.10 310.09 319.10

3. 공책에 알맞은 식을 세워 답을 구한 후, 정답을 로봇에서 찾아 ○표 해 보세요.

❶ 알렉은 17.85유로를 가지고 있는데, 이웃의 개를 산책시켜 주고 4유로를 받았어요. 알렉이 가진 돈은 모두 얼마일까요?

❷ 니나는 9.55유로를 가지고 있는데, 잔디를 깎고 6.50유로를 받았어요. 니나가 가진 돈은 모두 얼마일까요?

❸ 학급 계좌에 78.15유로가 있어요. 바자회에서 132.95유로를, 스크래치 카드를 판매해서 79유로를 벌었어요. 학급 계좌에 있는 돈은 모두 얼마일까요?

❹ 학급 계좌에 400유로가 있어요. 체험학습 점심 비용으로 184.60유로를, 입장료에 178유로를 썼어요. 학급 계좌에 남은 돈은 모두 얼마일까요?

16.05 € 21.85 € 37.40 € 167.40 € 280.30 € 290.10 €

4. 학급에 650유로가 있어요. 학급비가 아래 활동을 하는 데 충분할까요? 계산한 후 가능한 것에 V표 해 보세요.

	예	아니오
❶ 동물원 방문과 점심	☐	☐
❷ 놀이공원과 수족관 방문	☐	☐
❸ 놀이공원과 동물원 방문	☐	☐
❹ 수족관과 박물관 방문, 점심	☐	☐
❺ 수족관, 박물관, 동물원 방문	☐	☐

<가격표>

놀이공원	450유로
수족관	197.50유로
박물관	137.50유로
동물원	212.50유로
점심	282.50유로

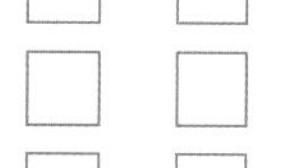

5. 식이 성립하도록 소수점을 알맞은 곳에 찍어 보세요.

2 6 8 0 + 1 5 0 = 4.18

2 6 8 0 + 1 5 0 = 17.68

2 6 8 0 + 1 5 0 = 269.5

2 6 8 0 + 1 5 0 = 28.3

2 6 8 0 + 1 5 0 = 41.8

2 6 8 0 + 1 5 0 = 176.80

6. 일직선으로 연결된 두 수의 합이 같도록 빈칸에 알맞은 수를 써넣어 보세요.

❶

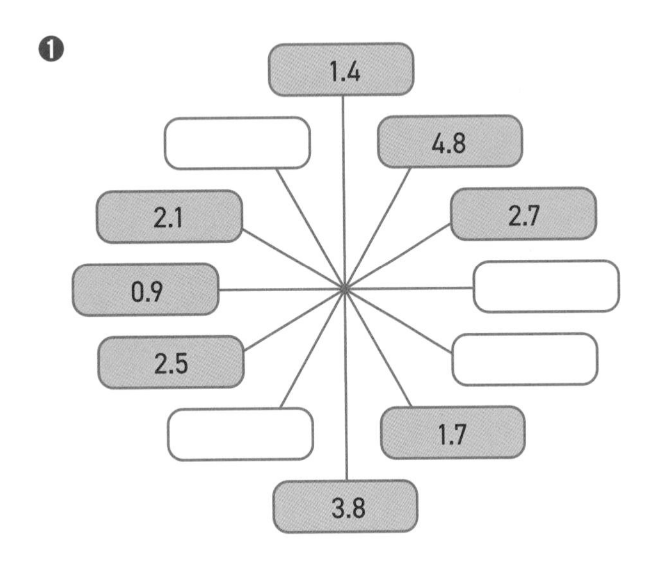

❷

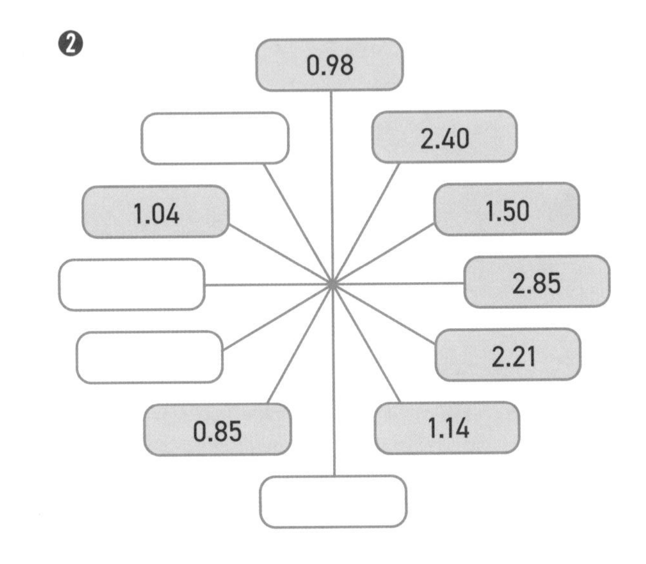

7. 길을 찾아보세요. 가로나 세로로 움직일 수 있고 회색 칸은 지나갈 수 없어요.

❶ 빨간색 칸이 없는 길을 찾아 초록색 선으로 표시하세요.

❷ 파란색 칸이 없는 길을 찾아 빨간색으로 표시하세요.

❸ 노란색 칸이 없는 길을 찾아 보라색으로 표시하세요.

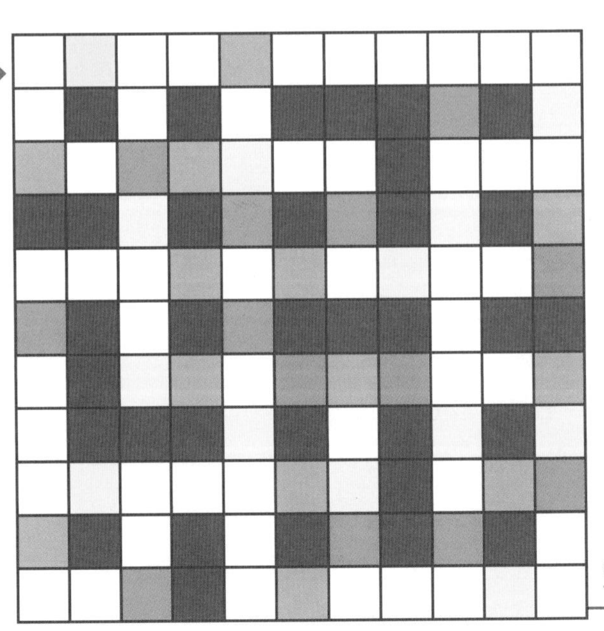

8. 그림과 아래 단서를 보고 맨 아랫줄에 있는 공을 순서에 맞게 색칠해 보세요.

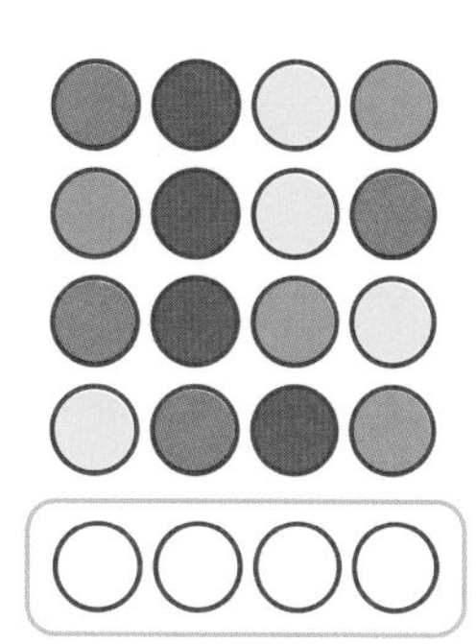

1번째 줄 : 모든 공이 잘못된 위치에 있어요.
2번째 줄 : 공 1개만 제대로 된 위치에 있어요.
3번째 줄 : 공 1개만 제대로 된 위치에 있어요.
4번째 줄 : 공 2개가 제대로 된 위치에 있어요.

9. 스도쿠 퍼즐을 완성해 보세요. 가로줄, 세로줄 그리고 각각의 진한 선으로 된 사각형 안에 1~9까지의 수를 한 번씩 쓸 수 있어요.

	1	6	7			4		
9	3		6	8	4	2		
	7	4		9		8	5	6
			5		1			
5				3	6		4	1
					8			5
		1			9			
7	9		3	6		1	2	
4		2			7		9	

한 번 더 연습해요!

1. 공책에 계산해 보세요.

2.4 + 6.5
14.7 + 3.8
18.4 + 5.9

11.55 + 5.30
16 + 3.75
10.75 + 2.65

2.36 + 4.23
15.06 + 3.16
157.43 + 45

2. 아래 글을 읽고 공책에 알맞은 식을 세워 답을 구해 보세요.

❶ 제리는 12.95유로를 가지고 있는데, 4.50유로를 더 얻었어요. 이제 제리가 가진 돈은 모두 얼마일까요?

❷ 학급 계좌에 471유로가 있어요. 동물원 입장료로 187.50유로를, 점심 비용으로 247.50유로를 썼어요. 이제 학급 계좌에 남은 돈은 모두 얼마일까요?

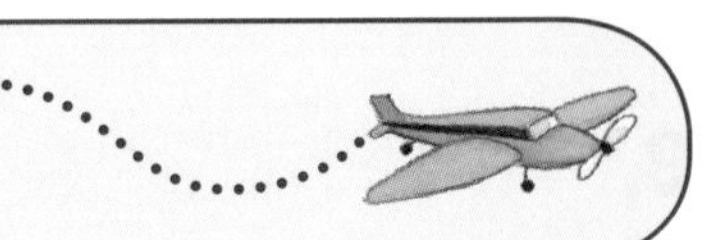

2 소수의 뺄셈

아빠가 18.35유로를 가지고 있는데, 주차비로 5.80유로를 썼어요. 이제 아빠에게 남은 돈은 얼마일까요?

나는 이런 방법으로 계산해.

십의 자리	일의 자리		소수 첫째 자리	소수 둘째 자리			일의 자리		소수 첫째 자리	소수 둘째 자리	
1	8	.	3	5	€	-	5	.	8	0	€

= 18.35 € - 5.00 € - 0.80 €

= 13.35 € - 0.35 € - 0.45 €

= 13.00 € - 0.45 €

= 12.55 €

정답 : 12.55유로

나는 이렇게 계산해.

십의 자리	일의 자리		소수 첫째 자리	소수 둘째 자리			일의 자리		소수 첫째 자리	소수 둘째 자리	
1	8	.	3	5	€	-	5	.	8	0	€

		7	10	
	1	~~8~~	.3	5
-		5	.8	0
	1	2	.5	5

정답 : 12.55유로

엄마는 181유로를 가지고 있는데, 장을 보면서 125.39유로를 썼어요. 이제 엄마에게 남은 돈은 얼마일까요?

백의 자리	십의 자리	일의 자리		-	백의 자리	십의 자리	일의 자리		소수 첫째 자리	소수 둘째 자리	
1	8	1	€	-	1	2	5	.	3	9	€

		7	10 / 9	10
	1	~~8~~	~~1~~	.0	0
-	1	2	5	.3	9
		5	5	.6	1

정답 : 55.61유로

1. 계산 과정을 쓰면서 계산한 후, 정답을 로봇에서 찾아 ○표 해 보세요.

8.7 - 3.4

= ______

= ______

= ______

9.2 - 5.6

= ______

= ______

= ______

7.65 - 2.40

= ______

= ______

= ______

14.15 - 5.25

= ______

= ______

= ______

3.6 4.25 5.25 5.3 7.9 8.90

2. 세로셈으로 계산한 후, 정답을 로봇에서 찾아 ○표 해 보세요.

26.25 - 8.75

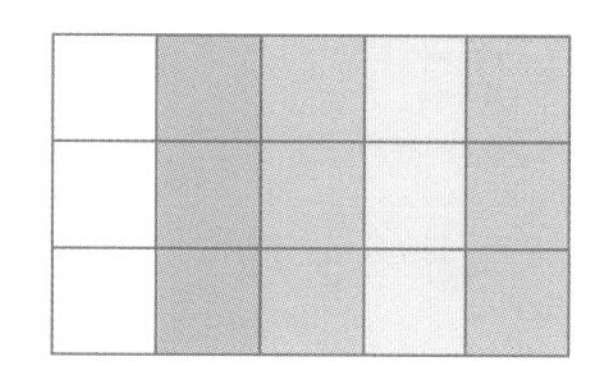

41.9 - 22.31

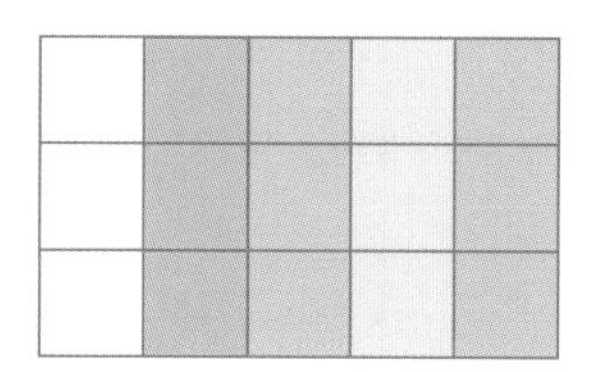

132 - 89.57

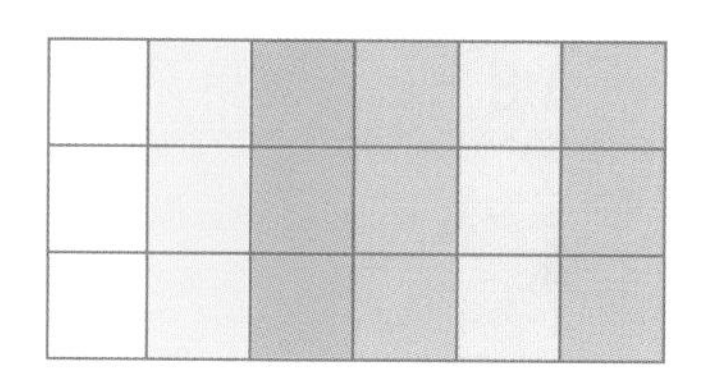

17.50 18.50 19.59 36.43 42.43

3. 공책에 알맞은 식을 세워 계산한 후, 정답을 로봇에서 찾아 ○표 해 보세요.

❶ 엠마에게 15.50유로가 있는데, 9.25유로를 주고 기차표를 샀어요. 이제 엠마에게 남은 돈은 얼마일까요?

❷ 저드에게 21.75유로가 있는데, 12.80유로를 주고 수족관 입장권을 샀어요. 이제 저드에게 남은 돈은 얼마일까요?

❸ 메리에게 34.70유로가 있어요. 기차표를 사는 데 10.90유로를, 영화표를 사는 데 7.50유로를 썼어요. 이제 메리에게 남은 돈은 얼마일까요?

❹ 학급 계좌에 342.20유로가 있는데, 박물관 입장권을 사는 데 총 127.90유로를 썼어요. 이제 학급 계좌에 남은 돈은 얼마일까요?

❺ 학급 계좌에 247.50유로가 있어요. 놀이공원 입장권을 사려면 총 425유로가 들어요. 학급 친구들은 돈을 얼마 더 모아야 할까요?

❻ 학급 계좌에 245.35유로가 있어요. 바자회 수입으로 139.70유로를 벌었고, 연극표를 사는 데 247.50유로를 썼어요. 이제 학급 계좌에 남은 돈은 얼마일까요?

6.25 € 7.35 € 8.95 € 16.30 € 137.55 € 177.50 € 182.40 € 214.30 €

더 생각해 보아요!

같은 모양끼리 선으로 이어 보세요. 단, 선이 서로 교차하거나 가장자리 경계선을 넘으면 안 돼요.

4. 식이 성립하도록 빈칸에 알맞은 수를 써넣어 보세요.

3.☐ + 2.0 = 5.4

4.8 − ☐.0 = 0.8

4.☐ + ☐.2 = 5.7

5.☐8 − ☐.02 = 2.06

1.8 + ☐.0 = 4.8

3.☐ − 1.1 = 2.2

2.☐1 + ☐.43 = 6.74

☐.00 − 3.☐5 = 1.15

5. 가로줄과 세로줄의 합이 각각 주어진 수와 같도록 표를 완성해 보세요.

❶ 2

	0.15	0.80
0.70	0.95	

❷ 7.8

		0.95
2.05	4.2	
	0.15	

❸ 1.49

0.80		
	0.92	
	0.08	0.83

6. 그림이 들어간 식을 보고 그림의 값을 구해 보세요.

+ = 4.06

+ = 4.49

+ =

+ 0.75 = 4.80

= ______

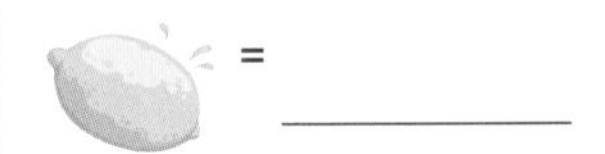

= ______

= ______

= ______

7. 아래 글을 읽고 질문에 답해 보세요.

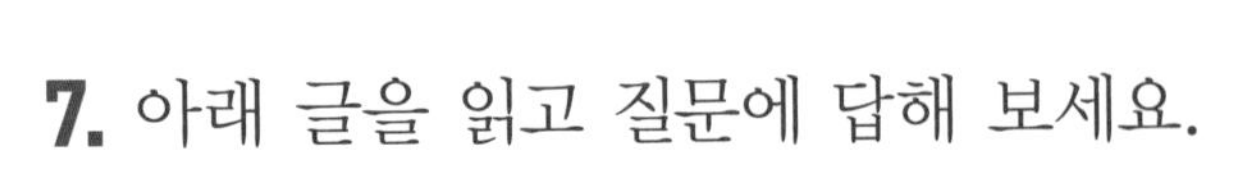

상자 1개에 과일이 130개 있어요. 그중 절반은 사과이고 나머지는 배이거나 바나나예요. 배는 바나나보다 13개 더 많아요.

❶ 상자 안에 배는 몇 개일까요? ______

❷ 상자 안에 바나나는 몇 개일까요? ______

8. 색깔이 같은 상자의 무게는 같아요. 저울을 살펴보고 각 상자의 무게를 구해 빈칸에 써넣어 보세요.

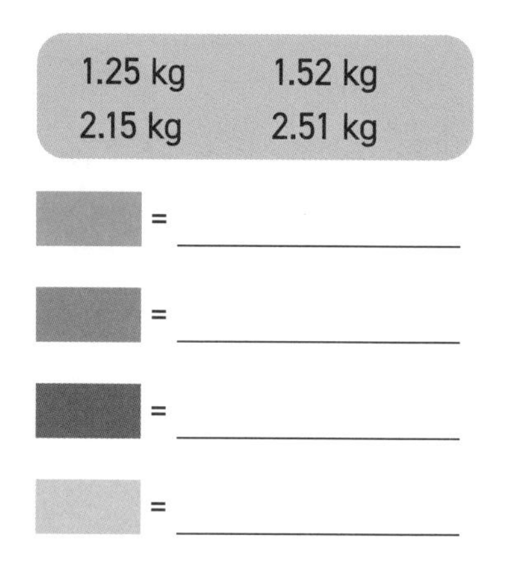

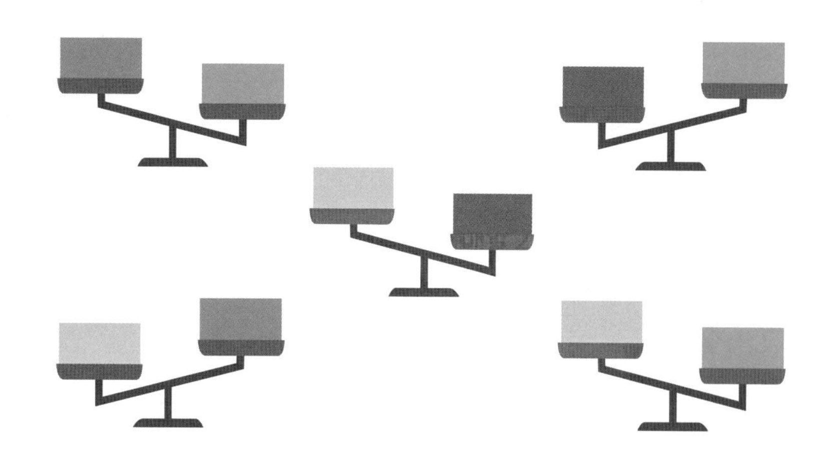

9. 그림과 아래 단서를 보고 맨 아랫줄에 있는 공을 순서에 맞게 색칠해 보세요.

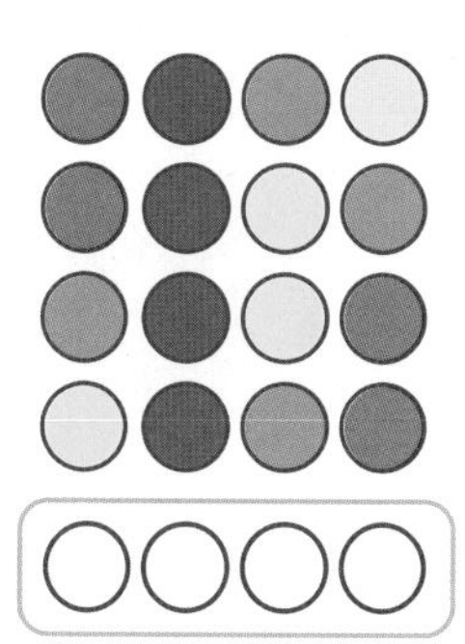

1번째 줄 : 공 1개만 제대로 된 위치에 있어요.
2번째 줄 : 공 2개가 제대로 된 위치에 있어요.
3번째 줄 : 공 1개만 제대로 된 위치에 있어요.
4번째 줄 : 모든 공이 잘못된 위치에 있어요.

한 번 더 연습해요!

1. 공책에 계산해 보세요.

8.5 - 4.3   11.25 - 7.15   9.64 - 3.21

21.3 - 7.8   15 - 4.85   91.12 - 42.38

2. 아래 글을 읽고 공책에 알맞은 식을 세워 답을 구해 보세요.

❶ 제시에게 16.40유로가 있는데, 7.80유로를 주고 영화표를 샀어요. 이제 제시에게 남은 돈은 얼마일까요?

❷ 마벨에게 18.25유로가 있는데, 박물관 입장료를 사려고 9.40유로를 썼어요. 이제 마벨에게 남은 돈은 얼마일까요?

3 소수의 곱셈

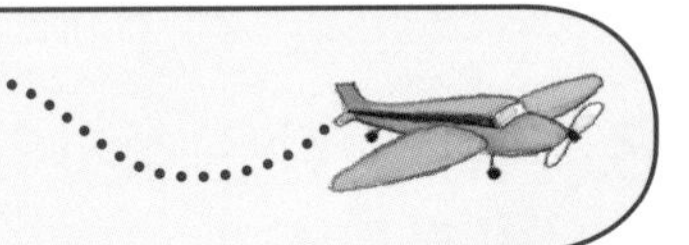

영화표 1장이 6.35유로예요.
영화표 3장은 모두 얼마일까요?

나는 자연수와 소수 자리를 나누어서 곱셈했어.

일의 자리		소수 첫째 자리	소수 둘째 자리		
6	.	3	5	×	3

= 6.00 € × 3 + 0.35 € × 3
= 18.00 € + 1.05 €
= 19.05 €
정답 : 19.05 €

나는 자릿수별로 곱셈했어.

일의 자리		소수 첫째 자리	소수 둘째 자리		
6	.	3	5	×	3

= 6.00 € × 3 + 0.30 € × 3 + 0.05 € × 3
= 18.00 € + 0.90 € + 0.15 €
= 19.05 €
정답 : 19.05 €

나는 세로셈으로 계산했어.

일의 자리		소수 첫째 자리	소수 둘째 자리		
6	.	3	5	×	3

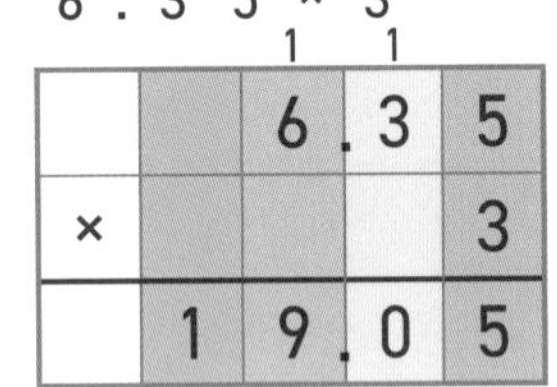

			1	1
		6	.3	5
×				3
	1	9	.0	5

정답 : 19.05유로

마지막에 계산 결과를 곱하는 수의 소수 자리만큼 소수점으로 구분하는 걸 잊지 마~!

1. 계산한 후, 정답을 로봇에서 찾아 ○표 해 보세요.

0.40 × 2 = ________

0.25 × 3 = ________

0.20 × 6 = ________

0.15 × 4 = ________

2. 계산한 후, 정답을 로봇에서 찾아 ○표 해 보세요.

2.32 × 3
= ____________________
= ____________________
= ____________________

4.05 × 3
= ____________________
= ____________________
= ____________________

3.25 × 2
= ____________________
= ____________________
= ____________________

4.52 × 4
= ____________________
= ____________________
= ____________________

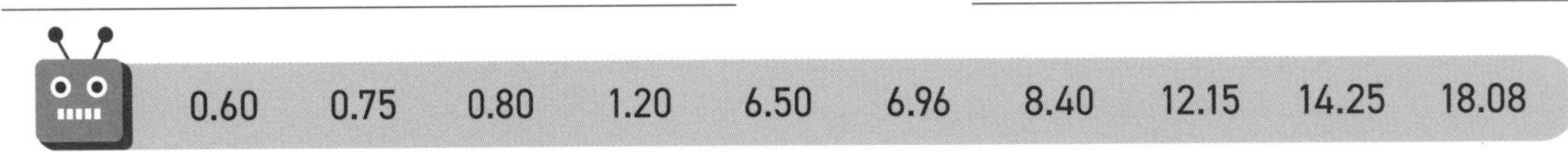

0.60 0.75 0.80 1.20 6.50 6.96 8.40 12.15 14.25 18.08

3. 세로셈으로 계산한 후, 정답을 로봇에서 찾아 ○표 해 보세요.

24.6 × 3

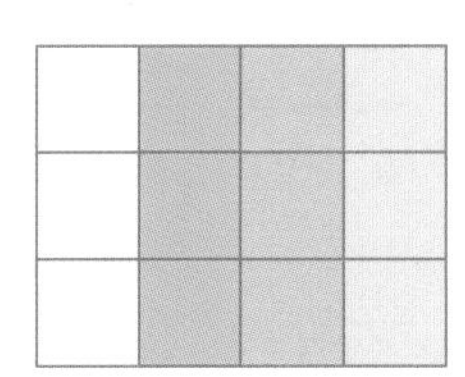

27.35 × 4

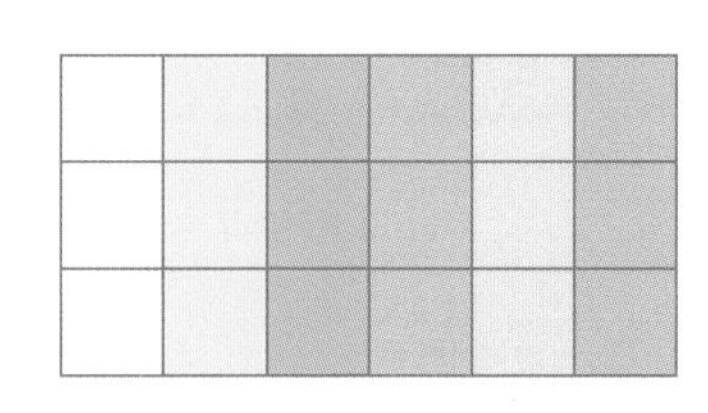

18.47 × 8

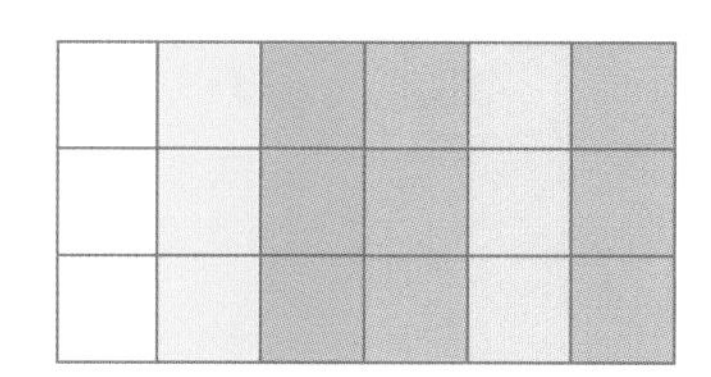

54.8 73.8 109.40 129.40 147.76

4. 공책에 알맞은 식을 세워 답을 구한 후, 정답을 로봇에서 찾아 ○표 해 보세요.

❶ 기차표 1장은 47.80유로예요. 기차표 5장은 모두 얼마일까요?

❷ 비행기표 1장은 179.55유로예요. 비행기표 4장은 모두 얼마일까요?

❸ 로렌스는 32.40유로를 가지고 있는데, 영화표 3장을 샀어요. 영화표 1장은 7.20유로예요. 이제 로렌스에게 남은 돈은 얼마일까요?

❹ 엄마는 기차표 2장과 전차표 4장을 샀어요. 기차표 1장은 21.85유로이고, 전차표 1장은 2.60유로예요. 표는 모두 얼마일까요?

10.80 € 12.80 € 54.10 € 239.00 € 718.20 € 848.20 €

5. 계산한 후, 맞는 것에 V표 해 보세요.

바딤에게 10유로가 있어요. 바딤은 아래 물건을 사기에 충분한 돈을 가지고 있을까요?

	예	아니오
❶ 견과류 3봉지		
❷ 초콜릿 바 4개		
❸ 주스 5팩		
❹ 주스 3팩과 사과 4개		
❺ 아이스크림 2통과 견과류 2봉지		

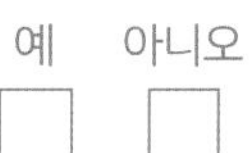
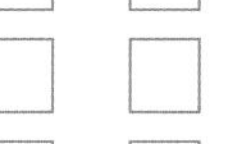
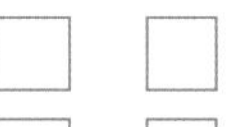
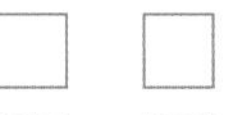

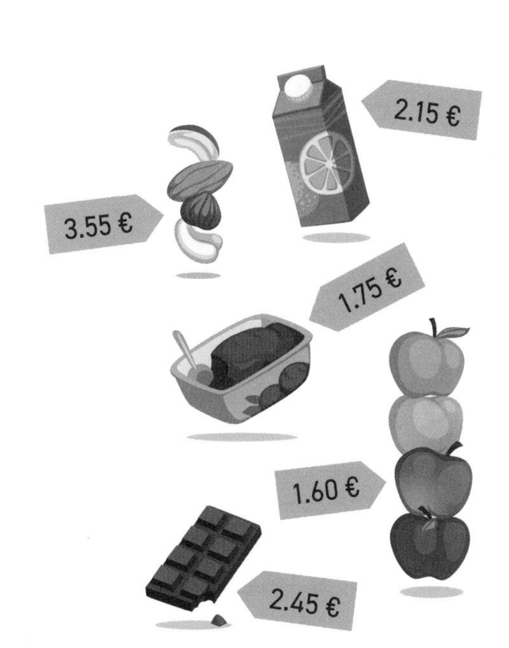

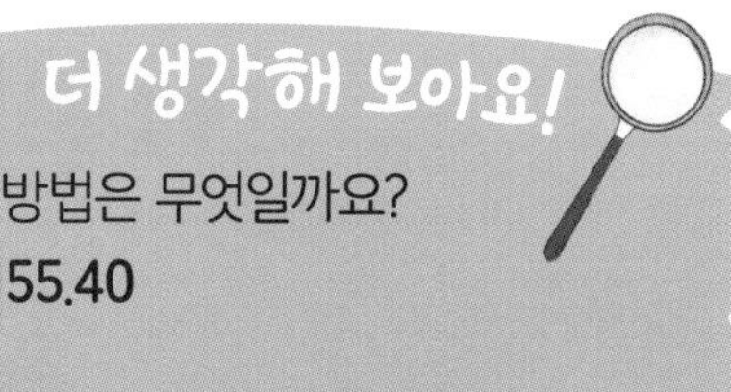

아래 식을 계산하는 가장 좋은 방법은 무엇일까요?
계산해 보세요. **1.40 × 111 = 155.40**

6. 정답을 따라 길을 찾은 후, 거슬러 올라가며 알파벳을 읽어 보세요. 알렉이 무엇을 탔는지 알 수 있어요.

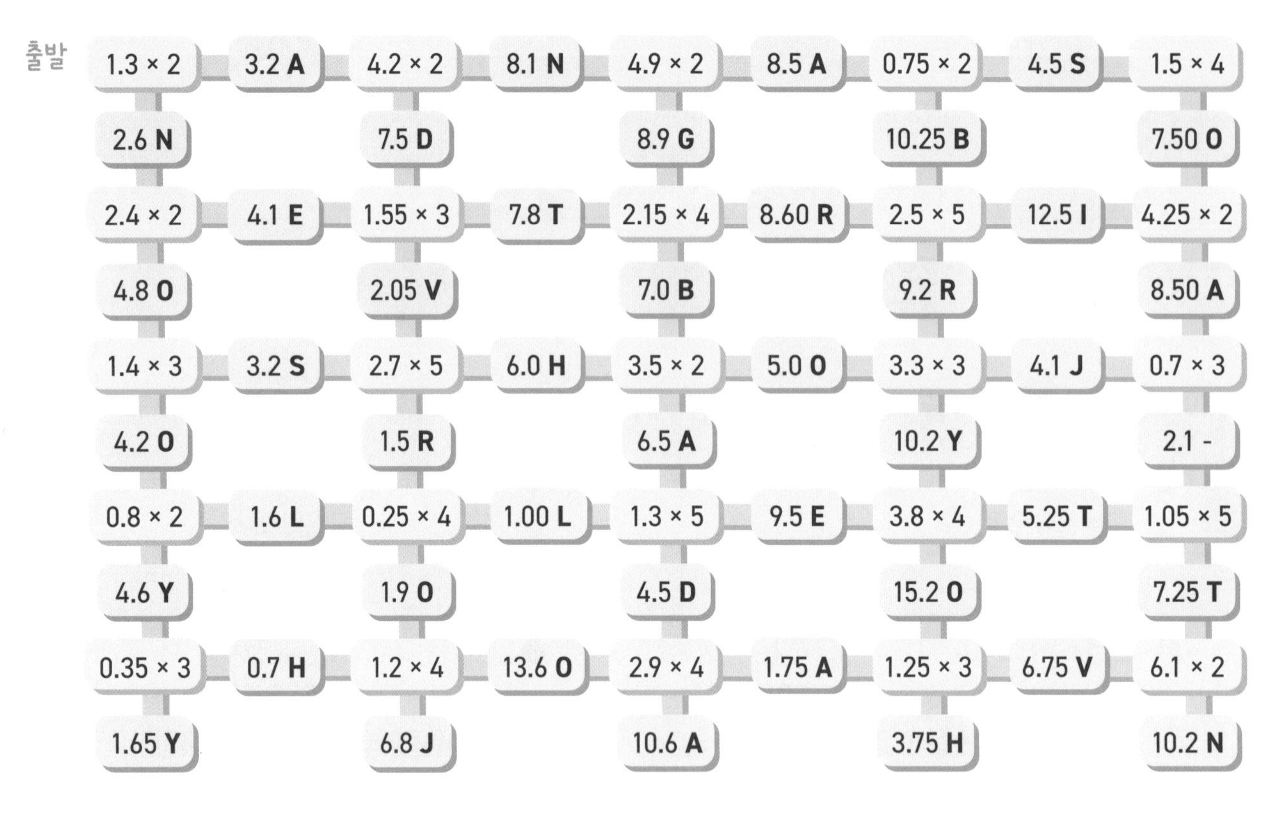

알렉이 무엇을 탔나요? ______________________________

7. x 대신 어떤 수를 쓸 수 있는지 찾아 ○표 해 보세요.

❶ $3.4 + x = 4.35$

x = ____________

1.25	0.95
0.65	1.50

❷ $9 - x = 6.2$

x = ____________

1.8	0.9
2.8	2

❸ $4 \times x = 0.2$

x = ____________

0.1	0.2
0.5	0.05

8. 저울이 수평을 이루었어요. 빨간 추의 무게는 얼마일까요?

❶

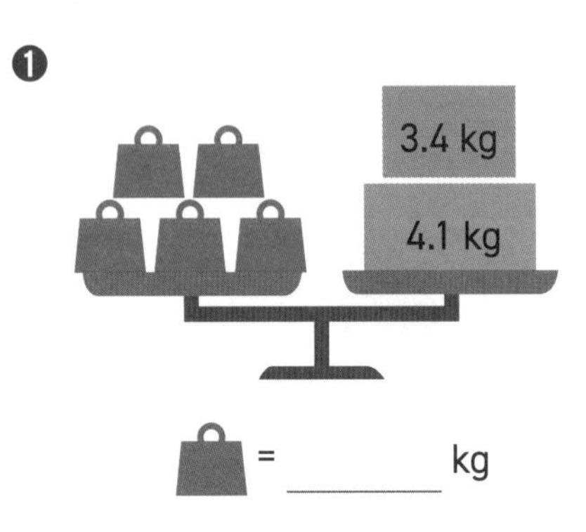

❷

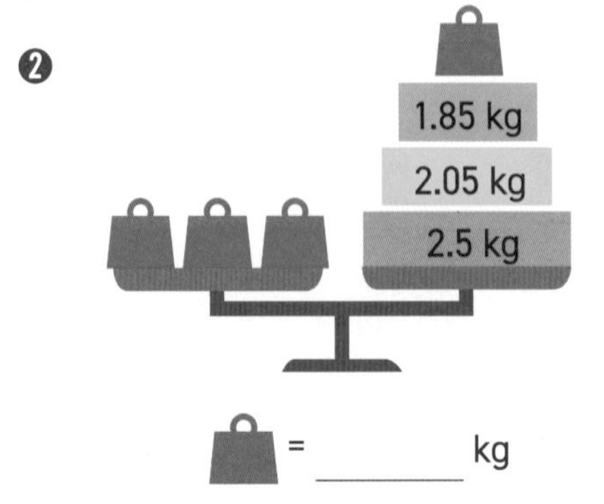

9. 공책에 답을 구해 보세요.

산드린, 에멧, 그리고 줄스가 각각 다트를 3개씩 던졌어요. 아이들이 던진 다트는 모두 다트판에 꽂혔는데, 점수는 20점보다 크고 30점보다 작아요. 산드린은 에멧을 2점 앞섰고, 에멧은 줄스를 2점 앞섰어요. 아이들이 득점한 점수는 각각 얼마일까요? 다른 답 2가지를 생각해 보세요.

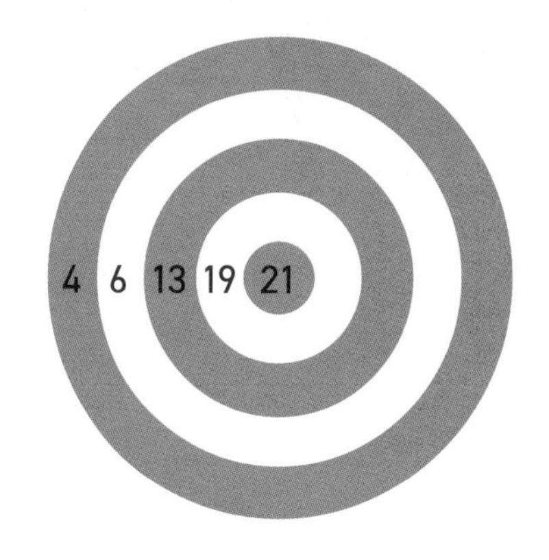

10. 가로줄과 세로줄의 합이 각각 10이 되도록 도미노를 알맞게 배열해 보세요.

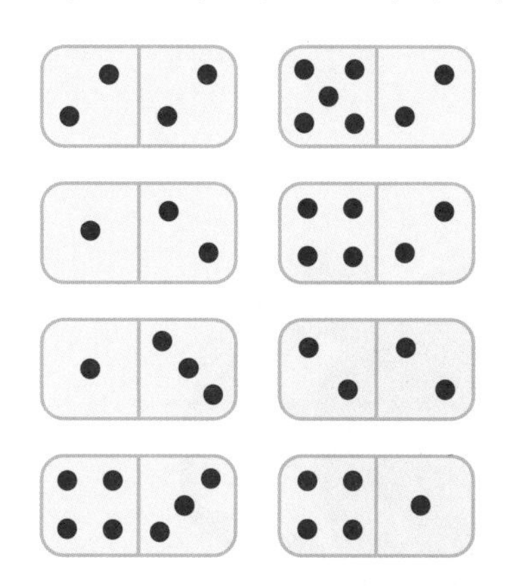

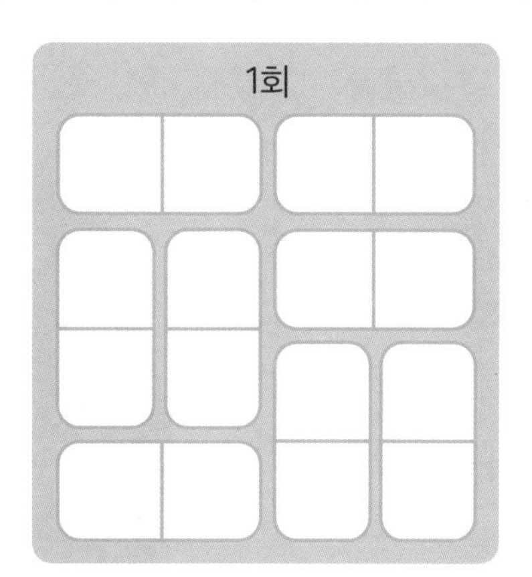

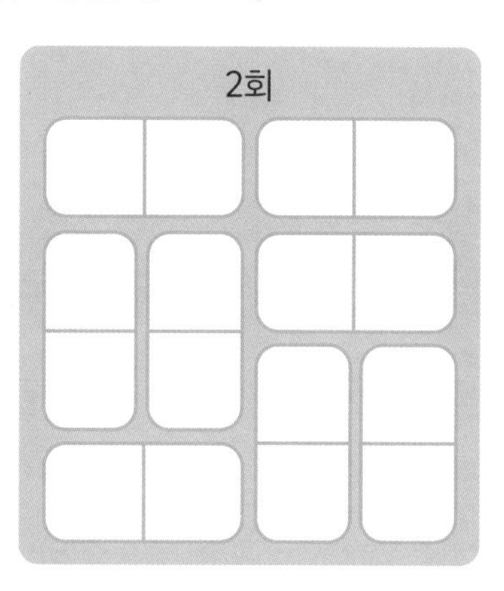

한 번 더 연습해요!

1. 공책에 계산해 보세요.

5.4×2　　4.15×2　　46.08×3

3.6×3　　5.70×3　　51.16×4

2. 아래 글을 읽고 공책에 알맞은 식을 세워 답을 구해 보세요.

❶ 전차표 1장은 3.20유로예요. 전차표 6장은 모두 얼마일까요?

❷ 버스표 1장은 2.40유로예요. 버스표 8장은 모두 얼마일까요?

❸ 티나에게 78.45유로가 있는데, 기차표 2장을 샀어요. 기차표 1장은 25.90유로예요. 이제 티나에게 남은 돈은 얼마일까요?

❹ 프레슬리는 8.60유로인 영화표 3장과 2.50유로인 탄산음료 3개를 샀어요. 프레슬리는 모두 얼마를 썼을까요?

소수에 10, 100 곱하기

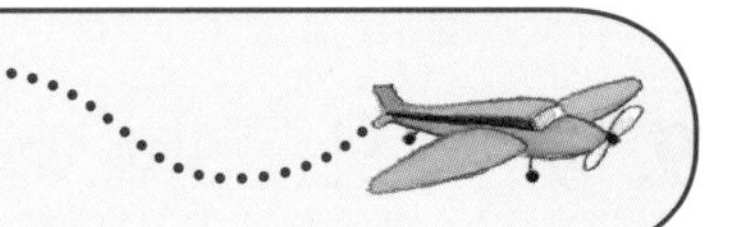

롤 1개는 1.45유로예요.
롤 20개는 모두 얼마일까요?

부분으로 나누어 계산하기

롤 10개의 총 가격	1.45 € × 10 = 14.50 €
롤 20개의 총 가격	14.50 € × 2 = 29.00 €

정답 : 29.00유로

하나의 식으로 계산하기

1.45 € × 20
= 1.45 € × 10 × 2
= 14.50 € × 2
= 29.00 €

정답 : 29.00유로

도넛 100개는 모두 210유로예요.
도넛 6개는 얼마일까요?

도넛 1개의 가격	210 € ÷ 100 = 2.10 €
도넛 6개의 가격	2.10 € × 6 = 12.60 €

정답 : 12.60유로

12.3 × 10 = 123	0.75 × 10 = 7.5	12.5 ÷ 10 = 1.25	8 ÷ 10 = 0.8
12.3 × 100 = 1230	0.75 × 100 = 75	12.5 ÷ 100 = 0.125	8 ÷ 100 = 0.08

1. 계산해 보세요.

0.7 × 10 = ______	1.6 × 10 = ______	21.5 × 10 = ______
0.7 × 20 = ______	1.6 × 20 = ______	21.5 × 20 = ______
0.7 × 30 = ______	1.6 × 30 = ______	21.5 × 30 = ______

2. 계산해 보세요.

0.7 × 100 = ______	1.6 × 100 = ______	21.5 × 100 = ______
0.7 × 200 = ______	1.6 × 200 = ______	21.5 × 200 = ______

3. 계산해 보세요.

0.9 ÷ 10 = ________ 21.5 ÷ 10 = ________ 153 ÷ 100 = ________

5.7 ÷ 10 = ________ 19 ÷ 100 = ________ 85 ÷ 100 = ________

4. 공책에 알맞은 식을 세워 답을 구한 후, 정답을 로봇에서 찾아 ○표 해 보세요.

❶ 줄넘기 1개는 7.50유로예요. 줄넘기 10개는 얼마일까요?

____

❷ 막대사탕 1개는 0.15유로예요. 막대사탕 100개는 얼마일까요?

____

❸ 공책 1권은 1.70유로예요. 공책 20권은 얼마일까요?

____

❹ 축구공 1개는 19.50유로예요. 축구공 30개는 얼마일까요?

____

❺ 테니스공 1개는 7.90유로예요. 테니스공 200개는 얼마일까요?

____

❻ 초콜릿 바 10개는 모두 24.50유로예요. 초콜릿 바 3개는 얼마일까요?

____

❼ 연필 1자루는 1.20유로예요. 연필 500자루는 얼마일까요?

____

❽ 도넛 100개는 모두 190유로예요. 도넛 30개는 얼마일까요?

____

6.35 € 7.35 € 15 € 34 € 57 € 75 € 585 € 600 € 1380 € 1580 €

더 생각해 보아요!

10번째에는 성냥개비가 몇 개 필요할까요? ________

1번째 2번째 3번째

5. 도착점에 왔을 때 가장 작은 값이 나오는 길을 찾아보세요.

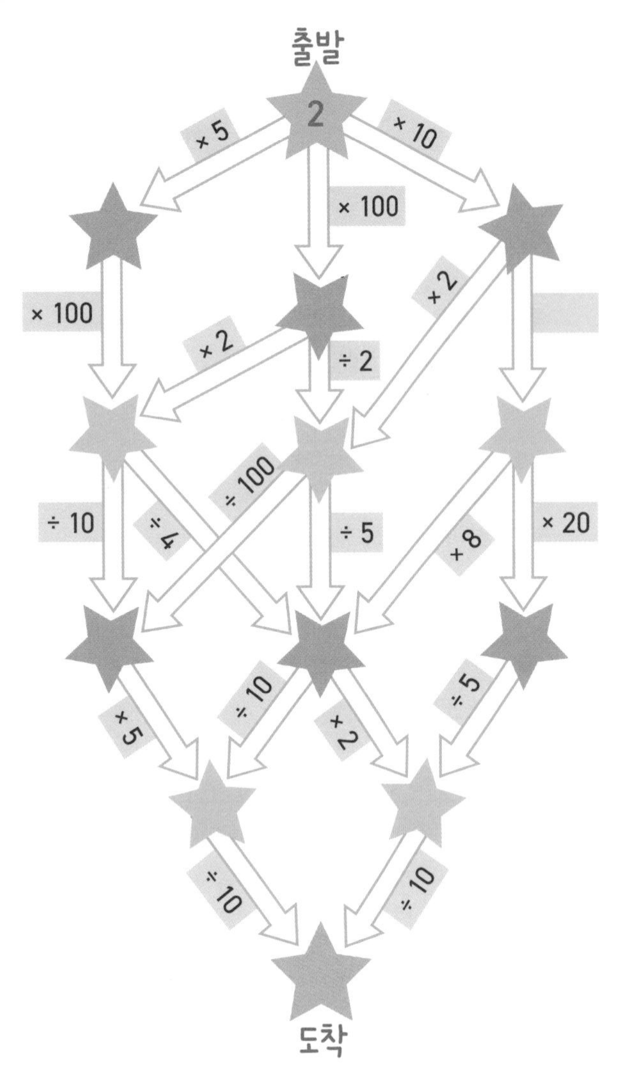

값이 가장 작은 답은 0.08이에요.
여러분은 어떤 답을 구했나요?

____

6. 암산으로 답을 구해 보세요.

❶ 0.42와 10의 곱에 7.9를 더하세요.

정답 : ______________________

❷ 0.63과 100의 곱에서 60.5를 빼세요.

정답 : ______________________

❸ 3.6과 10의 곱에서 0.06과 100의 곱을 빼세요.

정답 : ______________________

❹ 5.85와 15.25의 합에 0.9와 10의 곱을 더하세요.

정답 : ______________________

7. 식이 성립하도록 빈칸에 알맞은 수를 써넣어 보세요.

4.5 × ________ = 90

3.8 × ________ = 760

0.50 × ________ = 10

1.2 × ________ = 360

2.5 × ________ = 75

0.6 × ________ = 180

8. 아래 글을 읽고 아이들의 이름과 휴대 전화 벨 소리, 색깔, 그리고 통화 상대가 누구인지 알아맞혀 보세요.

이름	______	______	______	______
벨 소리	______	______	______	______
색깔	______	______	______	______
통화 상대	______	______	______	______

- 남자아이 중 1명은 검은색 휴대 전화를 가졌어요.
- 미나의 벨 소리는 록이에요.
- 흰색 휴대 전화의 주인이 빨간색 휴대 전화의 주인에게 전화했어요.
- 조엘의 벨 소리는 재즈예요.
- 트리스탄은 빨간색 휴대 전화를 가졌어요.
- 조엘의 왼쪽에는 세라가 있어요.
- 흰색 휴대 전화의 벨 소리는 랩이에요.
- 검은색 휴대 전화의 주인이 파란색 휴대 전화의 주인에게 전화했어요.
- 조엘 이웃의 휴대 전화 벨 소리는 클래식이에요.

한 번 더 연습해요!

1. 계산해 보세요.

0.8 × 10 = ______	15.5 × 10 = ______	30.5 × 10 = ______
0.8 × 20 = ______	15.5 × 20 = ______	30.5 × 100 = ______
0.8 × 30 = ______	15.5 × 30 = ______	30.5 × 200 = ______

2. 공책에 알맞은 식을 세워 답을 구해 보세요.

❶ 롤 1개는 2.30유로예요. 롤 200개는 얼마일까요?

____

❷ 도넛 10개는 모두 합해 17.50유로예요. 도넛 3개는 얼마일까요?

____

연습 문제

___월 ___일 ___요일

1. 계산해 보세요.

2.7 + 4.5 = ______ 1.34 + 8.57 = ______ 9 − 5.75 = ______

2.35 + 1.90 = ______ 8.3 − 2.6 = ______ 6.84 − 2.53 = ______

2. 계산해 보세요.

5.3 × 2 = ______ 2.05 × 4 = ______ 6.21 × 2 = ______

4.2 × 4 = ______ 3.45 × 3 = ______ 2.03 × 5 = ______

3. 계산해 보세요.

0.4 × 10 = ______
0.4 × 20 = ______
0.4 × 30 = ______
0.6 × 100 = ______
0.6 × 200 = ______

3.2 × 10 = ______
3.2 × 20 = ______
3.2 × 30 = ______
2.8 × 100 = ______
2.8 × 200 = ______

42.5 × 10 = ______
42.5 × 20 = ______
42.5 × 30 = ______
35.5 × 100 = ______
35.5 × 200 = ______

4. 계산해 보세요.

7.2 ÷ 10 = ______
29.5 ÷ 10 = ______
21 ÷ 100 = ______
105 ÷ 100 = ______

여기서 잠깐!

박테리아는 미생물인데 크기가 보통 0.2~2마이크로미터예요. 1마이크로미터는 1밀리미터의 1000분의 1이에요. 가장 큰 박테리아는 0.75밀리미터이고 이 정도 크기는 눈으로 볼 수 있어요.

5. 공책에 세로셈으로 계산한 후, 정답을 로봇에서 찾아 ○표 해 보세요.

65.7 + 152.45　　　　62.05 − 39.25　　　　31.04 × 8

42.72 + 79　　　　185 − 97.09　　　　16.73 × 5

22.80　32.80　78.45　83.65　87.91　121.72　218.15　248.32

6. 공책에서 알맞은 식을 세워 답을 구한 후, 정답을 로봇에서 찾아 ○표 해 보세요.

❶ 어떤 학급의 연극표 가격은 총 269.50유로이고, 박물관 입장권 가격은 총 187.50유로예요. 연극표와 박물관 입장권 가격은 모두 얼마일까요?

____

❷ 아이노는 27.30유로를 가지고 있어요. 사탕 1봉지를 사는 데 2.95유로를, 영화표 1장을 사는 데 9.50유로를 썼어요. 이제 아이노에게 남은 돈은 얼마일까요?

____

❸ 비행기표 1장은 142.80유로예요. 비행기표 4장은 얼마일까요?

____

❹ 노버트에게 47.20유로가 있는데, 영화표 5장을 샀어요. 영화표 1장은 6.50유로예요. 이제 노버트에게 남은 돈은 얼마일까요?

____

❺ 축구공 1개는 21.50유로예요. 축구공 20개는 얼마일까요?

____

❻ 페스츄리 10개는 모두 합해 47.50유로예요. 페스츄리 4개는 얼마일까요?

____

14.70 €　14.85 €　18.30 €　19 €　430 €　457 €　480.50 €　571.20 €

7. 학교에서 아래 물건을 1000유로로 구매할 수 있을까요? 계산한 후, 가능한 것에 V표 해 보세요.

	예	아니오
❶ 테니스공 1000개	☐	☐
❷ 플로어볼 스틱 20개	☐	☐
❸ 포수용 야구 글러브 9개	☐	☐
❹ 축구공 30개	☐	☐
❺ 줄넘기 50개	☐	☐

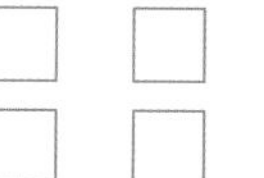
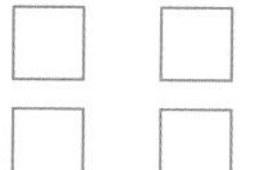
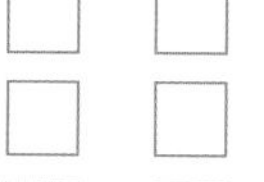
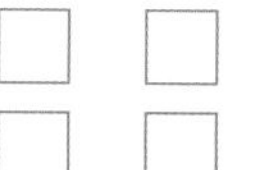
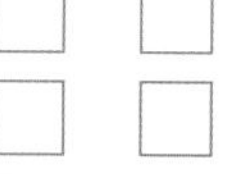

0.99 €

19.90 €

8. 아래 단서를 읽고 지갑의 주인이 누구인지 알아맞혀 보세요.

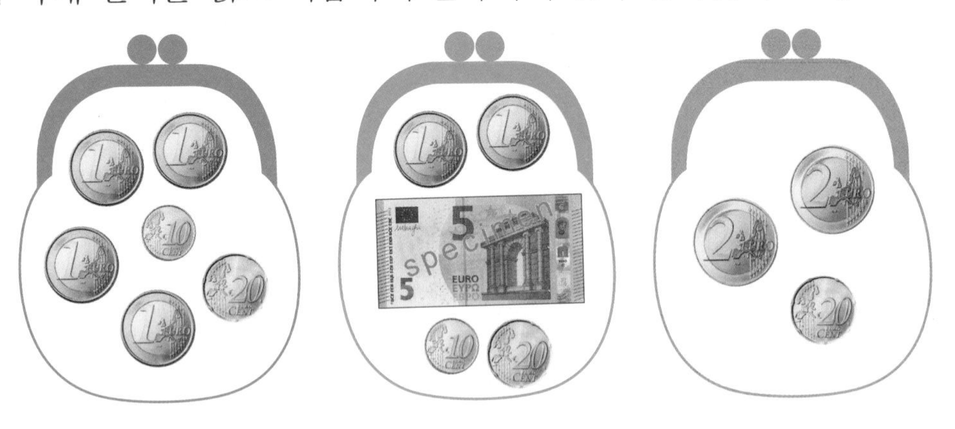

- 에밀리아는 시몬보다 가진 돈이 적어요.
- 시몬은 이나보다 가진 돈이 적어요.
- 레이몬드보다 돈이 많은 사람은 이나뿐이에요.

9. 식이 성립하도록 빈칸에 알맞은 수를 써넣어 보세요.

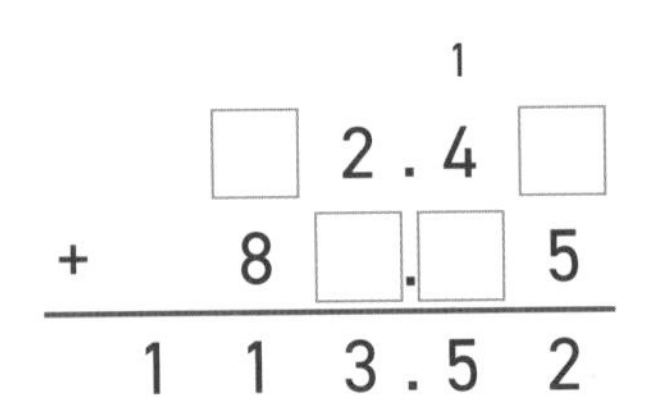

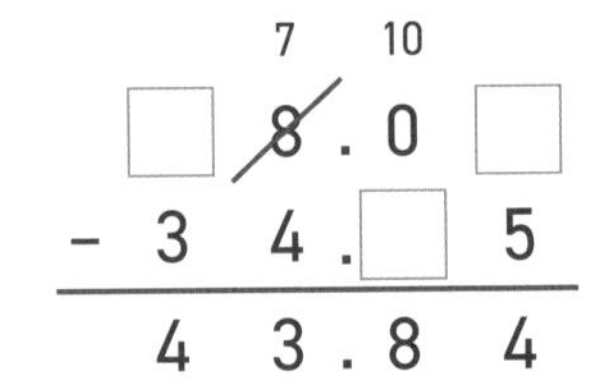

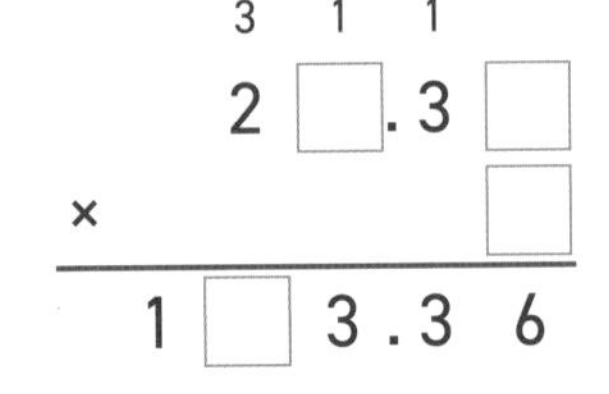

10. 그림이 들어간 식을 보고 그림의 값을 구해 보세요.

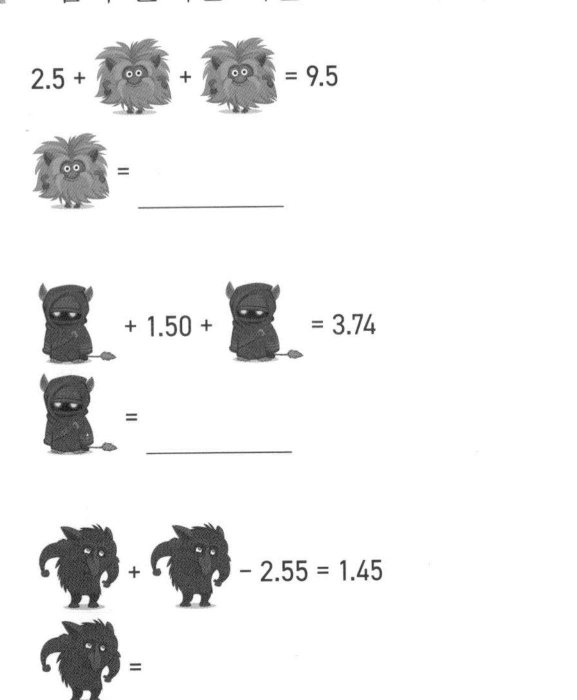

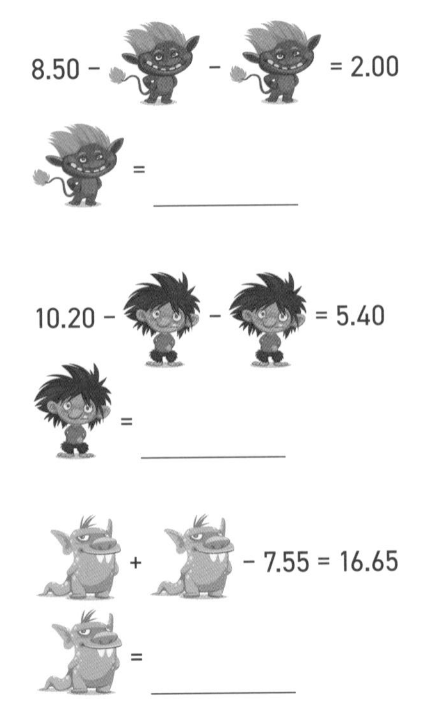

11. 가로, 세로, 대각선에 있는 수의 합이 각각 219가 되도록 〈보기〉의 수를 오른쪽 표에 모두 한 번씩 써넣어 보세요.

<보기>

7　37　43
67　73
79　109　139

103		

12. 농구 경기에서 울라는 8점을, 레나는 14점을 기록했어요. 아이노는 필라보다 6점 적었고, 네 명의 아이들은 평균 12점씩 득점했어요. 필라는 몇 점을 기록했을까요?

____

한 번 더 연습해요!

1. 계산해 보세요.

3.8 + 1.5 = ______　12.05 − 5.15 = ______　3.85 × 10 = ______

5.25 + 3.90 = ______　4.4 × 3 = ______　91 ÷ 100 = ______

2. 세로셈으로 계산해 보세요.

31.05 + 58.7

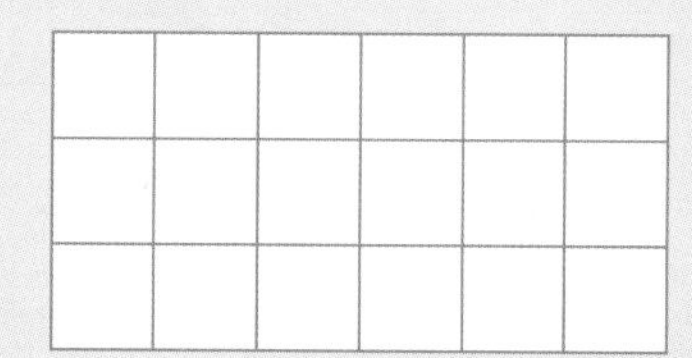

93.08 − 34.61

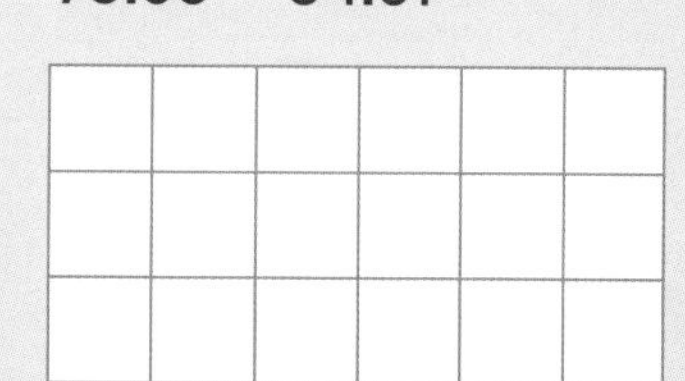

28.35 × 4

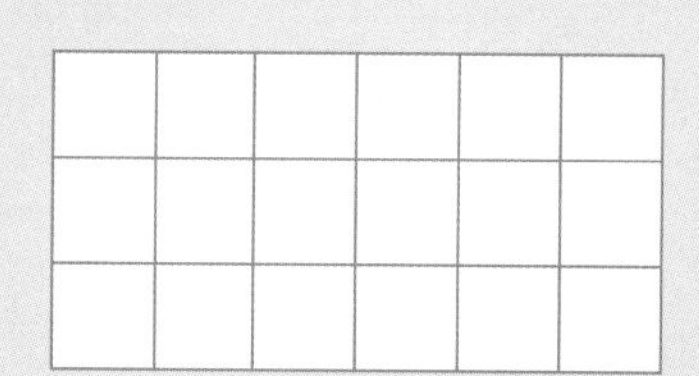

3. 아래 글을 읽고 공책에 알맞은 식을 세워 답을 구해 보세요.

❶ 한 학급의 체험학습 점심 비용은 총 157.50유로이고, 연극표는 총 272.50유로예요. 점심과 연극표는 모두 합해 얼마일까요?

____

❷ 저드에게 32.10유로가 있어요. 1.95유로를 내고 탄산음료 1개를, 8.50유로를 내고 영화표 1장을 샀어요. 이제 저드에게 남은 돈은 얼마일까요?

____

5 소수와 자연수의 나눗셈

나누어지는 수가 소수 첫째 자리로 끝나는 경우

2.5m 길이의 옷감을 5부분으로 똑같이 잘랐어요. 1부분의 길이는 몇 m일까요?

2.5m ÷ 5

1. 나누어지는 수 2.5m에 10을 곱하세요
   2.5m × 10 = 25m
2. 자연수인 25m를 나누는 수 5로 나누세요.
   25m ÷ 5 = 5m
3. 나눗셈의 결과인 5m를 10으로 나누세요.
   5m ÷ 10 = 0.5m

그 결과, 2.5m ÷ 5 = 0.5m가 되어요.

- 먼저 나누어지는 수에 10을 곱하세요.
- 나눗셈을 계산하세요.
- 결과를 10으로 다시 나누세요.

나누어지는 수가 소수 둘째 자리로 끝나는 경우

0.36m 길이의 널빤지를 6부분으로 똑같이 잘랐어요. 1부분의 길이는 몇 m일까요?

0.36m ÷ 6

1. 나누어지는 수 0.36m에 100을 곱하세요
   0.36 × 100 = 36m
2. 자연수인 36m를 나누는 수 6으로 나누세요.
   36m ÷ 6 = 6m
3. 나눗셈의 결과인 6m를 100으로 나누세요.
   6m ÷ 100 = 0.06m

그 결과 0.36m ÷ 6 = 0.06m가 되어요.

- 먼저 나누어지는 수에 100을 곱하세요.
- 나눗셈을 계산하세요.
- 결과를 100으로 다시 나누세요.

1. 계산해 보세요.

1.8 ÷ 6
1.8 × 10 = 18
18 ÷ 6 = _______
3 ÷ 10 = _______
1.8 ÷ 6 = _______

4.2 ÷ 7
4.2 × 10 = _______
_______ ÷ 7 = _______
_______ ÷ 10 = _______
4.2 ÷ 7 = _______

2.4 ÷ 3
2.4 × 10 = _______
_______ ÷ 3 = _______
_______ ÷ 10 = _______
2.4 ÷ 3 = _______

0.16 ÷ 4
0.16 × 100 = _______
_______ ÷ 4 = _______
_______ ÷ 100 = _______
0.16 ÷ 4 = _______

0.28 ÷ 7
0.28 × 100 = _______
_______ ÷ 7 = _______
_______ ÷ 100 = _______
0.28 ÷ 7 = _______

0.45 ÷ 9
0.45 × 100 = _______
_______ ÷ 9 = _______
_______ ÷ 100 = _______
0.45 ÷ 9 = _______

2. 계산해 보세요.

3.0 ÷ 5	2.7 ÷ 3	4.8 ÷ 6
3.0 ÷ 5 = ______	2.7 ÷ 3 = ______	4.8 ÷ 6 = ______
0.18 ÷ 9	0.32 ÷ 8	0.36 ÷ 4
0.18 ÷ 9 = ______	0.32 ÷ 8 = ______	0.36 ÷ 4 = ______

3. 계산한 후, 정답을 로봇에서 찾아 ○표 해 보세요.

1.5 ÷ 3 = ______	2.1 ÷ 7 = ______	0.18 ÷ 3 = ______
1.6 ÷ 4 = ______	6.4 ÷ 8 = ______	0.25 ÷ 5 = ______
1.8 ÷ 2 = ______	3.6 ÷ 6 = ______	0.24 ÷ 3 = ______

0.05 0.06 0.08 0.1 0.3 0.4 0.5 0.6 0.8 0.9 1.0

4. 공책에 알맞은 식을 세워 답을 구한 후, 정답을 로봇에서 찾아 ○표 해 보세요.

❶ 4.2m 길이의 옷감을 6부분으로 똑같이 잘랐어요. 1부분의 길이는 몇 m일까요?

______

❷ 0.56m 길이의 리본을 8부분으로 똑같이 잘랐어요. 1부분의 길이는 몇 m일까요?

______

❸ 티몬은 3.5m 길이의 널빤지를 5부분으로 똑같이 잘랐어요. 제이미는 3.6m 길이의 널빤지를 4부분으로 똑같이 잘랐어요. 제이미의 널빤지가 티몬의 것보다 얼마나 더 길까요?

______

❹ 0.21m 길이의 막대를 3부분으로 똑같이 잘랐어요. 그리고 0.24m 길이의 막대를 4부분으로 똑같이 잘랐어요. 서로 다른 막대에서 잘라 낸 조각 2개를 이으면 총 길이가 몇 m일까요?

______

0.05 m 0.07 m 0.13 m 0.2 m 0.5 m 0.7 m

5. 나누어지는 수, 나누는 수, 몫을 표의 빈칸에 알맞게 써넣어 보세요.

나누어지는 수	나누는 수	몫
	5	0.9
0.24		0.06
3.2	8	
0.14		0.07
0.15	3	
	7	0.08
2.7	9	

6. 그림이 들어간 식을 보고 그림의 값을 구해 보세요.

❶

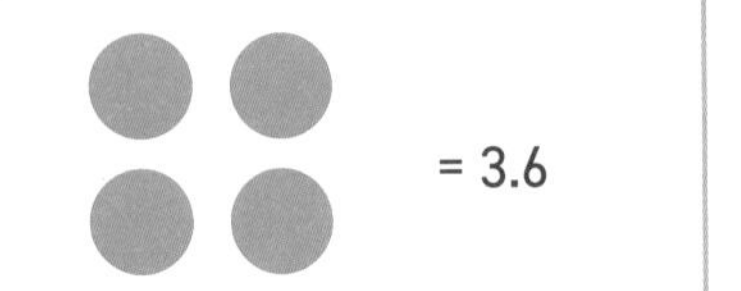

= 3.6

= 2.4

= □

❷

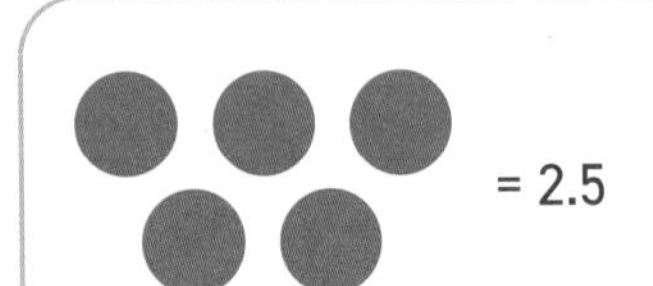

= 2.5

= 4.2

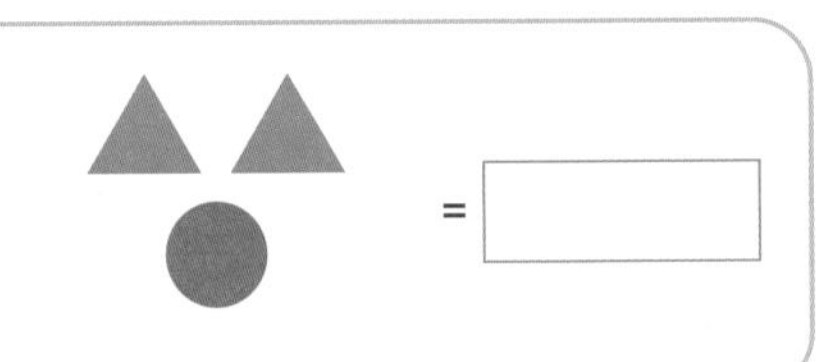

= □

❸

= 2.0

= 1.4

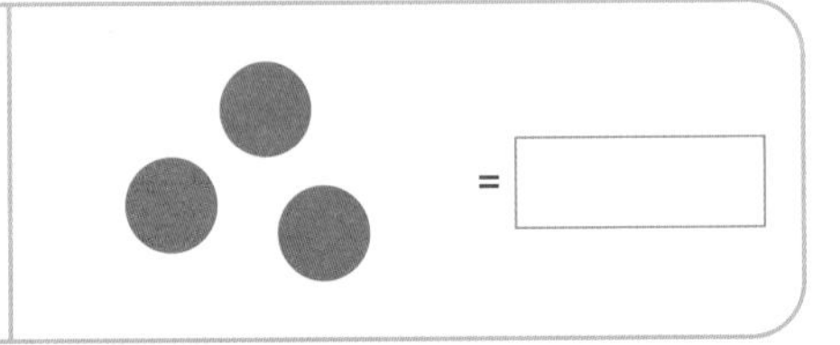

= □

❹

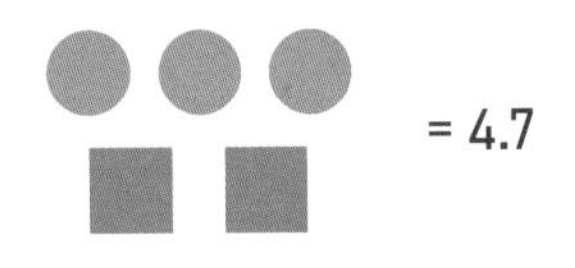

= 4.7

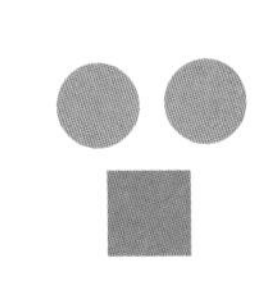

= 2.5

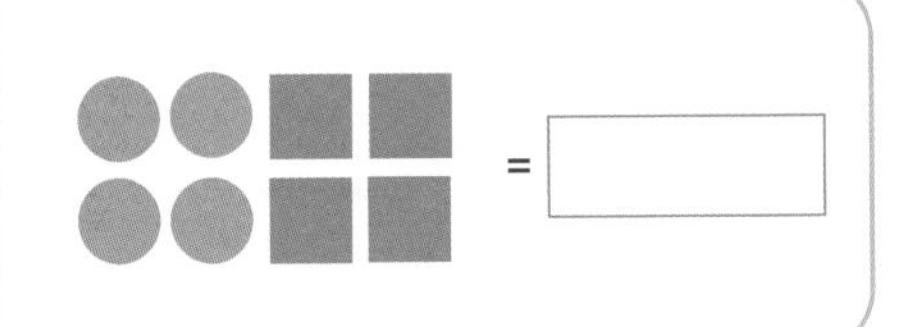

= □

7. 24.36을 나누었을 때의 몫이 주어진 수와 같다면 나누는 수는 어떤 수일까요?

❶ 몫이 1일 때 나누는 수는? ________

❷ 몫이 2일 때 나누는 수는? ________

❸ 몫이 3일 때 나누는 수는? ________

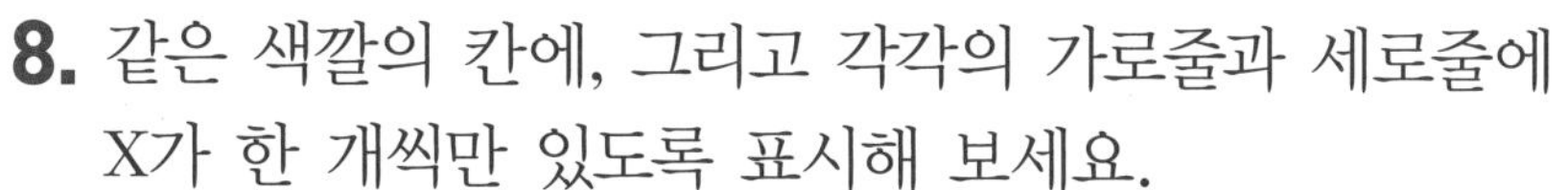

8. 같은 색깔의 칸에, 그리고 각각의 가로줄과 세로줄에 X가 한 개씩만 있도록 표시해 보세요.

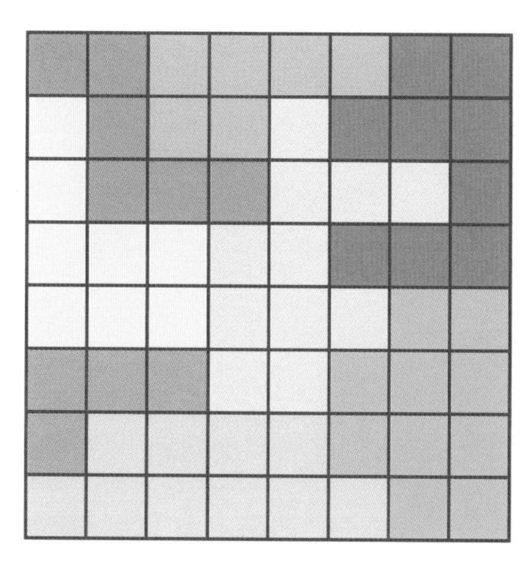

한 번 더 연습해요!

1. 공책에 계산해 보세요.

2.1 ÷ 3　　4.9 ÷ 7　　0.24 ÷ 8　　0.63 ÷ 7

1.8 ÷ 3　　3.6 ÷ 4　　0.15 ÷ 5　　0.42 ÷ 6

2. 아래 글을 읽고 알맞은 식을 세워 답을 구해 보세요.

❶ 3.2m 길이의 옷감을 4부분으로 똑같이 잘랐어요. 1부분의 길이는 몇 m일까요?

식 : ________

____

정답 : ________

❷ 페넬로페의 리본은 0.36m이고, 토니의 리본은 0.72m에요. 각 리본을 9부분으로 똑같이 나누었어요. 토니의 리본 조각이 페넬로페의 리본 조각보다 얼마나 더 길까요?

식 : ________

____

정답 : ________

6 부분으로 나누어 나눗셈하기

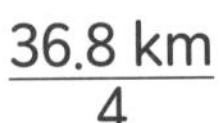

마티아스는 4일 동안 사이클을 총 36.8km 탔어요. 마티아스는 사이클을 하루에 평균 몇 km를 탔을까요?

$\frac{36.8\text{ km}}{4}$

$= \frac{36\text{ km}}{4} + \frac{0.8\text{ km}}{4}$

$= 9\text{ km} + 0.2\text{ km}$

$= 9.2\text{ km}$

정답 : 9.2 km

- 먼저 자연수 부분을 나누세요.
- 그다음 소수 부분을 나누세요.
- 마지막으로 더하세요.

아빠는 아이들 3명에게 150.15유로를 똑같이 나누어 주려고 해요. 아이 1명이 받는 돈은 얼마일까요?

$\frac{150.15\text{ €}}{3}$

$= \frac{150\text{ €}}{3} + \frac{0.15\text{ €}}{3}$

$= 50\text{ €} + 0.05\text{ €}$

$= 50.05\text{ €}$

정답 : 50.05유로

자연수와 소수 부분을 나누어 각각 나눗셈을 계산해요.

1. 값이 같은 것끼리 선으로 이어 보세요.

$\frac{30.6}{3}$ $\frac{45.5}{5}$ $\frac{42.14}{7}$ $\frac{28.24}{4}$ $\frac{500.4}{2}$ $\frac{440.8}{4}$ $\frac{333.6}{3}$ $\frac{81.99}{9}$

9.1 7.06 10.2 110.2 6.02 111.2 250.2 9.11

2. 계산한 후, 정답을 로봇에서 찾아 ○표 해 보세요.

$\frac{12.8}{4} = \frac{12}{4} + \frac{0.8}{4} =$ ____________________

$\frac{21.7}{7} =$ ____________________

$\frac{90.9}{3} =$ ____________________

3.1 3.2 7.4 30.3 33.6

3. 계산한 후, 정답을 로봇에서 찾아 ○표 해 보세요.

$\frac{36.27}{9}$ = ______________________

$\frac{24.16}{8}$ = ______________________

$\frac{120.36}{6}$ = ______________________

3.02 4.03 6.05 15.04 20.06

4. 공책에 알맞은 식을 세워 답을 구한 후, 정답을 로봇에서 찾아 ○표 해 보세요.

❶ 토르는 1주일 동안 사이클을 63.7km 탔어요. 토르는 사이클을 하루에 평균 몇 km를 탔을까요?

____

❷ 아빠는 4일 동안 총 120.8km를 운전했어요. 아빠는 하루에 평균 몇 km를 운전했을까요?

____

❸ 아스타는 20.25유로를 내고 5권이 한 세트인 공책 1묶음을 샀어요. 올라프는 16.40유로를 내고 4권이 한 세트인 공책 1묶음을 샀어요. 아스타가 산 공책 1권은 올라프가 산 공책 1권보다 가격이 얼마나 더 쌀까요?

____

❹ 아이 5명의 음식 비용은 총 45.25유로이고, 음료수 비용은 총 5.15유로예요. 아이들은 비용을 똑같이 나누어 냈어요. 아이 1명이 내야 하는 비용은 얼마일까요?

____

9.1 km 22.3 km 30.2 km 0.05 € 1.80 € 10.08 €

5. 아래 글을 읽고 계산한 후, 〈보기〉에서 답을 찾아 ○표 해 보세요.

❶ 가격이 같은 책 4권이 모두 103.80유로예요. 책 1권은 얼마일까요?

26.05 € 25.05 € 415.20 € 25.95 € 414.80 €

❷ 가격이 같은 보드게임 3개가 모두 153.45유로예요. 보드게임 1개는 얼마일까요?

50.95 € 51.15 € 55.10 € 460.35 €

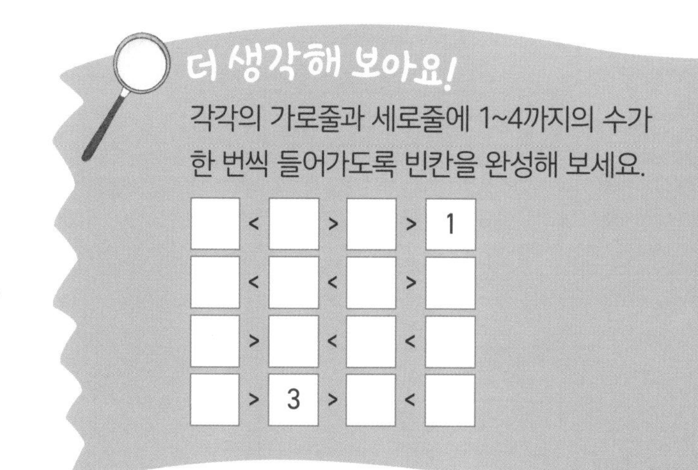

더 생각해 보아요!
각각의 가로줄과 세로줄에 1~4까지의 수가 한 번씩 들어가도록 빈칸을 완성해 보세요.
< > > 1
< < >
> < <
> 3 > <

6. 공책에 질문의 답을 구해 보세요.

❶ 딸기 1kg은 얼마일까요?

____

❷ 견과류 200g은 얼마일까요?

____

❸ 체리 4kg은 얼마일까요?

____

7. 아래 코드를 보고 길을 찾아보세요. 다람쥐 칩이 무엇을 발견할까요?

5걸음 앞으로 가요.
오른쪽으로 돌아요.
1걸음 움직여요.
왼쪽으로 돌아요.
2걸음 움직여요.
오른쪽으로 돌아요.
2걸음 움직여요.
오른쪽으로 돌아요.
3걸음 움직여요.
왼쪽으로 돌아요.
3걸음 움직여요.
초록색 칸에 닿으면
2번 반복하세요.
2걸음 움직여요.
왼쪽으로 돌아요.
2걸음 움직여요.
오른쪽으로 돌아요.
2걸음 움직여요.
오른쪽으로 돌아요.
3걸음 움직여요.
왼쪽으로 돌아요.

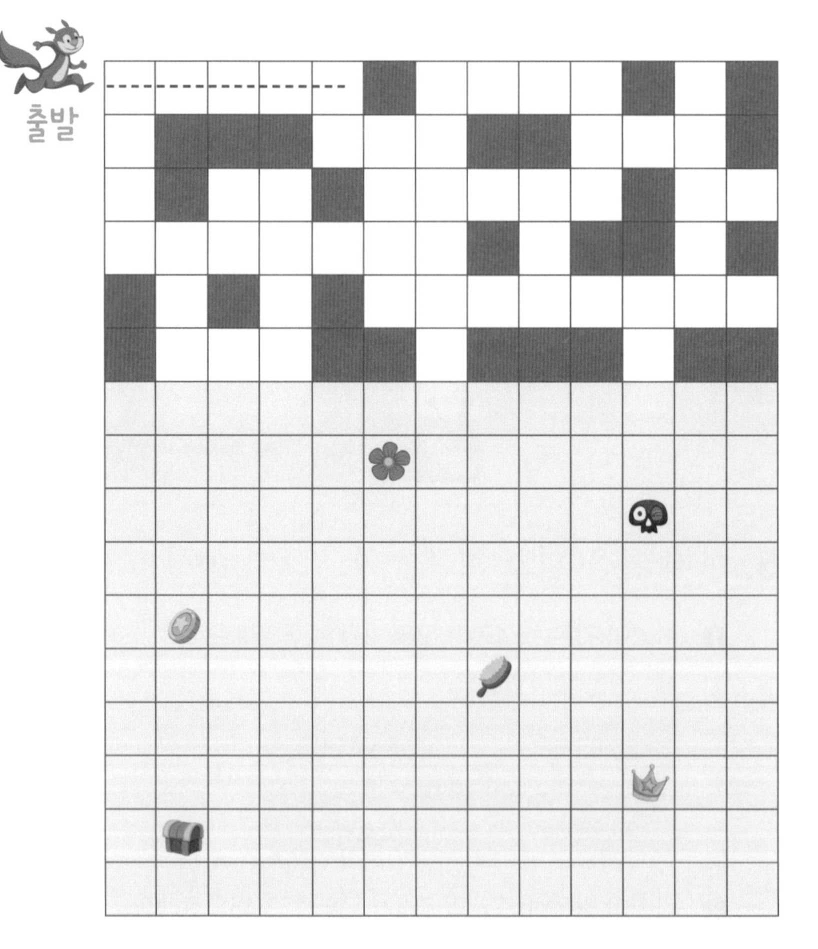

칩은 ______________________를 발견했어요.

8. 참가자들은 각자 10점씩 가지고 퀴즈를 시작해요. 모두 10개 문제에 답을 해야 해요. 답이 맞으면 한 문제당 1점을 얻고, 답이 틀리면 1점을 잃어요. 퀴즈가 끝났을 때 사라는 14점을 얻었어요. 사라가 말한 답 중 오답은 몇 개일까요?

정답 : ______________________

9. 같은 색깔의 칸에, 그리고 각각의 가로줄과 세로줄에 숫자 1~9가 한 번씩 들어가도록 빈칸을 채워 보세요.

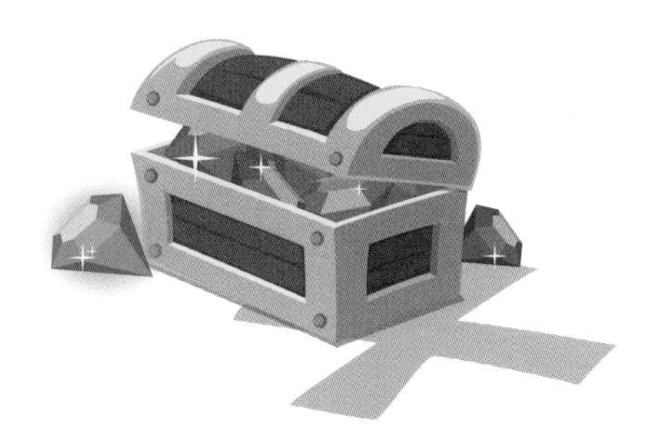

	7				5		2	
3	4	5					7	
8		2			1	4		7
		3						8
	1		8				3	
5		1	9					
9				7	3			2
	2			1				4
		4		3	7	5		

한 번 더 연습해요!

1. 계산해 보세요.

$\frac{42.6}{6}$ = ______________________

$\frac{36.80}{4}$ = ______________________

$\frac{707.14}{7}$ = ______________________

2. 아래의 글을 읽고 공책에 알맞은 식을 세워 답을 구해 보세요.

❶ 헬가는 5일 동안 사이클을 총 50.5km 탔어요. 헬가는 사이클을 하루에 평균 몇 km를 탔을까요?

____

❷ 8명의 음식 비용은 총 64.48유로이고, 음료수 비용은 총 16.32유로예요. 8명이 비용을 똑같이 나누었어요. 1인당 내야 하는 비용은 얼마일까요?

____

7 분해하여 나눗셈하기

사과 1자루가 17.5kg이에요. 사과를 상자 5개에 똑같이 나누어 담았어요. 상자 1개에 담긴 사과는 몇 kg일까요?

자연수 부분이 나누어떨어지지 않기 때문에 부분으로 분해하여 나눗셈을 계산해야 해요.

$\frac{17.5\text{ kg}}{5}$

$\frac{17.5}{5}$ 를 분해하여 나눗셈하세요.
먼저 나누어지는 수 17.5를 두 부분으로 분해하세요.
나누는 수 5의 곱셈표를 살펴보세요.

5	10	15	20	25	30	35	40	45	50

나누어지는 수 17.5는 15와 20 사이에 있어요.

15와 20중 더 작은 수를 고르세요.
즉, 15가 첫 부분으로 분해되어요.

두 번째 부분은 나누어지는 수에서 첫 부분을 빼서 구해요. (17.5 – 15 = 2.5)

분해된 두 부분 (15와 2.5)을 각각 나누는 수 5로 나눈 후, 값을 더해요.

$\frac{17.5}{5}$

$= \frac{15}{5} + \frac{2.5}{5}$

$= 3 + 0.5$

$= 3.5$

정답 : 3.5 kg

1. 값이 같은 것끼리 선으로 이어 보세요.

$\frac{16.2}{3}$ $\frac{28.5}{5}$ $\frac{22.4}{4}$ $\frac{28.8}{3}$ $\frac{42.5}{5}$ $\frac{14.1}{3}$ $\frac{26.7}{3}$ $\frac{19.8}{9}$

5.6 5.4 8.5 5.7 2.2 9.6 8.9 4.7

2. 부분으로 분해하여 나눗셈을 계산한 후, 정답을 로봇에서 찾아 ○표 해 보세요.

$\frac{29.2}{4}$ = ______________________

$\frac{19.6}{4}$ = ______________________

$\frac{20.4}{6}$ = ______________________

$\frac{33.6}{6}$ = ______________________

$\frac{15.4}{7}$ = ______________________

$\frac{31.5}{7}$ = ______________________

2.2 3.4 4.5 4.9

5.6 6.2 7.3 8.1

3. 공책에 부분으로 분해하여 계산한 후, 정답을 로봇에서 찾아 ○표 해 보세요.

❶ 딸기 28.8kg을 상자 3개에 똑같이 나누어 담았어요. 상자 1개에 담긴 딸기는 몇 kg일까요?

____

❷ 버섯 29.6kg을 상자 4개에 똑같이 나누어 담았어요. 상자 1개에 담긴 버섯은 몇 kg일까요?

____

❸ 블루베리 27.5kg을 상자 5개에 똑같이 나누어 담았어요. 상자 1개에 담긴 블루베리는 몇 kg일까요?

____

❹ 라즈베리 27.2kg을 상자 8개에 똑같이 나누어 담았어요. 상자 1개에 담긴 라즈베리는 몇 kg일까요?

____

❺ 베리 믹스는 딸기 36.4kg과 라즈베리 25.9kg으로 구성되어 있어요. 베리 믹스를 상자 7개에 똑같이 나누어 담았어요. 상자 1개에 담긴 베리 믹스는 몇 kg일까요?

____

❻ 사과 1자루는 28.2kg이고, 체리 1자루는 25.6kg이에요. 사과를 상자 6개에, 체리를 상자 8개에 똑같이 나누어 담았어요. 사과 1상자는 체리 1상자보다 얼마나 더 무거울까요?

____

더 생각해 보아요!

바둑판을 크기와 모양이 같은 4영역으로 나누어 보세요.
단, 각 영역에 색깔이 다른 2가지 모양이 있어야 해요.

1.5 kg 3.4 kg 3.8 kg 5.5 kg

7.4 kg 8.9 kg 9.6 kg 12.5 kg

4. 식이 성립하도록 빈칸에 알맞은 수를 써넣어 보세요.

$\frac{26.4}{6} = \frac{24}{6} + \frac{\quad}{6} = \underline{\quad\quad} + 0.4 = \underline{\quad\quad}$

$\frac{53.2}{7} = \frac{49}{7} + \frac{\quad}{7} = 7 + \underline{\quad\quad} = \underline{\quad\quad}$

$\frac{\quad}{4} = \frac{\quad}{4} + \frac{1.6}{4} = 8 + \underline{\quad\quad} = 8.4$

$\frac{\quad}{5} = \frac{45}{5} + \frac{\quad}{5} = \underline{\quad\quad} + 0.7 = 9.7$

5. 칩이 흰색 미로와 파란색 미로를 차례로 통과하여 보물을 찾을 수 있도록 길을 찾아 코드를 완성해 보세요.

2걸음 움직여요.

오른쪽으로 돌아요.

______에 닿으면

______번 반복하세요

______걸음 움직여요.

______(으)로 돌아요.

______걸음 움직여요.

______(으)로 돌아요.

출발

6. 완성된 식을 참고하여 답을 구해 보세요.

$837.6 \div 12 = 69.8$

$837.6 \div 6 =$ ______

$837.6 \div 24 =$ ______

$418.8 \div 12 =$ ______

$913.5 \div 5 = 182.7$

$913.5 \div 50 =$ ______

$913.5 \div 25 =$ ______

$91.35 \div 5 =$ ______

7. 가장 큰 톱니바퀴가 1바퀴 돌아요. 톱니바퀴 A, B, C에 있는 검은색 화살표는 어느 방향을 가리킬까요? 그림을 그려 보세요.

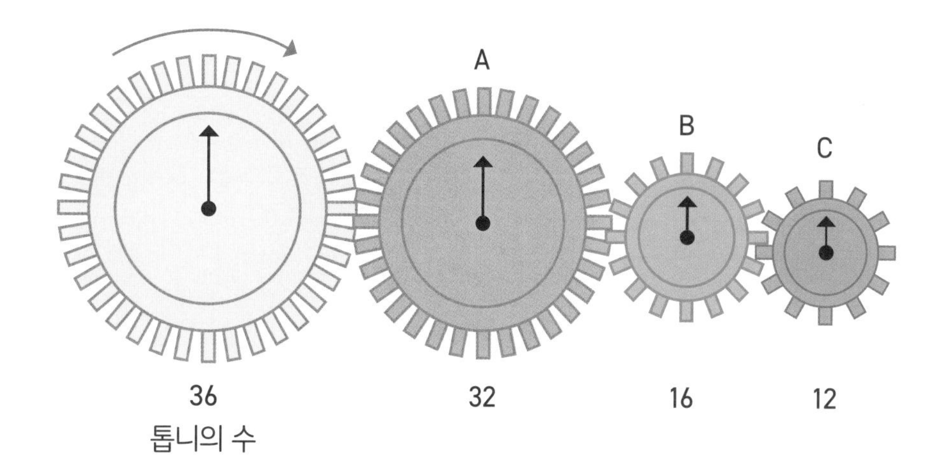

한 번 더 연습해요!

1. 부분으로 분해하여 나눗셈을 계산해 보세요.

$\frac{39.2}{4} =$ ______

$\frac{29.7}{9} =$ ______

$\frac{39.5}{5} =$ ______

2. 아래 글을 읽고 공책에 부분으로 분해하여 나눗셈을 계산해 보세요.

❶ 블루베리 31.2kg을 상자 6개에 똑같이 나누어 담았어요. 상자 1개에 담긴 블루베리는 몇 kg일까요?

______

❷ 베리 믹스는 블루베리 22.4kg과 라즈베리 31.5kg으로 구성되어 있어요. 베리 믹스를 상자 7개에 똑같이 나누어 담았어요. 상자 1개에 담긴 베리 믹스는 몇 kg일까요?

______

8 세로셈으로 나눗셈하기

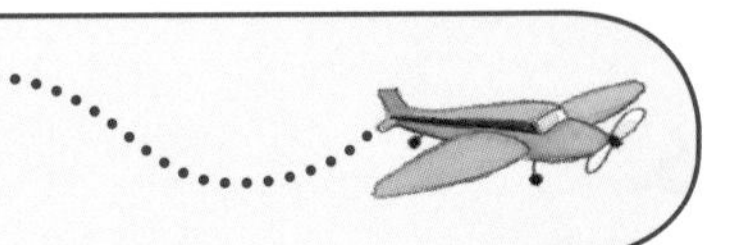

6.54 ÷ 4

	6.	5	4	÷	4	=	1.	6	3	5
-	4	x	x							
	2	5								
-	2	4								
		1	4							
	-	1	2							
			2	0						
		-	2	0						
				0						

← 정답

나눗셈이 나누어떨어지지 않아요.

0을 붙이고 계산을 계속해요.

정답 : 1.635

나누어지는 수의 자리에 있는 수가 모두 내려오고, 마지막 뺄셈의 결과가 0이면 나눗셈이 나누어떨어진 거예요.

- 자연수를 나누세요. 나누는 수 4가 일의 자리 수 6에 몇 번 들어가는지 생각해 보세요. 나눗셈식 결과에 1을 쓰세요. 자연수를 나눈 후 소수점을 꼭 찍으세요.
- 나누는 수 4를 결과 1에 곱하세요. (1 × 4 = 4) 네모 칸에서 6 아래에 결과 4를 쓰세요.
- 6에서 4를 빼세요.(6 - 4 = 2) 4 아래에 결과 2를 쓰세요.
- 나누어지는 수 6.54의 소수 첫째 자리 5를 2 옆으로 내리세요. 수를 내린 것을 x로 표시하세요.
- 나눗셈이 나누어떨어질 때까지 계속 계산하세요.
- 나눗셈 6.54 ÷ 4의 정답은 1.635예요.

1. 세로셈으로 계산한 후, 정답을 로봇에서 찾아 ○표 해 보세요.

❶ 6.74 ÷ 5

	6.	7	4	÷	5	=				

❷ 9.08 ÷ 8

	9.	0	8	÷	8	=				

1.135 1.276 1.348 2.091

2. 공책에 세로셈으로 계산한 후, 정답을 로봇에서 찾아 ○표 해 보세요.

62.6 ÷ 5 41.34 ÷ 4 78.09 ÷ 6

10.335 11.41 12.52 13.015 13.62

3. 공책에 알맞은 식을 세워 계산한 후, 정답을 로봇에서 찾아 ○표 해 보세요.

❶ 가격이 같은 스케치북 6개가 모두 9.90유로예요. 스케치북 1개는 얼마일까요?

❷ 가격이 같은 잡지 3권이 모두 9.78유로예요. 잡지 1권은 얼마일까요?

❸ 게임 5개들이 1팩이 56.45유로이고, 책 4권 묶음이 52.24유로예요. 게임 1개와 책 1권의 가격을 합하면 얼마일까요?

❹ 영화표 8장이 94.80유로인데, 할인을 받으면 89.20유로예요. 할인을 받으면 영화표 1장은 가격이 얼마나 더 싸질까요?

0.70 € 1.65 € 2.76 € 3.26 € 11.65 € 24.35 €

4. 아래 글을 읽고 계산한 후, 〈보기〉에서 정답을 찾아 ○표 해 보세요.

❶ 가격이 같은 공책 6권이 모두 15.18유로예요. 공책 1권은 얼마일까요?

2.53 € 1.93 € 2.65 € 4.15 € 3.53 €

❷ 가격이 같은 연필 8자루가 모두 11.60유로예요. 연필 1자루는 얼마일까요?

1.45 € 2.05 € 0.98 € 1.25 € 2.85 €

더 생각해 보아요!

색깔이 같은 책이 또는 연속된 번호의 책이 나란히 있지 않도록 책을 다시 정리해 보세요.

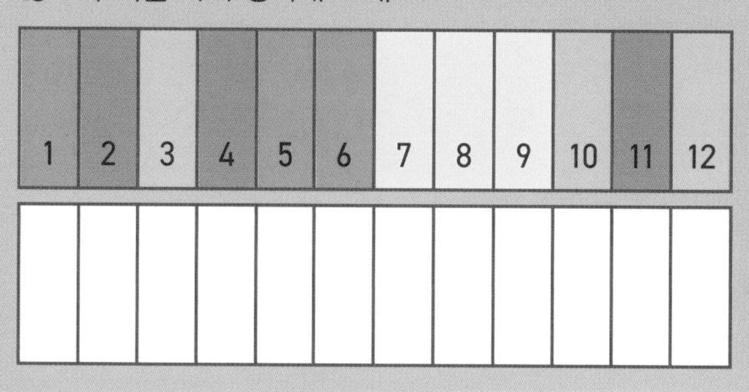

5. 설명에 따라 계산해 보세요. 기계에서 마지막으로 나오는 수는 어떤 수일까요?

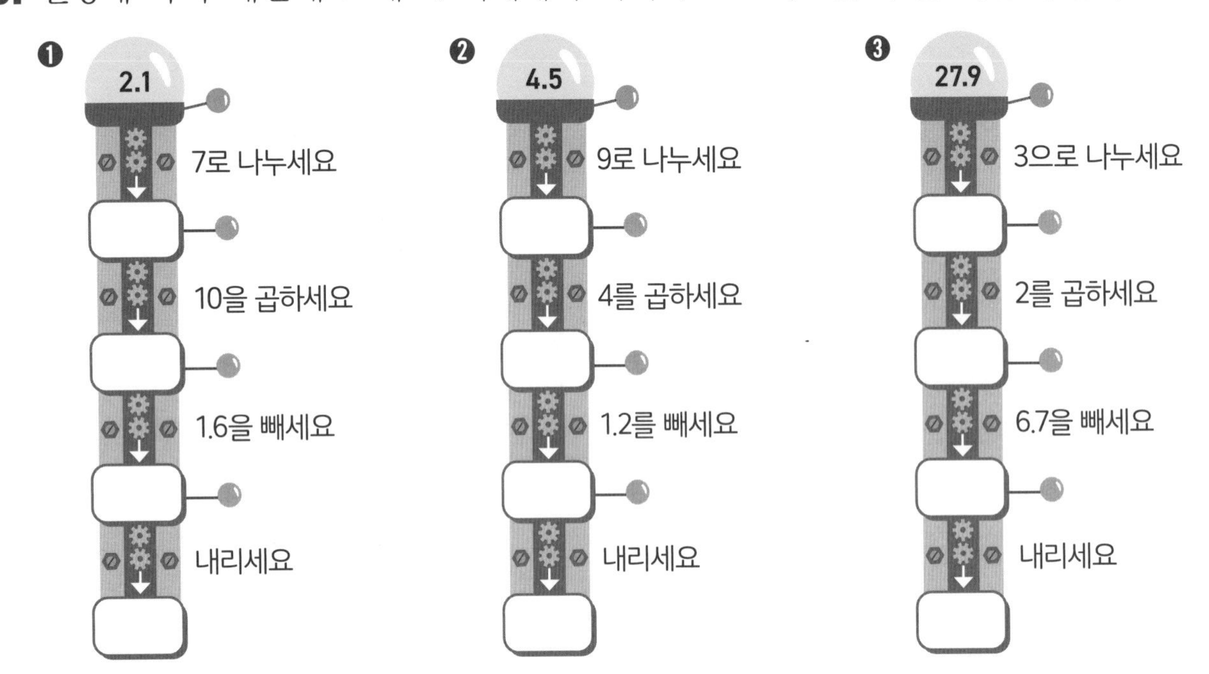

6. 코드를 읽어 보세요.

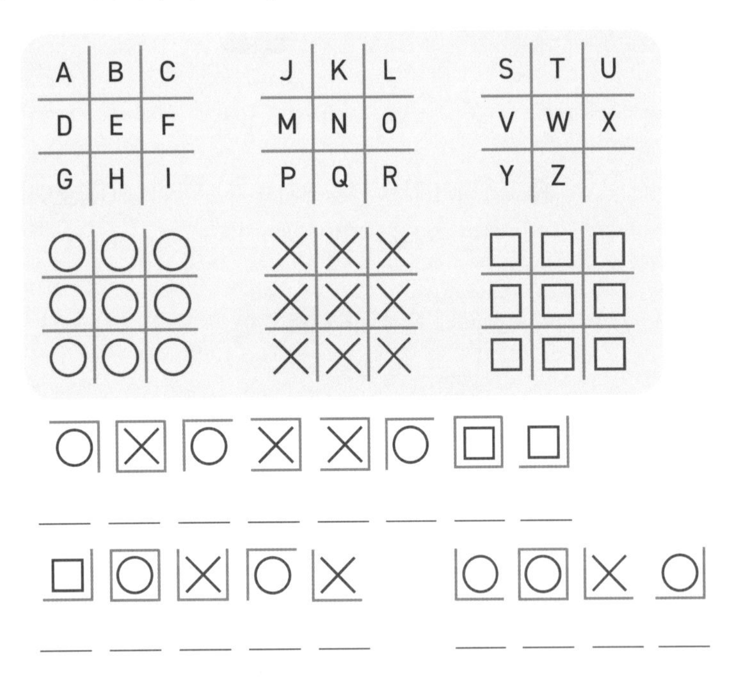

7. 가능한 한 암산해 보세요.

❶ 6.3을 7로 나눈 몫에 2.3을 더하세요. 정답 : ______

❷ 36.8을 4로 나눈 몫에 3.5를 빼세요. 정답 : ______

❸ 120.8을 4로 나눈 몫에서 90.6을 3으로 나눈 몫을 빼세요. 정답 : ______

❹ 6.4를 8로 나눈 몫을 7.8과 11.5의 합에 더하세요. 정답 : ______

8. 질문에 답해 보세요.

❶ 미모사는 어떤 수를 골라서 그 수에 4를 곱한 후 40을 뺐어요. 그리고 8을 4로 나눈 몫을 곱했더니 400이 되었어요. 미모사가 처음에 고른 수는 어떤 수일까요?

정답 : ______________________

❷ 줄스는 어떤 수를 골라서 그 수를 7로 나눈 후 7을 더했어요. 그리고 그 합에 7을 곱했더니 777이 되었어요. 줄스가 처음에 고른 수는 어떤 수일까요?

정답 : ______________________

9. 같은 숫자끼리 선으로 이어 보세요. 단, 선은 가로와 세로로만 움직일 수 있고, 같은 칸을 두 번 지나갈 수 없으며, 선이 교차하면 안 돼요.

<보기>

1		2	3
1			
2		3	

■	■				5				■	■
									■	■
1		■	■		■	4				
	3			■			3			
			4		■	5			■	2
■									■	
■	2							1	■	

한 번 더 연습해요!

1. 공책에 세로셈으로 계산해 보세요.

8.76 ÷ 6 9.42 ÷ 4 62.7 ÷ 5

2. 아래 글을 읽고 공책에 알맞은 식을 세워 답을 구해 보세요.

❶ 가격이 같은 공책 4권이 모두 7.44유로예요. 공책 1권은 얼마일까요?

____

❷ 책 3권 묶음이 76.05유로인데, 할인을 받으면 60.75유로예요. 할인을 받으면 책 1권의 가격이 평균 얼마나 더 저렴해질까요?

____

_____월 _____일 _____요일

9 몫의 반올림

소수의 반올림

일의 자리까지 반올림한다면
소수 첫째 자리를 살펴보세요.

4.7 ≈ 5
33.21 ≈ 33

소수 첫째 자리까지 반올림한다면
소수 둘째 자리를 살펴보세요.

9.35 ≈ 9.4
16.746 ≈ 16.7

소수 둘째 자리까지 반올림한다면
소수 셋째 자리를 살펴보세요.

12.172 ≈ 12.17
0.299 ≈ 0.30

- 0, 1, 2, 3, 4와 같은 수는 반올림할 경우 버려요.
- 5, 6, 7, 8, 9와 같은 수는 반올림할 경우 올려요.
- 반올림한 결과는 '거의 같음'이라는 뜻의 기호 ≈를 써요.

**미나는 8년 동안 사이클을 총 73.2km 탔어요.
미나는 하루에 평균 몇 km를 탔을까요?
일의 자리까지 반올림해 보세요.**

73.2km ÷ 8

	7	3.	2	÷	8	=	9.	1	5
-	7	2	x						
		1	2						
	-		8						
			4	0					
		-	4	0					
				0					

정답 : 9.15km ≈ 9km

1. 다음 소수를 반올림하여 주어진 자리까지 나타내 보세요.

❶ 일의 자리

64.6 ≈ ________

303.2 ≈ ________

78.99 ≈ ________

❷ 소수 첫째 자리

55.32 ≈ ________

267.85 ≈ ________

91.433 ≈ ________

❸ 소수 둘째 자리

74.115 ≈ ________

116.237 ≈ ________

93.782 ≈ ________

2. 세로셈으로 계산하여 소수 둘째 자리까지 반올림한 후, 정답을 로봇에서 찾아 ○표 해 보세요.

❶ 7.78 ÷ 4

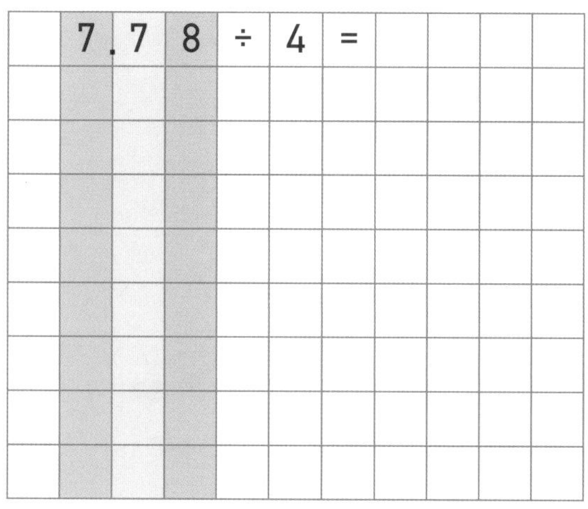

❷ 19.422 ÷ 6

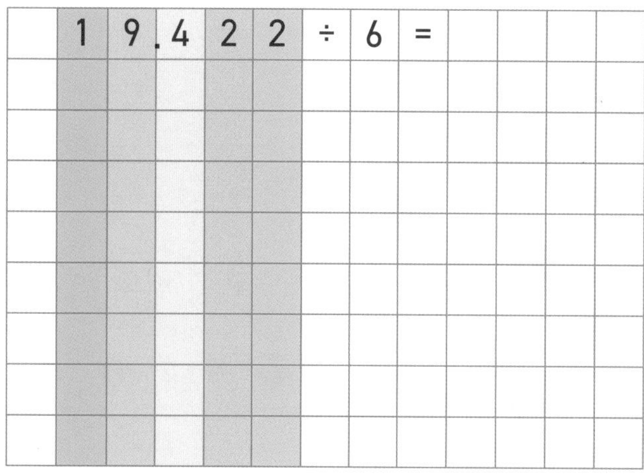

1.95 2.15 3.24 3.87

3. 공책에 세로셈으로 계산하여 소수 첫째 자리까지 반올림한 후, 정답을 로봇에서 찾아 ○표 해 보세요.

❶ 개 7마리의 무게를 모두 합하면 65.73kg이에요. 1마리의 평균 무게는 얼마일까요?

______

❷ 개 6마리의 무게를 모두 합하면 69.9kg이에요. 1마리의 평균 무게는 얼마일까요?

______

❸ 카일라는 5일 동안 롤러스케이트를 67.1km 탔어요. 카일라는 롤러스케이트를 하루에 평균 몇 km를 탔을까요?

______

❹ 월트는 4일 동안 25.7km를 달렸어요. 월트는 하루에 평균 몇 km를 달렸을까요?

______

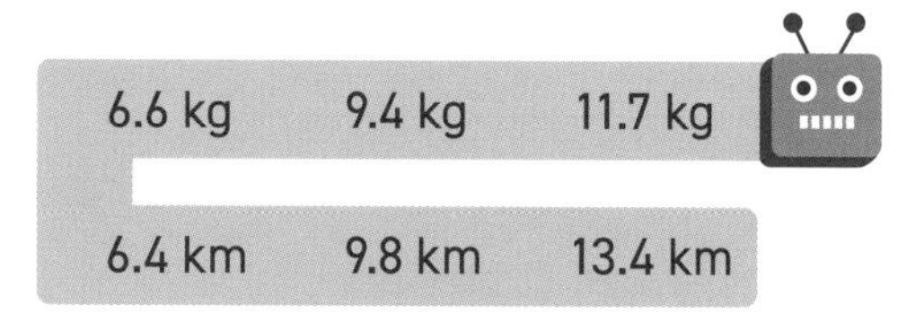

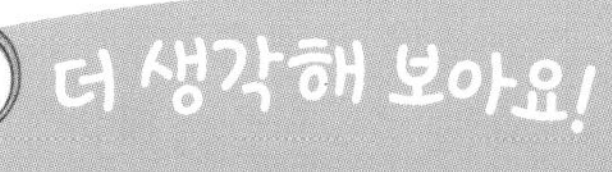

개 3마리의 몸무게를 합하면 39kg이에요. 검은색 개가 가장 무겁고, 갈색 개와 흰색 개의 무게를 합하면 16.5kg이에요. 흰색 개의 무게는 갈색 개의 $\frac{1}{4}$이에요. 개들은 각각 몇 kg일까요?

검은색 개: ______

갈색 개: ______ 흰색 개: ______

4. 카드를 모두 이용하여 아래 조건을 만족하는 소수를 만들어 보세요.

❶ 가장 큰 소수 ________

❷ 가장 작은 소수 ________

❸ 1에 가장 가까운 소수 ________

❹ 7에 가장 가까운 소수 ________

.	0	1	5	7

5. 그림이 들어간 식을 보고 그림의 값을 구해 보세요.

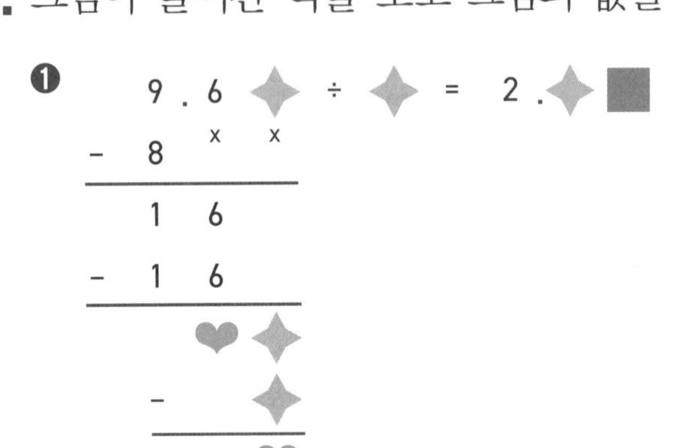

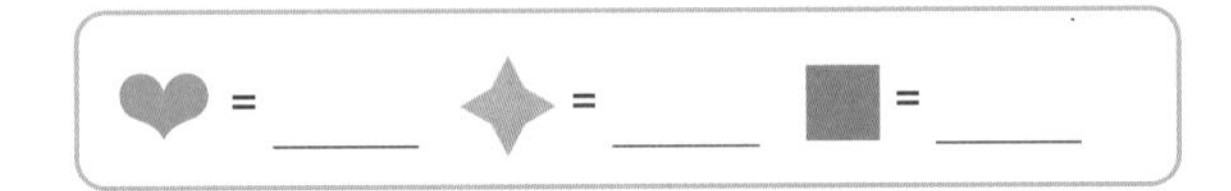

6. 빨간 블록 X가 도착지로 나올 수 있도록 블록을 움직여 길을 만들어 보세요. 단, 화살표 방향으로만 블록을 움직일 수 있어요. 블록의 이동을 A → 3(블록 A를 오른쪽으로 3칸 움직임)과 같은 형식으로 나타내어 보세요.

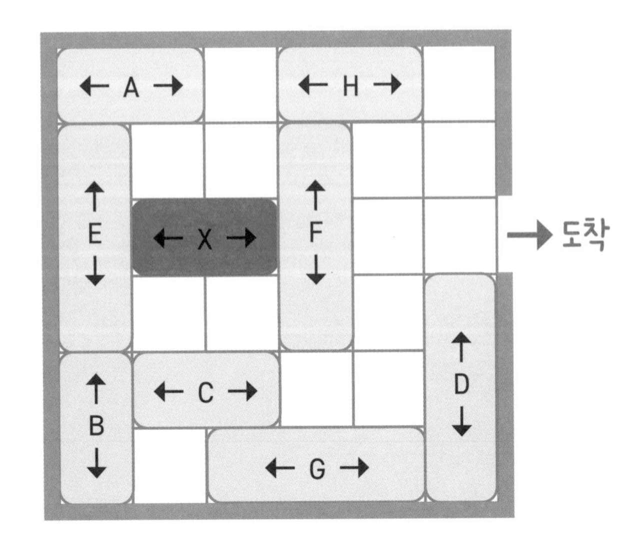

블록의 이동:

7. 아래 저울을 보고 그림의 값을 구해 보세요. 저울은 모두 수평을 이루어요.

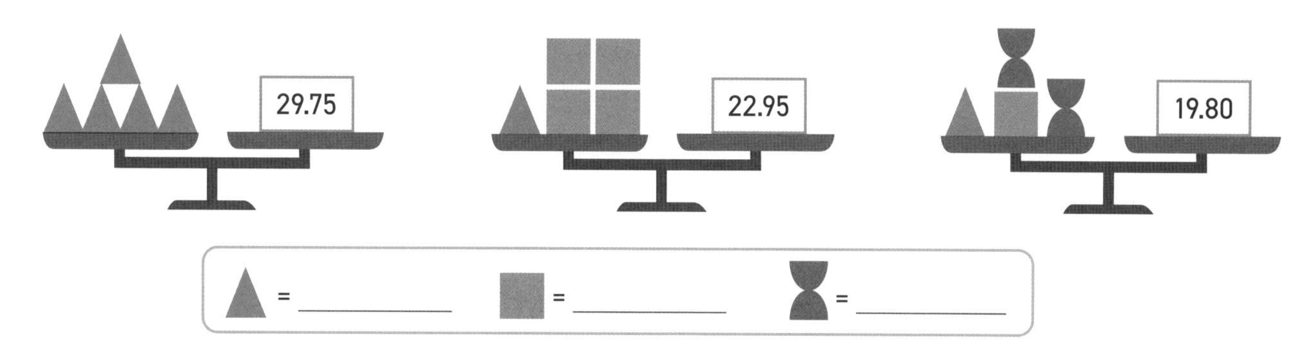

= ______ = ______ = ______

8. 공이 몇 개인지 알아맞혀 보세요.

빨간 공, 파란 공, 노란 공을 모두 합하면 215개예요. 파란 공은 빨간 공보다 2배 더 많고, 노란 공은 빨간 공보다 5개 적어요.

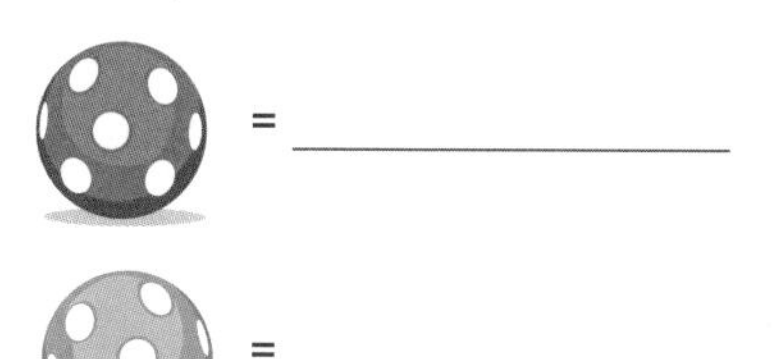

= ______

= ______

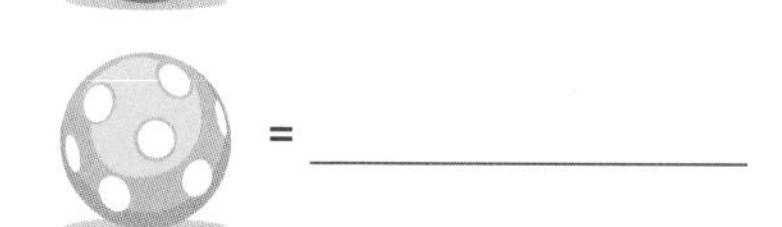

= ______

한 번 더 연습해요!

1. 아래 소수를 반올림하여 주어진 자리까지 나타내 보세요.

❶ 일의 자리

29.6 ≈ ______

114.1 ≈ ______

53.54 ≈ ______

❷ 소수 첫째 자리

66.12 ≈ ______

149.38 ≈ ______

90.771 ≈ ______

❸ 소수 둘째 자리

20.444 ≈ ______

420.339 ≈ ______

82.015 ≈ ______

2. 공책에 세로셈으로 계산하여 소수 첫째 자리까지 반올림해 보세요.

❶ 개 5마리의 무게를 모두 합하면 55.9kg이에요. 1마리의 평균 무게는 얼마일까요?

______

❷ 윌은 6일 동안 사이클을 49.38km 탔어요. 윌은 사이클을 하루에 평균 몇 km를 탔을까요?

______

연습 문제

____ 월 ____ 일 ____ 요일

1. 계산해 보세요.

$1.6 \div 4 =$ ______	$5.6 \div 7 =$ ______	$0.35 \div 7 =$ ______
$2.1 \div 3 =$ ______	$3.2 \div 8 =$ ______	$0.36 \div 4 =$ ______
$2.8 \div 4 =$ ______	$0.18 \div 9 =$ ______	$0.42 \div 6 =$ ______
$4.5 \div 5 =$ ______	$0.24 \div 4 =$ ______	$0.63 \div 7 =$ ______

2. 자연수와 소수 부분을 나누어 계산한 후, 정답을 로봇에서 찾아 ○표 해 보세요.

$\frac{24.8}{4} =$ ______________________

$\frac{36.6}{6} =$ ______________________

$\frac{160.6}{2} =$ ______________________

$\frac{32.16}{4} =$ ______________________

$\frac{25.15}{5} =$ ______________________

$\frac{800.48}{8} =$ ______________________

3. 부분으로 분해하여 나눗셈을 계산한 후,
정답을 로봇에서 찾아 ○표 해 보세요.

$\frac{19.8}{3} =$ ______________________

$\frac{45.5}{7} =$ ______________________

$\frac{43.2}{8} =$ ______________________

$\frac{56.4}{6} =$ ______________________

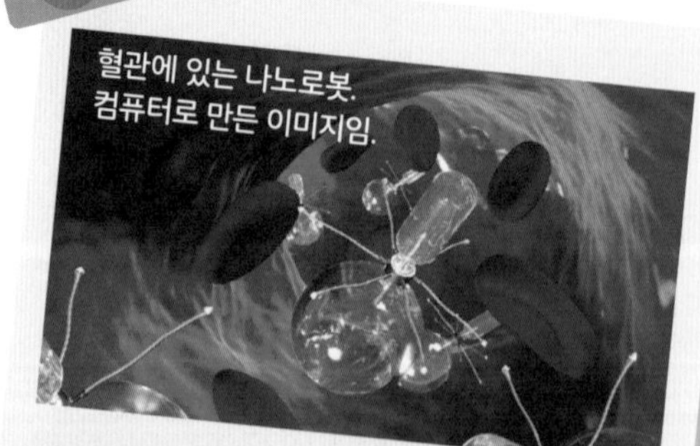

혈관에 있는 나노로봇.
컴퓨터로 만든 이미지임.

나노는 십억분의 1, 즉 0.000000001을 의미해요. 나노 기술은 크기가 나노이거나 두께가 머리카락의 $\frac{1}{10000}$인 장비, 재료, 구조물을 이용하는 기술이에요.

4.3 5.03 5.4 6.1 6.2 6.5 6.6 8.04 9.4 80.3 100.06 110.16

4. 공책에 나눗셈식을 세우고 답을 구한 후, 정답을 로봇에서 찾아 ○표 해 보세요.

❶ 콜린은 게임을 5판 하는 동안 37.5점을 득점했어요. 콜린은 1판에 평균 몇 점을 득점했을까요?

❷ 앤은 게임을 4판 하는 동안 30.4점을 득점했어요. 앤은 1판에 평균 몇 점을 득점했을까요?

❸ 게임을 하는 동안 아이들 5명이 득점한 점수는 총 63.4점이에요. 아이 1명당 추가로 6.3점을 얻었어요. 아이 1명의 평균 점수는 몇 점일까요?

❹ 키티는 게임을 6판 하는 동안 46.5점을, 랜스는 37.5점을 득점했어요. 키티는 1판에 랜스보다 평균 몇 점을 더 득점했을까요?

5. 공책에 세로셈으로 계산하여 소수 둘째 자리까지 반올림한 후, 정답을 로봇에서 찾아 ○표 해 보세요.

❶ 메이는 다이빙 대회에서 4회 점프하여 총 37.748점을 득점했어요. 1회 점프할 때 메이의 평균 점수는 몇 점일까요?

❷ 사마라는 다이빙 대회에서 6회 점프하여 총 91.11점을 득점했어요. 1회 점프할 때 사마라의 평균 점수는 몇 점일까요?

1.5　3.66　7.5　7.6　9.44　12.9　15.19　18.98

더 생각해 보아요!

가로줄과 세로줄에 각각 1~4까지의 숫자와 보라, 노랑, 빨강, 파랑의 색깔이 한 번씩 들어가도록 빈칸을 채워 보세요.

1			
	2		
		3	
	4		

6. 값이 더 큰 방향을 따라가며 길을 찾아보세요. 길 위의 알파벳을 모으면 알렉이 본 곤충이 무엇인지 알 수 있어요.

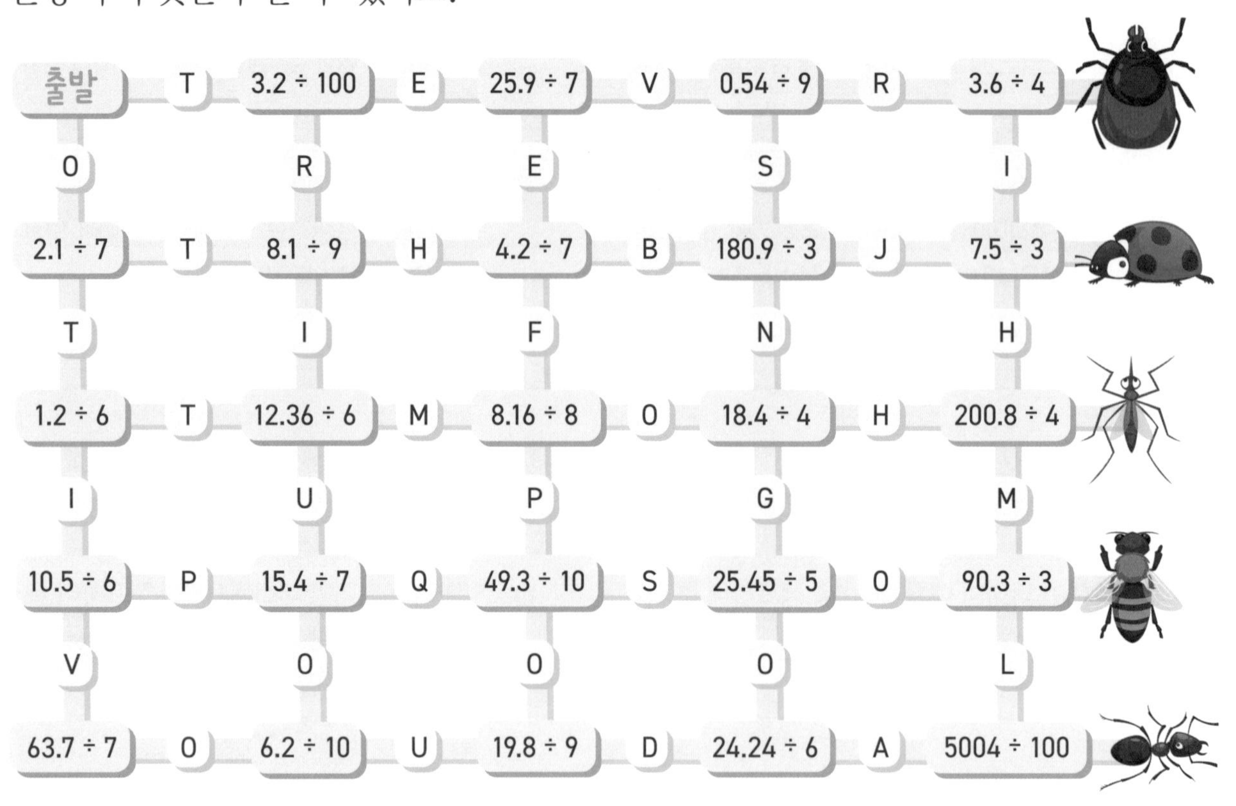

알렉이 본 곤충 : ______________________

7. 아래 글을 읽고 아이들의 이름과 용돈의 액수, 저축하는 이유를 알아맞혀 보세요.

이름	________	________	________	________
용돈	________	________	________	________
저축하는 이유	________	________	________	________

- 벨라는 자전거를 사려고 저축해요.
- 여행 경비를 저축하는 아이가 용돈을 가장 많이 받아요.
- 윌은 빌리보다 용돈이 4유로 더 적어요.
- 벨라와 빌리는 나란히 있어요.
- 새 휴대 전화를 사려고 저축하는 아이는 오른쪽 끝에 있어요.
- 벨라의 용돈은 빌리 용돈의 절반이에요.
- 윌은 새 운동화를 사려고 저축해요.
- 벨라는 4주 동안 자신의 용돈을 모아 20유로를 저축했어요.
- 에이미는 벨라보다 용돈이 2.50유로 더 많아요.
- 가장 용돈이 적은 아이는 왼쪽 끝에 있어요.

8. 같은 숫자끼리 선으로 이어 보세요. 단, 선은 가로와 세로로만 움직일 수 있고, 같은 칸을 두 번 지나갈 수 없으며, 선이 교차하면 안 돼요.

<보기>

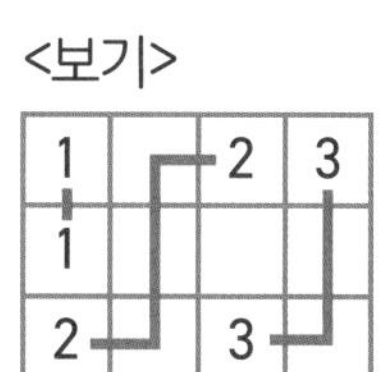

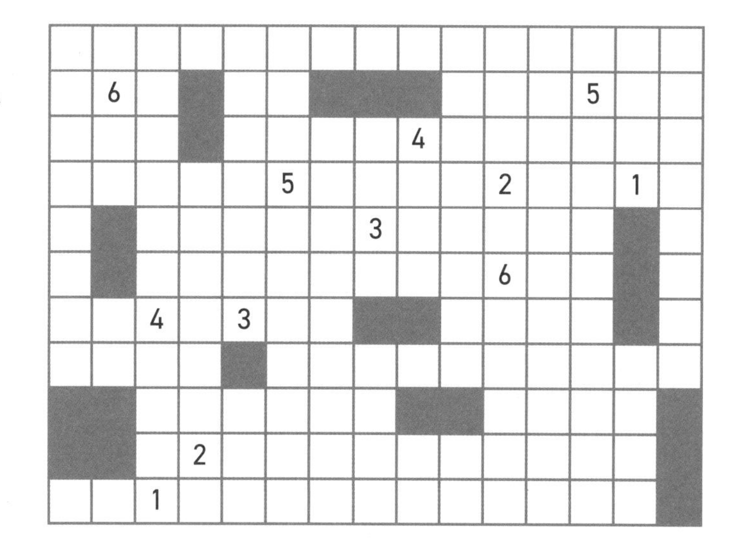

9. 〈보기〉 안의 수를 모두 한 번씩 배열하여 같은 색 선으로 이어진 세 칸의 합이 주어진 수가 되도록 만들어 보세요.

<보기>

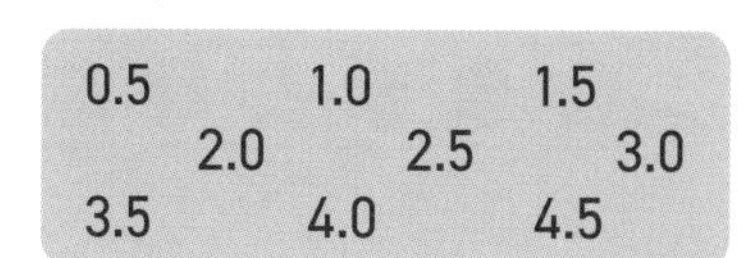
0.5 1.0 1.5 2.0 2.5 3.0 3.5 4.0 4.5

❶ 7.5

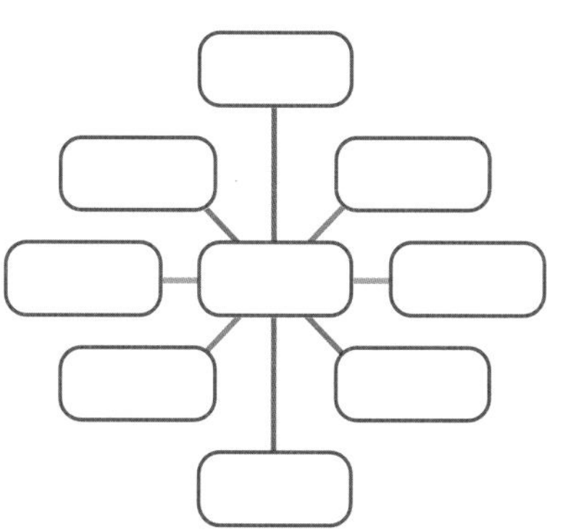

❷ 6.0

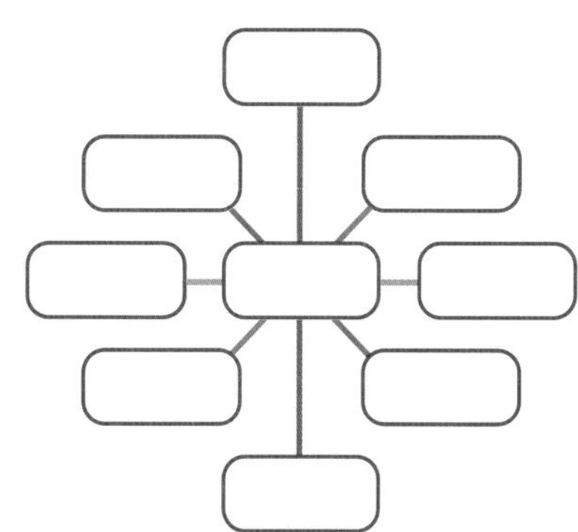

❸ 9.0

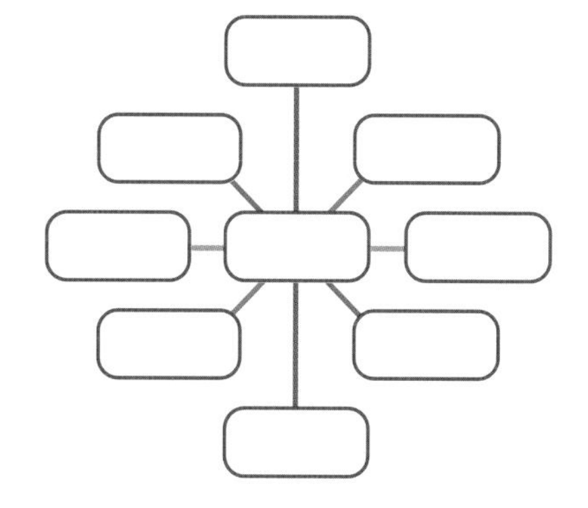

한 번 더 연습해요!

1. 계산해 보세요.

4.8 ÷ 6 = ________ 0.42 ÷ 7 = ________ 0.81 ÷ 9 = ________

2. 공책에 세로셈으로 계산하여 소수 첫째 자리까지 반올림해 보세요.

❶ 설리번은 게임을 5판 하는 동안 38.05점을 득점했어요. 설리번은 1판에 평균 몇 점을 득점했을까요?

____

❷ 시빌은 게임을 6판 하는 동안 65.7점을 득점했어요. 시빌은 1판에 평균 몇 점을 득점했을까요?

____

10. 〈보기〉와 같은 모양을 찾아 색칠해 보세요. 모양을 다른 방향으로 돌려도 좋아요. 단, 겹치면 안 돼요. 〈보기〉와 같은 모양을 5개 찾아보세요.

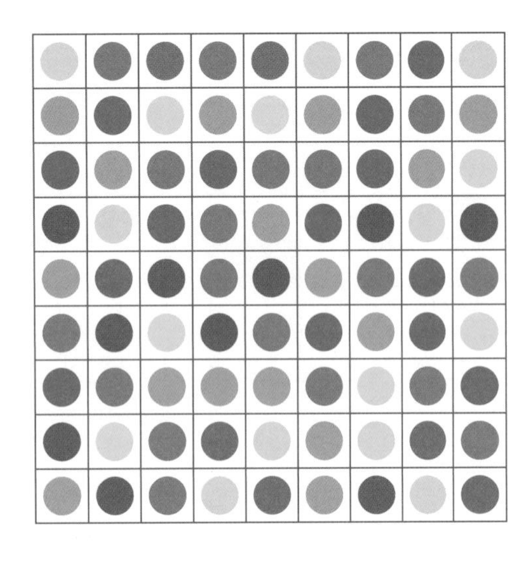

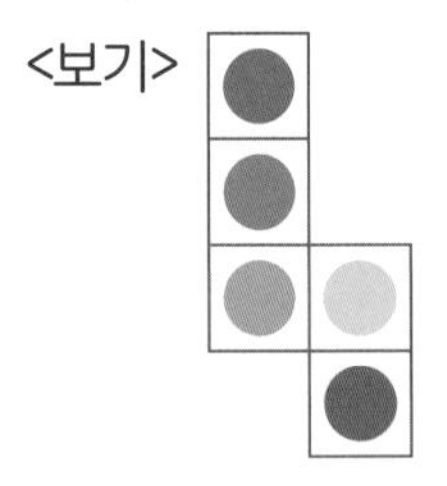

여러분은 몇 개를 찾았나요? ______________

11. 아래 글을 읽고 공책에 알맞은 식을 세워 답을 구해 보세요.

❶ 길이가 2.4m인 널빤지가 있어요. 널빤지를 두 부분으로 잘랐는데, 한쪽이 다른 쪽보다 3배 더 길어요. 널빤지의 길이는 각각 얼마일까요?

____

❷ 길이가 4.5m인 막대가 있어요. 막대를 두 부분으로 잘랐는데, 한쪽이 다른 쪽보다 4배 더 길어요. 자른 막대의 길이는 각각 얼마일까요?

____

12. 아래 톱니를 살펴보세요. 화살표가 모두 위쪽을 향하려면 노란색 톱니바퀴는 적어도 몇 바퀴를 돌아야 할까요?

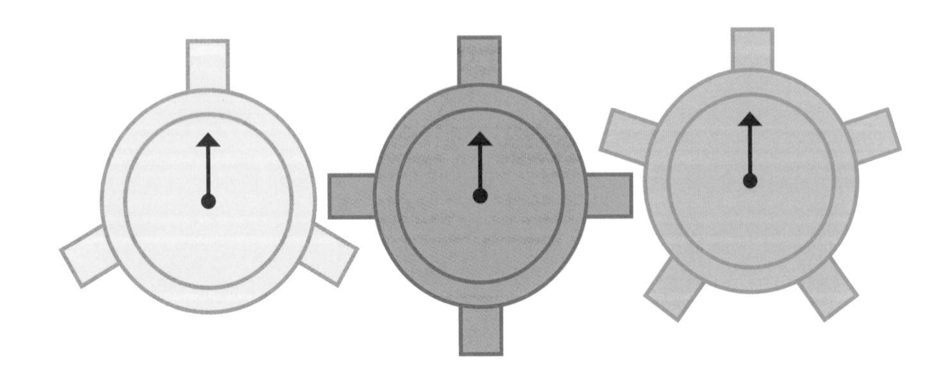

____

13. 오른쪽 칸에 1~25까지의 수를 써넣어 보세요. 단, 가로줄과 세로줄 5칸에 있는 수의 합은 각각 65가 되어야 해요. 이미 써 있는 수는 ○표 되어 있어요.

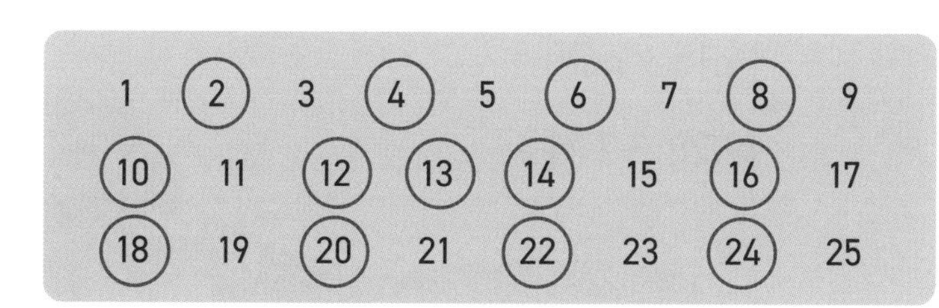

14	20		2	8
10				4
		13		
22				16
18	24		6	12

14. 흰색 바둑판을 서로 닮은 모양 6개로 나누어 보세요.

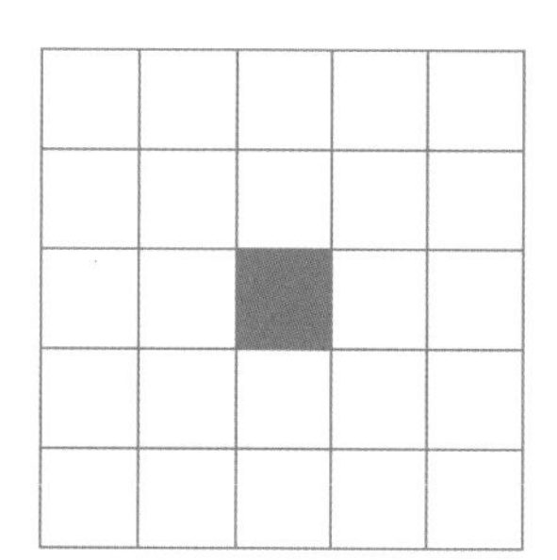

15. 삼각형의 꼭짓점이 오른쪽을 향하도록 공 3개를 움직여 보세요. 옮길 공에 X표 하고 새로운 모양을 만들어 보세요.

한 번 더 연습해요!

1. 계산해 보세요.

3.60 + 2.75 = ______

5.25 - 1.30 = ______

10.45 - 3.70 = ______

22.5 ÷ 10 = ______

6.5 ÷ 100 = ______

24 ÷ 100 = ______

2. 아래 글을 읽고 공책에 알맞은 식을 세워 답을 구해 보세요.

❶ 시빌에게 18.35유로가 있는데, 막대사탕 10개를 샀어요. 막대사탕 1개가 0.29유로라면 시빌에게 남은 돈은 얼마일까요?

______

❷ 비행기표 1장은 172.60유로예요. 비행기표 3장은 얼마일까요?

______

실력을 평가해 봐요!

____ 월 ____ 일 ____ 요일

1. 계산해 보세요.

2.4 + 5.8 = ________

6.55 + 4.60 = ________

3.62 + 2.19 = ________

5.2 × 3 = ________

5.3 × 4 = ________

4.15 × 3 = ________

8.2 − 4.6 = ________

14.15 − 6.25 = ________

19.28 − 7.21 = ________

2. 계산해 보세요.

0.07 × 10 = ________

32.5 ÷ 10 = ________

1.8 ÷ 3 = ________

0.35 ÷ 7 = ________

3. 자연수와 소수 부분을 나누어 계산해 보세요.

$\frac{16.8}{4}$ = ________________________

$\frac{27.24}{3}$ = ________________________

4. 부분으로 분해하여 나눗셈을 계산해 보세요.

$\frac{33.6}{4}$ = ________________________

$\frac{46.9}{7}$ = ________________________

5. 반올림하여 주어진 자리까지 나타내 보세요.

❶ 일의 자리

36.4 ≈ ________

18.5 ≈ ________

❷ 소수 첫째 자리

75.48 ≈ ________

22.93 ≈ ________

❸ 소수 둘째 자리

62.027 ≈ ________

54.925 ≈ ________

6. 세로셈으로 계산해 보세요.

43.9 + 65.28

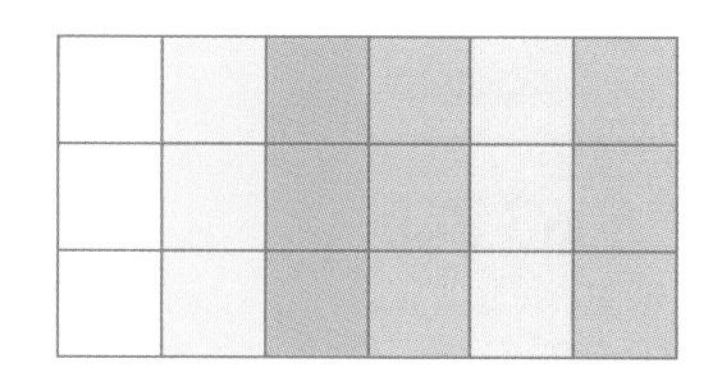

146 - 58.64

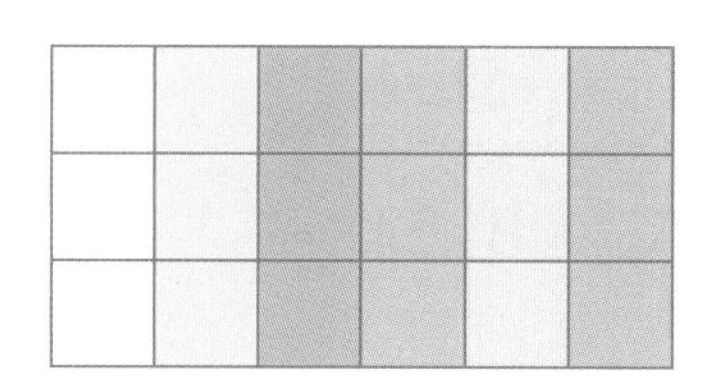

28.07 × 6

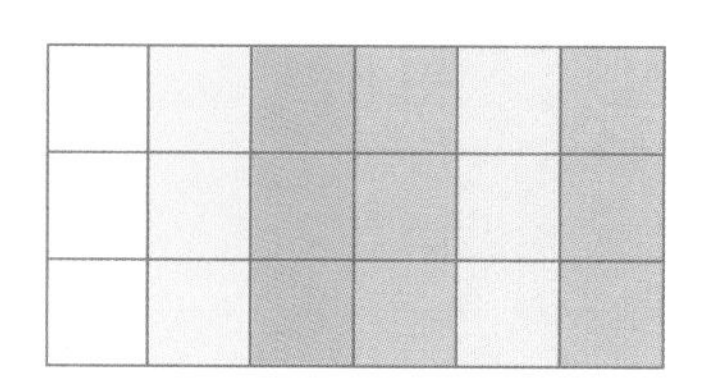

7. 세로셈으로 계산하거나 부분으로 분해하여 답을 구해 보세요.

❶ 게임 4개가 1팩으로 구성되어 있는데, 1팩의 가격은 35.60유로예요. 게임 1개는 얼마일까요?

식 :

정답 :

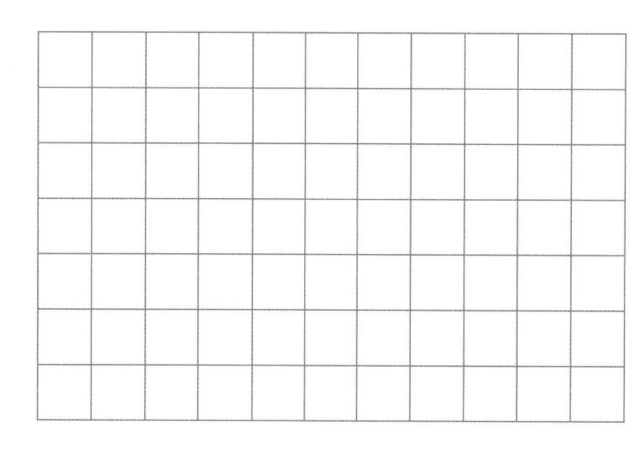

❷ 게임 5판을 하는 동안 아이노는 1판에 평균 38.2점을 득점했어요. 4판까지의 점수 합계가 160.2점이었다면 아이노는 5번째 판에 몇 점을 득점했을까요?

식 :

정답 :

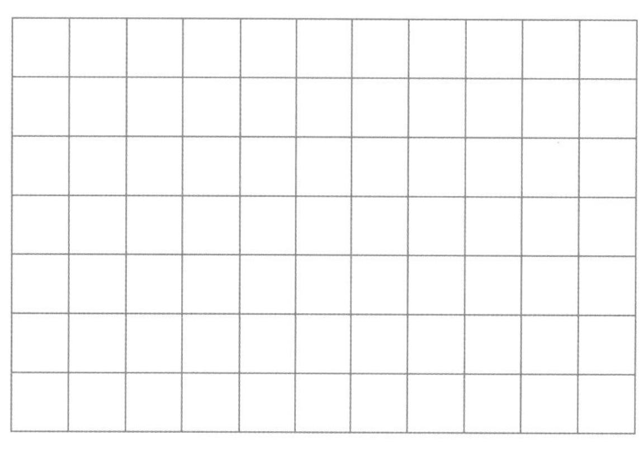

실력이 자란 만큼 별을 색칠하세요.

★★★ 정말 잘했어요.
★★☆ 꽤 잘했어요.
★☆☆ 앞으로 더 노력할게요.

단원 종합 문제

____ 월 ____ 일 ____ 요일

1. 반올림하여 주어진 자리까지 나타내 보세요.

❶ 일의 자리

28.3 ≈ ________

14.5 ≈ ________

❷ 소수 첫째 자리

51.76 ≈ ________

81.54 ≈ ________

❸ 소수 둘째 자리

26.018 ≈ ________

63.845 ≈ ________

2. 계산해 보세요.

4.3 + 2.6 = ________

2.45 + 6.80 = ________

2.73 + 1.09 = ________

9.6 − 3.7 = ________

12.20 − 5.45 = ________

13.19 − 4.20 = ________

2.3 × 4 = ________

3.2 × 5 = ________

2.05 × 3 = ________

3. 계산해 보세요.

8.9 × 10 = ________

3.6 × 100 = ________

21.4 ÷ 10 = ________

135 ÷ 100 = ________

2.1 ÷ 3 = ________

3.5 ÷ 7 = ________

0.28 ÷ 4 = ________

0.40 ÷ 5 = ________

4. 공책에 세로셈으로 계산해 보세요.

75.29 + 28.9

141.65 − 63.08

19.23 × 4

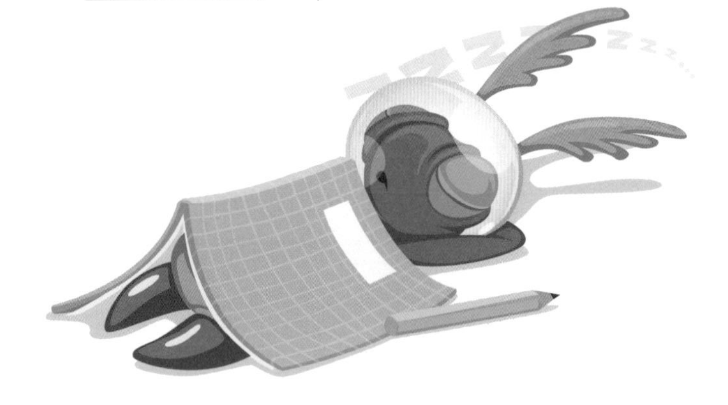

5. 자연수와 소수 부분을 나누어 계산해 보세요.

$\frac{45.5}{5}$ = ________

$\frac{120.18}{6}$ = ________

6. 부분으로 분해하여 나눗셈을 계산해 보세요.

$\frac{22.5}{3}$ = ________

$\frac{39.2}{7}$ = ________

7. 계산해 보세요.

$2.5 + 3.9 - 4.3$

= ____________

= ____________

$3.28 - 1.19 + 5.84$

= ____________

= ____________

$92.75 - 0.80 \times 100$

= ____________

= ____________

$2.7 \div 3 + 4.8 \div 6$

= ____________

= ____________

$6.05 \times 4 - 13.7$

= ____________

= ____________

$5.3 \div 10 + 0.45 \div 9$

= ____________

= ____________

8. 계산해 보세요.

❶ 연필 100자루는 모두 합해서 95유로예요. 연필 5자루는 얼마일까요?

식 : ____________

____

정답 : ____________

❷ 길이가 0.72m인 막대가 있는데, 8부분으로 똑같이 잘랐어요. 자른 막대 3개의 길이는 얼마일까요?

식 : ____________

____

정답 : ____________

9. 아래 글을 읽고 공책에 알맞은 식을 세워 답을 구해 보세요.

❶ 아놀드에게 57.25유로가 있는데, 영화표 4장을 샀어요. 영화표 1장은 7.20유로예요. 아놀드에게 남은 돈은 얼마일까요?

____

❷ 롤 5개들이 봉지 1개는 7.25유로이고, 8개들이 봉지 1개는 10.56유로예요. 8개들이 봉지에 있는 롤 1개가 5개들이 봉지에 있는 롤 1개보다 가격이 얼마나 더 저렴할까요?

____

10. 계산해 보세요.

$3.2 \times 10 - 5.6 \div 8$

= ______________

= ______________

$6.3 \div 9 + 4.5 \div 10$

= ______________

= ______________

$5.5 \times 8 - 7.5 \times 3$

= ______________

= ______________

$5.4 \div 9 + 0.27 \div 3$

= ______________

= ______________

$4.15 \times 3 + 0.81 \div 9$

= ______________

= ______________

$0.84 \times 100 - 12.6 \times 2$

= ______________

= ______________

11. 아래 글을 읽고 공책에 알맞은 식을 세워 계산해 보세요.

❶ 롤 100개는 195유로이고, 도넛 10개는 11유로예요. 롤 9개와 도넛 7개는 모두 얼마일까요?

____

❷ 4일 동안 줄스는 사이클을 총 38.8km 탔고, 아리는 총 19.6km 탔어요. 줄스는 아리보다 하루 평균 몇 km를 더 탔을까요?

____

❸ 같은 종류의 플로어볼 스틱 6개가 보통 479.40유로인데, 할인을 받으면 411유로예요. 할인을 받으면 스틱 1개의 가격은 평균 얼마 더 저렴해질까요?

____

❹ 블루베리 22.8kg과 딸기 27.5kg이 있어요. 블루베리를 상자 4개에, 딸기를 상자 5개에 나누어 담았어요. 상자 1개에 블루베리는 딸기보다 평균 몇 kg 더 많을까요?

____

12. 아래 글을 읽고 공책에 알맞은 식을 세워 계산해 보세요.

❶ 4.5m 길이의 리본이 있어요. 리본을 3부분으로 잘랐는데, 3번째 부분이 1번째와 2번째 부분을 합한 길이보다 4배 더 길어요. 3번째 부분은 길이가 얼마일까요?

____

❷ 길이가 3.75m인 나무판이 있는데, 3부분으로 잘랐어요. 2번째 부분이 3번째 부분보다 길이가 더 길었어요. 그리고 2번째 부분과 3번째 부분의 길이 차이만큼 1번째 부분이 2번째 부분보다 길었어요. 가장 긴 부분은 길이가 얼마일까요?

____

____월 ____일 ____요일

★ 소수의 덧셈, 뺄셈, 곱셈

$7.85 + 4.60$
$= 7 + 0.85 + 4 + 0.60$
$= 11 + 1.45$
$= 12.45$

$16.25 - 4.60$
$= 16.25 - 4 - 0.60$
$= 12.25 - 0.25 - 0.35$
$= 12 - 0.35 = 11.65$

5.24×4
$= 5 \times 4 + 0.24 \times 4$
$= 20 + 0.96$
$= 20.96$

★ 소수의 덧셈, 뺄셈, 곱셈을 세로셈으로 계산하기

$7.85 + 4.60$

			1	
		7.	8	5
+		4.	6	0
	1	2.	4	5

$16.25 - 4.60$

		5	10	
	1	~~6~~.	2	5
−		4.	6	0
	1	1.	6	5

5.24×4

			1	
		5.	2	4
×				4
	2	0.	9	6

★ 소수에 10과 100 곱하기

$0.85 \times 10 = 8.5$ $4.2 \times 100 = 420$ $7 \div 10 = 0.7$ $25 \div 100 = 0.25$

★ 소수와 자연수의 나눗셈

1. 나누어지는 수에 10이나 100을 곱하세요.
2. 나눗셈을 계산하세요.
3. 결과를 10이나 100으로 나누세요.

$3.2 \div 4$
$3.2 \times 10 = 32$
$32 \div 4 = 8$
$8 \div 10 = 0.8$

$0.24 \div 6$
$0.24 \times 100 = 24$
$24 \div 6 = 4$
$4 \div 100 = 0.04$

★ 부분으로 나누어 나눗셈하기

$\frac{160.36}{4} = \frac{160}{4} + \frac{0.36}{4} = 40 + 0.09 = 40.09$

★ 분해하여 나눗셈하기

$\frac{16.1}{7} = \frac{14}{7} + \frac{2.1}{7} = 2 + 0.3 = 2.3$

★ 세로셈으로 나눗셈하기

$22.8 \div 3$

	2	2.	8	÷	3	=	7.	6
−	2	1	×					
		1	8					
	−	1	8					
			0					

★ 몫의 반올림

- 일의 자리까지 반올림한다면 소수 첫째 자리를 살펴보세요.
- 소수 첫째 자리까지 반올림한다면 소수 둘째 자리를 살펴보세요.
- 소수 둘째 자리까지 반올림한다면 소수 셋째 자리를 살펴보세요.

<반올림하는 방법>

- 0, 1, 2, 3, 4와 같은 수는 반올림할 경우 버려요.
- 5, 6, 7, 8, 9와 같은 수는 반올림할 경우 올려요.
- 반올림한 결과는 '거의 같음'이라는 뜻의 기호 ≈를 써요.

$4.7 \approx 5$
$9.35 \approx 9.4$
$2.172 \approx 2.17$

학습 자가 진단

학습 태도

	그렇지 못해요.	때때로 그래요.	자주 그래요.	항상 그래요.
수업 시간에 적극적이에요.	□	□	□	□
학습에 집중해요.	□	□	□	□
친구들과 협동해요.	□	□	□	□
숙제를 잘해요.	□	□	□	□

학습 목표

학습하면서 만족스러웠던 부분은 무엇인가요?

어떻게 실력을 향상할 수 있었나요?

___

___

___

학습 성과

	아직 익숙하지 않아요.	연습이 더 필요해요.	괜찮아요.	꽤 잘해요.	정말 잘해요.
• 소수의 덧셈과 뺄셈을 이해할 수 있어요.	○	○	○	○	○
• 소수의 덧셈과 뺄셈을 세로셈으로 계산할 수 있어요.	○	○	○	○	○
• 소수를 자연수로 나눌 수 있어요.	○	○	○	○	○
• 소수의 나눗셈을 세로셈으로 계산할 수 있어요.	○	○	○	○	○
• 소수를 반올림할 수 있어요.	○	○	○	○	○

이번 단원에서 가장 쉬웠던 부분은 ______________________________ 예요.

이번 단원에서 가장 어려웠던 부분은 ______________________________ 예요.

____월 ____일 ____요일

파티 계획 세우기

친구와 함께 10명을 위한 파티를 계획해 보세요. 파티의 테마, 장식, 음식과 음료, 그리고 프로그램까지 생각해 보세요. 파티 비용을 계산해 보고 필요한 정보를 인터넷에서 찾아보세요.

파티의 테마

____

장식

장식물의 종류와 가격을 비교해 보고 테마에 잘 맞는 장식물을 선택하세요.

장식물	비용

장식물 총비용: ________________

음식과 음료

손님에게 접대할 3가지 음식과 음료를 생각해 보세요. 직접 음식을 준비할 거라면 재료의 총비용을 계산하세요.

음식과 음료	비용

음식과 음료 총비용: ________________

프로그램

함께 즐길 프로그램을 2가지 준비해 보세요.

프로그램	비용

프로그램 총비용: ________________

파티 총비용: ________________

도형의 넓이

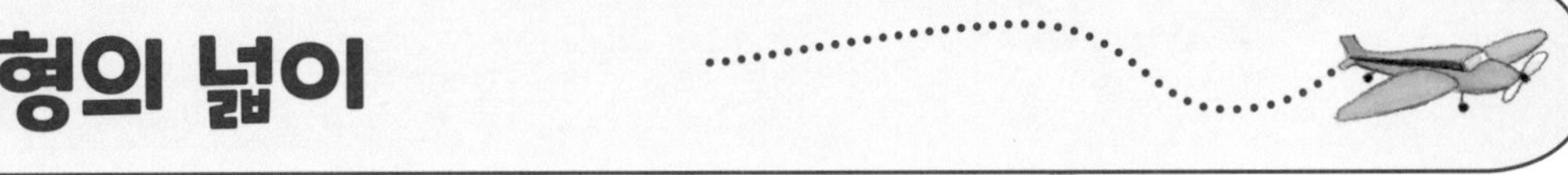

• 넓이는 도형의 크기를 말해요.

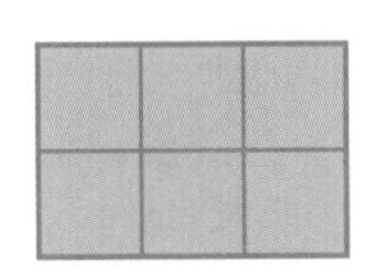

이 도형의 넓이는 같은 크기의 칸 6개예요.
따라서 넓이 = 6칸이라고 할 수 있어요.

넓이의 단위 1cm²

• 1칸의 한 변이 1cm일 때 그 칸의 넓이는 $1cm^2$예요.
• $1cm^2$는 넓이의 단위로 쓰여요.

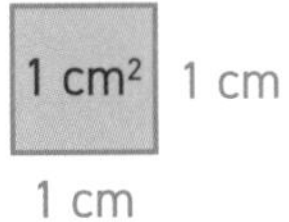

$1cm^2$는 '일 제곱센티미터'라고 읽어요.

<예시>

1 cm²

이 도형의 넓이는 $1cm^2$예요.

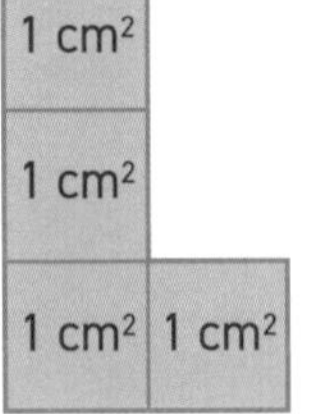

이 도형이 넓이는 $4cm^2$예요.

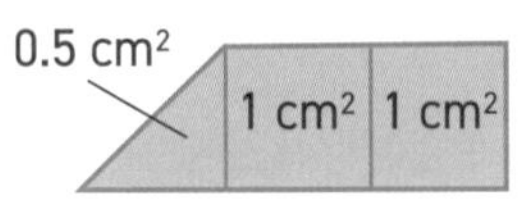

이 도형의 넓이는 $2.5cm^2$예요.

1. 아래 도형의 넓이는 몇 cm^2일까요? 정답을 로봇에서 찾아 ○표 해 보세요.

❶

1 cm²	1 cm²
1 cm²	1 cm²

____

❷

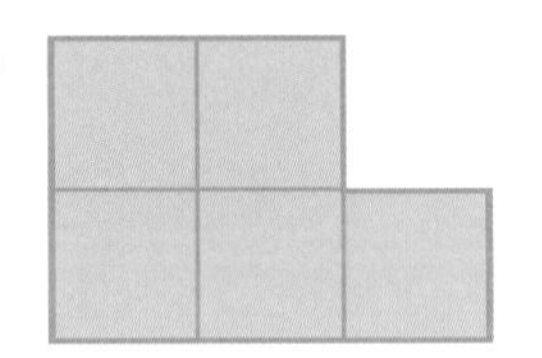

____

❸

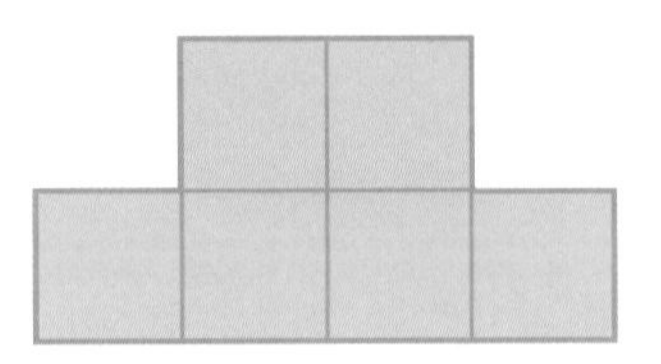

____

❹

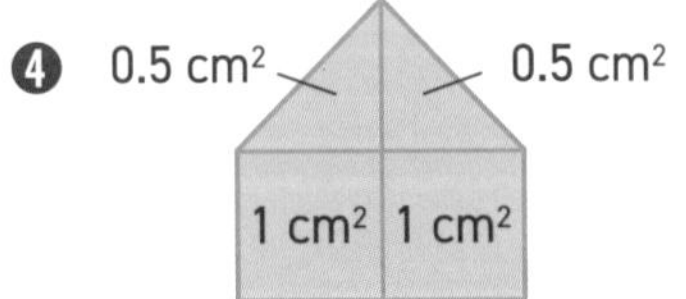

____

❺

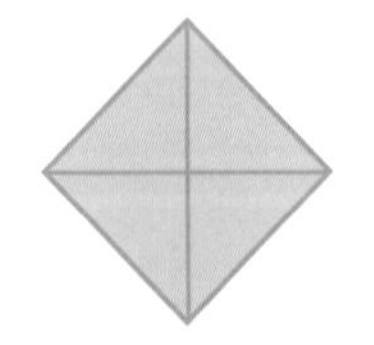

____

❻

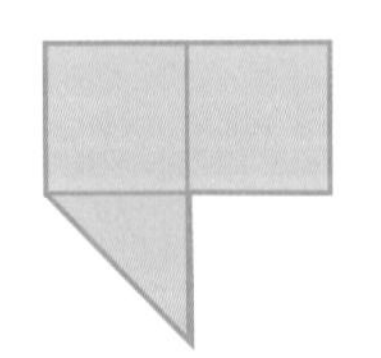

____

2 cm² 2.5 cm² 3 cm² 3.5 cm² 4 cm² 5 cm² 6 cm² 7 cm²

2. 넓이가 아래와 같은 도형을 그려 보세요.

❶ $6cm^2$

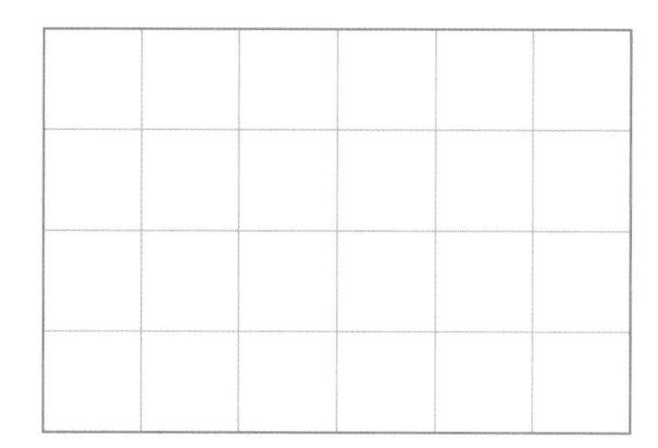

❷ $11cm^2$

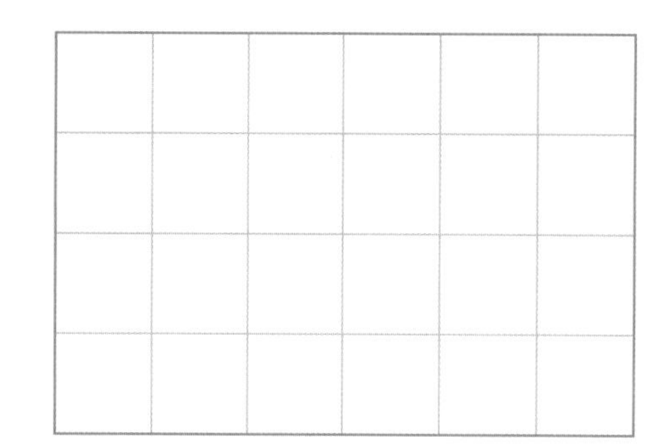

3. 아래 조건에 맞는 도형을 그려 보세요.

❶ 넓이가 $9cm^2$인 정사각형

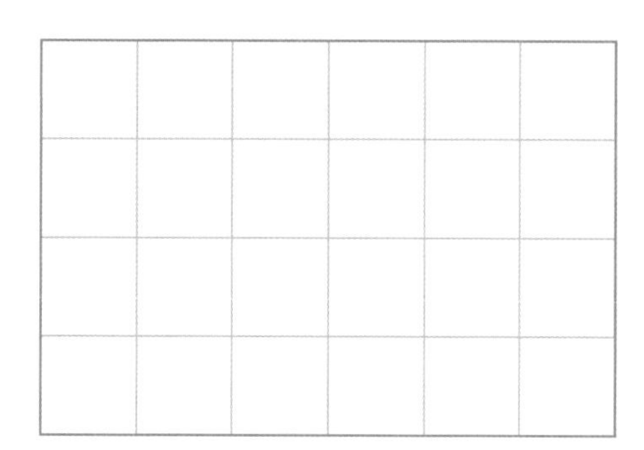

❷ 넓이가 $12cm^2$인 직사각형

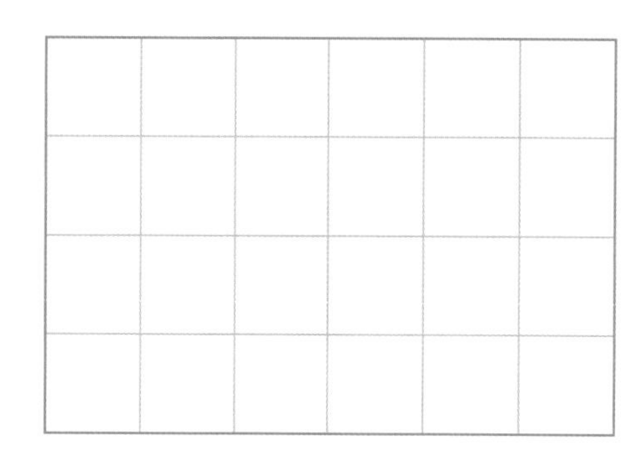

❸ 넓이가 $2cm^2$인 직각삼각형

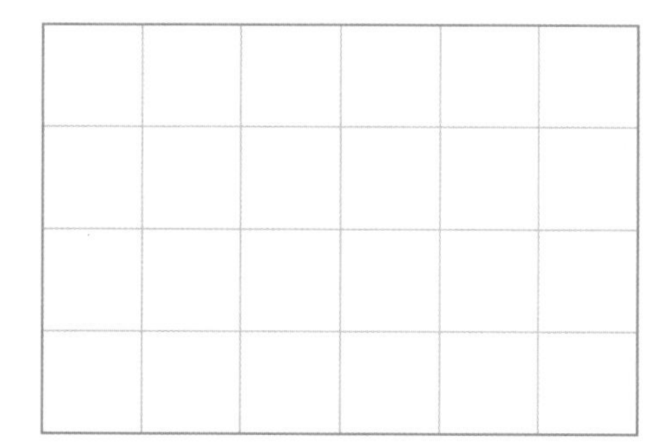

❹ 넓이가 $16cm^2$인 육각형

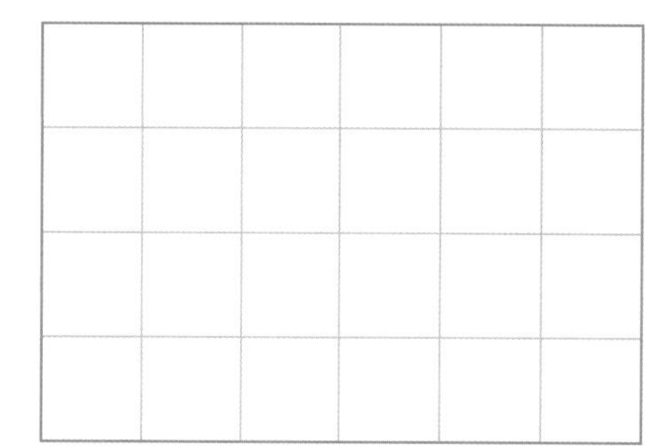

더 생각해 보아요!

넓이가 $1cm^2$인 정사각형의 가로와 세로를 각각 8배씩 확대했어요. 확대된 넓이는 $1cm^2$인 칸이 몇 개일까요?

____

4. 아래 조건을 만족하는 직사각형을 그려 보세요.

❶ 넓이가 $6cm^2$이고 둘레가 10cm인 직사각형

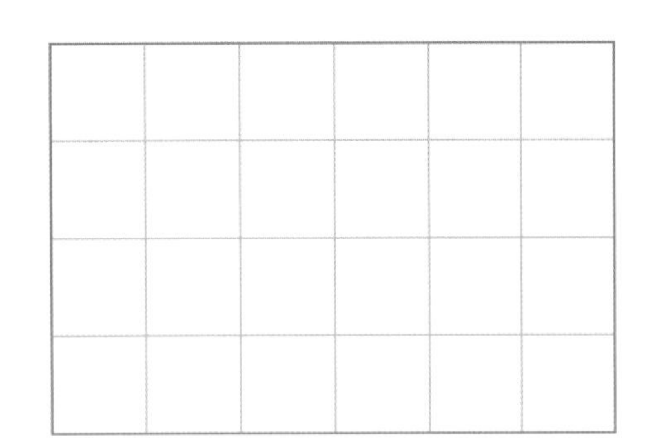

❷ 넓이가 $12cm^2$이고 둘레가 14cm인 직사각형

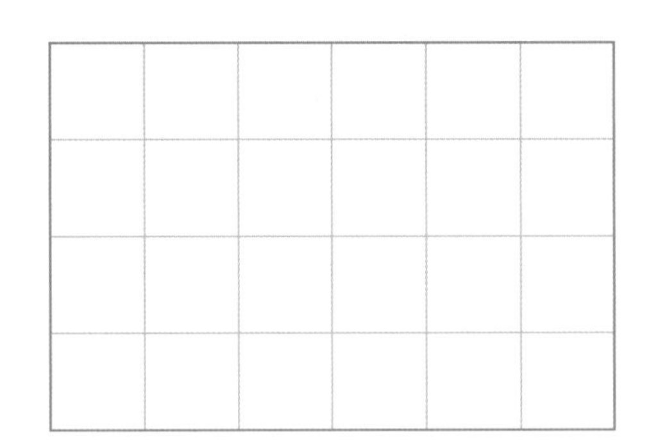

5. 넓이가 $6cm^2$인 직사각형들을 남는 칸이 없도록 알맞게 배치해 보세요.

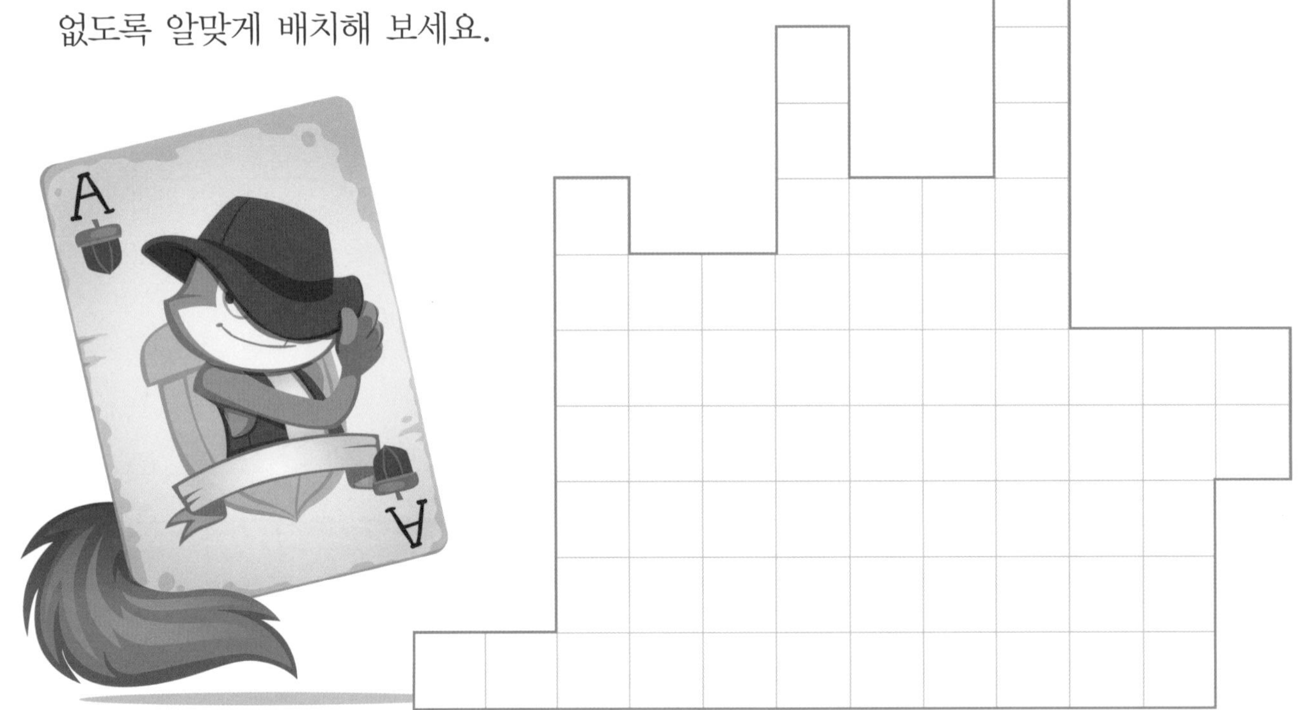

6. 주어진 조각을 모두 한 번씩 사용하여 바둑판을 완성해 보세요. 단, 조각을 돌리거나 방향을 바꿀 수 없어요.

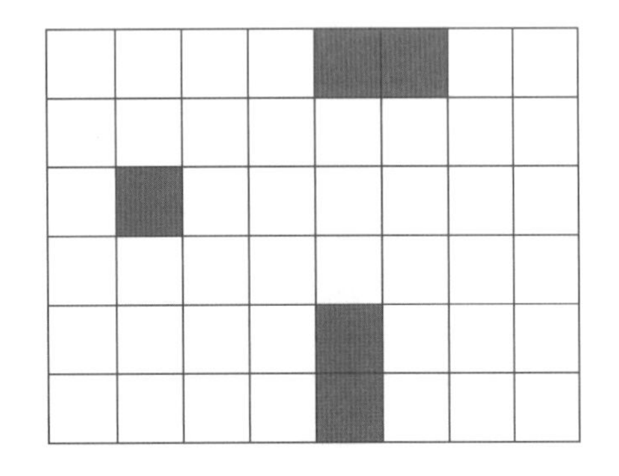

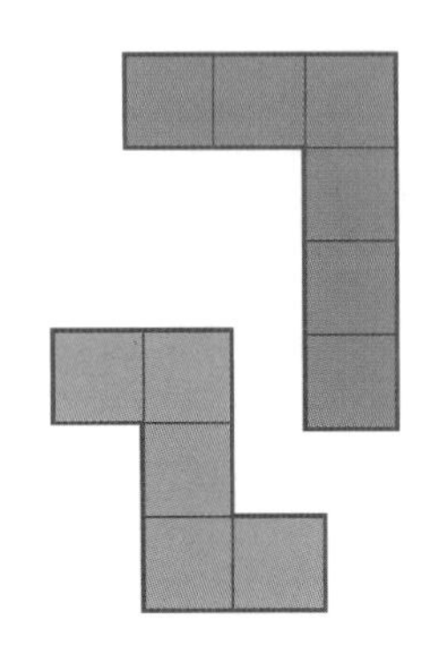

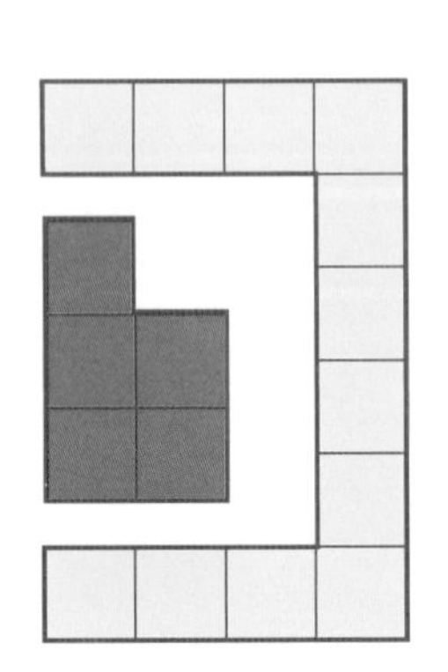

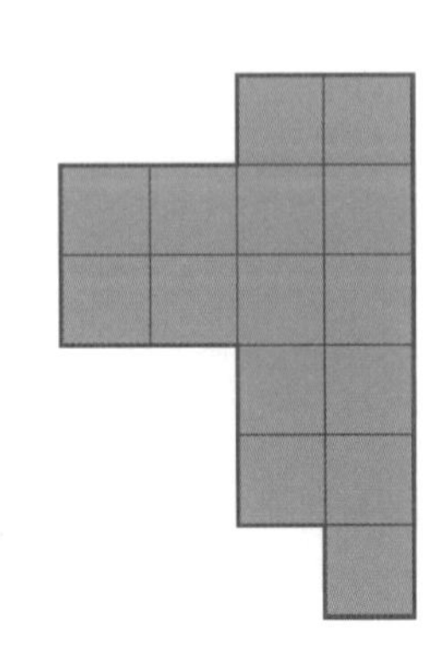

7. 넓이가 4cm^{2}인 다각형 5개를 그려 보세요.

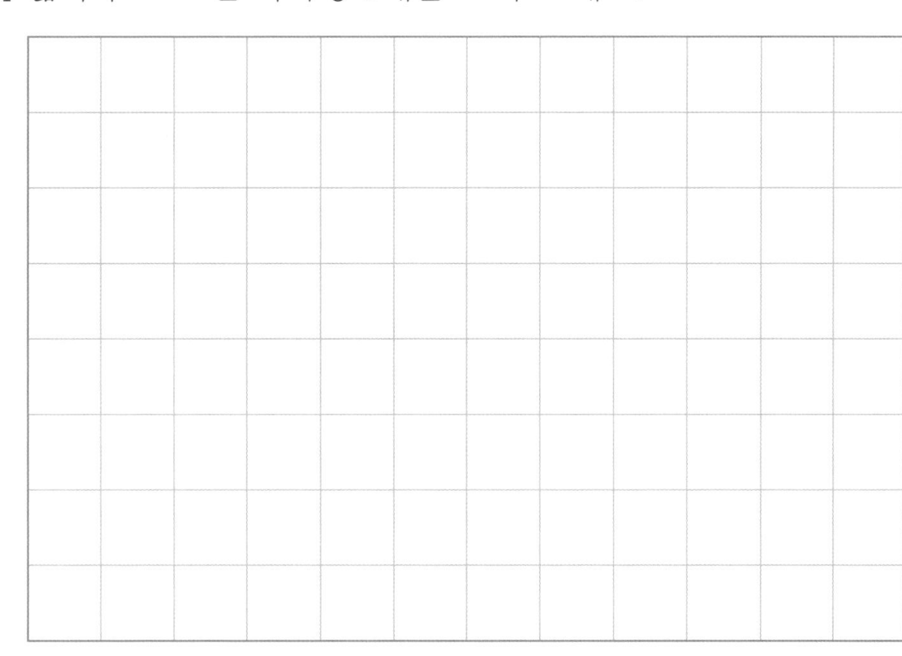

한 번 더 연습해요!

1. 아래 도형의 넓이는 몇 cm^{2}일까요?

❶

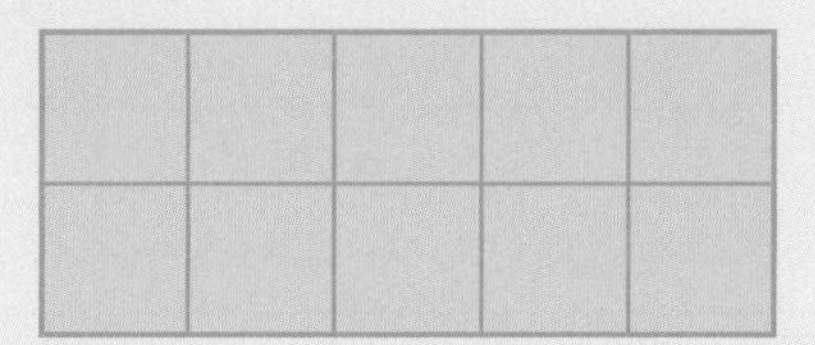

____

❷

____

❸

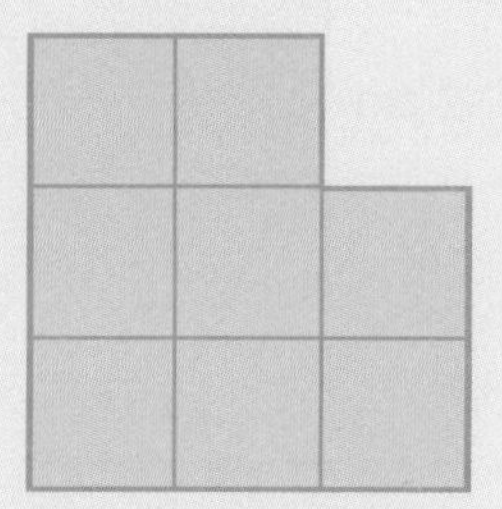

____

❹

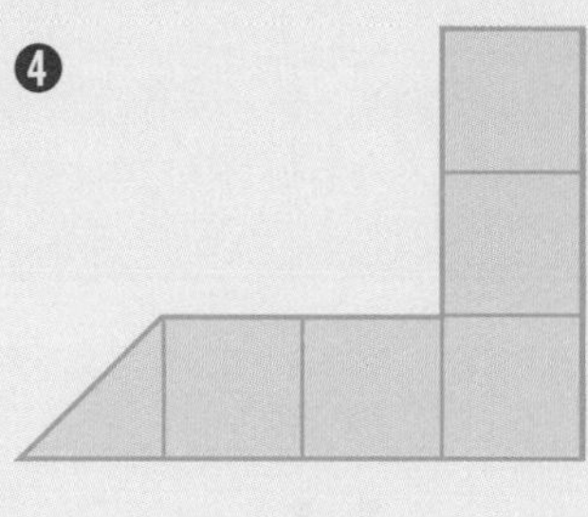

____

❺

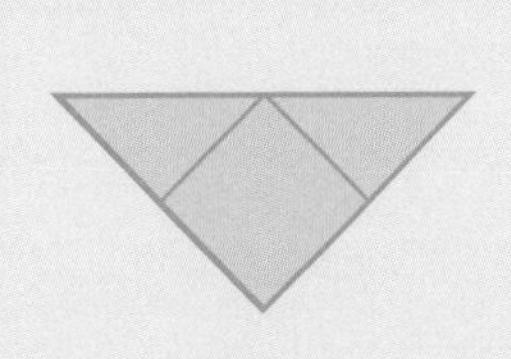

____

❻

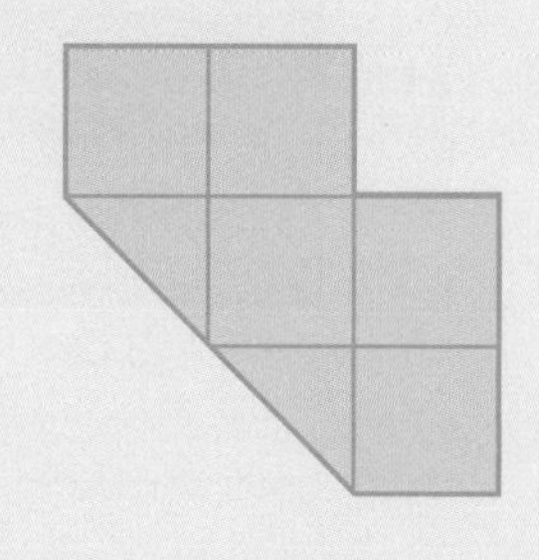

____

직사각형의 넓이

넓이 = 6 cm^2

가로 길이 3 cm

넓이 = 3 cm × 2 cm = 6 cm^2

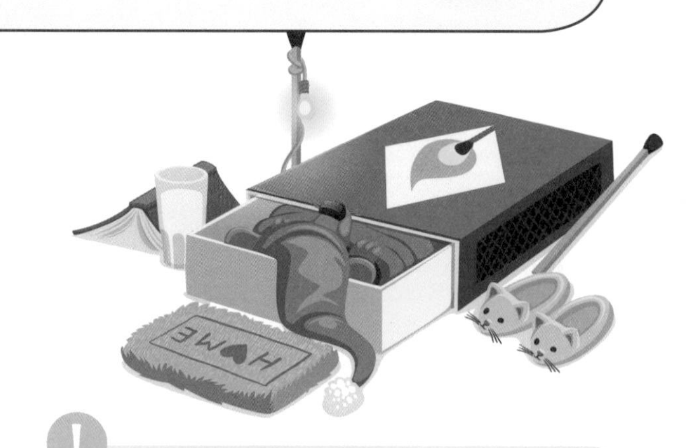

- 직사각형의 넓이는 직사각형의 가로와 세로를 곱해서 구해요.

직사각형의 넓이 = 가로 길이 × 세로 길이

<예시>

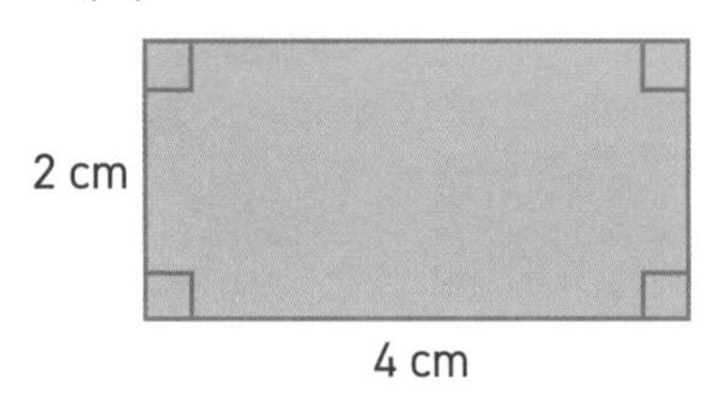

넓이 = 4 cm × 2 cm = 8 cm^2

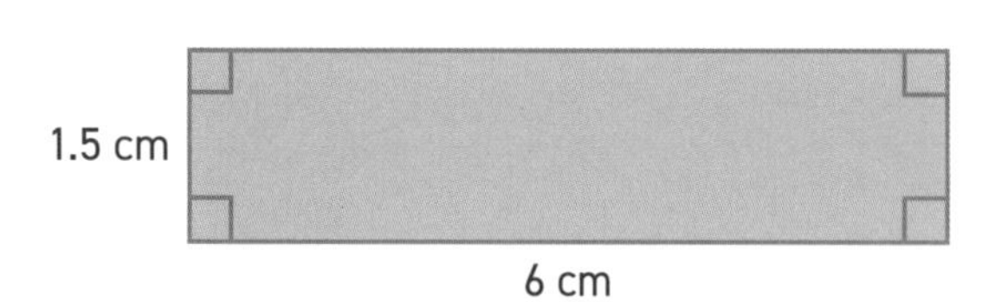

넓이 = 6 cm × 1.5 cm = 9 cm^2

1. 직사각형의 넓이를 알맞은 식을 세워 구한 후, 정답을 로봇에서 찾아 ○표 해 보세요.

❶

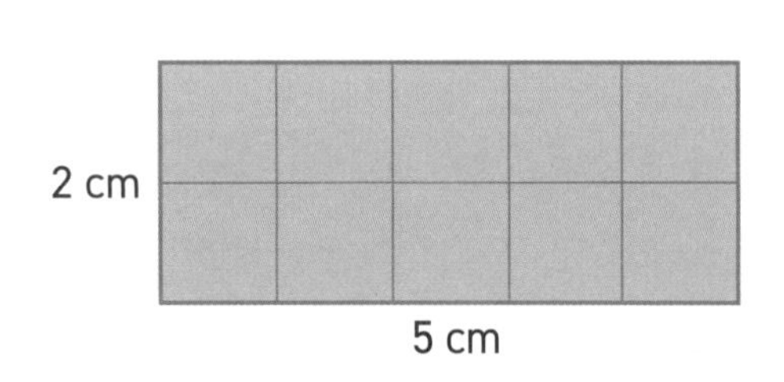

____

❷

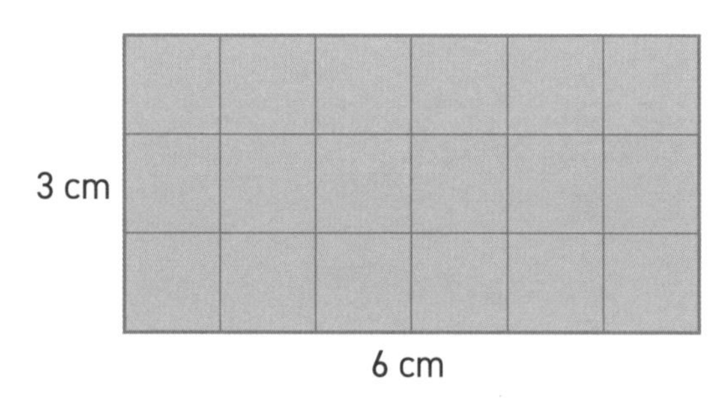

____

❸

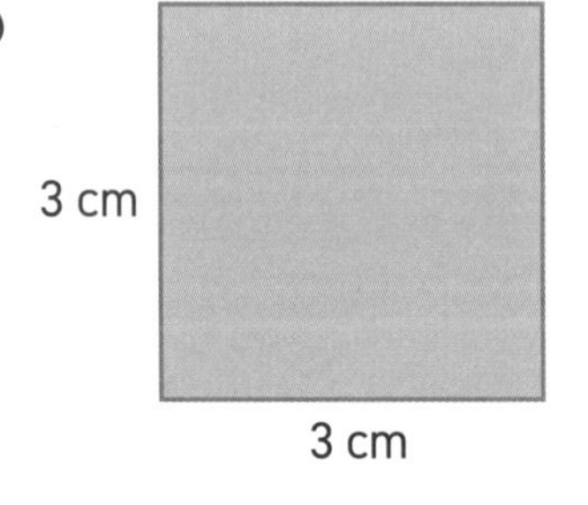

____

❹

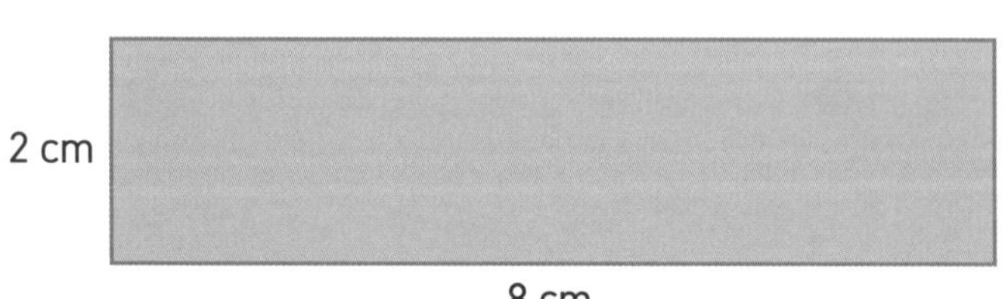

____

9 cm^2 10 cm^2 12 cm^2 16 cm^2 18 cm^2 20 cm^2

2. 직사각형의 가로와 세로를 자로 재고 넓이를 구해 보세요.

❶

❷

❸

❹

3. 아래 글을 읽고 알맞은 식을 세워 넓이를 구해 보세요.

❶ 종이 1장의 가로는 10cm이고, 세로는 12cm예요. 종이의 넓이는 얼마일까요?

❷ 양철통 바닥이 가로는 8cm이고, 세로는 20cm예요. 바닥의 넓이는 얼마일까요?

❸ 성냥갑 뚜껑이 가로는 4.2cm이고, 세로는 3cm예요. 뚜껑의 넓이는 얼마일까요?

❹ 직사각형의 둘레는 24cm이고, 세로는 3cm예요. 직사각형의 넓이는 얼마일까요?

더 생각해 보아요!

어떤 직사각형의 세로는 반으로 줄이고 가로는 두 배로 늘렸어요. 이 직사각형의 넓이에 어떤 변화가 있을까요?

4. 넓이가 $12cm^2$인 직사각형 2개를 그려 보세요.

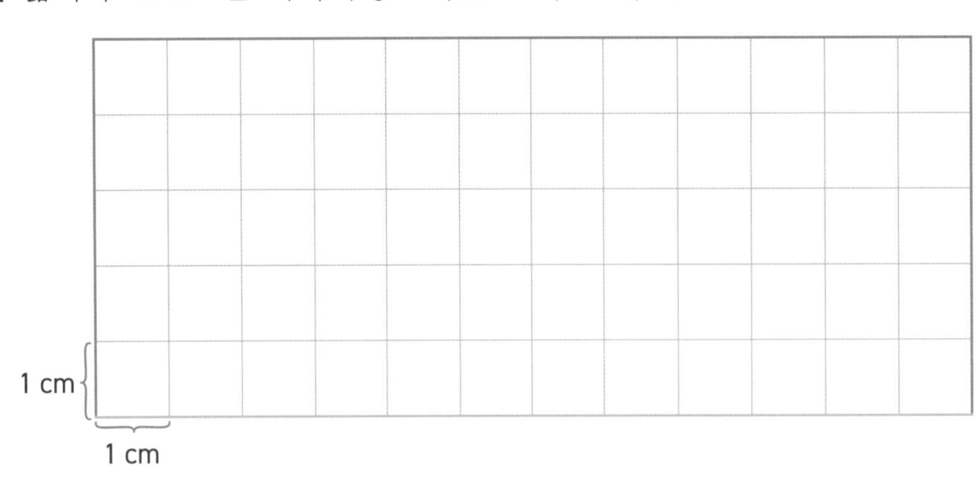

5. 색칠한 부분의 넓이를 공책에 알맞은 식을 세워 구해 보세요.

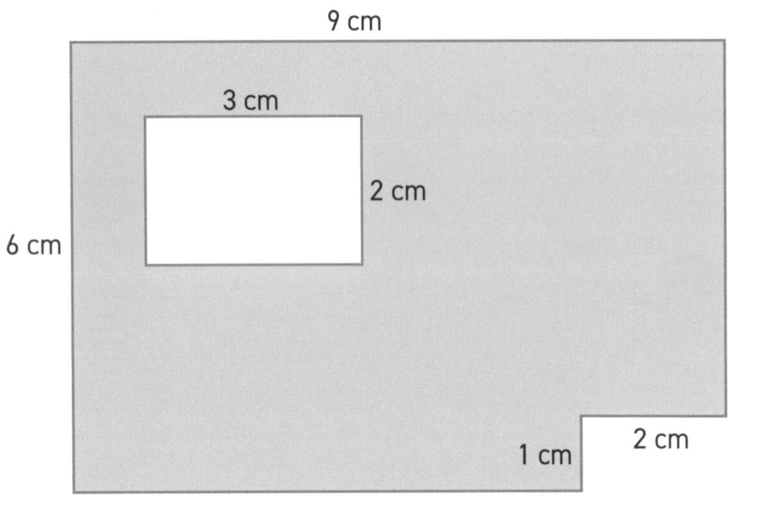

6. 직사각형이 주어진 비율로 확대될 경우 직사각형의 넓이를 구해 보세요.

❶ 가로와 세로 2배씩 확대

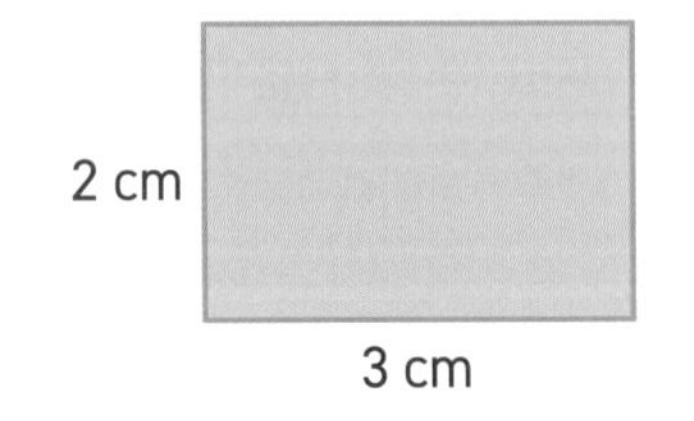

❷ 가로와 세로 5배씩 확대

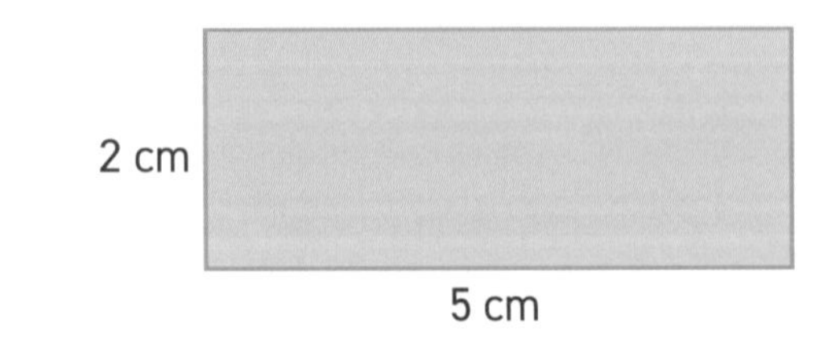

7. 선 3개를 이용하여 주어진 직사각형을 넓이가 아래와 같은 직사각형 5개로 나누어 보세요.

❶ $4cm^2$, $4cm^2$, $6cm^2$, $6cm^2$, $20cm^2$

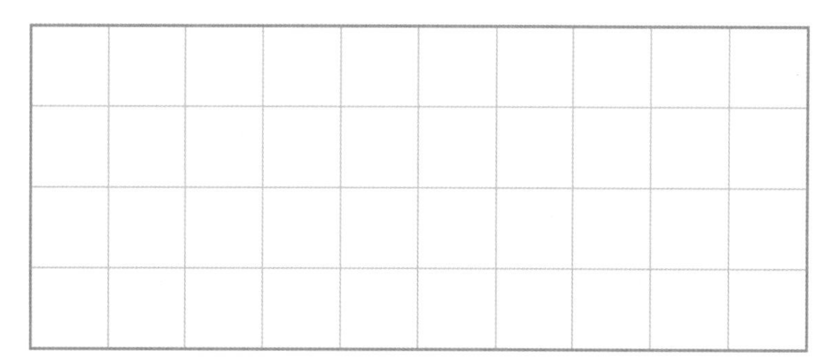

❷ $2cm^2$, $4cm^2$, $6cm^2$, $12cm^2$, $16cm^2$

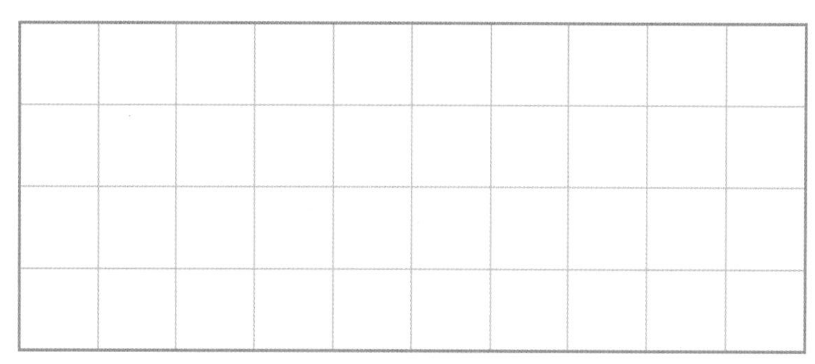

한 번 더 연습해요!

1. 직사각형의 넓이를 알맞은 식을 세워 구해 보세요.

❶

3 cm

6 cm

❷

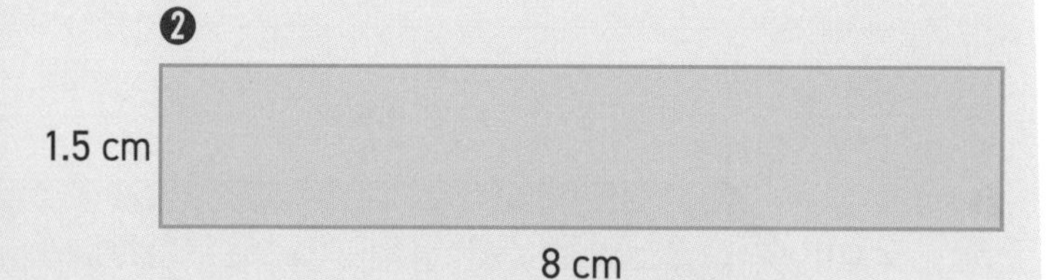

1.5 cm

8 cm

2. 아래 글을 읽고 알맞은 식을 세워 넓이를 구해 보세요.

❶ 직사각형의 가로는 20cm이고, 세로는 30cm예요. 이 직사각형의 넓이는 얼마일까요?

❷ 직사각형의 세로는 8cm이고, 가로는 2.5cm예요. 이 직사각형의 넓이는 얼마일까요?

12 평행사변형의 넓이

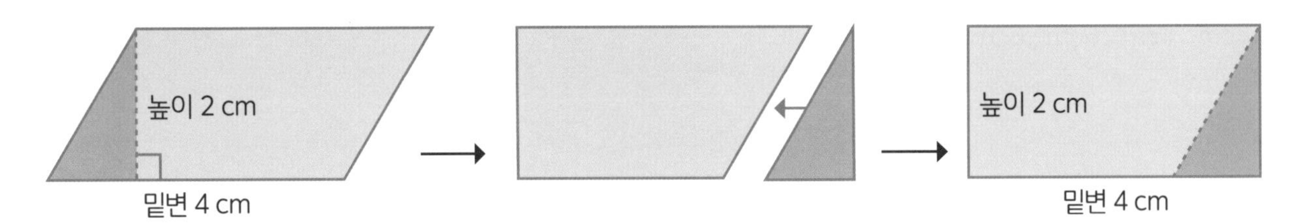

- 평행사변형에서 직각삼각형을 반대쪽으로 움직이면 직사각형을 만들 수 있어요.
- 평행사변형의 넓이는 직사각형의 넓이를 구하는 방법과 같아요. 즉, 밑변의 길이와 높이를 곱하면 구할 수 있어요.

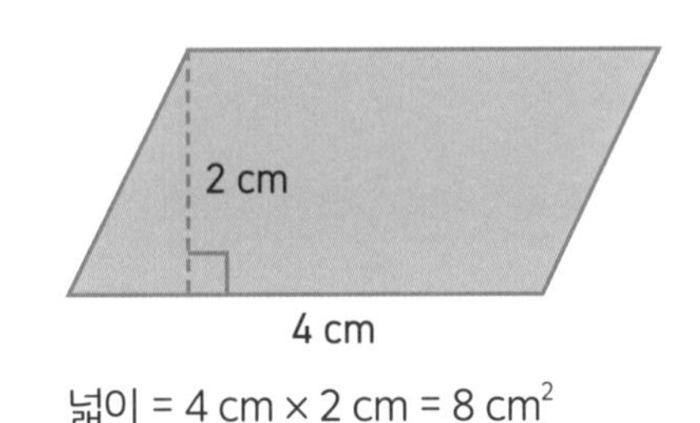

넓이 = 4 cm × 2 cm = 8 cm^2

평행사변형의 넓이 = 밑변의 길이 × 높이

1. 평행사변형의 넓이를 알맞은 식을 세워 구한 후, 정답을 로봇에서 찾아 ○표 해 보세요.

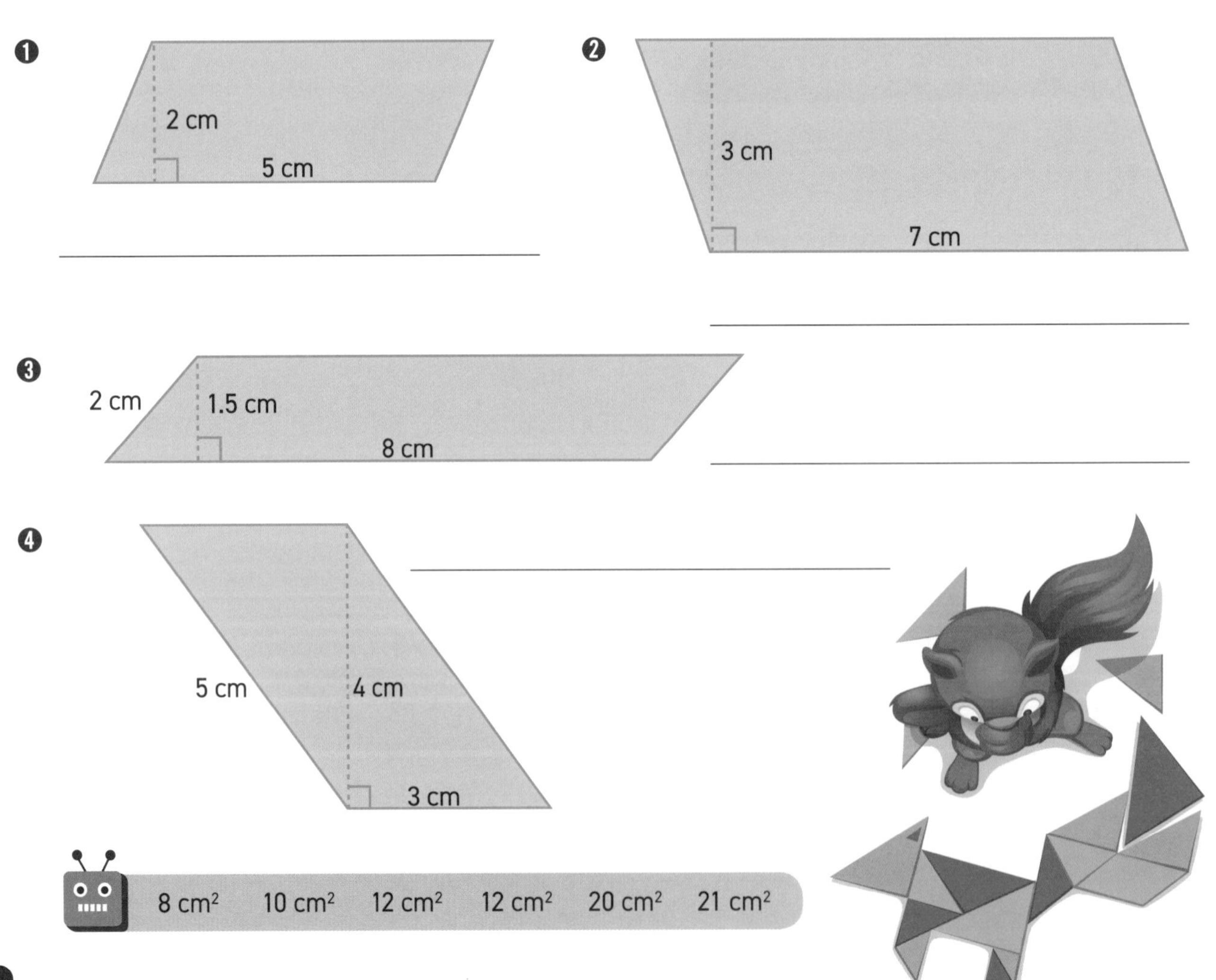

2. 평행사변형의 밑변과 높이를 자로 재고 넓이를 구해 보세요.

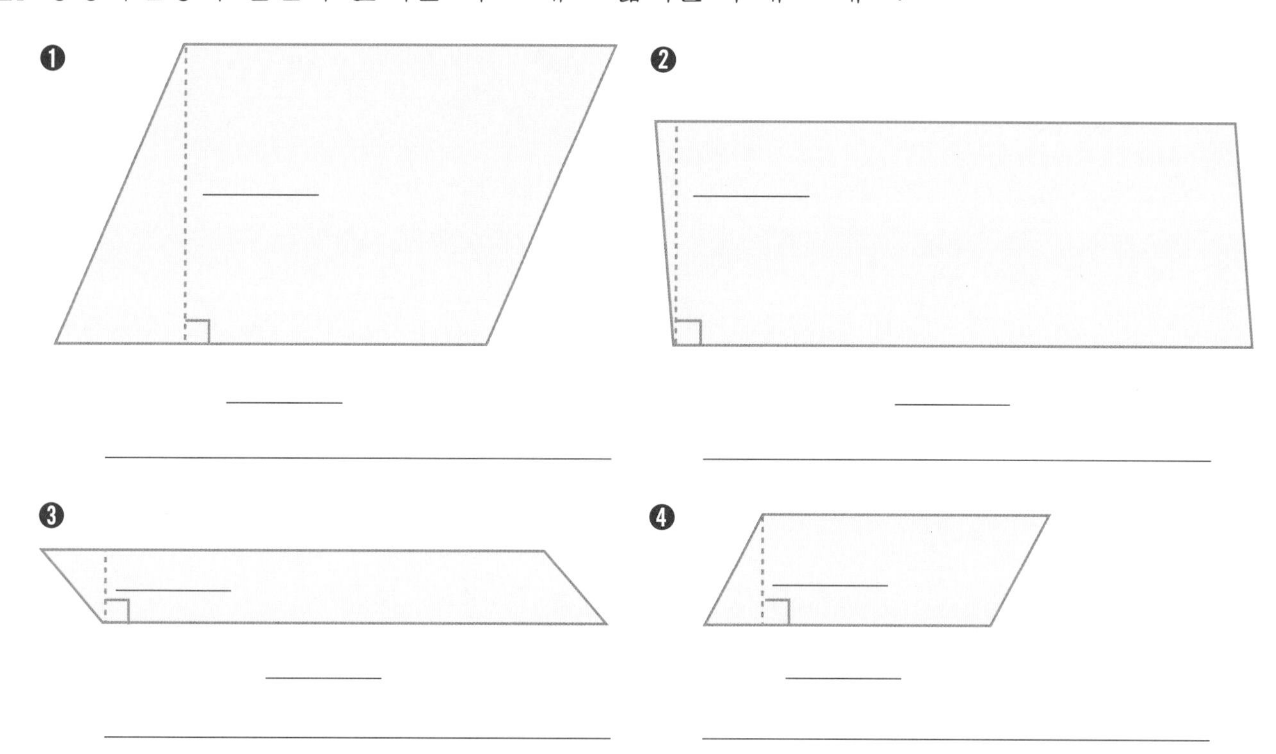

3. 알맞은 식을 세워 답을 구한 후, 정답을 로봇에서 찾아 ○표 해 보세요.

❶ 어떤 평행사변형의 밑변의 길이가 25cm이고, 높이가 20cm예요. 이 평행사변형의 넓이는 얼마일까요?

❷ 어떤 평행사변형의 밑변의 길이가 30cm이고, 높이가 밑변 길이의 $\frac{1}{5}$이에요. 이 평행사변형의 넓이는 얼마일까요?

❸ 어떤 평행사변형의 밑변의 길이가 8cm이고, 높이가 12cm예요. 이 평행사변형의 넓이는 얼마일까요?

❹ 어떤 평행사변형의 변의 길이가 각각 6cm와 5cm이고, 더 짧은 변의 높이가 3cm예요. 이 평행사변형의 넓이는 얼마일까요?

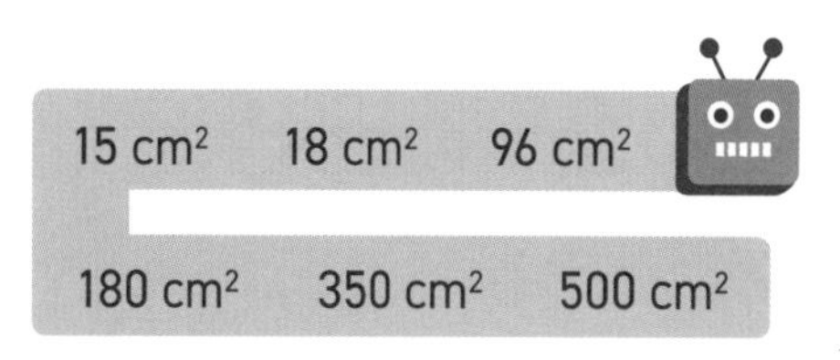

4. 아래 조건을 만족하는 평행사변형을 그려 보세요.

❶ 넓이가 $12cm^2$인 평행사변형

❷ 높이가 3cm이고, 넓이가 $15cm^2$인 평행사변형

5. 좌표 평면에 평행사변형을 그린 후,
그 평행사변형의 넓이를 구해 보세요.
평행사변형의 각 꼭짓점 좌표는 아래와 같아요.

❶ (2, 1), (7, 1), (3, 3), (8, 3)

넓이 = ______________________

❷ (1, 4), (1, 8), (4, 5), (4, 9)

넓이 = ______________________

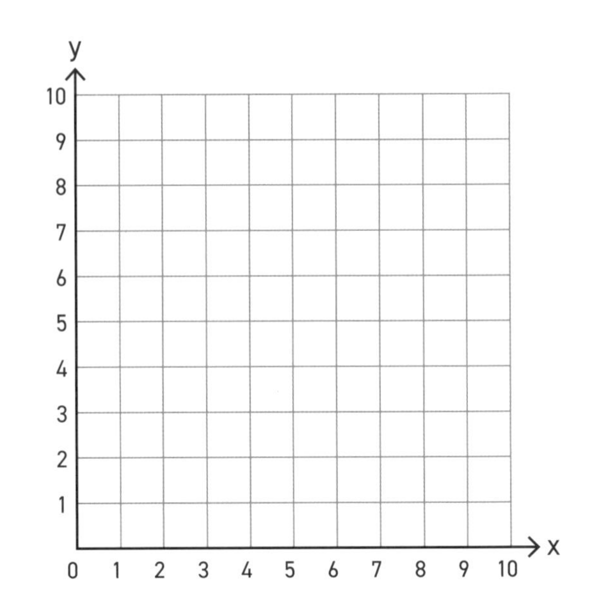

6. 그림 속의 삼각형 2개로 이루어진 서로 다른 평행사변형을 2개 그려 보세요.

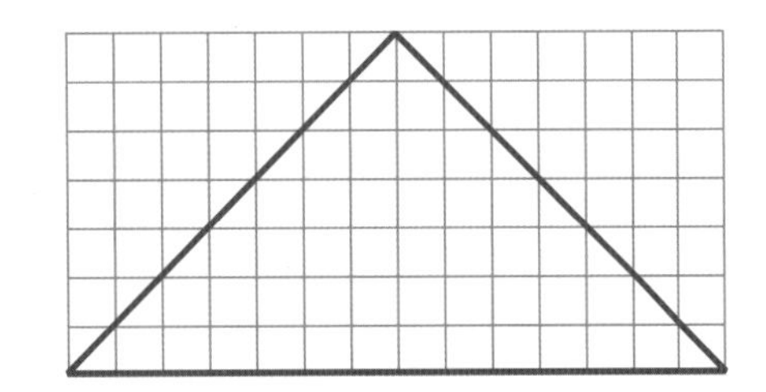

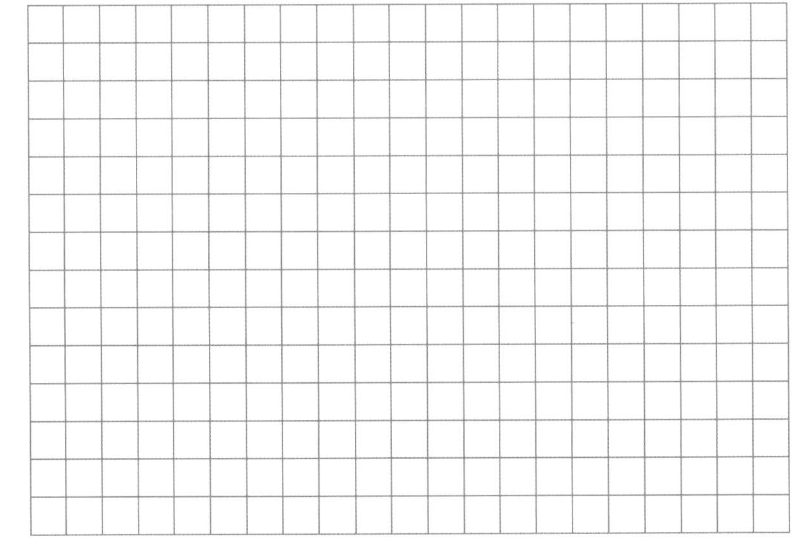

7. 아래 조건을 만족하는 평행사변형을 공책에 그려 보세요.

❶ 넓이가 16cm²이고,
둘레가 22cm인 평행사변형

❷ 높이가 2cm이고,
둘레가 18cm인 평행사변형

8. 질문에 답해 보세요.

❶ 서로 닮은 삼각형 6개로 평행사변형을 나누어 보세요.

❷ 삼각형 1개의 넓이는 얼마일까요? ______________

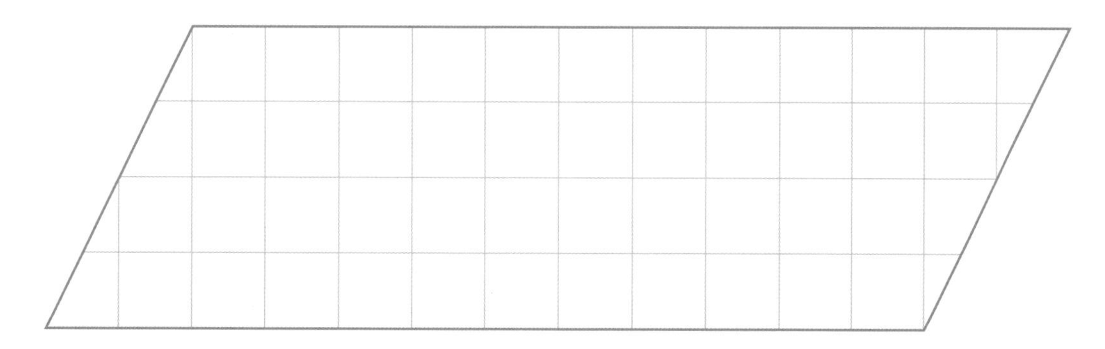

한 번 더 연습해요!

1. 평행사변형의 넓이를 알맞은 식을 세워 구해 보세요.

❶

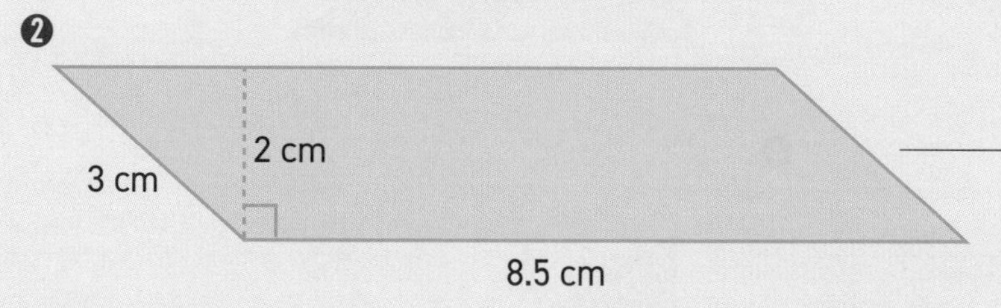

____

❷

____

2. 높이가 4cm이고, 넓이가 아래와 같은 평행사변형을 공책에 그려 보세요.

❶ 8cm²

❷ 20cm²

13 삼각형의 넓이

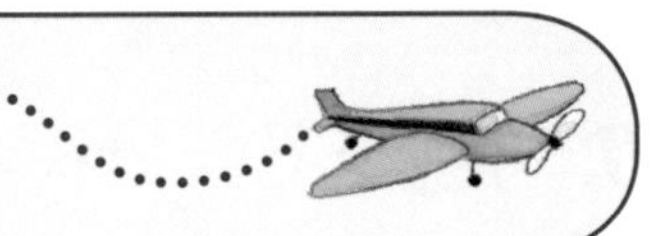

- 평행사변형은 서로 같은 삼각형 2개로 만들어져요.
- 그러므로 삼각형의 넓이는 평행사변형 넓이의 절반이에요.

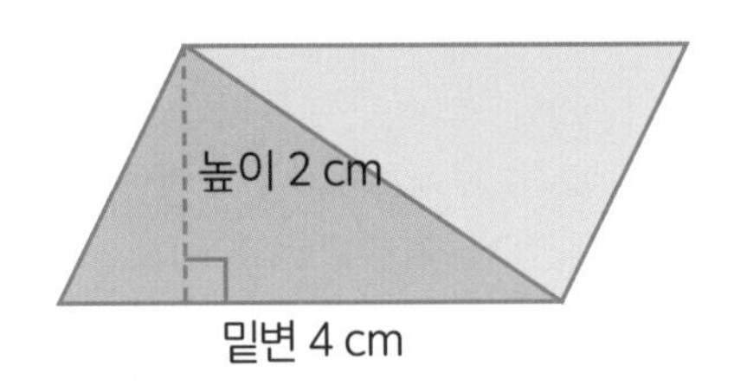

평행사변형의 넓이

넓이 = 4 cm × 2 cm = 8 cm²

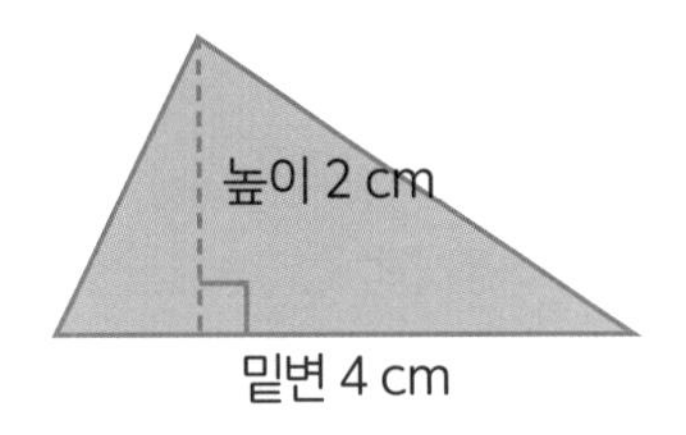

삼각형의 넓이 =

$\frac{4\text{ cm} \times 2\text{ cm}}{2} = \frac{8\text{ cm}^2}{2} = 4\text{ cm}^2$

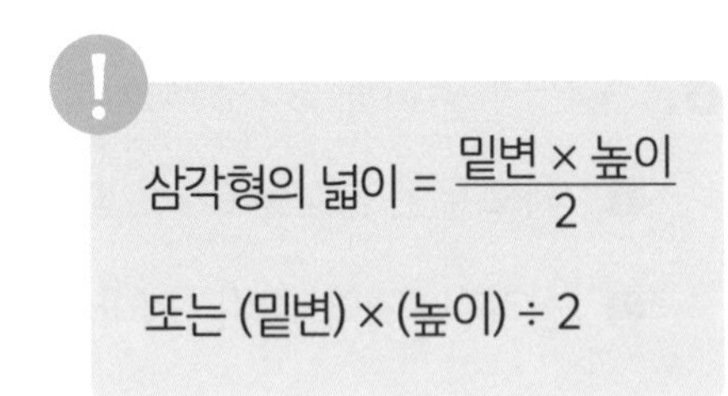

삼각형의 넓이 = $\frac{\text{밑변} \times \text{높이}}{2}$

또는 (밑변) × (높이) ÷ 2

<예시>

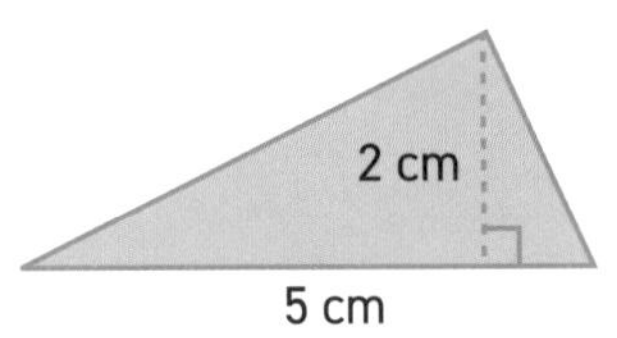

넓이 = $\frac{5\text{ cm} \times 2\text{ cm}}{2}$

$= \frac{10\text{ cm}^2}{2} = 5\text{ cm}^2$

3 cm

5 cm

넓이 = $\frac{5\text{ cm} \times 3\text{ cm}}{2}$

$= \frac{15\text{ cm}^2}{2} = 7.5\text{ cm}^2$

2.5 cm

4 cm

넓이 = $\frac{4\text{ cm} \times 2.5\text{ cm}}{2}$

$= \frac{10\text{ cm}^2}{2} = 5\text{ cm}^2$

1. 삼각형의 넓이를 알맞은 식을 세워 구한 후, 로봇에서 찾아 ○표 해 보세요.

❶

3 cm

4 cm

____

____

❷

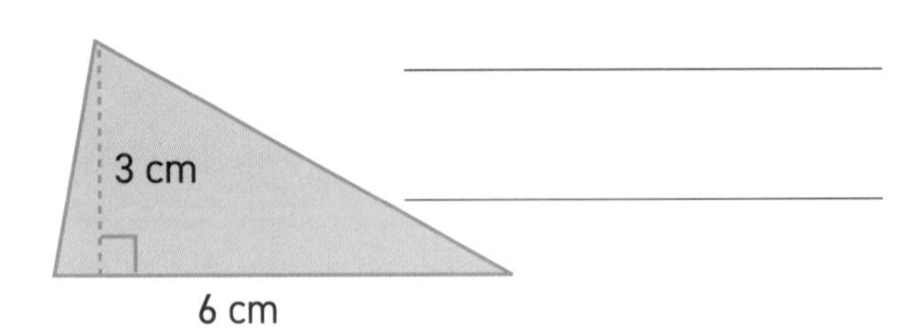

❸

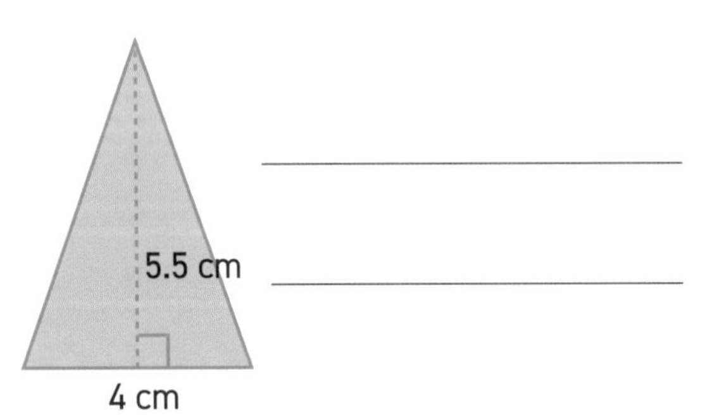

❹

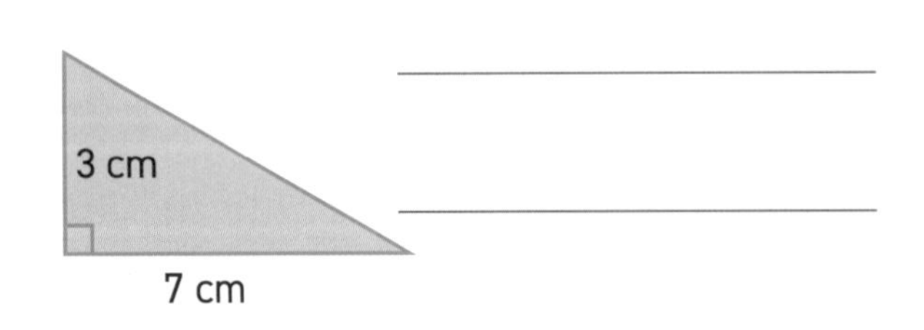

6 cm² 9 cm² 10.5 cm² 11 cm² 14 cm² 15 cm²

2. 삼각형의 높이와 밑변을 자로 재고 넓이를 구해 보세요.

❶

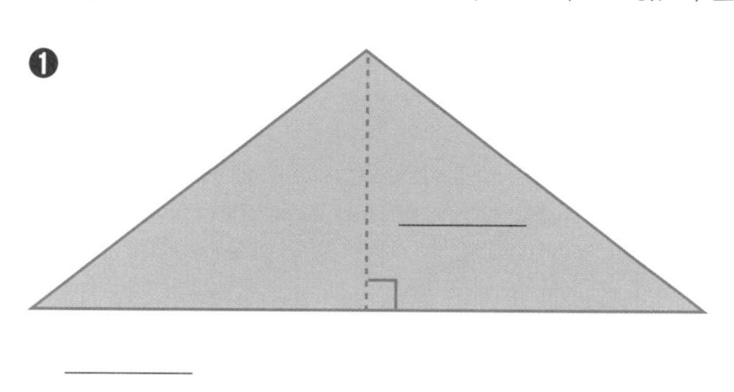

❷

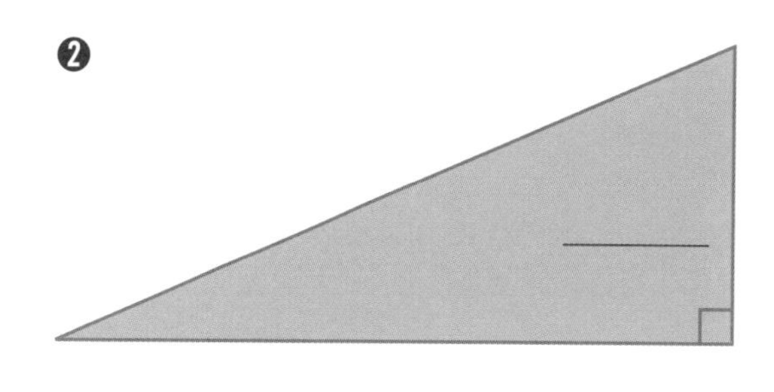

❸

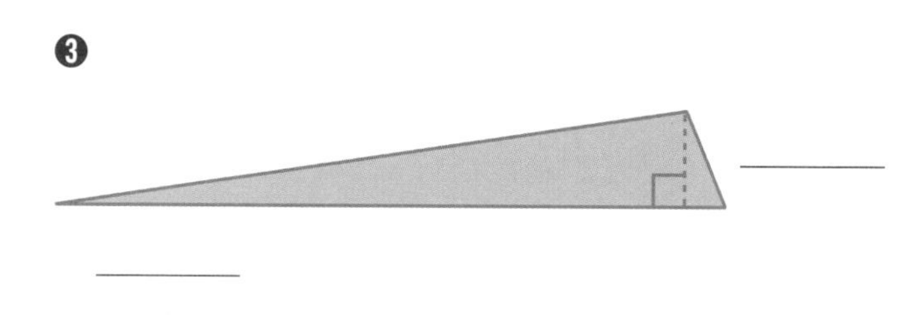

❹

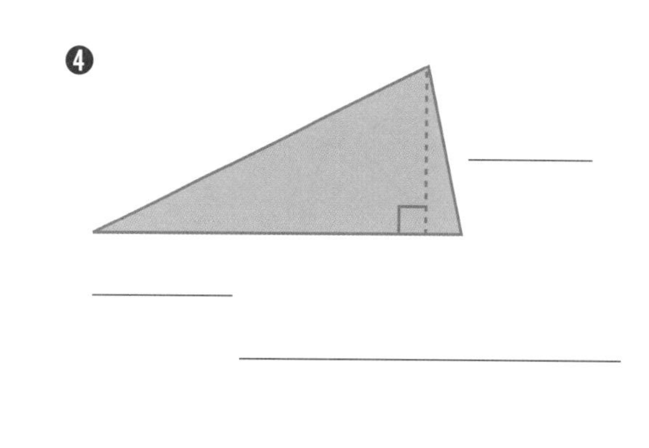

3. 공책에 알맞은 식을 세워 답을 구한 후, 정답을 로봇에서 찾아 ○표 해 보세요.

❶ 삼각형 모양의 판지가 있어요. 밑변이 15cm이고, 높이가 20cm예요. 이 판지의 넓이는 얼마일까요?

❷ 삼각형 모양의 스티커가 있어요. 밑변이 8cm이고, 높이가 10cm예요. 이 스티커의 넓이는 얼마일까요?

❸ 어떤 삼각형의 넓이가 $20cm^2$이고, 밑변이 10cm예요. 이 삼각형의 높이는 얼마일까요?

❹ 어떤 삼각형의 높이가 12cm이고, 넓이가 $60cm^2$예요. 이 삼각형의 밑변은 얼마일까요?

더 생각해 보아요!

이 삼각형의 밑변과 높이를 자로 재고 넓이를 구해 보세요.

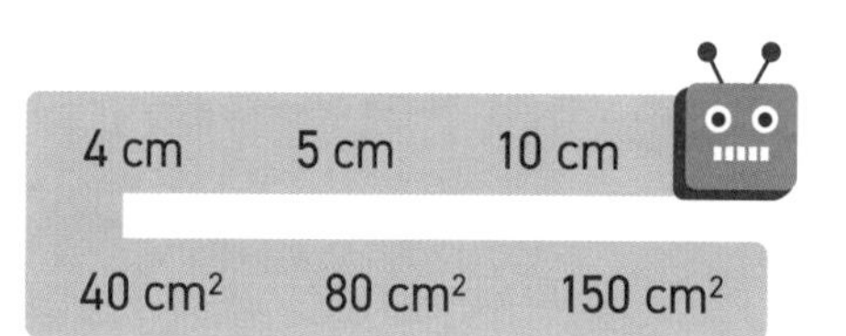

4. 넓이가 6cm²인 삼각형은 빨간색으로, 10cm²인 삼각형은 파란색으로 색칠해 보세요.

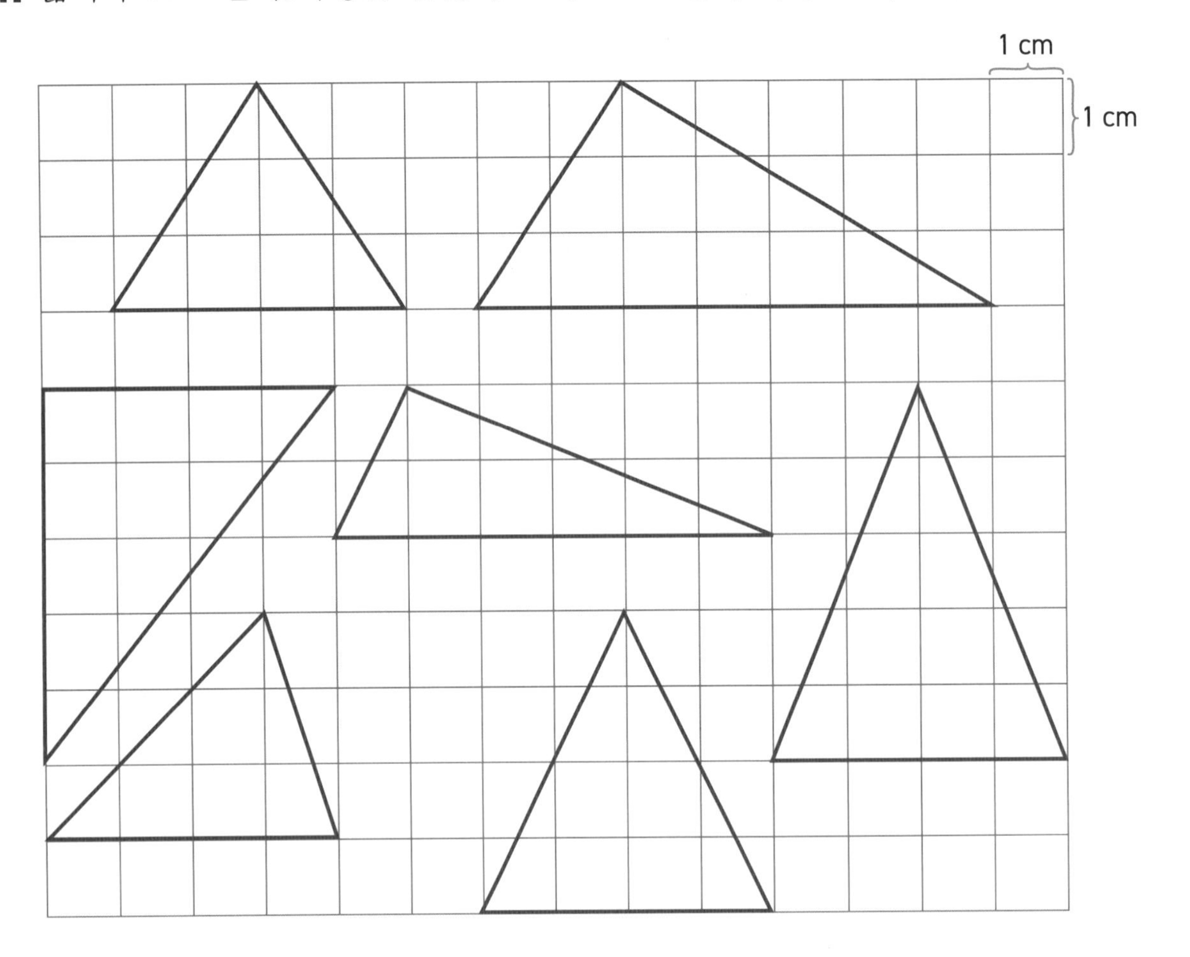

5. 공책에 삼각형의 넓이를 구해 보세요. 1칸의 한 변의 길이는 각각 1cm예요.

❶
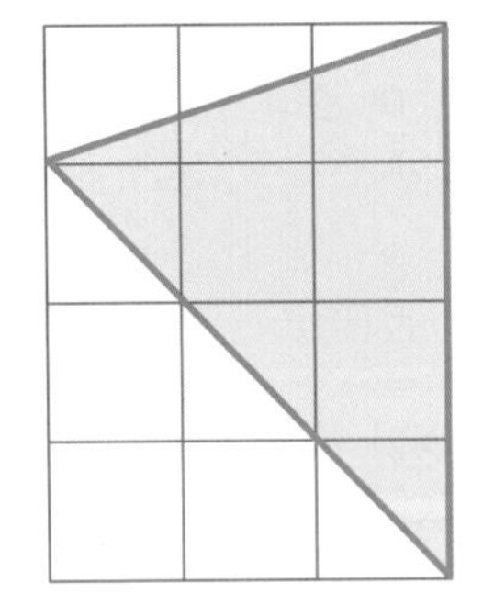

❷
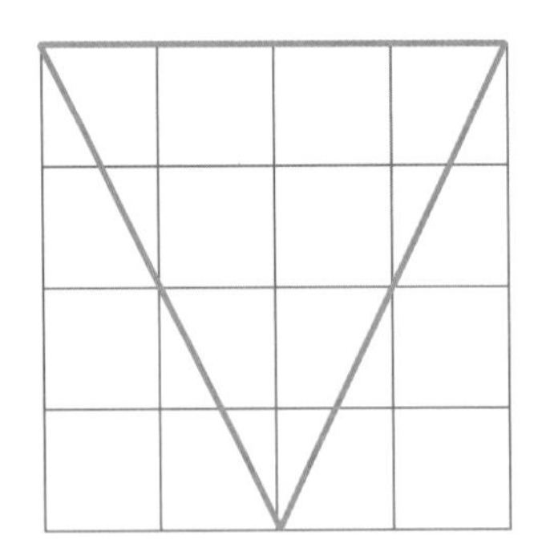

❸
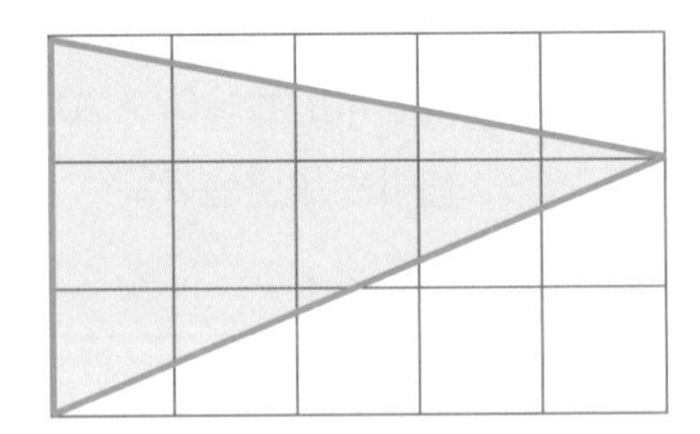

6. 서로 닮은 삼각형 9개로 삼각형을 나누어 보세요.

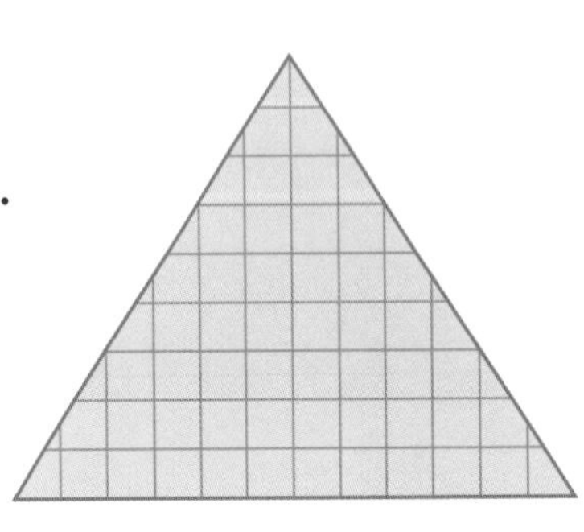

7. 직선 2개를 이용하여 오른쪽 사각형을 평행사변형 2개, 직각삼각형 1개, 사각형 1개로 나누어 보세요.

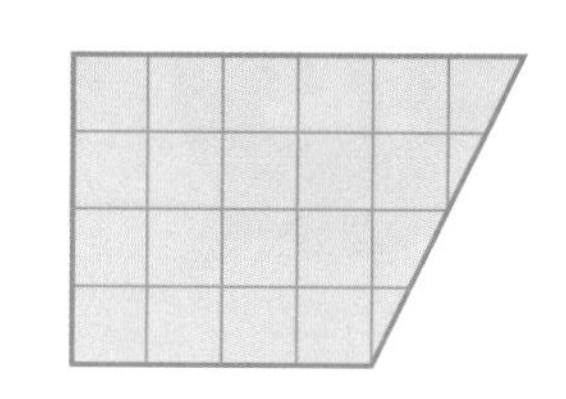

8. 색칠한 부분의 넓이를 공책에 구해 보세요.

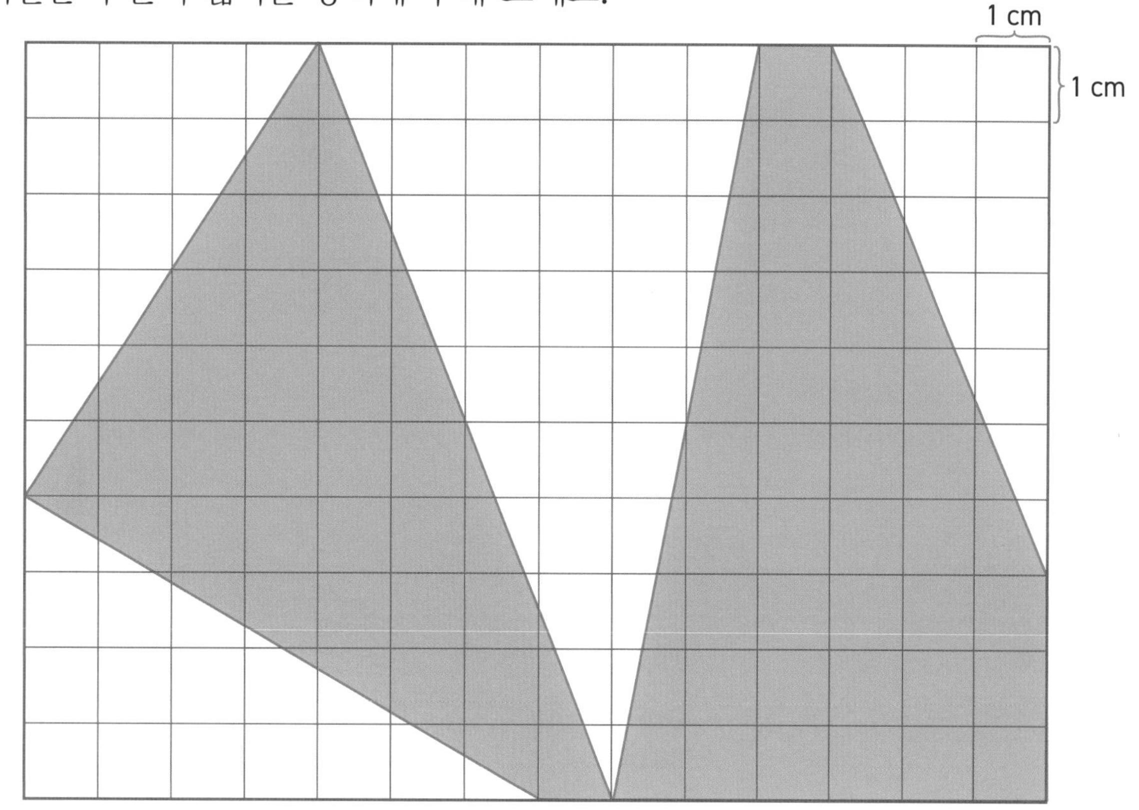

한 번 더 연습해요!

1. 삼각형의 넓이를 알맞은 식을 세워 구해 보세요.

❶

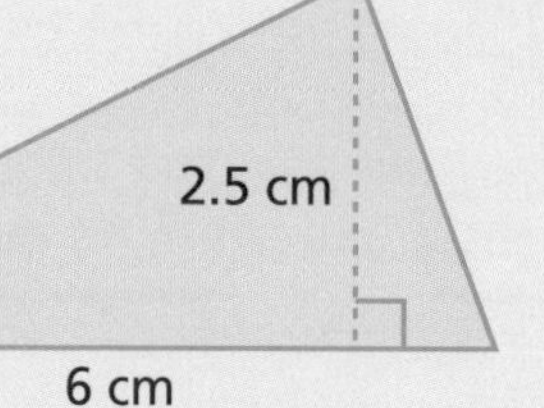

❷

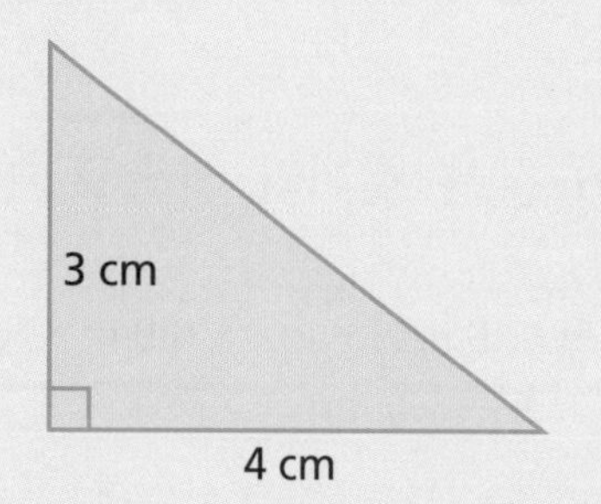

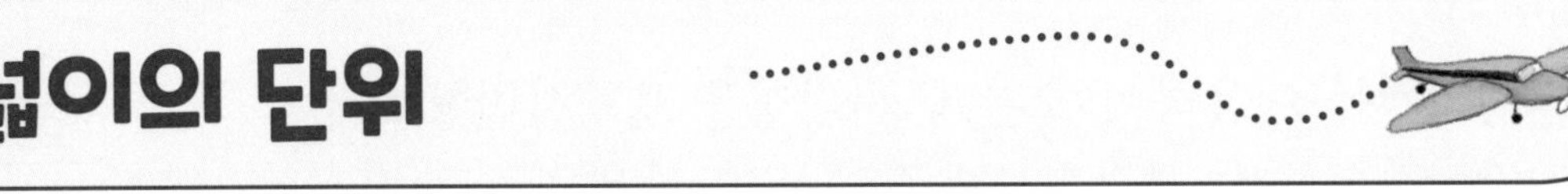

14 넓이의 단위

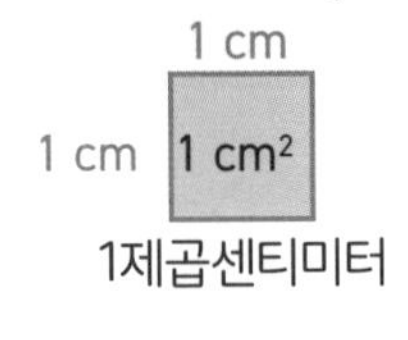

1제곱센티미터

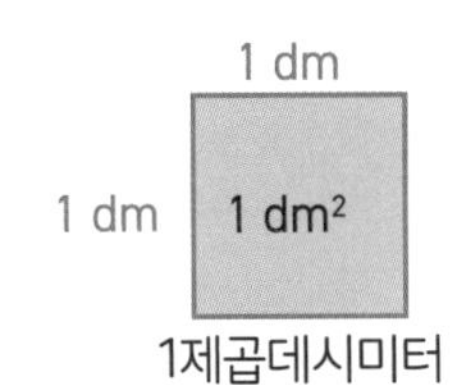

1제곱데시미터

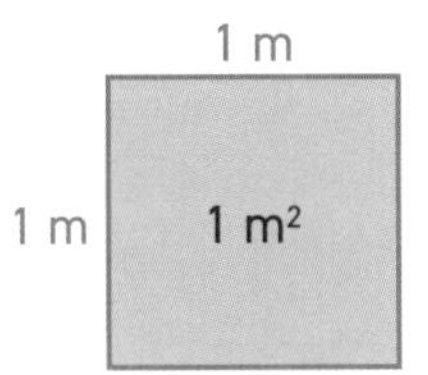

1제곱미터

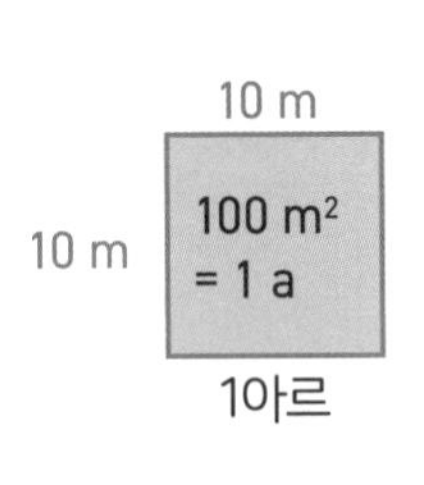

1아르

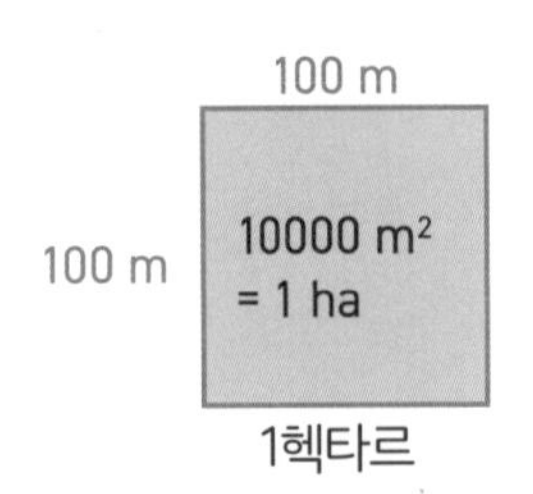

1헥타르

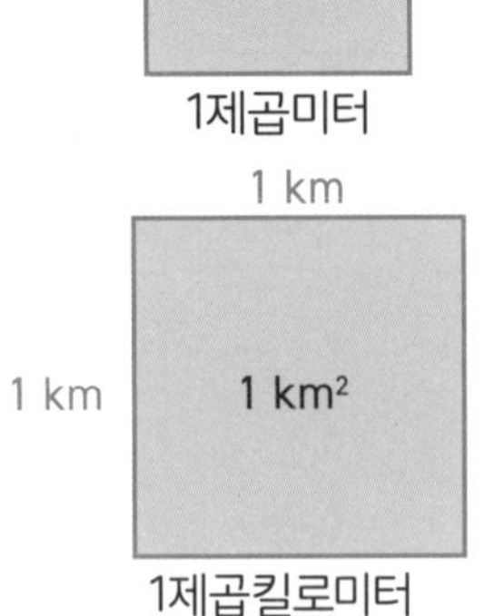

1제곱킬로미터

넓이의 단위(점점 커지는 순서로)

$1\ mm^2$ $1\ cm^2$ $1\ dm^2$ $1\ m^2$ 1 a 1 ha $1\ km^2$

<예시>

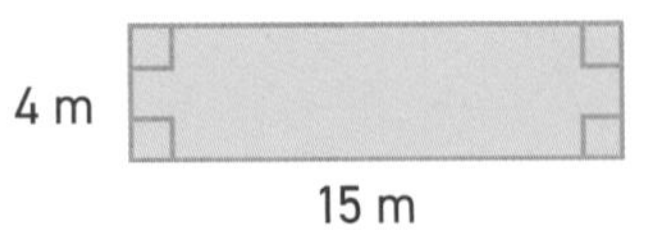

넓이 $= 15\ m \times 4\ m = 60\ m^2$

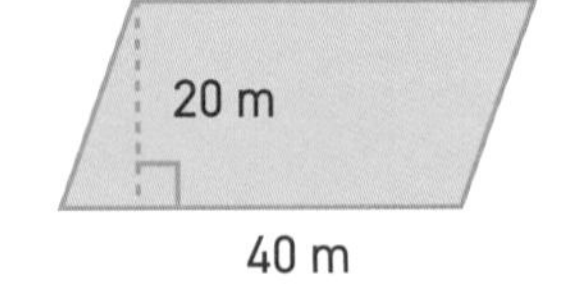

넓이 $= 40\ m \times 20\ m$
$= 800\ m^2$
$= 8\ a$

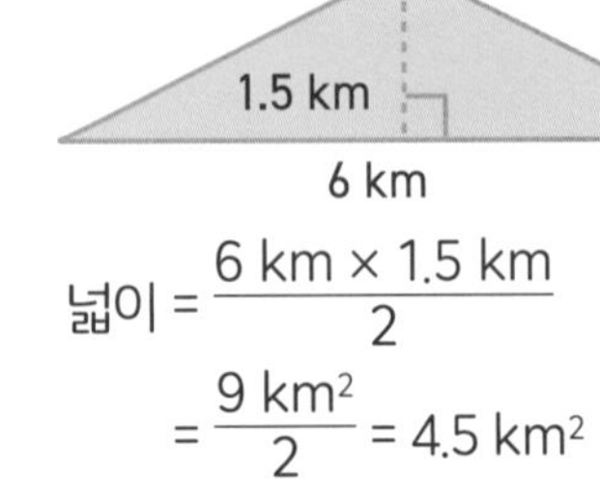

넓이 $= \frac{6\ km \times 1.5\ km}{2}$
$= \frac{9\ km^2}{2} = 4.5\ km^2$

1. 넓이의 단위를 써 보세요.

❶ 5헥타르 __________

❷ 2와 $\frac{1}{2}$아르 __________

❸ 100제곱미터 __________

❹ 3제곱킬로미터 __________

❺ 6제곱데시미터 __________

❻ 8제곱센티미터 __________

2. 값이 같은 것끼리 선으로 이어 보세요.

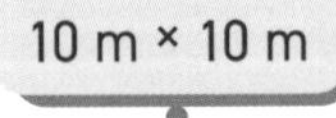
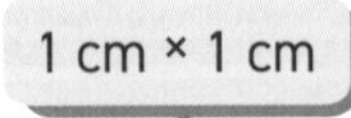
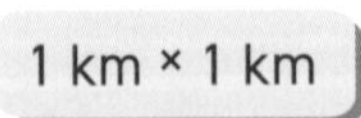

10 m × 10 m	100 m × 100 m	1 cm × 1 cm	1 m × 1 m	1 km × 1 km
1 ha	$1\ cm^2$	$1\ m^2$	$1\ km^2$	1 a

3. 공책에 알맞은 식을 세워 넓이를 구한 후, 정답을 로봇에서 찾아 ○표 해 보세요.

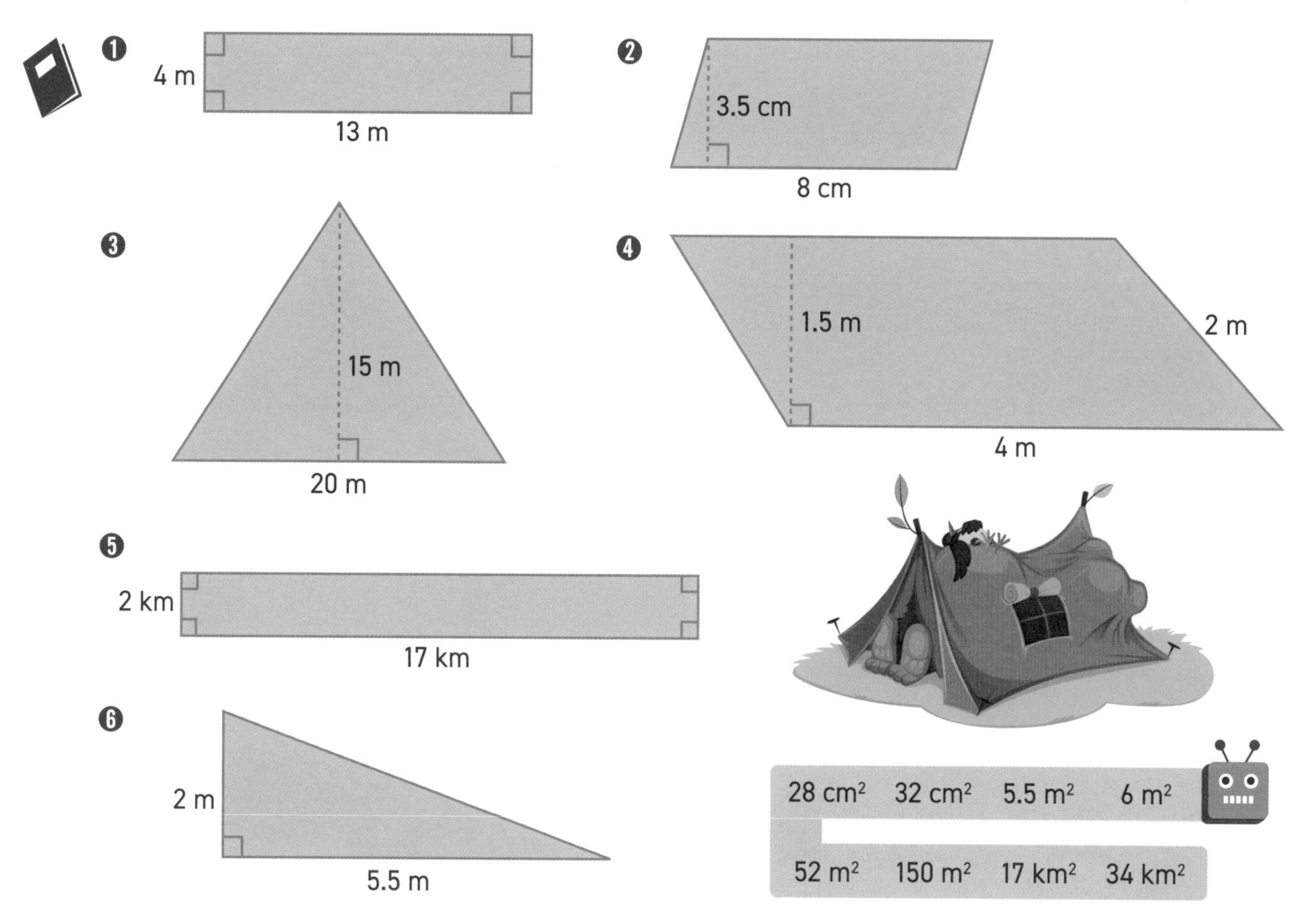

4. 공책에 알맞은 식을 세워 넓이를 구한 후, 정답을 로봇에서 찾아 ○표 해 보세요.

❶ 직사각형 모양의 공원이 있어요. 가로는 60m, 세로는 50m예요. 이 공원의 넓이는 얼마일까요?

____

❷ 직사각형 모양의 밭이 있어요. 가로는 0.5km, 세로는 3km예요. 이 밭의 넓이는 얼마일까요?

____

❸ 삼각형 모양의 텐트 천이 있어요. 높이가 1.5m, 밑변이 3m예요. 이 텐트 천의 넓이는 얼마일까요?

____

❹ 정사각형 모양의 밭이 있어요. 한 변의 길이가 80m예요. 이 밭의 넓이는 몇 a일까요?

____

2.25 m² 3000 m² 32 a 64 a

1.5 km² 0.75 km²

더 생각해 보아요!

그림의 정사각형은 평행사변형 1개와 삼각형 2개로 나누어져 있어요. 정사각형의 넓이가 100cm²라면 삼각형 1개의 넓이는 얼마일까요?

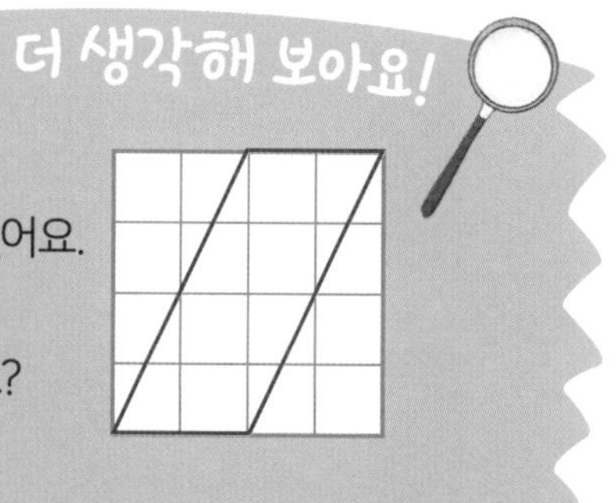

____

5. 넓이가 더 큰 쪽을 따라 길을 찾아보세요.

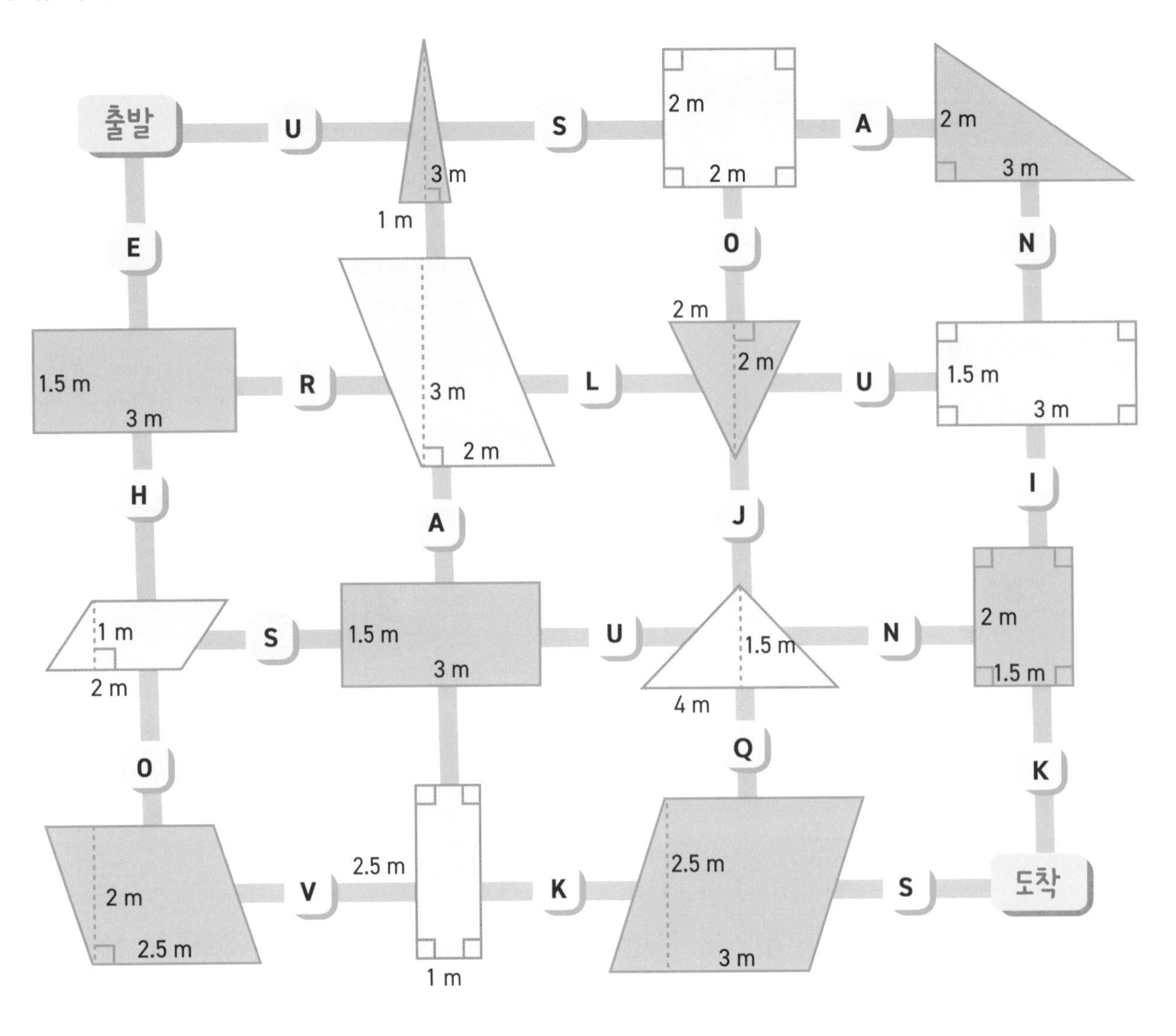

어떤 영어 단어를 찾았나요? ____________________

6. 보기와 같은 삼각형과 사각형을 남는 칸이 없도록 배열해 보세요.

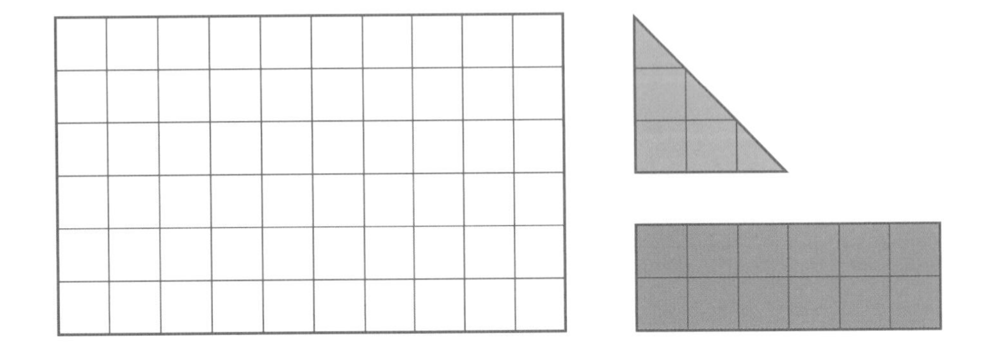

7. 각 아이에게 할당된 땅의 넓이를 공책에 구해 보세요. 할당된 땅은 삼각형, 직사각형, 정사각형, 평행사변형 모양이에요.

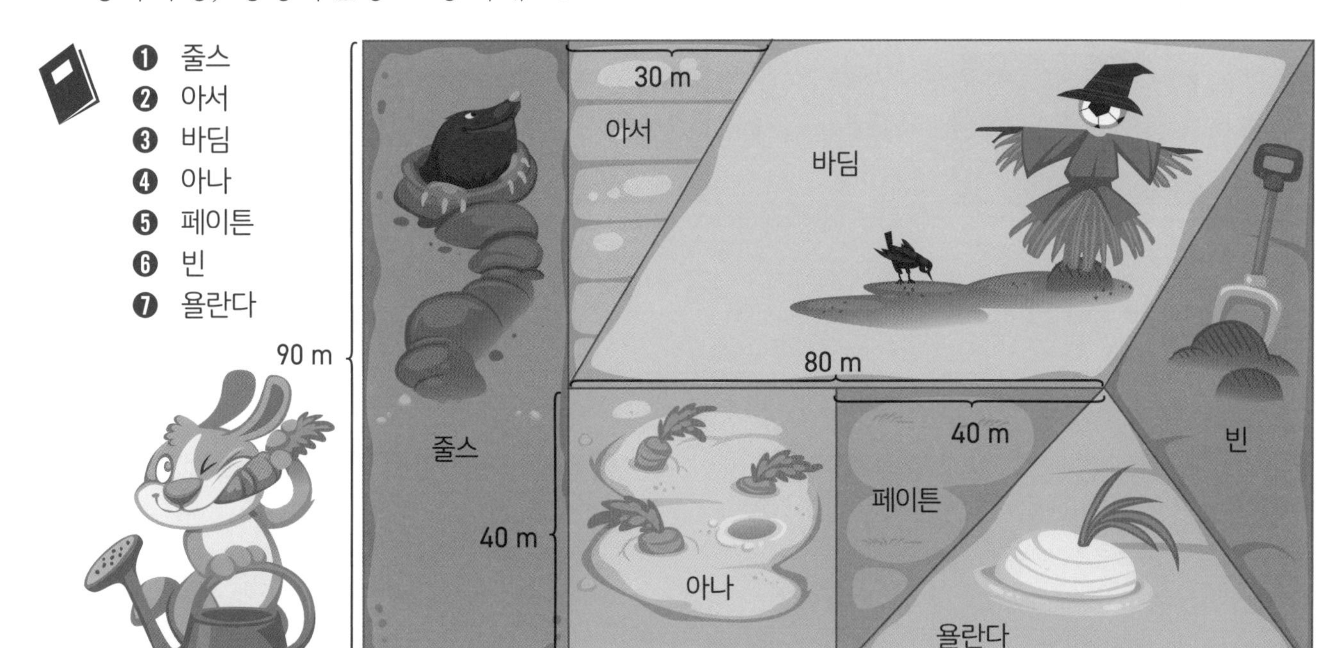

8. 오른쪽과 같은 직사각형들을 이용해서 만들 수 있는 가장 작은 정사각형의 넓이는 얼마일까요?

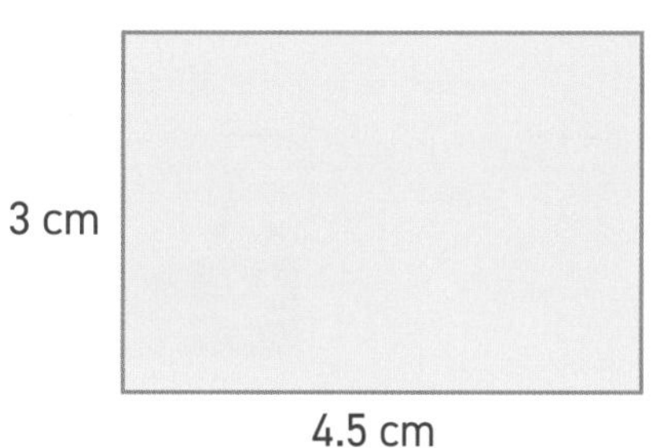

____

한 번 더 연습해요!

1. 공책에 알맞은 식을 세워 도형의 넓이를 구해 보세요.

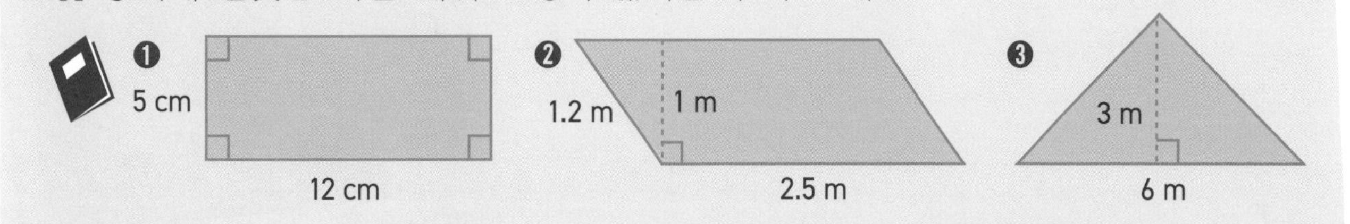

2. 아래 글을 읽고 공책에 알맞은 식을 세워 답을 구해 보세요.

❶ 바닥재는 $1m^2$당 30유로의 비용이 들어요. 바닥 전체의 가로가 4m, 세로가 5m라면 바닥재의 총비용은 얼마일까요?

❷ 평행사변형의 네 변의 길이가 모두 같아요. 이 평행사변형의 둘레는 28m이고, 높이는 5m예요. 이 평행사변형의 넓이는 얼마일까요?

___월 ___일 ___요일

1. 알맞은 식을 세워 도형의 넓이를 구한 후, 정답을 로봇에서 찾아 ○표 해 보세요.

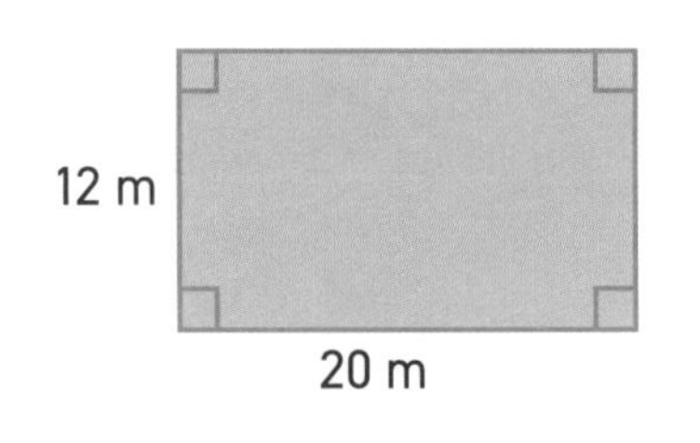

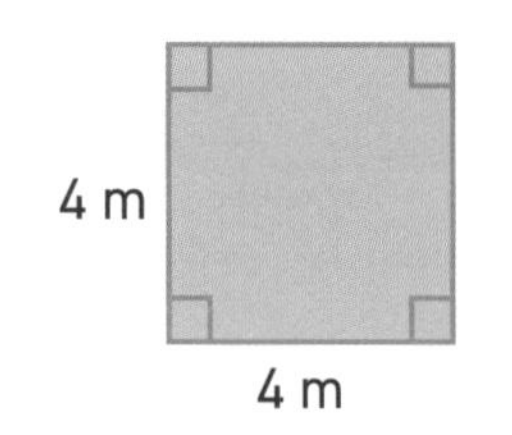

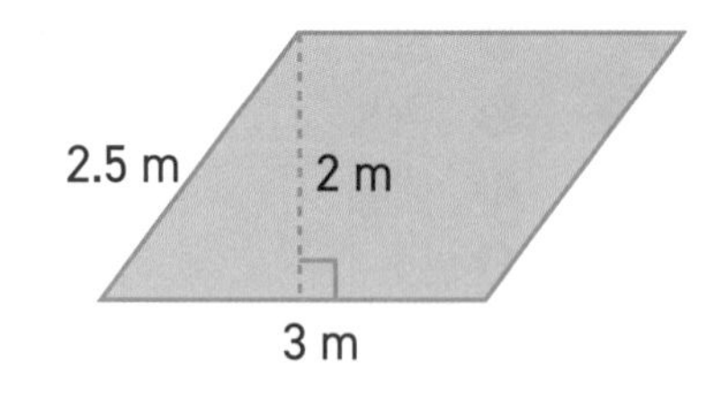

2. 알맞은 식을 세워 삼각형의 넓이를 구한 후, 정답을 로봇에서 찾아 ○표 해 보세요.

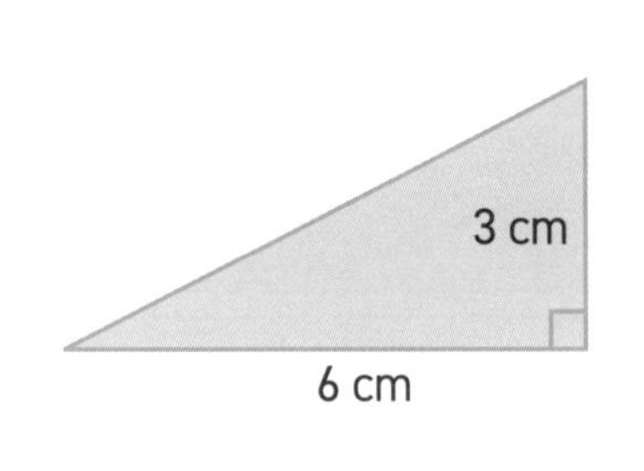

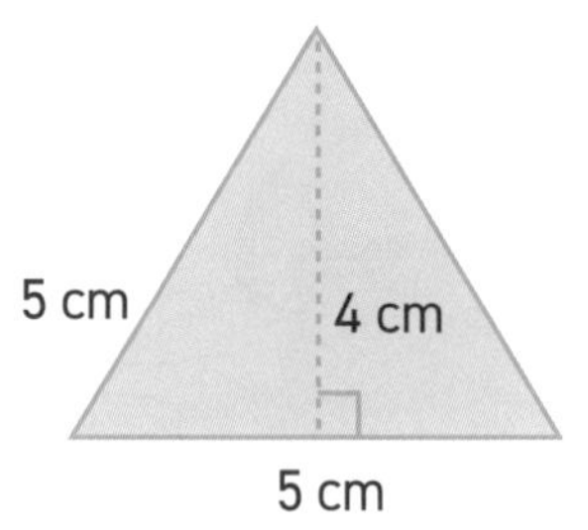

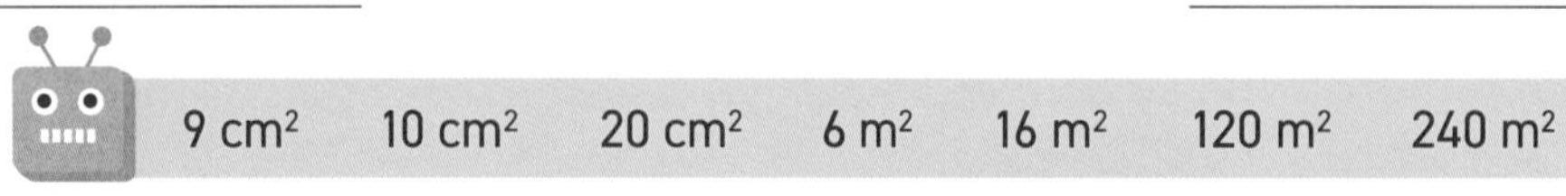

3. 아래 조건을 만족하는 도형을 그려 보세요.

① 넓이가 6cm^{2}인 평행사변형

② 넓이가 8cm^{2}인 직사각형

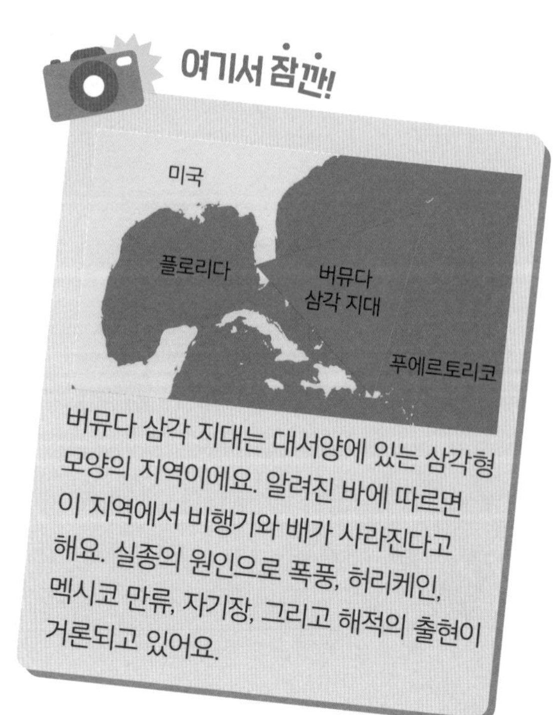

4. 알맞은 식을 세워 답을 구한 후, 정답을 로봇에서 찾아 ○표 해 보세요.

❶ 직사각형 모양의 밭이 있어요. 가로는 60m이고 세로는 70m예요. 이 밭의 넓이는 몇 a일까요?

식 : ______________________

____

정답 : ______________________

❷ 삼각형 모양의 우표가 있어요. 밑변의 길이는 4.2cm이고, 높이는 3cm예요. 이 우표의 넓이는 얼마일까요?

식 : ______________________

____

정답 : ______________________

5. 공책에 도형의 넓이를 구한 후, 정답을 로봇에서 찾아 ○표 해 보세요.

❶

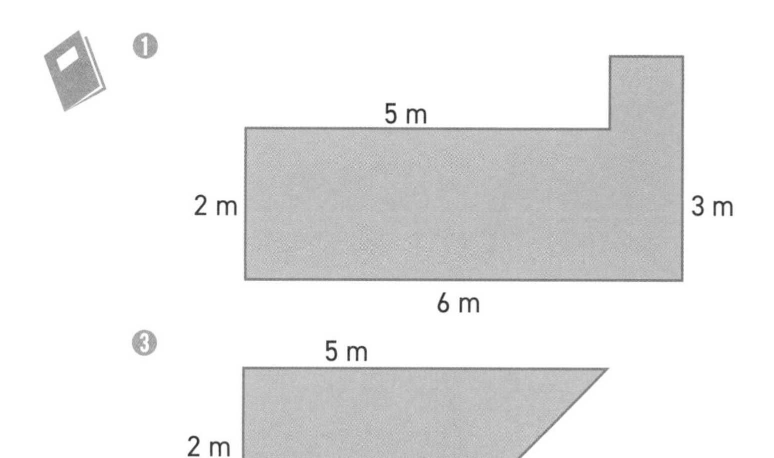

❷

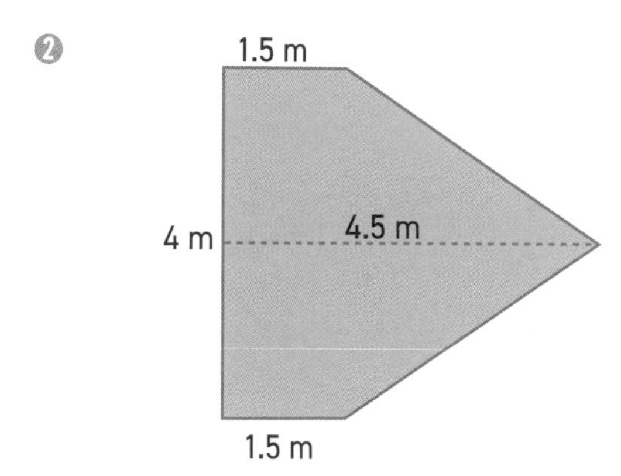

6. 공책에 알맞은 식을 세워 답을 구한 후, 정답을 로봇에서 찾아 ○표 해 보세요.

❶ 어떤 직사각형의 둘레가 14m이고, 넓이는 $10m^2$예요. 이 직사각형에서 길이가 더 긴 변의 길이는 얼마일까요?

____

❷ 어떤 평행사변형의 넓이가 $32cm^2$이고, 길이가 더 짧은 변이 5cm예요. 짧은 변의 길이는 높이보다 더 길어요. 이 평행사변형의 둘레가 26cm라면 높이는 얼마일까요?

____

❸ 어떤 삼각형의 밑변의 길이는 16cm이고, 넓이는 $32cm^2$예요. 이 삼각형의 높이는 얼마일까요?

____

❹ 어떤 정사각형의 둘레는 36cm예요. 이 정사각형의 넓이는 얼마일까요?

____

4 cm　4 cm　6 cm　5 m　8 m　$6.3 cm^2$　$8 m^2$　$12 m^2$　$13 m^2$　$81 cm^2$　42 a

7. 도형의 넓이를 공책에 구해 보세요. 1칸의 넓이는 1cm²예요.

❶

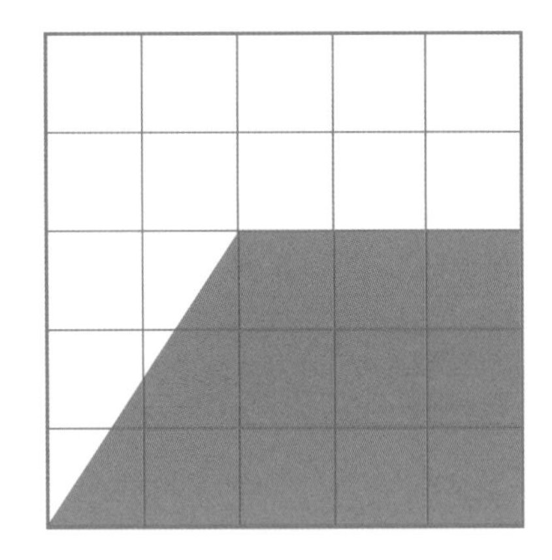

❷

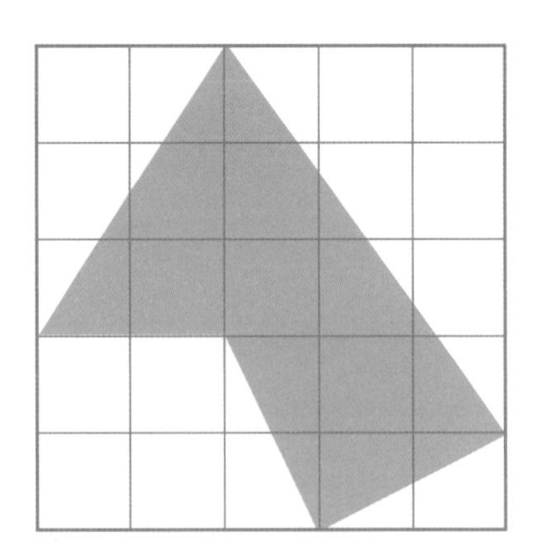

8. 공책에 아래 도형의 넓이를 구해 보세요.

❶ 파란색 테두리 도형 ❷ 주황색 테두리 도형 ❸ 빨간색 테두리 도형

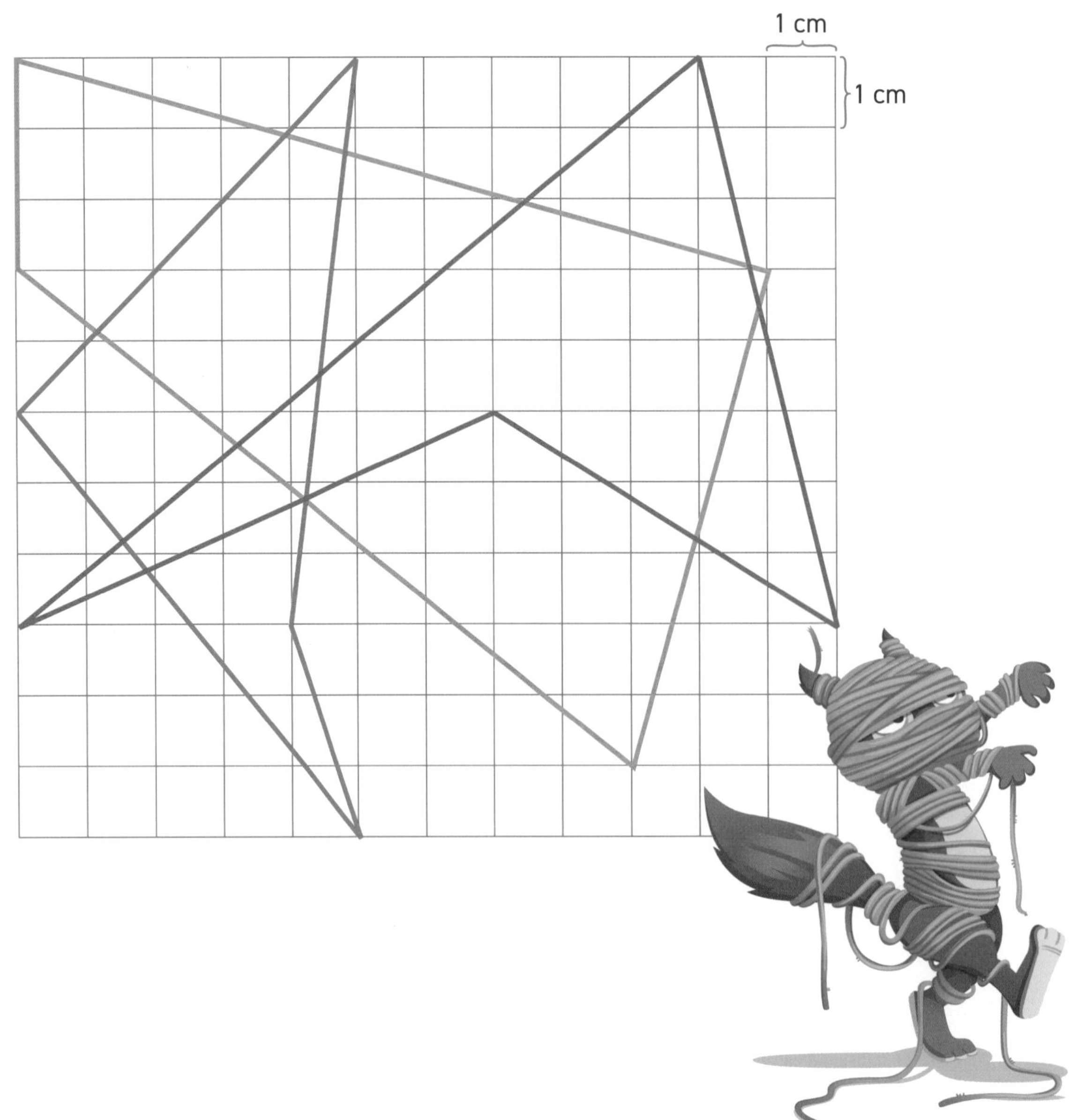

9. 아래 조건을 만족하는 가장 큰 직사각형을 그려 보세요.

❶ 파란색 1칸과 빨간색 1칸이 들어 있는 직사각형

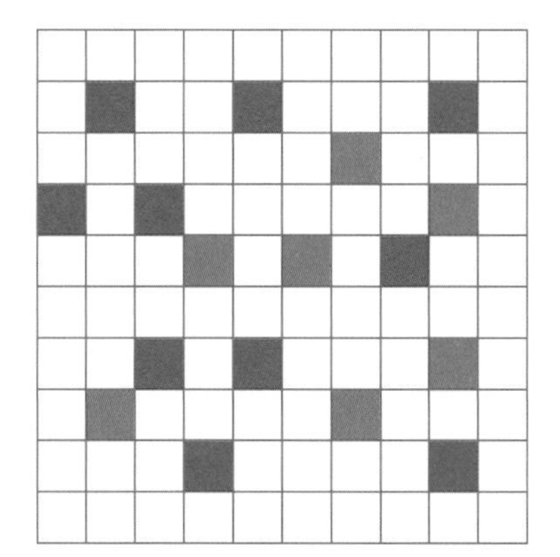

❷ 빨간색 2칸이 들어 있고, 파란색 칸은 없는 직사각형

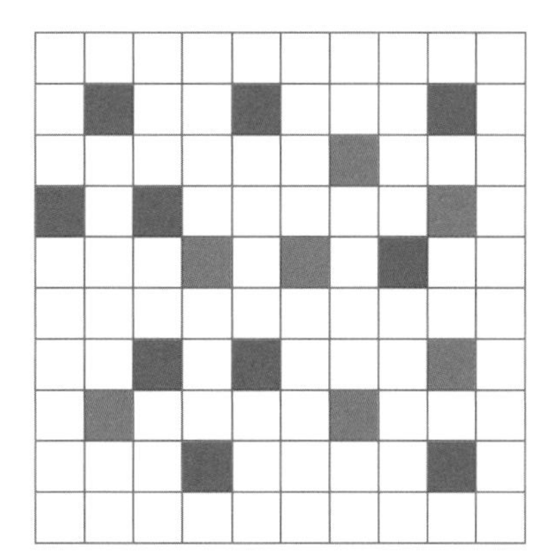

❸ 파란색 3칸이 들어 있고, 빨간색 칸은 없는 직사각형

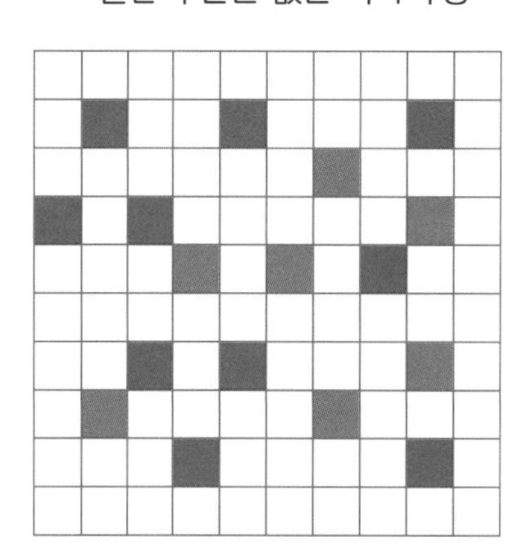

10. 아래 설명을 읽고 공책에 도형을 그려 보세요. 그리고 참 또는 거짓을 써 보세요.

❶ 어떤 직사각형은 같은 모양의 삼각형(방향은 바꿀 수 있음) 2개로 나누어질 수 있어요. ______

❷ 평행사변형 안에 최대한 큰 삼각형을 그린다면 평행사변형의 다른 쪽에 그 삼각형과 모양이 같은 삼각형이 있을 거예요. ______

❸ 직사각형의 넓이가 삼각형의 넓이보다 작으면 그 직사각형은 항상 삼각형 안에 그릴 수 있어요. ______

❹ 직사각형이 아닌 평행사변형 2개로 나누어질 수 있는 직사각형이 존재해요. ______

한 번 더 연습해요!

1. 공책에 도형의 넓이를 계산해 보세요.

❶

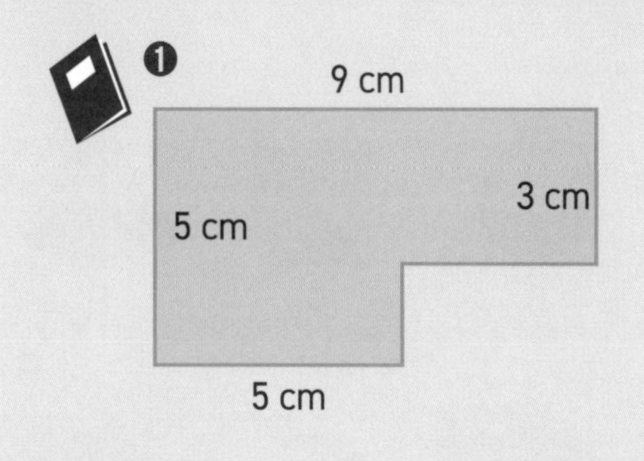

정답 : ______

❷

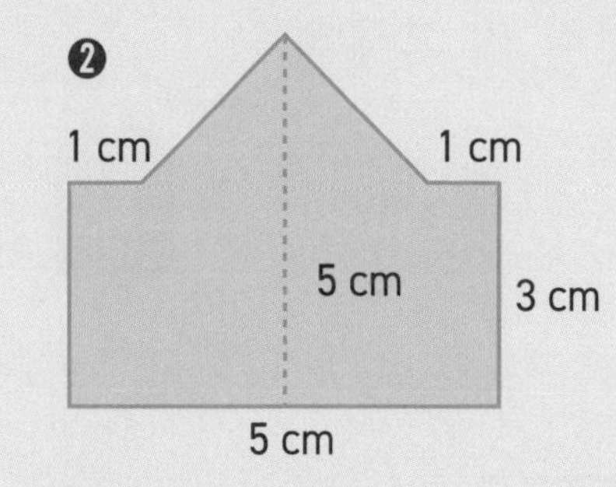

정답 : ______

❸

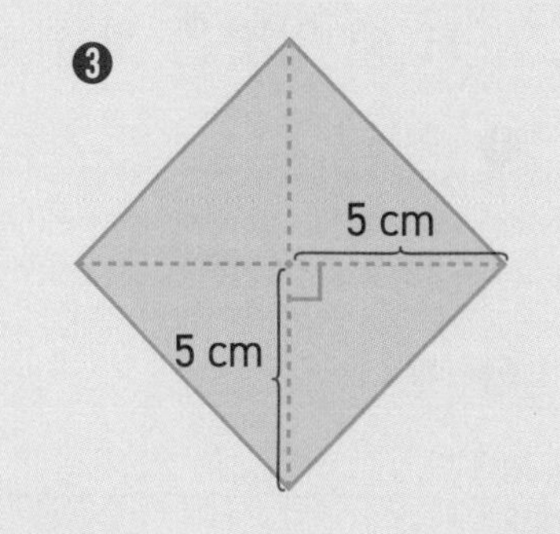

정답 : ______

15 입체도형의 분류

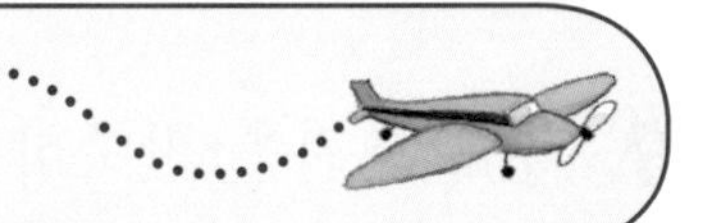

- 아래 도형들은 입체도형이에요.
- 입체도형은 기둥, 뿔 그리고 기타 입체도형으로 분류되어요.

기둥

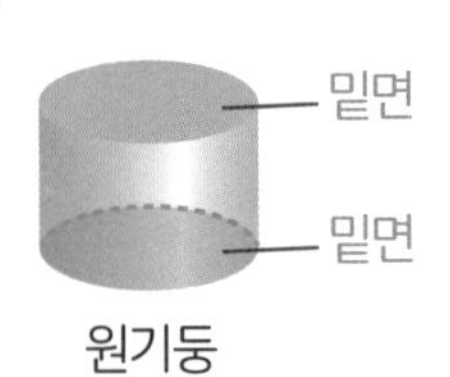

원기둥

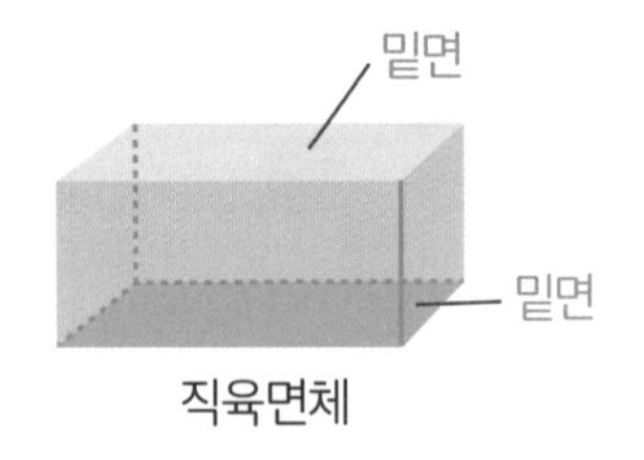

직육면체

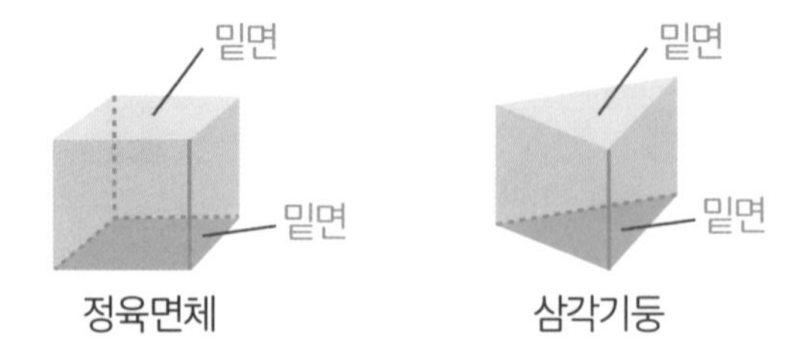

정육면체 삼각기둥

- 기둥은 크기가 같은 밑면이 2개예요.
- 각기둥은 밑면이 다각형인 기둥이에요.
- 정육면체는 가로, 세로, 높이가 모두 같은 다면체예요.
- 모든 면이 직사각형으로 이루어진 사각기둥은 직육면체라고도 불러요.

뿔

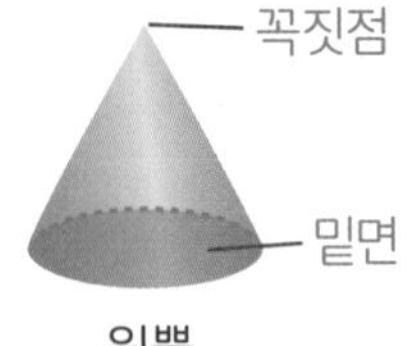

원뿔

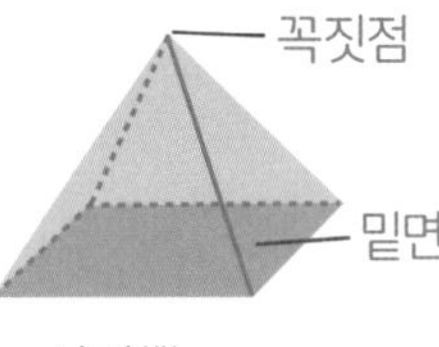
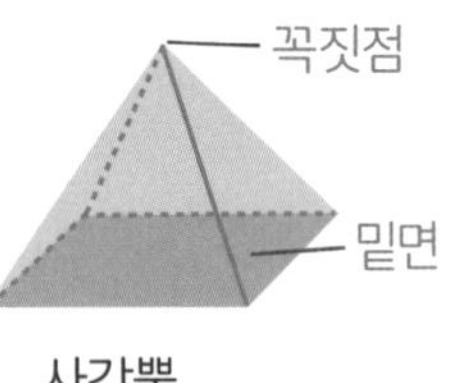

사각뿔

삼각뿔

- 뿔은 꼭짓점이 1개, 밑면이 1개예요.
- 각뿔은 밑면이 다각형이에요.

기타 입체도형

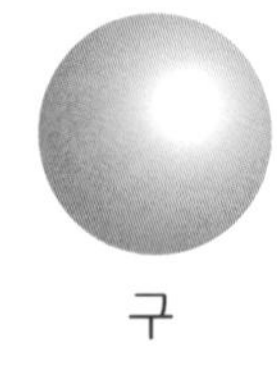
구

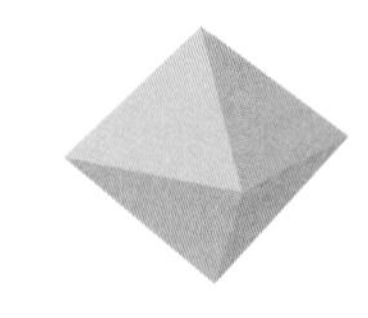

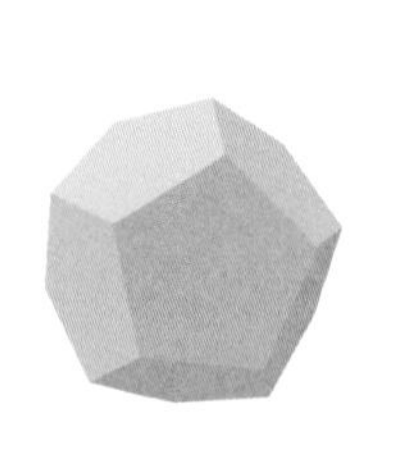

1. A~H 중 알맞은 것을 골라 써 보세요.

❶ 기둥

____

❷ 뿔

____

❸ 구

____

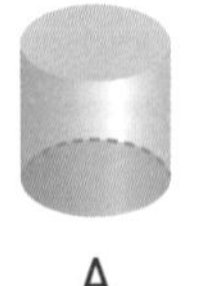
A

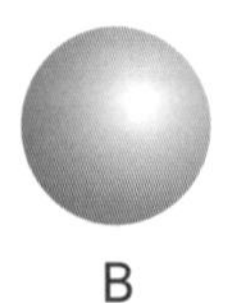
B

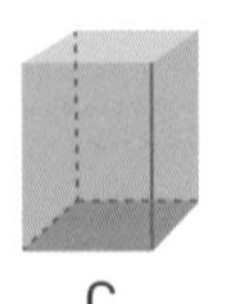
C

D

E

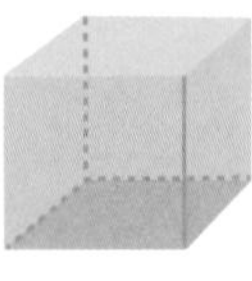
F

G

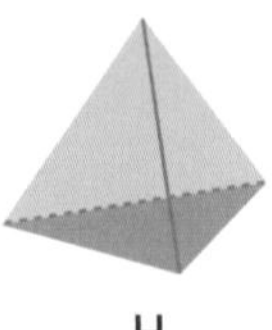
H

2. 아래 도형의 이름을 써 보세요.

❶
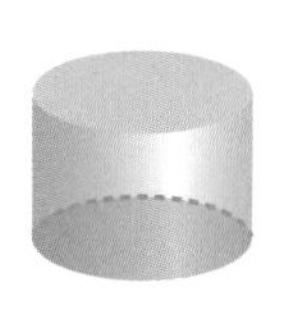

____

❷
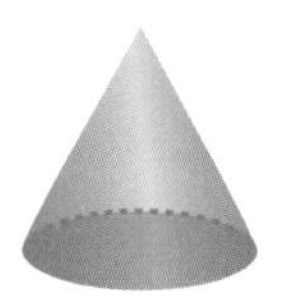

____

❸

____

❹
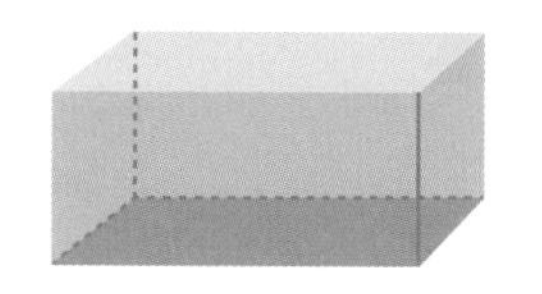

____

❺
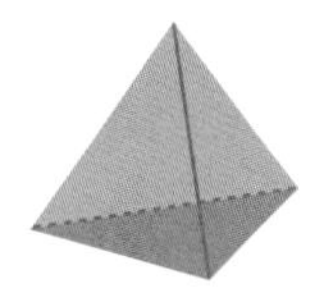

____

❻
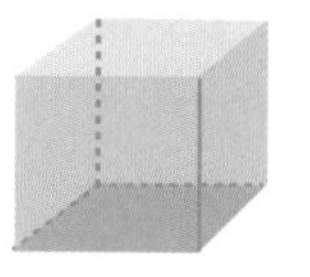

____

3. 아래 그림의 면으로 이루어진 입체도형은 무엇일까요?

❶

____

❷
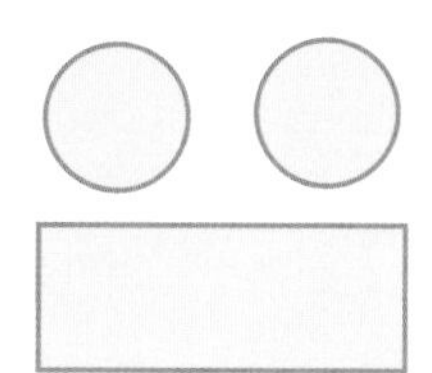

____

❸
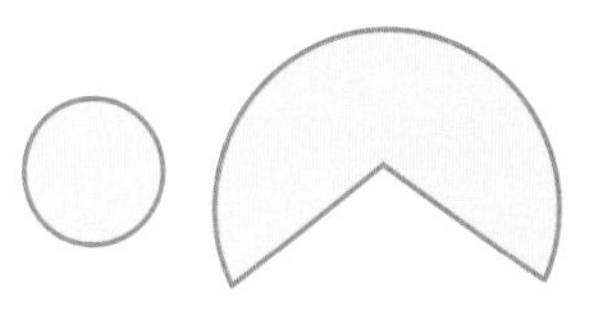

____

❹
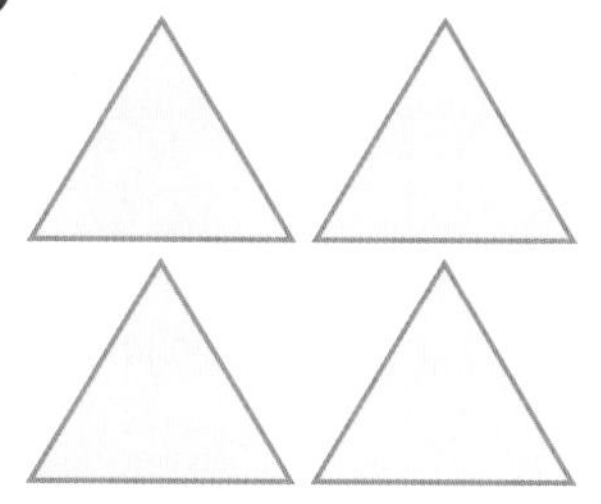

____

더 생각해 보아요!

작은 정육면체의 모서리 길이는 큰 정육면체 모서리 길이의 절반이에요. 작은 정육면체는 큰 정육면체 안에 최대 몇 개까지 들어갈 수 있을까요?

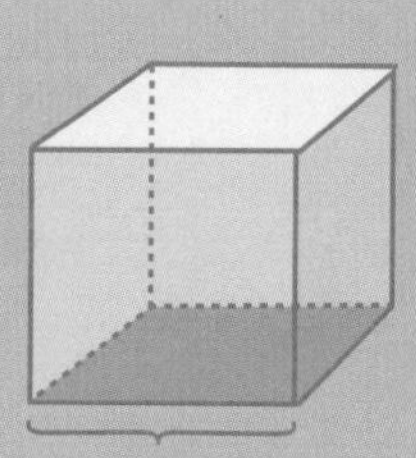

____

4. 기둥을 따라 길을 찾아보세요. 길 위의 알파벳을 모으면 어떤 인사말이 만들어질까요?

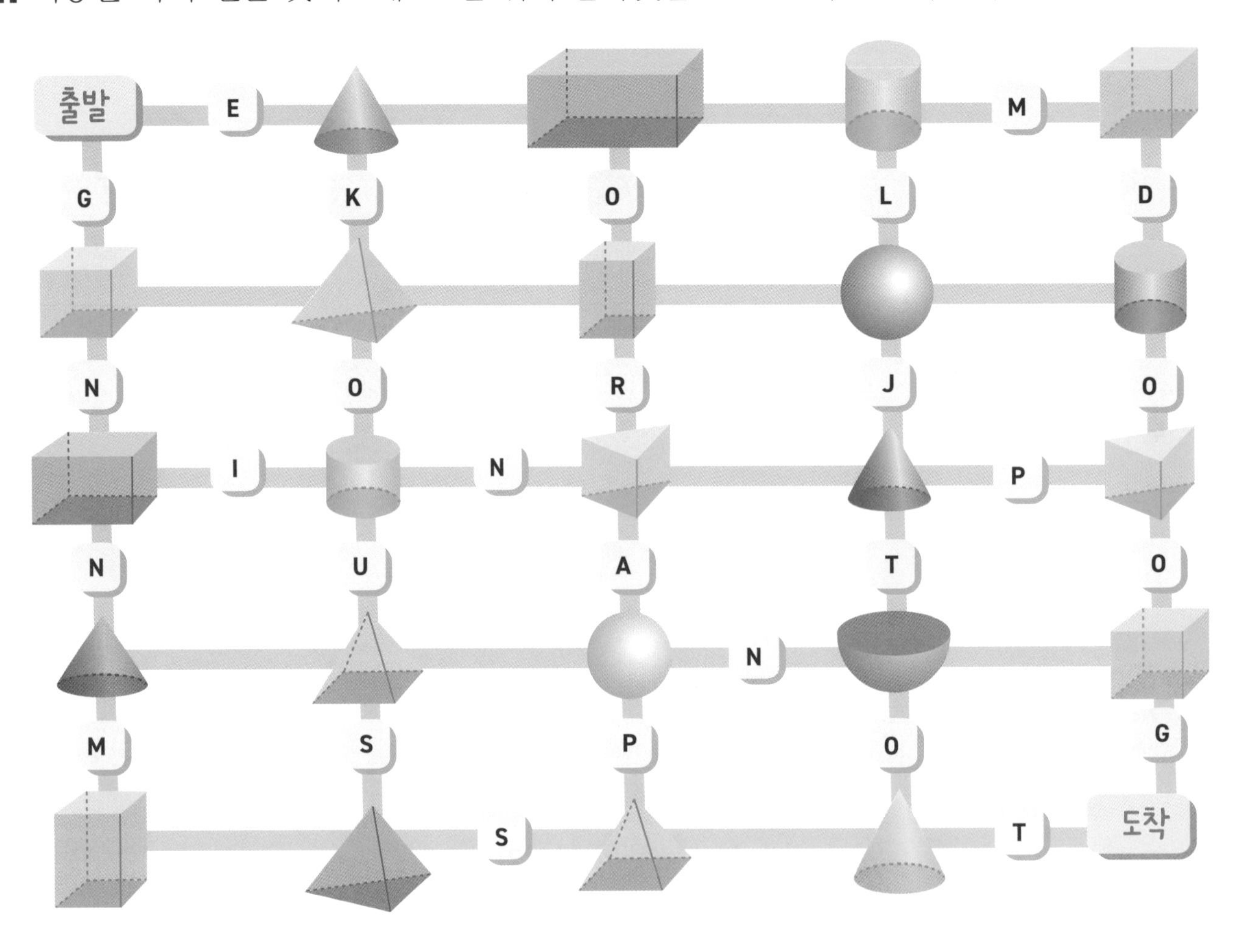

____

5. 직육면체를 색칠해 보세요.

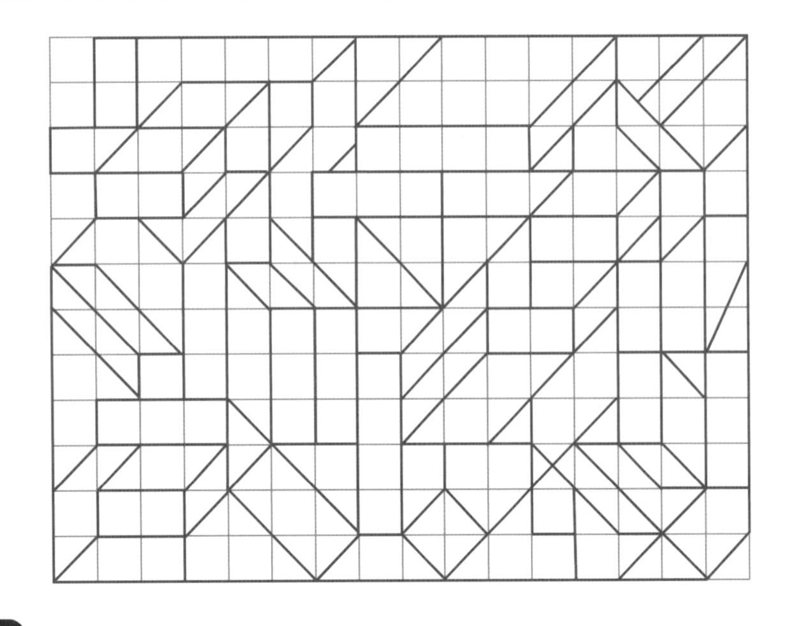

6. 아래와 같은 작은 정육면체를 이용하여 큰 직육면체를 만들려고 해요. 작은 정육면체가 몇 개 필요할까요?

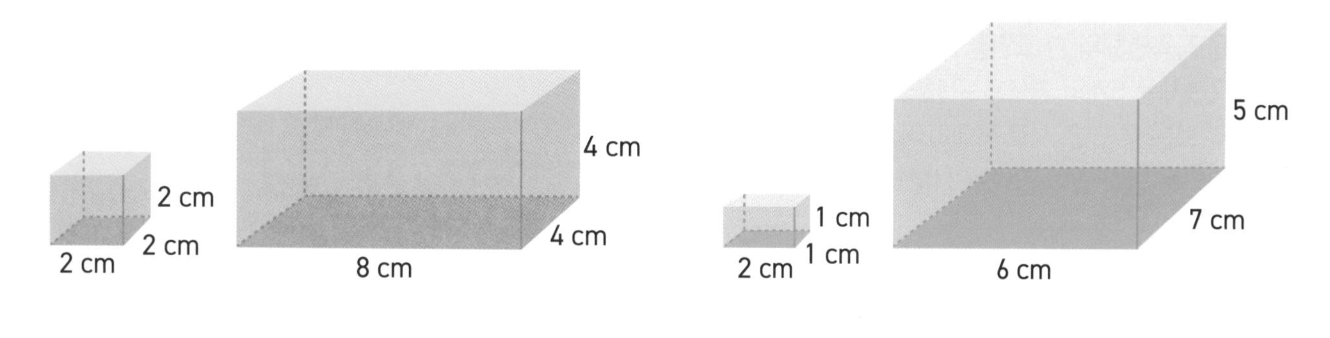

7. 정육면체는 정사각형 모양의 면 6개로 둘러싸여 있어요. 작은 정육면체로 이루어진 큰 정육면체의 표면에 페인트를 칠했어요. 아래 조건을 만족하는 작은 정육면체는 몇 개일까요?

❶ 면이 3곳 칠해진 정육면체 ________

❷ 면이 2곳 칠해진 정육면체 ________

❸ 면이 1곳 칠해진 정육면체 ________

❹ 면이 전혀 칠해지지 않은 정육면체 ________

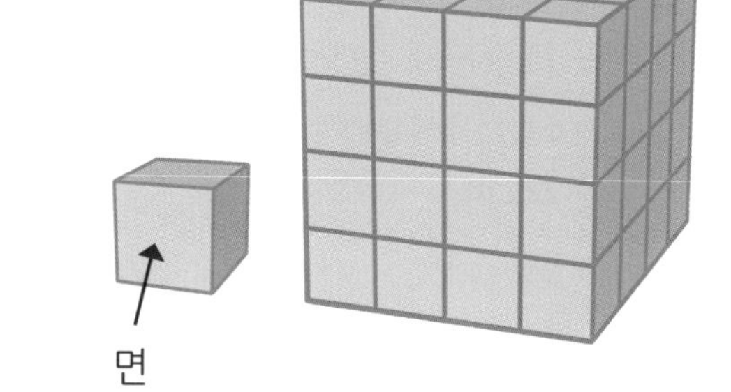

한 번 더 연습해요!

1. A~H 중 알맞은 것을 골라 써 보세요.

❶ 기둥

____

❷ 뿔

____

❸ 직육면체

____

❹ 구

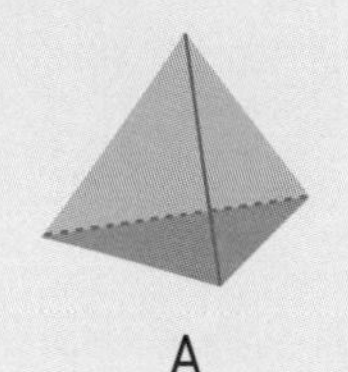
A

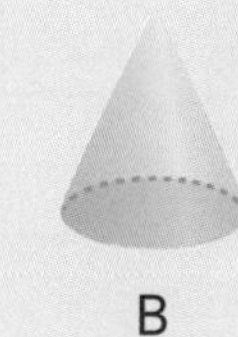
B

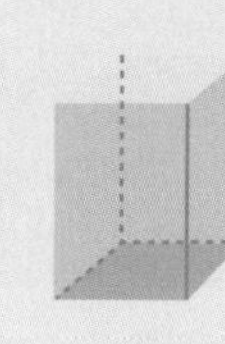
C

D

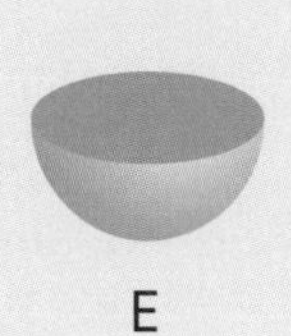
E

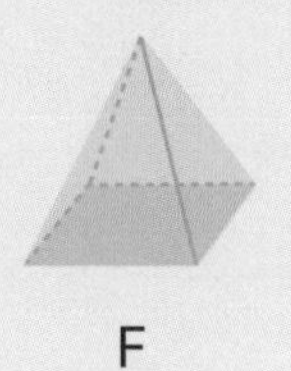
F

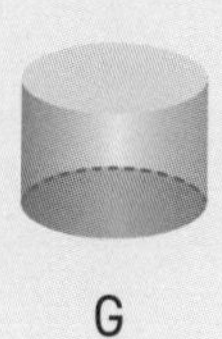
G

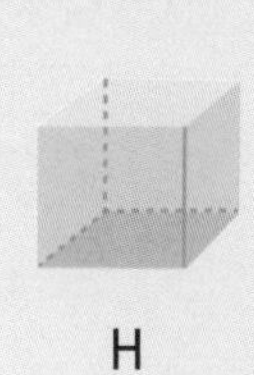
H

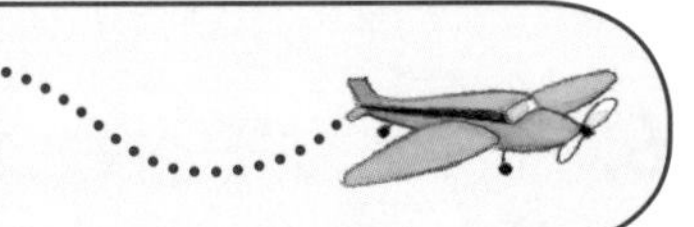

16 직육면체의 겉넓이

- 면은 직육면체의 한 표면을 의미해요.
- 직육면체는 6개의 면으로 구성되어 있어요.
- 마주 보는 두 면은 서로 평행하며 합동이에요.
- 모서리는 면과 면이 만나는 선분을 말해요.

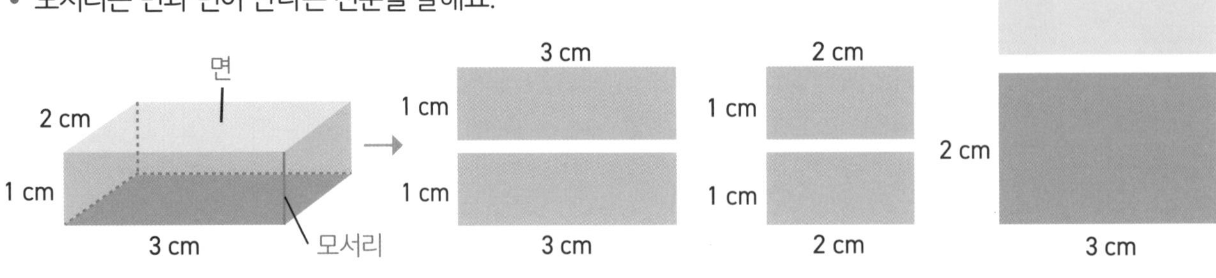

직육면체　　　　직육면체의 6면

직육면체의 겉넓이는 겉면의 넓이를 모두 더한 값이에요.

겉넓이 $= 2 \times (3\ \text{cm} \times 1\ \text{cm}) + 2 \times (2\ \text{cm} \times 1\ \text{cm}) + 2 \times (3\ \text{cm} \times 2\ \text{cm})$

$= 2 \times 3\ \text{cm}^2 + 2 \times 2\ \text{cm}^2 + 2 \times 6\ \text{cm}^2$

$= 6\ \text{cm}^2 + 4\ \text{cm}^2 + 12\ \text{cm}^2$

$= 22\ \text{cm}^2$

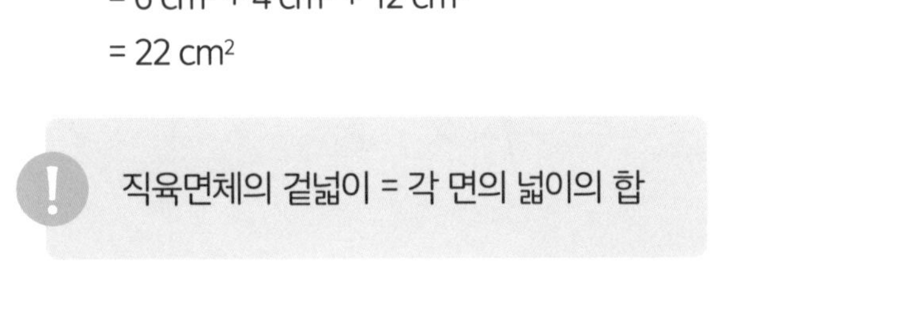

! 직육면체의 겉넓이 = 각 면의 넓이의 합

1. 그림을 보고 질문에 답해 보세요.

❶ 직육면체의 한 면의 가로와 세로의 길이를 써 보세요.

❷ 직육면체의 겉넓이를 구해 보세요.

2. 공책에 직육면체의 겉넓이를 구해 보세요.

❶

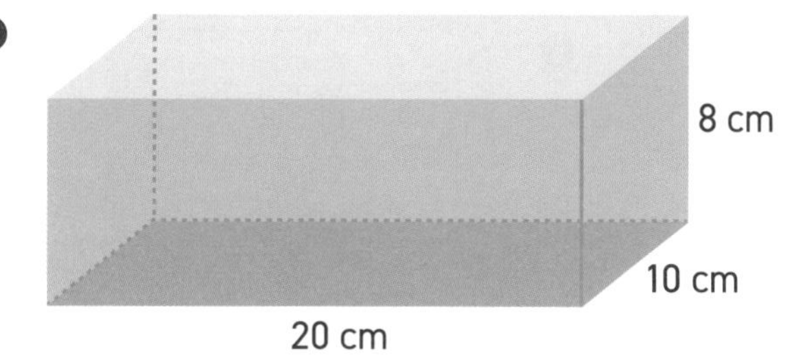

❷

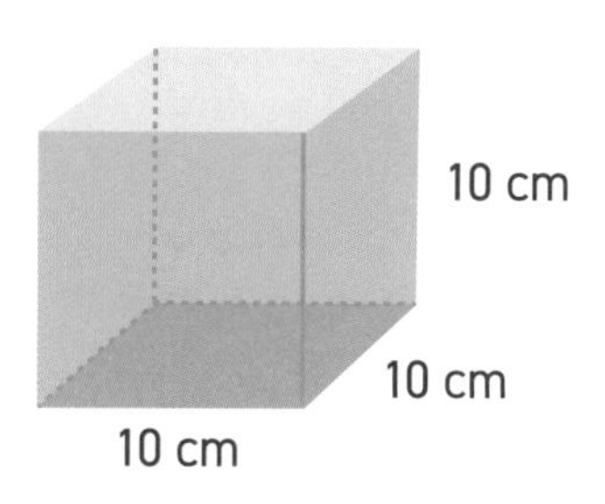

3. 아래 글을 읽고 공책에 알맞은 식을 세워 답을 구해 보세요.

❶ 직육면체 모양의 소포가 있어요. 가로가 15cm, 높이가 10cm, 세로가 20cm예요. 가장 큰 면의 넓이는 얼마일까요?

❷ 상자의 밑면이 탁자의 $\frac{1}{3}$을 차지해요. 상자의 세로가 1.0m, 가로가 0.5m, 높이가 0.2m라면 탁자의 넓이는 얼마일까요?

❸ 어떤 직육면체의 가로가 40cm, 세로가 50cm, 높이가 20cm예요. 직육면체를 다 덮으려면 종이가 얼마나 필요할까요?

❹ 모서리가 2m인 정육면체에 페인트를 칠했어요. 페인트 1통으로 5m를 칠할 수 있어요. 정육면체를 다 칠하는 데 페인트 몇 통이 필요할까요?

더 생각해 보아요!

그림의 판지를 이용해서 높이 5cm의 정육면체를 만들 수 있을까요, 없을까요? 이유를 설명해 보세요.

12 cm

12 cm

4. 작은 정육면체가 몇 개 있을까요?

❶

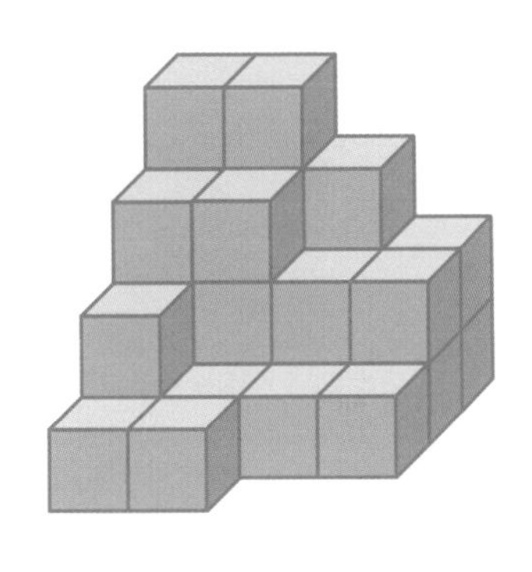

❷

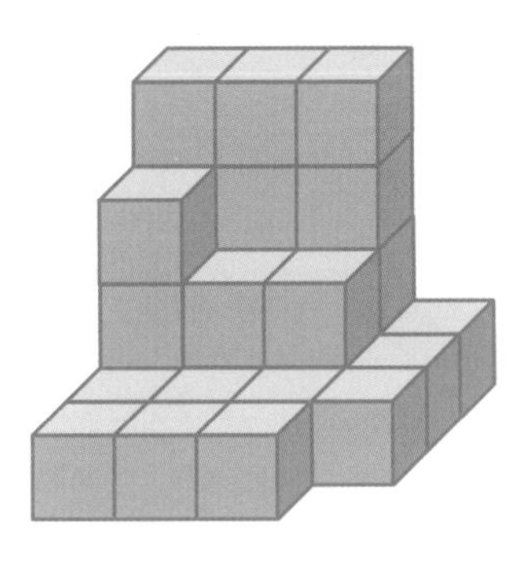

❸

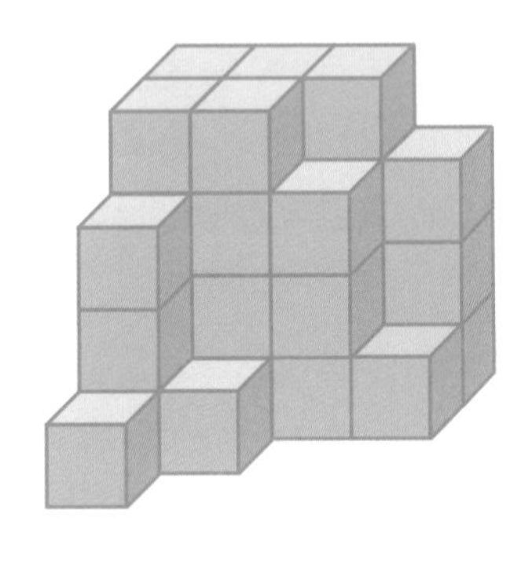

❹

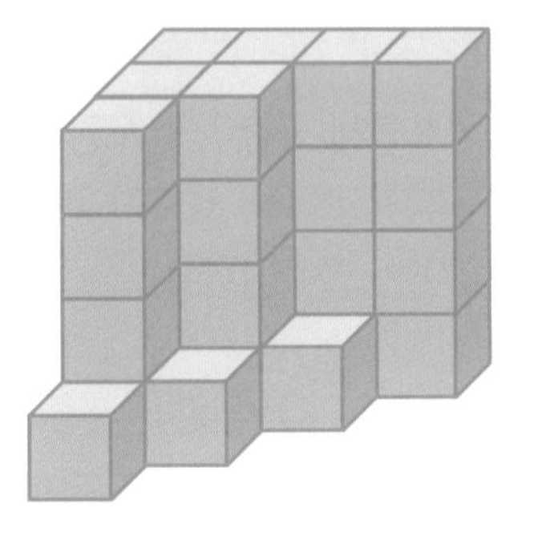

5. 그림의 판지를 접어서 직육면체를 만들려고 해요. 옆의 모눈종이에 직육면체의 면을 모두 그려 보세요.

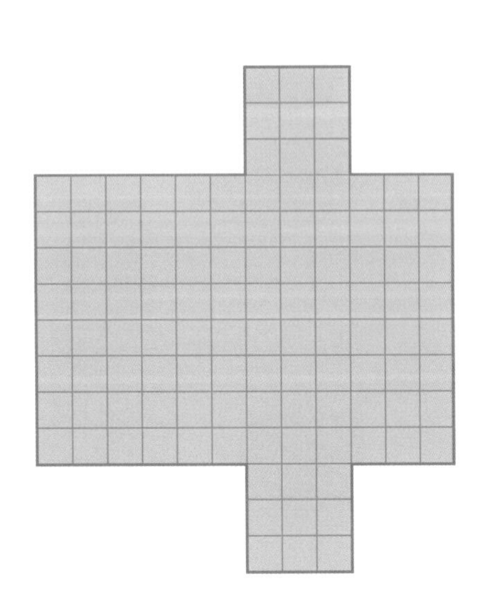

6. 그림의 종이를 접어서 덮개가 없는 직육면체 모양의 상자를 만들려고 해요. 상자의 겉넓이가 20칸이 되기 위해 잘라내야 하는 부분을 모눈종이에 색칠해 보세요.

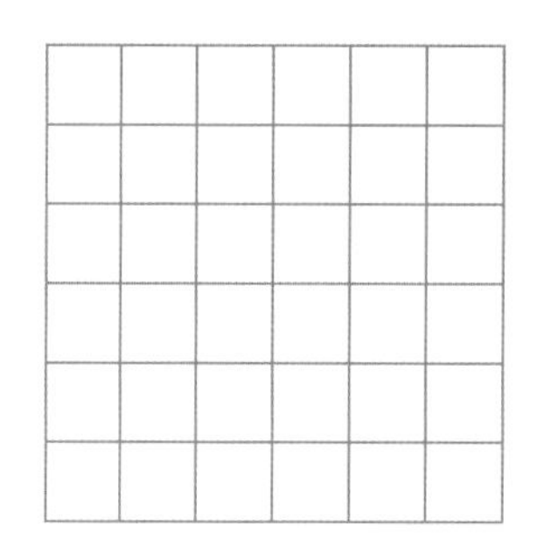

7. ❶~❻ 중에서 직육면체를 만들 수 있는 면으로 구성된 것은 어떤 것일까요?

❶
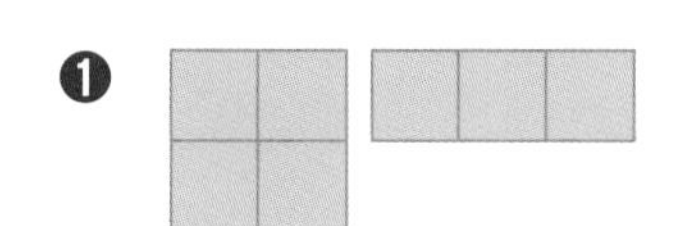

❷
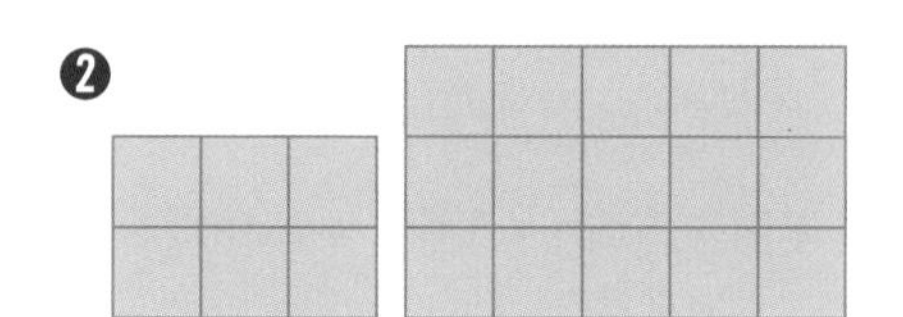

❸
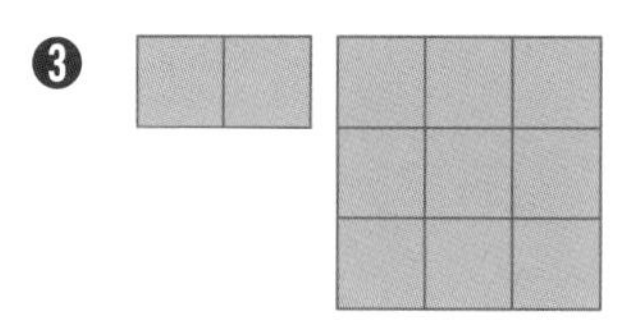

❹

❺
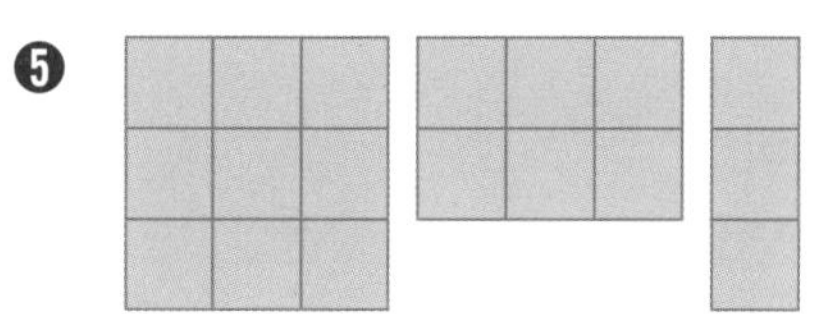

❻
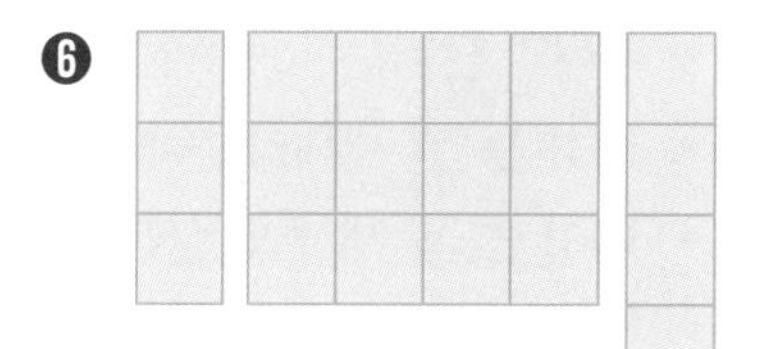

한 번 더 연습해요!

1. 공책에 알맞은 식을 세워 답을 구해 보세요.

❶ 어떤 정육면체의 높이가 20cm예요. 이 정육면체를 다 덮으려면 종이가 얼마나 필요할까요?

______

❷ 어떤 상자의 가로가 40cm, 세로가 50cm, 높이가 25cm예요. 이 상자에서 가장 작은 면의 넓이는 얼마일까요?

______

❸ 직육면체 모양의 상자가 있어요. 가로가 30cm, 세로가 40cm, 높이가 20cm예요. 덮개가 없는 이 상자의 겉넓이는 얼마일까요?

______

❹ 어떤 정육면체의 겉넓이가 24cm^{2}라면 이 정육면체의 한 면의 넓이는 얼마일까요?

______

2. 공책에 직육면체의 겉넓이를 구해 보세요.

❶
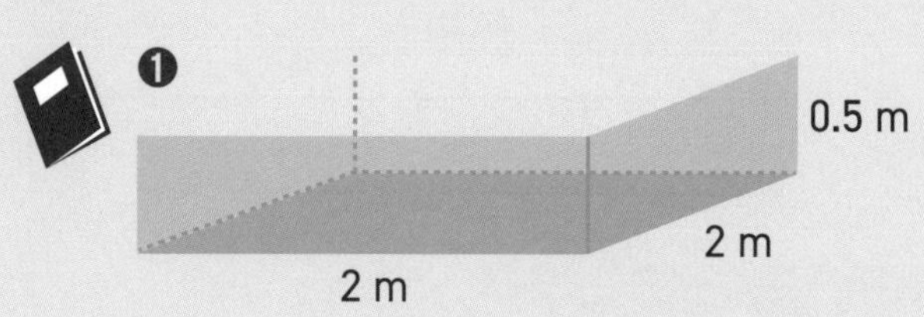

❷
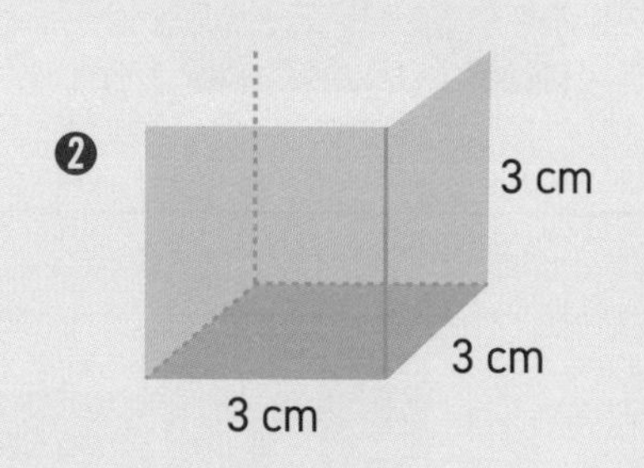

직육면체의 부피

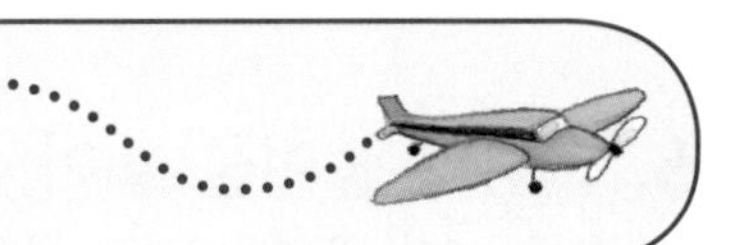

- 직육면체의 부피는 가로, 세로, 높이를 곱해서 계산해요.
- 1데시미터는 1미터의 10분의 1이에요. 1dm = 10cm = 0.1m

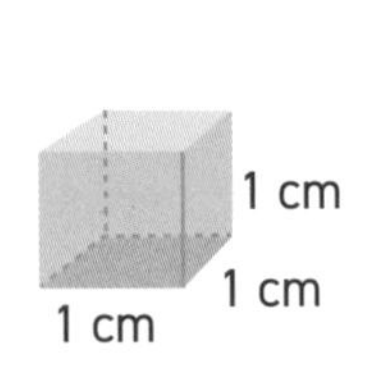

부피 = 1 cm × 1 cm × 1 cm
= 1 cm^3

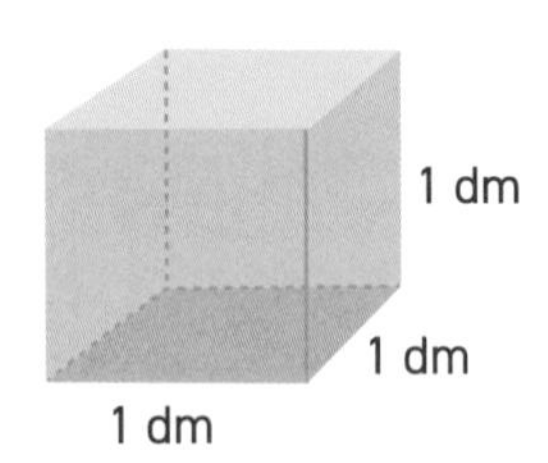

부피 = 1 dm × 1 dm × 1 dm
= 1 dm^3

- 부피의 단위는 1cm^3와 1dm^3예요.
- 1cm^3는 '일 세제곱센티미터'라고 읽어요.
- 1dm^3는 '일 세제곱데시미터'라고 읽어요.
- 1세제곱데시미터는 1리터와 같아요. 1dm^3 = 1L

직육면체의 부피 = 가로 × 세로 × 높이

상자의 부피를 계산해 보세요.

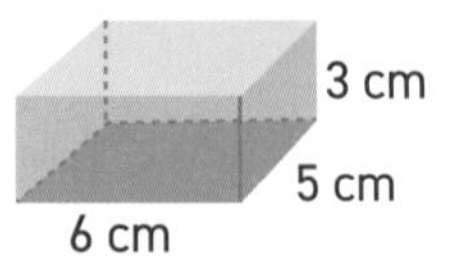

부피 = 6 cm × 5 cm × 3 cm
= 90 cm^3
정답 : 90 cm^3

수조 안에 들어갈 수 있는 물은 몇 L일까요?

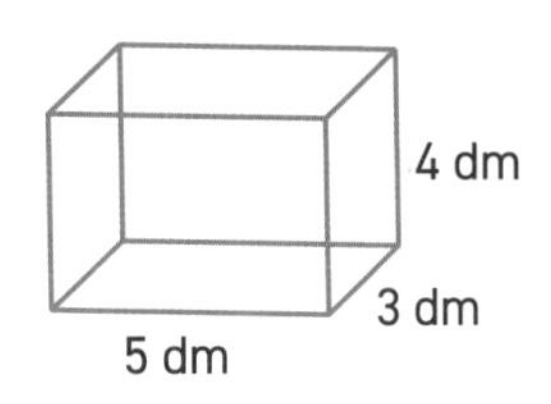

부피 = 5 dm × 3 dm × 4 dm
= 60 dm^3 = 60 L
정답 : 60 L

1. 직육면체의 부피를 알맞은 식을 세워 구한 후, 정답을 로봇에서 찾아 ○표 해 보세요.

❶

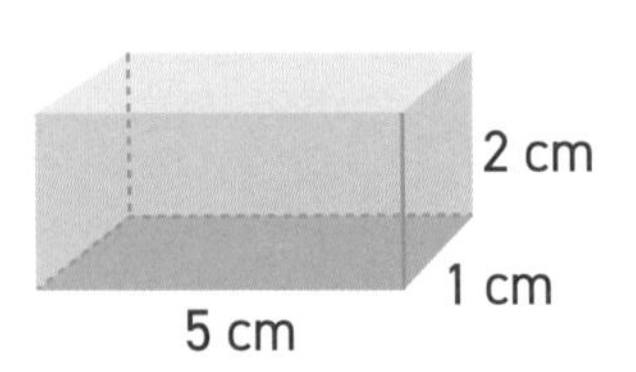

____

____

❷

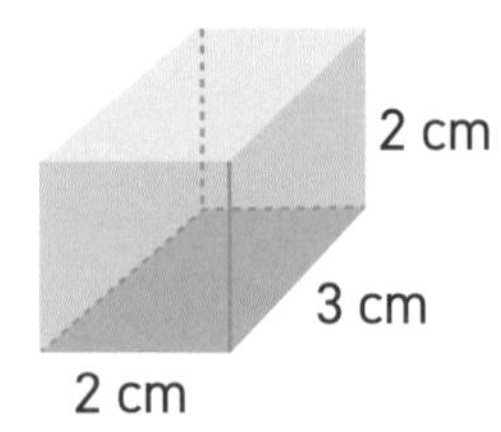

____

____

❸

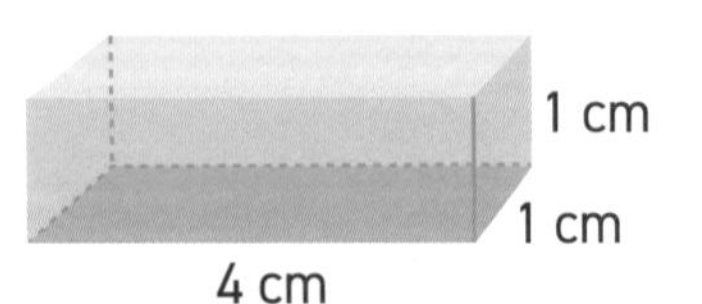

____

____

❹

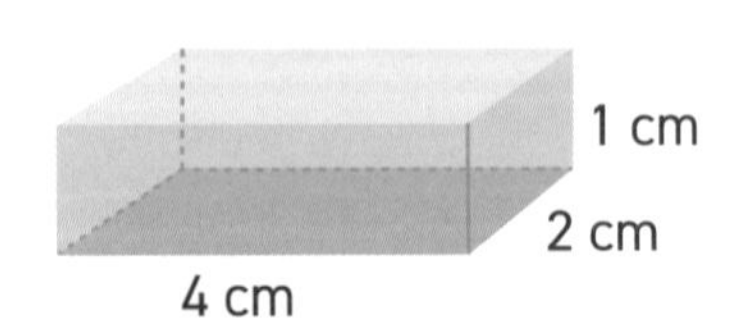

____

____

4 cm^3 6 cm^3 8 cm^3 9 cm^3 10 cm^3 12 cm^3

2. 수조의 부피를 L로 계산한 후, 정답을 로봇에서 찾아 ○표 해 보세요.

❶
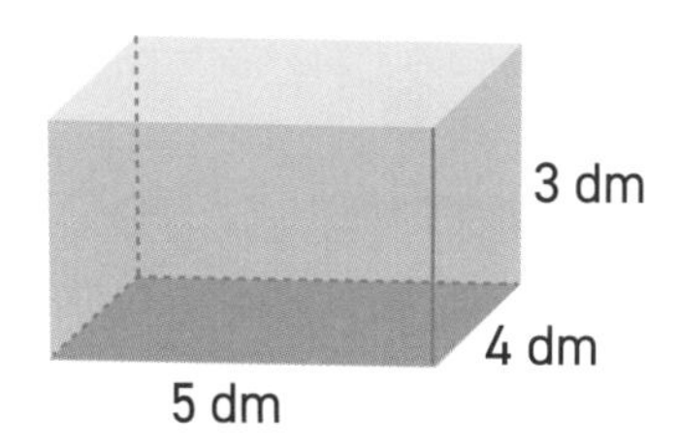

❷
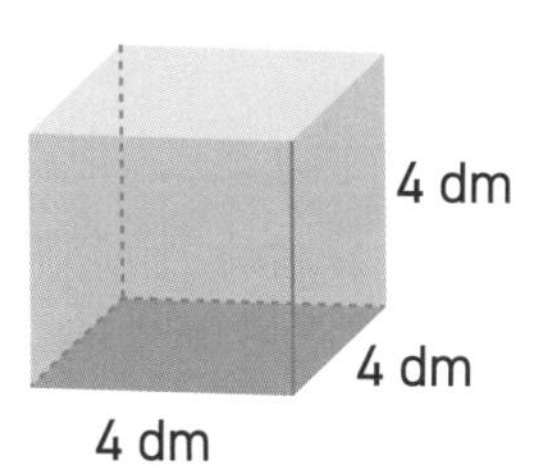

❸
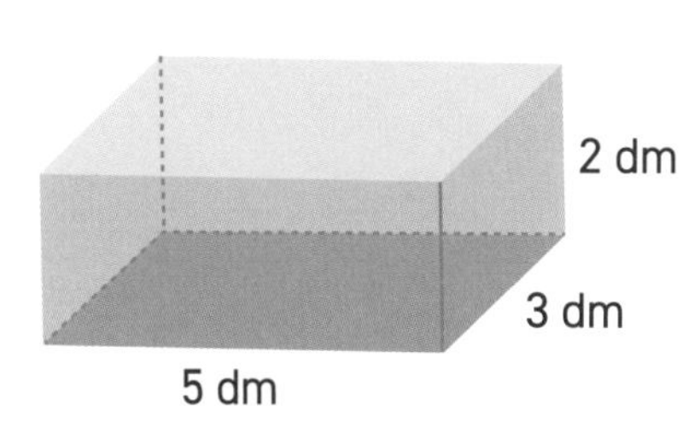

❹
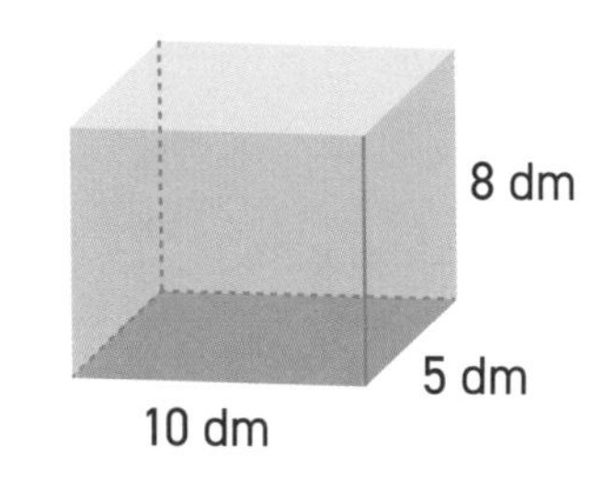

3. 공책에 알맞은 식을 세워 답을 구한 후, 정답을 로봇에서 찾아 ○표 해 보세요.

❶ 어떤 상자의 가로가 4cm, 세로가 6cm, 높이가 1cm예요. 이 상자의 부피는 얼마일까요?

❷ 세로가 5dm, 가로가 5dm, 높이가 4dm인 어항이 있어요. 이 어항에 물을 가득 채우려면 몇 L가 필요할까요?

❸ 높이가 3dm, 가로가 1.5dm, 세로가 1.0dm인 통이 있어요. 이 통의 부피는 몇 L일까요?

❹ 세로가 4dm, 가로가 4dm, 높이가 3dm인 어항이 있어요. 이 어항에 물을 가득 채우려면 2L씩 채워진 수조를 이용해야 해요. 수조에서 물을 몇 번 비워야 할까요?

20 24 20 cm³ 24 cm³ 4.5 L 30 L 60 L 64 L 100 L 400 L

더 생각해 보아요!

화가가 직육면체 모양의 상자에 페인트 1L를 부었어요. 이 상자의 밑면의 가로는 2.5dm, 세로는 2dm예요. 페인트가 있는 지점까지의 높이는 몇 cm일까요?

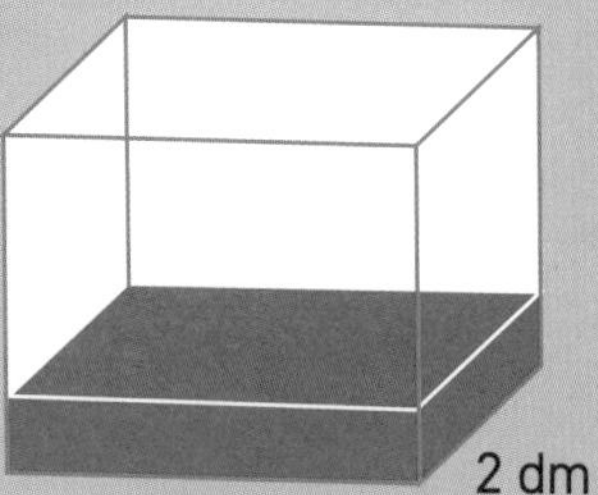

4. 아래 도형을 직육면체로 만들기 위해 더 필요한 작은 정육면체는 최소 몇 개일까요?

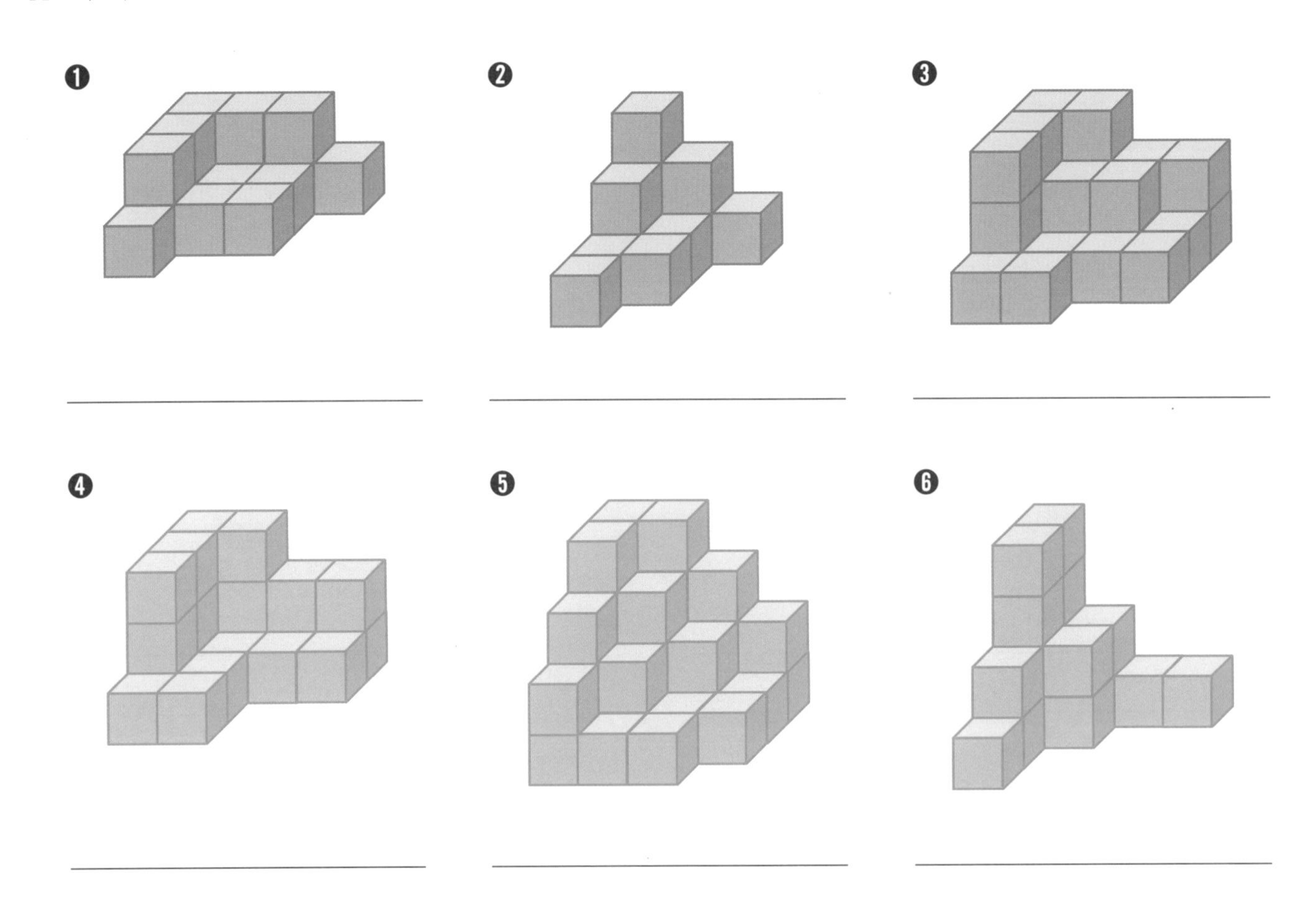

5. 아래 수조에 주어진 부피의 물이 들어 있어요. 물이 차 있는 지점을 수조에 표시해 보세요.

❶ 물 50리터

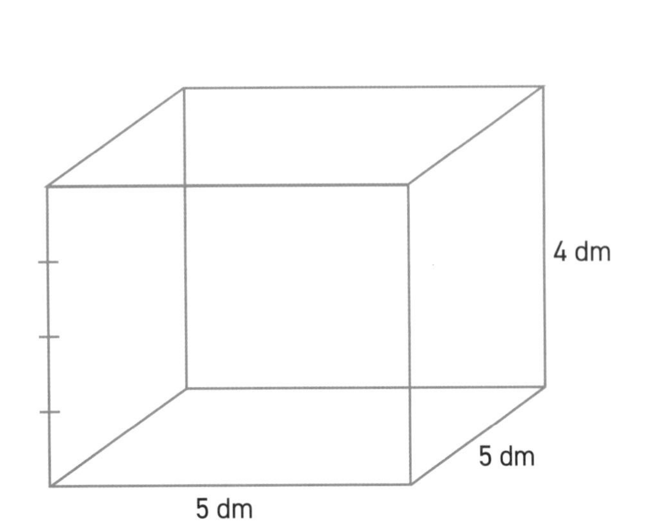

❷ 물 80리터

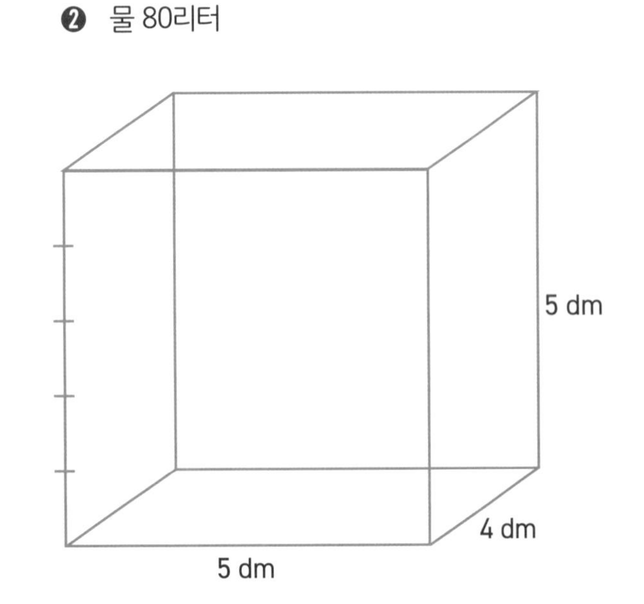

6. 작은 직육면체는 큰 직육면체 안에 최대 몇 개까지 들어갈 수 있을까요?

❶ ________

❷ ________

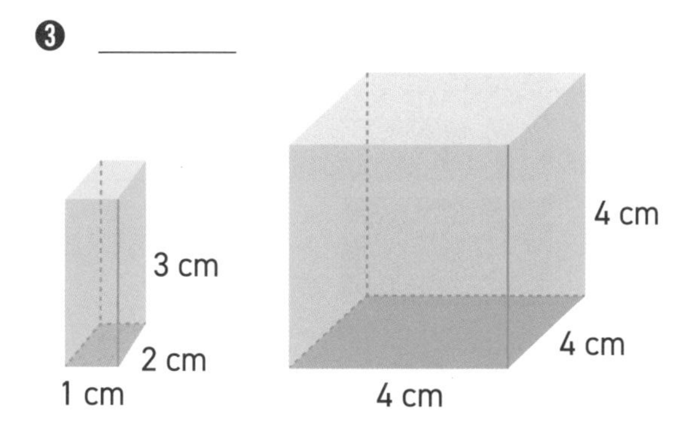

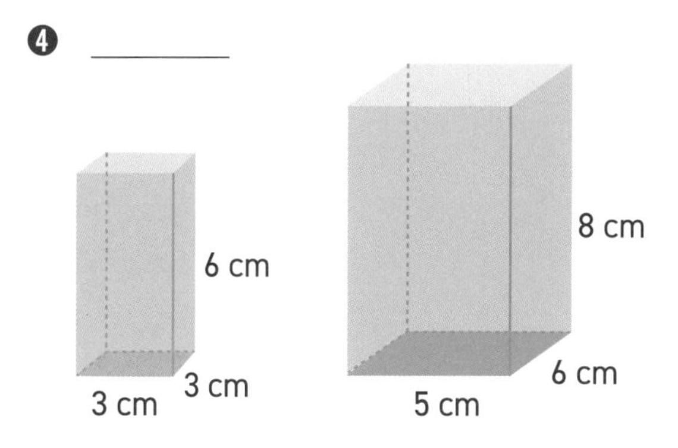

❸ ________

❹ ________

3 cm
2 cm
1 cm
4 cm
4 cm
4 cm

6 cm
3 cm
3 cm
8 cm
5 cm
6 cm

한 번 더 연습해요!

1. 그림을 보고 알맞은 식을 세워 직육면체의 부피를 구해 보세요.

❶

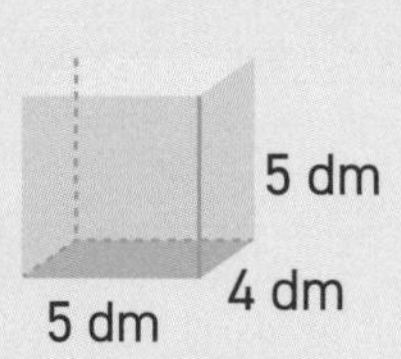

❷

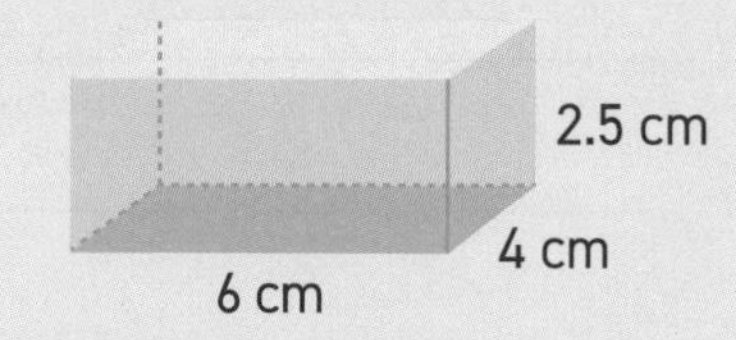

2. 공책에 알맞은 식을 세워 부피를 구해 보세요.

❶ 정육면체의 한 모서리가 2dm예요.
이 정육면체의 부피는 얼마일까요?

❷ 꽃 화분의 세로가 6.0dm, 가로가 1.5dm,
높이가 2.0dm예요. 화분을 가득 채우려면
흙이 몇 L 필요할까요?

7. 그림에 있는 면은 같은 직육면체에서 나온 면이에요. 모눈종이에 이 직육면체의 또 다른 면을 그려 보세요.

❶ 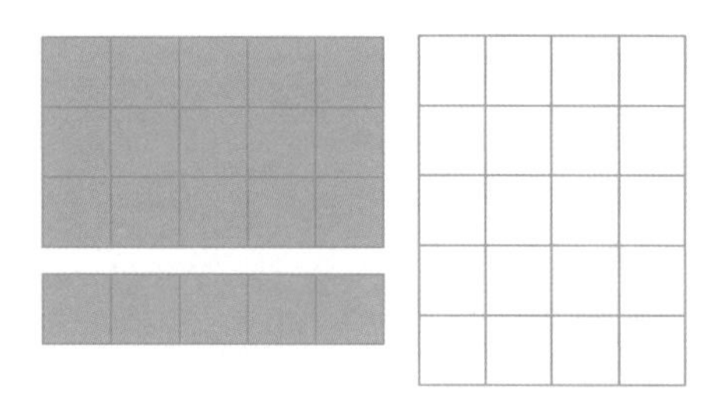

❷ 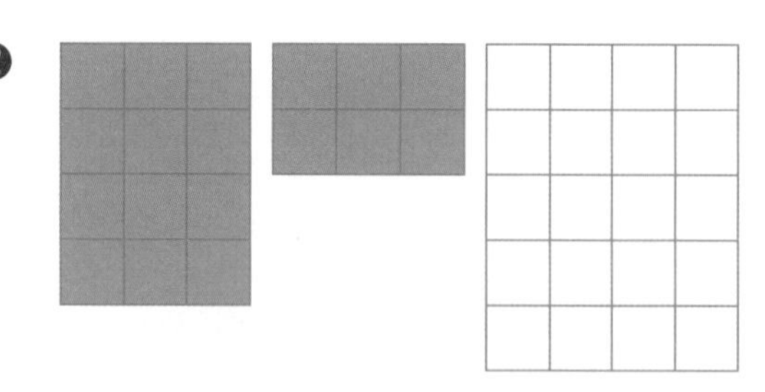

❸ 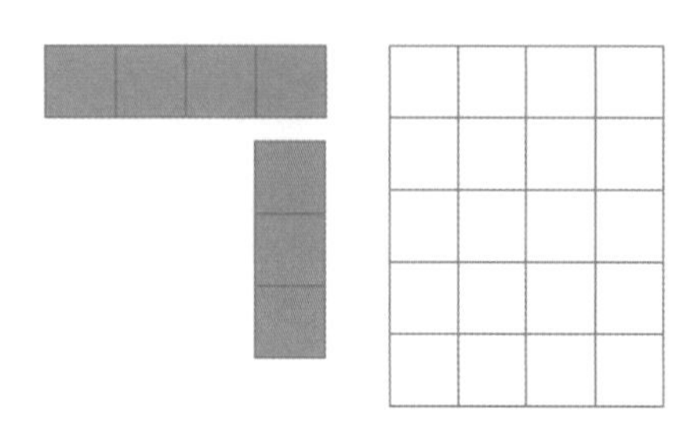

❹ 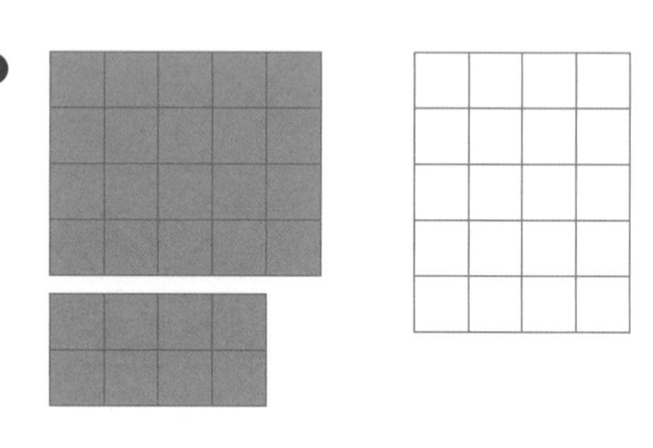

8. 그림의 용기에 아래 내용물을 부으면 모두 담길까요? 아니면 넘쳐흐를까요?

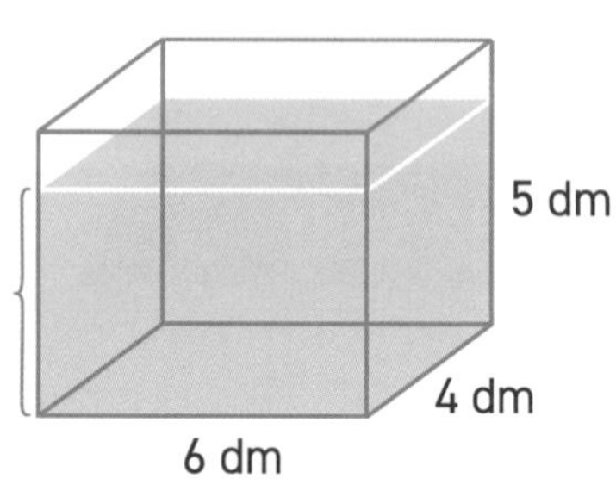

❶ 3L들이 주스 7통

식 : ______________________

____

____

정답 : ______________________

❷ 모서리가 3dm인 정육면체에 담긴 물

식 : ______________________

____

____

정답 : ______________________

9. 빨간 모서리 부분에 철사의 양이 두 배가 필요해요. 그림과 같은 구조를 만들기 위해 철사는 몇 m가 필요할까요?

❶

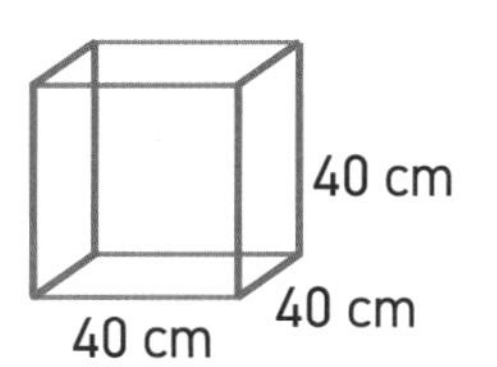

❷

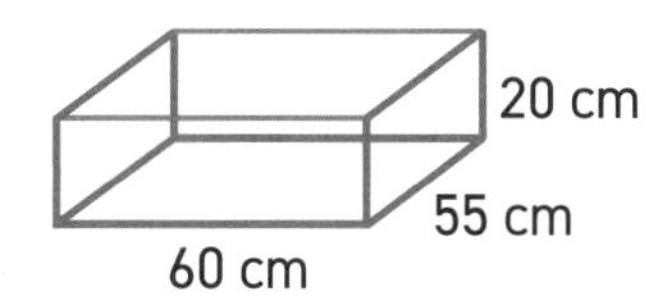

한 번 더 연습해요!

1. 공책에 알맞은 식을 세워 답을 구해 보세요.

❶ 직육면체의 겉넓이

❷ 직육면체의 부피

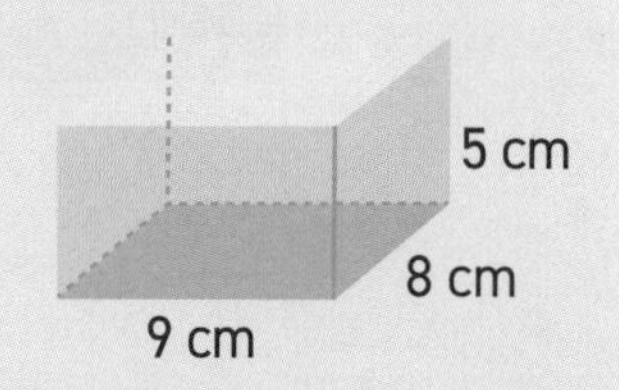

2. 아래 글을 읽고 알맞은 식을 세워 답을 구해 보세요.

❶ 어떤 수조의 가로가 40cm, 세로가 50cm, 높이가 40cm예요. 수조의 절반만큼 물이 차 있어요. 수조 안에 있는 물은 몇 L일까요?

식 :

정답 :

❷ 정육면체의 한 모서리가 20cm예요. 한 모서리가 10cm인 또 다른 정육면체 1개가 이 정육면체 안에 들어 있다면 큰 정육면체 안에 남은 공간은 얼마일까요?

식 :

정답 :

____월 ____일 ____요일

1. 아래 도형의 이름을 써 보세요.

❶ 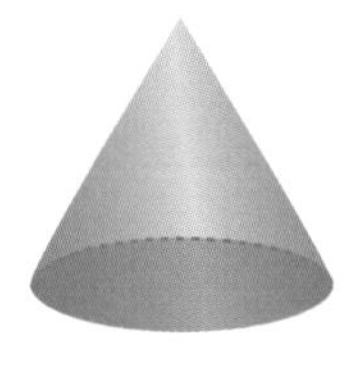

❷ 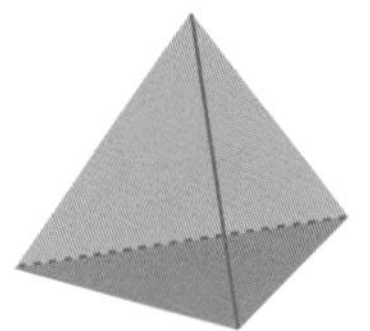

❸ 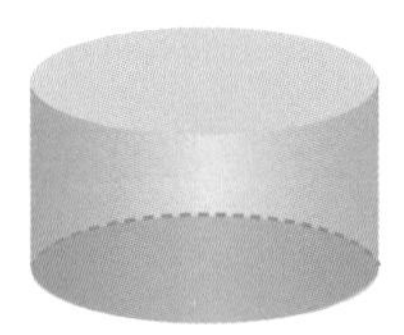

________________ ________________ ________________

2. 넓이의 단위를 써 보세요.

❶ 5제곱센티미터 ________________

❷ 3제곱미터 ________________

❸ 2아르 ________________

❹ 100헥타르 ________________

3. 공책에 직육면체의 겉넓이를 구해 보세요.

❶ 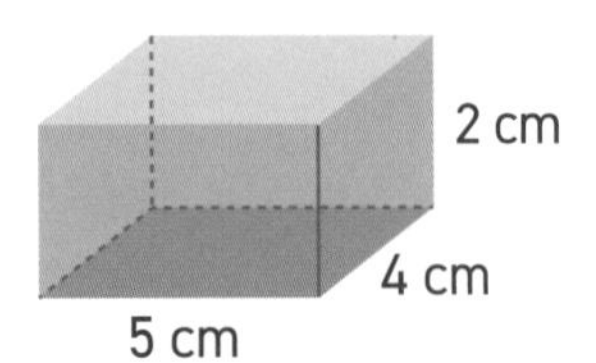

❷ 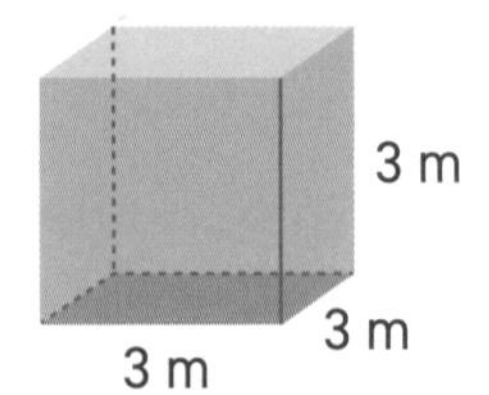

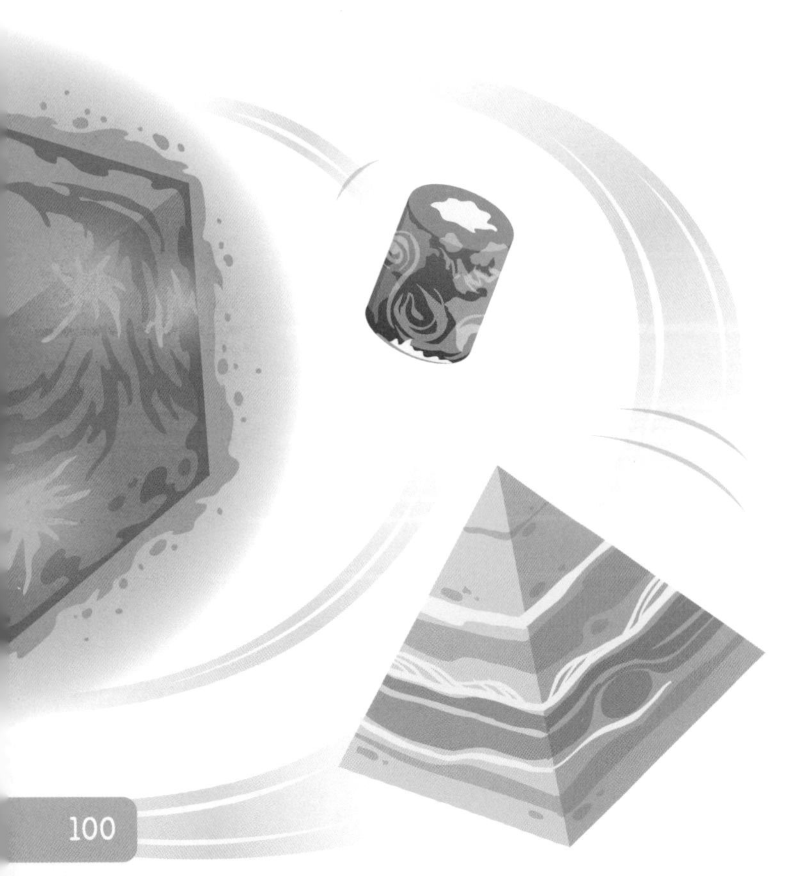

지구의 부피는 목성 부피의 약 $\frac{1}{1400}$이고, 지구의 질량은 목성 질량의 약 $\frac{1}{318}$이에요.

4. 직육면체의 부피를 구해 보세요.

❶

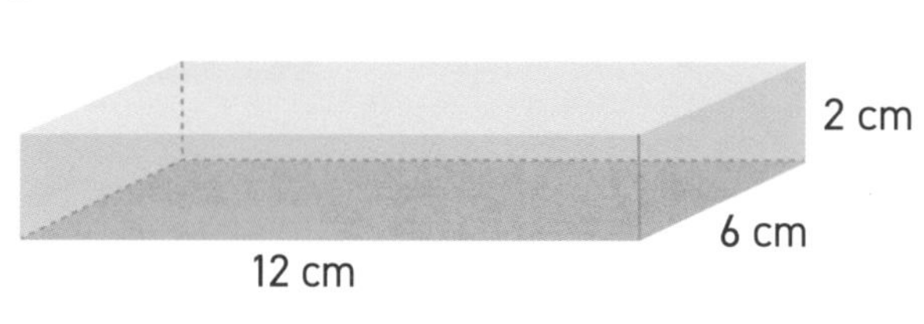

❷

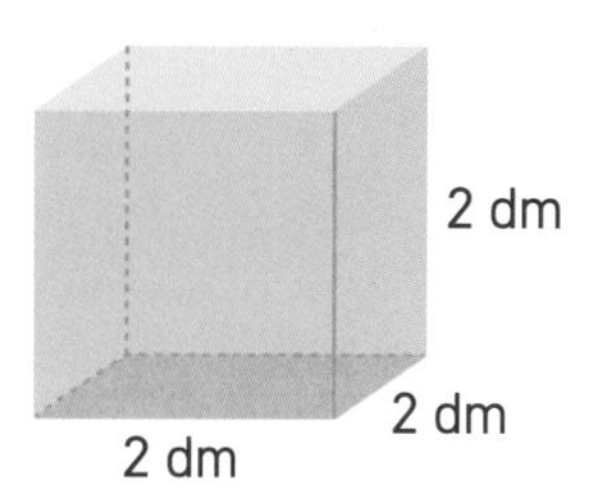

❸

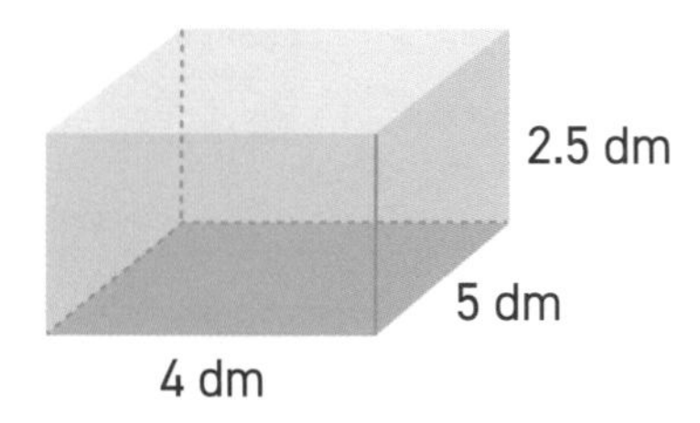

❹

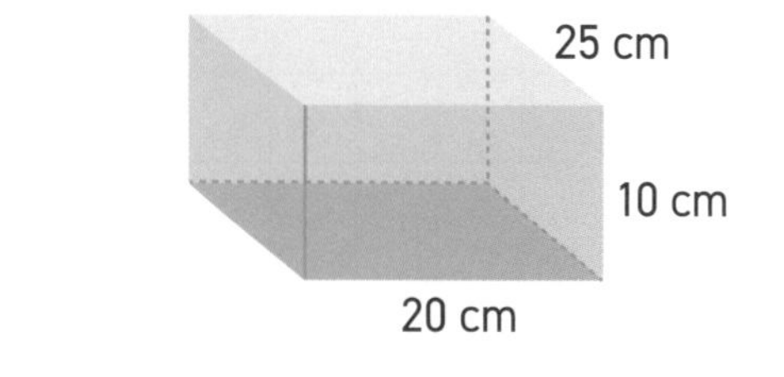

5. 아래 글을 읽고 공책에 알맞은 식을 세워 답을 구해 보세요.

❶ 페인트칠할 방의 높이가 3m, 가로가 4m, 세로가 5m예요. 방의 창과 문을 제외하고 벽에 칠할 거예요. 문과 창의 넓이는 합해서 4m^{2}예요. 페인트칠할 부분의 넓이는 얼마일까요?

❷ 냉동고의 부피는 300L인데, 아이스크림 12통과 블루베리 26봉지가 들어 있어요. 아이스크림 1통의 부피가 2.5L, 블루베리 1봉지의 부피가 1.5L라면 냉동고에 남은 공간은 얼마일까요?

❸ 홀 바닥은 가로가 8m, 세로가 12m인 직사각형이고, 벽의 높이는 6m예요. 큰 벽의 넓이가 작은 벽보다 몇 m 더 클까요?

❹ 정육면체 모양 용기의 높이가 6dm예요. 용기의 바닥에 1dm 높이의 물이 들어 있어요. 용기에 더 넣을 수 있는 물의 양은 몇 L일까요?

더 생각해 보아요!

파란색 정육면체의 모서리는 보라색 정육면체 모서리 길이의 절반이고, 빨간색 정육면체의 모서리는 파란색 정육면체 모서리 길이의 절반이에요. 보라색 정육면체 안에 빨간색과 파란색 정육면체를 같은 부피만큼 넣으려고 해요. 몇 개가 들어갈 수 있을까요? 단, 보라색 정육면체를 꽉 채워야 해요.

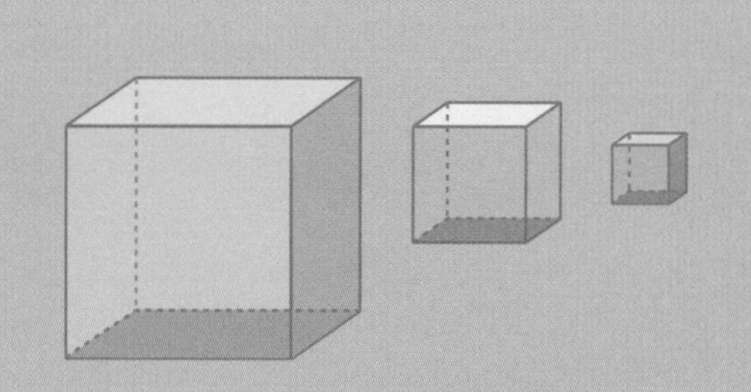

6. 주어진 조각을 모두 한 번씩 이용하여 바둑판을 완성해 보세요. 단, 조각을 돌리거나 방향을 바꿀 수 없어요.

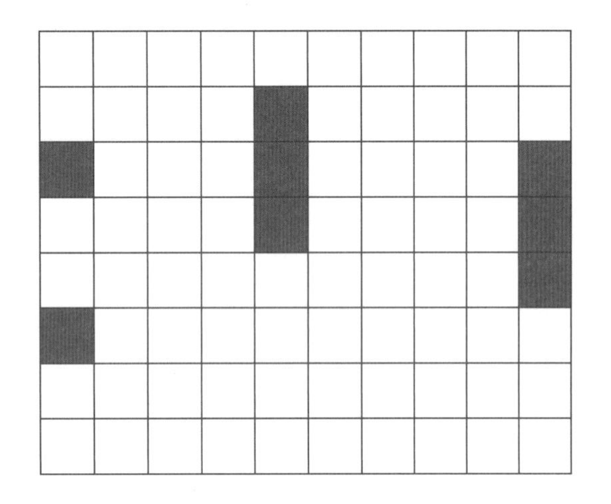

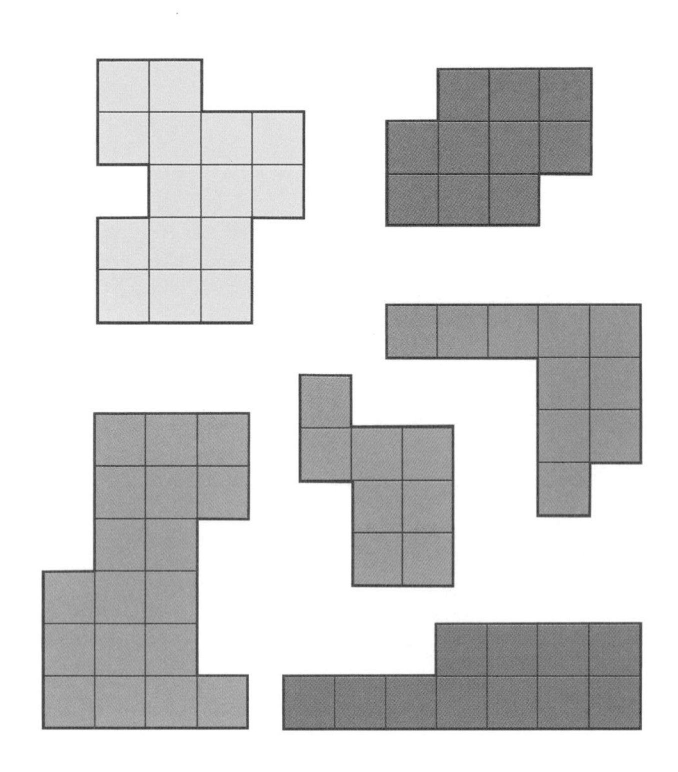

7. 옆에 있는 빈 수조에 물을 옮긴 후, 물의 높이가 얼마나 높아질지 표시해 보세요.

❶

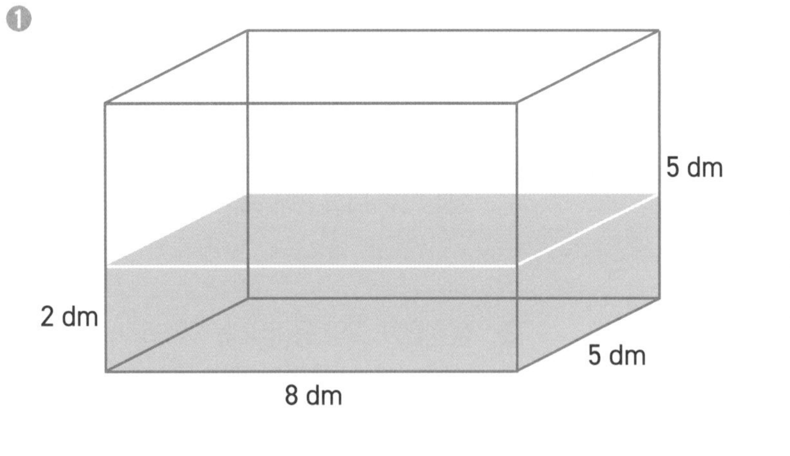

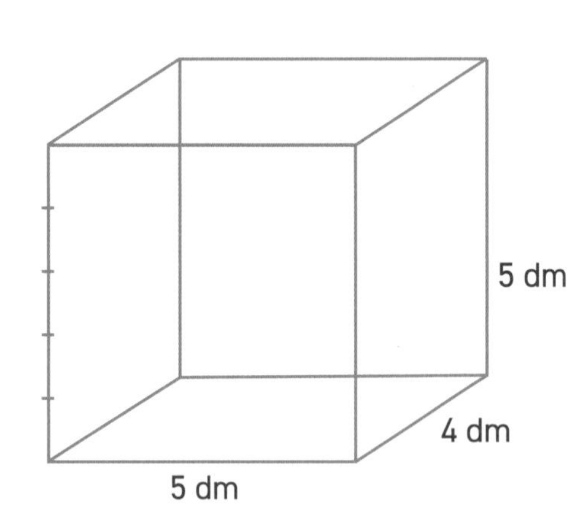

❷

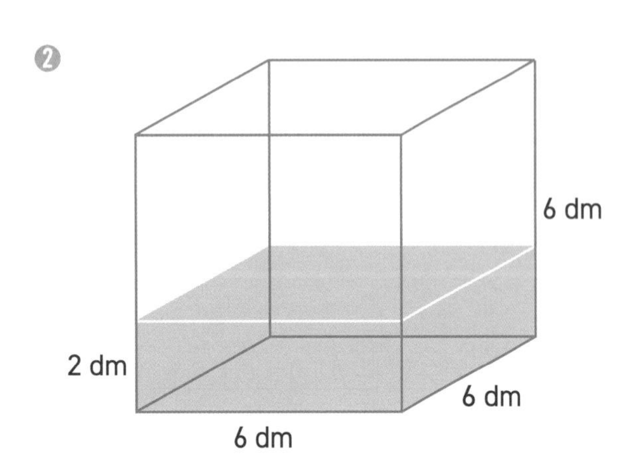

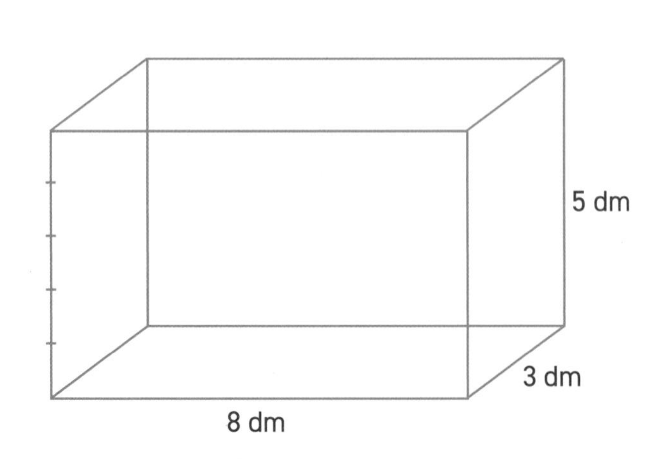

8. 정육면체를 쌓아 만든 구조물의 표면에 모두 페인트를 칠했어요. 아래 조건을 만족하는 정육면체는 몇 개일까요?

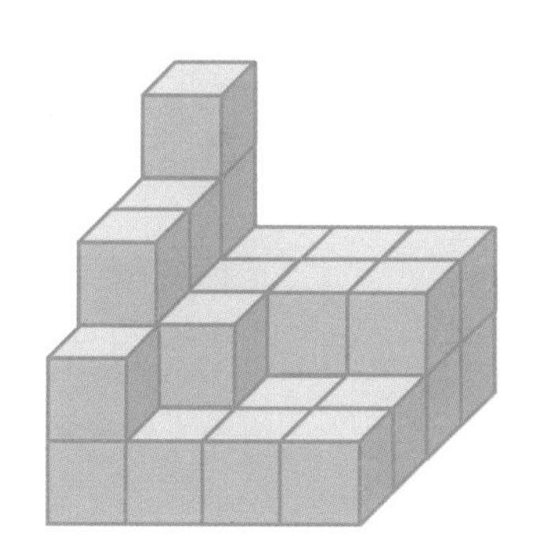

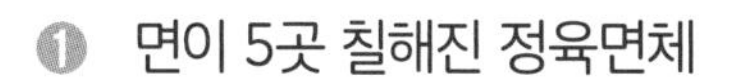

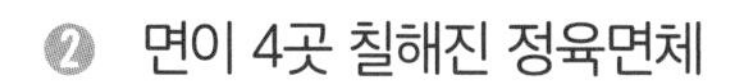

❶ 면이 5곳 칠해진 정육면체 ________

❷ 면이 4곳 칠해진 정육면체 ________

❸ 면이 3곳 칠해진 정육면체 ________

❹ 면이 2곳 칠해진 정육면체 ________

❺ 면이 1곳 칠해진 정육면체 ________

❻ 면이 전혀 칠해지지 않은 정육면체 ________

9. 큰 정육면체는 크기가 같은 작은 정육면체로 나눌 수 있어요. 아래의 경우 작은 정육면체의 겉넓이는 얼마일까요?

❶ 작은 정육면체가 8개일 때

❷ 작은 정육면체가 64개일 때

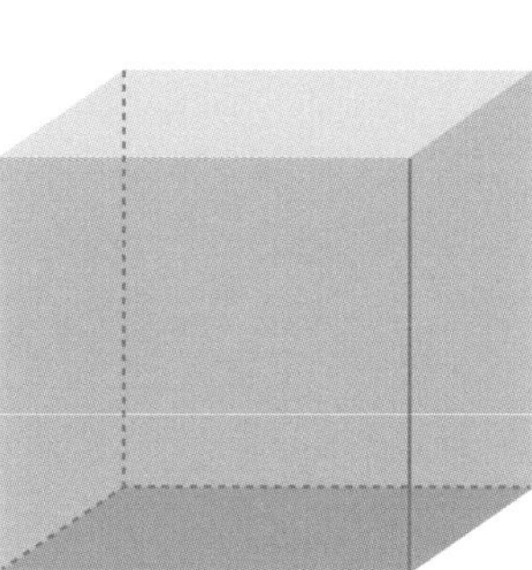

한 번 더 연습해요!

1. 직육면체의 부피와 겉넓이를 구해 보세요.

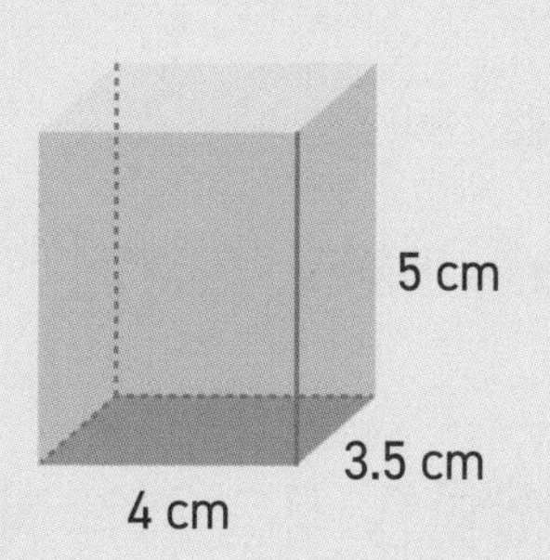

❶ 부피

____

❷ 겉넓이

____

2. 아래 글을 읽고 공책에 알맞은 식을 세워 답을 구해 보세요.

❶ 어떤 상자의 가로가 12cm, 세로가 6cm, 높이가 2cm예요. 이 상자의 부피는 얼마일까요?

____

❷ 뚜껑이 없는 정육면체 모양의 상자가 안과 밖 모두 종이로 덮여 있어요. 이 정육면체의 모서리가 10cm라면 종이는 얼마나 필요할까요?

____

실력을 평가해 봐요!

____ 월 ____ 일 ____ 요일

1. 도형의 넓이를 구해 보세요.

①
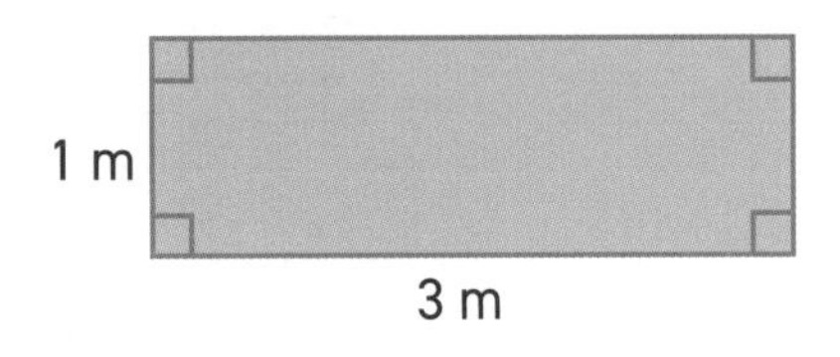

②
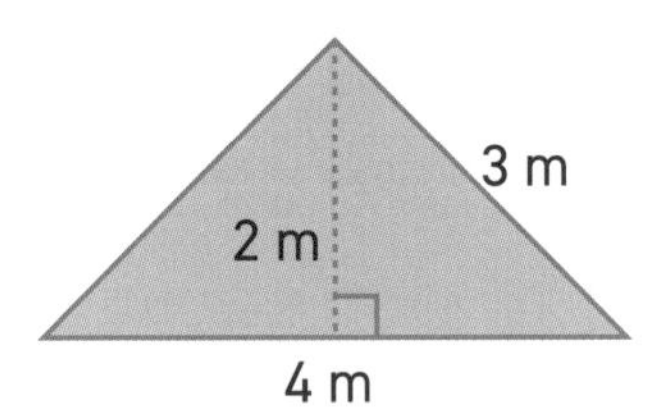

③
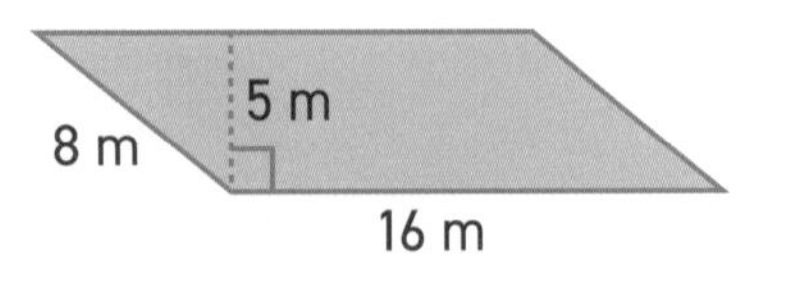

2. 도형의 이름을 써 보세요.

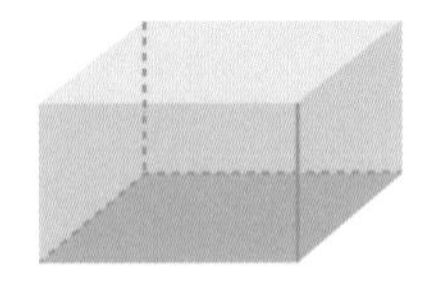

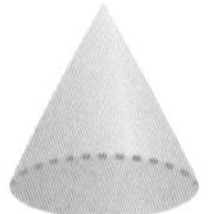

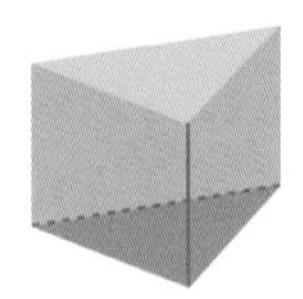

3. 넓이나 부피의 단위를 써 보세요.

① 3아르 ________

② 2제곱센티미터 ________

③ 1헥타르 ________

④ 6세제곱미터 ________

4. 알맞은 식을 세워 직육면체의 겉넓이를 구해 보세요.

①
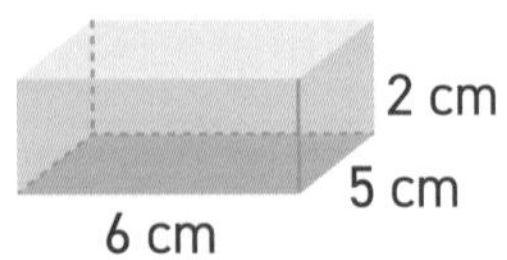

②
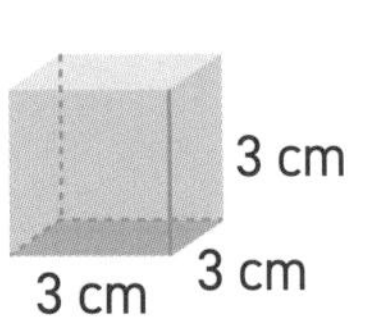

5. 알맞은 식을 세워 직육면체의 부피를 구해 보세요.

❶

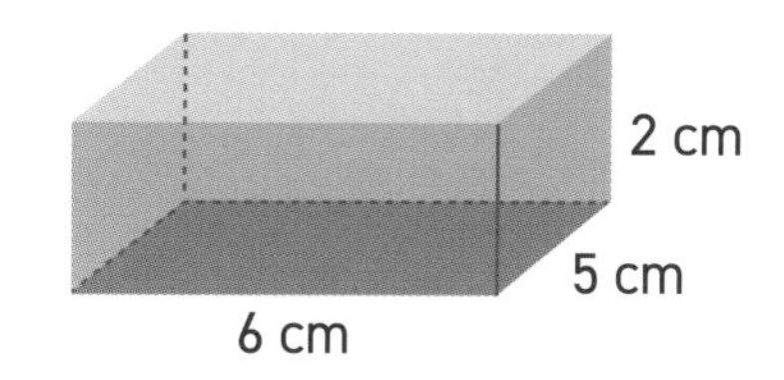

____

____

❷

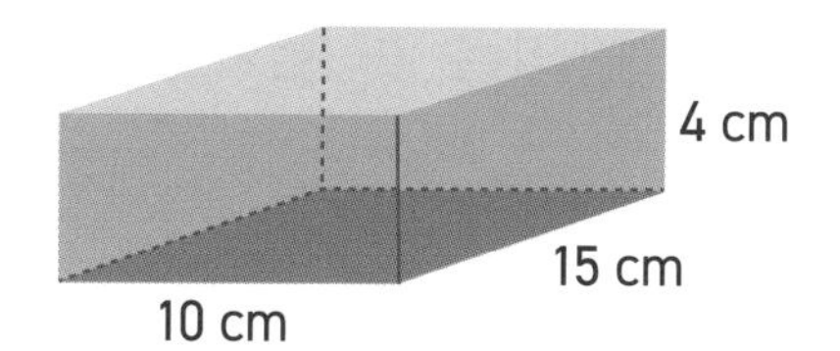

____

____

❸

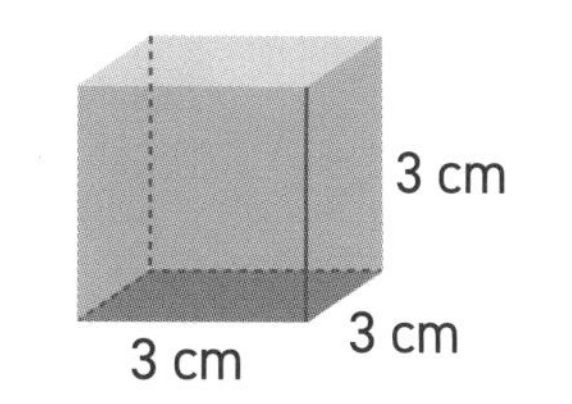

____

____

6. 알맞은 식을 세워 답을 구해 보세요.

❶ 어떤 삼각형의 밑변이 12cm, 높이가 6cm예요. 이 삼각형의 넓이는 얼마일까요?

식 : ________________________________

____

정답 : ________________________________

❷ 어떤 평행사변형의 넓이가 $18cm^2$, 밑변의 길이가 4cm예요. 이 평행사변형의 높이는 얼마일까요?

식 : ________________________________

____

정답 : ________________________________

❸ 어떤 정육면체의 한 모서리 길이가 4cm예요. 이 정육면체의 부피는 얼마일까요?

식 : ________________________________

____

정답 : ________________________________

❹ 어떤 상자의 가로가 2dm, 세로가 1.5dm, 높이가 5dm예요. 이 상자의 부피는 몇 L일까요?

식 : ________________________________

____

정답 : ________________________________

실력이 자란 만큼 별을 색칠하세요.

★★★ 정말 잘했어요.

★★☆ 꽤 잘했어요.

★☆☆ 앞으로 더 노력할게요.

단원 종합 문제

____ 월 ____ 일 ____ 요일

1. 넓이의 단위를 써 보세요.

① 2제곱미터 ______________

② 3제곱센티미터 ______________

③ 100아르 ______________

④ 5헥타르 ______________

2. 알맞은 식을 세워 도형의 넓이를 구해 보세요.

①

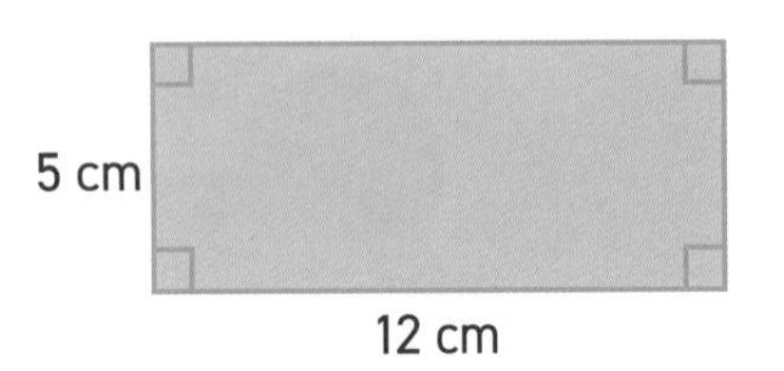

____

②

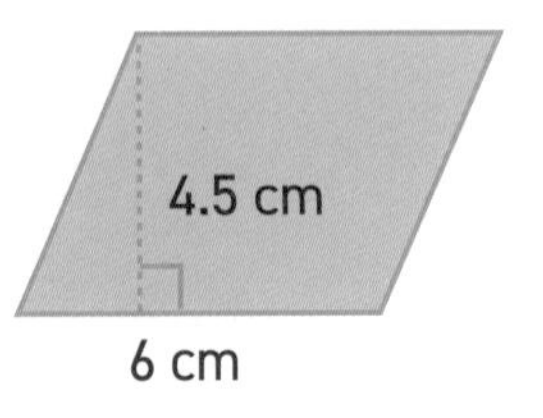

____

③

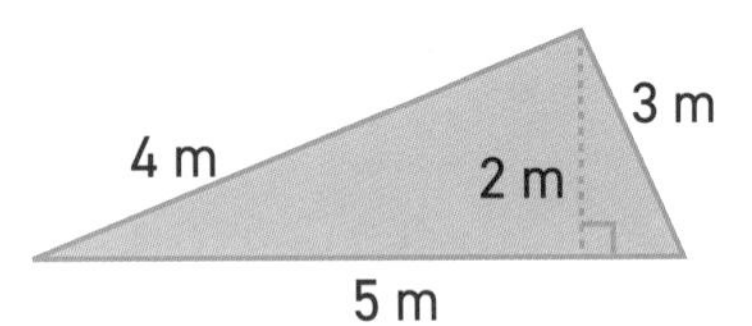

____

3. 알맞은 식을 세워 답을 구해 보세요.

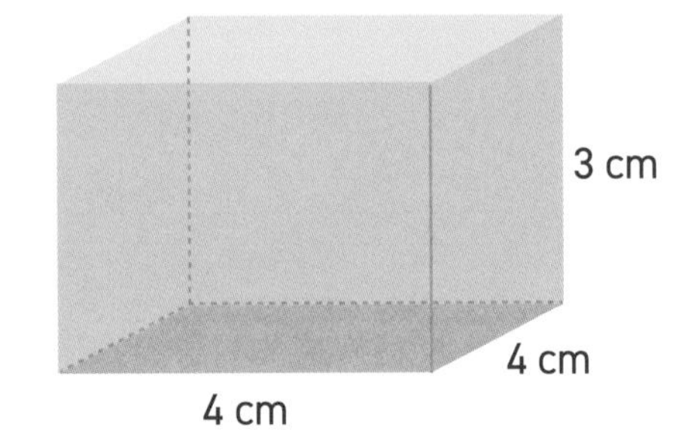

① 직육면체의 겉넓이

____

② 직육면체의 부피

____

4. 공책에 알맞은 식을 세워 답을 구해 보세요.

① 어떤 종이의 가로가 20cm, 세로가 30cm예요.
이 종이의 넓이는 얼마일까요?

____

② 어떤 삼각형의 밑변이 8cm, 높이가 11cm예요.
이 삼각형의 넓이는 얼마일까요?

____

③ 어떤 정육면체의 높이가 10cm예요.
이 정육면체의 부피는 얼마일까요?

____

④ 수조의 가로가 4dm, 세로가 3dm, 높이가 2dm예요.
수조를 가득 채우려면 물이 몇 L 필요할까요?

____

5. 공책에 도형의 넓이를 구해 보세요.

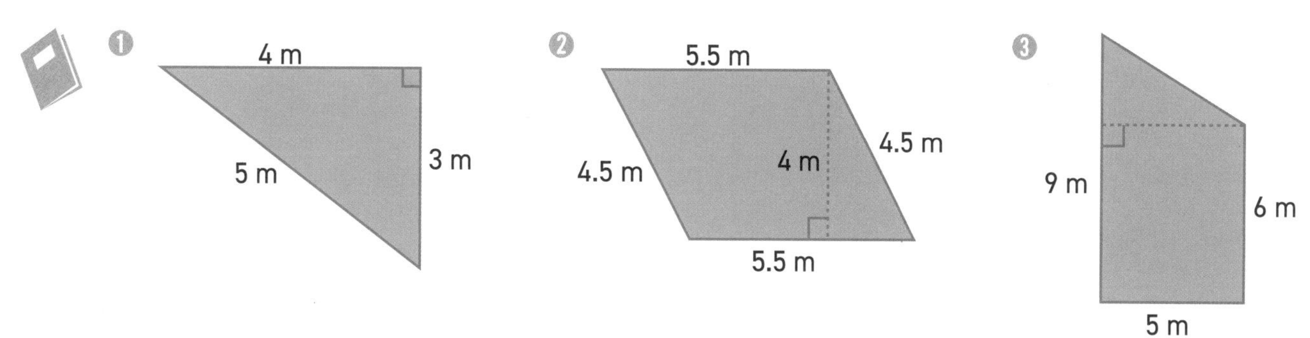

6. 알맞은 식을 세워 답을 구해 보세요.

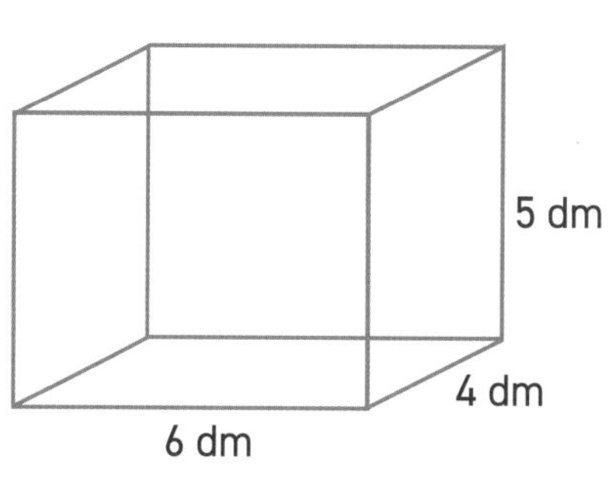

❶ 수조를 가득 채우려면 물이 몇 L 필요할까요?

❷ 그림과 같이 덮개가 있는 수조를 만들려면 유리가 얼마나 필요할까요?

7. 알맞은 식을 세워 답을 구해 보세요.

❶ 어떤 땅의 가로가 20m, 세로가 35m예요. 이 땅의 넓이는 몇 a일까요?

정답 :

❷ 어떤 정육면체의 높이가 20cm예요. 이 정육면체의 겉넓이는 얼마일까요?

정답 :

8. 질문에 답해 보세요. 그림에 있는 두 면은 같은 직육면체에서 나온 면이에요.

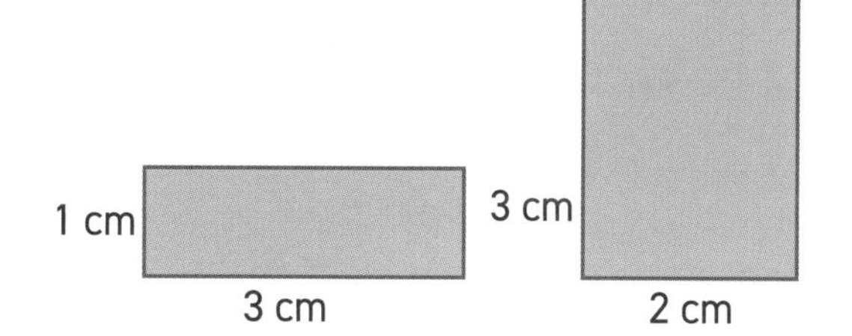

❶ 이 직육면체의 부피는 얼마일까요?

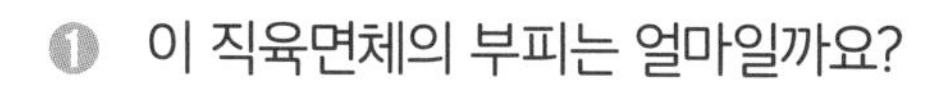

❷ 이 직육면체의 겉넓이는 얼마일까요?

9. 공책에 색칠한 부분의 넓이를 구해 보세요.

❶

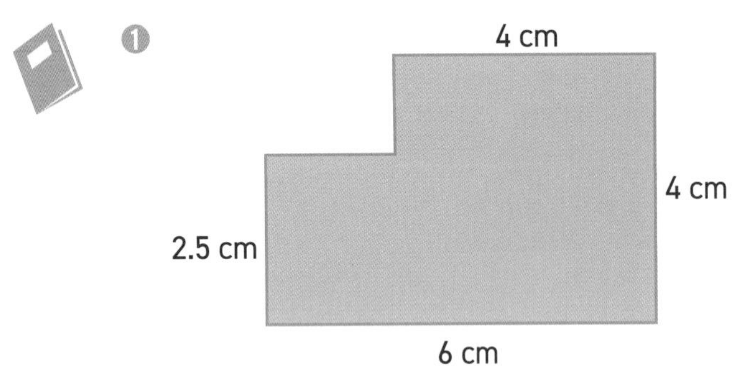

❷

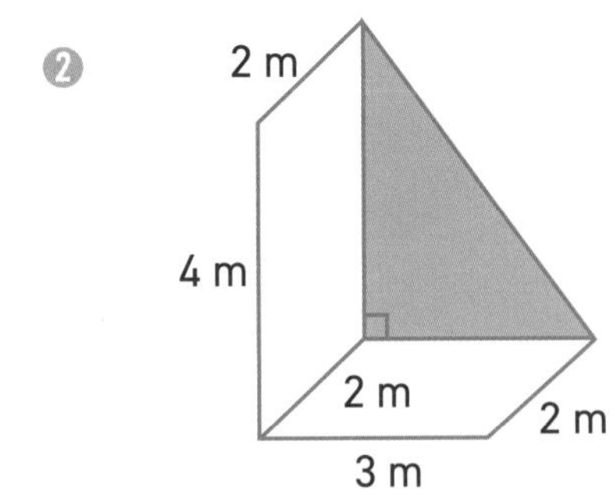

❸

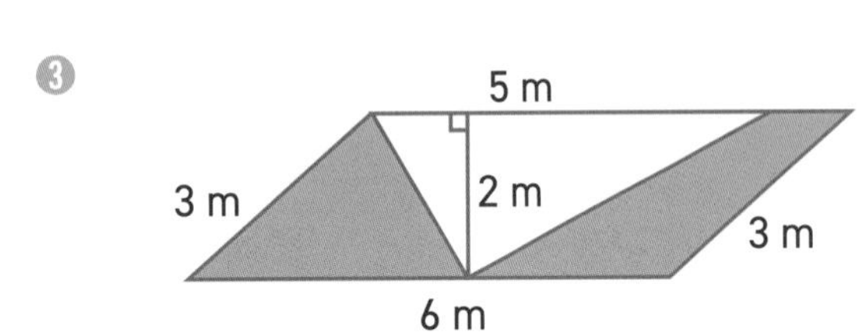

10. 질문에 답해 보세요. 그림에 있는 유리판들은 수조의 서로 다른 면이에요.

❶ 수조에 들어갈 수 있는 물의 양은 몇 L일까요?

❷ 유리 $1m^2$의 가격이 100유로라면 덮개가 있는 수조에 필요한 유리 가격은 모두 얼마일까요?

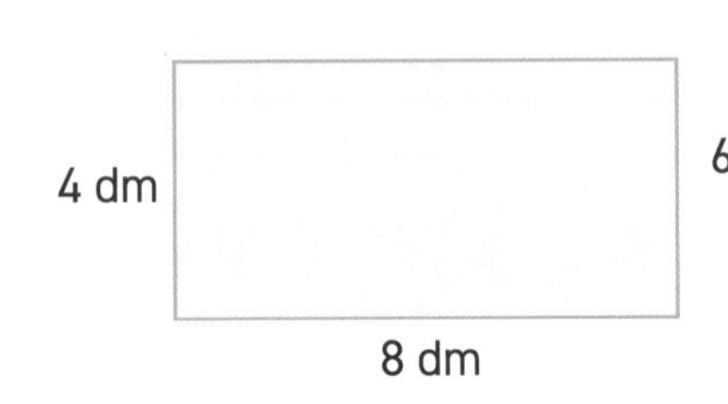

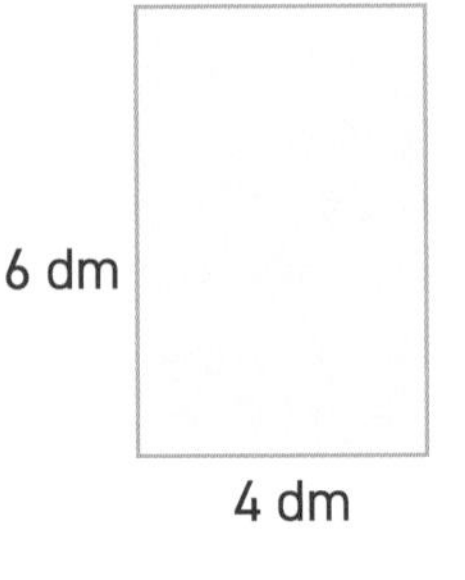

! $1m^2 = 100dm^2$

11. 알맞은 식을 세워 답을 구해 보세요.

❶ 어떤 삼각형의 변의 길이가 모두 같고, 높이는 86.6cm, 둘레는 3.0m예요. 이 삼각형의 넓이는 몇 m^2일까요?

식 :

정답 :

❷ 어떤 정육면체에 물 1.0L가 들어가요. 이 정육면체의 겉넓이는 얼마일까요?

식 :

정답 :

단원 정리

___월 ___일 ___요일

★ 직사각형의 넓이

직사각형의 넓이는 가로와 세로를 곱해서 구해요.

넓이 = 가로 × 세로

넓이 = 4 cm × 2 cm = 8 cm^2

★ 평행사변형의 넓이

평행사변형의 넓이는 밑변과 높이를
곱해서 구해요.

넓이 = 밑변 × 높이

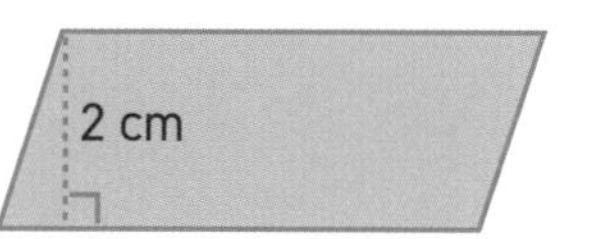

넓이 = 5 cm × 2 cm = 10 cm^2

★ 삼각형의 넓이

삼각형의 넓이는 밑변과 높이를 곱한 후
2로 나누어서 구해요.

넓이 = $\frac{\text{밑변} \times \text{높이}}{2}$

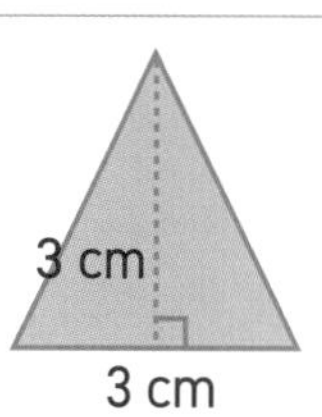

넓이 = $\frac{3\text{ cm} \times 3\text{ cm}}{2} = \frac{9\text{ cm}^2}{2} = 4.5\text{ cm}^2$

★ 넓이의 단위

제곱센티미터	제곱데시미터	제곱미터	아르	헥타르	제곱킬로미터
1 cm^2	1 dm^2	1 m^2	1 a	1 ha	1 km^2

★ 도형의 분류

기둥

원기둥

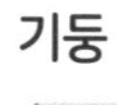
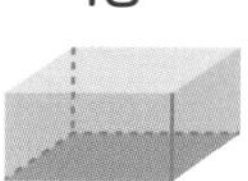

직육면체

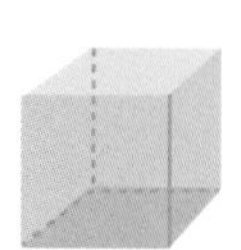

정육면체

뿔

원뿔

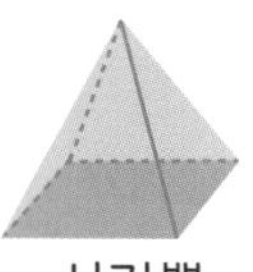

사각뿔

★ 직육면체의 겉넓이

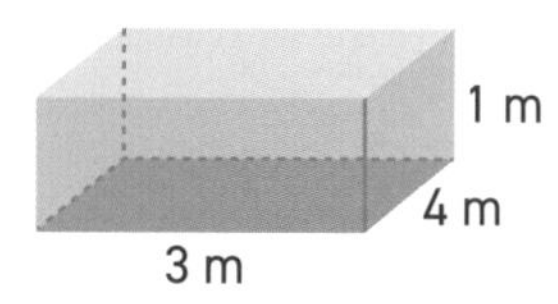

넓이 = 2 × (3 m × 1 m) + 2 × (3 m × 4 m) + 2 × (4 m × 1 m)
= 6 m^2 + 24 m^2 + 8 m^2
= 38 m^2

★ 직육면체의 부피

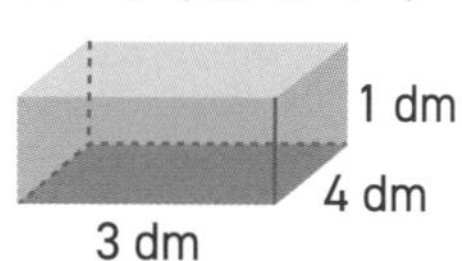

1 dm^3 = 1 L

부피 = 3 dm × 4 dm × 1 dm
= 12 dm^3 = 12 L

부피 = 가로 × 세로 × 높이

학습 자가 진단

학습 태도

	그렇지 못해요.	때때로 그래요.	자주 그래요.	항상 그래요.
수업 시간에 적극적이에요.	☐	☐	☐	☐
학습에 집중해요.	☐	☐	☐	☐
친구들과 협동해요.	☐	☐	☐	☐
숙제를 잘해요.	☐	☐	☐	☐

학습 목표

학습하면서 만족스러웠던 부분은 무엇인가요?

어떻게 실력을 향상할 수 있었나요?

____

____

____

학습 성과

	아직 익숙하지 않아요.	연습이 더 필요해요.	괜찮아요.	꽤 잘해요.	정말 잘해요.
• 직사각형, 평행사변형, 삼각형의 넓이를 계산할 수 있어요.	○	○	○	○	○
• 기둥과 뿔로 도형을 분류할 수 있어요.	○	○	○	○	○
• 직육면체의 겉넓이와 부피를 구할 수 있어요.	○	○	○	○	○
• 넓이와 부피의 단위를 이해할 수 있어요.	○	○	○	○	○

이번 단원에서 가장 쉬웠던 부분은 ______________________________예요.

이번 단원에서 가장 어려웠던 부분은 ______________________________예요.

___월 ___일 ___요일

정육면체 블록 쌓기

2명이 함께하는 놀이에요. 작은 정육면체 20개를 각각 준비해요. 블록을 이용해도 좋아요.
단, 정육면체나 블록은 크기가 같아야 해요.

각기둥 놀이

준비물 : 정육면체 블록 40개

친구 또는 부모님과 함께 아래와 같이 블록을 쌓아 보세요.

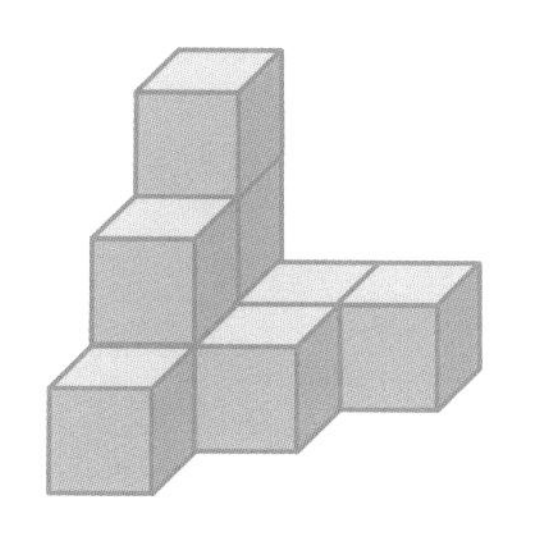
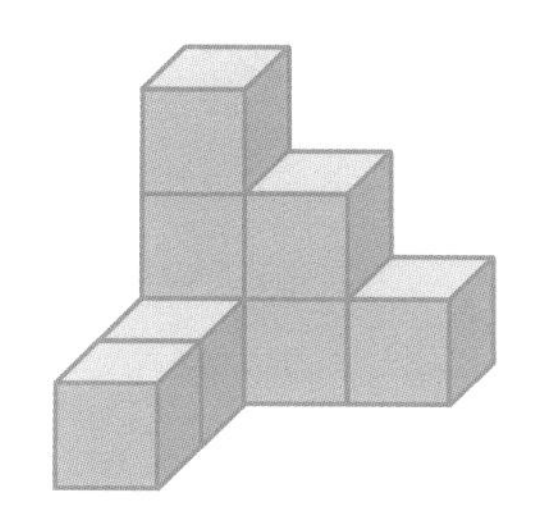
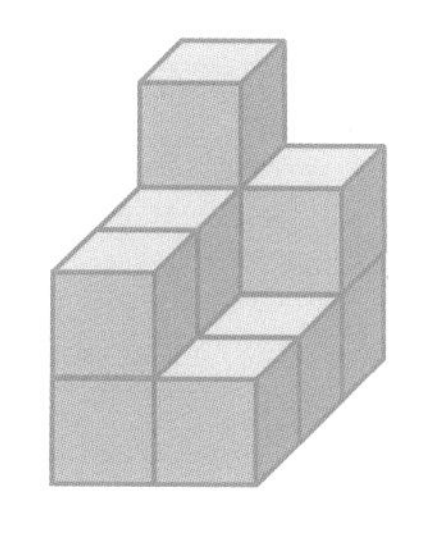
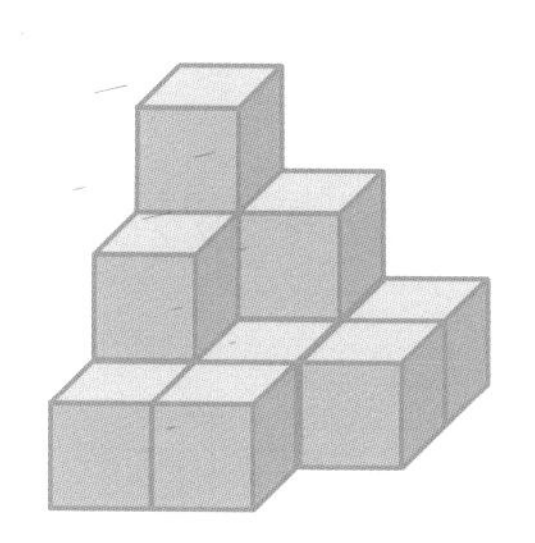

순서를 정해서 한 구조물에서 다른 구조물로 블록을 옮겨 보세요.
이 놀이의 목표는 구조물을 직육면체로 바꾸는 것이에요.
블록을 제거한 구조물이나 블록을 더한 구조물 어느 쪽으로 직육면체를 만들어도 상관없어요.
먼저 직육면체를 완성하는 사람이 놀이에서 이겨요.

나만의 각기둥 놀이

준비물 : 정육면체 블록 40개

친구 또는 부모님과 함께 2~4가지 다른 구조물을 만들어 보세요.
위의 놀이 방법에 따라 놀이해 보세요.

정육면체 퀴즈

준비물 : 정육면체 블록 20개

블록을 이용하여 자신의 구조물을 만들어 보세요.
친구 또는 부모님에게 아래 문제를 풀게 해 보세요.

1. 구조물을 정육면체로 만들기 위해 블록을 몇 개 더 쌓아야 할까요?
2. 구조물을 정육면체로 만들기 위해 블록을 몇 개 더 제거해야 할까요?

____월 ____일 ____요일

1. 계산한 후, 정답에 해당하는 알파벳을 찾아 빈칸에 써넣어 보세요.

30.5 − 4.5 = ______ ☐	0.07 × 100 = ______ ☐	9.05 + 4.50 = ______ ☐
9.85 − 6.65 = ______ ☐	24.6 ÷ 6 = ______ ☐	5.95 + 12.20 = ______ ☐
10.42 + 3.13 = ______ ☐	34.8 ÷ 10 = ______ ☐	3.10 × 4 = ______ ☐
0.21 ÷ 7 = ______ ☐	4.5 ÷ 9 = ______ ☐	19.6 − 6.8 = ______ ☐

O	M	N	A	L	P	E	D	I	C	T
0.03	0.5	3.2	3.48	4.1	7	12.4	12.8	13.55	18.15	26

2. 세로셈으로 계산한 후, 정답을 로봇에서 찾아 ○표 해 보세요.

35.47 + 29.26

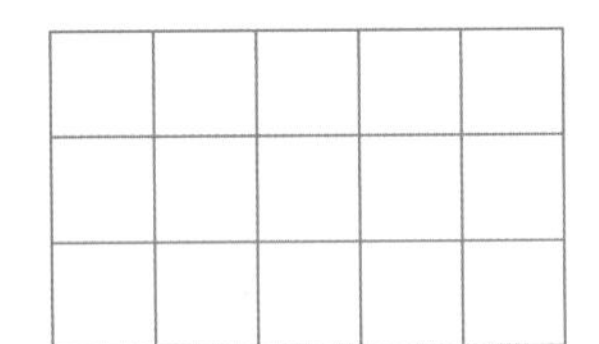

48.23 − 29.08

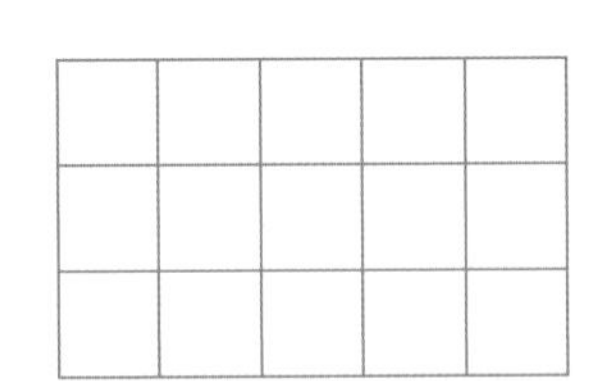

30.27 × 6

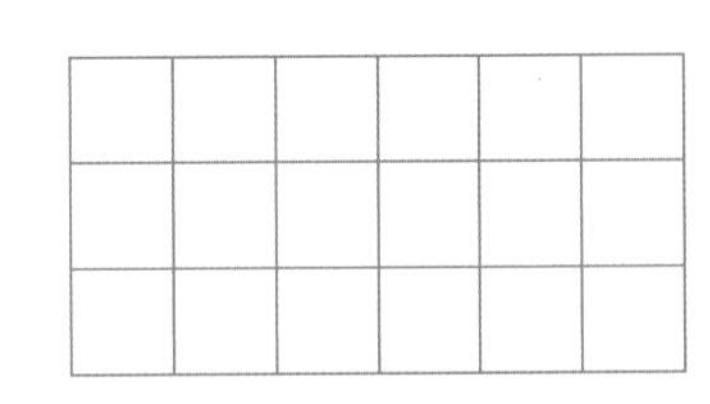

3. 수를 분해하여 나눗셈을 계산한 후, 정답을 로봇에서 찾아 ○표 해 보세요.

$\frac{28.5}{5}$ = ______________________

$\frac{37.2}{6}$ = ______________________

$\frac{28.8}{8}$ = ______________________

$\frac{20.4}{3}$ = ______________________

3.6 5.7 6.2 6.8 19.15 35.65 64.73 129.44 181.62

4. 다음 소수를 반올림하여 주어진 자리까지 나타내 보세요.

❶ 일의 자리

71.7 ≈ ________

209.3 ≈ ________

32.99 ≈ ________

❷ 소수 첫째 자리

86.45 ≈ ________

466.91 ≈ ________

24.671 ≈ ________

❸ 소수 둘째 자리

55.906 ≈ ________

330.235 ≈ ________

31.274 ≈ ________

5. 세로셈으로 계산한 후, 정답을 로봇에서 찾아 ○표 해 보세요.

8.85 ÷ 6

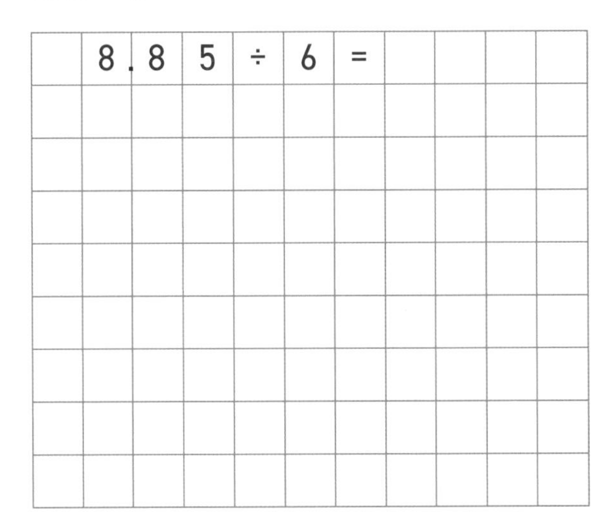

38.6 ÷ 5

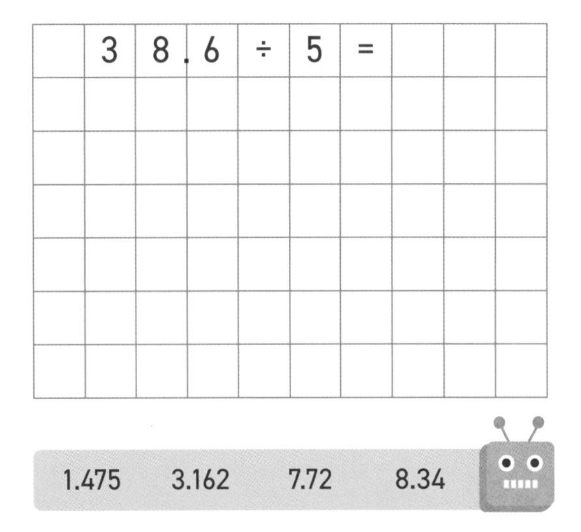

1.475　3.162　7.72　8.34

6. 공책에 알맞은 식을 세워 계산한 후, 정답을 로봇에서 찾아 ○표 해 보세요.

❶ 아빠는 식료품점에서 월요일에 67.45유로, 금요일에 123.33유로를 썼어요. 아빠가 산 식료품은 모두 얼마일까요?

❷ 엄마는 쇼핑을 하는 데 135.60유로를 썼어요. 엄마가 식료품에 70.55유로를 썼다면 다른 물품에 쓴 돈은 얼마일까요?

❸ 마누는 영화관에 6번 갔어요. 영화표 1장이 9.65유로라면 영화표는 모두 얼마일까요?

❹ 어린이 4명의 박물관 입장권은 35.60유로예요. 박물관 입장권 1장의 가격은 얼마일까요?

❺ 영화표 10장 1묶음이 79.40유로예요. 1장씩 산다면 영화표 1장은 9.10유로예요. 영화표를 묶음으로 사면 1장씩 살 때보다 가격이 얼마나 더 저렴할까요?

❻ 우표 1장은 1.35유로이고, 봉투 1장은 1.75유로예요. 알마는 우표 10장과 봉투 3장을 샀어요. 20유로 지폐를 내고 거스름돈으로 얼마를 받았을까요?

1.16 €　1.25 €　8.90 €　25.45 €　57.90 €　65.05 €　137.62 €　190.78 €

더 생각해 보아요!

무게가 같은 큰 상자 2개와 무게가 같은 작은 상자 3개의 무게를 모두 합하면 5.2kg이에요. 작은 상자 1개의 무게는 큰 상자 1개의 $\frac{1}{5}$이에요. 작은 상자 1개와 큰 상자 1개의 무게를 합하면 몇 kg일까요?

7. 정답을 따라 길을 찾아보세요.

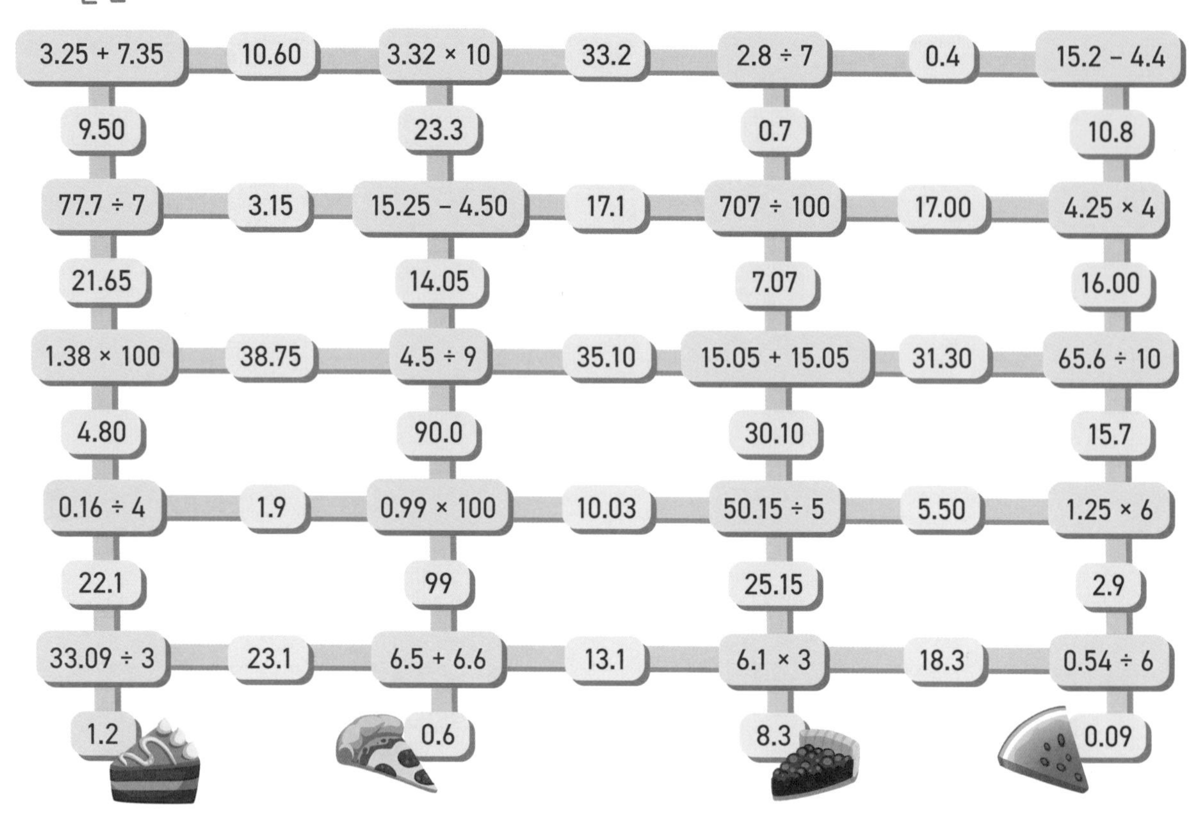

8. 조각상의 무게를 모두 합하면 아래와 같아요.

❶ 사자 조각상 2개의 무게는 얼마일까요?

정답 : ______________________

❷ 강아지 조각상 7개의 무게는 얼마일까요?

정답 : ______________________

❸ 곰 조각상 3개의 무게는 얼마일까요?

정답 : ______________________

❹ 요정 조각상 10개의 무게는 얼마일까요?

정답 : ______________________

9. 몫이 아래와 같다면 소수 18.36은 어떤 수로 나누어야 할까요?

❶ 몫이 1일 때 ____________ ❷ 몫이 2일 때 ____________ ❸ 몫이 3일 때 ____________

10. 같은 색깔의 칸에, 그리고 각각의 가로줄과 세로줄에 X가 1개씩 있도록 표시해 보세요.

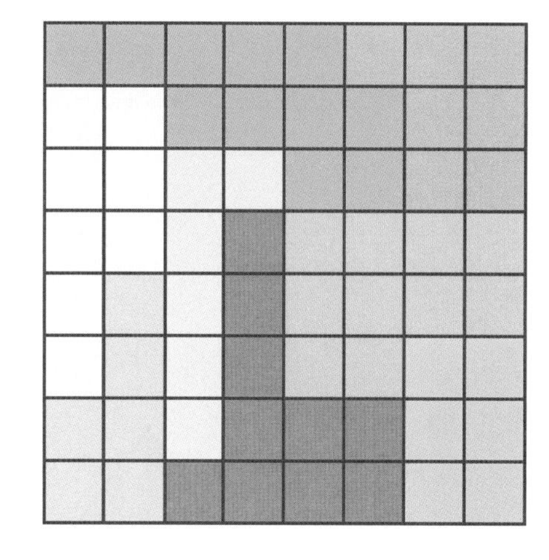

11. 완성된 식을 참고하여 답을 구해 보세요.

5.25 × 24 = 126.00
5.25 × 48 = ____________
10.50 × 24 = ____________
5.25 × 34 = ____________

1414.4 ÷ 16 = 88.4
1414.4 ÷ 8 = ____________
1414.4 ÷ 32 = ____________
707.2 ÷ 16 = ____________

한 번 더 연습해요!

1. 계산해 보세요.

6.95 + 11.45 = ____________
16.25 - 4.50 = ____________
11.05 × 5 = ____________

0.71 × 100 = ____________
93.8 ÷ 10 = ____________
4.8 ÷ 6 = ____________

2. 공책에 알맞은 식을 세워 답을 구해 보세요.

❶ 엘사는 연극을 3번 보러 갔어요. 연극표 1장이 13.45유로라면 연극표는 모두 얼마일까요?

____

❷ 아이 6명의 영화표는 총 58.20유로예요. 영화표 1장은 얼마일까요?

____

____월 ____일 ____요일

1. 알맞은 식을 세워 도형의 넓이를 구한 후, 정답을 로봇에서 찾아 ○표 해 보세요.

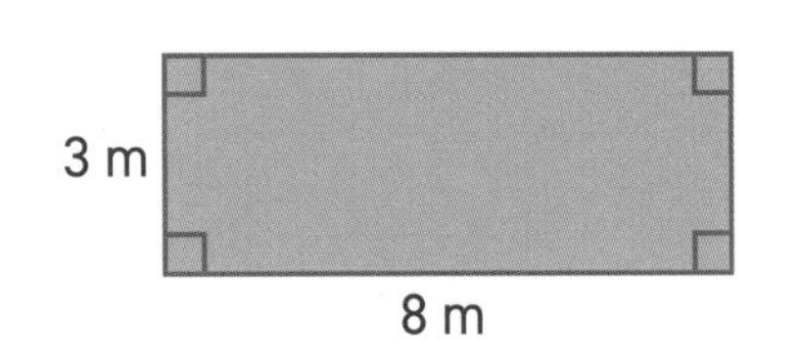

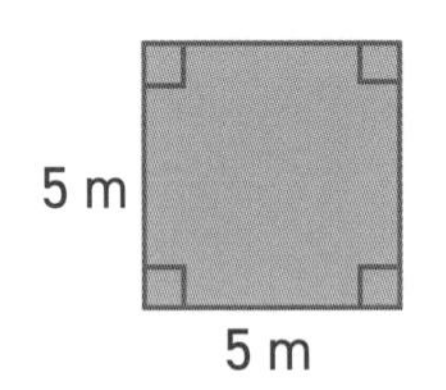

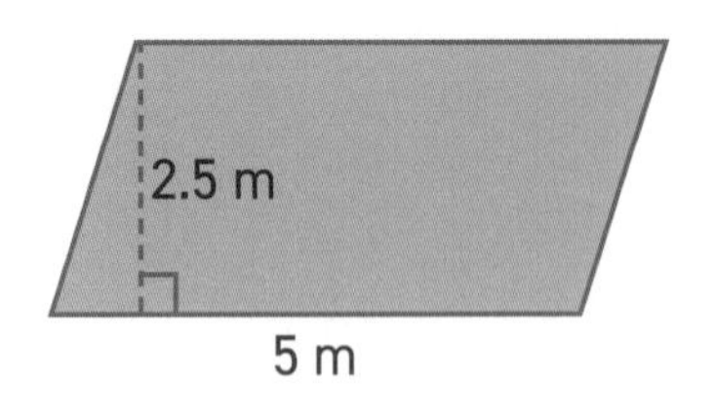

2. 알맞은 식을 세워 삼각형의 넓이를 구한 후, 정답을 로봇에서 찾아 ○표 해 보세요.

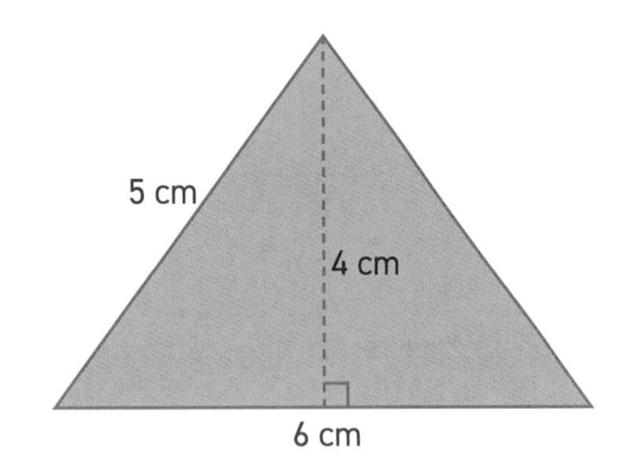

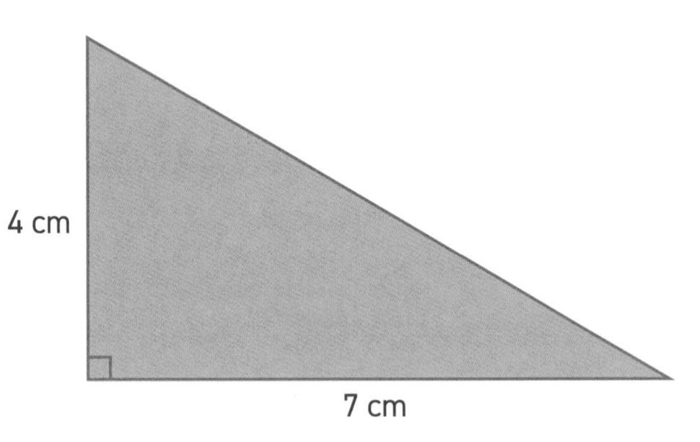

$12\ cm^2$ $14\ cm^2$ $24\ cm^2$ $12.5\ m^2$ $20\ m^2$ $24\ m^2$ $25\ m^2$

3. 아래 조건을 만족하는 도형을 그려 보세요.

❶ 넓이가 $10cm^2$인 삼각형

❷ 넓이가 $24cm^2$인 평행사변형

4. 알맞은 식을 세워 답을 구한 후, 정답을 로봇에서 찾아 ○표 해 보세요.

4 m
5 m
8 m

❶ 이 직육면체의 겉넓이는 얼마일까요?

____

____

____

❷ 이 직육면체의 부피는 얼마일까요?

____

5. 공책에 알맞은 식을 세워 답을 구한 후, 정답을 로봇에서 찾아 ○표 해 보세요.

❶ 밑변이 12m, 높이가 3m인 삼각형이 있어요. 이 삼각형의 넓이는 얼마일까요?

____

❷ 밑변이 5m, 높이가 3m인 평행사변형이 있어요. 이 평행사변형이 넓이는 얼마일까요?

____

❸ 세로가 6m, 가로가 4.5m, 높이가 3m인 방이 있어요. 이 방의 바닥 넓이는 얼마일까요?

____

❹ 세로가 6m, 가로가 3.5m, 높이가 3m인 방이 있어요. 이 방의 부피는 얼마일까요?

____

15 m^2 18 m^2 27 m^2 42 m^2 184 m^2 63 m^3 120 m^3 160 m^3

더 생각해 보아요!

어떤 정육면체의 겉넓이가 24cm^2예요. 이 정육면체의 부피는 얼마일까요?

____

6. 공책에 알맞은 식을 세워 색칠한 부분의 넓이를 계산해 보세요.

❶ 1 cm 1 cm

❷ 1 cm 1 cm

❸ 1 cm 1 cm

❹ 1 cm 1 cm

7. 공책에 질문의 답을 구해 보세요.

아래 평행사변형은 크기가 같은 정사각형 6개와 크기가 같은 직각삼각형 2개로 나누어져요. 정사각형 1개의 넓이는 $9cm^2$이고 삼각형 1개의 넓이는 $3cm^2$예요.

❶ 이 평행사변형의 넓이는 얼마일까요?

❷ 이 평행사변형의 밑변은 얼마일까요?

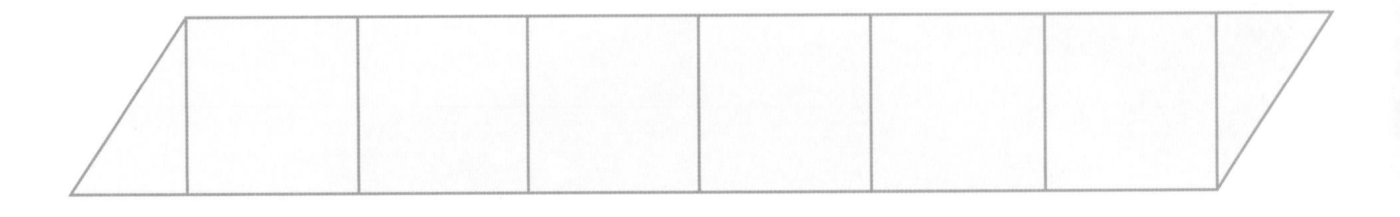

8. 그림의 사각형은 하나의 직육면체에서 나온 서로 다른 면이에요.

2 cm, 6 cm
5 cm, 6 cm

❶ 이 직육면체의 겉넓이는 얼마일까요?

____

____

____

❷ 이 직육면체의 부피는 얼마일까요?

____

9. 아래 설명을 읽고 공책에 도형을 그려 보세요. 그리고 참 또는 거짓을 써 보세요.

❶ 직사각형은 서로 닮은 정사각형 2개로 항상 나누어질 수 있어요. ________

❷ 직사각형은 서로 닮은 직사각형 2개로 항상 나누어질 수 있어요. ________

❸ 정육면체는 직육면체 2개로 나누어질 수 있어요. 두 직육면체의 부피를 합하면 정육면체의 부피보다 커요. ________

❹ 정육면체는 직육면체 2개로 나누어질 수 있어요. 두 직육면체의 겉넓이를 합하면 정육면체의 겉넓이보다 커요. ________

한 번 더 연습해요!

1. 공책에 알맞은 식을 세워 도형의 넓이를 구해 보세요.

❶

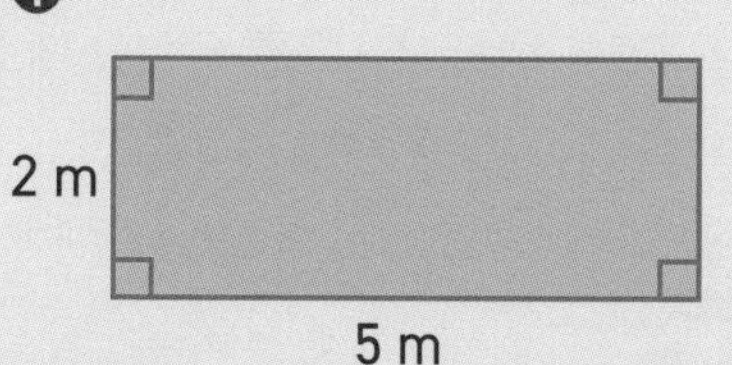

❷

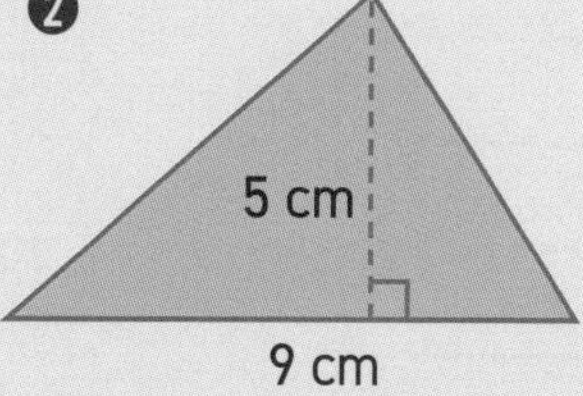

❸

6.5 m
7 m
4 m

2. 공책에 알맞은 식을 세워 답을 구해 보세요.

❶ 직육면체의 겉넓이

❷ 직육면체의 부피

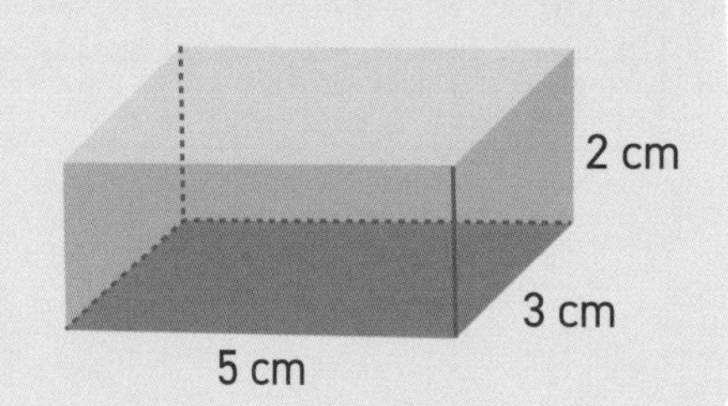

점수를 계산해라

인원 : 2명 준비물 : 주사위 2개

	⚀	⚁	⚂	⚃	⚄	⚅
⚀	1.5 + 0.8	1.1 × 5	0.4 × 10	27.5 ÷ 10	3.6 ÷ 6	1.85 + 2.55
⚁	2.4 ÷ 3	85 ÷ 100	3.2 − 0.4	8.1 ÷ 9	2.8 + 0.6	0.2 × 6
⚂	2.1 × 3	2.60 + 1.35	0.02 × 100	1.4 × 4	0.25 × 10	1.2 ÷ 4
⚃	0.35 × 10	6.3 − 3.9	2.5 ÷ 5	45 ÷ 100	6.2 − 2.8	3.15 − 1.25
⚄	4.55 − 2.55	4.2 + 1.3	1.75 + 0.25	0.03 × 100	4.2 ÷ 7	1.05 × 3
⚅	0.12 × 10	18.5 ÷ 10	1.35 × 2	3.65 − 1.20	3.0 ÷ 6	5.5 ÷ 10

회수	참가자 1	참가자 2
1		
2		
3		
4		
5		
6		
7		
8		
9		
10		
총점		

놀이 방법

1. 한 사람의 교재를 놀이판으로 이용하세요.
2. 순서를 정해 주사위 2개를 굴리세요. 어떤 주사위 눈을 가로줄이나 세로줄로 할지 정할 수 있어요.
3. 주사위 눈이 가리키는 칸의 식을 계산하여 결과를 표에 기록하세요. 결과와 같은 값의 점수를 얻어요.
4. 계산한 칸에는 X표를 해요. 주사위를 굴렸을 때 X표 된 칸이 나오면 점수가 없어요.
5. 10회까지의 점수를 모두 합산하세요. 점수가 더 높은 사람이 놀이에서 이겨요.

계산하고, 운동하고!

인원 : 2명 준비물 : 주사위 1개

0.1 × 10	0.02 + 0.03	0.5 × 2	0.95 − 0.90	0.07 + 0.33	0.29 + 0.01	0.2 × 2
0.03 × 2	0.15 + 0.25	3 ÷ 10	0.75 + 0.25	1.8 ÷ 6	0.25 ÷ 5	4.25 − 3.25
0.9 − 0.6	3.25 − 1.25	5 ÷ 100	3.6 ÷ 9	2.5 − 0.5	0.12 − 0.06	1.8 + 0.2
0.95 + 1.05	0.5 × 4	0.36 ÷ 6	0.45 ÷ 9	1.81 + 0.19	2.5 − 1.5	0.15 ÷ 3
0.45 − 0.40	0.95 + 0.05	3.2 ÷ 8	0.8 ÷ 2	0.25 × 8	0.54 ÷ 9	0.15 × 2
1.1 − 0.7	20 ÷ 10	0.15 + 0.15	2.7 ÷ 9	0.35 ÷ 7	2.4 ÷ 6	30 ÷ 100
0.05 + 0.01	1.6 ÷ 4	0.02 × 3	0.5 + 0.5	0.09 − 0.03	1.75 + 0.25	0.03 + 0.03

주사위 눈	식의 정답	스포츠 활동
1	1.0	런지 10회
2	2.0	스쿼트 10회
3	0.3	제자리에서 돌기 10회
4	0.4	팔 벌려 높이뛰기 10회
5	0.05	토끼 뜀뛰기 10회
6	0.06	한 발로 뛰기 10회

런지는 하체 근력을 강화하는 다리 운동 중 하나예요.

놀이 방법

1. 한 사람의 교재를 이용하세요.
2. O나 X 같은 자신만의 기호를 정하세요.
3. 한 사람은 계산하고, 다른 사람은 스포츠 활동을 해요. 계산하는 사람은 주사위를 굴리고 주사위 눈에 해당하는 답이 나올 수 있는 계산식을 표에서 찾아요.(예를 들어, 주사위 눈이 1이면 값이 1.0인 식을 찾으면 돼요). 이와 동시에 다른 사람은 나온 주사위 눈에 해당하는 스포츠 활동을 해요.
4. 만약 스포츠 활동이 다 끝나기 전에 계산하는 사람이 먼저 식을 찾아내면 계산하는 사람이 자신의 기호를 칸에 표시해요.
5. 주사위를 던질 때마다 역할은 서로 바뀌어요. 가로, 세로, 대각선으로 연속하는 4칸에 먼저 자신의 기호로 표시하는 사람이 놀이에서 이겨요.

땅따먹기

인원 : 2명 준비물 : 주사위 2개, 색이 다른 색연필 2개

★127쪽 활동지로 한 번 더 놀이해요!

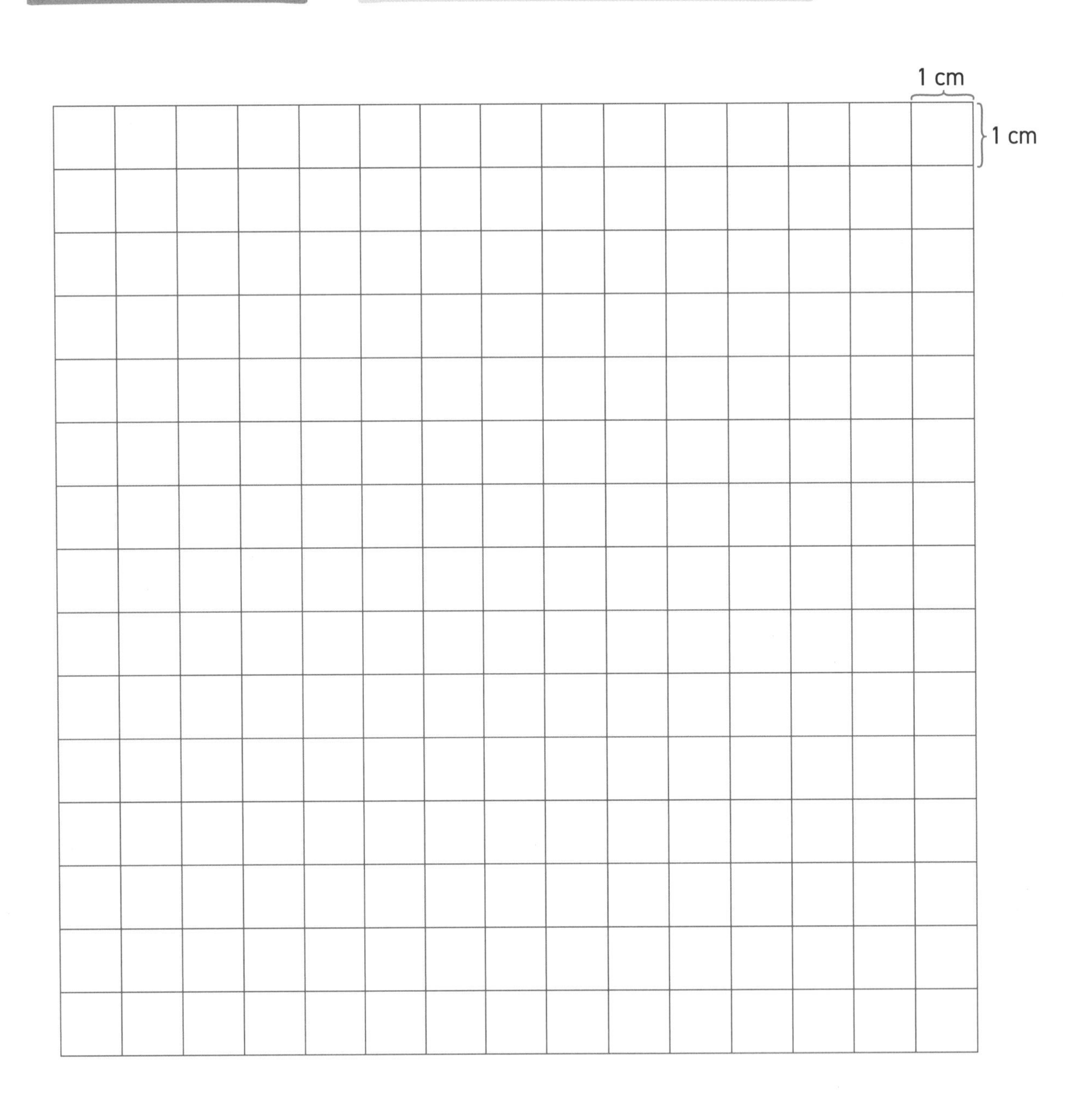

 **놀이 방법**

1. 한 사람의 교재를 놀이판으로 이용하세요.
2. 순서를 정해 주사위 2개를 굴려요. 1개의 주사위 눈은 직사각형의 가로를, 또 다른 주사위 눈은 세로를 나타내요.
3. 모눈종이에 자신이 정한 색깔로 주사위 눈에 해당하는 크기의 직사각형을 그리세요. 직사각형은 서로 접해서는 안 되고 다른 도형 안에 들어갈 수 없어요.
4. 모눈종이 안에 직사각형을 더 이상 그릴 수 없을 때까지 놀이를 이어가요.
5. 마지막에 각자 지금까지 그린 직사각형의 넓이를 모두 더해요. 넓이의 합이 더 큰 사람이 놀이에서 이겨요.

수조에 물 채우기

인원 : 2명 준비물 : 주사위 3개

참가자 1			참가자 2		
1회	2회	3회	1회	2회	3회

놀이 방법

1. 한 사람의 교재를 놀이판으로 이용하세요.
2. 순서를 정해 주사위 3개를 동시에 굴리세요. 나온 주사위 눈의 곱은 수조에 넣어야 할 물의 양(L)을 나타내요.
3. 추가되는 물의 양을 이전 물의 양에 계속 더하세요.
4. 물의 양이 250L를 넘지 않도록 최대한 맞춰야 해요. 250L를 넘기면 놀이에서 져요.
5. 놀이는 멈추고 싶을 때 언제든지 멈출 수 있어요. 단, 한 사람이 멈추더라도 상대는 혼자서 계속 진행할 수 있어요. 물의 양이 최종적으로 250L에 가장 가까운 사람이 놀이에서 이겨요.
6. 한 사람이 3판 중 2판을 이길 때까지 놀이는 계속되어요. 놀이를 다시 시작할 때에는 순서를 바꾸어요.

_____ 월 _____ 일 _____ 요일

스프레드시트 프로그램

친구와 함께 학급의 단체 여행을 계획해 보세요. 예산을 짜고 1인당 최대 비용이 얼마가 될지 계산해 보세요. 인터넷에서 여행 정보를 찾아 공책에 계획을 써 보세요. 그다음 스프레드시트 프로그램을 이용하여 학급 전체의 비용을 계산하고 예산으로 가능한지 알아보세요.

여행 계획에 필요한 정보

- 학생 수 (예 : 22명)
- 여행 목적지의 장소와 비용 (예 : 놀이 공원, 1인당 26.00유로)
- 점심 먹을 식당과 비용 (예 : 피자 가게, 1인당 12.40유로)
- 예산 (예 : 1인당 40.00유로)

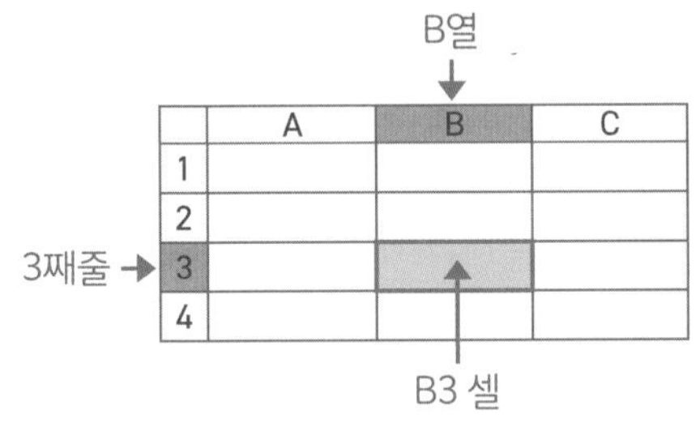

	A	B	C
1	학생 수	22	
2			
3	목적지	1인당 가격	입장료 총액
4	놀이 공원	26.00 €	=PRODUCT(B1;B4)
5			
6	점심	1인당 가격	식사비 총액
7	피자 가게	12.40 €	

스프레드시트 프로그램 사용하기

1. 학급의 학생 수 (예 : 22)를 입력하세요.
2. 1인당 여행 비용 (예 : 놀이 공원 26.00유로, 피자 가게 12.40유로)을 입력하세요.
3. 스프레드시트 프로그램을 이용하여 학급 전체의 여행과 점심 식사 비용을 계산해 보세요.

   입장료 총액 아래에 있는 셀에 =PRODUCT(곱)을 입력하고, 곱을 계산하고 싶은 셀의 이름을 괄호 안에 입력하세요.
   = PRODUCT(B1 ; B4)와 같이 셀의 이름을 세미콜론으로 구분하세요.
   글자를 띄어 쓰거나 셀의 이름을 잘못 입력하지 않도록 주의하세요.

곱셈식 : =PRODUCT(곱)과 괄호 안에 셀의 이름 입력

덧셈식 : =SUM(합)과 괄호 안에 셀의 이름 입력

4. 학급의 여행 총비용을 계산해 보세요.
   총비용 아래에 있는 셀에 =SUM(합)을 입력하고, 합을 계산하고 싶은 셀의 이름을 괄호 안에 입력하세요.
   = SUM(C4 ; C7)

	A	B	C	D
1	학생 수	22		
2				
3	목적지	1인당 가격	입장료 총액	
4	놀이 공원	26.00 €	572.00 €	
5				
6	점심	1인당 가격	식사비 총액	총비용
7	피자가게	12.40 €	272.80 €	=SUM(C4;C7)

5. 학급 전체 예산을 계산해 보세요.

먼저 1인당 예산(예 : 40유로)을 입력하고 곱셈식을 이용하여 학급 전체 예산을 계산해 보세요.

	A	B	C	D
1	학생 수	22		
2				
3	목적지	1인당 가격	입장료 총액	
4	놀이 공원	26.00 €	572.00 €	
5				
6	점심	1인당 가격	식사비 총액	총비용
7	피자가게	12.40 €	272.80 €	844.80 €
8				
9	예산	학생 1명	학급 전체 예산	
10		40.00 €	=PRODUCT(B1;B10)	

6. 마지막으로 전체 학급의 예산과 총비용을 비교해 보세요.

스프레드시트 프로그램에서 차를 구하는 것은 불가능해요. 학급 전체 예산과 총비용을 비교하기 위해 총비용을 빼야 하는 수, 즉 음수로 바꾸어야 해요.

7. 사용한 예산에 여행의 총비용을 음수(예 : -844.80유로)로 입력하세요.

덧셈식을 이용하여 학급 전체의 예산과 사용한 돈을 비교해 보세요.

	A	B	C	D	E
1	학생 수	22			
2					
3	목적지	1인당 가격	입장료 총액		
4	놀이 공원	26.00 €	572.00 €		
5					
6	점심	1인당 가격	식사비 총액	총비용	
7	피자가게	12.40 €	272.80 €	844.80 €	
8					
9	예산	학생 1명	학급 전체 예산	사용한 예산	예산과의 차이
10		40.00 €	880.00 €	-844.80 €	=SUM(C10;D10)

나온 수가 양수이면 예산에서 비용을 충당할 수 있어요. 나온 수가 음수이면 예산이 비용보다 부족한 거예요.

돈이 충분하지 않으면
비용을 어떻게 절감할 수
있을지 고민해 보세요.

122쪽 놀이 수학 <땅따먹기>에 활용하세요.

1 cm

1 cm

핀란드에서 가장 많이 보는 1등 수학 교과서!
핀란드 초등학교 수학 교육 최고 전문가들이 만든
혼공 시대에 꼭 필요한 자기주도 수학 교과서를 만나요!

123
456
789

핀란드 수학 교과서, 왜 특별할까?

수학적 구조를 발견하고 이해하게 하여 수학 공식을 암기할 필요가 없어요.

수학적 이야기가 풍부한 그림으로 수학 학습에 영감을 불어넣어요.

교구를 활용한 놀이를 통해 수학 개념을 이해시켜요.

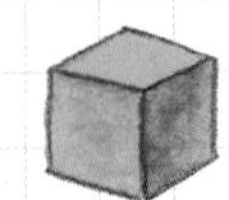

수학과 연계하여 컴퓨팅 사고와 문제 해결력을 키워 줘요.

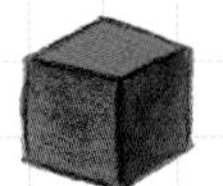

연산, 서술형, 응용과 심화, 사고력 문제가 한 권에 모두 들어 있어요.

어떤 문제를 푸느냐에
따라 수학 사고력은
달라집니다!

개별가 없음(세트로만 판매)

64410
9 791192 183176

ISBN 979-11-92183-17-6
979-11-92183-13-8 (세트)

무형광 종이 인쇄로 아이들 눈을 지켜 줘요.

핀란드 6학년 수학 교과서

정답과 해설

마음이음

핀란드 6학년 수학 교과서 6-1

정답과 해설

1권

12-13쪽

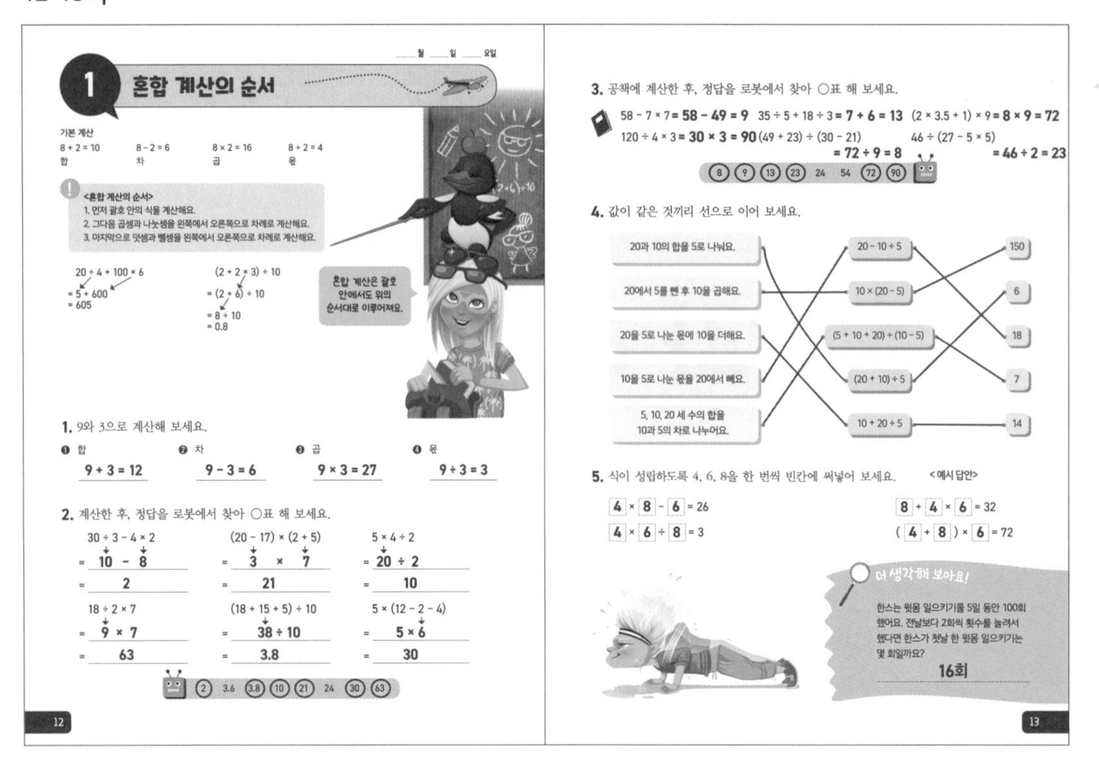

1 혼합 계산의 순서

기본 계산
8 + 2 = 10 합
8 - 2 = 6 차
8 × 2 = 16 곱
8 ÷ 2 = 4 몫

<혼합 계산의 순서>
1. 먼저 괄호 안의 식을 계산해요.
2. 그다음 곱셈과 나눗셈을 왼쪽에서 오른쪽으로 차례로 계산해요.
3. 마지막으로 덧셈과 뺄셈을 왼쪽에서 오른쪽으로 차례로 계산해요.

20 + 4 + 100 × 6 = 5 + 600 = 605
(2 + 2 × 3) ÷ 10 = (2 + 6) ÷ 10 = 8 ÷ 10 = 0.8

혼합 계산은 괄호 안에서도 위의 순서대로 이루어져요.

1. 9와 3으로 계산해 보세요.
❶ 합 9 + 3 = 12 ❷ 차 9 - 3 = 6 ❸ 곱 9 × 3 = 27 ❹ 몫 9 ÷ 3 = 3

2. 계산한 후, 정답을 로봇에서 찾아 ○표 해 보세요.
30 ÷ 3 - 4 × 2 = 10 - 8 = 2
(20 - 17) × (2 + 5) = 3 × 7 = 21
5 × 4 ÷ 2 = 20 ÷ 2 = 10
18 ÷ 2 × 7 = 9 × 7 = 63
(18 + 15 + 5) ÷ 10 = 38 ÷ 10 = 3.8
5 × (12 - 2 - 4) = 5 × 6 = 30
② 3.6 ③.8 ⑩ ㉑ 24 ㉚ ㊸

3. 공책에 계산한 후, 정답을 로봇에서 찾아 ○표 해 보세요.
58 - 7 × 7 = 58 - 49 = 9
35 ÷ 5 + 18 ÷ 3 = 7 + 6 = 13
(2 × 3.5 + 1) × 9 = 8 × 9 = 72
120 ÷ 4 × 3 = 30 × 3 = 90
(49 + 23) ÷ (30 - 21) = 72 ÷ 9 = 8
46 ÷ (27 - 5 × 5) = 46 ÷ 2 = 23
⑧ ⑨ ⑬ ㉓ 24 54 ㊲ ㊾

4. 값이 같은 것끼리 선으로 이어 보세요.
20과 10의 합을 5로 나눠요. / 20에서 5를 뺀 후 10을 곱해요. / 20을 5로 나눈 몫에 10을 더해요. / 10을 5로 나눈 몫을 20에서 빼요. / 5, 10, 20 세 수의 합을 10과 5의 차로 나누어요.
20 - 10 ÷ 5 / 10 × (20 - 5) / (5 + 10 + 20) ÷ (10 - 5) / (20 + 10) ÷ 5 / 10 + 20 ÷ 5
150 / 6 / 18 / 7 / 14

5. 식이 성립하도록 4, 6, 8을 한 번씩 빈칸에 써넣어 보세요. <예시 답안>
4 × 8 - 6 = 26
8 + 4 × 6 = 32
4 × 6 ÷ 8 = 3
(4 + 8) × 6 = 72

더 생각해 보아요!
한스는 윗몸 일으키기를 5일 동안 100회 했어요. 전날보다 2회씩 횟수를 늘려서 했다면 한스가 첫날 한 윗몸 일으키기는 몇 회일까요?
16회

보충 가이드 | 12쪽

덧셈과 곱셈은 순서를 바꾸어도 계산 결과가 달라지지 않기 때문에 순서가 중요하지 않아요. 그러나 뺄셈과 나눗셈은 순서를 바꾸면 계산 결과가 달라져 순서를 꼭 지켜야 해요. 괄호가 나오면 괄호 안의 계산을 가장 먼저 해야 해요. 계산식이 복잡할 때는 계산 순서를 미리 표시한 후, 그 순서에 따라 계산하면 정확한 답을 구할 수 있어요.

더 생각해 보아요! | 13쪽

한스가 첫날 한 윗몸 일으키기 횟수를 x라 하여 식을 세워 보아요.

$x+x+2+x+4+x+6+x+8=100$

$5x=100-20$

$5x=80$

$x=16$

14-15쪽

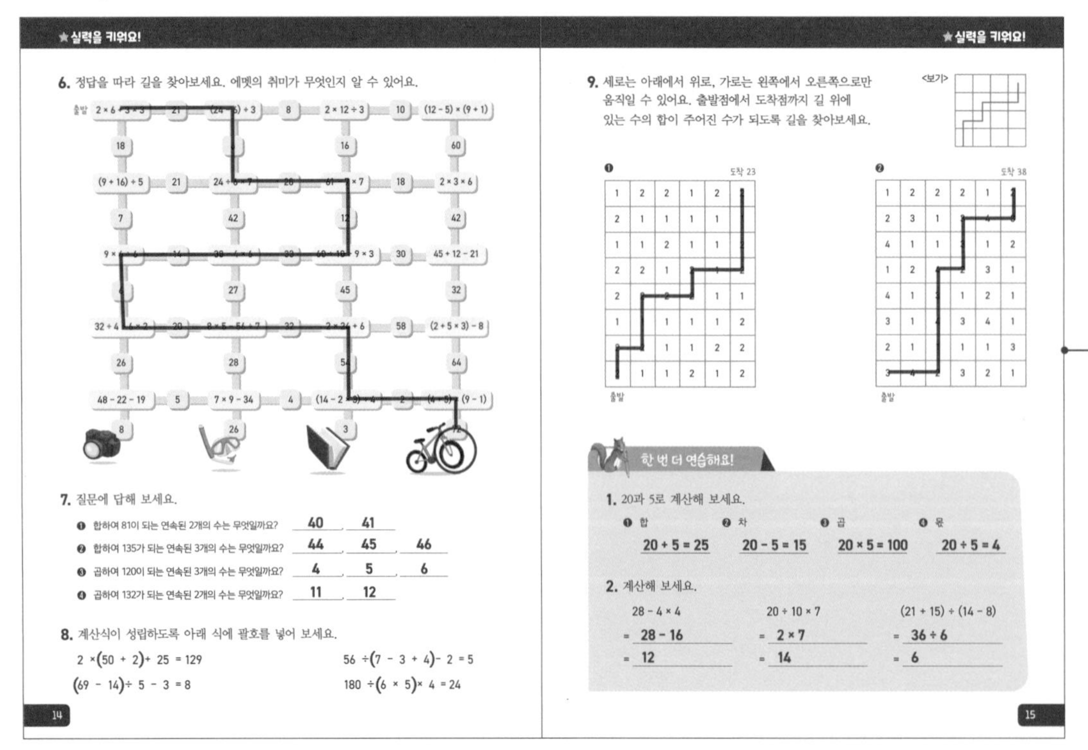

★실력을 키워요!

6. 정답을 따라 길을 찾아보세요. 에멧의 취미가 무엇인지 알 수 있어요.

7. 질문에 답해 보세요.
❶ 합하여 81이 되는 연속된 2개의 수는 무엇일까요? 40, 41
❷ 합하여 135가 되는 연속된 3개의 수는 무엇일까요? 44, 45, 46
❸ 곱하여 120이 되는 연속된 3개의 수는 무엇일까요? 4, 5, 6
❹ 곱하여 132가 되는 연속된 2개의 수는 무엇일까요? 11, 12

8. 계산식이 성립하도록 아래 식에 괄호를 넣어 보세요.
2 × (50 + 2) + 25 = 129
56 ÷ (7 - 3 + 4) - 2 = 5
(69 - 14) ÷ 5 - 3 = 8
180 ÷ (6 × 5) × 4 = 24

9. 세로는 아래에서 위로, 가로는 왼쪽에서 오른쪽으로만 움직일 수 있어요. 출발점에서 도착점까지 길 위에 있는 수의 합이 주어진 수가 되도록 길을 찾아보세요.
❶ 도착 23 ❷ 도착 38

한 번 더 연습해요!
1. 20과 5로 계산해 보세요.
❶ 합 20 + 5 = 25 ❷ 차 20 - 5 = 15 ❸ 곱 20 × 5 = 100 ❹ 몫 20 ÷ 5 = 4

2. 계산해 보세요.
28 - 4 × 4 = 28 - 16 = 12
20 ÷ 10 × 7 = 2 × 7 = 14
(21 + 15) ÷ (14 - 8) = 36 ÷ 6 = 6

14쪽 7번

❸ 120의 약수를 구하면
120=2×2×2×3×5
2×2, 5, 2×3
4, 5, 6

❹ 132의 약수를 구하면
132=2×2×3×11
12
12, 11

16-17쪽

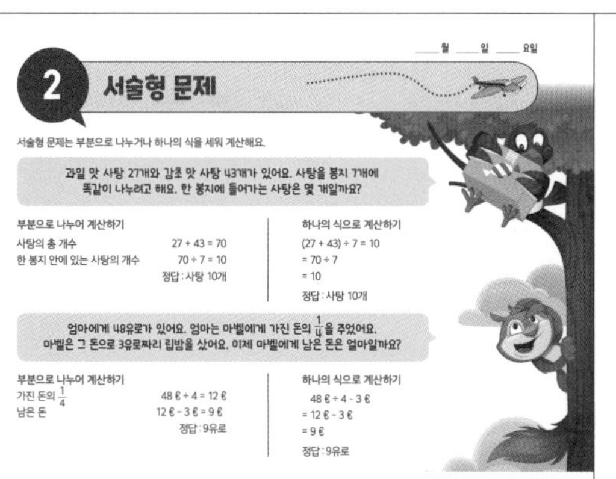

___월 ___일 ___요일

2 서술형 문제

서술형 문제는 부분으로 나누거나 하나의 식을 세워 계산해요.

과일 맛 사탕 27개와 감초 맛 사탕 43개가 있어요. 사탕을 봉지 7개에 똑같이 나누려고 해요. 한 봉지에 들어가는 사탕은 몇 개일까요?

부분으로 나누어 계산하기

사탕의 총 개수 27 + 43 = 70

한 봉지 안에 있는 사탕의 개수 70 ÷ 7 = 10

정답 : 사탕 10개

하나의 식으로 계산하기

(27 + 43) ÷ 7 = 10

= 70 ÷ 7

= 10

정답 : 사탕 10개

엄마에게 48유로가 있어요. 엄마는 마벨에게 가진 돈의 $\frac{1}{4}$을 주었어요. 마벨은 그 돈으로 3유로짜리 립밤을 샀어요. 이제 마벨에게 남은 돈은 얼마일까요?

부분으로 나누어 계산하기

가진 돈의 $\frac{1}{4}$ 48 € ÷ 4 = 12 €

남은 돈 12 € - 3 € = 9 €

정답 : 9유로

하나의 식으로 계산하기

48 € ÷ 4 - 3 €

= 12 € - 3 €

= 9 €

정답 : 9유로

1. 필통에 파란색 연필 16자루와 빨간색 연필 11자루가 들어 있어요. 알렉은 그중 $\frac{1}{3}$을 깎았어요. 알렉이 깎은 연필은 모두 몇 자루일까요?

❶ 부분으로 나누어 계산하기

연필의 총 개수 16 + 11 = 27

깎은 연필의 개수 27 ÷ 3 = 9

정답 : 9개

❷ 하나의 식을 세워 계산하기

(16 + 11) ÷ 3

= 27 ÷ 3 = 9

정답 : 9개

2. 공책은 1권에 3유로이고, 연필은 1자루에 2유로예요. 엠마는 공책 2권과 연필 8자루를 샀어요. 물건값은 모두 얼마일까요?

❶ 부분으로 나누어 계산하기

공책의 총 가격 3€ × 2 = 6€

연필의 총 가격 2€ × 8 = 16€

물건값의 총 가격 6€ + 16€ = 22€

정답 : 22€

❷ 하나의 식을 세워 계산하기

3€ × 2 + 2€ × 8

= 6€ + 16€

= 22€

정답 : 22€

16

3. 아래 서술형 문제를 부분으로 나누어 계산했어요. 어떻게 나누어 계산했는지 빈칸에 써 보세요.

❶ 폴라는 50유로를 가지고 있는데, 1권에 7유로인 책 6권을 샀어요. 이제 폴라에게 남은 돈은 얼마일까요?

7€ × 6 = 42€ 책의 총 가격

50€ - 42€ = 8€ 책을 사고 남은 돈

❷ 한 봉지에 사탕 28개가 들어 있고, 다른 봉지에 20개가 들어 있어요. 사탕의 $\frac{1}{3}$은 과일 맛이에요. 케이틀린은 과일 맛 사탕 중 절반을 먹었어요. 케이틀린이 먹은 과일 맛 사탕은 모두 몇 개일까요?

28 + 20 = 48 사탕의 총 개수

48 ÷ 3 = 16 과일 맛 사탕의 개수

16 ÷ 2 = 8 케이틀린이 먹은 과일 맛 사탕의 개수

4. 공책에 알맞은 식을 세워 답을 구한 후, 정답을 로봇에서 찾아 ○표 해 보세요.

❶ 6-1반은 학생이 29명, 6-2반은 24명, 6-3반은 25명이에요. 학생을 6모둠으로 똑같이 나누었어요. 한 모둠에 학생이 몇 명 있을까요?

(29+24+25)÷6=78÷6=13, 13명

❷ 엄마는 봉지 3개에 번 8개를 넣었고, 봉지 2개에 번 6개를 넣었어요. 봉지에 넣은 번은 모두 몇 개일까요?

8×3+6×2=24+12=36, 36개

❸ 아이들 5명이 각각 물을 2컵씩 마셨어요. 물 1컵은 2.5dL예요. 아이들이 마신 물은 모두 몇 dL일까요?

2×5×2.5dL=25dL

❹ 에밀리가 학교에 가는 거리는 8.2km예요. 그중 7.7km는 버스를 타고, 나머지는 걸어가요. 5일 동안 에밀리가 왕복으로 걸어야 하는 거리는 모두 몇 km일까요?

(8.2km−7.7km)×2×5=5km

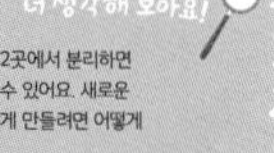

54321000이라는 수를 2곳에서 분리하면 새로운 수 3개를 만들 수 있어요. 새로운 수 3개의 합을 가장 작게 만들려면 어떻게 분리해야 할까요?

54, 32, 100

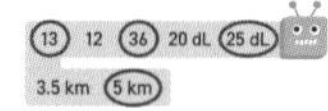

17

보충 가이드 | 16쪽

서술형 문제 해결을 위해서는 개념에 대한 이해가 우선이에요. '왜, 어떻게 이런 식이 나오게 됐을까'라는 기본적인 물음이 수학 서술형 문제를 해결하는 핵심 열쇠이지요.

서술형 문제를 잘 해결하기 위한 단계는 다음과 같아요.

1단계 : 문제 구조화하기

풀이하기 전에 문제에서 중요한 단서가 무엇인지 구분한 후, 긴 단어를 a, b처럼 간단한 단어로 구조화해요.

2단계 : 그림이나 식으로 나타내기

설명된 단서들 사이의 관계를 그림이나 식을 통해 간단하게 표현해 보세요.

3단계 : 묻는 것 파악하기

문제에서 묻는 것이 무엇인지 정확하게 파악해요.

4단계 : 수식으로 나타낸 후 식을 풀기

2단계, 3단계에서 제대로 문제를 분석했다면 서술형 문제를 식으로 바꾼 후, 계산하여 답을 구해요.

더 생각해 보아요! | 17쪽

마지막 수는 100이 가장 작으므로 1 앞에서 분리해요.

남은 수는 5432이며 각각 두 자리 수를 만드는 게 합이 가장 작으므로 54와 32로 분리해요.

답은 54, 32, 100이에요.

MEMO

15쪽 9번

❶ 23

가로 6칸, 세로 7칸 모두 13칸을 움직여요.
지나는 수는 1과 2이고, 지나간 수를 모두 더해야 하므로 아래와 같은 식이 나와요.

$x+y=13 \rightarrow y=13-x$

$2x+y=23$

$2x+13-x=23$

$x=10$

$y=3$

2가 10번, 1은 3번 나오도록 길을 가야 해요.

❷ 38

가로 6칸, 세로 7칸 모두 13칸을 움직여요.
지나는 수는 1, 2, 3, 4이고, 지나간 수를 모두 더해야 하므로 아래와 같은 식이 나와요.

$x+y+a+b=13$

$4x+3y+2a+b=38$

총합이 38이므로 홀수는 짝수로 만들어야 해요. 3만 나올 경우 13칸 가면 39가 나오고, 3을 기준으로 생각하면 1개는 2여야 38이 나와요.

3에서 출발하는데 4와 2가 나오는 길을 갔다면 1이 나와야 해요. 이런 식으로 주어진 수를 추측하며 길을 찾아보세요.

18-19쪽

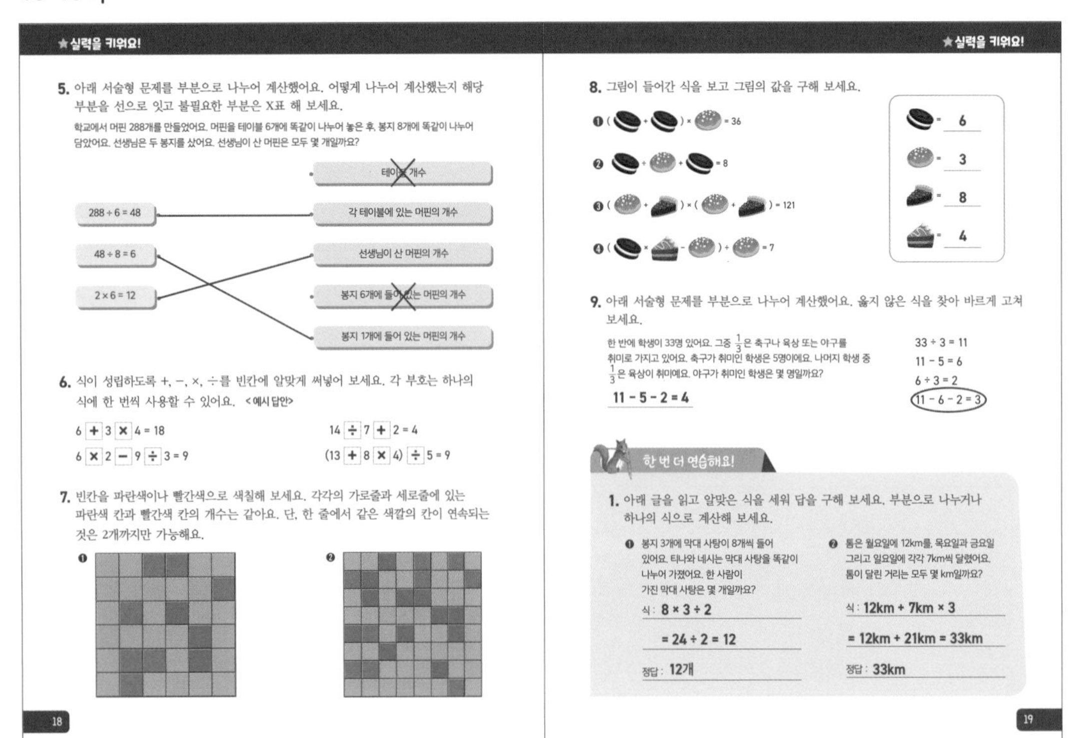

★실력을 키워요!

5. 아래 서술형 문제를 부분으로 나누어 계산했어요. 어떻게 나누어 계산했는지 해당 부분을 선으로 잇고 불필요한 부분은 X표 해 보세요.

학교에서 머핀 288개를 만들었어요. 머핀을 테이블 6개에 똑같이 나누어 놓은 후, 봉지 8개에 똑같이 나누어 담았어요. 선생님은 두 봉지를 샀어요. 선생님이 산 머핀은 모두 몇 개일까요?

- 테이블 개수 (X)
- 288 ÷ 6 = 48 — 각 테이블에 있는 머핀의 개수
- 48 ÷ 8 = 6 — 봉지 1개에 들어 있는 머핀의 개수
- 2 × 6 = 12 — 선생님이 산 머핀의 개수
- 봉지 6개에 들어 있는 머핀의 개수 (X)

6. 식이 성립하도록 +, −, ×, ÷를 빈칸에 알맞게 써넣어 보세요. 각 부호는 하나의 식에 한 번씩 사용할 수 있어요. <예시 답안>

6 + 3 × 4 = 18　　14 ÷ 7 + 2 = 4

6 × 2 − 9 ÷ 3 = 9　　(13 + 8 × 4) ÷ 5 = 9

7. 빈칸을 파란색이나 빨간색으로 색칠해 보세요. 각각의 가로줄과 세로줄에 있는 파란색 칸과 빨간색 칸의 개수는 같아요. 단, 한 줄에서 같은 색깔의 칸이 연속되는 것은 2개까지만 가능해요.

18

★실력을 키워요!

8. 그림이 들어간 식을 보고 그림의 값을 구해 보세요.

❶ (+) × = 36
❷ ÷ + = 8
❸ (+) × (+) = 121
❹ (× −) ÷ = 7

= 6, = 3, = 8, = 4

9. 아래 서술형 문제를 부분으로 나누어 계산했어요. 옳지 않은 식을 찾아 바르게 고쳐 보세요.

한 반에 학생이 33명 있어요. 그중 $\frac{1}{3}$은 축구나 육상 또는 야구를 취미로 가지고 있어요. 축구가 취미인 학생은 5명이에요. 나머지 학생 중 $\frac{1}{3}$은 육상이 취미예요. 야구가 취미인 학생은 몇 명일까요?

33 ÷ 3 = 11
11 − 5 = 6
6 ÷ 3 = 2
(11 − 6 − 2 = 3)

11 − 5 − 2 = 4

한 번 더 연습해요!

1. 아래 글을 읽고 알맞은 식을 세워 답을 구해 보세요. 부분으로 나누거나 하나의 식으로 계산해 보세요.

❶ 봉지 3개에 막대 사탕이 8개씩 들어 있어요. 티나와 네시는 막대 사탕을 똑같이 나누어 가졌어요. 한 사람이 가진 막대 사탕은 몇 개일까요?

식: 8 × 3 ÷ 2
= 24 ÷ 2 = 12
정답: 12개

❷ 톰은 월요일에 12km를, 목요일과 금요일 그리고 일요일에 각각 7km씩 달렸어요. 톰이 달린 거리는 모두 몇 km일까요?

식: 12km + 7km × 3
= 12km + 21km = 33km
정답: 33km

19

19쪽 8번

❶ (+)× =36
같은 수를 더한 후 어떤 수와 곱해서 36이 되는 수를 찾아 나열해 보면
(1+1)×18=36, (2+2)×9=36
(3+3)×6=36, (6+6)×3=36
(9+9)×2=36

❷ ÷ + =8
÷ 를 통해 은 보다 큰 수임을 알 수 있어요. 앞에서 짝지은 수 (1, 18), (2, 9), (3, 6), (6, 3), (9, 2) 가운데 가 큰 수는 (6, 3), (9, 2)이며, 나누어떨어지는 수는 (6, 3)이에요. =6, =3

❸ (+)×(+)=121에 =3을 넣으면
(3+)×(3+)=121
괄호 안의 수가 같으므로 같은 수를 곱해 121이 되는 수를 찾아보면 11임을 알 수 있어요.
3+ =11, =8

❹ (× −)÷ =7
(6× −3)÷3=7
(6× −3)=21, 6× =24
=4

20-21쪽

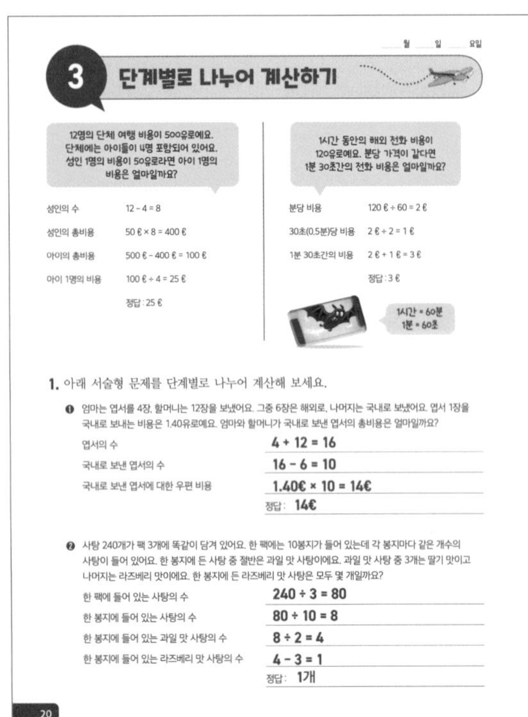

월 일 요일

3 단계별로 나누어 계산하기

12명의 단체 여행 비용이 500유로예요. 단체에는 아이들이 4명 포함되어 있어요. 성인 1명의 비용이 50유로라면 아이 1명의 비용은 얼마일까요?

성인의 수	12 − 4 = 8
성인의 총비용	50 € × 8 = 400 €
아이의 총비용	500 € − 400 € = 100 €
아이 1명의 비용	100 € ÷ 4 = 25 €

정답: 25 €

1시간 동안의 해외 전화 비용이 120유로예요. 분당 가격이 같다면 1분 30초간의 전화 비용은 얼마일까요?

분당 비용	120 € ÷ 60 = 2 €
30초(0.5분)당 비용	2 € ÷ 2 = 1 €
1분 30초간의 비용	2 € + 1 € = 3 €

정답: 3 €

1시간 = 60분
1분 = 60초

1. 아래 서술형 문제를 단계별로 나누어 계산해 보세요.

❶ 엄마는 엽서를 4장, 할머니는 12장을 보냈어요. 그중 6장은 해외로, 나머지는 국내로 보냈어요. 엽서 1장을 국내로 보내는 비용은 1.40유로예요. 엄마와 할머니가 국내로 보낸 엽서의 총비용은 얼마일까요?

엽서의 수	4 + 12 = 16
국내로 보낸 엽서의 수	16 − 6 = 10
국내로 보낸 엽서에 대한 우편 비용	1.40€ × 10 = 14€

정답: 14€

❷ 사탕 240개가 팩 3개에 똑같이 담겨 있어요. 한 팩에는 10봉지가 들어 있는데 각 봉지마다 같은 개수의 사탕이 들어 있어요. 한 봉지에 든 사탕 중 절반은 과일 맛 사탕이에요. 과일 맛 사탕 중 3개는 딸기 맛이고 나머지는 라즈베리 맛이에요. 한 봉지에 든 라즈베리 맛 사탕은 모두 몇 개일까요?

한 팩에 들어 있는 사탕의 수	240 ÷ 3 = 80
한 봉지에 들어 있는 사탕의 수	80 ÷ 10 = 8
한 봉지에 들어 있는 과일 맛 사탕의 수	8 ÷ 2 = 4
한 봉지에 들어 있는 라즈베리 맛 사탕의 수	4 − 3 = 1

정답: 1개

20

2. 아래 서술형 문제를 단계별로 나누어 계산했어요. 어떻게 나누어 계산했는지 빈칸에 써 보세요.

창고에 자가 4팩 있어요. 한 팩에 자가 15개씩 들어 있어요. 그중 $\frac{1}{3}$은 5학년 학생에게, $\frac{1}{5}$은 6학년 학생에게 나누어 줄 거예요. 5학년과 6학년 학생에게 나누어 줄 자는 모두 몇 개일까요?

15 × 4 = 60	자의 총 개수
60 ÷ 3 = 20	5학년 학생에게 나누어 줄 자의 개수
60 ÷ 5 = 12	6학년 학생에게 나누어 줄 자의 개수
20 + 12 = 32	5, 6학년 학생에게 나누어 줄 자의 개수

3. 공책에 알맞은 식을 세워 답을 구한 후, 정답을 로봇에서 찾아 ○표 해 보세요.

❶ 6인 가족의 항공료가 총 1660유로예요. 이 가족에는 아이가 4명 있어요. 아이 1명의 항공료가 210유로라면 성인 1명의 항공료는 얼마일까요?
410€

❷ 6-1반 학생 25명이 영화를 보러 가요. 영화표는 1장에 6유로인데 5명당 1명의 학생이 2유로를 할인받을 수 있어요. 학급비 400유로에서 영화표를 사고 나면 얼마가 남을까요?
260€

❸ 아빠가 사이클을 85km 탔어요. 처음 1시간 동안 15km를 타고, 그다음 1시간 동안 20km를 탔어요. 나머지 거리를 타는 데 2시간이 걸렸어요. 나머지 거리를 타는 동안 아빠의 시간당 평균 거리는 몇 km일까요?
25km

❹ 차 2대가 같은 도로의 같은 지점에서 출발하여 서로 반대 방향으로 주행하기 시작했어요. A차는 시속 80km로, B차는 시속 60km로 주행했어요. 30분 후 두 차의 거리는 얼마나 벌어져 있을까요?
70km

더 생각해 보아요!

각 도형의 꼭짓점을 이루는 수의 합이 가운데 있는 수가 되도록 1~8까지의 수를 모두 한 번씩 빈칸에 써넣어 보세요.

21

21쪽 3번

❶ 아이 4명의 항공료
210€×4=840€
성인 2명의 항공료
1660€−840€=820€
성인 1명의 항공료
820€÷2=410€

❷ 할인 없이 샀을 때 25명의 영화표 총 가격 6€×25=150€
할인을 받는 학생 수 25÷5=5
할인 받는 금액 2€×5=10€
할인 받고 사는 영화표 총 가격
150€−10€=140€
영화표를 사고 남는 학급비
400€−140€=260€

❸ 사이클을 2시간 동안 탄 거리
15km+20km=35km
나머지 거리 85km−35km=50km
나머지 거리를 타는 동안 1시간 평균 거리 50km÷2=25km

❹ A차가 30분 동안 이동한 거리
80km÷2=40km
B차가 30분 동안 이동한 거리
60km÷2=30km
두 차의 거리 차이
40km+30km=70km

22-23쪽

★실력을 키워요!

4. 계산하여 빈칸을 채워 보세요. 단, 한 칸에는 한 개의 숫자만 들어갑니다.

1. 2	4	■	2. 2	0	■	■
1	■	4. 1	1	■	3. 3	10. 2
0	■	0	■	13. 4	■	8
■	11. 1	■	■	8. 5	0	■
5. 5	5	■	12. 1	■	■	■
6. 8	0	■	1	■	9. 2	9
■	■	7. 4	2	■	3	■

가로
1. 6 × 5 - 6
2. 2 × 2 × 5
3. 60 ÷ 6 + 22
4. (41 + 3) ÷ 4
5. 10 × 6 - 5
6. (4 + 4) × (5 + 5)
7. 12 ÷ 2 × 7
8. 2 × 100 ÷ 4
9. 2 × 15 - 1

세로
1. 240 - 3 × 10
2. 5 + 4 × 4
4. 14 ÷ 7 × 5
5. 9 × 7 - 5
9. 36 ÷ 6 + 17
10. 40 - 4 × 3
11. 200 - 2 × 25
12. 12 + 2 × 50
13. (3 + 2) × 9

5. 아래 글을 읽고 공책에 알맞은 식을 세워 답을 구해 보세요.

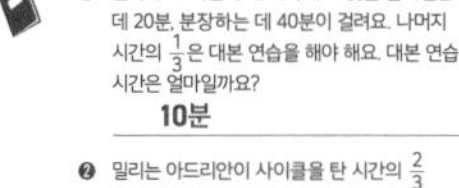

❶ 연극이 1.5시간 후에 시작해요. 옷을 갈아입는 데 20분, 분장하는 데 40분이 걸려요. 나머지 시간의 $\frac{1}{3}$은 대본 연습을 해야 해요. 대본 연습 시간은 얼마일까요?
10분

❷ 밀리는 아드리안이 사이클을 탄 시간의 $\frac{2}{3}$ 동안 사이클을 탔어요. 아드리안은 리타가 탄 시간의 $\frac{2}{5}$ 동안 탔어요. 리타가 15시간 동안 사이클을 탔다면 밀리가 탄 시간은 얼마일까요?
4시간

❸ 티나는 수잔나보다는 6km 적게, 미리야보다는 2km 많게 사이클을 탔어요. 아이들이 사이클을 탄 거리가 모두 25km라면 미리야가 탄 거리는 얼마일까요?
5km

6. 원 안의 수의 합이 모두 같게 2~9까지의 수를 알맞게 넣어 보세요. 단, 각 영역에 1개의 수만 쓸 수 있어요.

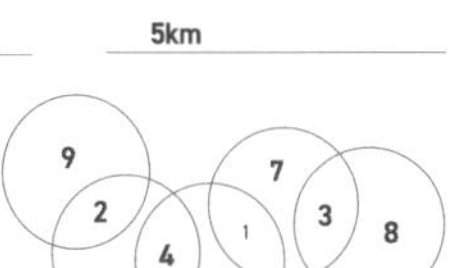

★실력을 키워요!

7. 아래 글을 읽고 배가 침몰한 년도와 보물의 가치를 알아맞혀 보세요.

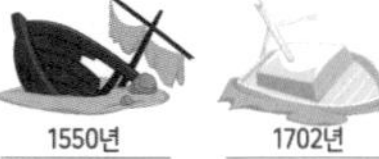

침몰한 년도	1550년	1702년	1500년	1640년
보물	은화	금	루비	에메랄드
보물의 가치	3000유로	12000유로	25000유로	24000유로

❶ • 검은 배는 갈색 배가 침몰하고 50년 후에 침몰했어요.
❷ • 에메랄드를 실었던 배는 루비를 실었던 배보다 140년 후에 침몰했어요.
❸ • 은화의 가치는 3000유로예요.
❹ • 1702년에 침몰한 배에는 금이 있었어요.
❺ • 갈색 배에 있던 루비는 1500년에 바다 밑으로 가라앉았어요.
❻ • 가장 최근에 침몰한 배의 보물은 12000유로의 가치가 있는 것이에요.
❼ • 가장 비싼 보물의 가치는 25000유로예요.
❽ • 10000유로 이하의 보물을 실은 배는 딱 한 대예요.
❾ • 회색 배에 실었던 보물은 하얀 배의 보물보다 2배 더 가치 있어요.

한 번 더 연습해요!

1. 아래 서술형 문제를 단계별로 나누어 계산해 보세요.

영화관에 관람객이 16명 있어요. 그중 9명은 성인이고, 나머지는 아이들이에요. 아이 1명의 영화표는 7유로예요. 관람객의 영화표가 모두 130유로라면 성인 1명의 영화표는 얼마일까요?

아이의 수 **16 - 9 = 7**
아이들의 영화표 가격 **7€ × 7 = 49€**
성인들의 영화표 가격 **130€ - 49€ = 81€**
성인 1명의 영화표 가격 **81€ ÷ 9 = 9€**
정답: **9€**

2. 아래 글을 읽고 공책에 알맞은 식을 세워 답을 구해 보세요.

6학년은 4개 학급이 있어요. 한 반은 학생이 26명이고, 나머지 반은 28명씩이에요. 6학년 학생의 $\frac{1}{5}$은 취미가 음악이고, 음악을 좋아하는 학생 중 절반이 피아노 수업을 들어요. 6학년 중 피아노 수업을 받는 학생은 모두 몇 명일까요?

정답: **11명**

22쪽 5번

❶ 1.5시간=90분
90분-20분-40분=30분
30분÷3=10분

❷ 아드리안이 탄 시간
15시간÷5=3시간
3시간×2=6시간
밀리가 탄 시간 6시간÷3=2시간, 2시간×2=4시간

❸ 미리야가 탄 거리를 x라 하면
티나=x+2km
수잔나=x+2km+6km=x+8km
미리야, 티나, 수잔나가 탄 거리의 총 합을 식으로 나타내면
x+x+2km+x+8km=25km
x+x+x=15km, x=5km

한 번 더 연습해요! | 23쪽 2번

6학년 3개 학급의 학생 수
28×3=84명
6학년 전체 학생 수
26+84=110명
음악이 취미인 학생 수
110÷5=22명
피아노 수업을 듣는 학생 수
22÷2=11명

MEMO

23쪽 7번

❺ 갈색 배에 있던 루비는 1500년에 바다 밑으로 가라앉았어요.
❶ 검은 배는 갈색 배가 침몰하고 50년 후에 침몰했어요.

	●	○	●	●
침몰한 년도	1550년		1500년	
보물			루비	
보물의 가치				

❷ 에메랄드를 실었던 배는 루비를 실었던 배보다 140년 후에 침몰했어요.→1500+140=1640
❹ 1702년에 침몰한 배에는 금이 있었어요.
❾ 회색 배에 실었던 보물은 하얀 배의 보물보다 2배 더 가치 있어요.→에메랄드가 금보다 더 가치 있으므로 회색 배는 에메랄드를 실었음.
❻ 가장 최근에 침몰한 배의 보물은 12000유로의 가치가 있는 것이에요.→1702년이 가장 최근임.

	●	○	●	●
침몰한 년도	1550년	~~1640년~~, 1702년	1500년	1640년, ~~1702년~~
보물		~~에메랄드~~, 금	루비	에메랄드, ~~금~~
보물의 가치		12000유로	25000유로	24000유로

❸ 은화의 가치는 3000유로예요.
❼ 가장 비싼 보물의 가치는 25000유로예요.

	●	○	●	●
침몰한 년도	1550년	1702년	1500년	1640년
보물	은화	금	루비	에메랄드
보물의 가치	3000유로	12000유로	25000유로	24000유로

24-25쪽

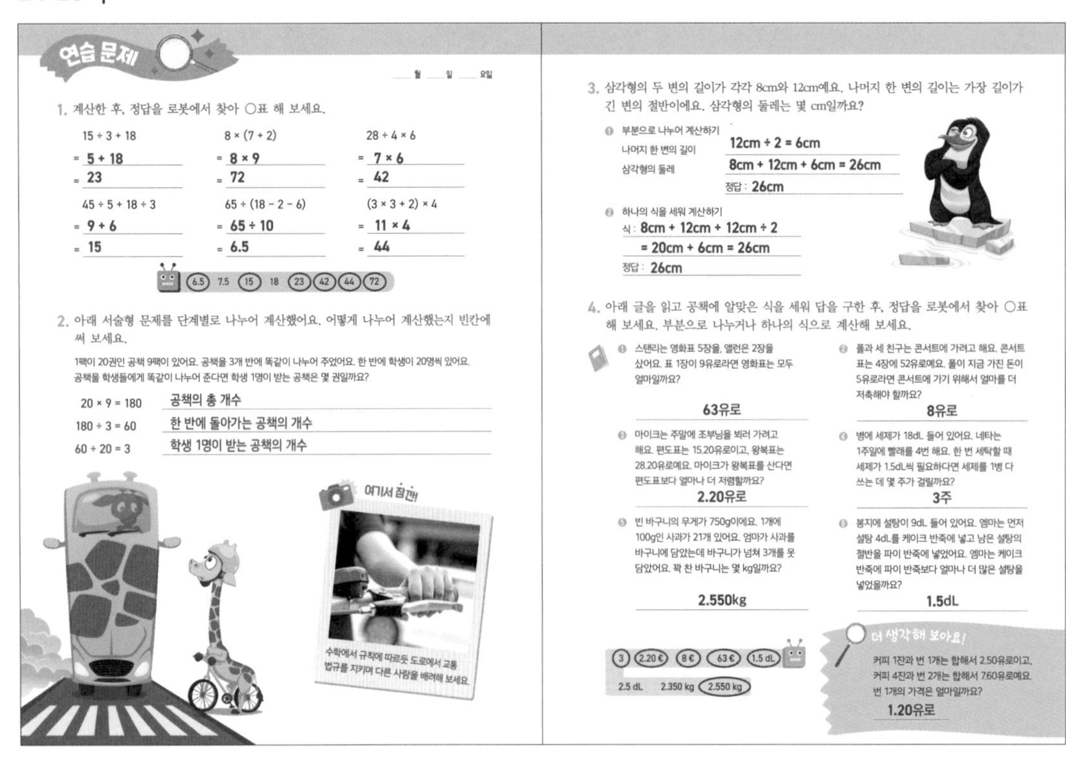

연습 문제

___월 ___일 ___요일

1. 계산한 후, 정답을 로봇에서 찾아 ○표 해 보세요.

15 ÷ 3 + 18
= 5 + 18
= 23

8 × (7 + 2)
= 8 × 9
= 72

28 ÷ 4 × 6
= 7 × 6
= 42

45 ÷ 5 + 18 ÷ 3
= 9 + 6
= 15

65 ÷ (18 − 2 − 6)
= 65 ÷ 10
= 6.5

(3 × 3 + 2) × 4
= 11 × 4
= 44

(6.5) 7.5 (15) 18 (23) (42) (44) (72)

2. 아래 서술형 문제를 단계별로 나누어 계산했어요. 어떻게 나누어 계산했는지 빈칸에 써 보세요.

1팩이 20권인 공책 9팩이 있어요. 공책을 3개 반에 똑같이 나누어 주었어요. 한 반에 학생이 20명씩 있어요. 공책을 학생들에게 똑같이 나누어 준다면 학생 1명이 받는 공책은 몇 권일까요?

20 × 9 = 180　공책의 총 개수
180 ÷ 3 = 60　한 반에 돌아가는 공책의 개수
60 ÷ 20 = 3　학생 1명이 받는 공책의 개수

여기서 잠깐!
수학에서 규칙에 따르듯 도로에서 교통 법규를 지키며 다른 사람을 배려해 보세요.

3. 삼각형의 두 변의 길이가 각각 8cm와 12cm예요. 나머지 한 변의 길이는 가장 길이가 긴 변의 절반이에요. 삼각형의 둘레는 몇 cm일까요?

❶ 부분으로 나누어 계산하기
나머지 한 변의 길이　12cm ÷ 2 = 6cm
삼각형의 둘레　8cm + 12cm + 6cm = 26cm
정답 : 26cm

❷ 하나의 식을 세워 계산하기
식 : 8cm + 12cm + 12cm ÷ 2
= 20cm + 6cm = 26cm
정답 : 26cm

4. 아래 글을 읽고 공책에 알맞은 식을 세워 답을 구한 후, 정답을 로봇에서 찾아 ○표 해 보세요. 부분으로 나누거나 하나의 식으로 계산해 보세요.

❶ 스탠리는 영화표 5장을, 앨런은 2장을 샀어요. 표 1장이 9유로라면 영화표는 모두 얼마일까요?
63유로

❷ 폴과 세 친구는 콘서트에 가려고 해요. 콘서트 표는 4장에 52유로예요. 폴이 지금 가진 돈이 5유로라면 콘서트에 가기 위해서 얼마를 더 저축해야 할까요?
8유로

❸ 마이크는 주말에 조부님을 뵈러 가려고 해요. 편도표는 15.20유로이고, 왕복표는 28.20유로예요. 마이크가 왕복표를 산다면 편도표보다 얼마나 더 저렴할까요?
2.20유로

❹ 병에 세제가 18dL 들어 있어요. 네타는 1주일에 빨래를 4번 해요. 한 번 세탁할 때 세제가 1.5dL씩 필요하다면 세제를 1병 다 쓰는 데 몇 주가 걸릴까요?
3주

❺ 빈 바구니의 무게가 750g이에요. 1개에 100g인 사과가 21개 있어요. 엄마가 사과를 바구니에 담았는데 바구니가 넘쳐 3개를 못 담았어요. 꽉 찬 바구니는 몇 kg일까요?
2.550kg

❻ 봉지에 설탕이 9dL 들어 있어요. 엄마는 먼저 설탕 4dL를 케이크 반죽에 넣고 남은 설탕의 절반을 파이 반죽에 넣었어요. 엄마는 케이크 반죽에 파이 반죽보다 얼마나 더 많은 설탕을 넣었을까요?
1.5dL

(3) (2.20 €) (8 €) (63 €) (1.5 dL) 2.5 dL 2.350 kg (2.550 kg)

더 생각해 보아요!
커피 1잔과 번 1개는 합해서 2.50유로이고, 커피 4잔과 번 2개는 합해서 7.60유로예요. 번 1개의 가격은 얼마일까요?
1.20유로

25쪽 4번

❶ (5+2)×9€=63€
❷ 52€÷4-5€=8€
❸ 15.20€×2-28.20€=2.20€
❹ 18dL÷(1.5dL×4)=3주
❺ (21-3)×100g+750g
=2550g=2.550kg
❻ 4dL-(9dL-4dL)÷2=1.5dL

더 생각해 보아요! | 25쪽

❶ 커피+번=2.50€
❷ 커피4+번2=7.60€이므로, 커피2+번=3.80€예요.
❷-❶을 하면 커피 1잔의 가격을 알 수 있어요.
커피2+번-커피-번=3.80€-2.50€=1.30€
❶에 커피=1.30€를 넣으면 1.30€+번=2.50€, 번=1.20€

26-27쪽

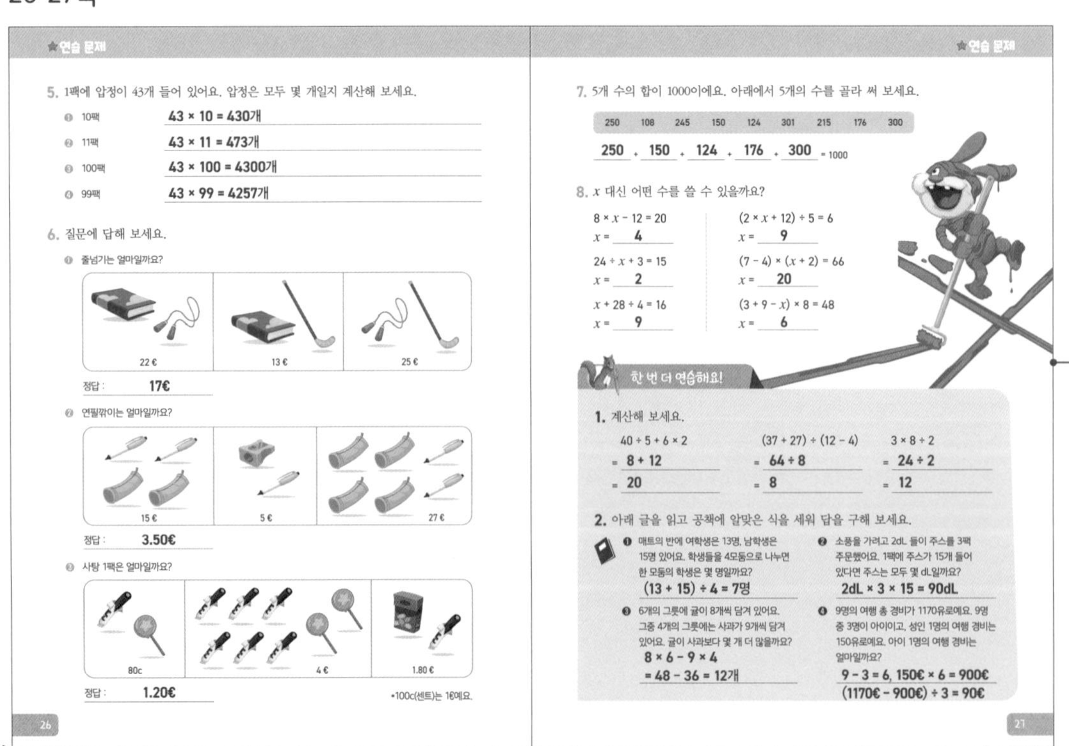

연습 문제

5. 1팩에 압정이 43개 들어 있어요. 압정은 모두 몇 개일지 계산해 보세요.

❶ 10팩　43 × 10 = 430개
❷ 11팩　43 × 11 = 473개
❸ 100팩　43 × 100 = 4300개
❹ 99팩　43 × 99 = 4257개

6. 질문에 답해 보세요.

❶ 줄넘기는 얼마일까요?
22 €　13 €　25 €
정답 : 17€

❷ 연필깎이는 얼마일까요?
15 €　5 €　27 €
정답 : 3.50€

❸ 사탕 1팩은 얼마일까요?
80c　4 €　1.80 €
정답 : 1.20€

•100c(센트)는 1€예요.

26

연습 문제

7. 5개 수의 합이 1000이에요. 아래에서 5개의 수를 골라 써 보세요.

250　108　245　150　124　301　215　176　300

250 + 150 + 124 + 176 + 300 = 1000

8. x 대신 어떤 수를 쓸 수 있을까요?

$8 \times x - 12 = 20$　x = 4
$24 \div x + 3 = 15$　x = 2
$x + 28 \div 4 = 16$　x = 9
$(2 \times x + 12) \div 5 = 6$　x = 9
$(7 - 4) \times (x + 2) = 66$　x = 20
$(3 + 9 - x) \times 8 = 48$　x = 6

한 번 더 연습해요!

1. 계산해 보세요.

40 ÷ 5 + 6 × 2
= 8 + 12
= 20

(37 + 27) ÷ (12 − 4)
= 64 ÷ 8
= 8

3 × 8 ÷ 2
= 24 ÷ 2
= 12

2. 아래 글을 읽고 공책에 알맞은 식을 세워 답을 구해 보세요.

❶ 매트의 반에 여학생은 13명, 남학생은 15명 있어요. 학생들을 4모둠으로 나누면 한 모둠의 학생은 몇 명일까요?
(13 + 15) ÷ 4 = 7명

❷ 소풍을 가려고 2dL 들이 주스를 3팩 주문했어요. 1팩에 주스가 15개 들어 있다면 주스는 모두 몇 dL일까요?
2dL × 3 × 15 = 90dL

❸ 6개의 그릇에 귤이 8개씩 담겨 있어요. 그중 4개의 그릇에는 사과가 9개씩 담겨 있어요. 귤이 사과보다 몇 개 더 많을까요?
8 × 6 − 9 × 4
= 48 − 36 = 12개

❹ 9명의 여행 총 경비가 1170유로예요. 9명 중 3명이 아이이고, 성인 1명의 여행 경비는 150유로예요. 아이 1명의 여행 경비는 얼마일까요?
9 − 3 = 6, 150€ × 6 = 900€
(1170€ − 900€) ÷ 3 = 90€

27

28-29쪽

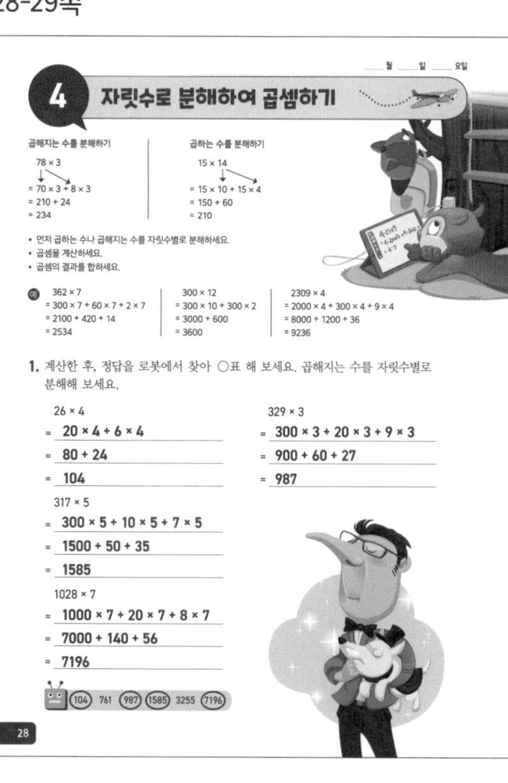

___월 ___일 ___요일

4 자릿수로 분해하여 곱셈하기

곱해지는 수를 분해하기

78 × 3
= 70 × 3 + 8 × 3
= 210 + 24
= 234

곱하는 수를 분해하기

15 × 14
= 15 × 10 + 15 × 4
= 150 + 60
= 210

- 먼저 곱하는 수나 곱해지는 수를 자릿수별로 분해하세요.
- 곱셈을 계산하세요.
- 곱셈의 결과를 합하세요.

예

362 × 7
= 300 × 7 + 60 × 7 + 2 × 7
= 2100 + 420 + 14
= 2534

300 × 12
= 300 × 10 + 300 × 2
= 3000 + 600
= 3600

2309 × 4
= 2000 × 4 + 300 × 4 + 9 × 4
= 8000 + 1200 + 36
= 9236

1. 계산한 후, 정답을 로봇에서 찾아 ○표 해 보세요. 곱해지는 수를 자릿수별로 분해해 보세요.

26 × 4
= 20 × 4 + 6 × 4
= 80 + 24
= 104

329 × 3
= 300 × 3 + 20 × 3 + 9 × 3
= 900 + 60 + 27
= 987

317 × 5
= 300 × 5 + 10 × 5 + 7 × 5
= 1500 + 50 + 35
= 1585

1028 × 7
= 1000 × 7 + 20 × 7 + 8 × 7
= 7000 + 140 + 56
= 7196

(104) 761 (987) (1585) 3255 (7196)

28

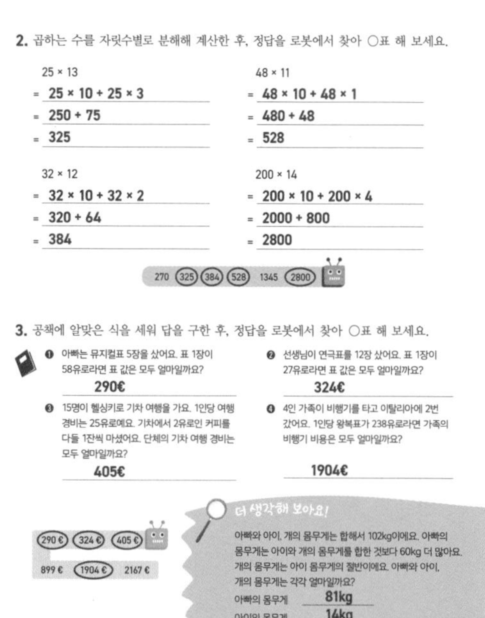

2. 곱하는 수를 자릿수별로 분해해 계산한 후, 정답을 로봇에서 찾아 ○표 해 보세요.

25 × 13
= 25 × 10 + 25 × 3
= 250 + 75
= 325

48 × 11
= 48 × 10 + 48 × 1
= 480 + 48
= 528

32 × 12
= 32 × 10 + 32 × 2
= 320 + 64
= 384

200 × 14
= 200 × 10 + 200 × 4
= 2000 + 800
= 2800

270 (325) (384) (528) 1345 (2800)

3. 공책에 알맞은 식을 세워 답을 구한 후, 정답을 로봇에서 찾아 ○표 해 보세요.

❶ 아빠는 뮤지컬표 5장을 샀어요. 표 1장이 58유로라면 표 값은 모두 얼마일까요?
290€

❷ 선생님이 연극표를 12장 샀어요. 표 1장이 27유로라면 표 값은 모두 얼마일까요?
324€

❸ 15명이 헬싱키로 기차 여행을 가요. 1인당 여행 경비는 25유로예요. 기차에서 2유로인 커피를 다들 1잔씩 마셨어요. 단체의 기차 여행 경비는 모두 얼마일까요?
405€

❹ 4인 가족이 비행기를 타고 이탈리아에 2번 갔어요. 1인당 왕복표가 238유로라면 가족의 비행기 비용은 모두 얼마일까요?
1904€

(290 €) (324 €) (405 €) 899 € (1904 €) 2167 €

더 생각해 보아요!

아빠와 아이, 개의 몸무게는 합해서 102kg이에요. 아빠의 몸무게는 아이와 개의 몸무게를 합한 것보다 60kg 더 많아요. 개의 몸무게는 아이 몸무게의 절반이에요. 아빠와 아이, 개의 몸무게는 각각 얼마일까요?

아빠의 몸무게 81kg
아이의 몸무게 14kg
개의 몸무게 7kg

29

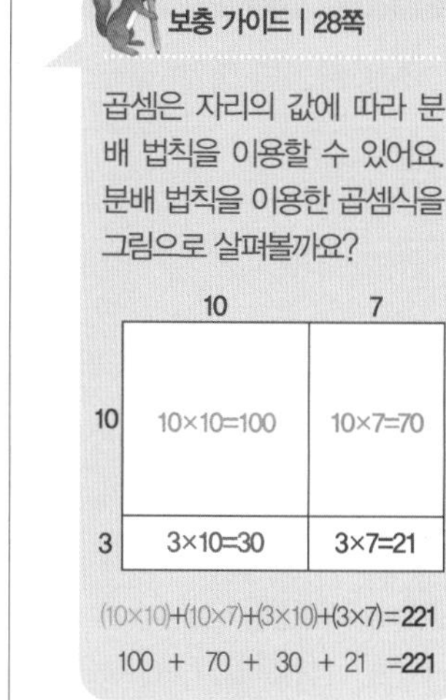

보충 가이드 | 28쪽

곱셈은 자리의 값에 따라 분배 법칙을 이용할 수 있어요. 분배 법칙을 이용한 곱셈식을 그림으로 살펴볼까요?

	10	7
10	10×10=100	10×7=70
3	3×10=30	3×7=21

(10×10)+(10×7)+(3×10)+(3×7)=221
100 + 70 + 30 + 21 =221

29쪽 3번

❶ 58€×5
=50€×5+8€×5
=250€+40€=290€

❷ 27€×12
=27€×10+27€×2
=270€+54€=324€

❸ 25€×15+2€×15
=375€+30€=405€

❹ 238€×4×2=1904€

더 생각해 보아요! | 29쪽

❶ 아빠+아이+개=102kg
❷ 아빠=아이+개+60kg
❸ 아이=개+개
❷식의 아이 몸무게에 ❸식을 넣어 보면
아빠=개+개+개+60kg
❶식에 아빠=개+개+개+60kg과 아이=개+개를 넣어 보면
개+개+개+60kg+개+개+개=102kg
개×6=42kg
개=7kg
아이=7kg×2=14kg
아빠=14kg+7kg+60kg=81kg

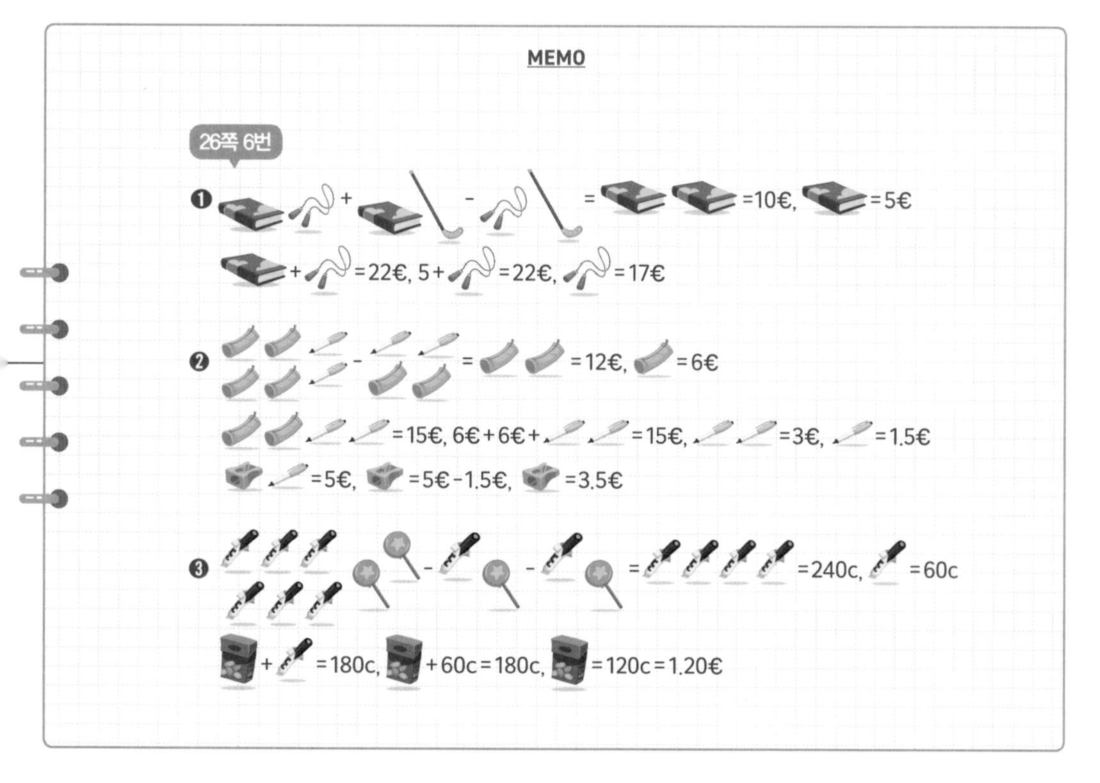

30-31쪽

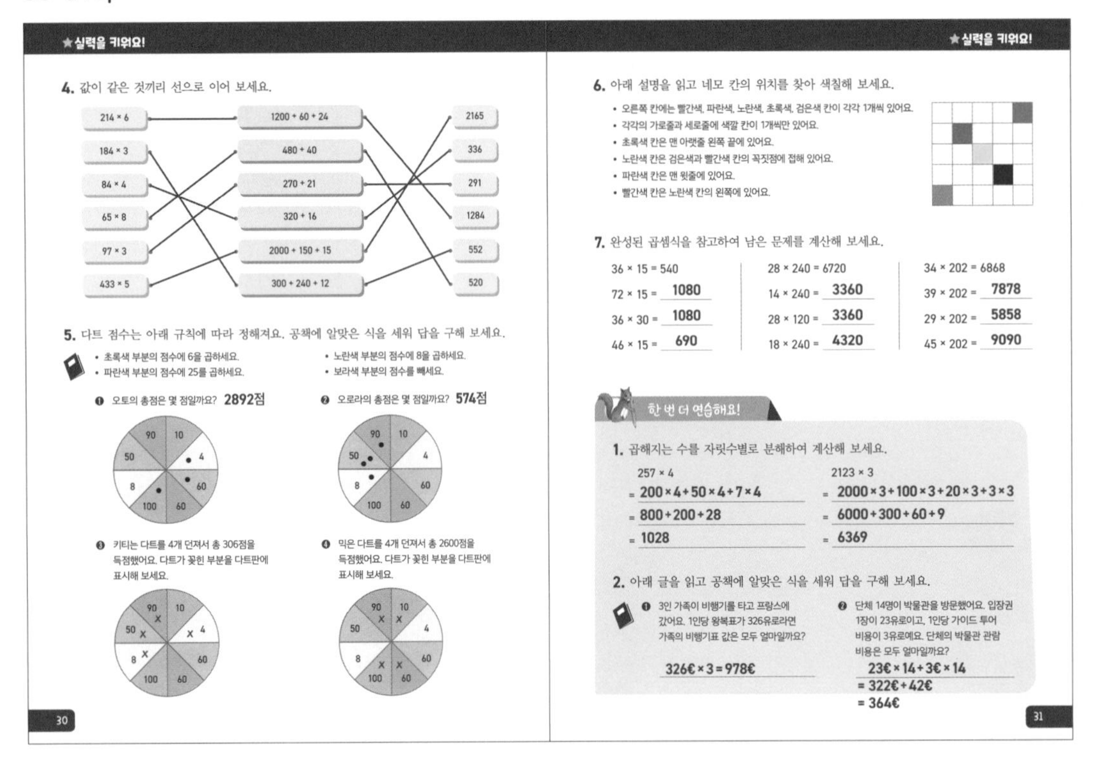

30쪽 5번

❶ 4×8+60×6+100×25
=2892

❷ 50×6×2+8×8-90=574

32-33쪽

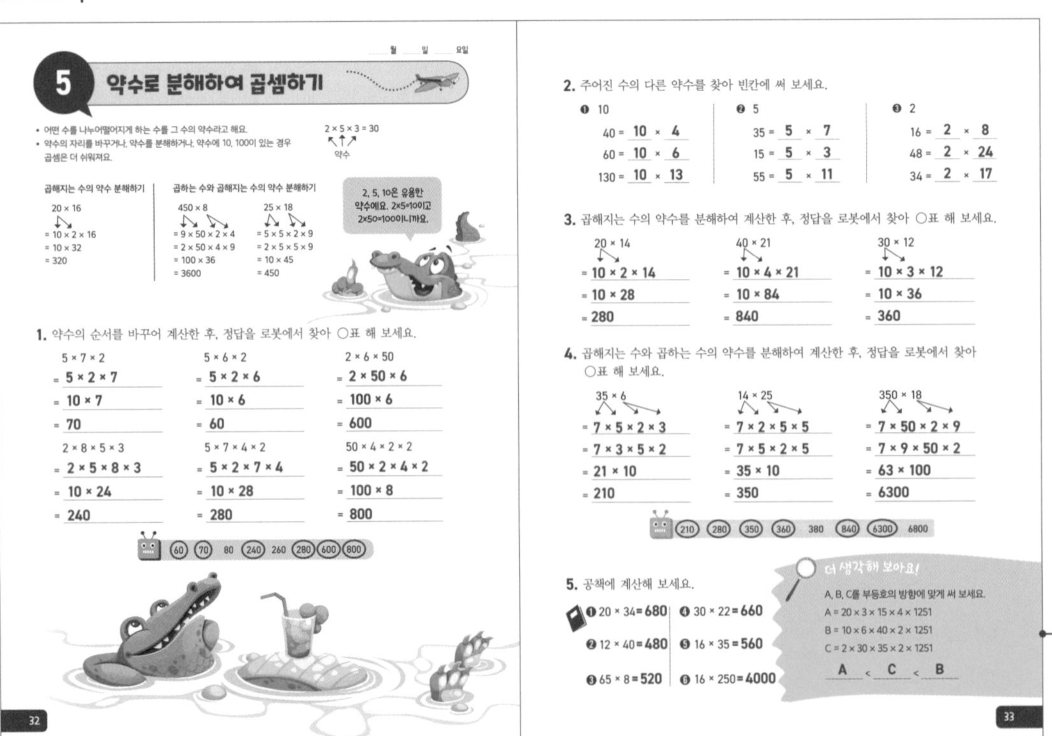

보충 가이드 | 32쪽

곱셈은 약수에 따라 분배 법칙을 이용할 수 있어요.
약수란 '어떤 수를 나누어떨어지게 하는 수'를 말해요.
12÷1=12, 12÷12=1, 12÷2=6, 12÷6=2, 12÷3=4, 12÷4=3에서 12의 약수는 1, 2, 3, 4, 6, 12가 나와요.
따라서 계산하기 편한 약수를 구한 후, 분배 법칙을 이용하여 곱셈을 해도 결괏값은 같답니다. 또한 약수를 곱하여 10, 100, 1000으로 먼저 만들면 곱을 쉽게 구할 수 있어요.

34-35쪽

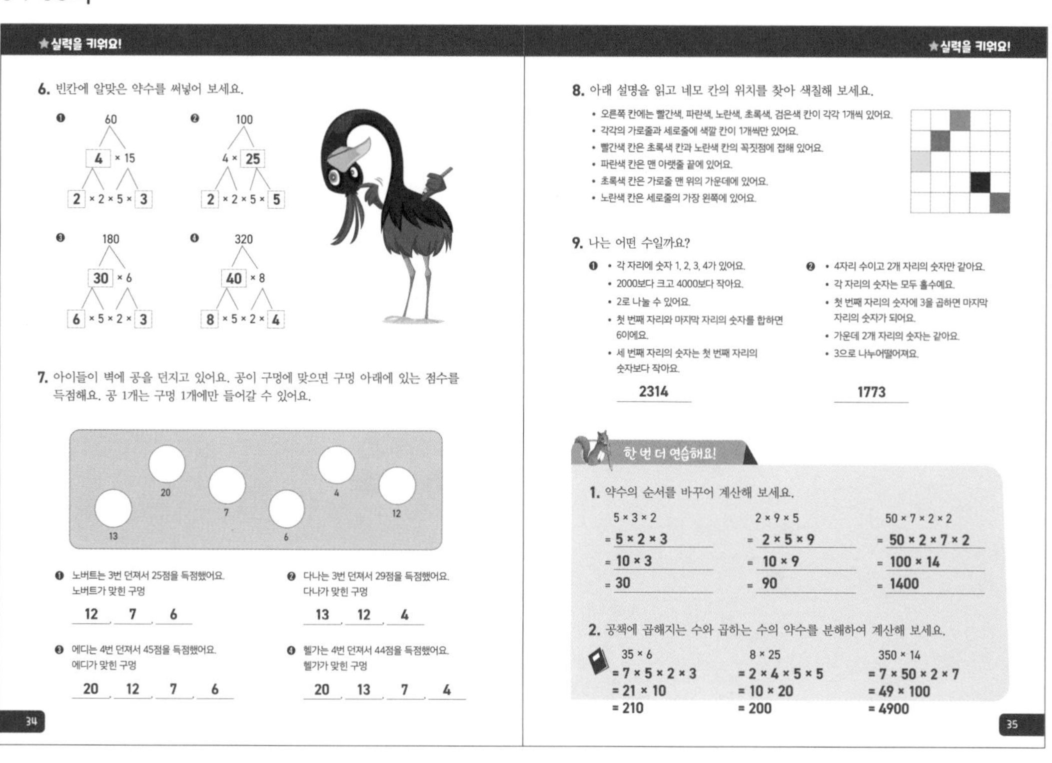

★실력을 키워요!

6. 빈칸에 알맞은 약수를 써넣어 보세요.

❶ 60 → 4 × 15 → 2 × 2 × 5 × 3

❷ 100 → 4 × 25 → 2 × 2 × 5 × 5

❸ 180 → 30 × 6 → 6 × 5 × 2 × 3

❹ 320 → 40 × 8 → 8 × 5 × 2 × 4

7. 아이들이 벽에 공을 던지고 있어요. 공이 구멍에 맞으면 구멍 아래에 있는 점수를 득점해요. 공 1개는 구멍 1개에만 들어갈 수 있어요.

❶ 노버트는 3번 던져서 25점을 득점했어요. 노버트가 맞힌 구멍 12, 7, 6

❷ 다나는 3번 던져서 29점을 득점했어요. 다나가 맞힌 구멍 13, 12, 4

❸ 에디는 4번 던져서 45점을 득점했어요. 에디가 맞힌 구멍 20, 12, 7, 6

❹ 헬가는 4번 던져서 44점을 득점했어요. 헬가가 맞힌 구멍 20, 13, 7, 4

34

★실력을 키워요!

8. 아래 설명을 읽고 네모 칸의 위치를 찾아 색칠해 보세요.

- 오른쪽 칸에는 빨간색, 파란색, 노란색, 초록색, 검은색 칸이 각각 1개씩 있어요.
- 각각의 가로줄과 세로줄에 색깔 칸이 1개씩만 있어요.
- 빨간색 칸은 초록색 칸과 노란색 칸의 꼭짓점에 접해 있어요.
- 파란색 칸은 맨 아랫줄 끝에 있어요.
- 초록색 칸은 가로줄 맨 위의 가운데에 있어요.
- 노란색 칸은 세로줄의 가장 왼쪽에 있어요.

9. 나는 어떤 수일까요?

❶
- 각 자리에 숫자 1, 2, 3, 4가 있어요.
- 2000보다 크고 4000보다 작아요.
- 2로 나눌 수 있어요.
- 첫 번째 자리와 마지막 자리의 숫자를 합하면 6이에요.
- 세 번째 자리의 숫자는 첫 번째 자리의 숫자보다 작아요.

2314

❷
- 4자리 수이고 2개 자리의 숫자만 같아요.
- 각 자리의 숫자는 모두 홀수예요.
- 첫 번째 자리의 숫자에 3을 곱하면 마지막 자리의 숫자가 되어요.
- 가운데 2개 자리의 숫자는 같아요.
- 3으로 나누어떨어져요.

1773

한 번 더 연습해요!

1. 약수의 순서를 바꾸어 계산해 보세요.

5 × 3 × 2	2 × 9 × 5	50 × 7 × 2 × 2
= 5 × 2 × 3	= 2 × 5 × 9	= 50 × 2 × 7 × 2
= 10 × 3	= 10 × 9	= 100 × 14
= 30	= 90	= 1400

2. 곱셈에 곱해지는 수와 곱하는 수의 약수를 분해하여 계산해 보세요.

35 × 6	8 × 25	350 × 14
= 7 × 5 × 2 × 3	= 2 × 4 × 5 × 5	= 7 × 50 × 2 × 7
= 21 × 10	= 10 × 20	= 49 × 100
= 210	= 200	= 4900

35

35쪽 9번

❶ -2000보다 크고 4000보다 작으므로 천의 자리 숫자는 2 또는 3이에요.
-2로 나눌 수 있고, 첫 번째 자리와 마지막 자리의 숫자를 합하면 6이므로 천의 자리 숫자는 2이며, 일의 자리 숫자는 4예요. 2□□4
-남은 수는 1과 3인데, 세 번째 자리의 숫자는 첫 번째 자리의 숫자보다 작으므로 정답은 2314예요.

❷ -각 자리의 숫자는 모두 홀수이므로 1, 3, 5, 7, 9로 이루어진 수예요.
-첫 번째 자리의 숫자에 3을 곱하면 마지막 자리의 숫자가 되므로 1□□3 또는 3□□9예요.
-가운데 2개 자리의 숫자가 같은 수를 나열해 보면 1553, 1773, 1993, 3119, 3559, 3779예요. 이 가운데 3으로 나누어떨어지는 수는 1773이에요.

한 번 더 연습해요! | 35쪽 1번

곱셈에서는 약수의 순서를 바꾸어 곱해도 결괏값은 같아요. 계산하기 편하도록 약수의 순서를 바꾸어 계산해 보세요.

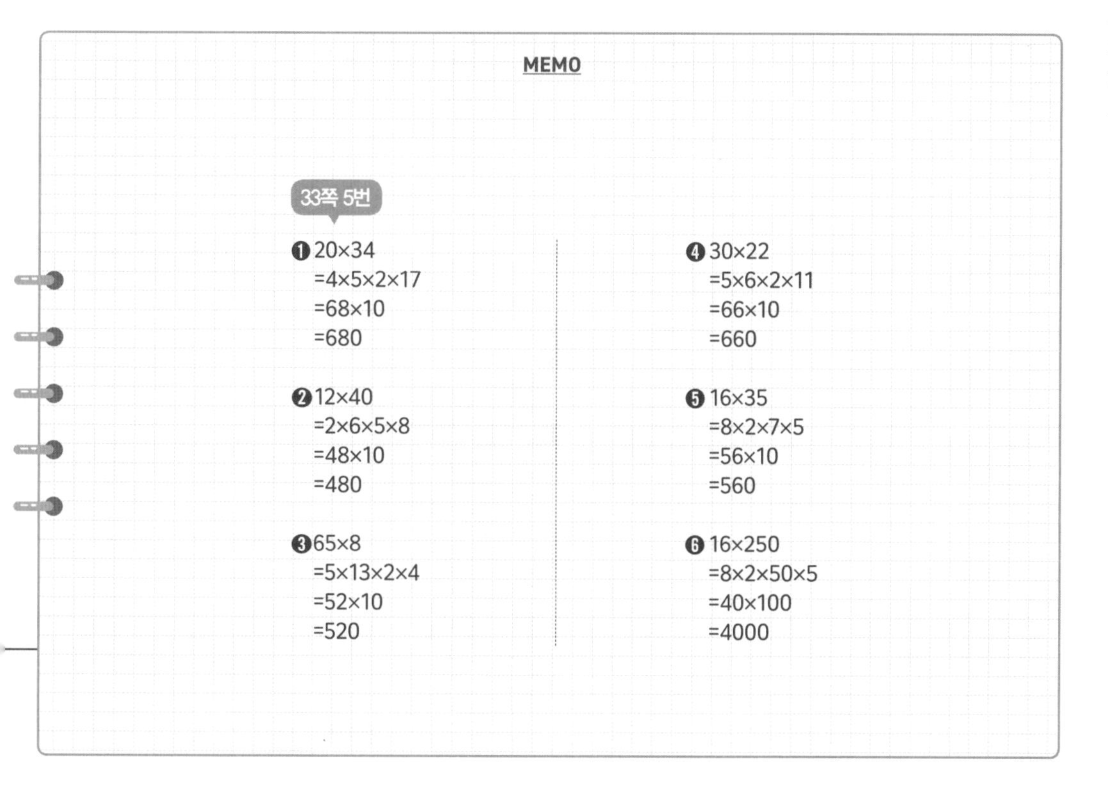

MEMO

33쪽 5번

❶ 20×34
=4×5×2×17
=68×10
=680

❷ 12×40
=2×6×5×8
=48×10
=480

❸ 65×8
=5×13×2×4
=52×10
=520

❹ 30×22
=5×6×2×11
=66×10
=660

❺ 16×35
=8×2×7×5
=56×10
=560

❻ 16×250
=8×2×50×5
=40×100
=4000

36-37쪽

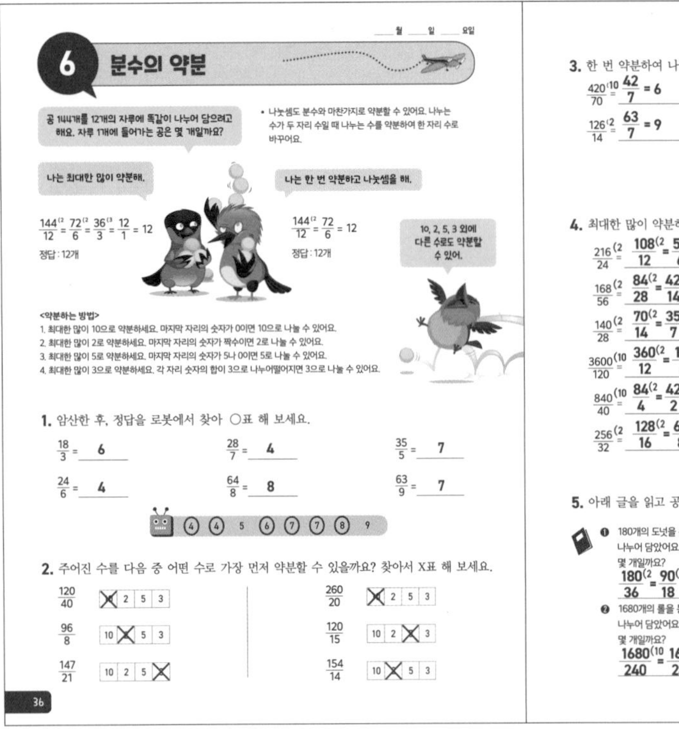

6 분수의 약분

___월 ___일 ___요일

공 144개를 12개의 자루에 똑같이 나누어 담으려고 해요. 자루 1개에 들어가는 공은 몇 개일까요?

• 나눗셈도 분수와 마찬가지로 약분할 수 있어요. 나누는 수가 두 자리 수일 때 나누는 수를 약분하여 한 자리 수로 바꾸어요.

나는 최대한 많이 약분해.

나는 한 번 약분하고 나눗셈을 해.

$\frac{144}{12}=\frac{72}{6}=\frac{36}{3}=\frac{12}{1}=12$

정답 : 12개

$\frac{144}{12}=\frac{72}{6}=12$

정답 : 12개

10, 2, 5, 3 외에 다른 수로도 약분할 수 있어.

<약분하는 방법>

1. 최대한 많이 10으로 약분하세요. 마지막 자리의 숫자가 0이면 10으로 나눌 수 있어요.
2. 최대한 많이 2로 약분하세요. 마지막 자리의 숫자가 짝수이면 2로 나눌 수 있어요.
3. 최대한 많이 5로 약분하세요. 마지막 자리의 숫자가 5나 0이면 5로 나눌 수 있어요.
4. 최대한 많이 3으로 약분하세요. 각 자리 숫자의 합이 3으로 나누어떨어지면 3으로 나눌 수 있어요.

1. 암산한 후, 정답을 로봇에서 찾아 ○표 해 보세요.

$\frac{18}{3}=6$　$\frac{28}{7}=4$　$\frac{35}{5}=7$

$\frac{24}{6}=4$　$\frac{64}{8}=8$　$\frac{63}{9}=7$

(4) (4) 5 (6) (7) (7) (8) 9

2. 주어진 수를 다음 중 어떤 수로 가장 먼저 약분할 수 있을까요? 찾아서 X표 해 보세요.

$\frac{120}{40}$ X(10) 2 5 3　$\frac{260}{20}$ X(10) 2 5 3

$\frac{96}{8}$ 10 X(2) 5 3　$\frac{120}{15}$ 10 2 X(5) 3

$\frac{147}{21}$ 10 2 5 X(3)　$\frac{154}{14}$ 10 X(2) 5 3

36

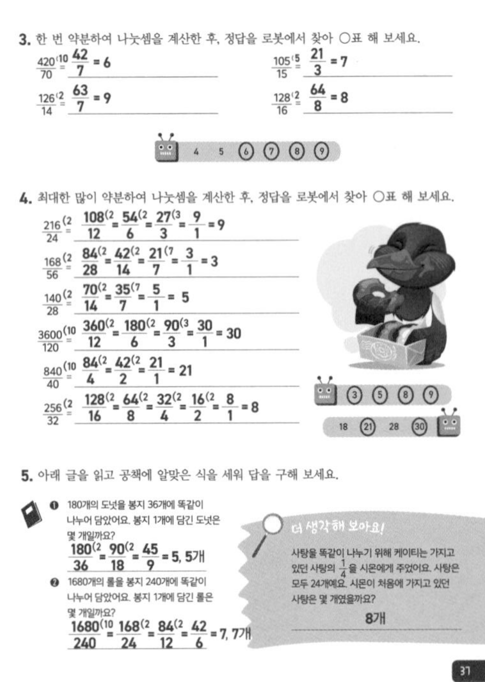

3. 한 번 약분하여 나눗셈을 계산한 후, 정답을 로봇에서 찾아 ○표 해 보세요.

$\frac{420}{70}=\frac{42}{7}=6$　$\frac{105}{15}=\frac{21}{3}=7$

$\frac{126}{14}=\frac{63}{7}=9$　$\frac{128}{16}=\frac{64}{8}=8$

4 5 (6) (7) (8) (9)

4. 최대한 많이 약분하여 나눗셈을 계산한 후, 정답을 로봇에서 찾아 ○표 해 보세요.

$\frac{216}{24}=\frac{108}{12}=\frac{54}{6}=\frac{27}{3}=\frac{9}{1}=9$

$\frac{168}{56}=\frac{84}{28}=\frac{42}{14}=\frac{21}{7}=\frac{3}{1}=3$

$\frac{140}{28}=\frac{70}{14}=\frac{35}{7}=\frac{5}{1}=5$

$\frac{3600}{120}=\frac{360}{12}=\frac{180}{6}=\frac{90}{3}=\frac{30}{1}=30$

$\frac{840}{40}=\frac{84}{4}=\frac{42}{2}=\frac{21}{1}=21$

$\frac{256}{32}=\frac{128}{16}=\frac{64}{8}=\frac{32}{4}=\frac{16}{2}=\frac{8}{1}=8$

(3) (5) (8) (9)　18 (21) 28 (30)

5. 아래 글을 읽고 공책에 알맞은 식을 세워 답을 구해 보세요.

❶ 180개의 도넛을 봉지 36개에 똑같이 나누어 담았어요. 봉지 1개에 담긴 도넛은 몇 개일까요?

$\frac{180}{36}=\frac{90}{18}=\frac{45}{9}=5$, 5개

❷ 1680개의 롤을 봉지 240개에 똑같이 나누어 담았어요. 봉지 1개에 담긴 롤은 몇 개일까요?

$\frac{1680}{240}=\frac{168}{24}=\frac{84}{12}=\frac{42}{6}=7$, 7개

더 생각해 보아요!

사탕을 똑같이 나누기 위해 케이티는 가지고 있던 사탕의 $\frac{1}{4}$을 시몬에게 주었어요. 사탕은 모두 24개예요. 시몬이 처음에 가지고 있던 사탕은 몇 개였을까요?

8개

37

보충 가이드 | 36쪽

분모와 분자를 그들의 공약수로 나누어 간단히 하는 것을 약분한다고 해요.

$\frac{18}{24}=\frac{18\div2}{24\div2}=\frac{9}{12}$

$\frac{18}{24}=\frac{18\div3}{24\div3}=\frac{6}{8}$

$\frac{18}{24}=\frac{18\div6}{24\div6}=\frac{3}{4}$

18과 24의 공약수는 1, 2, 3, 6이므로 2, 3, 6으로 나누어 약분할 수 있어요. 1로 약분하면 원래 수 그대로 나오므로 제외해요.

분모와 분자의 공약수가 1뿐인 분수를 기약분수라고 해요. 더 이상 약분할 수 없는 분수가 기약분수이지요.

분모와 분자를 그들의 최대공약수로 나누면 기약분수가 됩니다. 18과 24의 최대공약수는 6이므로 6으로 나누면 바로 기약분수가 되겠죠?

$\frac{18}{24}=\frac{18\div6}{24\div6}=\frac{3}{4}$

38-39쪽

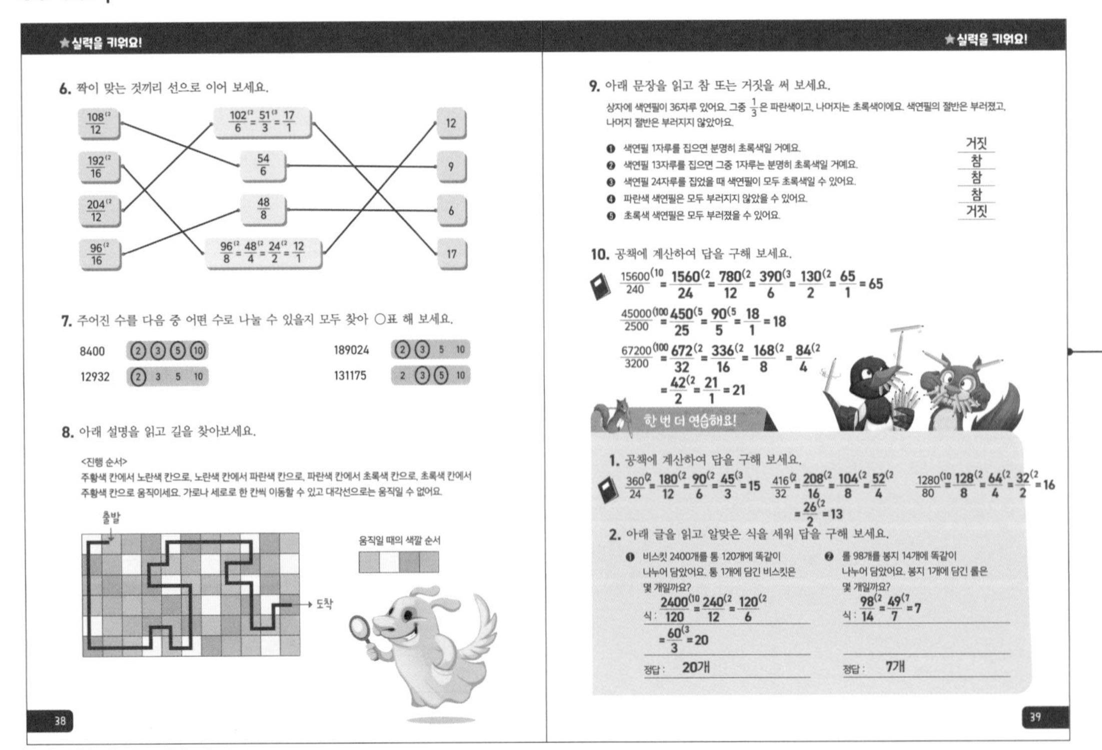

★실력을 키워요!

6. 짝이 맞는 것끼리 선으로 이어 보세요.

$\frac{108}{12}$, $\frac{192}{16}$, $\frac{204}{12}$, $\frac{96}{16}$

$\frac{102}{6}=\frac{51}{3}=\frac{17}{1}$, $\frac{54}{6}$, $\frac{48}{8}$, $\frac{96}{8}=\frac{48}{4}=\frac{24}{2}=\frac{12}{1}$

12, 9, 6, 17

7. 주어진 수를 다음 중 어떤 수로 나눌 수 있을지 모두 찾아 ○표 해 보세요.

8400 (2) (3) (5) (10)　189024 (2) (3) 5 10

12932 (2) 3 5 10　131175 2 (3) (5) 10

8. 아래 설명을 읽고 길을 찾아보세요.

<진행 순서>

주황색 칸에서 노란색 칸으로, 노란색 칸에서 파란색 칸으로, 파란색 칸에서 초록색 칸으로, 초록색 칸에서 주황색 칸으로 움직이세요. 가로나 세로로 한 칸씩 이동할 수 있고 대각선으로는 움직일 수 없어요.

출발　도착　움직일 때의 색깔 순서

38

★실력을 키워요!

9. 아래 문장을 읽고 참 또는 거짓을 써 보세요.

상자에 색연필이 36자루 있어요. 그중 $\frac{1}{3}$은 파란색이고, 나머지는 초록색이에요. 색연필의 절반은 부러졌고, 나머지 절반은 부러지지 않았어요.

❶ 색연필 1자루를 집으면 분명히 초록색일 거예요. 거짓
❷ 색연필 13자루를 집으면 그중 1자루는 분명히 초록색일 거예요. 참
❸ 색연필 24자루를 집었을 때 색연필이 모두 초록색일 수 있어요. 참
❹ 파란색 색연필은 모두 부러지지 않았을 수 있어요. 참
❺ 초록색 색연필은 모두 부러졌을 수 있어요. 거짓

10. 공책에 계산하여 답을 구해 보세요.

$\frac{15600}{240}=\frac{1560}{24}=\frac{780}{12}=\frac{390}{6}=\frac{130}{2}=\frac{65}{1}=65$

$\frac{45000}{2500}=\frac{450}{25}=\frac{90}{5}=\frac{18}{1}=18$

$\frac{67200}{3200}=\frac{672}{32}=\frac{336}{16}=\frac{168}{8}=\frac{84}{4}=\frac{42}{2}=\frac{21}{1}=21$

한 번 더 연습해요!

1. 공책에 계산하여 답을 구해 보세요.

$\frac{360}{24}=\frac{180}{12}=\frac{90}{6}=\frac{45}{3}=15$　$\frac{416}{32}=\frac{208}{16}=\frac{104}{8}=\frac{52}{4}=\frac{26}{2}=13$　$\frac{1280}{80}=\frac{128}{8}=\frac{64}{4}=\frac{32}{2}=16$

2. 아래 글을 읽고 알맞은 식을 세워 답을 구해 보세요.

❶ 비스킷 2400개를 통 120개에 똑같이 나누어 담았어요. 통 1개에 담긴 비스킷은 몇 개일까요?

식: $\frac{2400}{120}=\frac{240}{12}=\frac{120}{6}=\frac{60}{3}=20$

정답: 20개

❷ 롤 98개를 봉지 14개에 똑같이 나누어 담았어요. 봉지 1개에 담긴 롤은 몇 개일까요?

식: $\frac{98}{14}=\frac{49}{7}=7$

정답: 7개

39

더 생각해 보아요! | 37쪽

24개의 사탕을 똑같이 나누려면 12개씩 가져야 해요. 케이티는 가지고 있던 사탕의 $\frac{1}{4}$을 시몬에게 주었으므로 케이티가 가진 사탕은 $\frac{3}{4}x=12$, $x=12\times\frac{4}{3}$

$x=16$

시몬이 처음에 가지고 있던 사탕의 개수는 24-16=8, 8개예요.

40-41쪽

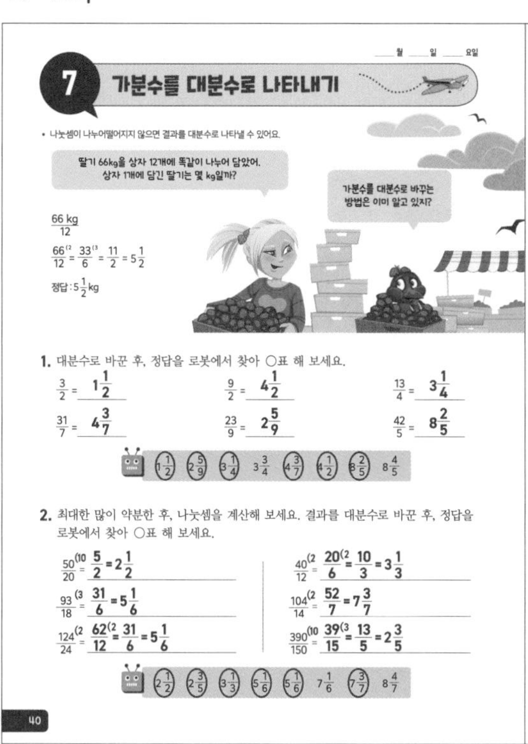

7 가분수를 대분수로 나타내기

• 나눗셈이 나누어떨어지지 않으면 결과를 대분수로 나타낼 수 있어요.

딸기 66kg을 상자 12개에 똑같이 나누어 담았어. 상자 1개에 담긴 딸기는 몇 kg일까?

가분수를 대분수로 바꾸는 방법은 이미 알고 있지?

$\frac{66}{12}$ kg

$\frac{66}{12} = \frac{33}{6} = \frac{11}{2} = 5\frac{1}{2}$

정답: $5\frac{1}{2}$kg

1. 대분수로 바꾼 후, 정답을 로봇에서 찾아 ○표 해 보세요.

$\frac{3}{2} = 1\frac{1}{2}$ $\frac{9}{2} = 4\frac{1}{2}$ $\frac{13}{4} = 3\frac{1}{4}$

$\frac{31}{7} = 4\frac{3}{7}$ $\frac{23}{9} = 2\frac{5}{9}$ $\frac{42}{5} = 8\frac{2}{5}$

2. 최대한 많이 약분한 후, 나눗셈을 계산해 보세요. 결과를 대분수로 바꾼 후, 정답을 로봇에서 찾아 ○표 해 보세요.

$\frac{50}{20} = \frac{5}{2} = 2\frac{1}{2}$ $\frac{40}{12} = \frac{20}{6} = \frac{10}{3} = 3\frac{1}{3}$

$\frac{93}{18} = \frac{31}{6} = 5\frac{1}{6}$ $\frac{104}{14} = \frac{52}{7} = 7\frac{3}{7}$

$\frac{124}{24} = \frac{62}{12} = \frac{31}{6} = 5\frac{1}{6}$ $\frac{390}{150} = \frac{39}{15} = \frac{13}{5} = 2\frac{3}{5}$

40

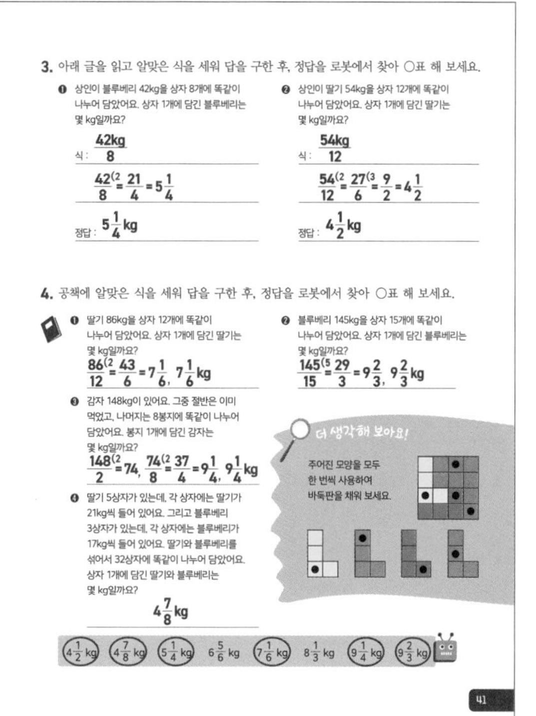

3. 아래 글을 읽고 알맞은 식을 세워 답을 구한 후, 정답을 로봇에서 찾아 ○표 해 보세요.

❶ 상인이 블루베리 42kg을 상자 8개에 똑같이 나누어 담았어요. 상자 1개에 담긴 블루베리는 몇 kg일까요?

식: $\frac{42kg}{8}$

$\frac{42}{8} = \frac{21}{4} = 5\frac{1}{4}$

정답: $5\frac{1}{4}$kg

❷ 상인이 딸기 54kg을 상자 12개에 똑같이 나누어 담았어요. 상자 1개에 담긴 딸기는 몇 kg일까요?

식: $\frac{54kg}{12}$

$\frac{54}{12} = \frac{27}{6} = \frac{9}{2} = 4\frac{1}{2}$

정답: $4\frac{1}{2}$kg

4. 공책에 알맞은 식을 세워 답을 구한 후, 정답을 로봇에서 찾아 ○표 해 보세요.

❶ 딸기 86kg을 상자 12개에 똑같이 나누어 담았어요. 상자 1개에 담긴 딸기는 몇 kg일까요?

$\frac{86}{12} = \frac{43}{6} = 7\frac{1}{6}$, $7\frac{1}{6}$kg

❷ 블루베리 145kg을 상자 15개에 똑같이 나누어 담았어요. 상자 1개에 담긴 블루베리는 몇 kg일까요?

$\frac{145}{15} = \frac{29}{3} = 9\frac{2}{3}$, $9\frac{2}{3}$kg

❸ 감자 148kg이 있어요. 그중 절반은 이미 먹었고, 나머지는 8봉지에 똑같이 나누어 담았어요. 봉지 1개에 담긴 감자는 몇 kg일까요?

$\frac{148}{2} = 74$, $\frac{74}{8} = \frac{37}{4} = 9\frac{1}{4}$, $9\frac{1}{4}$kg

❹ 딸기 5상자가 있는데, 각 상자에는 딸기가 21kg씩 들어 있어요. 그리고 블루베리 3상자가 있는데, 각 상자에는 블루베리가 17kg씩 들어 있어요. 딸기와 블루베리를 섞어서 32상자에 똑같이 나누어 담았어요. 상자 1개에 담긴 딸기와 블루베리는 몇 kg일까요?

$4\frac{7}{8}$kg

더 생각해 보아요!

주어진 모양을 모두 한 번씩 사용하여 바둑판을 채워 보세요.

41

보충 가이드 | 40쪽

$\frac{7}{2}$인 가분수를 대분수로 나타내는 과정은 다음과 같아요.

3은 $\frac{6}{2}$으로 나타낼 수 있으므로 $\frac{7}{2}$은 3과 $\frac{1}{2}$의 합과 같아요. 따라서 가분수 $\frac{7}{2}$은 대분수 $3\frac{1}{2}$로 나타낼 수 있어요.

전체를 식으로 나타내면

$\frac{7}{2} = \frac{6}{2} + \frac{1}{2} = 3 + \frac{1}{2} = 3\frac{1}{2}$

간단한 식으로 한 번 더 정리하면 분자인 7을 분모인 2로 나누어 몫과 나머지를 구해요.

7÷2=3⋯1에서 몫은 자연수가 되고 나머지는 분자가 되네요.

$\frac{7}{2} = 3 + \frac{1}{2} = 3\frac{1}{2}$

41쪽 4번

❹ 딸기-21kg×5=105kg
블루베리-17kg×3=51kg
딸기와 블루베리 전체-105kg+51kg=156kg
한 박스에 담긴 딸기와 블루베리 무게-
$\frac{156}{32} = \frac{78}{16} = \frac{39}{8} = 4\frac{7}{8}$, $4\frac{7}{8}$kg

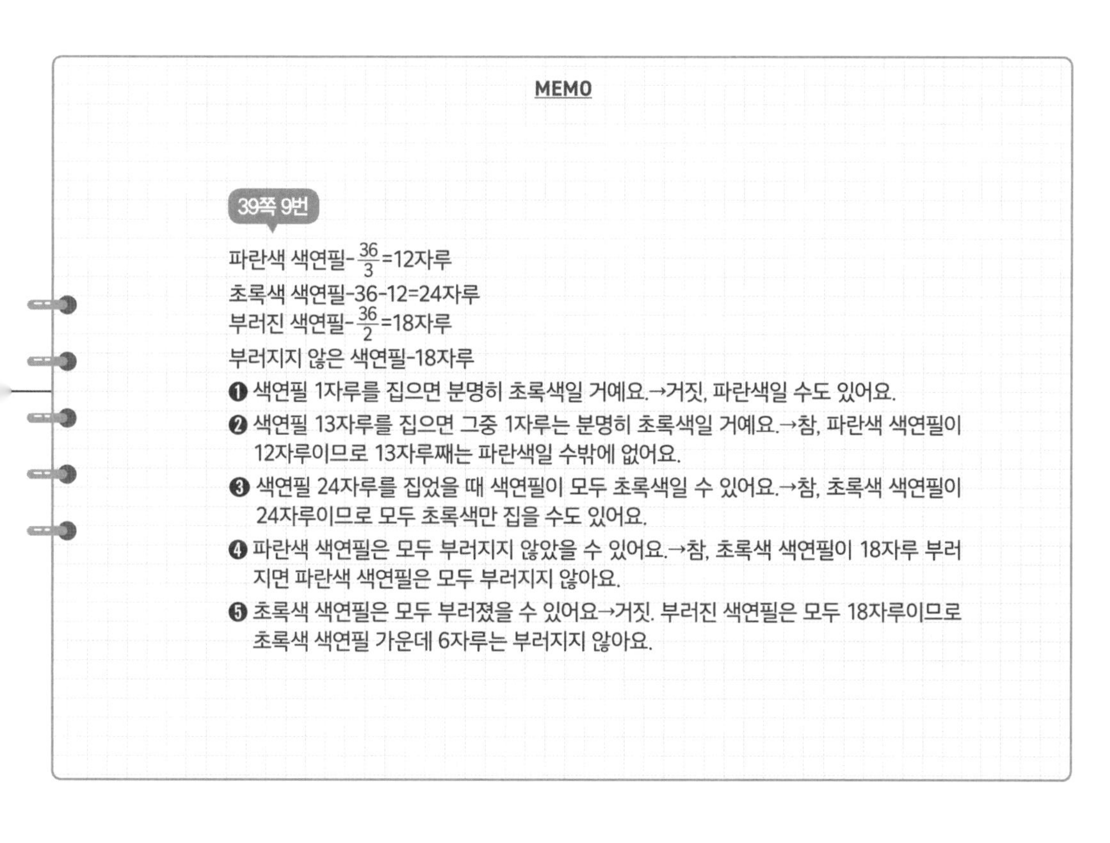

MEMO

39쪽 9번

파란색 색연필-$\frac{36}{3}$=12자루
초록색 색연필-36-12=24자루
부러진 색연필-$\frac{36}{2}$=18자루
부러지지 않은 색연필-18자루

❶ 색연필 1자루를 집으면 분명히 초록색일 거예요.→거짓, 파란색일 수도 있어요.

❷ 색연필 13자루를 집으면 그중 1자루는 분명히 초록색일 거예요.→참, 파란색 색연필이 12자루이므로 13자루째는 파란색일 수밖에 없어요.

❸ 색연필 24자루를 집었을 때 색연필이 모두 초록색일 수 있어요.→참, 초록색 색연필이 24자루이므로 모두 초록색만 집을 수도 있어요.

❹ 파란색 색연필은 모두 부러지지 않았을 수 있어요.→참, 초록색 색연필이 18자루 부러지면 파란색 색연필은 모두 부러지지 않아요.

❺ 초록색 색연필은 모두 부러졌을 수 있어요→거짓. 부러진 색연필은 모두 18자루이므로 초록색 색연필 가운데 6자루는 부러지지 않아요.

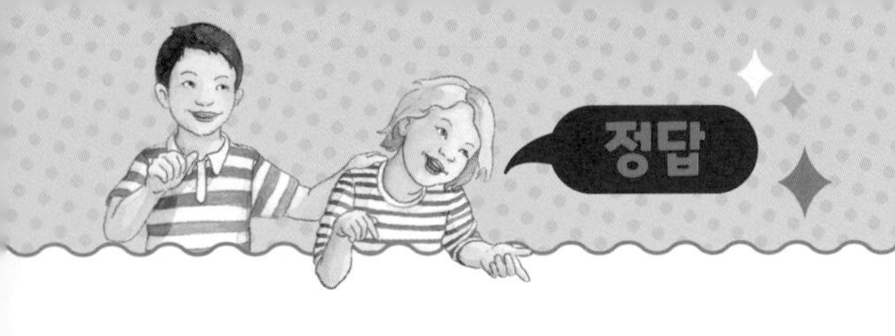

42-43쪽

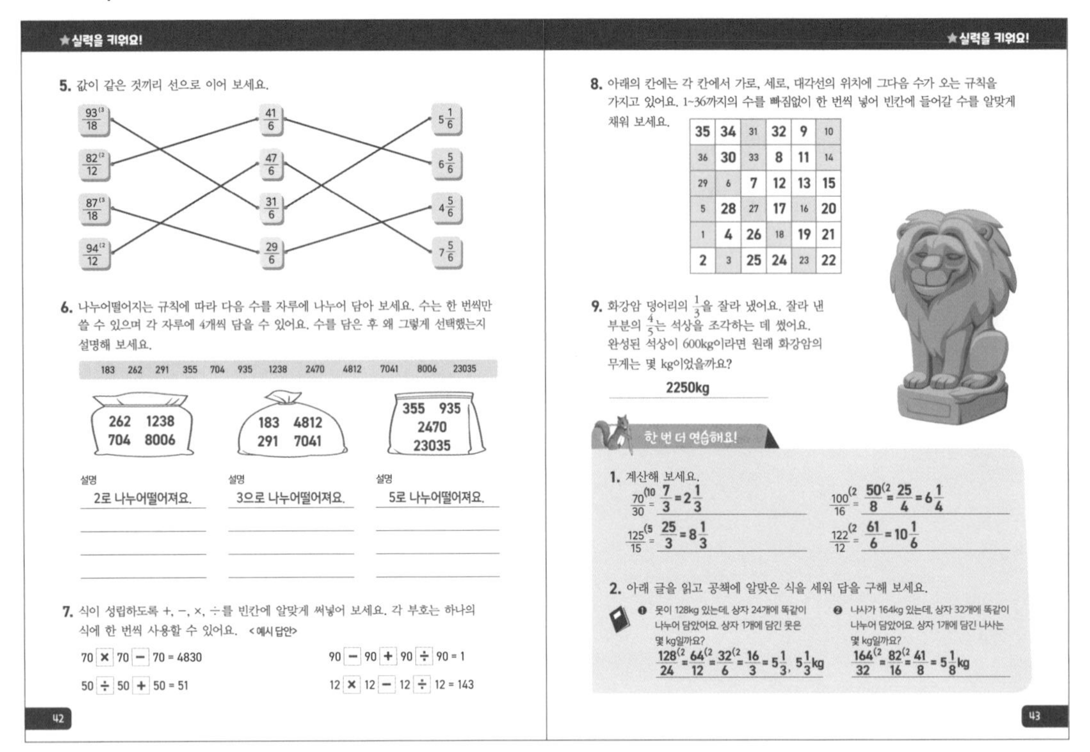

★실력을 키워요!

5. 값이 같은 것끼리 선으로 이어 보세요.

$\frac{93}{18}$, $\frac{82}{12}$, $\frac{87}{18}$, $\frac{94}{12}$ / $\frac{41}{6}$, $\frac{47}{6}$, $\frac{31}{6}$, $\frac{29}{6}$ / $5\frac{1}{6}$, $6\frac{5}{6}$, $4\frac{5}{6}$, $7\frac{5}{6}$

6. 나누어떨어지는 규칙에 따라 다음 수를 자루에 나누어 담아 보세요. 수는 한 번씩만 쓸 수 있으며 각 자루에 4개씩 담을 수 있어요. 수를 담은 후 왜 그렇게 선택했는지 설명해 보세요.

183 262 291 355 704 935 1238 2470 4812 7041 8006 23035

262 1238 704 8006	183 4812 291 7041	355 935 2470 23035
설명 2로 나누어떨어져요.	설명 3으로 나누어떨어져요.	설명 5로 나누어떨어져요.

7. 식이 성립하도록 +, −, ×, ÷를 빈칸에 알맞게 써넣어 보세요. 각 부호는 하나의 식에 한 번씩 사용할 수 있어요. <예시 답안>

70 × 70 − 70 = 4830　　90 − 90 + 90 ÷ 90 = 1

50 ÷ 50 + 50 = 51　　12 × 12 − 12 ÷ 12 = 143

42

★실력을 키워요!

8. 아래의 칸에는 각 칸에서 가로, 세로, 대각선의 위치에 그다음 수가 오는 규칙을 가지고 있어요. 1~36까지의 수를 빠짐없이 한 번씩 넣어 빈칸에 들어갈 수를 알맞게 채워 보세요.

35	34	31	32	9	10
36	30	33	8	11	14
29	6	7	12	13	15
5	28	27	17	16	20
1	4	26	18	19	21
2	3	25	24	23	22

9. 화강암 덩어리의 $\frac{1}{3}$을 잘라 냈어요. 잘라 낸 부분의 $\frac{4}{5}$는 석상을 조각하는 데 썼어요. 완성된 석상이 600kg이라면 원래 화강암의 무게는 몇 kg이었을까요?

2250kg

한 번 더 연습해요!

1. 계산해 보세요.

$\frac{70}{30}$(10 $\frac{7}{3}=2\frac{1}{3}$　　$\frac{100}{16}$(2 $\frac{50}{8}$(2 $=\frac{25}{4}=6\frac{1}{4}$

$\frac{125}{15}$(5 $\frac{25}{3}=8\frac{1}{3}$　　$\frac{122}{12}$(2 $\frac{61}{6}=10\frac{1}{6}$

2. 아래 글을 읽고 공책에 알맞은 식을 세워 답을 구해 보세요.

❶ 못이 128kg 있는데, 상자 24개에 똑같이 나누어 담았어요. 상자 1개에 담긴 못은 몇 kg일까요?
$\frac{128}{24}$(2 $=\frac{64}{12}$(2 $=\frac{32}{6}$(2 $=\frac{16}{3}=5\frac{1}{3}$, $5\frac{1}{3}$kg

❷ 나사가 164kg 있는데, 상자 32개에 똑같이 나누어 담았어요. 상자 1개에 담긴 나사는 몇 kg일까요?
$\frac{164}{32}$(2 $=\frac{82}{16}$(2 $=\frac{41}{8}=5\frac{1}{8}$kg

43

43쪽 9번

잘라 낸 부분
600kg÷4=150kg
150kg×5=750kg
원래 화강암
750kg×3=2250kg

44-45쪽

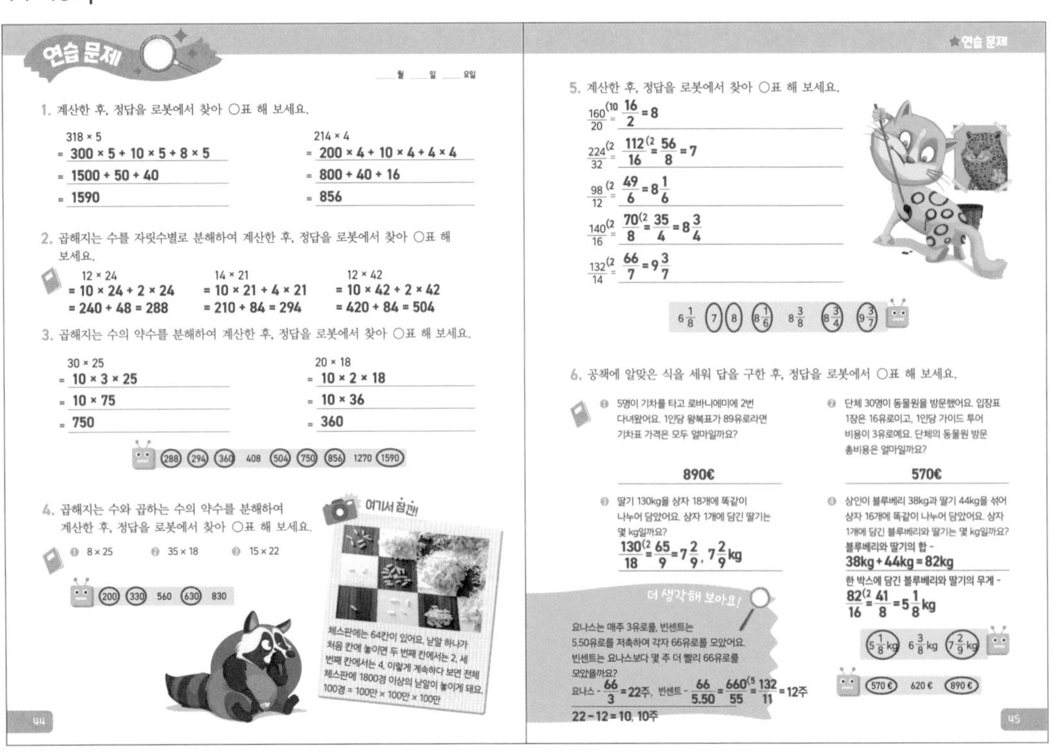

연습 문제　　월 일 요일

1. 계산한 후, 정답을 로봇에서 찾아 ○표 해 보세요.

318 × 5
= 300 × 5 + 10 × 5 + 8 × 5
= 1500 + 50 + 40
= 1590

214 × 4
= 200 × 4 + 10 × 4 + 4 × 4
= 800 + 40 + 16
= 856

2. 곱해지는 수를 자릿수별로 분해하여 계산한 후, 정답을 로봇에서 찾아 ○표 해 보세요.

12 × 24 = 10 × 24 + 2 × 24 = 240 + 48 = 288
14 × 21 = 10 × 21 + 4 × 21 = 210 + 84 = 294
12 × 42 = 10 × 42 + 2 × 42 = 420 + 84 = 504

3. 곱해지는 수의 약수를 분해하여 계산한 후, 정답을 로봇에서 찾아 ○표 해 보세요.

30 × 25
= 10 × 3 × 25
= 10 × 75
= 750

20 × 18
= 10 × 2 × 18
= 10 × 36
= 360

288 294 360 408 504 750 856 1270 1590

4. 곱해지는 수와 곱하는 수의 약수를 분해하여 계산한 후, 정답을 로봇에서 찾아 ○표 해 보세요.

❶ 8 × 25　❷ 35 × 18　❸ 15 × 22

200 330 560 630 830

여기서 잠깐!

체스판에는 64칸이 있어요. 낟알 하나가 처음 칸에 놓이면 두 번째 칸에서는 2, 세 번째 칸에서는 4. 이렇게 계속하다 보면 전체 체스판에 1800경 이상의 낟알이 놓이게 돼요. 100경 = 100만 × 100만 × 100만

44

★연습 문제

5. 계산한 후, 정답을 로봇에서 찾아 ○표 해 보세요.

$\frac{160}{20}$(10 $=\frac{16}{2}=8$

$\frac{224}{32}$(2 $=\frac{112}{16}$(2 $=\frac{56}{8}=7$

$\frac{98}{12}$(2 $=\frac{49}{6}=8\frac{1}{6}$

$\frac{140}{16}$(2 $=\frac{70}{8}$(2 $=\frac{35}{4}=8\frac{3}{4}$

$\frac{132}{14}$(2 $=\frac{66}{7}=9\frac{3}{7}$

$6\frac{1}{8}$ 7 8 $8\frac{1}{6}$ $8\frac{3}{8}$ $8\frac{3}{4}$ $9\frac{3}{7}$

6. 공책에 알맞은 식을 세워 답을 구한 후, 정답을 로봇에서 ○표 해 보세요.

❶ 5명이 기차를 타고 로바니에미에 2번 다녀왔어요. 1인당 왕복표가 89유로라면 기차표 가격은 모두 얼마일까요?
890€

❷ 단체 30명이 동물원을 방문했어요. 입장표 1장은 16유로이고, 1인당 가이드 투어 비용이 3유로예요. 단체의 동물원 방문 총비용은 얼마일까요?
570€

❸ 딸기 130kg을 상자 18개에 똑같이 나누어 담았어요. 상자 1개에 담긴 딸기는 몇 kg일까요?
$\frac{130}{18}$(2 $=\frac{65}{9}=7\frac{2}{9}$, $7\frac{2}{9}$kg

❹ 상인이 블루베리 38kg과 딸기 44kg을 섞어 상자 16개에 똑같이 나누어 담았어요. 상자 1개에 담긴 블루베리와 딸기는 몇 kg일까요?
블루베리와 딸기의 합 - 38kg + 44kg = 82kg
한 박스에 담긴 블루베리와 딸기의 무게 - $\frac{82}{16}$(2 $=\frac{41}{8}=5\frac{1}{8}$kg

$5\frac{1}{8}$kg $6\frac{3}{8}$kg $7\frac{2}{9}$kg

570€ 620€ 890€

더 생각해 보아요!

요나스는 매주 3유로를, 빈센트는 5.50유로를 저축하여 각자 66유로를 모았어요. 빈센트는 요나스보다 몇 주 더 빨리 66유로를 모았을까요?
요나스 - $\frac{66}{3}=22$주, 빈센트 - $\frac{66}{5.50}=\frac{660}{55}$(5 $=\frac{132}{11}=12$주
22 − 12 = 10, 10주

45

44쪽 4번

❶ 8×25
=4×2×5×5
=2×5×4×5
=10×20
=200

❷ 35×18
=7×5×2×9
=5×2×7×9
=10×63
=630

❸ 15×22
=3×5×2×11
=5×2×3×11
=10×33
=330

45쪽 6번

❶ 1회 여행비-89€×5=445€
2회 여행비-
445€×2=890€

❷ 입장료-16€×30=480€
가이드 투어 비용-
3€×30=90€
전체 비용-
480€+90€=570€

46-47쪽

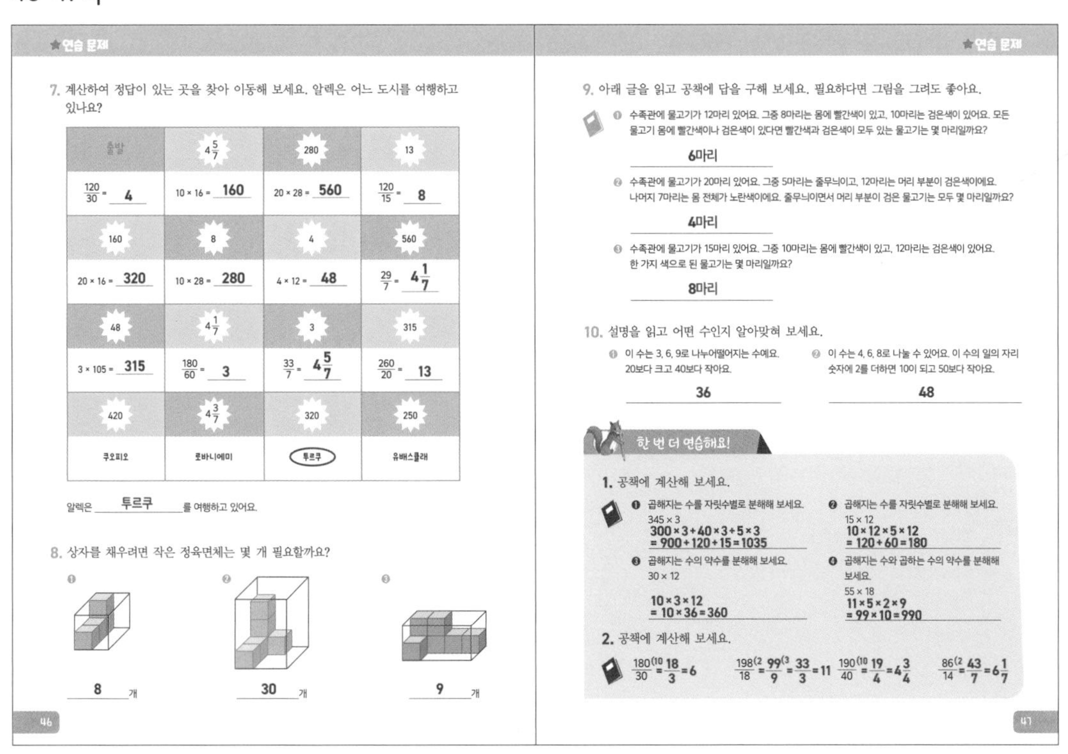

★연습 문제

7. 계산하여 정답이 있는 곳을 찾아 이동해 보세요. 알렉은 어느 도시를 여행하고 있나요?

출발	$4\frac{5}{7}$	280	13
$\frac{120}{30}$ = 4	10 × 16 = 160	20 × 28 = 560	$\frac{120}{15}$ = 8
160	8	4	560
20 × 16 = 320	10 × 28 = 280	4 × 12 = 48	$\frac{29}{7}$ = $4\frac{1}{7}$
48	$4\frac{1}{7}$	3	315
3 × 105 = 315	$\frac{180}{60}$ = 3	$\frac{33}{7}$ = $4\frac{5}{7}$	$\frac{260}{20}$ = 13
420	$4\frac{3}{7}$	320	250
쿠오피오	로바니에미	투르쿠	유배스퀼래

알렉은 투르쿠를 여행하고 있어요.

8. 상자를 채우려면 작은 정육면체는 몇 개 필요할까요?

❶ 8개 ❷ 30개 ❸ 9개

★연습 문제

9. 아래 글을 읽고 공책에 답을 구해 보세요. 필요하다면 그림을 그려도 좋아요.

❶ 수족관에 물고기가 12마리 있어요. 그중 8마리는 몸에 빨간색이 있고, 10마리는 검은색이 있어요. 모든 물고기 몸에 빨간색이나 검은색이 있다면 빨간색과 검은색이 모두 있는 물고기는 몇 마리일까요?

6마리

❷ 수족관에 물고기가 20마리 있어요. 그중 5마리는 줄무늬이고, 12마리는 머리 부분이 검은색이에요. 나머지 7마리는 몸 전체가 노란색이에요. 줄무늬이면서 머리 부분이 검은 물고기는 모두 몇 마리일까요?

4마리

❸ 수족관에 물고기가 15마리 있어요. 그중 10마리는 몸에 빨간색이 있고, 12마리는 검은색이 있어요. 한 가지 색으로 된 물고기는 몇 마리일까요?

8마리

10. 설명을 읽고 어떤 수인지 알아맞혀 보세요.

❶ 이 수는 3, 6, 9로 나누어떨어지는 수예요. 20보다 크고 40보다 작아요.

36

❷ 이 수는 4, 6, 8로 나눌 수 있어요. 이 수의 일의 자리 숫자에 2를 더하면 10이 되고 50보다 작아요.

48

한 번 더 연습해요!

1. 공책에 계산해 보세요.

❶ 곱해지는 수를 자릿수별로 분해해 보세요.
345 × 3
300 × 3 + 40 × 3 + 5 × 3
= 900 + 120 + 15 = 1035

❷ 곱해지는 수를 자릿수별로 분해해 보세요.
15 × 12
10 × 12 + 5 × 12
= 120 + 60 = 180

❸ 곱해지는 수의 약수를 분해해 보세요.
30 × 12
10 × 3 × 12
= 10 × 36 = 360

❹ 곱해지는 수와 곱하는 수의 약수를 분해해 보세요.
55 × 18
11 × 5 × 2 × 9
= 99 × 10 = 990

2. 공책에 계산해 보세요.

$\frac{180}{30} = \frac{18}{3} = 6$ $\frac{198}{18} = \frac{99}{9} = \frac{33}{3} = 11$ $\frac{190}{40} = \frac{19}{4} = 4\frac{3}{4}$ $\frac{86}{14} = \frac{43}{7} = 6\frac{1}{7}$

46 47

46쪽 8번

❶ 상자를 전체 채우려면 12개가 필요해요. 12-4=8, 8개
❷ 상자를 전체 채우려면 36개가 필요해요. 36-6=30, 30개
❸ 상자를 전체 채우려면 16개가 필요해요. 16-7=9개

47쪽 10번

❶ 21~39까지의 수 가운데 3단, 6단, 9단을 나열해 봐요.
3단 21, 24, 27, 30, 33, 36, 39
6단 24, 30, 36
9단 27, 36
이 가운데 공통된 수는 36이므로 정답은 36이에요.

❷ 4단, 6단, 8단 가운데 50보다 작으면서 일의 자리가 8로 끝나는 수를 찾아 나열해 봐요.
4단 8, 28, 48
6단 18, 48
8단 8, 48
이 가운데 공통된 수는 48이므로 정답은 48이에요.

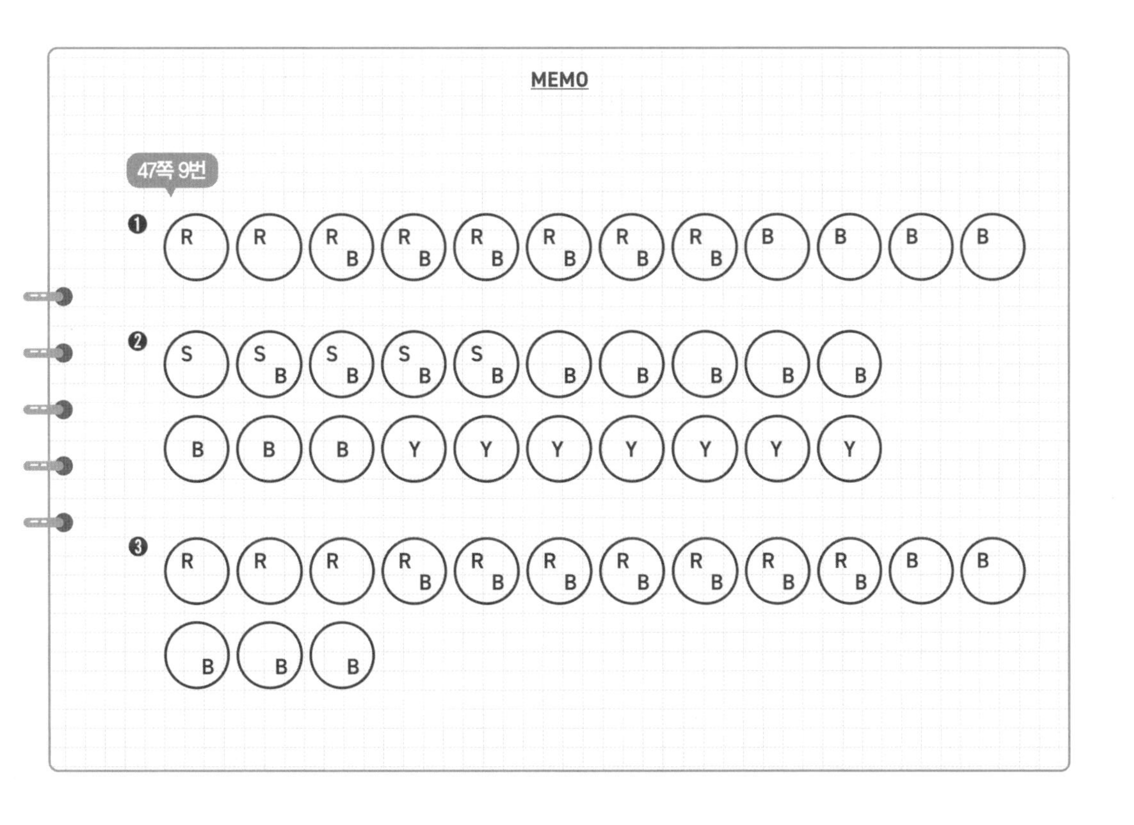

48-49쪽

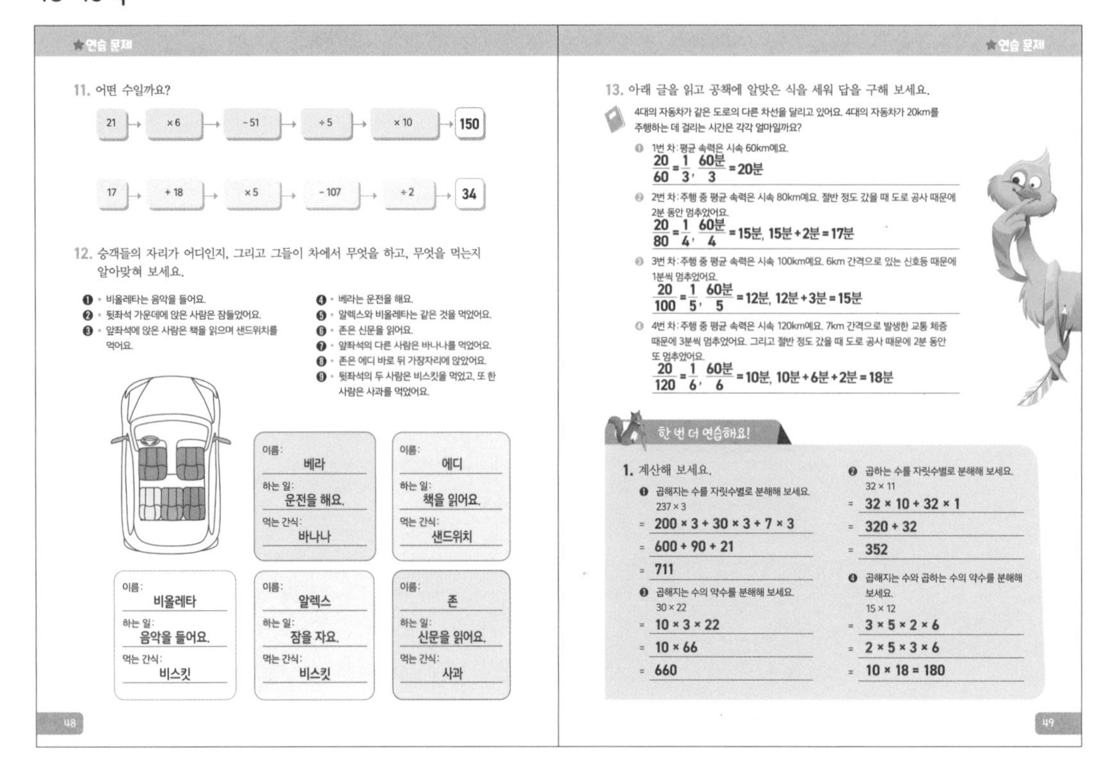

★연습 문제

11. 어떤 수일까요?

21 → ×6 → -51 → ÷5 → ×10 → **150**

17 → +18 → ×5 → -107 → ÷2 → **34**

12. 승객들의 자리가 어디인지, 그리고 그들이 차에서 무엇을 하고, 무엇을 먹는지 알아맞혀 보세요.

❶ · 비올레타는 음악을 들어요.
❷ · 뒷좌석 가운데에 앉은 사람은 잠들었어요.
❸ · 앞좌석에 앉은 사람은 책을 읽으며 샌드위치를 먹어요.
❹ · 베라는 운전을 해요.
❺ · 알렉스와 비올레타는 같은 것을 먹었어요.
❻ · 존은 신문을 읽어요.
❼ · 앞좌석의 다른 사람은 바나나를 먹었어요.
❽ · 존은 에디 바로 뒤 가장자리에 앉았어요.
❾ · 뒷좌석의 두 사람은 비스킷을 먹었고, 또 한 사람은 사과를 먹었어요.

이름	하는 일	먹는 간식
베라	운전을 해요.	바나나
에디	책을 읽어요.	샌드위치
비올레타	음악을 들어요.	비스킷
알렉스	잠을 자요.	비스킷
존	신문을 읽어요.	사과

★연습 문제

13. 아래 글을 읽고 공책에 알맞은 식을 세워 답을 구해 보세요.

4대의 자동차가 같은 도로의 다른 차선을 달리고 있어요. 4대의 자동차가 20km를 주행하는 데 걸리는 시간은 각각 얼마일까요?

❶ 1번 차: 평균 속력은 시속 60km예요.
$\frac{20}{60}=\frac{1}{3}$, $\frac{60분}{3}=20분$

❷ 2번 차: 주행 중 평균 속력은 시속 80km예요. 절반 정도 갔을 때 도로 공사 때문에 2분 동안 멈추었어요.
$\frac{20}{80}=\frac{1}{4}$, $\frac{60분}{4}=15분$, $15분+2분=17분$

❸ 3번 차: 주행 중 평균 속력은 시속 100km예요. 6km 간격으로 있는 신호등 때문에 1분씩 멈추었어요.
$\frac{20}{100}=\frac{1}{5}$, $\frac{60분}{5}=12분$, $12분+3분=15분$

❹ 4번 차: 주행 중 평균 속력은 시속 120km예요. 7km 간격으로 발생한 교통 체증 때문에 3분씩 멈추었어요. 그리고 절반 정도 갔을 때 도로 공사 때문에 2분 동안 또 멈추었어요.
$\frac{20}{120}=\frac{1}{6}$, $\frac{60분}{6}=10분$, $10분+6분+2분=18분$

한 번 더 연습해요!

1. 계산해 보세요.

❶ 곱해지는 수를 자릿수별로 분해해 보세요.
237 × 3
= 200 × 3 + 30 × 3 + 7 × 3
= 600 + 90 + 21
= 711

❷ 곱하는 수를 자릿수별로 분해해 보세요.
32 × 11
= 32 × 10 + 32 × 1
= 320 + 32
= 352

❸ 곱해지는 수의 약수를 분해해 보세요.
30 × 22
= 10 × 3 × 22
= 10 × 66
= 660

❹ 곱해지는 수와 곱하는 수의 약수를 분해해 보세요.
15 × 12
= 3 × 5 × 2 × 6
= 2 × 5 × 3 × 6
= 10 × 18 = 180

MEMO

48쪽 12번

❹ 베라는 운전을 해요.
❷ 뒷좌석 가운데에 앉은 사람은 잠들었어요.

	●	●	●	●	●
이름	베라				
하는 일	운전을 해요.			잠을 자요.	
먹는 간식					

❽ 존은 에디 바로 뒤 가장자리에 앉았어요.
❻ 존은 신문을 읽어요.
❸ 앞좌석에 앉은 사람은 책을 읽으며 샌드위치를 먹어요.
❼ 앞좌석의 다른 사람은 바나나를 먹었어요.

	●	●	●	●	●
이름	베라	에디			존
하는 일	운전을 해요.	책을 읽어요.		잠을 자요.	신문을 읽어요.
먹는 간식	바나나	샌드위치			

❶ 비올레타는 음악을 들어요.
❺ 알렉스와 비올레타는 같은 것을 먹었어요.
❾ 뒷좌석의 두 사람은 비스킷을 먹었고, 또 한 사람은 사과를 먹었어요.

	●	●	●	●	●
이름	베라	에디	비올레타	알렉스	존
하는 일	운전을 해요.	책을 읽어요.	음악을 들어요.	잠을 자요.	신문을 읽어요.
먹는 간식	바나나	샌드위치	비스킷	비스킷	사과

50-51쪽

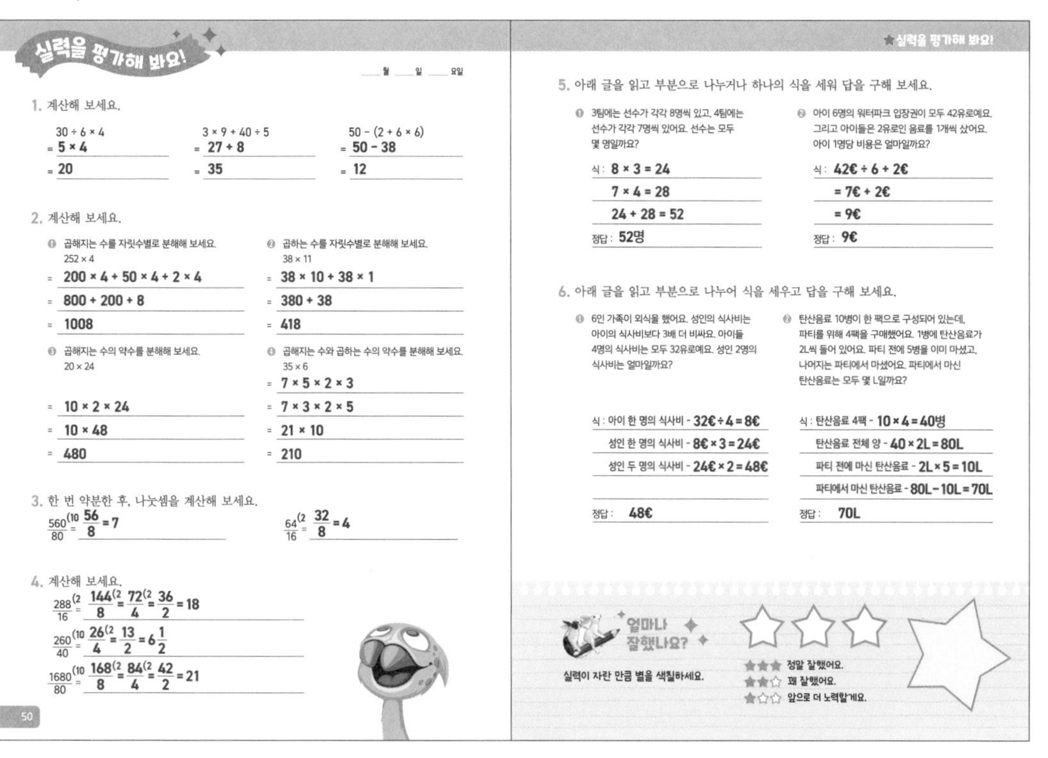
실력을 평가해 봐요!

___월 ___일 ___요일

1. 계산해 보세요.

30 ÷ 6 × 4 = 5 × 4 = 20

3 × 9 + 40 ÷ 5 = 27 + 8 = 35

50 − (2 + 6 × 6) = 50 − 38 = 12

2. 계산해 보세요.

❶ 곱해지는 수를 자릿수별로 분해해 보세요.
252 × 4 = 200 × 4 + 50 × 4 + 2 × 4 = 800 + 200 + 8 = 1008

❷ 곱하는 수를 자릿수별로 분해해 보세요.
38 × 11 = 38 × 10 + 38 × 1 = 380 + 38 = 418

❸ 곱해지는 수의 약수를 분해해 보세요.
20 × 24 = 10 × 2 × 24 = 10 × 48 = 480

❹ 곱해지는 수와 곱하는 수의 약수를 분해해 보세요.
35 × 6 = 7 × 5 × 2 × 3 = 7 × 3 × 2 × 5 = 21 × 10 = 210

3. 한 번 약분한 후, 나눗셈을 계산해 보세요.

$\frac{560}{80} \overset{(10}{=} \frac{56}{8} = 7$　　$\frac{64}{16} \overset{(2}{=} \frac{32}{8} = 4$

4. 계산해 보세요.

$\frac{288}{16} \overset{(2}{=} \frac{144}{8} \overset{(2}{=} \frac{72}{4} \overset{(2}{=} \frac{36}{2} = 18$

$\frac{260}{40} \overset{(10}{=} \frac{26}{4} \overset{(2}{=} \frac{13}{2} = 6\frac{1}{2}$

$\frac{1680}{80} \overset{(10}{=} \frac{168}{8} \overset{(2}{=} \frac{84}{4} \overset{(2}{=} \frac{42}{2} = 21$

50

실력을 평가해 봐요!

5. 아래 글을 읽고 부분으로 나누거나 하나의 식을 세워 답을 구해 보세요.

❶ 3팀에는 선수가 각각 8명씩 있고, 4팀에는 선수가 각각 7명씩 있어요. 선수는 모두 몇 명일까요?
식: 8 × 3 = 24 / 7 × 4 = 28 / 24 + 28 = 52
정답: 52명

❷ 아이 6명의 워터파크 입장권이 모두 42유로예요. 그리고 아이들은 2유로인 음료를 1개씩 샀어요. 아이 1명당 비용은 얼마일까요?
식: 42€ ÷ 6 + 2€ = 7€ + 2€ = 9€
정답: 9€

6. 아래 글을 읽고 부분으로 나누어 식을 세우고 답을 구해 보세요.

❶ 6인 가족이 외식을 했어요. 성인의 식사비는 아이의 식사비보다 3배 더 비싸요. 아이들 4명의 식사비는 모두 32유로예요. 성인 2명의 식사비는 얼마일까요?
식: 아이 한 명의 식사비 - 32€ ÷ 4 = 8€
성인 한 명의 식사비 - 8€ × 3 = 24€
성인 두 명의 식사비 - 24€ × 2 = 48€
정답: 48€

❷ 탄산음료 10병이 한 팩으로 구성되어 있는데, 파티를 위해 4팩을 구매했어요. 1병에 탄산음료가 2L씩 들어 있어요. 파티 전에 5병을 이미 마셨고, 나머지는 파티에서 마셨어요. 파티에서 마신 탄산음료는 모두 몇 L일까요?
식: 탄산음료 4팩 - 10 × 4 = 40병
탄산음료 전체 양 - 40 × 2L = 80L
파티 전에 마신 탄산음료 - 2L × 5 = 10L
파티에서 마신 탄산음료 - 80L − 10L = 70L
정답: 70L

얼마나 잘했나요?
실력이 자란 만큼 별을 색칠하세요.
★★★ 정말 잘했어요.
★★☆ 꽤 잘했어요.
★☆☆ 앞으로 더 노력할게요.

52-53쪽

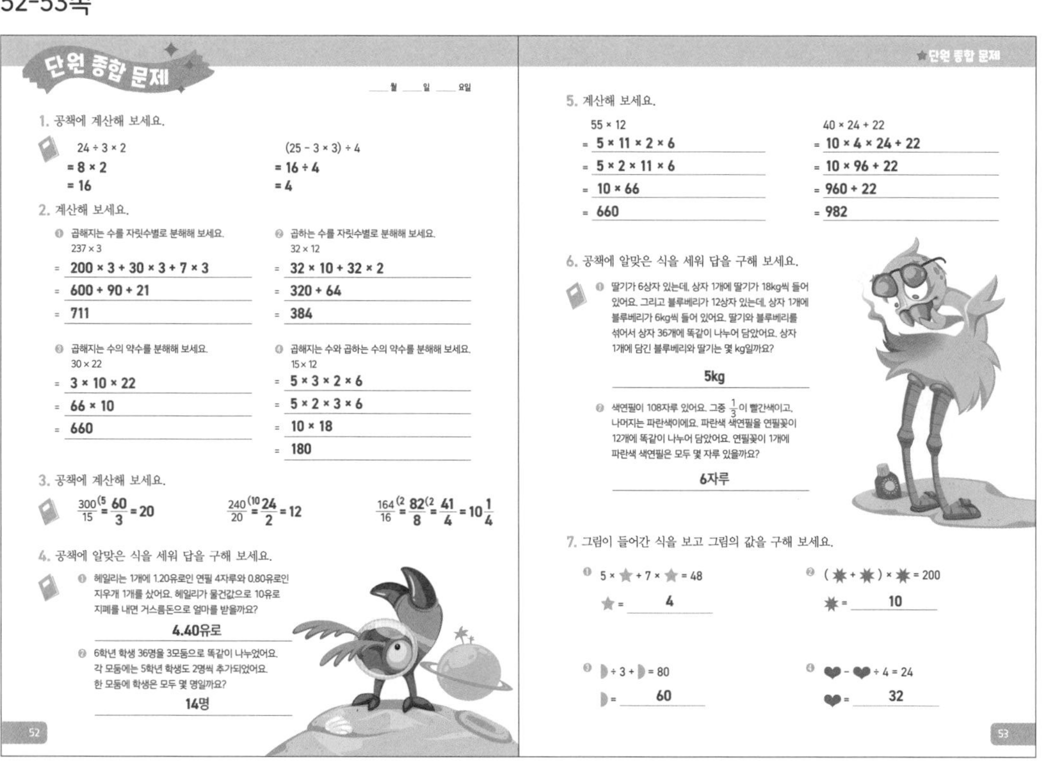
단원 종합 문제

___월 ___일 ___요일

1. 공책에 계산해 보세요.

24 ÷ 3 × 2 = 8 × 2 = 16

(25 − 3 × 3) ÷ 4 = 16 ÷ 4 = 4

2. 계산해 보세요.

❶ 곱해지는 수를 자릿수별로 분해해 보세요.
237 × 3 = 200 × 3 + 30 × 3 + 7 × 3 = 600 + 90 + 21 = 711

❷ 곱하는 수를 자릿수별로 분해해 보세요.
32 × 12 = 32 × 10 + 32 × 2 = 320 + 64 = 384

❸ 곱해지는 수의 약수를 분해해 보세요.
30 × 22 = 3 × 10 × 22 = 66 × 10 = 660

❹ 곱해지는 수와 곱하는 수의 약수를 분해해 보세요.
15 × 12 = 5 × 3 × 2 × 6 = 5 × 2 × 3 × 6 = 10 × 18 = 180

3. 공책에 계산해 보세요.

$\frac{300}{15} \overset{(5}{=} \frac{60}{3} = 20$　　$\frac{240}{20} \overset{(10}{=} \frac{24}{2} = 12$　　$\frac{164}{16} \overset{(2}{=} \frac{82}{8} \overset{(2}{=} \frac{41}{4} = 10\frac{1}{4}$

4. 공책에 알맞은 식을 세워 답을 구해 보세요.

❶ 헤일리는 1개에 1.20유로인 연필 4자루와 0.80유로인 지우개 1개를 샀어요. 헤일리가 물건값으로 10유로 지폐를 내면 거스름돈으로 얼마를 받을까요?
4.40유로

❷ 6학년 학생 36명을 3모둠으로 똑같이 나누었어요. 각 모둠에는 5학년 학생도 2명씩 추가되었어요. 한 모둠에 학생은 모두 몇 명일까요?
14명

52

단원 종합 문제

5. 계산해 보세요.

55 × 12 = 5 × 11 × 2 × 6 = 5 × 2 × 11 × 6 = 10 × 66 = 660

40 × 24 + 22 = 10 × 4 × 24 + 22 = 10 × 96 + 22 = 960 + 22 = 982

6. 공책에 알맞은 식을 세워 답을 구해 보세요.

❶ 딸기가 6상자 있는데, 상자 1개에 딸기가 18kg씩 들어 있어요. 그리고 블루베리가 12상자 있는데, 상자 1개에 블루베리가 6kg씩 들어 있어요. 딸기와 블루베리를 섞어서 상자 36개에 똑같이 나누어 담았어요. 상자 1개에 담긴 블루베리와 딸기는 몇 kg일까요?
5kg

❷ 색연필이 108자루 있어요. 그중 $\frac{1}{3}$이 빨간색이고, 나머지는 파란색이에요. 파란색 색연필을 연필꽂이 12개에 똑같이 나누어 담았어요. 연필꽂이 1개에 파란색 색연필은 모두 몇 자루 있을까요?
6자루

7. 그림이 들어간 식을 보고 그림의 값을 구해 보세요.

❶ 5 × ★ + 7 × ★ = 48　★ = 4

❷ (✸ + ✸) × ✸ = 200　✸ = 10

❸ ◗ ÷ 3 + ◗ = 80　◗ = 60

❹ ❤ − ❤ ÷ 4 = 24　❤ = 32

53

52쪽 4번

❶ 헤일리가 산 물건값
1.20€×4+0.80€
=4.80€+0.80€=5.60€
10€를 내고 받는 거스름돈
10€-5.60€=4.40€

❷ 36÷3+2=12+2=14, 14명

53쪽 6번

❶ 딸기 18kg×6=108kg
블루베리 6kg×12=72kg
딸기와 블루베리
108kg+72kg=180kg
상자 1개에 담긴 블루베리와 딸기 180kg÷36=5kg

❷ 빨간색 색연필 $\frac{108}{3}$=36자루
파란색 색연필 108-36=72자루
연필꽂이 1개에 있는 파란색 색연필 $\frac{72}{12}$=6자루

53쪽 7번

❶ 5★+7★=48
12★=48, ★=4

❷ 2✸×✸=200
✸×✸=100, ✸=10

❸ $\frac{◗}{3}$+◗=80, $\frac{4◗}{3}$=80
◗=80×$\frac{3}{4}$=$\frac{240}{4}$
◗=60

❹ ❤-$\frac{❤}{4}$=24
$\frac{3❤}{4}$=24
❤=24×$\frac{4}{3}$=$\frac{96}{3}$=32

54-55쪽

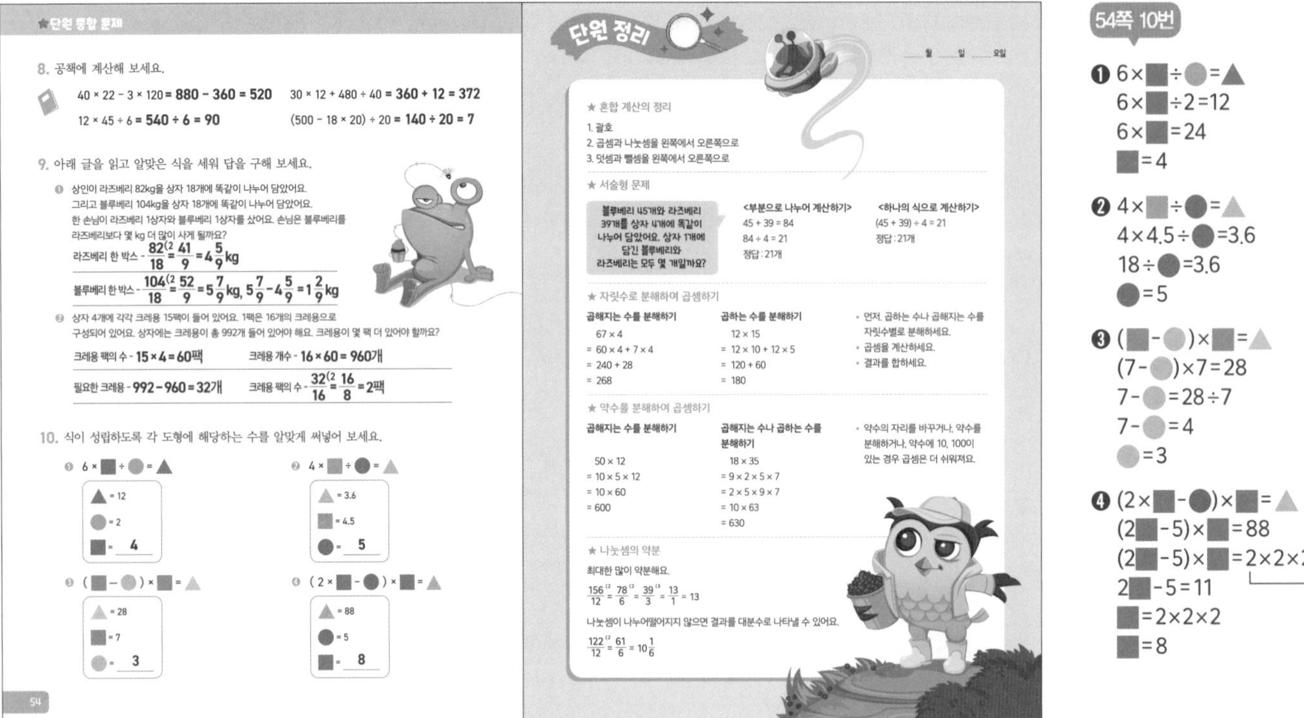
★ 단원 통합 문제

8. 공책에 계산해 보세요.

40 × 22 − 3 × 120 = 880 − 360 = 520　　30 × 12 + 480 ÷ 40 = 360 + 12 = 372

12 × 45 ÷ 6 = 540 ÷ 6 = 90　　(500 − 18 × 20) ÷ 20 = 140 ÷ 20 = 7

9. 아래 글을 읽고 알맞은 식을 세워 답을 구해 보세요.

① 상인이 라즈베리 82kg을 상자 18개에 똑같이 나누어 담았어요. 그리고 블루베리 104kg을 상자 18개에 똑같이 나누어 담았어요. 한 손님이 라즈베리 1상자와 블루베리 1상자를 샀어요. 손님은 블루베리를 라즈베리보다 몇 kg 더 많이 사게 될까요?

라즈베리 한 박스 - $\frac{82}{18} = \frac{41}{9} = 4\frac{5}{9}$kg

블루베리 한 박스 - $\frac{104}{18} = \frac{52}{9} = 5\frac{7}{9}$kg, $5\frac{7}{9} - 4\frac{5}{9} = 1\frac{2}{9}$kg

② 상자 4개에 각각 크레용 15팩이 들어 있어요. 1팩은 16개의 크레용으로 구성되어 있어요. 상자에는 크레용이 총 992개 들어 있어야 해요. 크레용이 몇 팩 더 있어야 할까요?

크레용 팩의 수 - 15 × 4 = 60팩　　크레용 개수 - 16 × 60 = 960개

필요한 크레용 - 992 − 960 = 32개　　크레용 팩의 수 - $\frac{32}{16} = \frac{16}{8} = 2$팩

10. 식이 성립하도록 각 도형에 해당하는 수를 알맞게 써넣어 보세요.

① 6 × ■ ÷ ● = ▲　▲ = 12, ● = 2, ■ = 4

② 4 × ■ ÷ ● = ▲　▲ = 3.6, ■ = 4.5, ● = 5

③ (■ − ●) × ■ = ▲　▲ = 28, ■ = 7, ● = 3

④ (2 × ■ − ●) × ■ = ▲　▲ = 88, ● = 5, ■ = 8

단원 정리

★ 혼합 계산의 정리

1. 괄호
2. 곱셈과 나눗셈을 왼쪽에서 오른쪽으로
3. 덧셈과 뺄셈을 왼쪽에서 오른쪽으로

★ 서술형 문제

블루베리 45개와 라즈베리 39개를 상자 4개에 똑같이 나누어 담았어요. 상자 1개에 담긴 블루베리와 라즈베리는 모두 몇 개일까요?

<부분으로 나누어 계산하기> 45 + 39 = 84, 84 ÷ 4 = 21, 정답 : 21개

<하나의 식으로 계산하기> (45 + 39) ÷ 4 = 21, 정답 : 21개

★ 자릿수로 분해하여 곱셈하기

곱해지는 수를 분해하기: 67 × 4 = 60 × 4 + 7 × 4 = 240 + 28 = 268

곱하는 수를 분해하기: 12 × 15 = 12 × 10 + 12 × 5 = 120 + 60 = 180

- 먼저, 곱하는 수나 곱해지는 수를 자릿수별로 분해하세요.
- 곱셈을 계산하세요.
- 결과를 합하세요.

★ 약수를 분해하여 곱셈하기

곱해지는 수를 분해하기: 50 × 12 = 10 × 5 × 12 = 10 × 60 = 600

곱해지는 수나 곱하는 수를 분해하기: 18 × 35 = 9 × 2 × 5 × 7 = 2 × 5 × 9 × 7 = 10 × 63 = 630

- 약수의 자리를 바꾸거나, 약수를 분해하거나, 약수에 10, 100이 있는 경우 곱셈은 더 쉬워져요.

★ 나눗셈의 약분

최대한 많이 약분해요.

$\frac{156}{12} = \frac{78}{6} = \frac{39}{3} = \frac{13}{1} = 13$

나눗셈이 나누어떨어지지 않으면 결과를 대분수로 나타낼 수 있어요.

$\frac{122}{12} = \frac{61}{6} = 10\frac{1}{6}$

54쪽 10번

❶ 6×■÷●=▲
6×■÷2=12
6×■=24
■=4

❷ 4×■÷●=▲
4×4.5÷●=3.6
18÷●=3.6
●=5

❸ (■-●)×■=▲
(7-●)×7=28
7-●=28÷7
7-●=4
●=3

❹ (2×■-●)×■=▲
(2■-5)×■=88
(2■-5)×■=2×2×2×11
2■-5=11
■=2×2×2
■=8

58-59쪽

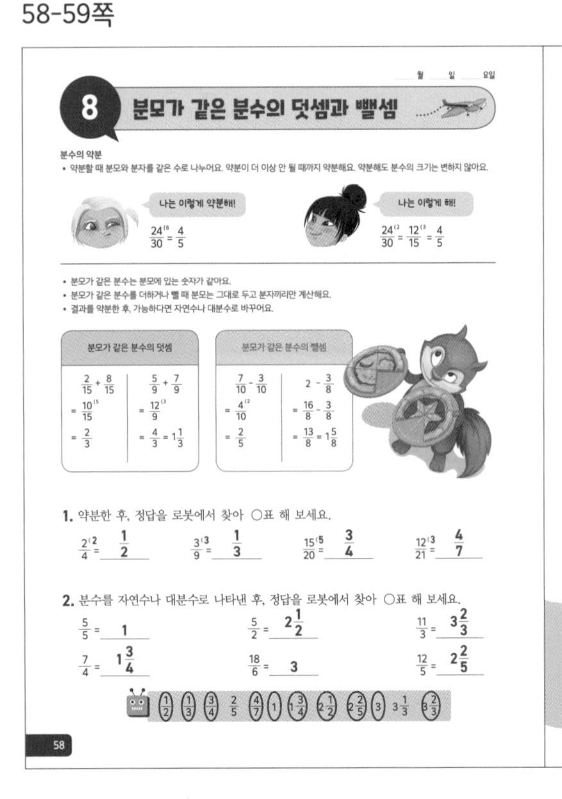
8 분모가 같은 분수의 덧셈과 뺄셈

분수의 약분

- 약분할 때 분모와 분자를 같은 수로 나누어요. 약분이 더 이상 안 될 때까지 약분해요. 약분해도 분수의 크기는 변하지 않아요.

나는 이렇게 약분해! $\frac{24}{30} = \frac{4}{5}$

나는 이렇게 해! $\frac{24}{30} = \frac{12}{15} = \frac{4}{5}$

- 분모가 같은 분수는 분모에 있는 숫자가 같아요.
- 분모가 같은 분수를 더하거나 뺄 때 분모는 그대로 두고 분자끼리만 계산해요.
- 결과를 약분한 후, 가능하다면 자연수나 대분수로 바꾸어요.

분모가 같은 분수의 덧셈: $\frac{2}{15} + \frac{8}{15} = \frac{10}{15} = \frac{2}{3}$, $\frac{5}{9} + \frac{7}{9} = \frac{12}{9} = \frac{4}{3} = 1\frac{1}{3}$

분모가 같은 분수의 뺄셈: $\frac{7}{10} - \frac{3}{10} = \frac{4}{10} = \frac{2}{5}$, $2 - \frac{3}{8} = \frac{16}{8} - \frac{3}{8} = \frac{13}{8} = 1\frac{5}{8}$

1. 약분한 후, 정답을 로봇에서 찾아 ○표 해 보세요.

$\frac{2}{4} = \frac{1}{2}$　$\frac{3}{9} = \frac{1}{3}$　$\frac{15}{20} = \frac{3}{4}$　$\frac{12}{21} = \frac{4}{7}$

2. 분수를 자연수나 대분수로 나타낸 후, 정답을 로봇에서 찾아 ○표 해 보세요.

$\frac{5}{5} = 1$　$\frac{5}{2} = 2\frac{1}{2}$　$\frac{11}{3} = 3\frac{2}{3}$

$\frac{7}{4} = 1\frac{3}{4}$　$\frac{18}{6} = 3$　$\frac{12}{5} = 2\frac{2}{5}$

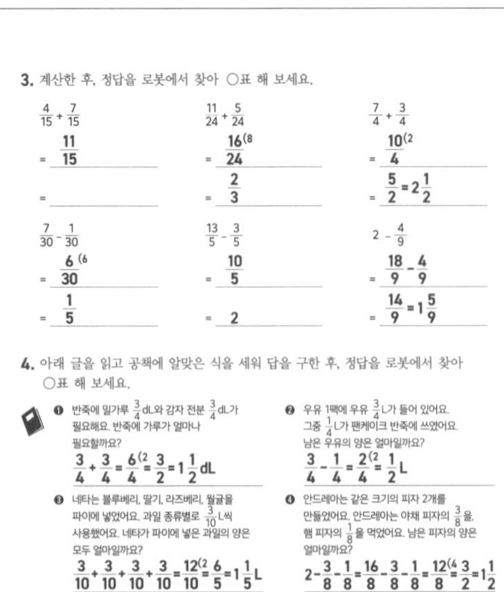
3. 계산한 후, 정답을 로봇에서 찾아 ○표 해 보세요.

$\frac{4}{15} + \frac{7}{15} = \frac{11}{15}$　$\frac{11}{24} + \frac{5}{24} = \frac{16}{24} = \frac{2}{3}$　$\frac{7}{4} + \frac{3}{4} = \frac{10}{4} = \frac{5}{2} = 2\frac{1}{2}$

$\frac{7}{30} - \frac{1}{30} = \frac{6}{30} = \frac{1}{5}$　$\frac{13}{5} - \frac{3}{5} = \frac{10}{5} = 2$　$2 - \frac{4}{9} = \frac{18}{9} - \frac{4}{9} = \frac{14}{9} = 1\frac{5}{9}$

4. 아래 글을 읽고 공책에 알맞은 식을 세워 답을 구한 후, 정답을 로봇에서 찾아 ○표 해 보세요.

① 반죽에 밀가루 $\frac{3}{4}$dL와 감자 전분 $\frac{3}{4}$dL가 필요해요. 반죽에 가루가 얼마나 필요할까요?
$\frac{3}{4} + \frac{3}{4} = \frac{6}{4} = \frac{3}{2} = 1\frac{1}{2}$dL

② 우유 1팩에 우유 $\frac{3}{4}$L가 들어 있어요. 그중 $\frac{1}{4}$L가 팬케이크 반죽에 쓰였어요. 남은 우유의 양은 얼마일까요?
$\frac{3}{4} - \frac{1}{4} = \frac{2}{4} = \frac{1}{2}$L

③ 네타는 블루베리, 딸기, 라즈베리, 월귤을 파이에 넣었어요. 과일 종류별로 $\frac{3}{10}$L씩 사용했어요. 네타가 파이에 넣은 과일의 양은 모두 얼마일까요?
$\frac{3}{10} + \frac{3}{10} + \frac{3}{10} + \frac{3}{10} = \frac{12}{10} = \frac{6}{5} = 1\frac{1}{5}$L

④ 안드레아는 같은 크기의 피자 2개를 만들었어요. 안드레아는 야채 피자의 $\frac{3}{8}$을, 햄 피자의 $\frac{1}{8}$을 먹었어요. 남은 피자의 양은 얼마일까요?
$2 - \frac{3}{8} - \frac{1}{8} = \frac{16}{8} - \frac{3}{8} - \frac{1}{8} = \frac{12}{8} = \frac{3}{2} = 1\frac{1}{2}$

더 생각해 보아요!

어떤 규칙이 있을까요? 규칙에 따라 7번째 모양에는 작은 삼각형이 몇 개 있을까요?

49개

보충 가이드 | 58쪽

분모가 같은 분수의 덧셈과 뺄셈은 분모는 그대로 두고 분자끼리만 계산해 주면 돼요. 왜냐하면 분모가 같은 분수의 덧셈과 뺄셈에서는 단위분수의 수만큼 계산해 주면 되기 때문이에요. $\frac{5}{9}+\frac{7}{9}=\frac{12}{9}$가 되는데, $\frac{1}{9}$이 5개와 $\frac{1}{9}$이 7개 있으므로 더하면 $\frac{1}{9}$이 12개가 되어 $\frac{12}{9}$가 돼요. 계산 결과 나온 분수는 기약분수가 되도록 약분해서 더 간단한 분수로 나타냅니다. 분자와 분모의 최대공약수로 약분하면 바로 기약분수가 나오겠죠?

더 생각해 보아요! | 59쪽

1, 4, 9, 16, 25…
작은 삼각형이 3, 5, 7, 9씩 늘어나는 규칙이에요.
7번째에는 작은 삼각형이 49개 있어요.

60-61쪽

★실력을 키워요!

5. 그림이 들어간 식을 보고 그림의 값을 구해 보세요.

■ + ■ = ●

● $- \frac{5}{9} = \frac{1}{3}$

▲ - ■ = ●

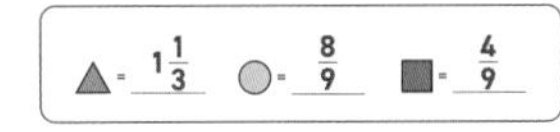

▲ = $1\frac{1}{3}$ ● = $\frac{8}{9}$ ■ = $\frac{4}{9}$

6. 리차드, 앤, 토마스, 헬레나는 모두 같은 식을 계산했는데, 선생님은 학생들에게 각각 다른 점수를 주었어요. 선생님이 왜 그런 점수를 주었는지 설명해 보세요.

❶ $\frac{3}{4} + \frac{3}{4} = \frac{6}{8}$

점수 : 0/3

설명 : 분모도 함께 더했어요.

❷ $\frac{3}{4} + \frac{3}{4} = \frac{6^{(2}}{4} = \frac{3}{2} = 1\frac{1}{4}$

점수 : 2/3

설명 : 가분수를 대분수로 바꿀 때 분모가 잘못됐어요.

❸ $\frac{3}{4} + \frac{3}{4} = \frac{6}{4} = 1\frac{2}{4}$

점수 : 2/3

설명 : 약분을 하지 않았어요.

❹ $\frac{3}{4} + \frac{3}{4} = \frac{6^{(2}}{4} = \frac{3}{2} = 1\frac{1}{2}$

점수 : 3/3

설명 : 틀린 곳 없이 잘 계산되었어요.

7. 아래 조각을 모두 한 번씩 사용하여 바둑판을 완성해 보세요. 조각의 방향을 돌리거나 위치를 바꿀 수 없어요.

<예시 답안>

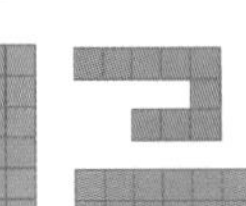

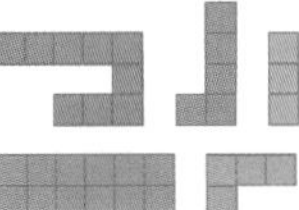

60

★실력을 키워요!

8. 아래 글을 읽고 공책에 알맞은 식을 세워 답을 구해 보세요.

❶ 2단 책꽂이에 없어진 책이 있어요. 위의 책꽂이는 아래 책꽂이보다 4권이 더 없어졌어요. 현재 책꽂이에 총 40권의 책이 있어요. 각 층에 25권의 책이 있으려면 아래 책꽂이에 몇 권의 책이 더 있어야 할까요?

3권

❷ 집에서 여름 별장까지의 거리는 240km예요. 폴라의 엄마는 집에서 떠났고, 나머지 가족들은 여름 별장에서 떠났어요. 같은 도로를 서로 반대 방향으로 운전했어요. 폴라의 엄마는 가야 할 거리의 $\frac{2}{5}$를 갔고, 나머지 가족들은 $\frac{3}{8}$을 갔어요. 엄마와 가족들이 서로 떨어진 거리는 몇 km일까요?

54km

9. 빵 바구니에 얇은 비스킷 6개, 호밀빵 4개 그리고 소다빵 2개가 있어요. 아래 조건을 만족하려면 얇은 비스킷 몇 개가 없어야 할까요?

❶ 바구니의 빵 중 $\frac{1}{3}$이 얇은 비스킷이어야 해요.

3개

❷ 바구니의 빵 중 $\frac{1}{2}$이 호밀빵이어야 해요.

4개

한 번 더 연습해요!

1. 주어진 분수를 약분하거나 대분수로 나타내 보세요.

$\frac{30^{(10}}{40} = \frac{3}{4}$ $\frac{15^{(5}}{25} = \frac{3}{5}$ $\frac{11}{5} = 2\frac{1}{5}$ $\frac{19}{6} = 3\frac{1}{6}$

2. 공책에 계산해 보세요.

$\frac{7}{9} + \frac{7}{9} = \frac{14}{9} = 1\frac{5}{9}$ $\frac{15}{32} + \frac{9}{32} = \frac{24^{(8}}{32} = \frac{3}{4}$ $\frac{11}{18} - \frac{5}{18} = \frac{6^{(6}}{18} = \frac{1}{3}$ $3 - \frac{4}{5} = \frac{15}{5} - \frac{4}{5} = \frac{11}{5} = 2\frac{1}{5}$

61

60쪽 5번

● $- \frac{5}{9} = \frac{1}{3}$, ● $= \frac{^{3)}1}{3} + \frac{5}{9}$

● $= \frac{3}{9} + \frac{5}{9}$, ● $= \frac{8}{9}$

■ + ■ = ●, ■ + ■ $= \frac{8}{9}$, ■ $= \frac{4}{9}$

▲ - ■ = ●, ▲ $- \frac{4}{9} = \frac{8}{9}$

▲ $= \frac{8}{9} + \frac{4}{9} = \frac{12^{(3}}{9} = \frac{4}{3} = 1\frac{1}{3}$

MEMO

61쪽 8번

❶ 40-4=36
36÷2=18
책꽂이 아래층에 있는 책의 수
18+4=22권
책꽂이 위층에 있는 책의 수 18권
아래층 책꽂이에 필요한 책의 수
25-22=3, 3권

❷ 폴라의 엄마가 간 거리
$\frac{240km}{5}$=48km, 48km×2=96km
나머지 가족들이 간 거리
$\frac{240km}{8}$=30km, 30km×3=90km
엄마와 가족이 서로 떨어진 거리
240-96-90=54km

61쪽 9번

❶ 얇은 비스킷을 뺀 나머지 빵의 개수는 4+2=6이에요.
바구니의 빵 중 얇은 비스킷이 $\frac{1}{3}$개 있으려면 3개만 필요하므로 3개가 없어야 해요.(6-3=3)

❷ 호밀빵은 4개인데, 전체 빵의 개수 중 $\frac{1}{2}$을 차지하려면 바구니의 빵이 모두 8개여야 해요. 4+2+x=8, 얇은 비스킷은 2개여야 하므로 4개가 없어야 해요.(6-2=4)

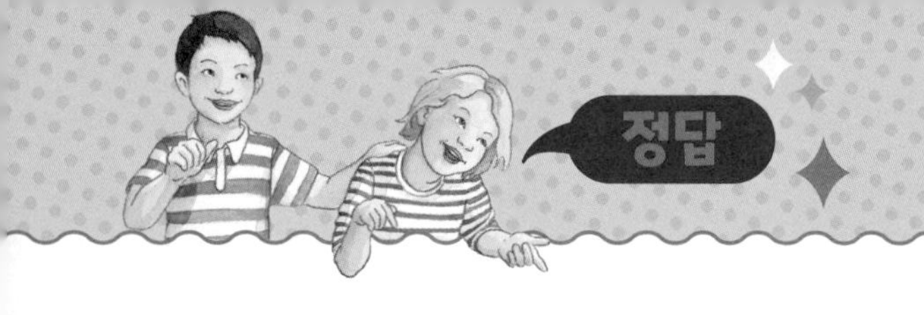

62-63쪽

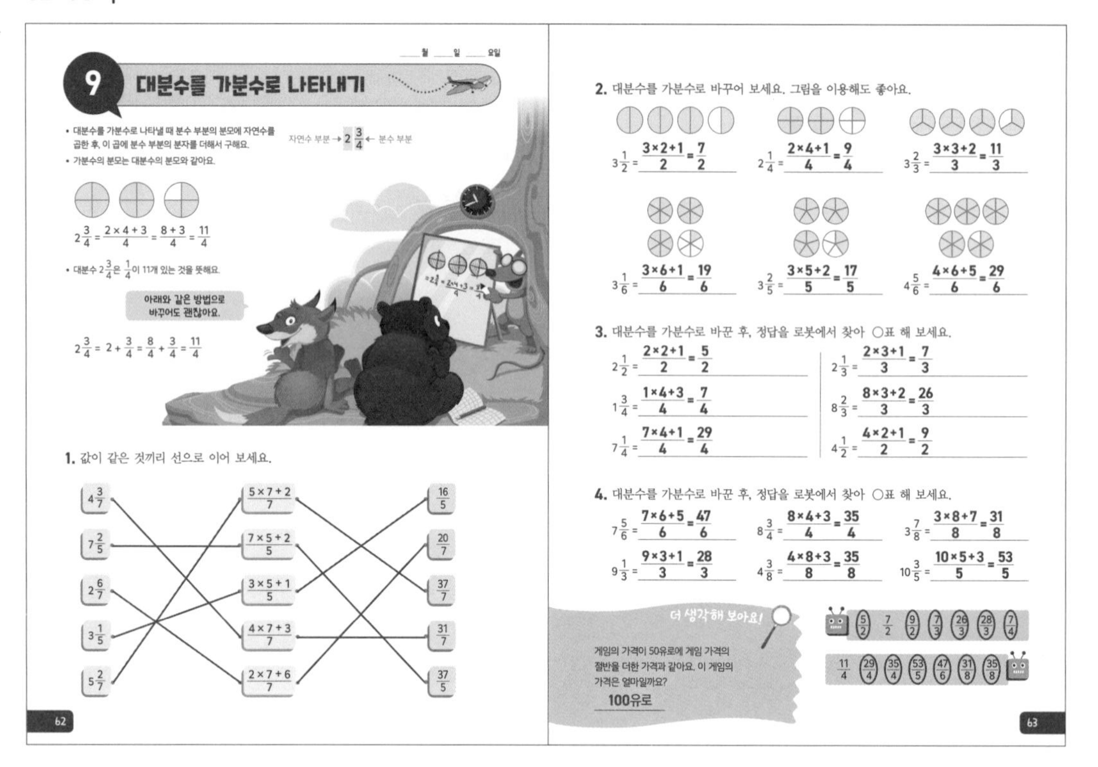

___월 ___일 ___요일

9 대분수를 가분수로 나타내기

- 대분수를 가분수로 나타낼 때 분수 부분의 분모에 자연수를 곱한 후, 이 곱에 분수 부분의 분자를 더해서 구해요.
- 가분수의 분모는 대분수의 분모와 같아요.

자연수 부분 → $2\frac{3}{4}$ ← 분수 부분

$2\frac{3}{4} = \frac{2\times4+3}{4} = \frac{8+3}{4} = \frac{11}{4}$

- 대분수 $2\frac{3}{4}$은 $\frac{1}{4}$이 11개 있는 것을 뜻해요.

아래와 같은 방법으로 바꾸어도 괜찮아요.

$2\frac{3}{4} = 2 + \frac{3}{4} = \frac{8}{4} + \frac{3}{4} = \frac{11}{4}$

1. 값이 같은 것끼리 선으로 이어 보세요.

$4\frac{3}{7}$, $7\frac{2}{5}$, $2\frac{6}{7}$, $3\frac{1}{5}$, $5\frac{2}{7}$

$\frac{5\times7+2}{7}$, $\frac{7\times5+2}{5}$, $\frac{3\times5+1}{5}$, $\frac{4\times7+3}{7}$, $\frac{2\times7+6}{7}$

$\frac{16}{5}$, $\frac{20}{7}$, $\frac{37}{7}$, $\frac{31}{7}$, $\frac{37}{5}$

2. 대분수를 가분수로 바꾸어 보세요. 그림을 이용해도 좋아요.

$3\frac{1}{2} = \frac{3\times2+1}{2} = \frac{7}{2}$ $\quad 2\frac{1}{4} = \frac{2\times4+1}{4} = \frac{9}{4}$ $\quad 3\frac{2}{3} = \frac{3\times3+2}{3} = \frac{11}{3}$

$3\frac{1}{6} = \frac{3\times6+1}{6} = \frac{19}{6}$ $\quad 3\frac{2}{5} = \frac{3\times5+2}{5} = \frac{17}{5}$ $\quad 4\frac{5}{6} = \frac{4\times6+5}{6} = \frac{29}{6}$

3. 대분수를 가분수로 바꾼 후, 정답을 로봇에서 찾아 ○표 해 보세요.

$2\frac{1}{2} = \frac{2\times2+1}{2} = \frac{5}{2}$ $\quad 2\frac{1}{3} = \frac{2\times3+1}{3} = \frac{7}{3}$

$1\frac{3}{4} = \frac{1\times4+3}{4} = \frac{7}{4}$ $\quad 8\frac{2}{3} = \frac{8\times3+2}{3} = \frac{26}{3}$

$7\frac{1}{4} = \frac{7\times4+1}{4} = \frac{29}{4}$ $\quad 4\frac{1}{2} = \frac{4\times2+1}{2} = \frac{9}{2}$

4. 대분수를 가분수로 바꾼 후, 정답을 로봇에서 찾아 ○표 해 보세요.

$7\frac{5}{6} = \frac{7\times6+5}{6} = \frac{47}{6}$ $\quad 8\frac{3}{4} = \frac{8\times4+3}{4} = \frac{35}{4}$ $\quad 3\frac{7}{8} = \frac{3\times8+7}{8} = \frac{31}{8}$

$9\frac{1}{3} = \frac{9\times3+1}{3} = \frac{28}{3}$ $\quad 4\frac{3}{8} = \frac{4\times8+3}{8} = \frac{35}{8}$ $\quad 10\frac{3}{5} = \frac{10\times5+3}{5} = \frac{53}{5}$

$\frac{5}{2}$ $\frac{7}{2}$ $\frac{9}{2}$ $\frac{7}{3}$ $\frac{26}{3}$ $\frac{28}{3}$ $\frac{7}{4}$

$\frac{11}{4}$ $\frac{29}{4}$ $\frac{35}{4}$ $\frac{53}{5}$ $\frac{47}{6}$ $\frac{31}{8}$ $\frac{35}{8}$

더 생각해 보아요!

게임의 가격이 50유로에 게임 가격의 절반을 더한 가격과 같아요. 이 게임의 가격은 얼마일까요?

100유로

62 63

더 생각해 보아요! | 63쪽

$x = 50€ + \frac{1}{2}x$

$\frac{2}{2}x - \frac{1}{2}x = 50€$

$\frac{1}{2}x = 50€$

$x = 100€$

64-65쪽

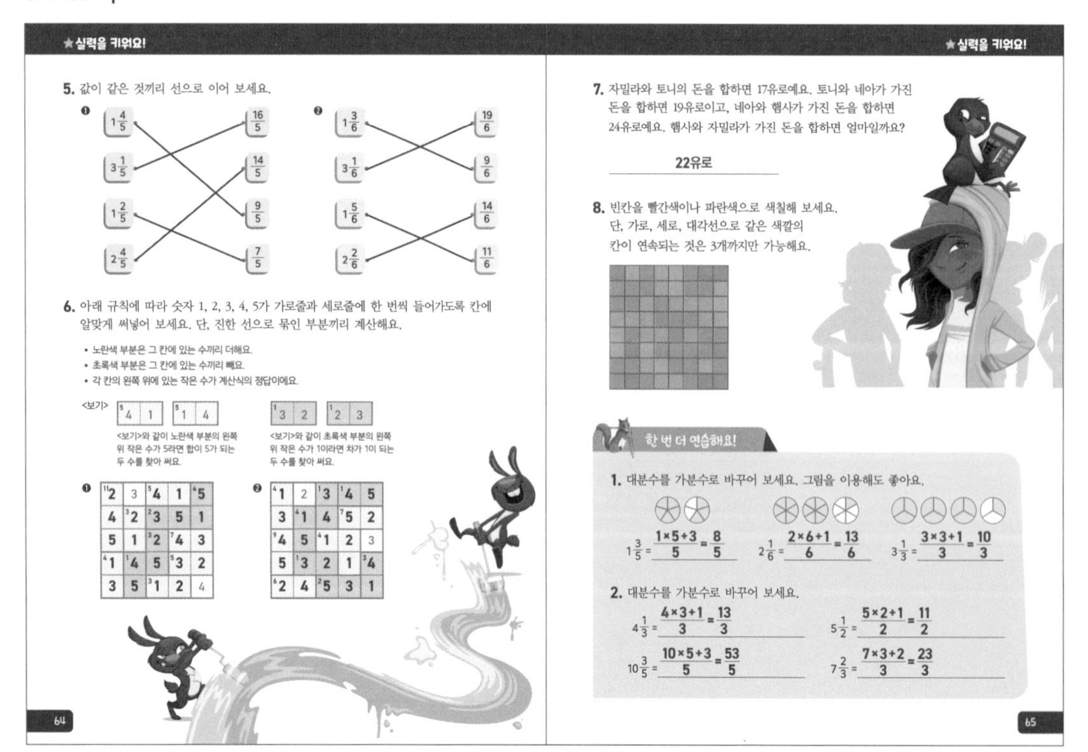

★실력을 키워요!

5. 값이 같은 것끼리 선으로 이어 보세요.

❶ $1\frac{4}{5}$, $3\frac{1}{5}$, $1\frac{2}{5}$, $2\frac{4}{5}$ / $\frac{16}{5}$, $\frac{14}{5}$, $\frac{9}{5}$, $\frac{7}{5}$

❷ $1\frac{3}{6}$, $3\frac{1}{6}$, $1\frac{5}{6}$, $2\frac{2}{6}$ / $\frac{19}{6}$, $\frac{9}{6}$, $\frac{14}{6}$, $\frac{11}{6}$

6. 아래 규칙에 따라 숫자 1, 2, 3, 4, 5가 가로줄과 세로줄에 한 번씩 들어가도록 칸에 알맞게 써넣어 보세요. 단, 진한 선으로 묶인 부분끼리 계산해요.

- 노란색 부분은 그 칸에 있는 수끼리 더해요.
- 초록색 부분은 그 칸에 있는 수끼리 빼요.
- 각 칸의 왼쪽 위에 있는 작은 수가 계산식의 정답이에요.

<보기> 4 1 / 1 4 <보기>와 같이 노란색 부분의 왼쪽 위 작은 수가 5라면 합이 5가 되는 두 수를 찾아 써요.

3 2 / 2 3 <보기>와 같이 초록색 부분의 왼쪽 위 작은 수가 1이라면 차가 1이 되는 두 수를 찾아 써요.

❶

2	3	4	1	5
4	2	3	5	1
5	1	2	4	3
1	4	5	3	2
3	5	1	2	4

❷

1	2	3	4	5
3	1	4	5	2
4	5	1	2	3
5	3	2	1	4
2	4	5	3	1

7. 자밀라와 토니의 돈을 합하면 17유로예요. 토니와 네아가 가진 돈을 합하면 19유로이고, 네아와 햄사가 가진 돈을 합하면 24유로예요. 햄사와 자밀라가 가진 돈을 합하면 얼마일까요?

22유로

8. 빈칸을 빨간색이나 파란색으로 색칠해 보세요. 단, 가로, 세로, 대각선으로 같은 색깔의 칸이 연속되는 것은 3개까지만 가능해요.

한 번 더 연습해요!

1. 대분수를 가분수로 바꾸어 보세요. 그림을 이용해도 좋아요.

$1\frac{3}{5} = \frac{1\times5+3}{5} = \frac{8}{5}$ $\quad 2\frac{1}{6} = \frac{2\times6+1}{6} = \frac{13}{6}$ $\quad 3\frac{1}{3} = \frac{3\times3+1}{3} = \frac{10}{3}$

2. 대분수를 가분수로 바꾸어 보세요.

$4\frac{1}{3} = \frac{4\times3+1}{3} = \frac{13}{3}$ $\quad 5\frac{1}{2} = \frac{5\times2+1}{2} = \frac{11}{2}$

$10\frac{3}{5} = \frac{10\times5+3}{5} = \frac{53}{5}$ $\quad 7\frac{2}{3} = \frac{7\times3+2}{3} = \frac{23}{3}$

64 65

65쪽 7번

자밀라+토니=17€

토니+네아=19€

네아+햄사=24€

햄사+자밀라=?

4명의 아이가 가진 돈의 총합

17€+24€=41€

41€에서 토니와 네아가 가진 돈을 빼면 자밀라와 햄사가 가진 돈을 알 수 있어요.

41€-19€=22€

66-67쪽

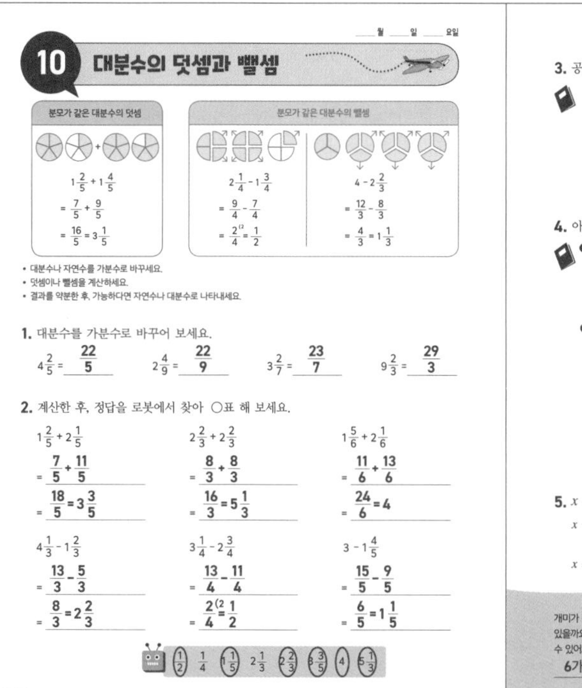

___월 ___일 ___요일

10 대분수의 덧셈과 뺄셈

분모가 같은 대분수의 덧셈

$1\frac{2}{5}+1\frac{4}{5} = \frac{7}{5}+\frac{9}{5} = \frac{16}{5}=3\frac{1}{5}$

분모가 같은 대분수의 뺄셈

$2\frac{1}{4}-1\frac{3}{4} = \frac{9}{4}-\frac{7}{4} = \frac{2}{4}=\frac{1}{2}$

$4-2\frac{2}{3} = \frac{12}{3}-\frac{8}{3} = \frac{4}{3}=1\frac{1}{3}$

- 대분수나 자연수를 가분수로 바꾸세요.
- 덧셈이나 뺄셈을 계산하세요.
- 결과를 약분한 후, 가능하다면 자연수나 대분수로 나타내세요.

1. 대분수를 가분수로 바꾸어 보세요.

$4\frac{2}{5}=\frac{22}{5}$　$2\frac{4}{9}=\frac{22}{9}$　$3\frac{2}{7}=\frac{23}{7}$　$9\frac{2}{3}=\frac{29}{3}$

2. 계산한 후, 정답을 로봇에서 찾아 ○표 해 보세요.

$1\frac{2}{5}+2\frac{1}{5}=\frac{7}{5}+\frac{11}{5}=\frac{18}{5}=3\frac{3}{5}$

$2\frac{2}{3}+2\frac{2}{3}=\frac{8}{3}+\frac{8}{3}=\frac{16}{3}=5\frac{1}{3}$

$1\frac{5}{6}+2\frac{1}{6}=\frac{11}{6}+\frac{13}{6}=\frac{24}{6}=4$

$4\frac{1}{3}-1\frac{2}{3}=\frac{13}{3}-\frac{5}{3}=\frac{8}{3}=2\frac{2}{3}$

$3\frac{1}{4}-2\frac{3}{4}=\frac{13}{4}-\frac{11}{4}=\frac{2}{4}=\frac{1}{2}$

$3-1\frac{4}{5}=\frac{15}{5}-\frac{9}{5}=\frac{6}{5}=1\frac{1}{5}$

로봇: ($\frac{1}{2}$) $\frac{1}{4}$ ($1\frac{1}{5}$) $2\frac{1}{3}$ ($2\frac{2}{3}$) ($3\frac{3}{5}$) (4) ($5\frac{1}{3}$)

66

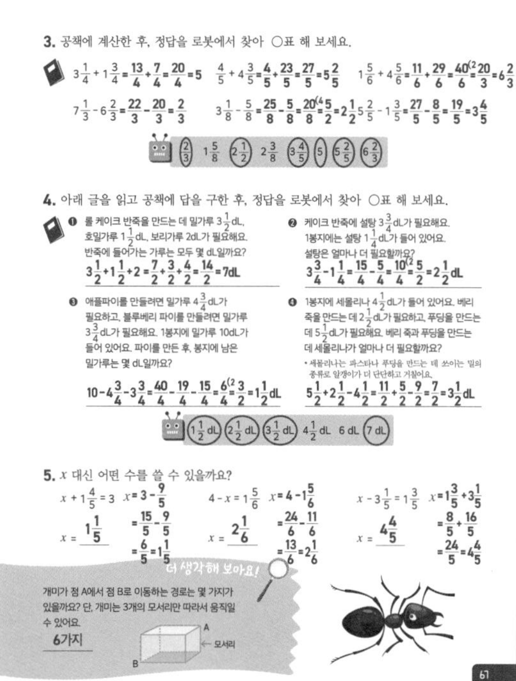

3. 공책에 계산한 후, 정답을 로봇에서 찾아 ○표 해 보세요.

$3\frac{1}{4}+1\frac{3}{4}=\frac{13}{4}+\frac{7}{4}=\frac{20}{4}=5$

$\frac{4}{5}+4\frac{3}{5}=\frac{4}{5}+\frac{23}{5}=\frac{27}{5}=5\frac{2}{5}$

$1\frac{5}{6}+4\frac{5}{6}=\frac{11}{6}+\frac{29}{6}=\frac{40}{6}=\frac{20}{3}=6\frac{2}{3}$

$7\frac{1}{3}-6\frac{2}{3}=\frac{22}{3}-\frac{20}{3}=\frac{2}{3}$

$3\frac{1}{8}-\frac{5}{8}=\frac{25}{8}-\frac{5}{8}=\frac{20}{8}=\frac{5}{2}=2\frac{1}{2}$

$5\frac{2}{5}-1\frac{3}{5}=\frac{27}{5}-\frac{8}{5}=\frac{19}{5}=3\frac{4}{5}$

로봇: ($\frac{2}{3}$) $1\frac{5}{8}$ ($2\frac{1}{2}$) $2\frac{3}{8}$ ($3\frac{4}{5}$) (5) ($5\frac{2}{5}$) ($6\frac{2}{3}$)

4. 아래 글을 읽고 공책에 답을 구한 후, 정답을 로봇에서 찾아 ○표 해 보세요.

❶ 롤 케이크 반죽을 만드는 데 밀가루 $3\frac{1}{2}$dL, 호밀가루 $1\frac{1}{2}$dL, 보리가루 2dL가 필요해요. 반죽에 들어가는 가루는 모두 몇 dL일까요?

$3\frac{1}{2}+1\frac{1}{2}+2=\frac{7}{2}+\frac{3}{2}+\frac{4}{2}=\frac{14}{2}=7$dL

❷ 케이크 반죽에 설탕 $3\frac{3}{4}$dL가 필요해요. 1봉지에는 설탕 $1\frac{1}{4}$dL가 들어 있어요. 설탕은 얼마나 더 필요할까요?

$3\frac{3}{4}-1\frac{1}{4}=\frac{15}{4}-\frac{5}{4}=\frac{10}{4}=\frac{5}{2}=2\frac{1}{2}$dL

❸ 애플파이를 만들려면 밀가루 $4\frac{3}{4}$dL가 필요하고, 블루베리 파이를 만들려면 밀가루 $3\frac{3}{4}$dL가 필요해요. 1봉지에 밀가루 10dL가 들어 있어요. 파이를 만든 후, 봉지에 남은 밀가루는 몇 dL일까요?

$10-4\frac{3}{4}-3\frac{3}{4}=\frac{40}{4}-\frac{19}{4}-\frac{15}{4}=\frac{6}{4}=\frac{3}{2}=1\frac{1}{2}$dL

❹ 1봉지에 세몰리나 $4\frac{1}{2}$dL가 들어 있어요. 베리 죽을 만드는 데 $2\frac{1}{2}$dL가 필요하고, 푸딩을 만드는 데 $5\frac{1}{2}$dL가 필요해요. 베리 죽과 푸딩을 만드는 데 세몰리나가 얼마나 더 필요할까요?

• 세몰리나는 파스타나 푸딩을 만드는 데 쓰이는 밀의 종류로 알갱이가 더 단단하고 거칠어요.

$5\frac{1}{2}+2\frac{1}{2}-4\frac{1}{2}=\frac{11}{2}+\frac{5}{2}-\frac{9}{2}=\frac{7}{2}=3\frac{1}{2}$dL

로봇: ($1\frac{1}{2}$ dL) ($2\frac{1}{2}$ dL) ($3\frac{1}{2}$ dL) $4\frac{1}{2}$ dL 6 dL (7 dL)

5. x 대신 어떤 수를 쓸 수 있을까요?

$x+1\frac{4}{5}=3$　$x=3-\frac{9}{5}=\frac{15}{5}-\frac{9}{5}=\frac{6}{5}=1\frac{1}{5}$　$x=1\frac{1}{5}$

$4-x=1\frac{5}{6}$　$x=4-1\frac{5}{6}=\frac{24}{6}-\frac{11}{6}=\frac{13}{6}=2\frac{1}{6}$　$x=2\frac{1}{6}$

$x-3\frac{1}{5}=1\frac{3}{5}$　$x=1\frac{3}{5}+3\frac{1}{5}=\frac{8}{5}+\frac{16}{5}=\frac{24}{5}=4\frac{4}{5}$　$x=4\frac{4}{5}$

더 생각해 보아요!

개미가 점 A에서 점 B로 이동하는 경로는 몇 가지가 있을까요? 단, 개미는 3개의 모서리만 따라서 움직일 수 있어요.

6가지

67

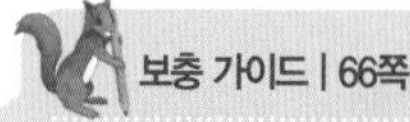

대분수의 덧셈과 뺄셈은 대분수를 가분수로 바꾸어 계산해요. 대분수를 가분수로 바꾸어 계산하면 받아올림이나 받아내림이 있는 대분수라도 계산을 바로 할 수 있다는 장점이 있어요. 가능하다면 결괏값을 약분하여 기약분수로 나타내세요.

68-69쪽

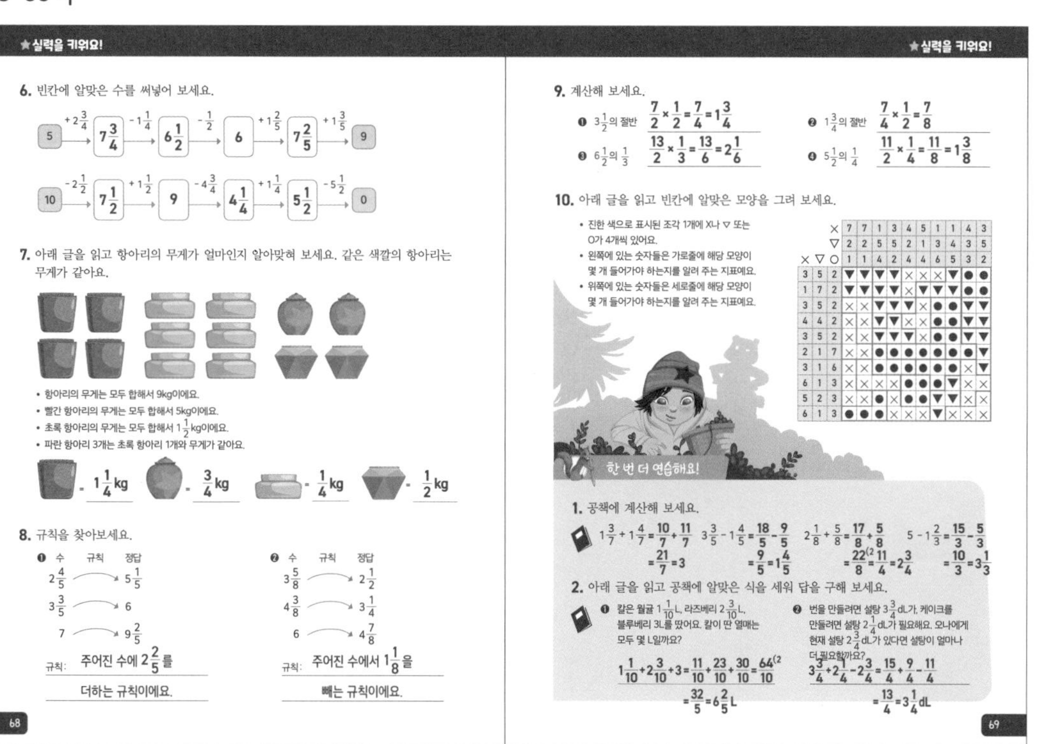

★실력을 키워요!

6. 빈칸에 알맞은 수를 써넣어 보세요.

$5 \xrightarrow{+2\frac{3}{4}} 7\frac{3}{4} \xrightarrow{-1\frac{1}{4}} 6\frac{1}{2} \xrightarrow{-\frac{1}{2}} 6 \xrightarrow{+1\frac{2}{5}} 7\frac{2}{5} \xrightarrow{+1\frac{3}{5}} 9$

$10 \xrightarrow{-2\frac{1}{2}} 7\frac{1}{2} \xrightarrow{+1\frac{1}{2}} 9 \xrightarrow{-4\frac{3}{4}} 4\frac{1}{4} \xrightarrow{+1\frac{1}{4}} 5\frac{1}{2} \xrightarrow{-5\frac{1}{2}} 0$

7. 아래 글을 읽고 항아리의 무게가 얼마인지 알아맞혀 보세요. 같은 색깔의 항아리는 무게가 같아요.

- 항아리의 무게는 모두 합해서 9kg이에요.
- 빨간 항아리의 무게는 모두 합해서 5kg이에요.
- 초록 항아리의 무게는 모두 합해서 $1\frac{1}{2}$kg이에요.
- 파란 항아리 3개는 초록 항아리 1개와 무게가 같아요.

(빨간 항아리) $=1\frac{1}{4}$kg　(초록 항아리) $=\frac{3}{4}$kg　(파란 항아리) $=\frac{1}{4}$kg　(노란 항아리) $=\frac{1}{2}$kg

8. 규칙을 찾아보세요.

❶

수	정답
$2\frac{4}{5}$	$5\frac{1}{5}$
$3\frac{3}{5}$	6
7	$9\frac{2}{5}$

규칙: 주어진 수에 $2\frac{2}{5}$를 더하는 규칙이에요.

❷

수	정답
$3\frac{5}{8}$	$2\frac{1}{2}$
$4\frac{3}{8}$	$3\frac{1}{4}$
6	$4\frac{7}{8}$

규칙: 주어진 수에서 $1\frac{1}{8}$을 빼는 규칙이에요.

68

★실력을 키워요!

9. 계산해 보세요.

❶ $3\frac{1}{2}$의 절반　$\frac{7}{2}\times\frac{1}{2}=\frac{7}{4}=1\frac{3}{4}$

❷ $1\frac{3}{4}$의 절반　$\frac{7}{4}\times\frac{1}{2}=\frac{7}{8}$

❸ $6\frac{1}{2}$의 $\frac{1}{3}$　$\frac{13}{2}\times\frac{1}{3}=\frac{13}{6}=2\frac{1}{6}$

❹ $5\frac{1}{2}$의 $\frac{1}{4}$　$\frac{11}{2}\times\frac{1}{4}=\frac{11}{8}=1\frac{3}{8}$

10. 아래 글을 읽고 빈칸에 알맞은 모양을 그려 보세요.

- 진한 색으로 표시된 조각 1개에 X나 ▽ 또는 O가 4개씩 있어요.
- 왼쪽에 있는 숫자들은 가로줄에 해당 모양이 몇 개 들어가야 하는지를 알려 주는 지표예요.
- 위쪽에 있는 숫자들은 세로줄에 해당 모양이 몇 개 들어가야 하는지를 알려 주는 지표예요.

×	▽	○										
		×	7	7	1	3	4	5	1	1	4	3
		▽	2	2	5	5	2	1	3	4	3	5
		○	1	1	4	2	4	4	6	5	3	2
3	5	2	▼	▼	▼	▼	×	×	×	▼	●	●
1	7	2	▼	▼	▼	▼	×	▼	▼	▼	●	●
3	5	2	×	×	▼	▼	▼	×	●	●	▼	▼
4	4	2	×	×	▼	▼	×	×	●	●	▼	▼
3	5	2	×	×	▼	▼	▼	×	●	●	▼	▼
2	1	7	×	×	●	●	●	●	●	●	●	▼
3	1	6	×	×	●	●	●	●	●	●	×	▼
6	1	3	×	×	×	×	●	●	●	▼	×	×
5	2	3	×	×	●	×	●	●	▼	▼	×	×
6	1	3	●	●	●	×	×	×	▼	×	×	×

한 번 더 연습해요!

1. 공책에 계산해 보세요.

$1\frac{3}{7}+1\frac{4}{7}=\frac{10}{7}+\frac{11}{7}=\frac{21}{7}=3$

$3\frac{3}{5}-1\frac{4}{5}=\frac{18}{5}-\frac{9}{5}=\frac{9}{5}=1\frac{4}{5}$

$2\frac{1}{8}+\frac{5}{8}=\frac{17}{8}+\frac{5}{8}=\frac{22}{8}=\frac{11}{4}=2\frac{3}{4}$

$5-1\frac{2}{3}=\frac{15}{3}-\frac{5}{3}=\frac{10}{3}=3\frac{1}{3}$

2. 아래 글을 읽고 공책에 알맞은 식을 세워 답을 구해 보세요.

❶ 칼은 월귤 $1\frac{1}{10}$L, 라즈베리 $2\frac{3}{10}$L, 블루베리 3L를 땄어요. 칼이 딴 열매는 모두 몇 L일까요?

$1\frac{1}{10}+2\frac{3}{10}+3=\frac{11}{10}+\frac{23}{10}+\frac{30}{10}=\frac{64}{10}=\frac{32}{5}=6\frac{2}{5}$L

❷ 번을 만들려면 설탕 $3\frac{3}{4}$dL가, 케이크를 만들려면 설탕 $2\frac{1}{4}$dL가 필요해요. 오나에게 현재 설탕 $2\frac{3}{4}$dL가 있다면 설탕이 얼마나 더 필요할까요?

$3\frac{3}{4}+2\frac{1}{4}-2\frac{3}{4}=\frac{15}{4}+\frac{9}{4}-\frac{11}{4}=\frac{13}{4}=3\frac{1}{4}$dL

69

68쪽 7번

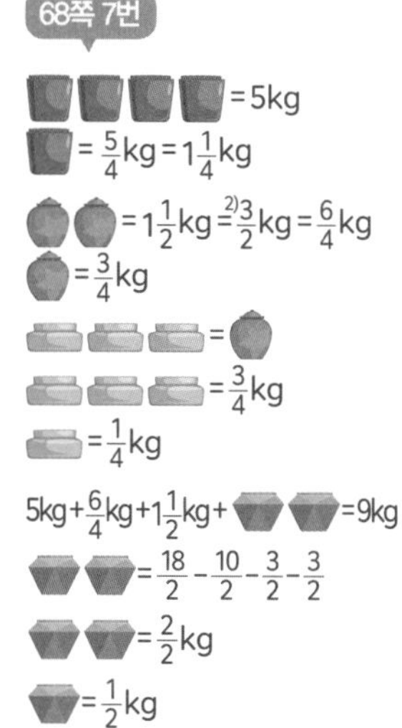

70-71쪽

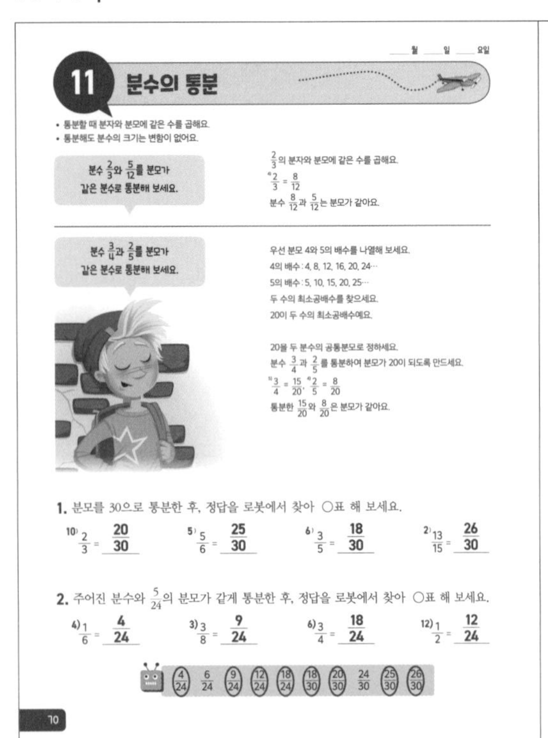

월 일 요일

11 분수의 통분

- 통분할 때 분자와 분모에 같은 수를 곱해요.
- 통분해도 분수의 크기는 변함이 없어요.

분수 $\frac{2}{3}$와 $\frac{5}{12}$를 분모가 같은 분수로 통분해 보세요.

$\frac{2}{3}$의 분자와 분모에 같은 수를 곱해요.

$\frac{2}{3} = \frac{8}{12}$

분수 $\frac{8}{12}$과 $\frac{5}{12}$는 분모가 같아요.

분수 $\frac{3}{4}$과 $\frac{2}{5}$를 분모가 같은 분수로 통분해 보세요.

우선 분모 4와 5의 배수를 나열해 보세요.

4의 배수 : 4, 8, 12, 16, 20, 24…

5의 배수 : 5, 10, 15, 20, 25…

두 수의 최소공배수를 찾으세요.

20이 두 수의 최소공배수예요.

20을 두 분수의 공통분모로 정하세요.

분수 $\frac{3}{4}$과 $\frac{2}{5}$를 통분하여 분모가 20이 되도록 만드세요.

$\frac{3}{4} = \frac{15}{20}$ $\frac{2}{5} = \frac{8}{20}$

통분한 $\frac{15}{20}$와 $\frac{8}{20}$은 분모가 같아요.

1. 분모를 30으로 통분한 후, 정답을 로봇에서 찾아 ○표 해 보세요.

$\frac{2}{3} = \frac{20}{30}$　$\frac{5}{6} = \frac{25}{30}$　$\frac{3}{5} = \frac{18}{30}$　$\frac{13}{15} = \frac{26}{30}$

2. 주어진 분수와 $\frac{5}{24}$의 분모가 같게 통분한 후, 정답을 로봇에서 찾아 ○표 해 보세요.

$\frac{1}{6} = \frac{4}{24}$　$\frac{3}{8} = \frac{9}{24}$　$\frac{3}{4} = \frac{18}{24}$　$\frac{1}{2} = \frac{12}{24}$

$\frac{4}{24}$ $\frac{6}{24}$ $\frac{9}{24}$ $\frac{12}{24}$ $\frac{18}{24}$ $\frac{18}{30}$ $\frac{20}{30}$ $\frac{24}{30}$ $\frac{25}{30}$ $\frac{26}{30}$

70

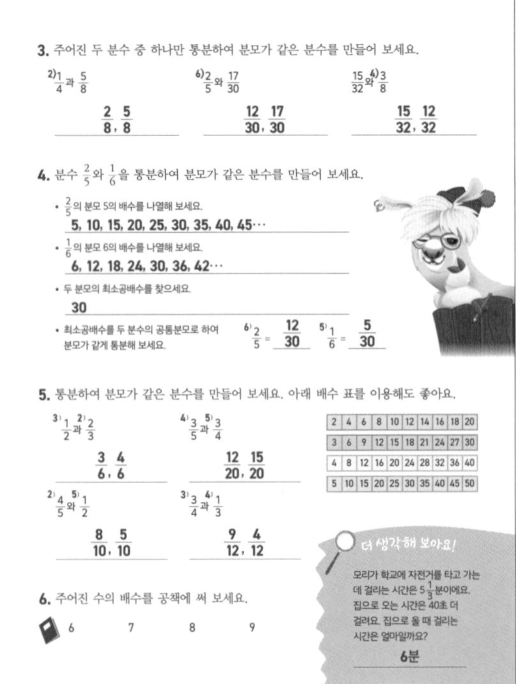

3. 주어진 두 분수 중 하나만 통분하여 분모가 같은 분수를 만들어 보세요.

$\frac{1}{4}$과 $\frac{5}{8}$ → $\frac{2}{8}$, $\frac{5}{8}$　$\frac{2}{5}$와 $\frac{17}{30}$ → $\frac{12}{30}$, $\frac{17}{30}$　$\frac{15}{32}$와 $\frac{3}{8}$ → $\frac{15}{32}$, $\frac{12}{32}$

4. 분수 $\frac{2}{5}$와 $\frac{1}{6}$을 통분하여 분모가 같은 분수를 만들어 보세요.

- $\frac{2}{5}$의 분모 5의 배수를 나열해 보세요. **5, 10, 15, 20, 25, 30, 35, 40, 45…**
- $\frac{1}{6}$의 분모 6의 배수를 나열해 보세요. **6, 12, 18, 24, 30, 36, 42…**
- 두 분모의 최소공배수를 찾으세요. **30**
- 최소공배수를 두 분수의 공통분모로 하여 분모가 같게 통분해 보세요. $\frac{2}{5} = \frac{12}{30}$　$\frac{1}{6} = \frac{5}{30}$

5. 통분하여 분모가 같은 분수를 만들어 보세요. 아래 배수 표를 이용해도 좋아요.

$\frac{1}{2}$과 $\frac{2}{3}$ → $\frac{3}{6}$, $\frac{4}{6}$　$\frac{3}{5}$과 $\frac{3}{4}$ → $\frac{12}{20}$, $\frac{15}{20}$

$\frac{4}{5}$와 $\frac{1}{2}$ → $\frac{8}{10}$, $\frac{5}{10}$　$\frac{3}{4}$과 $\frac{1}{3}$ → $\frac{9}{12}$, $\frac{4}{12}$

2	4	6	8	10	12	14	16	18	20
3	6	9	12	15	18	21	24	27	30
4	8	12	16	20	24	28	32	36	40
5	10	15	20	25	30	35	40	45	50

6. 주어진 수의 배수를 공책에 써 보세요.

6　7　8　9

더 생각해 보아요!

모리가 학교에 자전거를 타고 가는 데 걸리는 시간은 $5\frac{1}{3}$분이에요. 집으로 오는 시간은 40초 더 걸려요. 집으로 올 때 걸리는 시간은 얼마일까요?

6분

보충 가이드 | 70쪽

분모가 다를 때 분모를 같게 하려면 두 분모의 최소공배수를 구해야 해요. 이처럼 둘 이상의 분수의 분모를 같게 하는 것을 통분이라고 해요. 분수를 통분하면 분모가 같아지고, 분모가 같으면 두 분수의 크기를 쉽게 비교할 수 있어요. 또한 분수의 덧셈과 뺄셈도 쉽게 할 수 있지요.

71쪽 6번

6, 12, 18, 24, 30, 36, 42…
7, 14, 21, 28, 35, 42, 49…
8, 16, 24, 32, 40, 48, 56…
9, 18, 27, 36, 45, 54, 63…

더 생각해 보아요! | 71쪽

$5\frac{1}{3}$분은 5분 20초예요. 집으로 오는 시간이 40초 더 걸리므로 5분 20초+40초=6분이에요.

72-73쪽

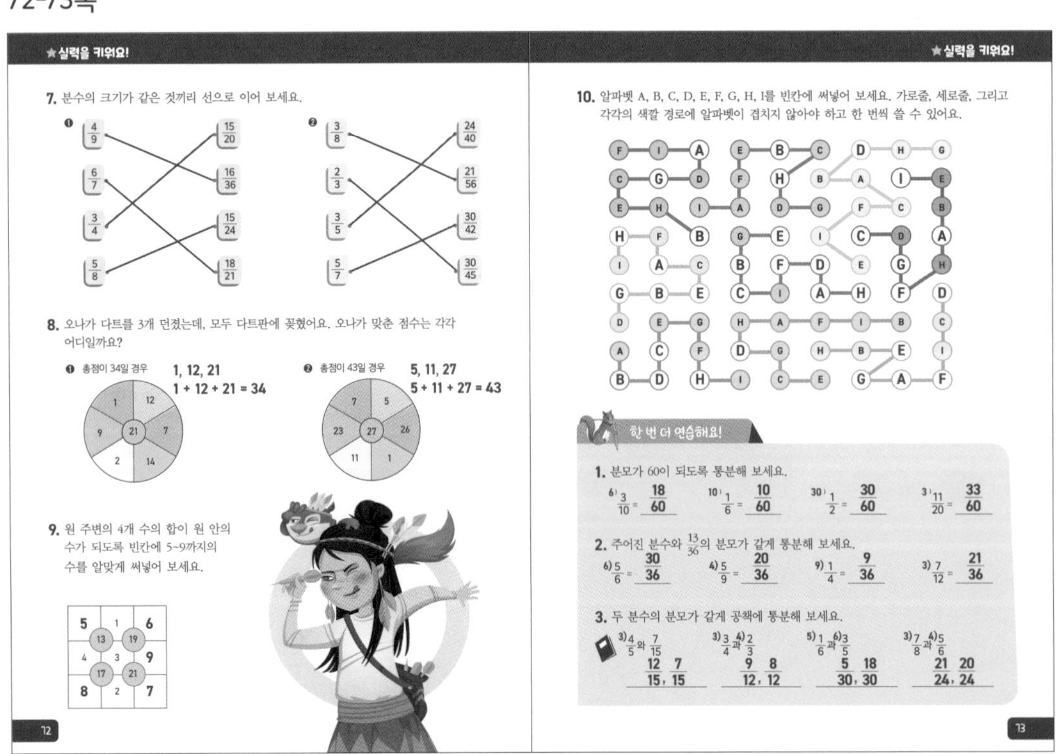

★실력을 키워요!

7. 분수의 크기가 같은 것끼리 선으로 이어 보세요.

❶ $\frac{4}{9}$ – $\frac{16}{36}$, $\frac{6}{7}$ – $\frac{18}{21}$, $\frac{3}{4}$ – $\frac{15}{20}$, $\frac{5}{8}$ – $\frac{15}{24}$

❷ $\frac{3}{8}$ – $\frac{15}{40}$, $\frac{2}{3}$ – $\frac{24}{36}$, $\frac{3}{5}$ – $\frac{24}{40}$, $\frac{5}{7}$ – $\frac{30}{42}$

8. 오나가 다트를 3개 던졌는데, 모두 다트판에 꽂혔어요. 오나가 맞춘 점수는 각각 어디일까요?

❶ 총점이 34일 경우　**1, 12, 21**　**1 + 12 + 21 = 34**

❷ 총점이 43일 경우　**5, 11, 27**　**5 + 11 + 27 = 43**

9. 원 주변의 4개 수의 합이 원 안의 수가 되도록 빈칸에 5~9까지의 수를 알맞게 써넣어 보세요.

5	1	6
4	3	9
8	2	7

(원 안의 수: 13, 19, 17, 21)

12

★실력을 키워요!

10. 알파벳 A, B, C, D, E, F, G, H, I를 빈칸에 써넣어 보세요. 가로줄, 세로줄, 그리고 각각의 색깔 경로에 알파벳이 겹치지 않아야 하고 한 번씩 쓸 수 있어요.

F	I	A	E	B	C	D	H	G
C	G	D	F	H	B	A	I	E
E	H	I	A	D	G	F	C	B
H	F	B	G	E	I	C	D	A
I	A	C	B	F	D	E	G	H
G	B	E	C	I	A	H	F	D
D	E	G	H	A	F	I	B	C
A	C	F	D	G	H	B	E	I
B	D	H	I	C	E	G	A	F

한 번 더 연습해요!

1. 분모가 60이 되도록 통분해 보세요.

$\frac{3}{10} = \frac{18}{60}$　$\frac{1}{6} = \frac{10}{60}$　$\frac{1}{2} = \frac{30}{60}$　$\frac{11}{20} = \frac{33}{60}$

2. 주어진 분수와 $\frac{13}{36}$의 분모가 같게 통분해 보세요.

$\frac{5}{6} = \frac{30}{36}$　$\frac{5}{9} = \frac{20}{36}$　$\frac{1}{4} = \frac{9}{36}$　$\frac{7}{12} = \frac{21}{36}$

3. 두 분수의 분모가 같게 공책에 통분해 보세요.

$\frac{4}{5}$와 $\frac{7}{15}$ → $\frac{12}{15}$, $\frac{7}{15}$　$\frac{3}{4}$과 $\frac{2}{3}$ → $\frac{9}{12}$, $\frac{8}{12}$　$\frac{1}{6}$과 $\frac{3}{5}$ → $\frac{5}{30}$, $\frac{18}{30}$　$\frac{7}{8}$과 $\frac{5}{6}$ → $\frac{21}{24}$, $\frac{20}{24}$

13

74-75쪽

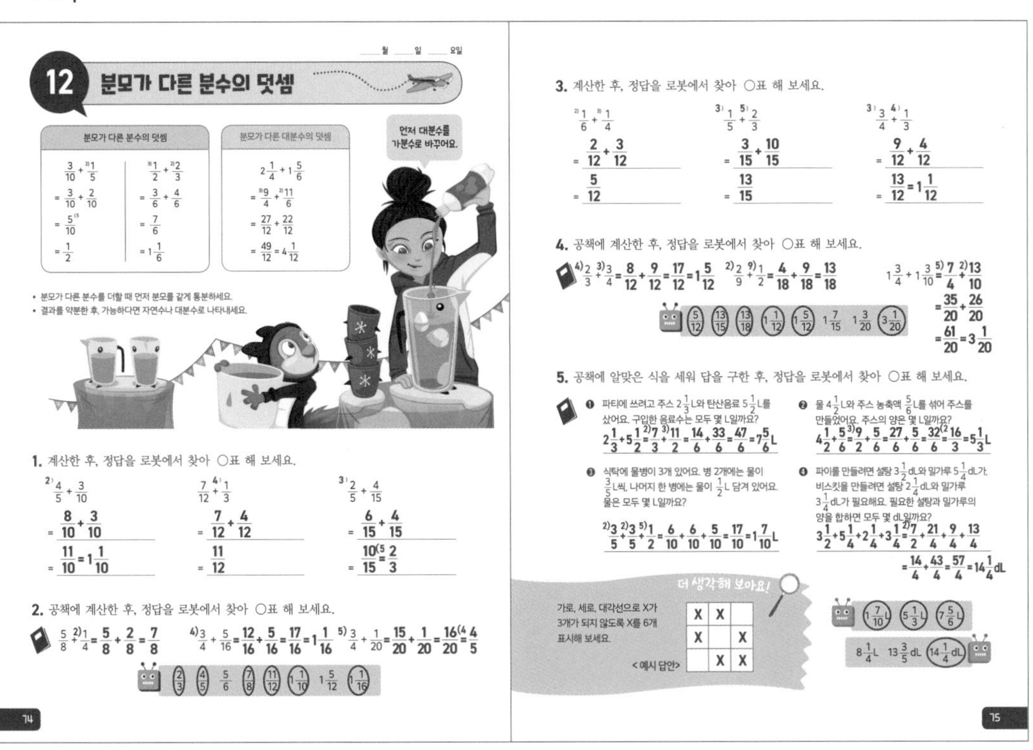

76-77쪽

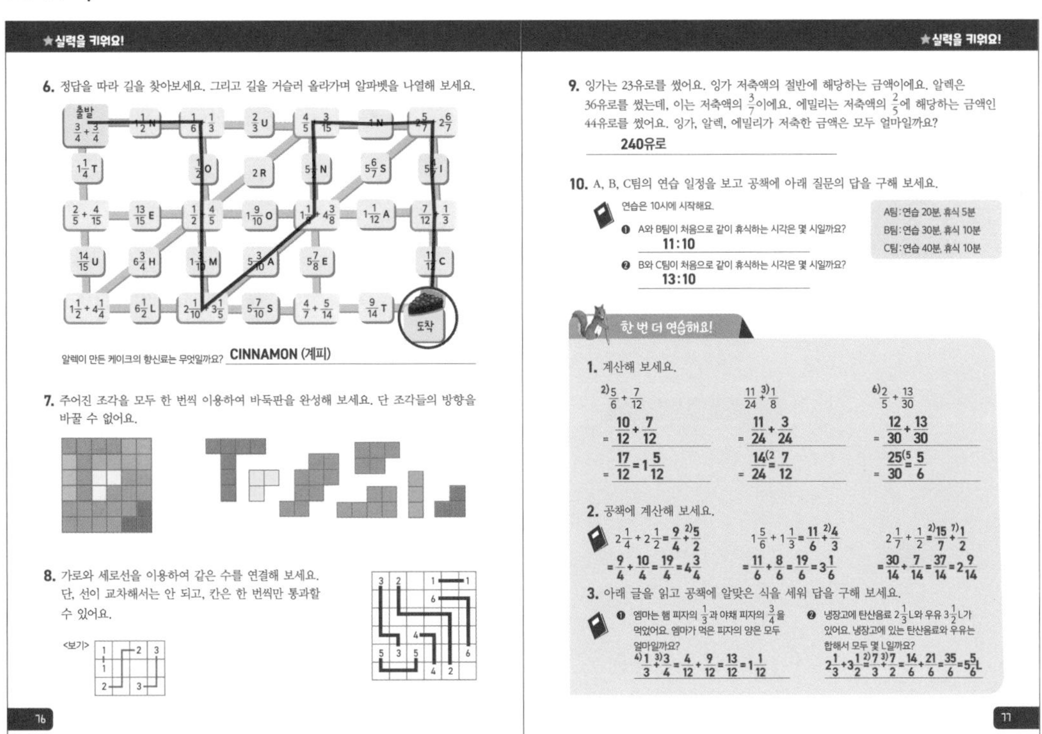

77쪽 9번

잉가의 저축액 23€×2=46€
알렉의 저축액 36€÷3×7=84€
에밀리의 저축액 44€÷2×5=110€
잉가, 알렉, 에밀리의 저축액의 총합
46€+84€+110€=240€

77쪽 10번

	연습 시간	휴식 시간
A팀	10:00~10:20	10:20~10:25
	10:25~10:45	10:45~10:50
	10:50~11:10	11:10~11:15
	11:15~11:35	11:35~11:40
	11:40~12:00	12:00~12:05
	12:05~12:25	12:25~12:30
	12:30~12:50	12:50~12:55
	12:55~13:15	13:15~13:20
B팀	10:00~10:30	10:30~10:40
	10:40~11:10	11:10~11:20
	11:20~11:50	11:50~12:00
	12:00~12:30	12:30~12:40
	12:40~13:10	13:10~13:20
C팀	10:00~10:40	10:40~10:50
	10:50~11:30	11:30~11:40
	11:40~12:20	12:20~12:30
	12:30~13:10	13:10~13:20

78-79쪽

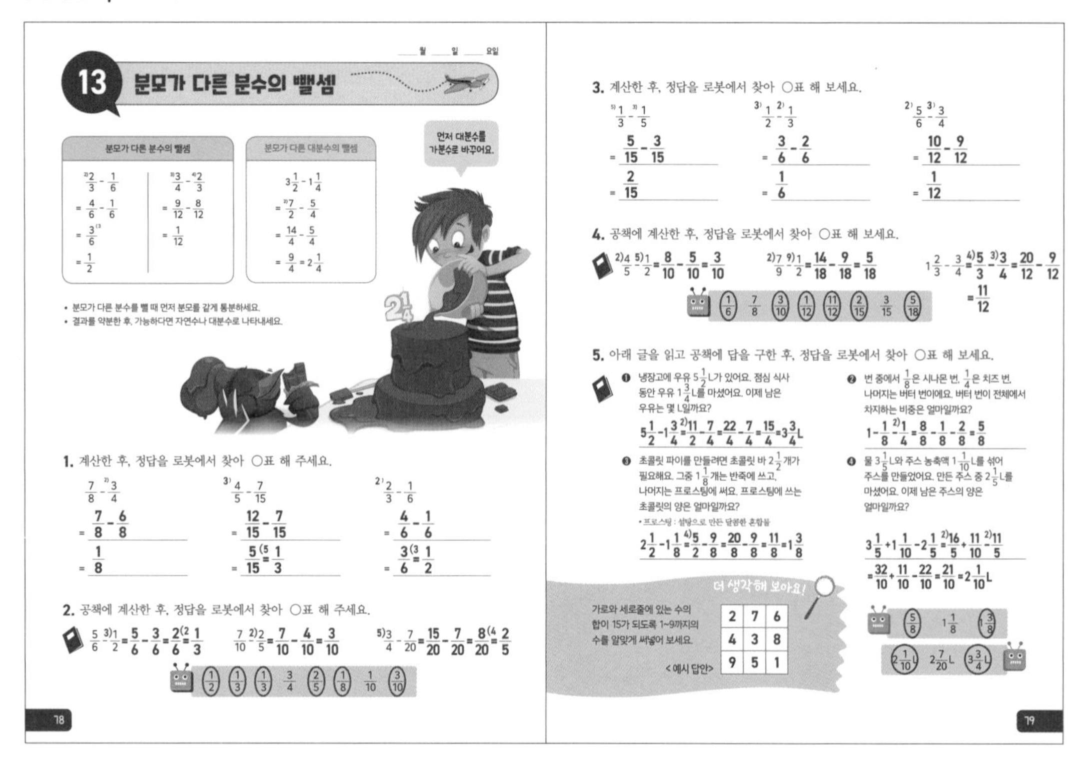

13 분모가 다른 분수의 뺄셈

분모가 다른 분수의 뺄셈

$\frac{2}{3}-\frac{1}{6}=\frac{4}{6}-\frac{1}{6}=\frac{3}{6}=\frac{1}{2}$

$\frac{3}{4}-\frac{2}{3}=\frac{9}{12}-\frac{8}{12}=\frac{1}{12}$

분모가 다른 대분수의 뺄셈

$3\frac{1}{2}-1\frac{1}{4}=\frac{7}{2}-\frac{5}{4}=\frac{14}{4}-\frac{5}{4}=\frac{9}{4}=2\frac{1}{4}$

먼저 대분수를 가분수로 바꾸어요.

- 분모가 다른 분수를 뺄 때 먼저 분모를 같게 통분하세요.
- 결과를 약분한 후, 가능하다면 자연수나 대분수로 나타내세요.

1. 계산한 후, 정답을 로봇에서 찾아 ○표 해 주세요.

$\frac{7}{8}-\frac{3}{4}=\frac{7}{8}-\frac{6}{8}=\frac{1}{8}$

$\frac{4}{5}-\frac{7}{15}=\frac{12}{15}-\frac{7}{15}=\frac{5}{15}=\frac{1}{3}$

$\frac{2}{3}-\frac{1}{6}=\frac{4}{6}-\frac{1}{6}=\frac{3}{6}=\frac{1}{2}$

2. 공책에 계산한 후, 정답을 로봇에서 찾아 ○표 해 주세요.

$\frac{5}{6}-\frac{1}{2}=\frac{5}{6}-\frac{3}{6}=\frac{2}{6}=\frac{1}{3}$

$\frac{7}{10}-\frac{2}{5}=\frac{7}{10}-\frac{4}{10}=\frac{3}{10}$

$\frac{3}{4}-\frac{7}{20}=\frac{15}{20}-\frac{7}{20}=\frac{8}{20}=\frac{2}{5}$

3. 계산한 후, 정답을 로봇에서 찾아 ○표 해 보세요.

$\frac{1}{3}-\frac{1}{5}=\frac{5}{15}-\frac{3}{15}=\frac{2}{15}$

$\frac{1}{2}-\frac{1}{3}=\frac{3}{6}-\frac{2}{6}=\frac{1}{6}$

$\frac{5}{6}-\frac{3}{4}=\frac{10}{12}-\frac{9}{12}=\frac{1}{12}$

4. 공책에 계산한 후, 정답을 로봇에서 찾아 ○표 해 보세요.

$\frac{4}{5}-\frac{1}{2}=\frac{8}{10}-\frac{5}{10}=\frac{3}{10}$

$\frac{7}{9}-\frac{1}{2}=\frac{14}{18}-\frac{9}{18}=\frac{5}{18}$

$1\frac{2}{3}-\frac{3}{4}=\frac{5}{3}-\frac{3}{4}=\frac{20}{12}-\frac{9}{12}=\frac{11}{12}$

5. 아래 글을 읽고 공책에 답을 구한 후, 정답을 로봇에서 찾아 ○표 해 보세요.

❶ 냉장고에 우유 $5\frac{1}{2}$L가 있어요. 점심 식사 동안 우유 $1\frac{3}{4}$L를 마셨어요. 이제 남은 우유는 몇 L일까요?

$5\frac{1}{2}-1\frac{3}{4}=\frac{11}{2}-\frac{7}{4}=\frac{22}{4}-\frac{7}{4}=\frac{15}{4}=3\frac{3}{4}$L

❷ 번 중에서 $\frac{1}{8}$은 시나몬 번, $\frac{1}{4}$은 치즈 번, 나머지는 버터 번이에요. 버터 번이 전체에서 차지하는 비중은 얼마일까요?

$1-\frac{1}{8}-\frac{1}{4}=\frac{8}{8}-\frac{1}{8}-\frac{2}{8}=\frac{5}{8}$

❸ 초콜릿 파이를 만들려면 초콜릿 바 $2\frac{1}{2}$개가 필요해요. 그중 $1\frac{1}{8}$개는 반죽에 쓰고, 나머지는 프로스팅에 써요. 프로스팅에 쓰는 초콜릿의 양은 얼마일까요?

• 프로스팅 : 설탕으로 만든 달콤한 혼합물

$2\frac{1}{2}-1\frac{1}{8}=\frac{5}{2}-\frac{9}{8}=\frac{20}{8}-\frac{9}{8}=\frac{11}{8}=1\frac{3}{8}$

❹ 물 $3\frac{1}{5}$L와 주스 농축액 $1\frac{1}{10}$L를 섞어 주스를 만들었어요. 만든 주스 중 $2\frac{1}{5}$L를 마셨어요. 이제 남은 주스의 양은 얼마일까요?

$3\frac{1}{5}+1\frac{1}{10}-2\frac{1}{5}=\frac{16}{5}+\frac{11}{10}-\frac{11}{5}=\frac{32}{10}+\frac{11}{10}-\frac{22}{10}=\frac{21}{10}=2\frac{1}{10}$L

더 생각해 보아요!

가로와 세로줄에 있는 수의 합이 15가 되도록 1~9까지의 수를 알맞게 써넣어 보세요.

2	7	6
4	3	8
9	5	1

<예시 답안>

80-81쪽

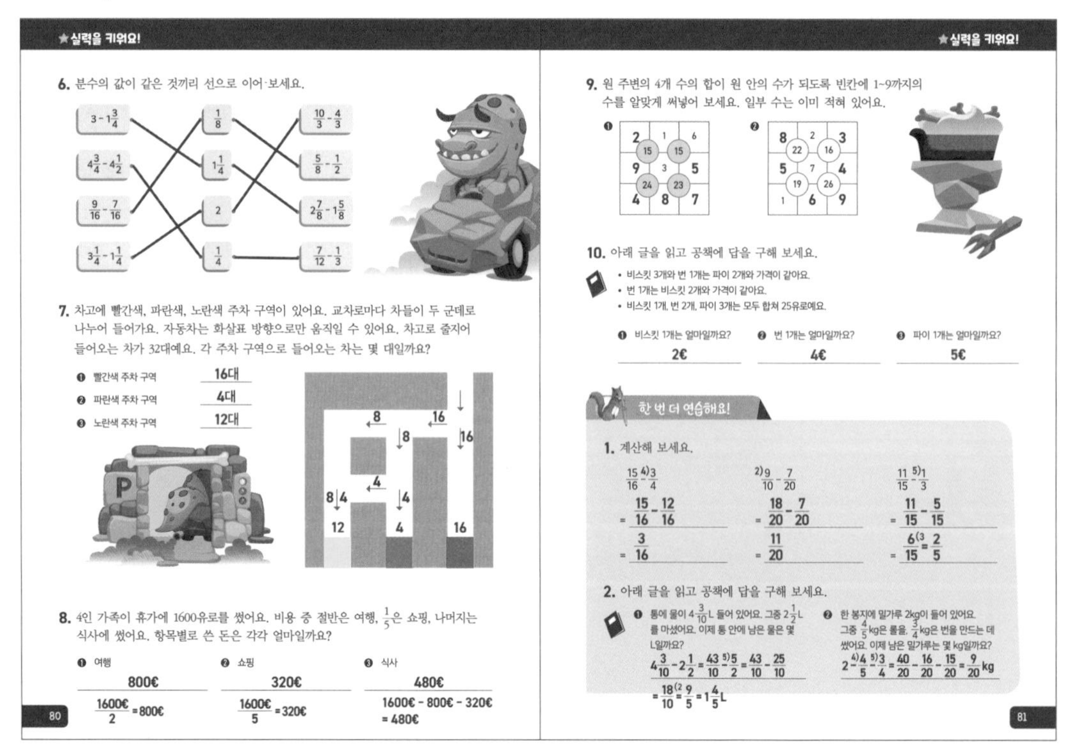

★실력을 키워요!

6. 분수의 값이 같은 것끼리 선으로 이어 보세요.

$3-1\frac{3}{4}$ — $1\frac{1}{4}$ — $\frac{5}{8}-\frac{1}{2}$ … (선 잇기)

$4\frac{3}{4}-4\frac{1}{2}$, $\frac{9}{16}-\frac{7}{16}$, $3\frac{1}{4}-1\frac{1}{4}$ / $\frac{1}{8}$, $1\frac{1}{4}$, 2, $\frac{1}{4}$ / $\frac{10}{3}-\frac{4}{3}$, $\frac{5}{8}-\frac{1}{2}$, $2\frac{7}{8}-1\frac{5}{8}$, $\frac{7}{12}-\frac{1}{3}$

7. 차고에 빨간색, 파란색, 노란색 주차 구역이 있어요. 교차로마다 차들이 두 군데로 나누어 들어가요. 자동차는 화살표 방향으로만 움직일 수 있어요. 차고로 줄지어 들어오는 차가 32대예요. 각 주차 구역으로 들어오는 차는 몇 대일까요?

❶ 빨간색 주차 구역 16대
❷ 파란색 주차 구역 4대
❸ 노란색 주차 구역 12대

8. 4인 가족이 휴가에 1600유로를 썼어요. 비용 중 절반은 여행, $\frac{1}{5}$은 쇼핑, 나머지는 식사에 썼어요. 항목별로 쓴 돈은 각각 얼마일까요?

❶ 여행 800€ ($\frac{1600€}{2}=800€$)
❷ 쇼핑 320€ ($\frac{1600€}{5}=320€$)
❸ 식사 480€ (1600€ - 800€ - 320€ = 480€)

9. 원 주변의 4개 수의 합이 원 안의 수가 되도록 빈칸에 1~9까지의 수를 알맞게 써넣어 보세요. 일부 수는 이미 적혀 있어요.

❶

2	1	6
9	3	5
4	8	7

(원 안의 수: 15, 15, 24, 23)

❷

8	2	3
5	7	4
1	6	9

(원 안의 수: 22, 16, 19, 26)

10. 아래 글을 읽고 공책에 답을 구해 보세요.

- 비스킷 3개와 번 1개는 파이 2개와 가격이 같아요.
- 번 1개는 비스킷 2개와 가격이 같아요.
- 비스킷 1개, 번 2개, 파이 3개는 모두 합쳐 25유로예요.

❶ 비스킷 1개는 얼마일까요? 2€
❷ 번 1개는 얼마일까요? 4€
❸ 파이 1개는 얼마일까요? 5€

한 번 더 연습해요!

1. 계산해 보세요.

$\frac{15}{16}-\frac{3}{4}=\frac{15}{16}-\frac{12}{16}=\frac{3}{16}$

$\frac{9}{10}-\frac{7}{20}=\frac{18}{20}-\frac{7}{20}=\frac{11}{20}$

$\frac{11}{15}-\frac{1}{3}=\frac{11}{15}-\frac{5}{15}=\frac{6}{15}=\frac{2}{5}$

2. 아래 글을 읽고 공책에 답을 구해 보세요.

❶ 통에 물이 $4\frac{3}{10}$L 들어 있어요. 그중 $2\frac{1}{2}$L를 마셨어요. 이제 통 안에 남은 물은 몇 L일까요?

$4\frac{3}{10}-2\frac{1}{2}=\frac{43}{10}-\frac{5}{2}=\frac{43}{10}-\frac{25}{10}=\frac{18}{10}=\frac{9}{5}=1\frac{4}{5}$L

❷ 한 봉지에 밀가루 2kg이 들어 있어요. 그중 $\frac{4}{5}$kg은 롤을, $\frac{3}{4}$kg은 번을 만드는 데 썼어요. 이제 남은 밀가루는 몇 kg일까요?

$2-\frac{4}{5}-\frac{3}{4}=\frac{40}{20}-\frac{16}{20}-\frac{15}{20}=\frac{9}{20}$kg

81쪽 10번

❶ 비스킷+비스킷+비스킷+번=파이+파이
❷ 번=비스킷+비스킷
❸ 비스킷+번+번+파이+파이+파이=25€

❷를 ❶에 대입하면 비스킷 5개=파이 2개와 같아요.
❷를 ❸에 대입하면, 비스킷 5개+파이3개=25€와 같아요.
비스킷 5개는 파이 2개와 같으므로 파이 5개=25€이며, 파이 1개는 5€예요.
비스킷 5개=파이 2개와 같으므로 비스킷 5개=10€이고, 비스킷 1개는 2€예요.
비스킷 2개는 번 1개와 같으므로 번 1개는 4€예요.

82-83쪽

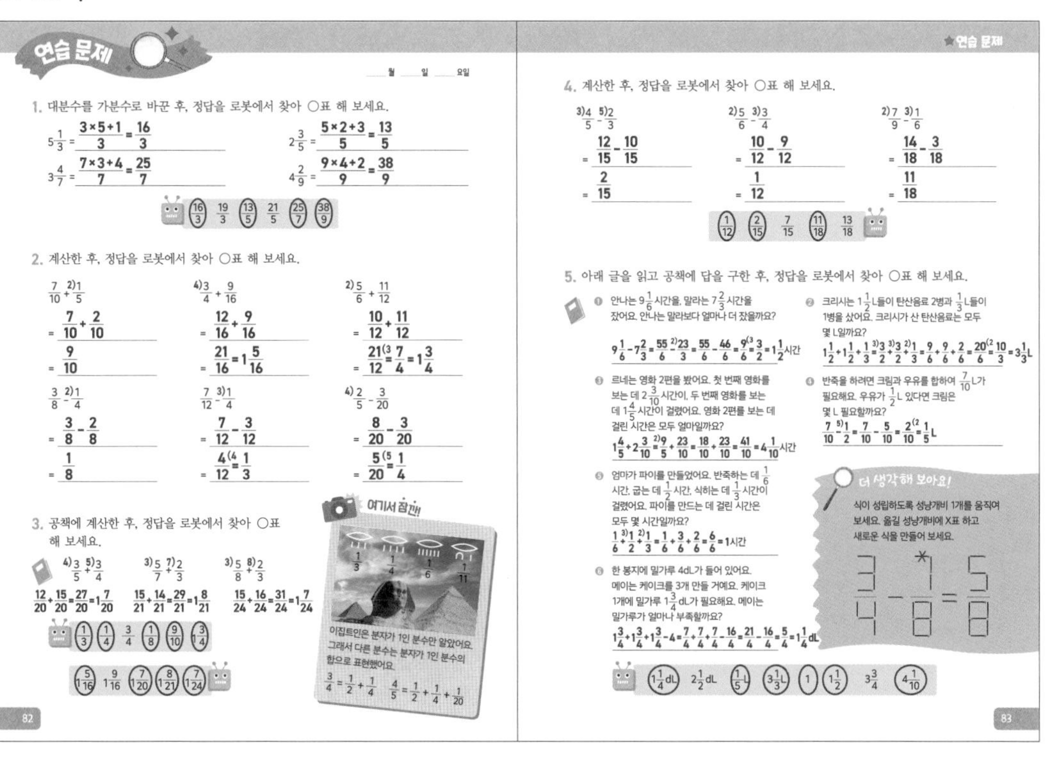
연습 문제

월 일 요일

1. 대분수를 가분수로 바꾼 후, 정답을 로봇에서 찾아 ○표 해 보세요.

$5\frac{1}{3}=\frac{3\times5+1}{3}=\frac{16}{3}$ $2\frac{3}{5}=\frac{5\times2+3}{5}=\frac{13}{5}$

$3\frac{4}{7}=\frac{7\times3+4}{7}=\frac{25}{7}$ $4\frac{2}{9}=\frac{9\times4+2}{9}=\frac{38}{9}$

$\frac{16}{3}$ $\frac{19}{3}$ $\frac{13}{5}$ $\frac{21}{5}$ $\frac{25}{7}$ $\frac{38}{9}$

2. 계산한 후, 정답을 로봇에서 찾아 ○표 해 보세요.

$\frac{7}{10}+\frac{1}{5}=\frac{7}{10}+\frac{2}{10}=\frac{9}{10}$

$\frac{3}{4}+\frac{9}{16}=\frac{12}{16}+\frac{9}{16}=\frac{21}{16}=1\frac{5}{16}$

$\frac{5}{6}+\frac{11}{12}=\frac{10}{12}+\frac{11}{12}=\frac{21}{12}=\frac{7}{4}=1\frac{3}{4}$

$\frac{3}{8}-\frac{1}{4}=\frac{3}{8}-\frac{2}{8}=\frac{1}{8}$

$\frac{7}{12}-\frac{1}{4}=\frac{7}{12}-\frac{3}{12}=\frac{4}{12}=\frac{1}{3}$

$\frac{2}{5}-\frac{3}{20}=\frac{8}{20}-\frac{3}{20}=\frac{5}{20}=\frac{1}{4}$

$\frac{1}{3}$ $\frac{1}{4}$ $\frac{3}{4}$ $\frac{1}{8}$ $\frac{9}{10}$ $\frac{3}{4}$

3. 공책에 계산한 후, 정답을 로봇에서 찾아 ○표 해 보세요.

$\frac{3}{5}+\frac{3}{4}=\frac{12}{20}+\frac{15}{20}=\frac{27}{20}=1\frac{7}{20}$ $\frac{5}{7}+\frac{2}{3}=\frac{15}{21}+\frac{14}{21}=\frac{29}{21}=1\frac{8}{21}$ $\frac{5}{8}+\frac{2}{3}=\frac{15}{24}+\frac{16}{24}=\frac{31}{24}=1\frac{7}{24}$

$1\frac{5}{16}$ $1\frac{9}{16}$ $1\frac{7}{20}$ $1\frac{8}{21}$ $1\frac{7}{24}$

여기서 잠깐!

이집트인은 분자가 1인 분수만 알았어요. 그래서 다른 분수는 분자가 1인 분수의 합으로 표현했어요.

$\frac{3}{4}=\frac{1}{2}+\frac{1}{4}$ $\frac{4}{5}=\frac{1}{2}+\frac{1}{4}+\frac{1}{20}$

4. 계산한 후, 정답을 로봇에서 찾아 ○표 해 보세요.

$\frac{4}{5}-\frac{2}{3}=\frac{12}{15}-\frac{10}{15}=\frac{2}{15}$ $\frac{5}{6}-\frac{3}{4}=\frac{10}{12}-\frac{9}{12}=\frac{1}{12}$ $\frac{7}{9}-\frac{1}{6}=\frac{14}{18}-\frac{3}{18}=\frac{11}{18}$

$\frac{1}{12}$ $\frac{2}{15}$ $\frac{7}{15}$ $\frac{11}{18}$ $\frac{13}{18}$

5. 아래 글을 읽고 공책에 답을 구한 후, 정답을 로봇에서 찾아 ○표 해 보세요.

① 안나는 $9\frac{1}{6}$시간을, 말라는 $7\frac{2}{3}$시간을 잤어요. 안나는 말라보다 얼마나 더 잤을까요?

$9\frac{1}{6}-7\frac{2}{3}=\frac{55}{6}-\frac{23}{3}=\frac{55}{6}-\frac{46}{6}=\frac{9}{6}=\frac{3}{2}=1\frac{1}{2}$시간

② 크리시는 $1\frac{1}{2}$L들이 탄산음료 2병과 $\frac{1}{3}$L들이 1병을 샀어요. 크리시가 산 탄산음료는 모두 몇 L일까요?

$1\frac{1}{2}+1\frac{1}{2}+\frac{1}{3}=\frac{3}{2}+\frac{3}{2}+\frac{1}{3}=\frac{9}{6}+\frac{9}{6}+\frac{2}{6}=\frac{20}{6}=\frac{10}{3}=3\frac{1}{3}$L

③ 르네는 영화 2편을 봤어요. 첫 번째 영화를 보는 데 $2\frac{3}{10}$시간이, 두 번째 영화를 보는 데 $1\frac{4}{5}$시간이 걸렸어요. 영화 2편을 보는 데 걸린 시간은 모두 얼마일까요?

$1\frac{4}{5}+2\frac{3}{10}=\frac{9}{5}+\frac{23}{10}=\frac{18}{10}+\frac{23}{10}=\frac{41}{10}=4\frac{1}{10}$시간

④ 반죽을 하려면 크림과 우유를 합하여 $\frac{7}{10}$L가 필요해요. 우유가 $\frac{1}{2}$L 있다면 크림은 몇 L 필요할까요?

$\frac{7}{10}-\frac{1}{2}=\frac{7}{10}-\frac{5}{10}=\frac{2}{10}=\frac{1}{5}$L

⑤ 엄마가 파이를 만들었어요. 반죽하는 데 $\frac{1}{6}$시간, 굽는 데 $\frac{1}{2}$시간, 식히는 데 $\frac{1}{3}$시간이 걸렸어요. 파이를 만드는 데 걸린 시간은 모두 몇 시간일까요?

$\frac{1}{6}+\frac{1}{2}+\frac{1}{3}=\frac{1}{6}+\frac{3}{6}+\frac{2}{6}=\frac{6}{6}=1$시간

⑥ 한 봉지에 밀가루 4dL가 들어 있어요. 에이는 케이크를 3개 만들 거예요. 케이크 1개에 밀가루 $1\frac{3}{4}$dL가 필요해요. 에이는 밀가루가 얼마나 부족할까요?

$1\frac{3}{4}+1\frac{3}{4}+1\frac{3}{4}-4=\frac{7}{4}+\frac{7}{4}+\frac{7}{4}-\frac{16}{4}=\frac{21}{4}-\frac{16}{4}=\frac{5}{4}=1\frac{1}{4}$dL

$1\frac{1}{4}$dL $2\frac{1}{2}$dL $\frac{1}{5}$L $3\frac{1}{3}$L 1 $1\frac{1}{2}$ $3\frac{3}{4}$ $4\frac{1}{10}$

더 생각해 보아요!

식이 성립하도록 성냥개비 1개를 움직여 보세요. 옮길 성냥개비에 X표 하고 새로운 식을 만들어 보세요.

$\frac{3}{4}-\frac{1}{8}=\frac{5}{8}$

82 83

84-85쪽

Alec bakes bread rolls. (알렉은 롤빵을 구워요.)

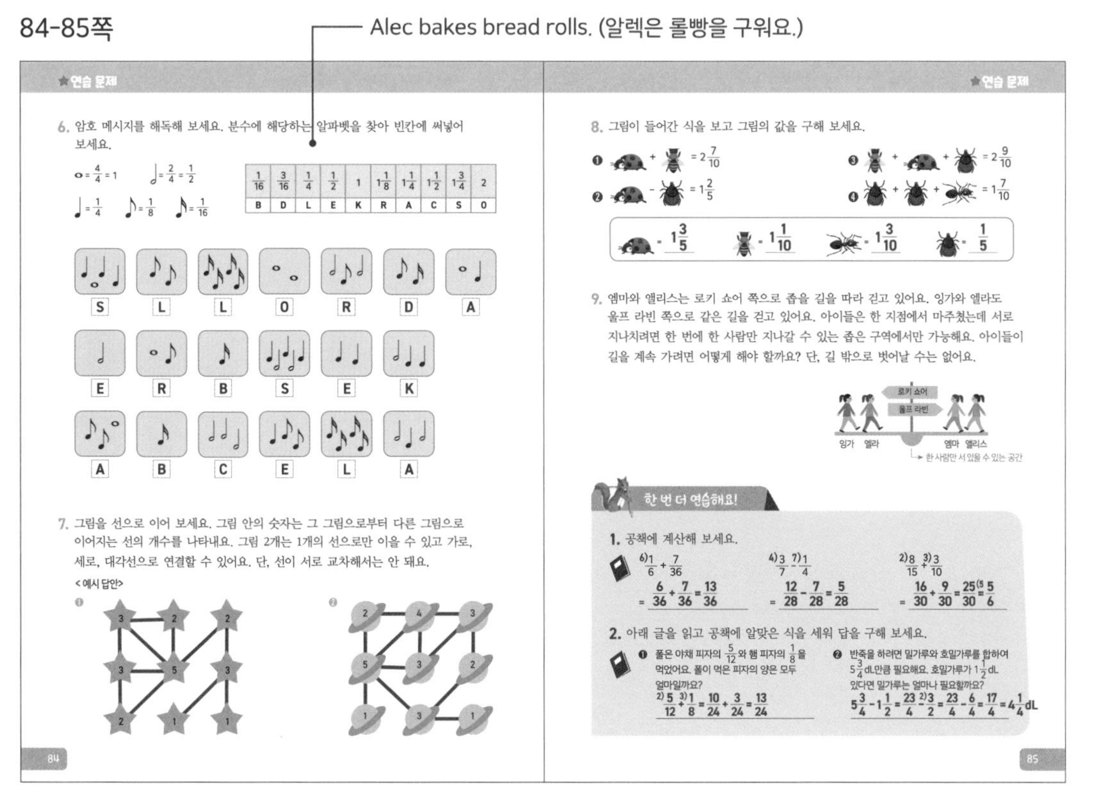
연습 문제

6. 암호 메시지를 해독해 보세요. 분수에 해당하는 알파벳을 찾아 빈칸에 써넣어 보세요.

$\frac{1}{16}$	$\frac{3}{16}$	$\frac{1}{4}$	$\frac{1}{2}$	1	$1\frac{1}{8}$	$1\frac{1}{4}$	$1\frac{1}{2}$	$1\frac{3}{4}$	2
B	D	L	E	K	R	A	C	S	O

S L L O R D A

E R B S E K

A B C E L A

7. 그림을 선으로 이어 보세요. 그림 안의 숫자는 그 그림으로부터 다른 그림으로 이어지는 선의 개수를 나타내요. 그림 2개는 1개의 선으로만 이을 수 있고 가로, 세로, 대각선으로 연결할 수 있어요. 단, 선이 서로 교차해서는 안 돼요.

<예시 답안>

8. 그림이 들어간 식을 보고 그림의 값을 구해 보세요.

$=1\frac{3}{5}$ $=1\frac{1}{10}$ $=1\frac{3}{10}$ $=\frac{1}{5}$

9. 엠마와 엘리스는 로키 쇼어 쪽으로 좁은 길을 따라 걷고 있어요. 잉가와 엘라도 울프 라빈 쪽으로 같은 길을 걷고 있어요. 아이들은 한 지점에서 마주쳤는데 서로 지나치려면 한 번에 한 사람만 지나갈 수 있는 좁은 구역에서만 가능해요. 아이들이 길을 계속 가려면 어떻게 해야 할까요? 단, 길 밖으로 벗어날 수는 없어요.

한 번 더 연습해요!

1. 공책에 계산해 보세요.

$\frac{1}{6}+\frac{7}{36}=\frac{6}{36}+\frac{7}{36}=\frac{13}{36}$ $\frac{3}{7}-\frac{1}{4}=\frac{12}{28}-\frac{7}{28}=\frac{5}{28}$ $\frac{8}{15}+\frac{3}{10}=\frac{16}{30}+\frac{9}{30}=\frac{25}{30}=\frac{5}{6}$

2. 아래 글을 읽고 공책에 알맞은 식을 세워 답을 구해 보세요.

① 폴은 야채 피자의 $\frac{5}{12}$와 햄 피자의 $\frac{1}{8}$을 먹었어요. 폴이 먹은 피자의 양은 모두 얼마일까요?

$\frac{5}{12}+\frac{1}{8}=\frac{10}{24}+\frac{3}{24}=\frac{13}{24}$

② 반죽을 하려면 밀가루와 호밀가루를 합하여 $5\frac{3}{4}$dL만큼 필요해요. 호밀가루가 $1\frac{1}{2}$dL 있다면 밀가루는 얼마나 필요할까요?

$5\frac{3}{4}-1\frac{1}{2}=\frac{23}{4}-\frac{3}{2}=\frac{23}{4}-\frac{6}{4}=\frac{17}{4}=4\frac{1}{4}$dL

84 85

85쪽 8번

❸에 ❶을 대입하면

$2\frac{7}{10}+(\text{그림})=2\frac{9}{10}$, $(\text{그림})=\frac{2}{10}=\frac{1}{5}$

❷에 $(\text{그림})=\frac{1}{5}$을 대입하면

$(\text{그림})-\frac{1}{5}=1\frac{2}{5}$, $(\text{그림})=1\frac{2}{5}+\frac{1}{5}=1\frac{3}{5}$

❶에 $(\text{그림})=1\frac{3}{5}$을 대입하면

$1\frac{3}{5}+(\text{그림})=2\frac{7}{10}$, $(\text{그림})=2\frac{7}{10}-1\frac{3}{5}$

$=\frac{27}{10}-\frac{8}{5}=\frac{27}{10}-\frac{16}{10}=\frac{11}{10}=1\frac{1}{10}$

❹에 $(\text{그림})=\frac{1}{5}$을 대입하면

$\frac{1}{5}+\frac{1}{5}+(\text{그림})=1\frac{7}{10}$, $(\text{그림})=1\frac{7}{10}-\frac{2}{5}$

$=\frac{17}{10}-\frac{4}{10}=\frac{13}{10}=1\frac{3}{10}$

85쪽 9번

<예시 답안>

엠마가 좁은 공간에 들어가요.

잉가와 엘라가 길을 지나 앨리스가 있는 곳으로 가요.

엠마가 좁은 공간에서 나와 가던 길을 가요.

잉가와 엘라가 다시 원래 있던 장소로 돌아가요.

앨리스가 좁은 공간에 들어가요.

잉가와 엘라가 길을 지나가요.

앨리스가 좁은 공간에서 나와 가던 길을 가요.

86-87쪽

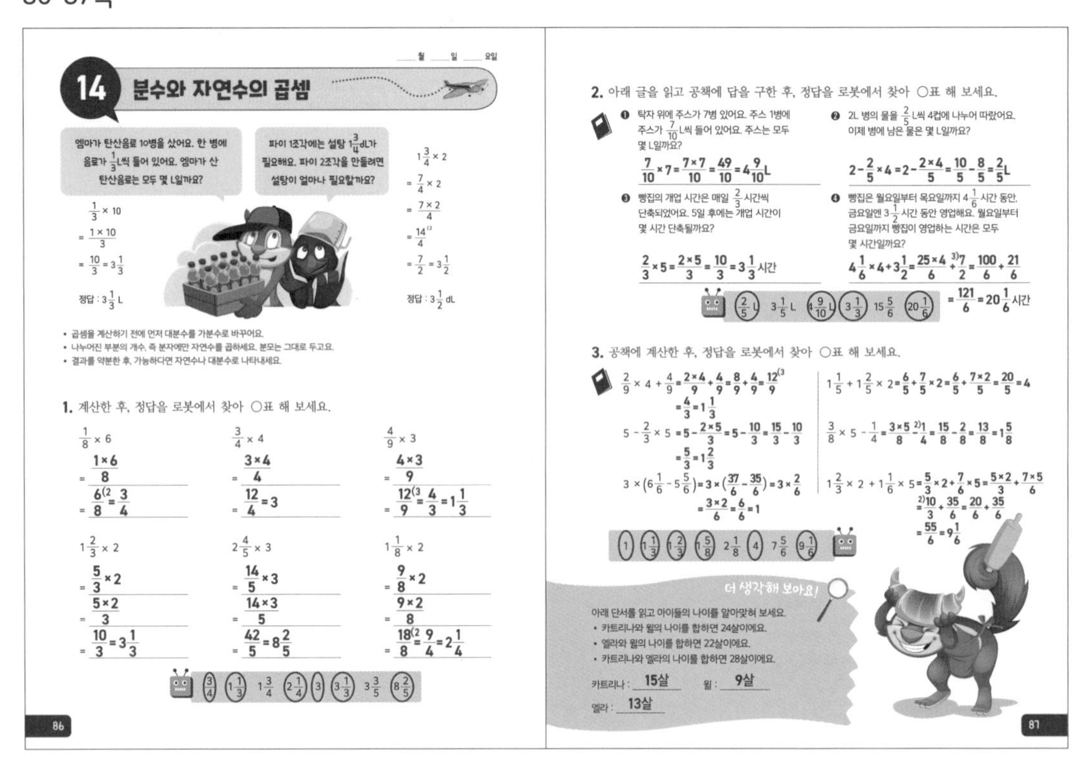

___월 ___일 ___요일

14 분수와 자연수의 곱셈

엠마가 탄산음료 10병을 샀어요. 한 병에 음료가 $\frac{1}{3}$L씩 들어 있어요. 엠마가 산 탄산음료는 모두 몇 L일까요?

$\frac{1}{3} \times 10 = \frac{1 \times 10}{3} = \frac{10}{3} = 3\frac{1}{3}$

정답 : $3\frac{1}{3}$ L

파이 1조각에는 설탕 $1\frac{3}{4}$dL가 필요해요. 파이 2조각을 만들려면 설탕이 얼마나 필요할까요?

$1\frac{3}{4} \times 2 = \frac{7}{4} \times 2 = \frac{7 \times 2}{4} = \frac{14^{(2}}{4} = \frac{7}{2} = 3\frac{1}{2}$

정답 : $3\frac{1}{2}$ dL

- 곱셈을 계산하기 전에 먼저 대분수를 가분수로 바꾸어요.
- 나누어진 부분의 개수, 즉 분자에만 자연수를 곱하세요. 분모는 그대로 두고요.
- 결과를 약분한 후, 가능하다면 자연수나 대분수로 나타내세요.

1. 계산한 후, 정답을 로봇에서 찾아 ○표 해 보세요.

$\frac{1}{8} \times 6 = \frac{1 \times 6}{8} = \frac{6^{(2}}{8} = \frac{3}{4}$

$\frac{3}{4} \times 4 = \frac{3 \times 4}{4} = \frac{12}{4} = 3$

$\frac{4}{9} \times 3 = \frac{4 \times 3}{9} = \frac{12^{(3}}{9} = \frac{4}{3} = 1\frac{1}{3}$

$1\frac{2}{3} \times 2 = \frac{5}{3} \times 2 = \frac{5 \times 2}{3} = \frac{10}{3} = 3\frac{1}{3}$

$2\frac{4}{5} \times 3 = \frac{14}{5} \times 3 = \frac{14 \times 3}{5} = \frac{42}{5} = 8\frac{2}{5}$

$1\frac{1}{8} \times 2 = \frac{9}{8} \times 2 = \frac{9 \times 2}{8} = \frac{18^{(2}}{8} = \frac{9}{4} = 2\frac{1}{4}$

$\frac{3}{4}$ $1\frac{1}{3}$ $1\frac{3}{4}$ $2\frac{1}{4}$ 3 $3\frac{1}{3}$ $3\frac{3}{5}$ $8\frac{2}{5}$

86

2. 아래 글을 읽고 공책에 답을 구한 후, 정답을 로봇에서 찾아 ○표 해 보세요.

❶ 탁자 위에 주스가 7병 있어요. 주스 1병에 주스가 $\frac{7}{10}$L씩 들어 있어요. 주스는 모두 몇 L일까요?

$\frac{7}{10} \times 7 = \frac{7 \times 7}{10} = \frac{49}{10} = 4\frac{9}{10}$L

❷ 2L 병의 물을 $\frac{2}{5}$L씩 4컵에 나누어 따랐어요. 이제 병에 남은 물은 몇 L일까요?

$2 - \frac{2}{5} \times 4 = 2 - \frac{2 \times 4}{5} = \frac{10}{5} - \frac{8}{5} = \frac{2}{5}$L

❸ 빵집의 개업 시간은 매일 $\frac{2}{3}$시간씩 단축되었어요. 5일 후에는 개업 시간이 몇 시간 단축될까요?

$\frac{2}{3} \times 5 = \frac{2 \times 5}{3} = \frac{10}{3} = 3\frac{1}{3}$시간

❹ 빵집은 월요일부터 목요일까지 $4\frac{1}{6}$시간 동안, 금요일엔 $3\frac{1}{2}$시간 동안 영업해요. 월요일부터 금요일까지 빵집이 영업하는 시간은 모두 몇 시간일까요?

$4\frac{1}{6} \times 4 + 3\frac{1}{2} = \frac{25 \times 4}{6} + {}^{3)}\frac{7}{2} = \frac{100}{6} + \frac{21}{6} = \frac{121}{6} = 20\frac{1}{6}$시간

$\frac{2}{5}$L $3\frac{1}{5}$L $4\frac{9}{10}$L $3\frac{1}{3}$ $15\frac{5}{6}$ $20\frac{1}{6}$

3. 공책에 계산한 후, 정답을 로봇에서 찾아 ○표 해 보세요.

$\frac{2}{9} \times 4 + \frac{4}{9} = \frac{2 \times 4}{9} + \frac{4}{9} = \frac{8}{9} + \frac{4}{9} = \frac{12^{(3}}{9} = \frac{4}{3} = 1\frac{1}{3}$

$5 - \frac{2}{3} \times 5 = 5 - \frac{2 \times 5}{3} = 5 - \frac{10}{3} = \frac{15}{3} - \frac{10}{3} = \frac{5}{3} = 1\frac{2}{3}$

$3 \times (6\frac{1}{6} - 5\frac{5}{6}) = 3 \times (\frac{37}{6} - \frac{35}{6}) = 3 \times \frac{2}{6} = \frac{3 \times 2}{6} = \frac{6}{6} = 1$

$1\frac{1}{5} + 1\frac{2}{5} \times 2 = \frac{6}{5} + \frac{7}{5} \times 2 = \frac{6}{5} + \frac{7 \times 2}{5} = \frac{20}{5} = 4$

$\frac{3}{8} \times 5 - \frac{1}{4} = \frac{3 \times 5}{8} - {}^{2)}\frac{1}{4} = \frac{15}{8} - \frac{2}{8} = \frac{13}{8} = 1\frac{5}{8}$

$1\frac{2}{3} \times 2 + 1\frac{1}{6} \times 5 = \frac{5}{3} \times 2 + \frac{7}{6} \times 5 = \frac{5 \times 2}{3} + \frac{7 \times 5}{6} = {}^{2)}\frac{10}{3} + \frac{35}{6} = \frac{20}{6} + \frac{35}{6} = \frac{55}{6} = 9\frac{1}{6}$

1 $1\frac{1}{3}$ $1\frac{2}{3}$ $1\frac{5}{8}$ $2\frac{1}{8}$ 4 $7\frac{5}{6}$ $9\frac{1}{6}$

더 생각해 보아요!

아래 단서를 읽고 아이들의 나이를 알아맞혀 보세요.

- 카트리나와 윌의 나이를 합하면 24살이에요.
- 엘라와 윌의 나이를 합하면 22살이에요.
- 카트리나와 엘라의 나이를 합하면 28살이에요.

카트리나 : 15살 윌 : 9살

엘라 : 13살

87

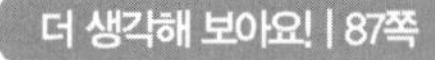

❶ 카트리나+윌=24
❷ 엘라+윌=22
❸ 카트리나+엘라=28
❶+❷+❸을 모두 더하면 카트리나+카트리나+엘라+엘라+윌+윌=74, ❹ 카트리나+엘라+윌=37이에요.
❹-❶을 하면 엘라=13살이에요.
엘라+윌=22, 13+윌=22, 윌=9살
카트리나+윌=24, 카트리나+9=24, 카트리나=15살

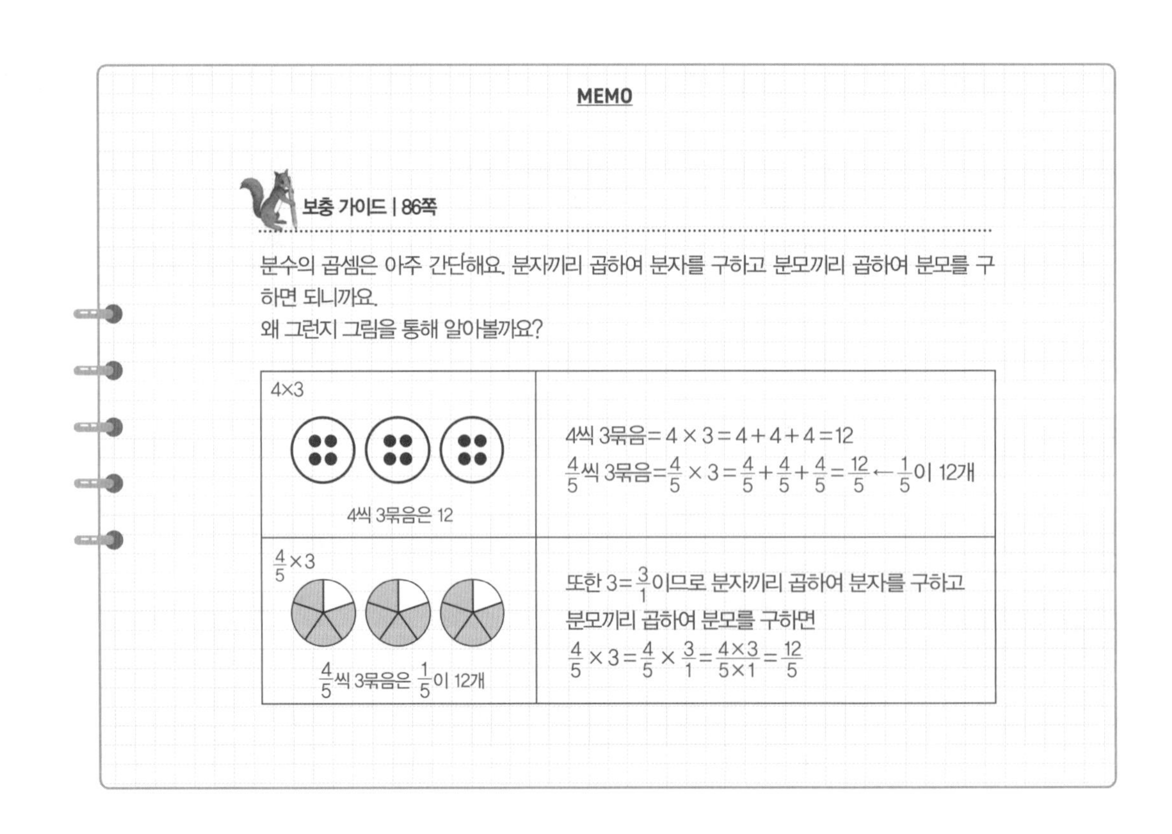

MEMO

보충 가이드 | 86쪽

분수의 곱셈은 아주 간단해요. 분자끼리 곱하여 분자를 구하고 분모끼리 곱하여 분모를 구하면 되니까요.
왜 그런지 그림을 통해 알아볼까요?

4×3 4씩 3묶음은 12	4씩 3묶음 = 4 × 3 = 4 + 4 + 4 = 12 $\frac{4}{5}$씩 3묶음 = $\frac{4}{5} \times 3 = \frac{4}{5} + \frac{4}{5} + \frac{4}{5} = \frac{12}{5}$ ← $\frac{1}{5}$이 12개
$\frac{4}{5} \times 3$ $\frac{4}{5}$씩 3묶음은 $\frac{1}{5}$이 12개	또한 $3 = \frac{3}{1}$이므로 분자끼리 곱하여 분자를 구하고 분모끼리 곱하여 분모를 구하면 $\frac{4}{5} \times 3 = \frac{4}{5} \times \frac{3}{1} = \frac{4 \times 3}{5 \times 1} = \frac{12}{5}$

88-89쪽

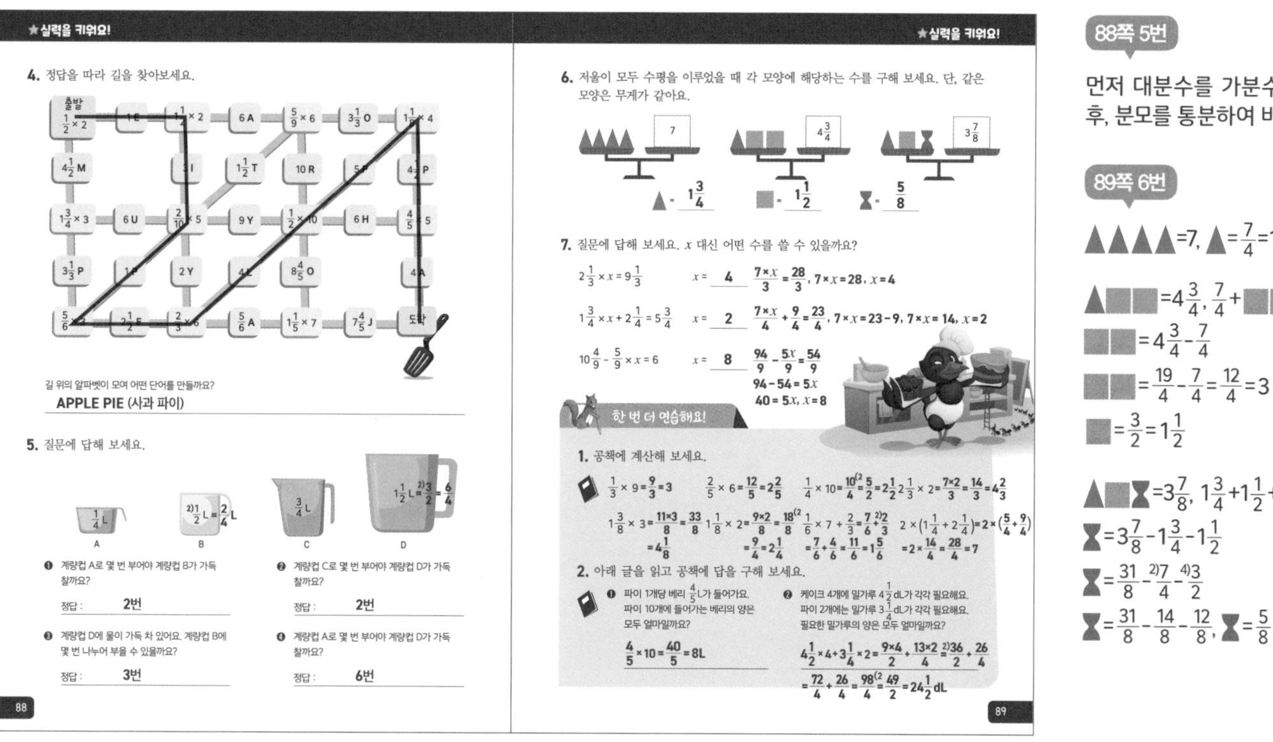

★실력을 키워요!

4. 정답을 따라 길을 찾아보세요.

길 위의 알파벳이 모여 어떤 단어를 만들까요?

APPLE PIE (사과 파이)

5. 질문에 답해 보세요.

❶ 계량컵 A로 몇 번 부어야 계량컵 B가 가득 찰까요? 정답 : **2번**

❷ 계량컵 C로 몇 번 부어야 계량컵 D가 가득 찰까요? 정답 : **2번**

❸ 계량컵 D에 물이 가득 차 있어요. 계량컵 B에 몇 번 나누어 부을 수 있을까요? 정답 : **3번**

❹ 계량컵 A로 몇 번 부어야 계량컵 D가 가득 찰까요? 정답 : **6번**

6. 저울이 모두 수평을 이루었을 때 각 모양에 해당하는 수를 구해 보세요. 단, 같은 모양은 무게가 같아요.

▲ = $1\frac{3}{4}$　■ = $1\frac{1}{2}$　⧗ = $\frac{5}{8}$

7. 질문에 답해 보세요. x 대신 어떤 수를 쓸 수 있을까요?

$2\frac{1}{3}\times x=9\frac{1}{3}$　$x=$ **4**　$\frac{7\times x}{3}=\frac{28}{3}$, $7\times x=28$, $x=4$

$1\frac{3}{4}\times x+2\frac{1}{4}=5\frac{3}{4}$　$x=$ **2**　$\frac{7\times x}{4}+\frac{9}{4}=\frac{23}{4}$, $7\times x=23-9$, $7\times x=14$, $x=2$

$10\frac{4}{9}-\frac{5}{9}\times x=6$　$x=$ **8**　$\frac{94}{9}-\frac{5x}{9}=\frac{54}{9}$, $94-54=5x$, $40=5x$, $x=8$

한 번 더 연습해요!

1. 공책에 계산해 보세요.

$\frac{1}{3}\times 9=\frac{9}{3}=3$　$\frac{2}{5}\times 6=\frac{12}{5}=2\frac{2}{5}$　$\frac{1}{4}\times 10=\frac{10}{4}=\frac{5}{2}=2\frac{1}{2}$　$2\frac{1}{3}\times 2=\frac{7\times 2}{3}=\frac{14}{3}=4\frac{2}{3}$

$1\frac{3}{8}\times 3=\frac{11\times 3}{8}=\frac{33}{8}=4\frac{1}{8}$　$1\frac{1}{8}\times 2=\frac{9\times 2}{8}=\frac{18}{8}=\frac{9}{4}=2\frac{1}{4}$　$\frac{1}{6}\times 7+\frac{2}{3}=\frac{7}{6}+\frac{4}{6}=\frac{11}{6}=1\frac{5}{6}$　$2\times(1\frac{1}{4}+2\frac{1}{4})=2\times(\frac{5}{4}+\frac{9}{4})=2\times\frac{14}{4}=\frac{28}{4}=7$

2. 아래 글을 읽고 공책에 답을 구해 보세요.

❶ 파이 1개당 베리 $\frac{4}{5}$L가 들어가요. 파이 10개에 들어가는 베리의 양은 모두 얼마일까요?

$\frac{4}{5}\times 10=\frac{40}{5}=8$L

❷ 케이크 4개에 밀가루 $4\frac{1}{2}$dL가 각각 필요해요. 파이 2개에는 밀가루 $3\frac{1}{4}$dL가 각각 필요해요. 필요한 밀가루의 양은 모두 얼마일까요?

$4\frac{1}{2}\times 4+3\frac{1}{4}\times 2=\frac{9\times 4}{2}+\frac{13\times 2}{4}=\frac{36}{2}+\frac{26}{4}=\frac{72}{4}+\frac{26}{4}=\frac{98}{4}=\frac{49}{2}=24\frac{1}{2}$dL

88　89

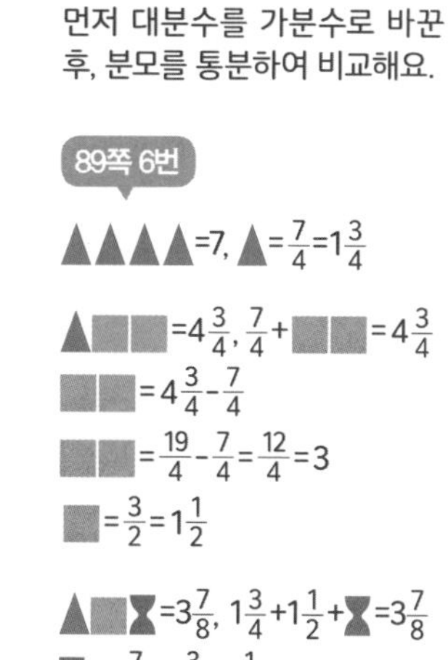

88쪽 5번

먼저 대분수를 가분수로 바꾼 후, 분모를 통분하여 비교해요.

89쪽 6번

▲▲▲▲=7, ▲=$\frac{7}{4}$=$1\frac{3}{4}$

▲■■=$4\frac{3}{4}$, $\frac{7}{4}$+■■=$4\frac{3}{4}$

■■=$4\frac{3}{4}-\frac{7}{4}$

■■=$\frac{19}{4}-\frac{7}{4}=\frac{12}{4}=3$

■=$\frac{3}{2}=1\frac{1}{2}$

▲■⧗=$3\frac{7}{8}$, $1\frac{3}{4}+1\frac{1}{2}$+⧗=$3\frac{7}{8}$

⧗=$3\frac{7}{8}-1\frac{3}{4}-1\frac{1}{2}$

⧗=$\frac{31}{8}-\frac{7}{4}-\frac{3}{2}$

⧗=$\frac{31}{8}-\frac{14}{8}-\frac{12}{8}$, ⧗=$\frac{5}{8}$

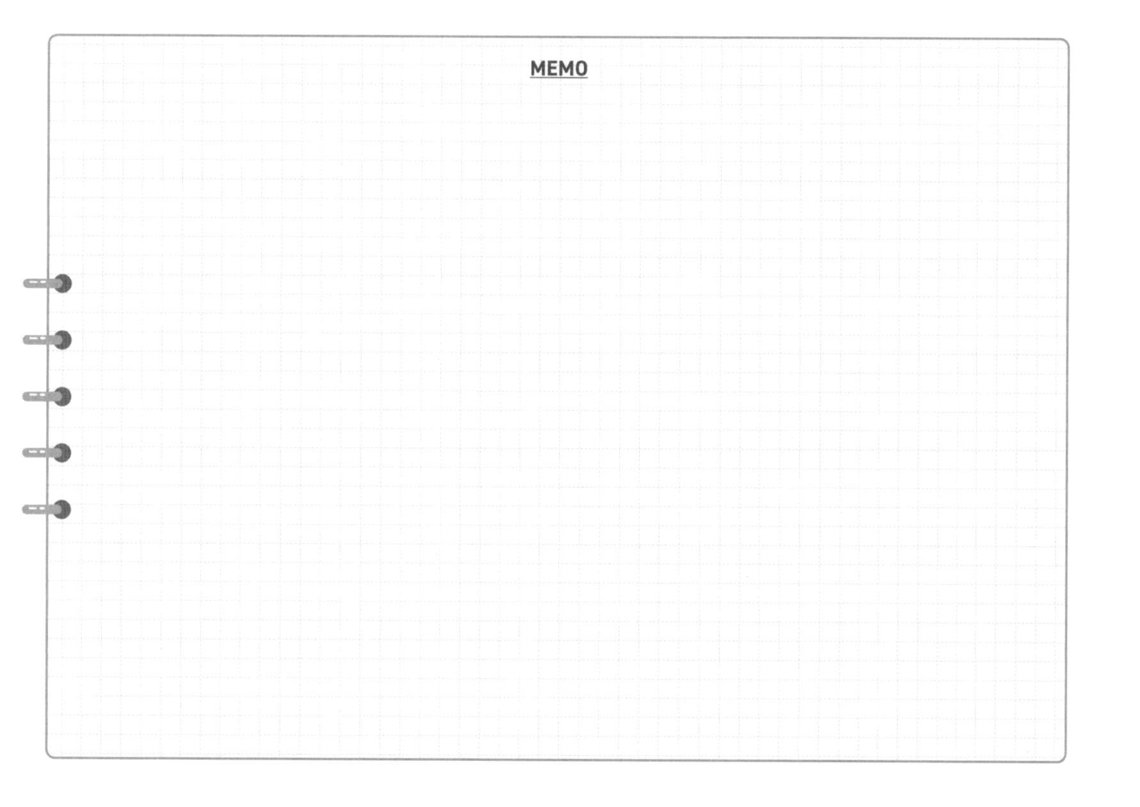

90-91쪽

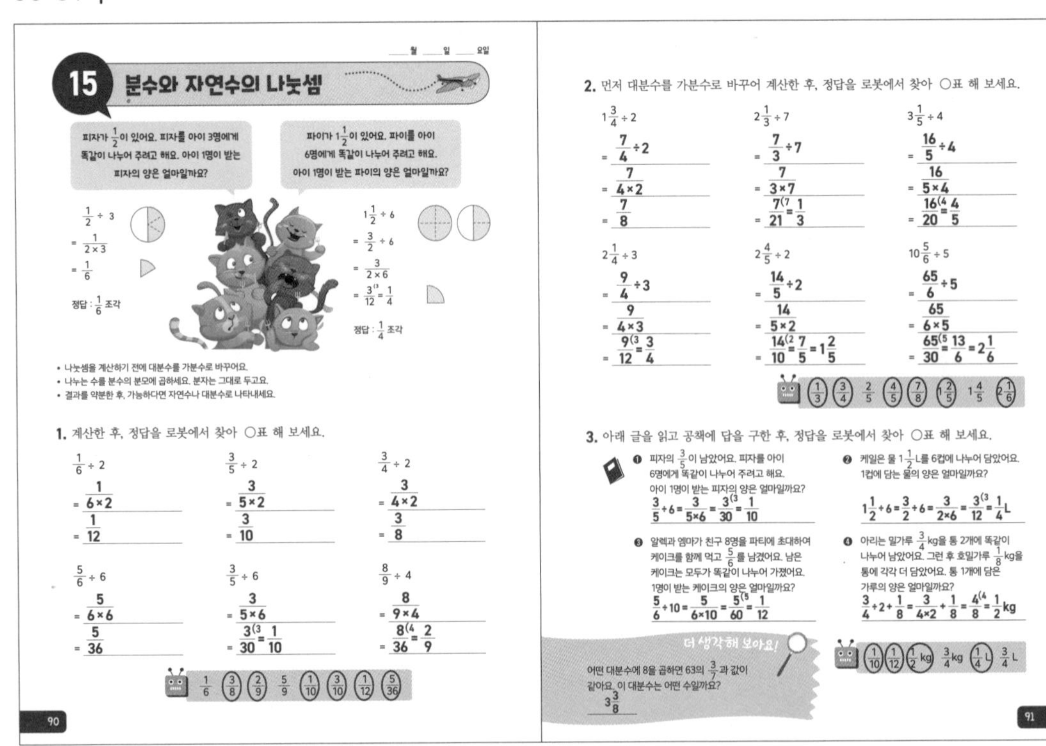

15 분수와 자연수의 나눗셈

피자가 $\frac{1}{2}$이 있어요. 피자를 아이 3명에게 똑같이 나누어 주려고 해요. 아이 1명이 받는 피자의 양은 얼마일까요?

$\frac{1}{2}\div3 = \frac{1}{2\times3} = \frac{1}{6}$

정답 : $\frac{1}{6}$ 조각

파이가 $1\frac{1}{2}$이 있어요. 파이를 아이 6명에게 똑같이 나누어 주려고 해요. 아이 1명이 받는 파이의 양은 얼마일까요?

$1\frac{1}{2}\div6 = \frac{3}{2}\div6 = \frac{3}{2\times6} = \frac{3}{12} = \frac{1}{4}$

정답 : $\frac{1}{4}$ 조각

- 나눗셈을 계산하기 전에 대분수를 가분수로 바꾸어요.
- 나누는 수를 분수의 분모에 곱하세요. 분자는 그대로 두고요.
- 결과를 약분한 후, 가능하다면 자연수나 대분수로 나타내세요.

1. 계산한 후, 정답을 로봇에서 찾아 ○표 해 보세요.

$\frac{1}{6}\div2 = \frac{1}{6\times2} = \frac{1}{12}$

$\frac{3}{5}\div2 = \frac{3}{5\times2} = \frac{3}{10}$

$\frac{3}{4}\div2 = \frac{3}{4\times2} = \frac{3}{8}$

$\frac{5}{6}\div6 = \frac{5}{6\times6} = \frac{5}{36}$

$\frac{3}{5}\div6 = \frac{3}{5\times6} = \frac{3}{30} = \frac{1}{10}$

$\frac{8}{9}\div4 = \frac{8}{9\times4} = \frac{8}{36} = \frac{2}{9}$

2. 먼저 대분수를 가분수로 바꾸어 계산한 후, 정답을 로봇에서 찾아 ○표 해 보세요.

$1\frac{3}{4}\div2 = \frac{7}{4}\div2 = \frac{7}{4\times2} = \frac{7}{8}$

$2\frac{1}{3}\div7 = \frac{7}{3}\div7 = \frac{7}{3\times7} = \frac{7}{21} = \frac{1}{3}$

$3\frac{1}{5}\div4 = \frac{16}{5}\div4 = \frac{16}{5\times4} = \frac{16}{20} = \frac{4}{5}$

$2\frac{1}{4}\div3 = \frac{9}{4}\div3 = \frac{9}{4\times3} = \frac{9}{12} = \frac{3}{4}$

$2\frac{4}{5}\div2 = \frac{14}{5}\div2 = \frac{14}{5\times2} = \frac{14}{10} = \frac{7}{5} = 1\frac{2}{5}$

$10\frac{5}{6}\div5 = \frac{65}{6}\div5 = \frac{65}{6\times5} = \frac{65}{30} = \frac{13}{6} = 2\frac{1}{6}$

3. 아래 글을 읽고 공책에 답을 구한 후, 정답을 로봇에서 찾아 ○표 해 보세요.

❶ 피자의 $\frac{3}{5}$이 남았어요. 피자를 아이 6명에게 똑같이 나누어 주려고 해요. 아이 1명이 받는 피자의 양은 얼마일까요?

$\frac{3}{5}\div6 = \frac{3}{5\times6} = \frac{3}{30} = \frac{1}{10}$

❷ 케일은 물 $1\frac{1}{2}$L를 6컵에 나누어 담았어요. 1컵에 담는 물의 양은 얼마일까요?

$1\frac{1}{2}\div6 = \frac{3}{2}\div6 = \frac{3}{2\times6} = \frac{3}{12} = \frac{1}{4}$L

❸ 알렉과 엄마가 친구 8명을 파티에 초대하여 케이크를 함께 먹고 $\frac{5}{6}$를 남겼어요. 남은 케이크는 모두가 똑같이 나누어 가졌어요. 1명이 받는 케이크의 양은 얼마일까요?

$\frac{5}{6}\div10 = \frac{5}{6\times10} = \frac{5}{60} = \frac{1}{12}$

❹ 아리는 밀가루 $\frac{3}{4}$kg을 통 2개에 똑같이 나누어 담았어요. 그런 후 호밀가루 $\frac{1}{8}$kg을 통에 각각 더 담았어요. 통 1개에 담은 가루의 양은 얼마일까요?

$\frac{3}{4}\div2+\frac{1}{8} = \frac{3}{4\times2}+\frac{1}{8} = \frac{4}{8} = \frac{1}{2}$kg

더 생각해 보아요!

어떤 대분수에 8을 곱하면 63의 $\frac{3}{7}$과 같아요. 이 대분수는 어떤 수일까요?

$3\frac{3}{8}$

90 91

더 생각해 보아요! | 91쪽

$x\times8=63\times\frac{3}{7}$

$x\times8=27$

$x=\frac{27}{8}=3\frac{3}{8}$

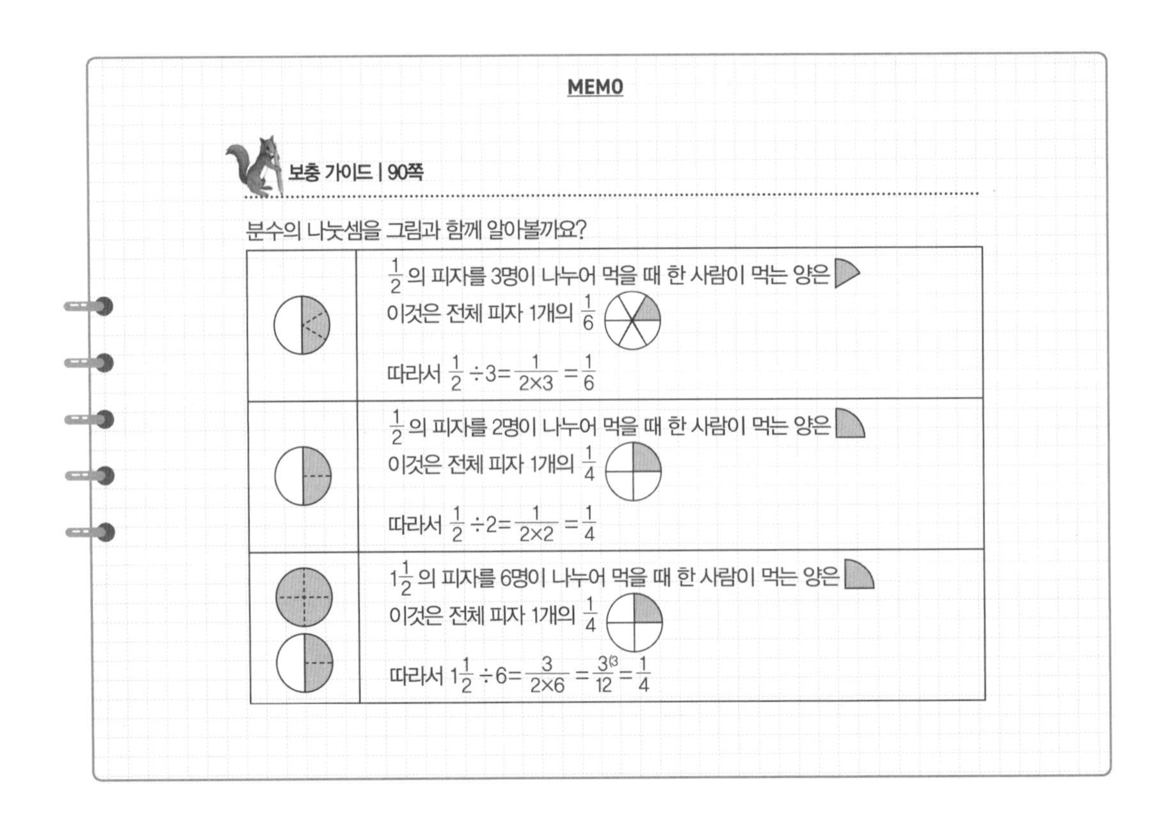

MEMO

보충 가이드 | 90쪽

분수의 나눗셈을 그림과 함께 알아볼까요?

$\frac{1}{2}$의 피자를 3명이 나누어 먹을 때 한 사람이 먹는 양은

이것은 전체 피자 1개의 $\frac{1}{6}$

따라서 $\frac{1}{2}\div3=\frac{1}{2\times3}=\frac{1}{6}$

$\frac{1}{2}$의 피자를 2명이 나누어 먹을 때 한 사람이 먹는 양은

이것은 전체 피자 1개의 $\frac{1}{4}$

따라서 $\frac{1}{2}\div2=\frac{1}{2\times2}=\frac{1}{4}$

$1\frac{1}{2}$의 피자를 6명이 나누어 먹을 때 한 사람이 먹는 양은

이것은 전체 피자 1개의 $\frac{1}{4}$

따라서 $1\frac{1}{2}\div6=\frac{3}{2\times6}=\frac{3}{12}=\frac{1}{4}$

92-93쪽

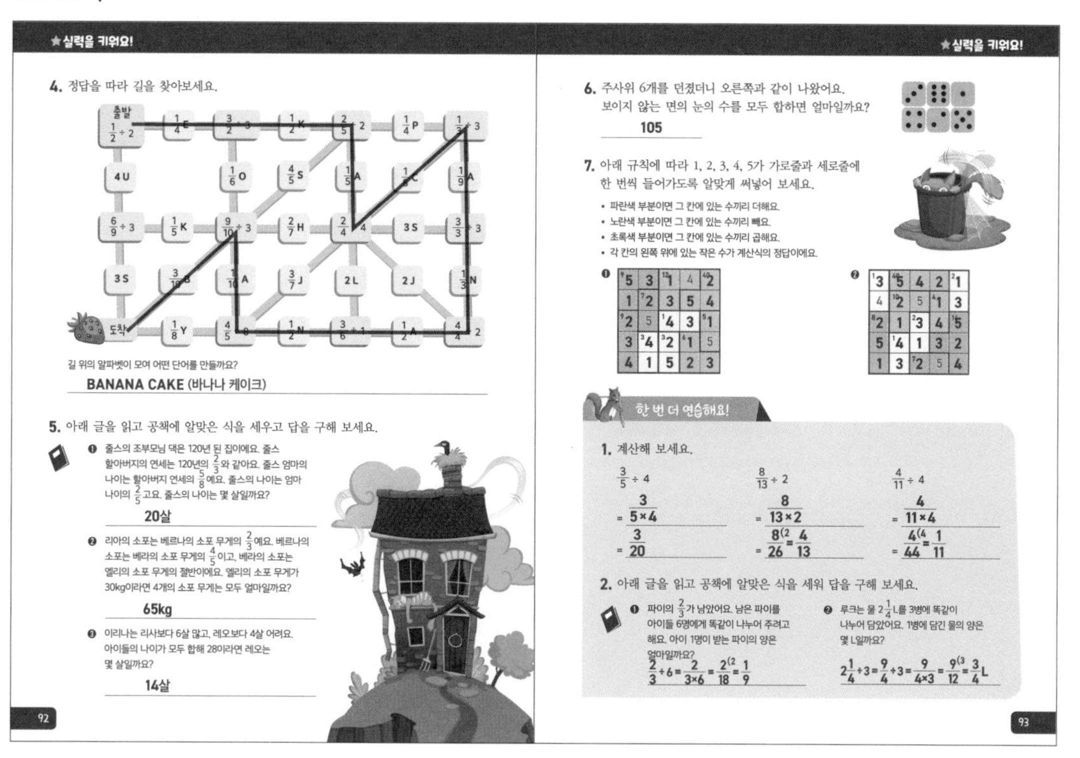

★실력을 키워요!

4. 정답을 따라 길을 찾아보세요.

길 위의 알파벳이 모여 어떤 단어를 만들까요?

BANANA CAKE (바나나 케이크)

5. 아래 글을 읽고 공책에 알맞은 식을 세우고 답을 구해 보세요.

❶ 줄스의 조부모님 댁은 120년 된 집이에요. 줄스 할아버지의 연세는 120년의 $\frac{1}{3}$와 같아요. 줄스 엄마의 나이는 할아버지 연세의 $\frac{5}{8}$예요. 줄스의 나이는 엄마 나이의 $\frac{2}{5}$고요. 줄스의 나이는 몇 살일까요?

20살

❷ 리아의 소포는 베르나의 소포 무게의 $\frac{2}{3}$예요. 베르나의 소포는 베라의 소포 무게의 $\frac{4}{5}$이고, 베라의 소포는 엘리의 소포 무게의 절반이에요. 엘리의 소포 무게가 30kg이라면 4개의 소포 무게는 모두 얼마일까요?

65kg

❸ 이리나는 리사보다 6살 많고, 레오보다 4살 어려요. 아이들의 나이가 모두 합해 28이라면 레오는 몇 살일까요?

14살

6. 주사위 6개를 던졌더니 오른쪽과 같이 나왔어요. 보이지 않는 면의 눈의 수를 모두 합하면 얼마일까요?

105

7. 아래 규칙에 따라 1, 2, 3, 4, 5가 가로줄과 세로줄에 한 번씩 들어가도록 알맞게 써넣어 보세요.

- 파란색 부분이면 그 칸에 있는 수끼리 더해요.
- 노란색 부분이면 그 칸에 있는 수끼리 빼요.
- 초록색 부분이면 그 칸에 있는 수끼리 곱해요.
- 각 칸의 왼쪽 위에 있는 작은 수가 계산식의 정답이에요.

❶

5	3	1	4	2
1	2	3	5	4
2	5	4	3	1
3	4	2	1	5
4	1	5	2	3

❷

3	5	4	2	1
4	2	5	1	3
2	1	3	4	5
5	4	1	3	2
1	3	2	5	4

한 번 더 연습해요!

1. 계산해 보세요.

$\frac{3}{5} \div 4 = \frac{3}{5 \times 4} = \frac{3}{20}$

$\frac{8}{13} \div 2 = \frac{8}{13 \times 2} = \frac{8}{26} = \frac{4}{13}$

$\frac{4}{11} \div 4 = \frac{4}{11 \times 4} = \frac{4}{44} = \frac{1}{11}$

2. 아래 글을 읽고 공책에 알맞은 식을 세워 답을 구해 보세요.

❶ 파이의 $\frac{2}{3}$가 남았어요. 남은 파이를 아이들 6명에게 똑같이 나누어 주려고 해요. 아이 1명이 받는 파이의 양은 얼마일까요?

$\frac{2}{3} \div 6 = \frac{2}{3 \times 6} = \frac{2}{18} = \frac{1}{9}$

❷ 루크는 물 $2\frac{1}{4}$L를 3병에 똑같이 나누어 담았어요. 1병에 담긴 물의 양은 몇 L일까요?

$2\frac{1}{4} \div 3 = \frac{9}{4} \div 3 = \frac{9}{4 \times 3} = \frac{9}{12} = \frac{3}{4}$L

92 93

92쪽 5번

❶ 할아버지 나이 $\frac{120}{3} = 40$

$40 \times 2 = 80$

엄마의 나이 $\frac{80}{8} = 10$

$10 \times 5 = 50$

줄스의 나이 $\frac{50}{5} = 10$

$10 \times 2 = 20$

❷ 베라의 소포 $30 \div 2 = 15$kg

베르나의 소포 $\frac{15}{5} = 3$kg

3kg$\times 4 = 12$kg

리아의 소포 $\frac{12}{3} = 4$kg

4kg$\times 2 = 8$kg

4개의 소포 무게의 합

30kg$+15$kg$+12$kg$+8$kg

$=65$kg

❸ 리사의 나이를 x라 하면

이리나의 나이$=x+6$이며,

레오의 나이$=x+6+4$

아이들의 나이의 합은

$x+x+6+x+6+4=28$

$x+x+x=28-16$

$x+x+x=12$

$x=4$

레오의 나이는 14살

93쪽 6번

$1+2+3+4+5+6=21$

$21 \times 6-(3+6+1+4+2+5)$

$=126-21$

$=105$

94-95쪽

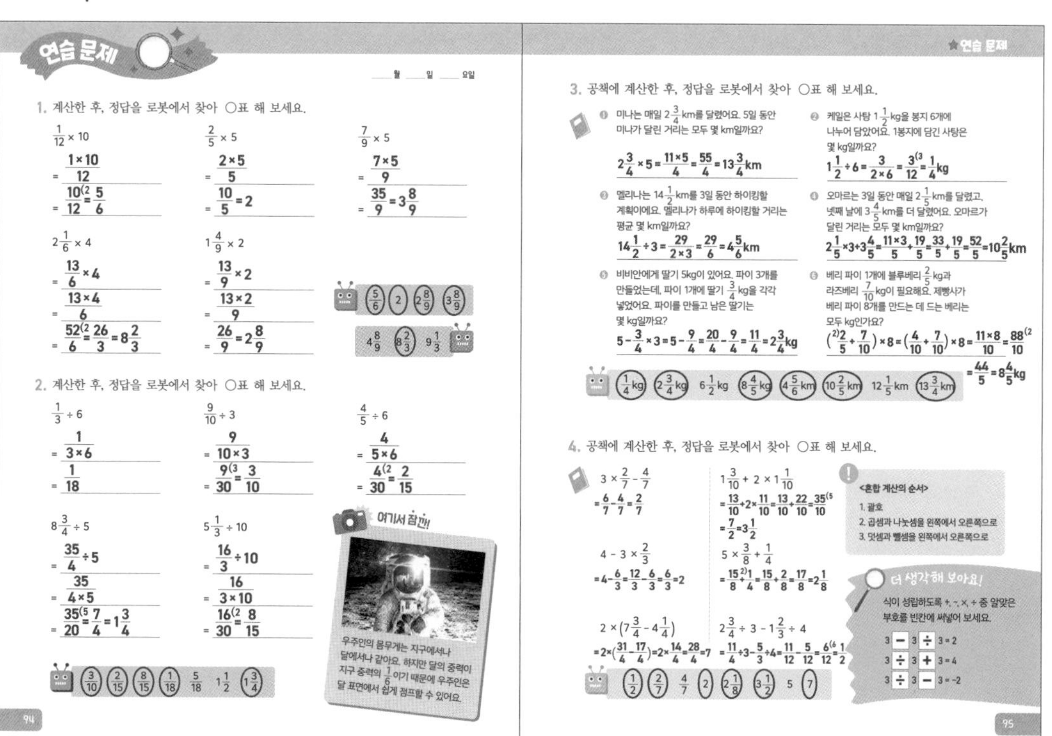

연습 문제

___월 ___일 ___요일

1. 계산한 후, 정답을 로봇에서 찾아 ○표 해 보세요.

$\frac{1}{12} \times 10 = \frac{1 \times 10}{12} = \frac{10}{12} = \frac{5}{6}$

$\frac{2}{5} \times 5 = \frac{2 \times 5}{5} = \frac{10}{5} = 2$

$\frac{7}{9} \times 5 = \frac{7 \times 5}{9} = \frac{35}{9} = 3\frac{8}{9}$

$2\frac{1}{6} \times 4 = \frac{13}{6} \times 4 = \frac{13 \times 4}{6} = \frac{52}{6} = \frac{26}{3} = 8\frac{2}{3}$

$1\frac{4}{9} \times 2 = \frac{13}{9} \times 2 = \frac{13 \times 2}{9} = \frac{26}{9} = 2\frac{8}{9}$

2. 계산한 후, 정답을 로봇에서 찾아 ○표 해 보세요.

$\frac{1}{3} \div 6 = \frac{1}{3 \times 6} = \frac{1}{18}$

$\frac{9}{10} \div 3 = \frac{9}{10 \times 3} = \frac{9}{30} = \frac{3}{10}$

$\frac{4}{5} \div 6 = \frac{4}{5 \times 6} = \frac{4}{30} = \frac{2}{15}$

$8\frac{3}{4} \div 5 = \frac{35}{4} \div 5 = \frac{35}{4 \times 5} = \frac{35}{20} = \frac{7}{4} = 1\frac{3}{4}$

$5\frac{1}{3} \div 10 = \frac{16}{3} \div 10 = \frac{16}{3 \times 10} = \frac{16}{30} = \frac{8}{15}$

여기서 잠깐!

우주인의 몸무게는 지구에서나 달에서나 같아요. 하지만 달의 중력이 지구 중력의 $\frac{1}{6}$이기 때문에 우주인은 달 표면에서 쉽게 점프할 수 있어요.

★연습 문제

3. 공책에 계산한 후, 정답을 로봇에서 찾아 ○표 해 보세요.

❶ 미나는 매일 $2\frac{3}{4}$km를 달렸어요. 5일 동안 미나가 달린 거리는 모두 몇 km일까요?

$2\frac{3}{4} \times 5 = \frac{11 \times 5}{4} = \frac{55}{4} = 13\frac{3}{4}$km

❷ 케일은 사탕 $1\frac{1}{2}$kg을 봉지 6개에 나누어 담았어요. 1봉지에 담긴 사탕은 몇 kg일까요?

$1\frac{1}{2} \div 6 = \frac{3}{2 \times 6} = \frac{3}{12} = \frac{1}{4}$kg

❸ 엘리나는 $14\frac{1}{2}$km를 3일 동안 하이킹할 계획이에요. 엘리나가 하루에 하이킹할 거리는 평균 몇 km일까요?

$14\frac{1}{2} \div 3 = \frac{29}{2 \times 3} = \frac{29}{6} = 4\frac{5}{6}$km

❹ 오마르는 3일 동안 매일 $2\frac{1}{5}$km를 달렸고, 넷째 날에 $3\frac{4}{5}$km를 더 달렸어요. 오마르가 달린 거리는 모두 몇 km일까요?

$2\frac{1}{5} \times 3 + 3\frac{4}{5} = \frac{11 \times 3}{5} + \frac{19}{5} = \frac{33}{5} + \frac{19}{5} = \frac{52}{5} = 10\frac{2}{5}$km

❺ 비비안에게 딸기 5kg이 있어요. 파이 3개를 만들었는데, 파이 1개에 딸기 $\frac{3}{4}$kg을 각각 넣었어요. 파이를 만들고 남은 딸기는 몇 kg일까요?

$5 - \frac{3}{4} \times 3 = 5 - \frac{9}{4} = \frac{20}{4} - \frac{9}{4} = \frac{11}{4} = 2\frac{3}{4}$kg

❻ 베리 파이 1개에 블루베리 $\frac{2}{5}$kg과 라즈베리 $\frac{7}{10}$kg이 필요해요. 제빵사가 베리 파이 8개를 만드는 데 드는 베리는 모두 kg인가요?

$(\frac{2}{5} + \frac{7}{10}) \times 8 = (\frac{4}{10} + \frac{7}{10}) \times 8 = \frac{11 \times 8}{10} = \frac{88}{10} = \frac{44}{5} = 8\frac{4}{5}$kg

4. 공책에 계산한 후, 정답을 로봇에서 찾아 ○표 해 보세요.

$3 \times \frac{2}{7} - \frac{4}{7} = \frac{6}{7} - \frac{4}{7} = \frac{2}{7}$

$1\frac{3}{10} + 2 \times 1\frac{1}{10} = \frac{13}{10} + 2 \times \frac{11}{10} = \frac{13}{10} + \frac{22}{10} = \frac{35}{10} = \frac{7}{2} = 3\frac{1}{2}$

$4 - 3 \times \frac{2}{3} = 4 - \frac{6}{3} = \frac{12}{3} - \frac{6}{3} = \frac{6}{3} = 2$

$5 \times \frac{3}{8} + \frac{1}{4} = \frac{15}{8} + \frac{2}{8} = \frac{17}{8} = 2\frac{1}{8}$

$2 \times (7\frac{3}{4} - 4\frac{1}{4}) = 2 \times (\frac{31}{4} - \frac{17}{4}) = 2 \times \frac{14}{4} = \frac{28}{4} = 7$

$2\frac{3}{4} + 3 - 1\frac{2}{3} \div 4 = \frac{11}{4} + 3 - \frac{5}{3} \div 4 = \frac{11}{12} - \frac{5}{12} = \frac{6}{12} = \frac{1}{2}$

<혼합 계산의 순서>

1. 괄호
2. 곱셈과 나눗셈을 왼쪽에서 오른쪽으로
3. 덧셈과 뺄셈을 왼쪽에서 오른쪽으로

더 생각해 보아요!

식이 성립하도록 +, −, ×, ÷ 중 알맞은 부호를 빈칸에 써넣어 보세요.

3 − 3 ÷ 3 = 2

3 ÷ 3 + 3 = 4

3 ÷ 3 − 3 = −2

94 95

96-97쪽

연습 문제

5. 아래 단서를 읽고 봉지 안의 내용물, 무게, 그리고 봉지 색깔을 알아맞혀 보세요.

내용물	쌀	겨	사과	설탕	밀가루
무게	1kg	$\frac{1}{2}$kg	3kg	$1\frac{1}{2}$kg	2kg
색깔	빨간색	노란색	빨간색	회색	파란색

❶ 파란색 봉지에는 밀가루가 있어요.
❷ 어떤 봉지에는 사과가 있어요.
❸ 겨(벼, 보리 등 곡물의 껍질)의 무게가 제일 가벼워요.
❹ 두 번째로 가벼운 봉지에는 쌀이 있어요.
❺ 회색과 파란색 봉지의 무게는 합해서 $3\frac{1}{2}$kg이에요.
❻ 노란색 봉지는 색깔이 같은 두 봉지 사이에 있어요.
❼ 봉지 중 $\frac{2}{5}$는 색깔이 같아요.
❽ 회색 봉지는 오른쪽에서 두 번째에 있어요.
❾ 설탕 봉지는 밀가루 봉지 옆에 있어요.
❿ 가장 무거운 봉지는 가운데에 있어요.
⓫ 봉지들의 무게를 모두 합하면 8kg이에요.
⓬ 같은 색깔 봉지의 무게를 모두 합하면 4kg이고, 한 봉지가 다른 봉지보다 2kg 무거워요.
⓭ 빨간색 봉지 중 어떤 봉지는 가운데에 있어요.
⓮ 회색 봉지의 무게는 $1\frac{1}{2}$kg이에요.

6. 아이비, 조엘, 파울로, 베릿은 모두 같은 식을 계산했어요. 선생님은 학생들에게 각각 다른 점수를 주었어요. 선생님이 왜 그런 점수를 주었는지 설명해 보세요.

① $\frac{2}{3}\times6=\frac{8}{3}$ (아이비)
점수 : 0/3
설명 : 분자에 자연수를 더했어요.

② $\frac{2}{3}\times6=\frac{2\times6}{3}=\frac{12}{3}$ (조엘)
점수 : 2/3
설명 : 결과를 자연수로 나타내지 않았어요.

③ $\frac{2}{3}\times6=\frac{12}{18}$ (파울로)
점수 : 0/3
설명 : 자연수를 분모와 분자 모두에 곱했어요.

④ $\frac{2}{3}\times6=\frac{2\times6}{3}=\frac{12^{(3}}{3}=4$ (베릿)
점수 : 3/3
설명 : 모든 과정을 틀린 것 없이 제대로 계산했어요.

96

연습 문제

7. 아래 규칙에 따라 수 1, 2, 3, 4, 5가 가로줄과 세로줄에 한 번씩 들어가도록 칸에 알맞게 써넣어 보세요.

- 노란색 부분은 그 칸에 있는 수끼리 더해요.
- 초록색 부분은 그 칸에 있는 수끼리 빼요.
- 파란색 부분은 그 칸에 있는 수끼리 곱해요.
- 각 칸의 왼쪽 위에 있는 작은 수가 계산식의 정답이에요.

[1]3	[40]5	4	2	[2]1
2	[10]1	5	[4]4	3
[10]4	2	[2]3	1	[1]5
5	[1]4	1	3	2
1	3	[7]2	5	4

8. 빈칸을 빨간색과 파란색으로 색칠해 보세요.
단, 가로, 세로, 대각선으로 같은 색깔의 칸이 연속되는 것은 3개까지만 가능해요.

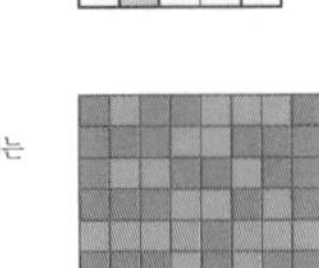

한 번 더 연습해요!

1. 공책에 계산해 보세요.

$\frac{1}{6}\times7=\frac{1\times7}{6}=\frac{7}{6}=1\frac{1}{6}$ $\frac{4}{5}\times10=\frac{4\times10}{5}=\frac{40}{5}=8$ $\frac{3}{8}\div5=\frac{3}{8\times5}=\frac{3}{40}$ $\frac{9}{20}\div3=\frac{9}{20\times3}=\frac{9^{(3}}{60}=\frac{3}{20}$

$2\frac{5}{6}\times2=\frac{17}{6}\times2=\frac{17\times2}{6}=\frac{34^{(2}}{6}=\frac{17}{3}=5\frac{2}{3}$ $8\frac{1}{2}\times3=\frac{17}{2}\times3=\frac{17\times3}{2}=\frac{51}{2}=25\frac{1}{2}$ $6\frac{1}{2}\div4=\frac{13}{2}\div4=\frac{13}{2\times4}=\frac{13}{8}=1\frac{5}{8}$ $18\frac{1}{3}\div5=\frac{55}{3}\div5=\frac{55}{3\times5}=\frac{55^{(5}}{15}=\frac{11}{3}=3\frac{2}{3}$

2. 아래 글을 읽고 공책에 알맞은 식을 세워 답을 구해 보세요.

❶ 메이는 베리 $7\frac{3}{4}$L를 냉동용 지퍼백 4개에 똑같이 나누어 담았어요. 지퍼백 1개에 들어가는 베리는 몇 L일까요?
$7\frac{3}{4}\div4=\frac{31}{4}\div4=\frac{31}{4\times4}=\frac{31}{16}=1\frac{15}{16}$L

❷ 라스는 베리를 냉동용 지퍼백 3개에 각각 $\frac{9}{10}$L씩 담았고, $\frac{1}{2}$L를 다른 봉지에 담았어요. 라스가 담은 베리는 모두 몇 L일까요?
$\frac{9}{10}\times3+\frac{1}{2}=\frac{9\times3}{10}+{}^{5)}\frac{1}{2}=\frac{27}{10}+\frac{5}{10}=\frac{32^{(2}}{10}=\frac{16}{5}=3\frac{1}{5}$L

97

MEMO

96쪽 5번

❽ 회색 봉지는 오른쪽에서 두 번째에 있어요.
⓮ 회색 봉지의 무게는 $1\frac{1}{2}$kg이에요.
⓭ 빨간색 봉지 중 어떤 봉지는 가운데에 있어요.
❻ 노란색 봉지는 색깔이 같은 두 봉지 사이에 있어요.
❼ 봉지 중 $\frac{2}{5}$는 색깔이 같아요.

내용물					
무게				$1\frac{1}{2}$kg	
색깔	빨간색	노란색	빨간색	회색	

❶ 파란색 봉지에는 밀가루가 있어요.
❺ 회색과 파란색 봉지의 무게는 합해서 $3\frac{1}{2}$kg이에요.$(3\frac{1}{2}-1\frac{1}{2}=2)$
❾ 설탕 봉지는 밀가루 봉지 옆에 있어요.

내용물				설탕	밀가루
무게				$1\frac{1}{2}$kg	2kg
색깔	빨간색	노란색	빨간색	회색	파란색

❿ 가장 무거운 봉지는 가운데에 있어요.
❸ 겨(벼, 보리 등 곡물의 껍질)의 무게가 제일 가벼워요.
❹ 두 번째로 가벼운 봉지에는 쌀이 있어요. x
❷ 어떤 봉지에는 사과가 있어요.

내용물	겨, 쌀	겨, 쌀	사과	설탕	밀가루
무게			가장 무거움.	$1\frac{1}{2}$kg	2kg
색깔	빨간색	노란색	빨간색	회색	파란색

⓬ 같은 색깔 봉지의 무게를 모두 합하면 4kg이며, 한 봉지가 다른 봉지보다 2kg 무거워요.→$x+x+2=4$, $x+x=2$, $x=1$ 빨간색 중 한 봉지는 1kg, 다른 한 봉지는 3kg
⓫ 봉지들의 무게를 모두 합하면 8kg이에요.→$x+4+1\frac{1}{2}+2=8$, $x=\frac{1}{2}$kg, 가장 가벼운 무게는 $\frac{1}{2}$kg

내용물	쌀	겨	사과	설탕	밀가루
무게	1kg	$\frac{1}{2}$kg	3kg	$1\frac{1}{2}$kg	2kg
색깔	빨간색	노란색	빨간색	회색	파란색

98-99쪽

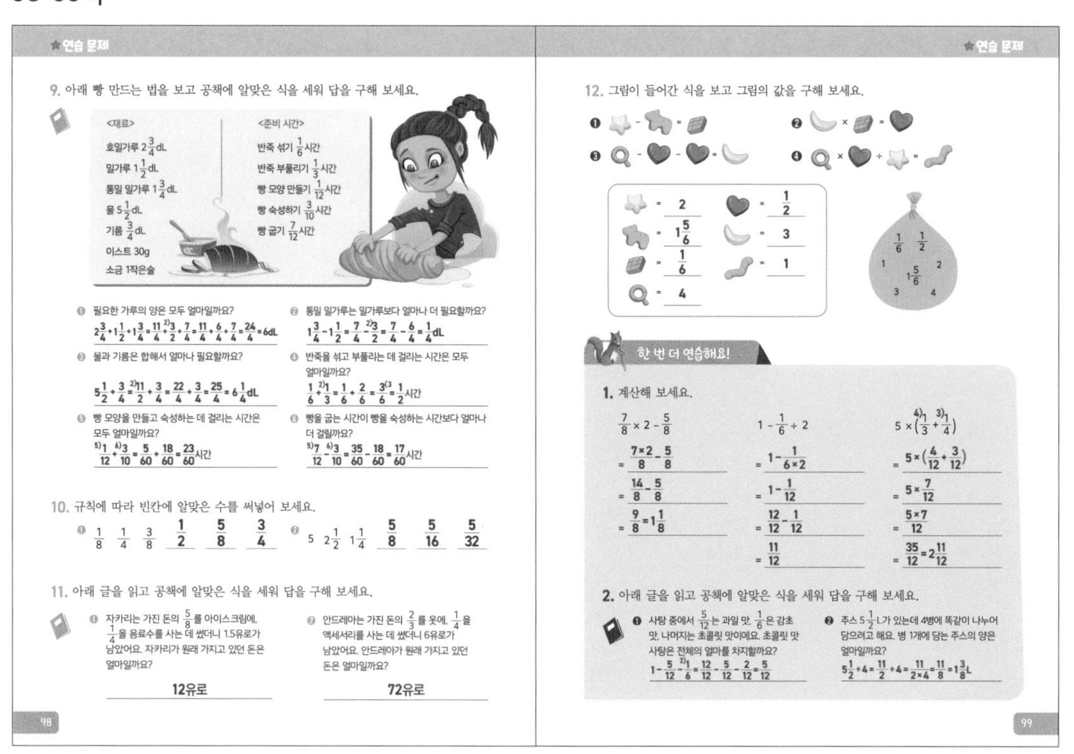

★연습 문제

9. 아래 빵 만드는 법을 보고 공책에 알맞은 식을 세워 답을 구해 보세요.

<재료> 호밀가루 $2\frac{3}{4}$dL, 밀가루 $1\frac{1}{2}$dL, 통밀 밀가루 $1\frac{3}{4}$dL, 물 $5\frac{1}{2}$dL, 기름 $\frac{3}{4}$dL, 이스트 30g, 소금 1작은술

<준비 시간> 반죽 섞기 $\frac{1}{6}$시간, 반죽 부풀리기 $\frac{1}{3}$시간, 빵 모양 만들기 $\frac{1}{12}$시간, 빵 숙성하기 $\frac{3}{10}$시간, 빵 굽기 $\frac{7}{12}$시간

❶ 필요한 가루의 양은 모두 얼마일까요?
$2\frac{3}{4}+1\frac{1}{2}+1\frac{3}{4}=\frac{11}{4}+\frac{3}{2}+\frac{7}{4}=\frac{11}{4}+\frac{6}{4}+\frac{7}{4}=\frac{24}{4}=6$dL

❷ 통밀 밀가루는 밀가루보다 얼마나 더 필요할까요?
$1\frac{3}{4}-1\frac{1}{2}=\frac{7}{4}-\frac{3}{2}=\frac{7}{4}-\frac{6}{4}=\frac{1}{4}$dL

❸ 물과 기름은 합해서 얼마나 필요할까요?
$5\frac{1}{2}+\frac{3}{4}=\frac{11}{2}+\frac{3}{4}=\frac{22}{4}+\frac{3}{4}=\frac{25}{4}=6\frac{1}{4}$dL

❹ 반죽을 섞고 부풀리는 데 걸리는 시간은 모두 얼마일까요?
$\frac{1}{6}+\frac{1}{3}=\frac{1}{6}+\frac{2}{6}=\frac{3}{6}=\frac{1}{2}$시간

❺ 빵 모양을 만들고 숙성하는 데 걸리는 시간은 모두 얼마일까요?
$\frac{1}{12}+\frac{3}{10}=\frac{5}{60}+\frac{18}{60}=\frac{23}{60}$시간

❻ 빵을 굽는 시간이 빵을 숙성하는 시간보다 얼마나 더 걸릴까요?
$\frac{7}{12}-\frac{3}{10}=\frac{35}{60}-\frac{18}{60}=\frac{17}{60}$시간

10. 규칙에 따라 빈칸에 알맞은 수를 써넣어 보세요.
❶ $\frac{1}{8}$ $\frac{1}{4}$ $\frac{3}{8}$ $\frac{1}{2}$ $\frac{5}{8}$ $\frac{3}{4}$ ❷ 5 $2\frac{1}{2}$ $1\frac{1}{4}$ $\frac{5}{8}$ $\frac{5}{16}$ $\frac{5}{32}$

11. 아래 글을 읽고 공책에 알맞은 식을 세워 답을 구해 보세요.
❶ 자카리는 가진 돈의 $\frac{5}{8}$를 아이스크림에, $\frac{1}{4}$을 음료수를 사는 데 썼더니 1.5유로가 남았어요. 자카리가 원래 가지고 있던 돈은 얼마일까요? 12유로
❷ 안드레아는 가진 돈의 $\frac{2}{3}$를 옷에, $\frac{1}{4}$을 액세서리를 사는 데 썼더니 6유로가 남았어요. 안드레아가 원래 가지고 있던 돈은 얼마일까요? 72유로

98

★연습 문제

12. 그림이 들어간 식을 보고 그림의 값을 구해 보세요.

= 2, = $1\frac{5}{6}$, = $\frac{1}{6}$, = 4, = $\frac{1}{2}$, = 3, = 1

한 번 더 연습해요!

1. 계산해 보세요.
$\frac{7}{8}\times2-\frac{5}{8}=\frac{7\times2}{8}-\frac{5}{8}=\frac{14}{8}-\frac{5}{8}=\frac{9}{8}=1\frac{1}{8}$
$1-\frac{1}{6}\div2=1-\frac{1}{6\times2}=1-\frac{1}{12}=\frac{12}{12}-\frac{1}{12}=\frac{11}{12}$
$5\times(\frac{1}{3}+\frac{1}{4})=5\times(\frac{4}{12}+\frac{3}{12})=5\times\frac{7}{12}=\frac{5\times7}{12}=\frac{35}{12}=2\frac{11}{12}$

2. 아래 글을 읽고 공책에 알맞은 식을 세워 답을 구해 보세요.
❶ 사탕 중에서 $\frac{5}{12}$는 과일 맛, $\frac{1}{6}$은 감초 맛, 나머지는 초콜릿 맛이에요. 초콜릿 맛 사탕은 전체의 얼마를 차지할까요?
$1-\frac{5}{12}-\frac{1}{6}=\frac{12}{12}-\frac{5}{12}-\frac{2}{12}=\frac{5}{12}$
❷ 주스 $5\frac{1}{2}$L가 있는데 4병에 똑같이 나누어 담으려고 해요. 병 1개에 담는 주스의 양은 얼마일까요?
$5\frac{1}{2}\div4=\frac{11}{2}\div4=\frac{11}{2\times4}=\frac{11}{8}=1\frac{3}{8}$L

99

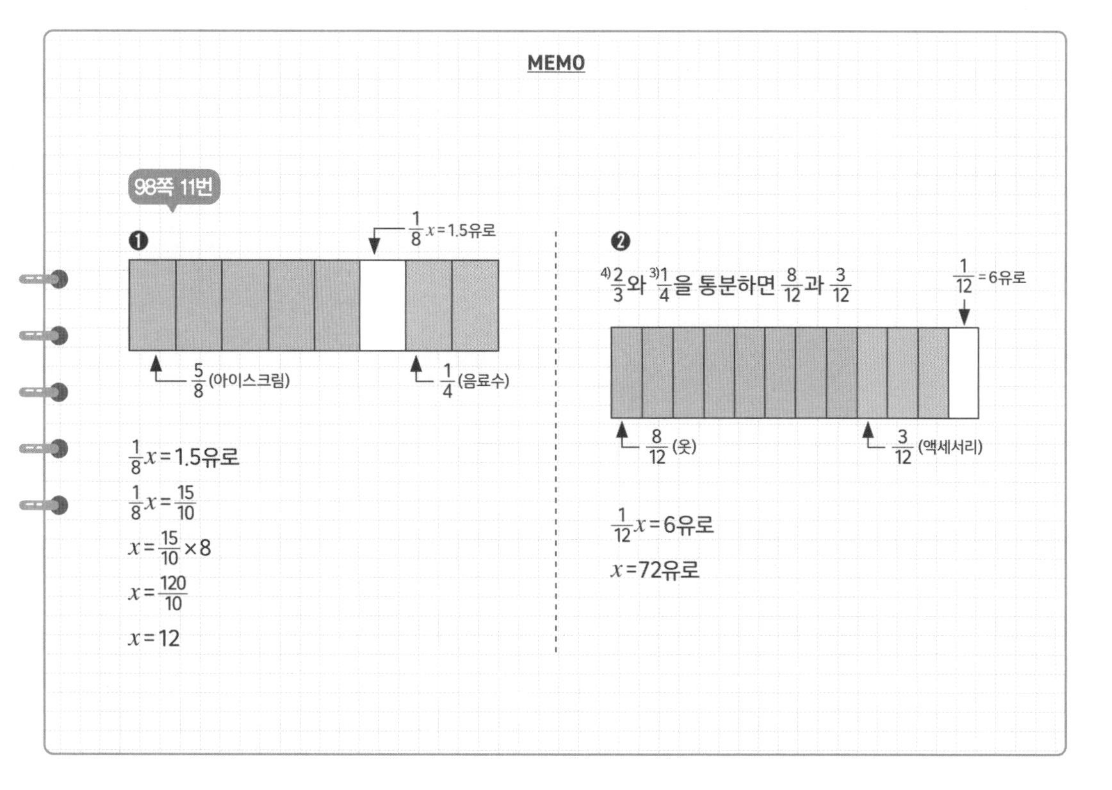

98쪽 10번

❶ 앞의 수에서 $\frac{1}{8}$씩 늘어나는 규칙이에요.
❷ 앞의 수를 절반으로 나누는 규칙이에요.

99쪽 12번

❶과 ❸은 뺄셈이라 처음 수가 큰 수가 되어야 하므로 과 은 큰 수인 4, 3, 2가 될 수 있어요.
또한 뺄셈이기 때문에 분수인 $\frac{1}{6}$, $1\frac{5}{6}$, $\frac{1}{2}$이 ❶이나 ❸에 들어가야 해요. 그런데 ❸에서 를 2번 빼 자연수가 되어야 하므로 $=\frac{1}{2}$이 돼요. ❸에 =4, 3, 2를, $=\frac{1}{2}$을 넣어 계산해 보면 =4일 때 =3, =3일 때 =2, =2일 때 =1이 나와요.
❷에 각각의 값을 대입해 식이 성립하는 값을 찾아보면 =4, $=\frac{1}{6}$, =3이에요.($3\times\frac{1}{6}=\frac{1}{2}$)
❶에 =3 또는 2를, $=\frac{1}{6}$을 넣어 계산해 보면 =2일 때 $=1\frac{5}{6}$가 나와 식이 성립해요. ($2-1\frac{5}{6}=\frac{1}{6}$)
❹에 지금까지 찾은 그림 값을 대입해 보면 $4\times\frac{1}{2}\div2=1$이므로 =1이 나와요.

100-101쪽

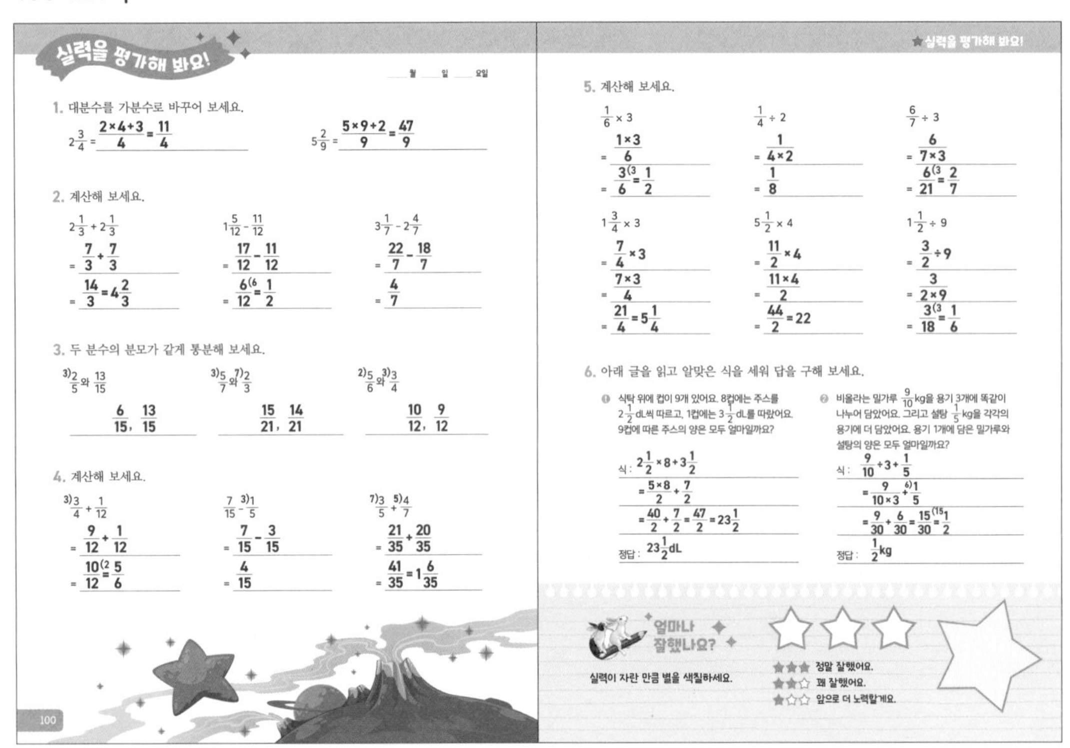

실력을 평가해 봐요!

___월 ___일 ___요일

1. 대분수를 가분수로 바꾸어 보세요.

$2\frac{3}{4}=\frac{2\times4+3}{4}=\frac{11}{4}$ $5\frac{2}{9}=\frac{5\times9+2}{9}=\frac{47}{9}$

2. 계산해 보세요.

$2\frac{1}{3}+2\frac{1}{3}=\frac{7}{3}+\frac{7}{3}=\frac{14}{3}=4\frac{2}{3}$

$1\frac{5}{12}-\frac{11}{12}=\frac{17}{12}-\frac{11}{12}=\frac{6}{12}=\frac{1}{2}$

$3\frac{1}{7}-2\frac{4}{7}=\frac{22}{7}-\frac{18}{7}=\frac{4}{7}$

3. 두 분수의 분모가 같게 통분해 보세요.

$\frac{2}{5}$와 $\frac{13}{15}$ → $\frac{6}{15}, \frac{13}{15}$

$\frac{5}{7}$와 $\frac{2}{3}$ → $\frac{15}{21}, \frac{14}{21}$

$\frac{5}{6}$와 $\frac{3}{4}$ → $\frac{10}{12}, \frac{9}{12}$

4. 계산해 보세요.

$\frac{3}{4}+\frac{1}{12}=\frac{9}{12}+\frac{1}{12}=\frac{10}{12}=\frac{5}{6}$

$\frac{7}{15}-\frac{1}{5}=\frac{7}{15}-\frac{3}{15}=\frac{4}{15}$

$\frac{3}{5}+\frac{4}{7}=\frac{21}{35}+\frac{20}{35}=\frac{41}{35}=1\frac{6}{35}$

100

★실력을 평가해 봐요!

5. 계산해 보세요.

$\frac{1}{6}\times3=\frac{1\times3}{6}=\frac{3}{6}=\frac{1}{2}$

$\frac{1}{4}\div2=\frac{1}{4\times2}=\frac{1}{8}$

$\frac{6}{7}\div3=\frac{6}{7\times3}=\frac{6}{21}=\frac{2}{7}$

$1\frac{3}{4}\times3=\frac{7}{4}\times3=\frac{7\times3}{4}=\frac{21}{4}=5\frac{1}{4}$

$5\frac{1}{2}\times4=\frac{11}{2}\times4=\frac{11\times4}{2}=\frac{44}{2}=22$

$1\frac{1}{2}\div9=\frac{3}{2}\div9=\frac{3}{2\times9}=\frac{3}{18}=\frac{1}{6}$

6. 아래 글을 읽고 알맞은 식을 세워 답을 구해 보세요.

① 식탁 위에 컵이 9개 있어요. 8컵에는 주스를 $2\frac{1}{2}$dL씩 따르고, 1컵에는 $3\frac{1}{2}$dL를 따랐어요. 9컵에 따른 주스의 양은 모두 얼마일까요?

식: $2\frac{1}{2}\times8+3\frac{1}{2}=\frac{5\times8}{2}+\frac{7}{2}=\frac{40}{2}+\frac{7}{2}=\frac{47}{2}=23\frac{1}{2}$

정답: $23\frac{1}{2}$dL

② 비올라는 밀가루 $\frac{9}{10}$kg을 용기 3개에 똑같이 나누어 담았어요. 그리고 설탕 $\frac{1}{5}$kg을 각각의 용기에 더 담았어요. 용기 1개에 담은 밀가루와 설탕의 양은 모두 얼마일까요?

식: $\frac{9}{10}\div3+\frac{1}{5}=\frac{9}{10\times3}+\frac{1}{5}=\frac{9}{30}+\frac{6}{30}=\frac{15}{30}=\frac{1}{2}$

정답: $\frac{1}{2}$kg

얼마나 잘했나요?

실력이 자란 만큼 별을 색칠하세요.

★★★ 정말 잘했어요.
★★☆ 꽤 잘했어요.
★☆☆ 앞으로 더 노력할게요.

102-103쪽

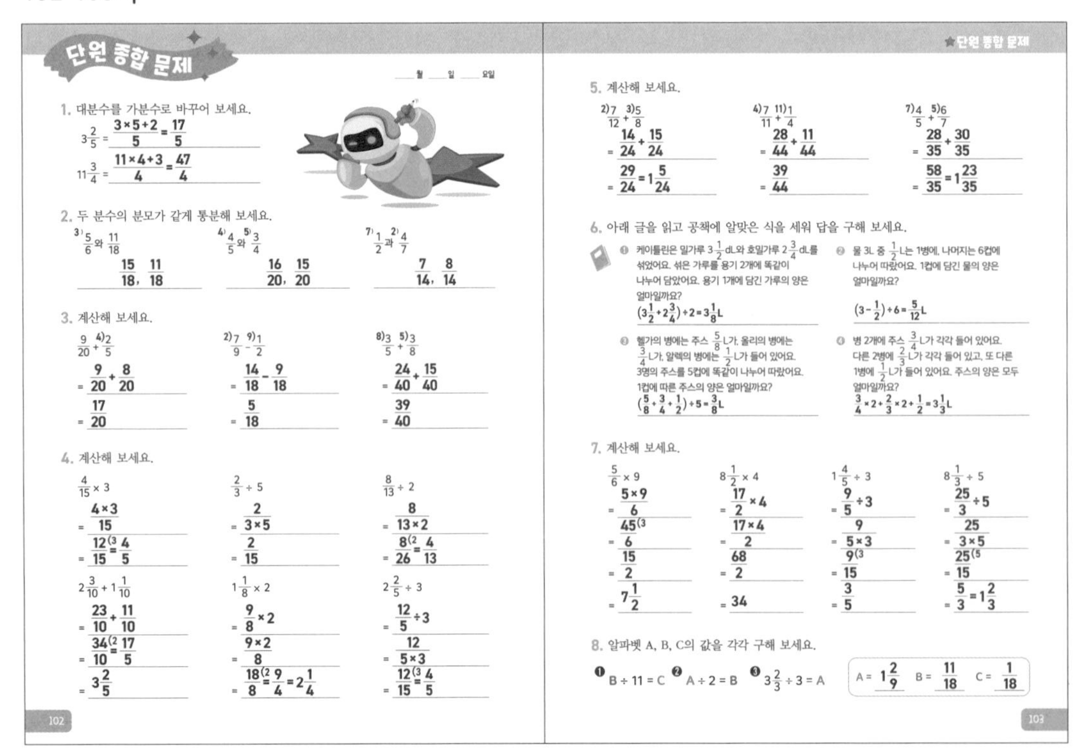

단원 종합 문제

___월 ___일 ___요일

1. 대분수를 가분수로 바꾸어 보세요.

$3\frac{2}{5}=\frac{3\times5+2}{5}=\frac{17}{5}$

$11\frac{3}{4}=\frac{11\times4+3}{4}=\frac{47}{4}$

2. 두 분수의 분모가 같게 통분해 보세요.

$\frac{5}{6}$와 $\frac{11}{18}$ → $\frac{15}{18}, \frac{11}{18}$

$\frac{4}{5}$와 $\frac{3}{4}$ → $\frac{16}{20}, \frac{15}{20}$

$\frac{1}{2}$과 $\frac{4}{7}$ → $\frac{7}{14}, \frac{8}{14}$

3. 계산해 보세요.

$\frac{9}{20}+\frac{2}{5}=\frac{9}{20}+\frac{8}{20}=\frac{17}{20}$

$\frac{7}{9}-\frac{1}{2}=\frac{14}{18}-\frac{9}{18}=\frac{5}{18}$

$\frac{3}{5}+\frac{3}{8}=\frac{24}{40}+\frac{15}{40}=\frac{39}{40}$

4. 계산해 보세요.

$\frac{4}{15}\times3=\frac{4\times3}{15}=\frac{12}{15}=\frac{4}{5}$

$\frac{2}{3}\div5=\frac{2}{3\times5}=\frac{2}{15}$

$\frac{8}{13}\div2=\frac{8}{13\times2}=\frac{8}{26}=\frac{4}{13}$

$2\frac{3}{10}+1\frac{1}{10}=\frac{23}{10}+\frac{11}{10}=\frac{34}{10}=\frac{17}{5}=3\frac{2}{5}$

$1\frac{1}{8}\times2=\frac{9}{8}\times2=\frac{9\times2}{8}=\frac{18}{8}=\frac{9}{4}=2\frac{1}{4}$

$2\frac{2}{5}\div3=\frac{12}{5}\div3=\frac{12}{5\times3}=\frac{12}{15}=\frac{4}{5}$

102

★단원 종합 문제

5. 계산해 보세요.

$\frac{7}{12}+\frac{5}{8}=\frac{14}{24}+\frac{15}{24}=\frac{29}{24}=1\frac{5}{24}$

$\frac{7}{11}+\frac{1}{4}=\frac{28}{44}+\frac{11}{44}=\frac{39}{44}$

$\frac{4}{5}+\frac{6}{7}=\frac{28}{35}+\frac{30}{35}=\frac{58}{35}=1\frac{23}{35}$

6. 아래 글을 읽고 공책에 알맞은 식을 세워 답을 구해 보세요.

① 케이틀린은 밀가루 $3\frac{1}{2}$dL와 호밀가루 $2\frac{3}{4}$dL를 섞었어요. 섞은 가루를 용기 2개에 똑같이 나누어 담았어요. 용기 1개에 담긴 가루의 양은 얼마일까요?

$(3\frac{1}{2}+2\frac{3}{4})\div2=3\frac{1}{8}$L

② 물 3L 중 $\frac{1}{2}$L는 1병에, 나머지는 6컵에 나누어 따랐어요. 1컵에 담긴 물의 양은 얼마일까요?

$(3-\frac{1}{2})\div6=\frac{5}{12}$L

③ 헬가의 병에는 주스 $\frac{5}{8}$L가, 올리의 병에는 $\frac{3}{4}$L가, 알렉의 병에는 $\frac{1}{2}$L가 들어 있어요. 3명의 주스를 5컵에 똑같이 나누어 따랐어요. 1컵에 따른 주스의 양은 얼마일까요?

$(\frac{5}{8}+\frac{3}{4}+\frac{1}{2})\div5=\frac{3}{8}$L

④ 병 2개에 주스 $\frac{3}{4}$L가 각각 들어 있어요. 다른 2병에 $\frac{2}{3}$L가 각각 들어 있고, 또 다른 1병에 $\frac{1}{2}$L가 들어 있어요. 주스의 양은 모두 얼마일까요?

$\frac{3}{4}\times2+\frac{2}{3}\times2+\frac{1}{2}=3\frac{1}{3}$L

7. 계산해 보세요.

$\frac{5}{6}\times9=\frac{5\times9}{6}=\frac{45}{6}=\frac{15}{2}=7\frac{1}{2}$

$8\frac{1}{2}\times4=\frac{17}{2}\times4=\frac{17\times4}{2}=\frac{68}{2}=34$

$1\frac{4}{5}\div3=\frac{9}{5}\div3=\frac{9}{5\times3}=\frac{9}{15}=\frac{3}{5}$

$8\frac{1}{3}\div5=\frac{25}{3}\div5=\frac{25}{3\times5}=\frac{25}{15}=\frac{5}{3}=1\frac{2}{3}$

8. 알파벳 A, B, C의 값을 각각 구해 보세요.

① $B\div11=C$ ② $A\div2=B$ ③ $3\frac{2}{3}\div3=A$

$A=1\frac{2}{9}$ $B=\frac{11}{18}$ $C=\frac{1}{18}$

103

103쪽 8번

③ $3\frac{2}{3}\div3=A$, $3\frac{2}{3}\div3=\frac{11}{3}\div3$
$=\frac{11}{3\times3}=\frac{11}{9}=1\frac{2}{9}$, $A=1\frac{2}{9}$

② $A\div2=B$, $1\frac{2}{9}\div2=B$
$\frac{11}{9}\div2=\frac{11}{9\times2}=\frac{11}{18}$, $B=\frac{11}{18}$

① $B\div11=C$, $\frac{11}{18}\div11=C$
$\frac{11}{18\times11}=\frac{1}{18}$, $C=\frac{1}{18}$

104-105쪽

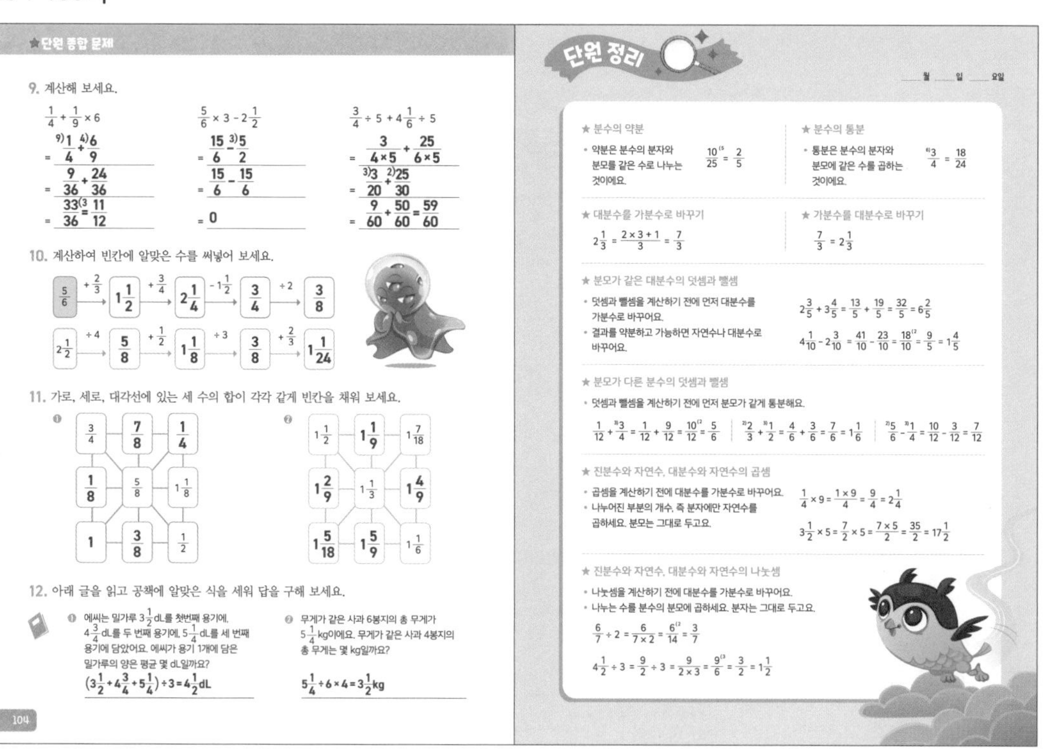

108-109쪽

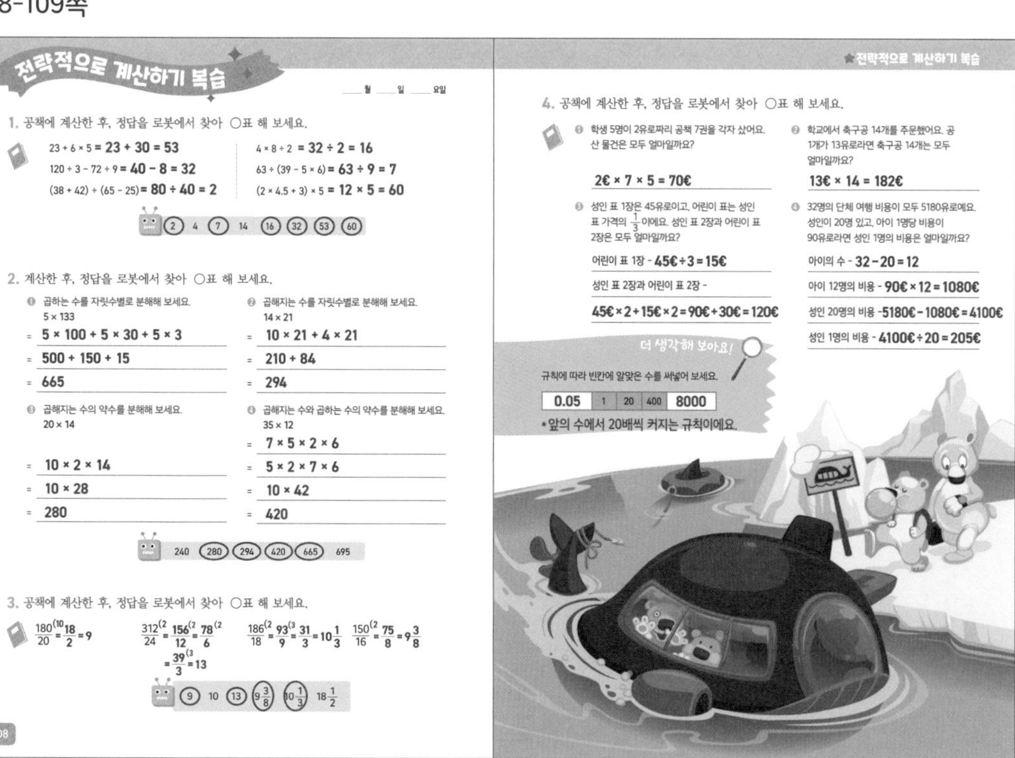

110-111쪽

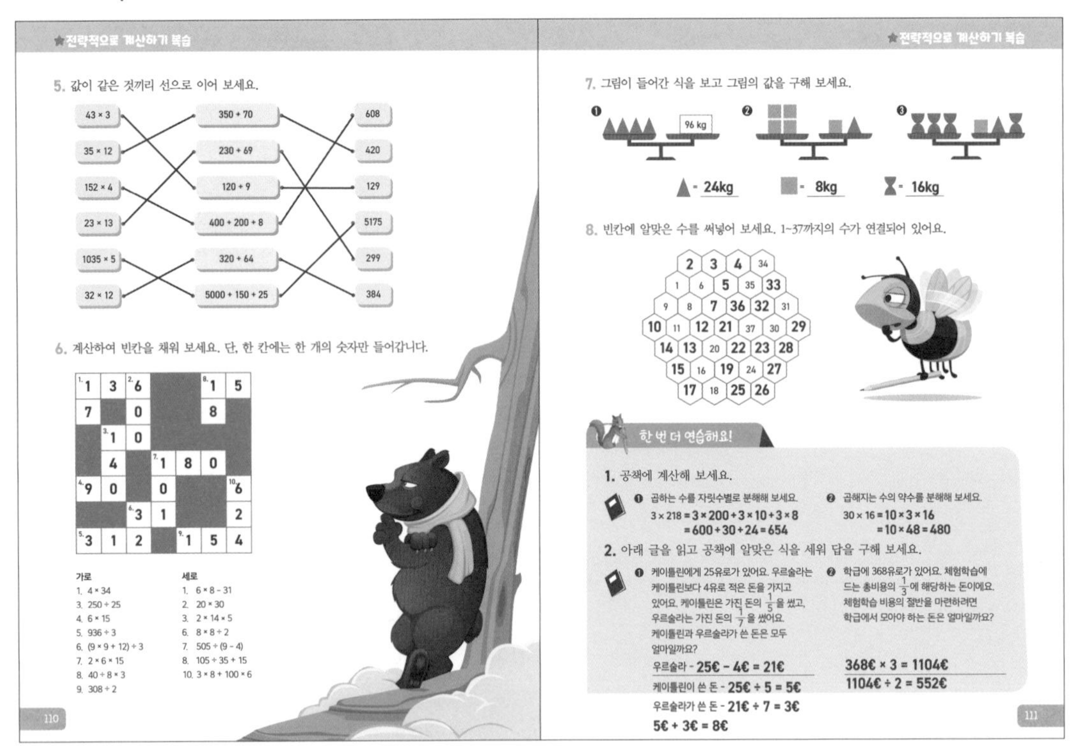
★전략적으로 계산하기 복습

5. 값이 같은 것끼리 선으로 이어 보세요.

43×3, 35×12, 152×4, 23×13, 1035×5, 32×12

350+70, 230+69, 120+9, 400+200+8, 320+64, 5000+150+25

608, 420, 129, 5175, 299, 384

6. 계산하여 빈칸을 채워 보세요. 단, 한 칸에는 한 개의 숫자만 들어갑니다.

가로
1. 4×34
3. 250÷25
4. 6×15
5. 936÷3
6. (9×9+12)÷3
7. 2×6×15
8. 40÷8×3
9. 308÷2

세로
1. 6×8−31
2. 20×30
3. 2×14×5
6. 8×8÷2
7. 505÷(9−4)
8. 105÷35+15
10. 3×8+100×6

7. 그림이 들어간 식을 보고 그림의 값을 구해 보세요.

▲=24kg ■=8kg ⧗=16kg

8. 빈칸에 알맞은 수를 써넣어 보세요. 1~37까지의 수가 연결되어 있어요.

한 번 더 연습해요!

1. 공책에 계산해 보세요.

❶ 곱하는 수를 자릿수별로 분해해 보세요.
$3\times218=3\times200+3\times10+3\times8=600+30+24=654$

❷ 곱해지는 수의 약수를 분해해 보세요.
$30\times16=10\times3\times16=10\times48=480$

2. 아래 글을 읽고 공책에 알맞은 식을 세워 답을 구해 보세요.

❶ 케이틀린에게 25유로가 있어요. 우르술라는 케이틀린보다 4유로 적은 돈을 가지고 있어요. 케이틀린은 가진 돈의 $\frac{1}{5}$을 썼고, 우르술라는 가진 돈의 $\frac{1}{7}$을 썼어요. 케이틀린과 우르술라가 쓴 돈은 모두 얼마일까요?

우르술라 - 25€ − 4€ = 21€
케이틀린이 쓴 돈 - 25€ ÷ 5 = 5€
우르술라가 쓴 돈 - 21€ ÷ 7 = 3€
5€ + 3€ = 8€

❷ 학급에 368유로가 있어요. 체험학습에 드는 총비용의 $\frac{1}{3}$에 해당하는 돈이에요. 체험학습 비용의 절반을 마련하려면 학급에서 모아야 하는 돈은 얼마일까요?

368€ × 3 = 1104€
1104€ ÷ 2 = 552€

110 111

111쪽 7번

❶ ▲ $=96\div4=24$kg

❷ ■■■■ = ■ +24
■■■ =24, ■ =8kg

❸ ⧗⧗⧗ = ■▲⧗
⧗⧗ = ■▲, ⧗⧗ =24+8
⧗⧗ =32, ⧗ =16kg

112-113쪽

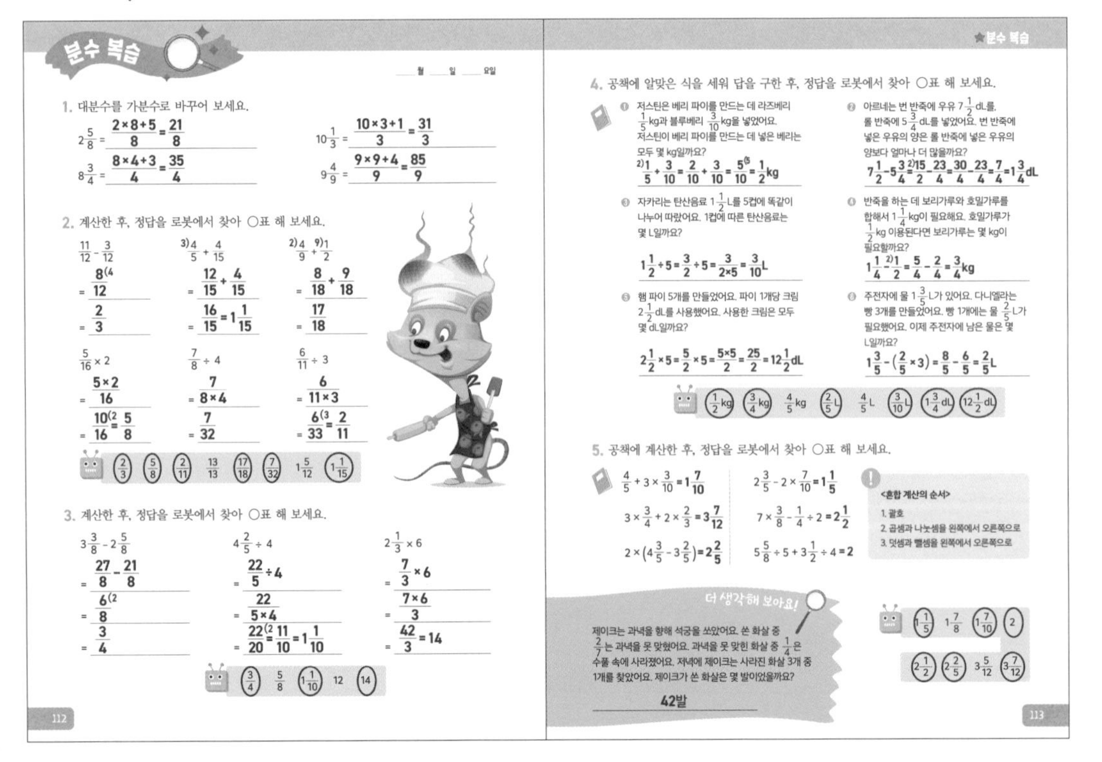
분수 복습

1. 대분수를 가분수로 바꾸어 보세요.

$2\frac{5}{8}=\frac{2\times8+5}{8}=\frac{21}{8}$　$10\frac{1}{3}=\frac{10\times3+1}{3}=\frac{31}{3}$

$8\frac{3}{4}=\frac{8\times4+3}{4}=\frac{35}{4}$　$9\frac{4}{9}=\frac{9\times9+4}{9}=\frac{85}{9}$

2. 계산한 후, 정답을 로봇에서 찾아 ○표 해 보세요.

$\frac{11}{12}-\frac{3}{12}=\frac{8}{12}=\frac{2}{3}$　$\frac{4}{5}+\frac{4}{15}=\frac{12}{15}+\frac{4}{15}=\frac{16}{15}=1\frac{1}{15}$　$\frac{4}{9}+\frac{1}{2}=\frac{8}{18}+\frac{9}{18}=\frac{17}{18}$

$\frac{5}{16}\times2=\frac{5\times2}{16}=\frac{10}{16}=\frac{5}{8}$　$\frac{7}{8}\div4=\frac{7}{8\times4}=\frac{7}{32}$　$\frac{6}{11}\div3=\frac{6}{11\times3}=\frac{6}{33}=\frac{2}{11}$

3. 계산한 후, 정답을 로봇에서 찾아 ○표 해 보세요.

$3\frac{3}{8}-2\frac{5}{8}=\frac{27}{8}-\frac{21}{8}=\frac{6}{8}=\frac{3}{4}$

$4\frac{2}{5}\div4=\frac{22}{5}\div4=\frac{22}{5\times4}=\frac{22}{20}=\frac{11}{10}=1\frac{1}{10}$

$2\frac{1}{3}\times6=\frac{7}{3}\times6=\frac{7\times6}{3}=\frac{42}{3}=14$

4. 공책에 알맞은 식을 세워 답을 구한 후, 정답을 로봇에서 찾아 ○표 해 보세요.

❶ $\frac{1}{5}+\frac{3}{10}=\frac{2}{10}+\frac{3}{10}=\frac{5}{10}=\frac{1}{2}$kg

❷ $7\frac{1}{2}-5\frac{3}{4}=\frac{15}{2}-\frac{23}{4}=\frac{30}{4}-\frac{23}{4}=\frac{7}{4}=1\frac{3}{4}$dL

❸ $1\frac{1}{2}\div5=\frac{3}{2}\div5=\frac{3}{2\times5}=\frac{3}{10}$L

❹ $1\frac{1}{4}-\frac{1}{2}=\frac{5}{4}-\frac{2}{4}=\frac{3}{4}$kg

❺ $2\frac{1}{2}\times5=\frac{5}{2}\times5=\frac{5\times5}{2}=\frac{25}{2}=12\frac{1}{2}$dL

❻ $1\frac{3}{5}-(\frac{2}{5}\times3)=\frac{8}{5}-\frac{6}{5}=\frac{2}{5}$L

5. 공책에 계산한 후, 정답을 로봇에서 찾아 ○표 해 보세요.

$\frac{4}{5}+3\times\frac{3}{10}=1\frac{7}{10}$　$2\frac{3}{5}-2\times\frac{7}{10}=1\frac{1}{5}$

$3\times\frac{3}{4}+2\times\frac{2}{3}=3\frac{7}{12}$　$7\times\frac{3}{8}-\frac{1}{4}\div2=2\frac{1}{2}$

$2\times(4\frac{3}{5}-3\frac{2}{5})=2\frac{2}{5}$　$5\frac{5}{8}\div5+3\frac{1}{2}\div4=2$

<혼합 계산의 순서>
1. 괄호
2. 곱셈과 나눗셈을 왼쪽에서 오른쪽으로
3. 덧셈과 뺄셈을 왼쪽에서 오른쪽으로

더 생각해 보아요!

제이크는 과녁을 향해 석궁을 쐈어요. 쏜 화살 중 $\frac{2}{7}$는 과녁을 못 맞혔어요. 과녁을 못 맞힌 화살 중 $\frac{1}{4}$은 수풀 속에 사라졌어요. 저녁에 제이크는 사라진 화살 3개 중 1개를 찾았어요. 제이크가 쏜 화살은 몇 발이었을까요?

42발

112 113

더 생각해 보아요! | 113쪽

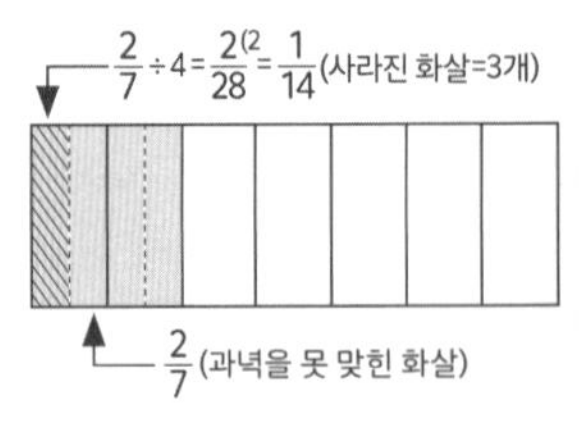

그러므로 제이크가 쏜 화살의 개수는 $3\times14=42$, 42발

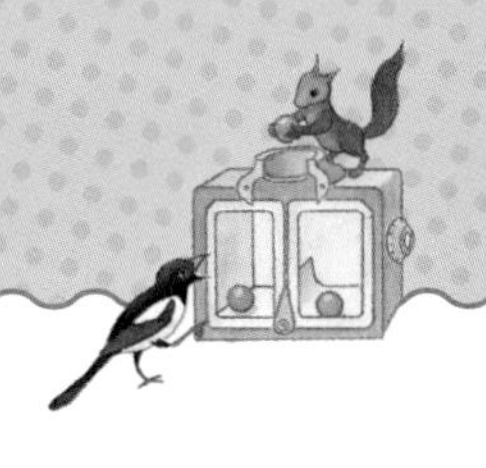

114-115쪽

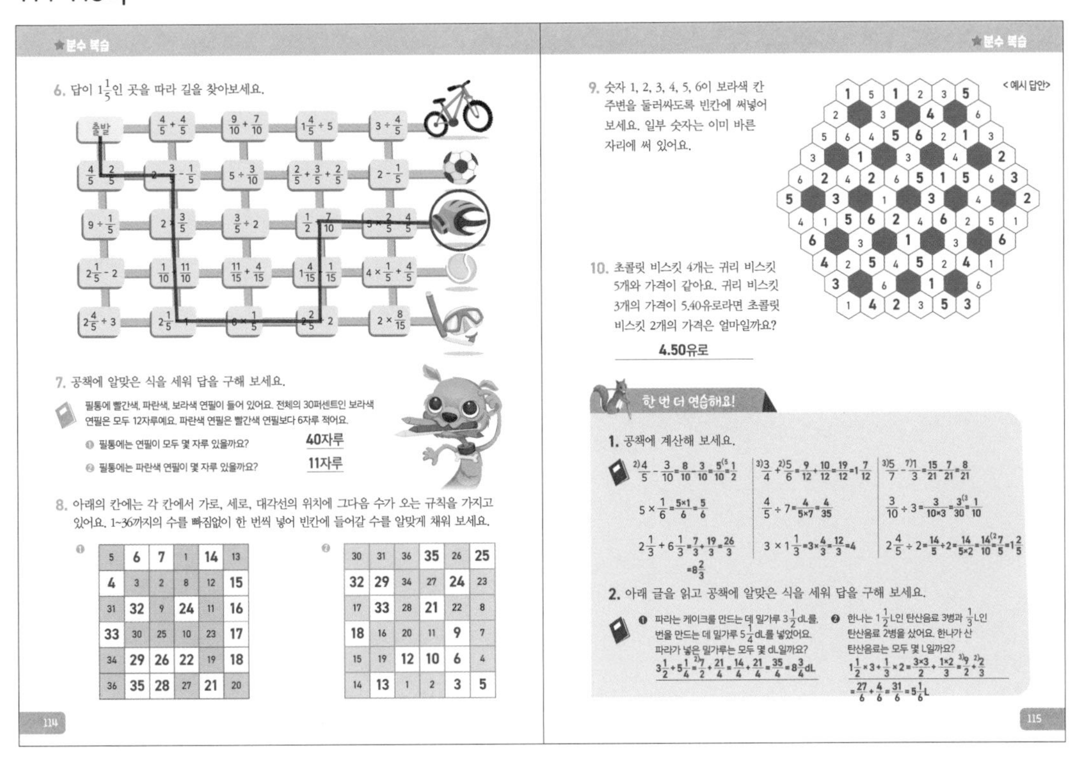

분수 복습

6. 답이 $1\frac{1}{5}$인 곳을 따라 길을 찾아보세요.

7. 공책에 알맞은 식을 세워 답을 구해 보세요.

필통에 빨간색, 파란색, 보라색 연필이 들어 있어요. 전체의 30퍼센트인 보라색 연필은 모두 12자루예요. 파란색 연필은 빨간색 연필보다 6자루 적어요.

❶ 필통에는 연필이 모두 몇 자루 있을까요? **40자루**

❷ 필통에는 파란색 연필이 몇 자루 있을까요? **11자루**

8. 아래의 칸에는 각 칸에서 가로, 세로, 대각선의 위치에 그다음 수가 오는 규칙을 가지고 있어요. 1~36까지의 수를 빠짐없이 한 번씩 넣어 빈칸에 들어갈 수를 알맞게 채워 보세요.

❶

5	6	7	1	14	13
4	3	2	8	12	15
31	32	9	24	11	16
33	30	25	10	23	17
34	29	26	22	19	18
36	35	28	27	21	20

❷

30	31	36	35	26	25
32	29	34	27	24	23
17	33	28	21	22	8
18	16	20	11	9	7
15	19	12	10	6	4
14	13	1	2	3	5

9. 숫자 1, 2, 3, 4, 5, 6이 보라색 칸 주변을 둘러싸도록 빈칸에 써넣어 보세요. 일부 숫자는 이미 바른 자리에 써 있어요. <예시 답안>

10. 초콜릿 비스킷 4개는 귀리 비스킷 5개와 가격이 같아요. 귀리 비스킷 3개의 가격이 5.40유로라면 초콜릿 비스킷 2개의 가격은 얼마일까요? **4.50유로**

한 번 더 연습해요!

1. 공책에 계산해 보세요.

2. 아래 글을 읽고 공책에 알맞은 식을 세워 답을 구해 보세요.

❶ 파라는 케이크를 만드는 데 밀가루 $3\frac{1}{2}$dL를, 빵을 만드는 데 밀가루 $5\frac{1}{4}$dL를 넣었어요. 파라가 넣은 밀가루는 모두 몇 dL일까요?

$3\frac{1}{2}+5\frac{1}{4}=\frac{7}{2}+\frac{21}{4}=\frac{14}{4}+\frac{21}{4}=\frac{35}{4}=8\frac{3}{4}$dL

❷ 한나는 $1\frac{1}{2}$L인 탄산음료 3병과 $\frac{1}{3}$L인 탄산음료 2병을 샀어요. 한나가 산 탄산음료는 모두 몇 L일까요?

$=\frac{27}{6}+\frac{4}{6}=\frac{31}{6}=5\frac{1}{6}$L

114쪽 7번

❶ 보라색 연필은 전체의 30%이며 12자루예요. 10%는 4자루, 100%는 40자루예요.

❷ 파란색 연필을 x라 하면, 빨간색 연필은 $x+6$이에요.
$x+x+6+12=40$, $x+x=22$
$x=11$

115쪽 10번

귀리 비스킷 3개=5.40€, 귀리 비스킷 1개는 5.40÷3=1.80€
초콜릿 비스킷 4개=귀리 비스킷 5개, 초콜릿 비스킷 4개=1.80€×5=9€
초콜릿 비스킷 2개=9€÷2=4.50€

118-119쪽

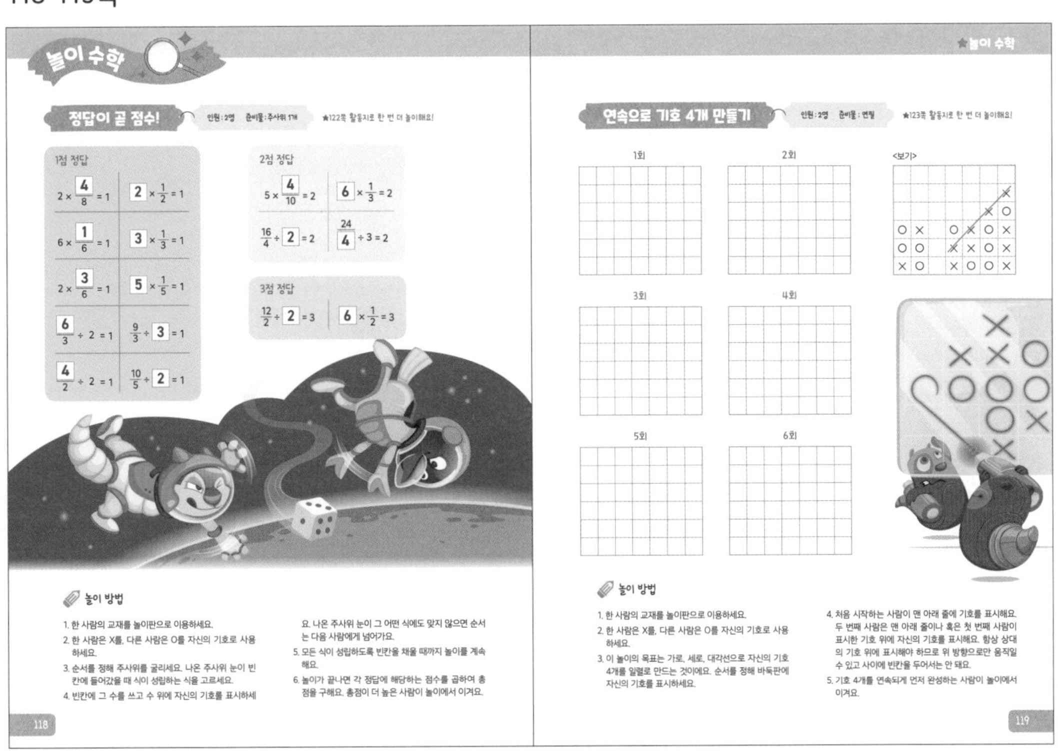

놀이 수학

정답이 곧 점수!

1점 정답 / 2점 정답 / 3점 정답

놀이 방법

1. 한 사람의 교재를 놀이판으로 이용하세요.
2. 한 사람은 X를, 다른 사람은 O를 자신의 기호로 사용하세요.
3. 순서를 정해 주사위를 굴리세요. 나온 주사위 눈이 빈칸에 들어갔을 때 식이 성립하는 식을 고르세요.
4. 빈칸에 그 수를 쓰고 수 위에 자신의 기호를 표시하세요. 나온 주사위 눈이 그 어떤 식에도 맞지 않으면 순서는 다음 사람에게 넘어가요.
5. 모든 식이 성립하도록 빈칸을 채울 때까지 놀이를 계속해요.
6. 놀이가 끝나면 각 정답에 해당하는 점수를 곱하여 총점을 구해요. 총점이 더 높은 사람이 놀이에서 이겨요.

연속으로 기호 4개 만들기

놀이 방법

1. 한 사람의 교재를 놀이판으로 이용하세요.
2. 한 사람은 X를, 다른 사람은 O를 자신의 기호로 사용하세요.
3. 이 놀이의 목표는 가로, 세로, 대각선으로 자신의 기호 4개를 일렬로 만드는 것이에요. 순서를 정해 바둑판에 자신의 기호를 표시하세요.
4. 처음 시작하는 사람이 맨 아래 줄에 기호를 표시해요. 두 번째 사람은 맨 아래 줄이나 혹은 첫 번째 사람이 표시한 기호 위에 자신의 기호를 표시해요. 항상 상대의 기호 위에 표시해야 하므로 위 방향으로만 움직일 수 있고 사이에 빈칸을 두어서는 안 돼요.
5. 기호 4개를 연속되게 먼저 완성하는 사람이 놀이에서 이겨요.

핀란드 6학년 수학 교과서 6-1

정답과 해설

2권

8-9쪽

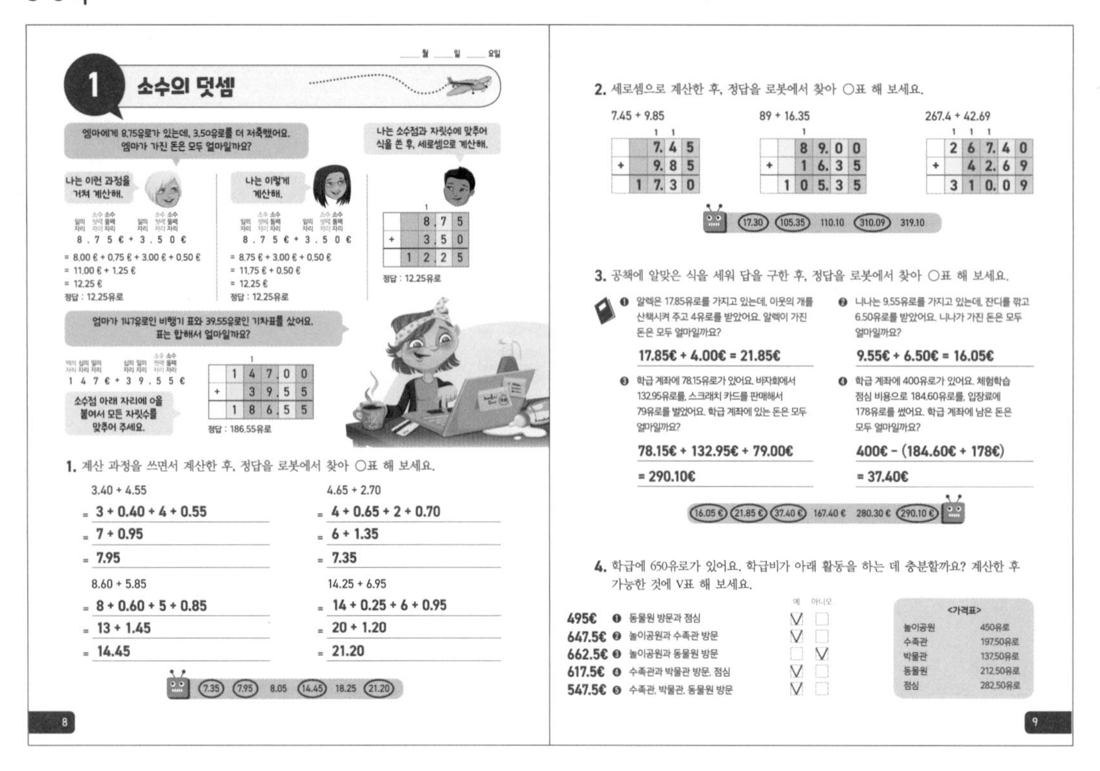

월 일 요일

1 소수의 덧셈

엠마에게 8.75유로가 있는데, 3.50유로를 더 저축했어요. 엠마가 가진 돈은 모두 얼마일까요?

나는 소수점과 자릿수에 맞추어 식을 쓴 후, 세로셈으로 계산해.

나는 이런 과정을 거쳐 계산해.

8.75 € + 3.50 €
= 8.00 € + 0.75 € + 3.00 € + 0.50 €
= 11.00 € + 1.25 €
= 12.25 €
정답 : 12.25유로

나는 이렇게 계산해.

8.75 € + 3.50 €
= 8.75 € + 3.00 € + 0.50 €
= 11.75 € + 0.50 €
= 12.25 €
정답 : 12.25유로

	8	7	5
+	3	5	0
1	2	2	5

정답 : 12.25유로

엄마가 147유로인 비행기 표와 39.55유로인 기차표를 샀어요. 표는 합해서 얼마일까요?

147 € + 39.55 €

소수점 아래 자리에 0을 붙여서 모든 자릿수를 맞추어 주세요.

	1	4	7.	0	0
+		3	9.	5	5
	1	8	6.	5	5

정답 : 186.55유로

1. 계산 과정을 쓰면서 계산한 후, 정답을 로봇에서 찾아 ○표 해 보세요.

3.40 + 4.55
= 3 + 0.40 + 4 + 0.55
= 7 + 0.95
= 7.95

4.65 + 2.70
= 4 + 0.65 + 2 + 0.70
= 6 + 1.35
= 7.35

8.60 + 5.85
= 8 + 0.60 + 5 + 0.85
= 13 + 1.45
= 14.45

14.25 + 6.95
= 14 + 0.25 + 6 + 0.95
= 20 + 1.20
= 21.20

(7.35) (7.95) 8.05 (14.45) 18.25 (21.20)

8

2. 세로셈으로 계산한 후, 정답을 로봇에서 찾아 ○표 해 보세요.

7.45 + 9.85 = 17.30
89 + 16.35 = 105.35
267.4 + 42.69 = 310.09

(17.30) (105.35) 110.10 (310.09) 319.10

3. 공책에 알맞은 식을 세워 답을 구한 후, 정답을 로봇에서 찾아 ○표 해 보세요.

❶ 알렉은 17.85유로를 가지고 있는데, 이웃의 개를 산책시켜 주고 4유로를 받았어요. 알렉이 가진 돈은 모두 얼마일까요?
17.85€ + 4.00€ = 21.85€

❷ 나나는 9.55유로를 가지고 있는데, 잔디를 깎고 6.50유로를 받았어요. 나나가 가진 돈은 모두 얼마일까요?
9.55€ + 6.50€ = 16.05€

❸ 학급 계좌에 78.15유로가 있어요. 바자회에서 132.95유로를, 스크래치 카드를 판매해서 79유로를 벌었어요. 학급 계좌에 있는 돈은 모두 얼마일까요?
78.15€ + 132.95€ + 79.00€
= 290.10€

❹ 학급 계좌에 400유로가 있어요. 체험학습 점심 비용으로 184.60유로를, 입장료에 178유로를 썼어요. 학급 계좌에 남은 돈은 모두 얼마일까요?
400€ - (184.60€ + 178€)
= 37.40€

(16.05 €) (21.85 €) (37.40 €) 167.40 € 280.30 € (290.10 €)

4. 학급에 650유로가 있어요. 학급비가 아래 활동을 하는 데 충분할까요? 계산한 후 가능한 것에 V표 해 보세요.

		예	아니오
495€	❶ 동물원 방문과 점심	V	
647.5€	❷ 놀이공원과 수족관 방문	V	
662.5€	❸ 놀이공원과 동물원 방문		V
617.5€	❹ 수족관과 박물관 방문, 점심	V	
547.5€	❺ 수족관, 박물관, 동물원 방문	V	

<가격표>

놀이공원	450유로
수족관	197.50유로
박물관	137.50유로
동물원	212.50유로
점심	282.50유로

9

보충 가이드 | 8쪽

소수는 자연수와 같은 십진기수법의 원리에 따르기 때문에 분수의 덧뺄셈보다 덧뺄셈 계산이 편리하답니다.
자연수의 계산에서 일의 자리, 십의 자리, 백의 자리끼리 자리의 값에 맞추어 계산하는 것처럼 소수에서도 자리의 값에 맞추어 계산을 해 주면 되지요.
자리의 값에 맞추어 계산하기 위해서는 세로셈을 이용하면 좀 더 쉽게 계산할 수 있어요.

10-11쪽

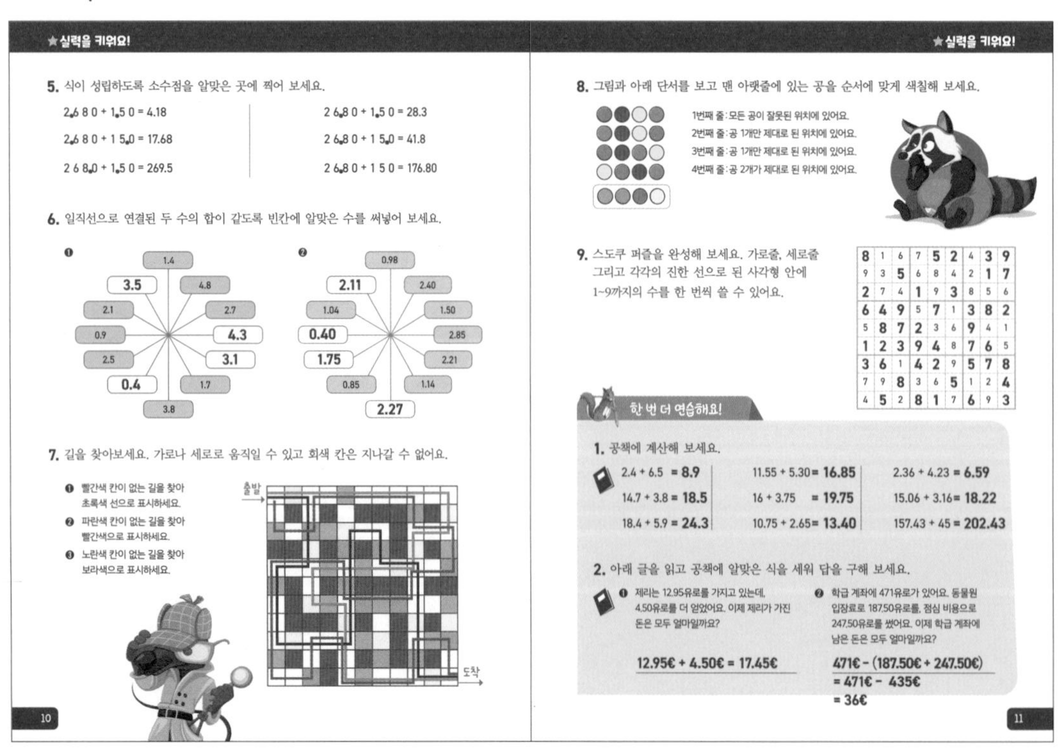

★실력을 키워요!

5. 식이 성립하도록 소수점을 알맞은 곳에 찍어 보세요.

2.680 + 1.50 = 4.18
26.80 + 1.50 = 28.3
2.680 + 15.0 = 17.68
26.80 + 15.0 = 41.8
268.0 + 1.50 = 269.5
26.80 + 150 = 176.80

6. 일직선으로 연결된 두 수의 합이 같도록 빈칸에 알맞은 수를 써넣어 보세요.

❶ 1.4, 3.5, 4.8, 2.1, 2.7, 0.9, 4.3, 2.5, 3.1, 0.4, 1.7, 3.8

❷ 0.98, 2.11, 2.40, 1.04, 1.50, 0.40, 2.85, 1.75, 2.21, 0.85, 1.14, 2.27

7. 길을 찾아보세요. 가로나 세로로 움직일 수 있고 회색 칸은 지나갈 수 없어요.

❶ 빨간색 칸이 없는 길을 찾아 초록색 선으로 표시하세요.
❷ 파란색 칸이 없는 길을 찾아 빨간색으로 표시하세요.
❸ 노란색 칸이 없는 길을 찾아 보라색으로 표시하세요.

출발
도착

10

★실력을 키워요!

8. 그림과 아래 단서를 보고 맨 아랫줄에 있는 공을 순서에 맞게 색칠해 보세요.

1번째 줄 : 모든 공이 잘못된 위치에 있어요.
2번째 줄 : 공 1개만 제대로 된 위치에 있어요.
3번째 줄 : 공 1개만 제대로 된 위치에 있어요.
4번째 줄 : 공 2개가 제대로 된 위치에 있어요.

9. 스도쿠 퍼즐을 완성해 보세요. 가로줄, 세로줄 그리고 각각의 진한 선으로 된 사각형 안에 1~9까지의 수를 한 번씩 쓸 수 있어요.

8	1	6	7	5	2	4	3	9
9	3	5	6	8	4	2	1	7
2	7	4	1	9	3	8	5	6
6	4	9	5	7	1	3	8	2
5	8	7	2	3	6	9	4	1
1	2	3	9	4	8	7	6	5
3	6	1	4	2	9	5	7	8
7	9	8	3	6	5	1	2	4
4	5	2	8	1	7	6	9	3

한 번 더 연습해요!

1. 공책에 계산해 보세요.

2.4 + 6.5 = 8.9
14.7 + 3.8 = 18.5
18.4 + 5.9 = 24.3
11.55 + 5.30 = 16.85
16 + 3.75 = 19.75
10.75 + 2.65 = 13.40
2.36 + 4.23 = 6.59
15.06 + 3.16 = 18.22
157.43 + 45 = 202.43

2. 아래 글을 읽고 공책에 알맞은 식을 세워 답을 구해 보세요.

❶ 제리는 12.95유로를 가지고 있는데, 4.50유로를 더 얻었어요. 이제 제리가 가진 돈은 모두 얼마일까요?
12.95€ + 4.50€ = 17.45€

❷ 학급 계좌에 471유로가 있어요. 동물원 입장료로 187.50유로를, 점심 비용으로 247.50유로를 썼어요. 이제 학급 계좌에 남은 돈은 모두 얼마일까요?
471€ - (187.50€ + 247.50€)
= 471€ - 435€
= 36€

11

12-13쪽

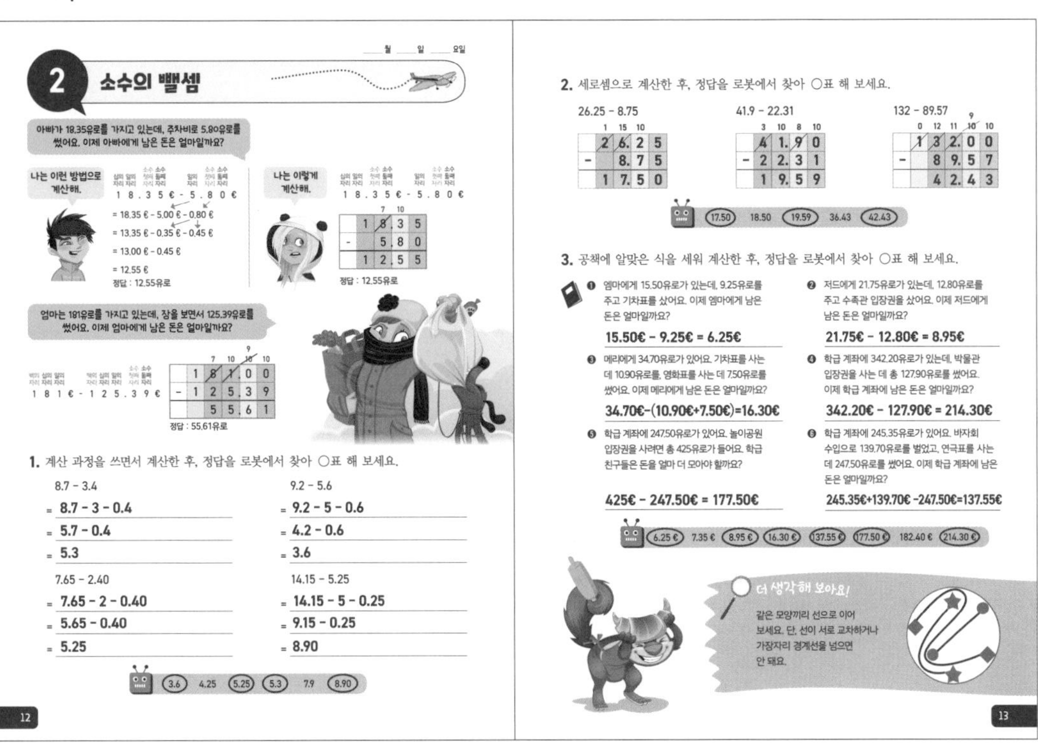

2 소수의 뺄셈

아빠가 18.35유로를 가지고 있는데, 주차비로 5.80유로를 썼어요. 이제 아빠에게 남은 돈은 얼마일까요?

나는 이런 방법으로 계산해.

18.35€ - 5.80€
= 18.35€ - 5.00€ - 0.80€
= 13.35€ - 0.35€ - 0.45€
= 13.00€ - 0.45€
= 12.55€
정답 : 12.55유로

나는 이렇게 계산해.

	1	8.	3	5
-		5.	8	0
	1	2.	5	5

정답 : 12.55유로

엄마는 181유로를 가지고 있는데, 장을 보면서 125.39유로를 썼어요. 이제 엄마에게 남은 돈은 얼마일까요?

181€ - 125.39€

	1	8	1.	0	0
-	1	2	5.	3	9
		5	5.	6	1

정답 : 55.61유로

1. 계산 과정을 쓰면서 계산한 후, 정답을 로봇에서 찾아 ○표 해 보세요.

8.7 - 3.4
= 8.7 - 3 - 0.4
= 5.7 - 0.4
= 5.3

9.2 - 5.6
= 9.2 - 5 - 0.6
= 4.2 - 0.6
= 3.6

7.65 - 2.40
= 7.65 - 2 - 0.40
= 5.65 - 0.40
= 5.25

14.15 - 5.25
= 14.15 - 5 - 0.25
= 9.15 - 0.25
= 8.90

3.6 4.25 5.25 5.3 7.9 8.90

2. 세로셈으로 계산한 후, 정답을 로봇에서 찾아 ○표 해 보세요.

26.25 - 8.75 = 17.50
41.9 - 22.31 = 19.59
132 - 89.57 = 42.43

17.50 18.50 19.59 36.43 42.43

3. 공책에 알맞은 식을 세워 계산한 후, 정답을 로봇에서 찾아 ○표 해 보세요.

❶ 엄마에게 15.50유로가 있는데, 9.25유로를 주고 기차표를 샀어요. 이제 엄마에게 남은 돈은 얼마일까요?
15.50€ - 9.25€ = 6.25€

❷ 저드에게 21.75유로가 있는데, 12.80유로를 주고 수족관 입장권을 샀어요. 이제 저드에게 남은 돈은 얼마일까요?
21.75€ - 12.80€ = 8.95€

❸ 메리에게 34.70유로가 있어요. 기차표를 사는 데 10.90유로를, 영화표를 사는 데 7.50유로를 썼어요. 이제 메리에게 남은 돈은 얼마일까요?
34.70€-(10.90€+7.50€)=16.30€

❹ 학급 계좌에 342.20유로가 있는데, 박물관 입장권을 사는 데 총 127.90유로를 썼어요. 이제 학급 계좌에 남은 돈은 얼마일까요?
342.20€ - 127.90€ = 214.30€

❺ 학급 계좌에 247.50유로가 있어요. 놀이공원 입장권을 사려면 총 425유로가 들어요. 학급 친구들은 돈을 얼마 더 모아야 할까요?
425€ - 247.50€ = 177.50€

❻ 학급 계좌에 245.35유로가 있어요. 바자회 수입으로 139.70유로를 벌었고, 연극표를 사는 데 247.50유로를 썼어요. 이제 학급 계좌에 남은 돈은 얼마일까요?
245.35€+139.70€ -247.50€=137.55€

6.25€ 7.35€ 8.95€ 16.30€ 137.55€ 177.50€ 182.40€ 214.30€

더 생각해 보아요!
같은 모양끼리 선으로 이어 보세요. 단, 선이 서로 교차하거나 가장자리 경계선을 넘으면 안 돼요.

12 13

14-15쪽

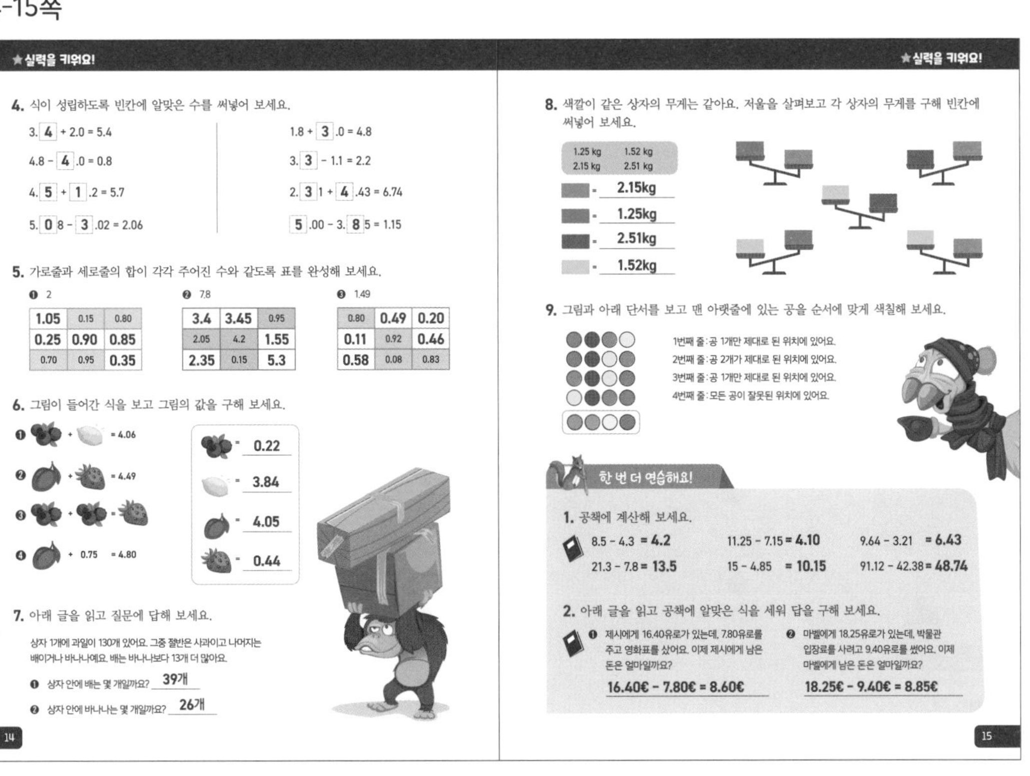

★실력을 키워요!

4. 식이 성립하도록 빈칸에 알맞은 수를 써넣어 보세요.

3.4 + 2.0 = 5.4
4.8 - 4.0 = 0.8
4.5 + 1.2 = 5.7
5.08 - 3.02 = 2.06
1.8 + 3.0 = 4.8
3.3 - 1.1 = 2.2
2.31 + 4.43 = 6.74
5.00 - 3.85 = 1.15

5. 가로줄과 세로줄의 합이 각각 주어진 수와 같도록 표를 완성해 보세요.

❶ 2

1.05	0.15	0.80
0.25	0.90	0.85
0.70	0.95	0.35

❷ 7.8

3.4	3.45	0.95
2.05	4.2	1.55
2.35	0.15	5.3

❸ 1.49

0.80	0.49	0.20
0.11	0.92	0.46
0.58	0.08	0.83

6. 그림이 들어간 식을 보고 그림의 값을 구해 보세요.

❶ + = 4.06
❷ + = 4.49
❸ + =
❹ + 0.75 = 4.80

= 0.22
= 3.84
= 4.05
= 0.44

7. 아래 글을 읽고 질문에 답해 보세요.

상자 1개에 과일이 130개 있어요. 그중 절반은 사과이고 나머지는 배이거나 바나나예요. 배는 바나나보다 13개 더 많아요.

❶ 상자 안에 배는 몇 개일까요? 39개
❷ 상자 안에 바나나는 몇 개일까요? 26개

★실력을 키워요!

8. 색깔이 같은 상자의 무게는 같아요. 저울을 살펴보고 각 상자의 무게를 구해 빈칸에 써넣어 보세요.

1.25 kg 1.52 kg 2.15 kg 2.51 kg

= 2.15kg
= 1.25kg
= 2.51kg
= 1.52kg

9. 그림과 아래 단서를 보고 맨 아랫줄에 있는 공을 순서에 맞게 색칠해 보세요.

1번째 줄 : 공 1개만 제대로 된 위치에 있어요.
2번째 줄 : 공 2개가 제대로 된 위치에 있어요.
3번째 줄 : 공 1개만 제대로 된 위치에 있어요.
4번째 줄 : 모든 공이 잘못된 위치에 있어요.

한 번 더 연습해요!

1. 공책에 계산해 보세요.

8.5 - 4.3 = 4.2
11.25 - 7.15 = 4.10
9.64 - 3.21 = 6.43
21.3 - 7.8 = 13.5
15 - 4.85 = 10.15
91.12 - 42.38 = 48.74

2. 아래 글을 읽고 공책에 알맞은 식을 세워 답을 구해 보세요.

❶ 제시에게 16.40유로가 있는데, 7.80유로를 주고 영화표를 샀어요. 이제 제시에게 남은 돈은 얼마일까요?
16.40€ - 7.80€ = 8.60€

❷ 마엘에게 18.25유로가 있는데, 박물관 입장권을 사려고 9.40유로를 썼어요. 이제 마엘에게 남은 돈은 얼마일까요?
18.25€ - 9.40€ = 8.85€

14 15

14쪽 6번

❹ +0.75=4.80, =4.05
❷ + =4.49
4.05+ =4.49, =0.44
❸ + =
+ =0.44, =0.22
❶ + =4.06
0.22+ =4.06
=3.84

14쪽 7번

사과의 개수=배+바나나의 개수
130÷2=65
❶ 배=x, 바나나=x-13
x+x-13=65, x+x=78, x=39
❷ 39-13=26

15쪽 8번

파랑 < 노랑 < 초록 < 보라
1.25 < 1.52 < 2.15 < 2.51

정답

16-17쪽

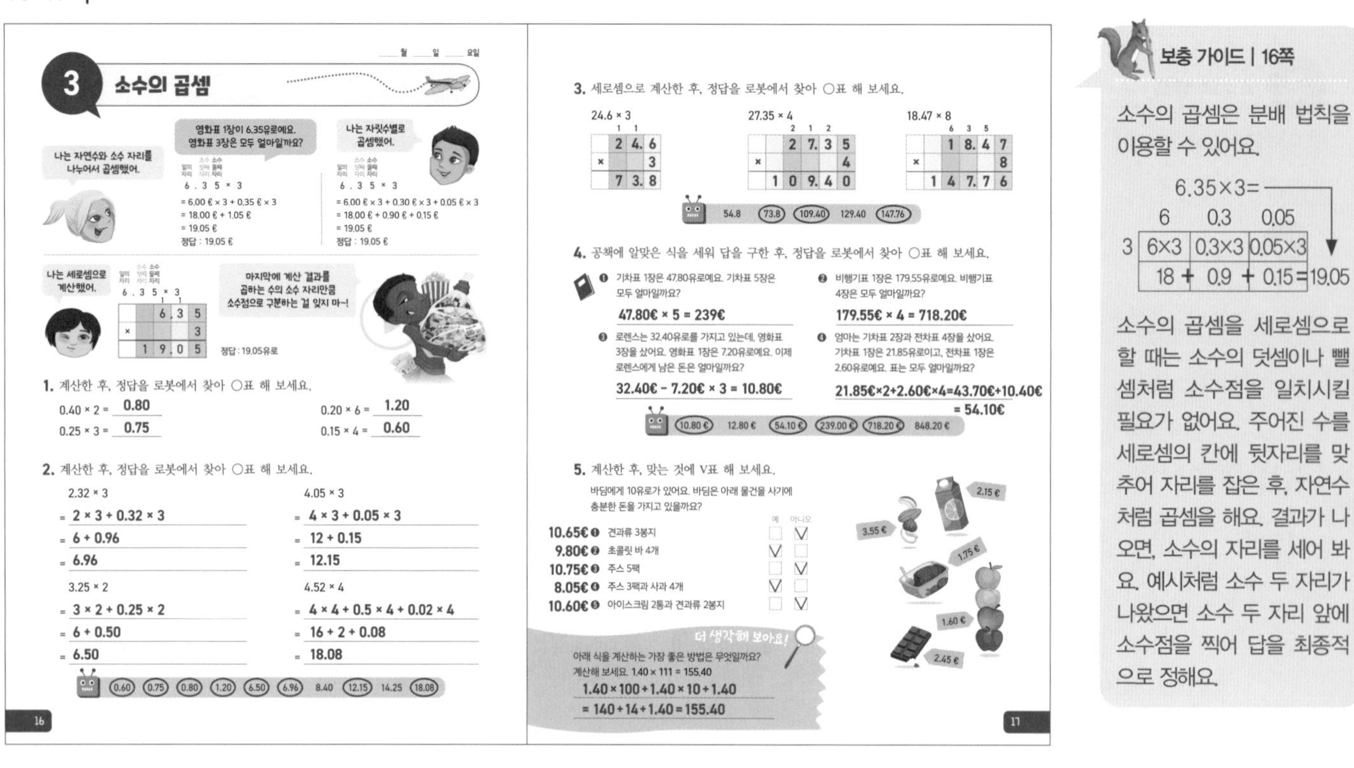

3 소수의 곱셈

나는 자연수와 소수 자리를 나누어서 곱셈했어.

영화표 1장이 6.35유로예요. 영화표 3장은 모두 얼마일까요?

6.35 × 3
= 6.00 € × 3 + 0.35 € × 3
= 18.00 € + 1.05 €
= 19.05 €
정답 : 19.05 €

나는 자릿수별로 곱셈했어.

6.35 × 3
= 6.00 € × 3 + 0.30 € × 3 + 0.05 € × 3
= 18.00 € + 0.90 € + 0.15 €
= 19.05 €
정답 : 19.05 €

나는 세로셈으로 계산했어.

마지막에 계산 결과를 곱하는 수의 소수 자리만큼 소수점으로 구분하는 걸 잊지 마~!

정답 : 19.05유로

1. 계산한 후, 정답을 로봇에서 찾아 ○표 해 보세요.

0.40 × 2 = 0.80　　0.20 × 6 = 1.20
0.25 × 3 = 0.75　　0.15 × 4 = 0.60

2. 계산한 후, 정답을 로봇에서 찾아 ○표 해 보세요.

2.32 × 3 = 2 × 3 + 0.32 × 3 = 6 + 0.96 = 6.96
4.05 × 3 = 4 × 3 + 0.05 × 3 = 12 + 0.15 = 12.15
3.25 × 2 = 3 × 2 + 0.25 × 2 = 6 + 0.50 = 6.50
4.52 × 4 = 4 × 4 + 0.5 × 4 + 0.02 × 4 = 16 + 2 + 0.08 = 18.08

(0.60) (0.75) (0.80) (1.20) (6.50) (6.96) 8.40 (12.15) 14.25 (18.08)

3. 세로셈으로 계산한 후, 정답을 로봇에서 찾아 ○표 해 보세요.

24.6 × 3 = 73.8　　27.35 × 4 = 109.40　　18.47 × 8 = 147.76

54.8 (73.8) (109.40) 129.40 (147.76)

4. 공책에 알맞은 식을 세워 답을 구한 후, 정답을 로봇에서 찾아 ○표 해 보세요.

❶ 기차표 1장은 47.80유로예요. 기차표 5장은 모두 얼마일까요?
47.80€ × 5 = 239€

❷ 비행기표 1장은 179.55유로예요. 비행기표 4장은 모두 얼마일까요?
179.55€ × 4 = 718.20€

❸ 로렌스는 32.40유로를 가지고 있는데, 영화표 3장을 샀어요. 영화표 1장은 7.20유로예요. 이제 로렌스에게 남은 돈은 얼마일까요?
32.40€ − 7.20€ × 3 = 10.80€

❹ 엄마는 기차표 2장과 전차표 4장을 샀어요. 기차표 1장은 21.85유로이고, 전차표 1장은 2.60유로예요. 표는 모두 얼마일까요?
21.85€×2+2.60€×4=43.70€+10.40€ = 54.10€

(10.80 €) 12.80 € (54.10 €) (239.00 €) (718.20 €) 848.20 €

5. 계산한 후, 맞는 것에 V표 해 보세요.

바딤에게 10유로가 있어요. 바딤은 아래 물건을 사기에 충분한 돈을 가지고 있을까요?

		예	아니오
10.65€ ❶	견과류 3봉지		V
9.80€ ❷	초콜릿 바 4개	V	
10.75€ ❸	주스 5팩		V
8.05€ ❹	주스 3팩과 사과 4개	V	
10.60€ ❺	아이스크림 2통과 견과류 2봉지		V

2.15 €　3.55 €　1.75 €　1.60 €　2.45 €

더 생각해 보아요!

아래 식을 계산하는 가장 좋은 방법은 무엇일까요? 계산해 보세요. 1.40 × 111 = 155.40

1.40 × 100 + 1.40 × 10 + 1.40
= 140 + 14 + 1.40 = 155.40

16　17

보충 가이드 | 16쪽

소수의 곱셈은 분배 법칙을 이용할 수 있어요.

6.35×3=

	6	0.3	0.05
3	6×3	0.3×3	0.05×3
	18 +	0.9 +	0.15 = 19.05

소수의 곱셈을 세로셈으로 할 때는 소수의 덧셈이나 뺄셈처럼 소수점을 일치시킬 필요가 없어요. 주어진 수를 세로셈의 칸에 뒷자리를 맞추어 자리를 잡은 후, 자연수처럼 곱셈을 해요. 결과가 나오면, 소수의 자리를 세어 봐요. 예시처럼 소수 두 자리가 나왔으면 소수 두 자리 앞에 소수점을 찍어 답을 최종적으로 정해요.

18-19쪽

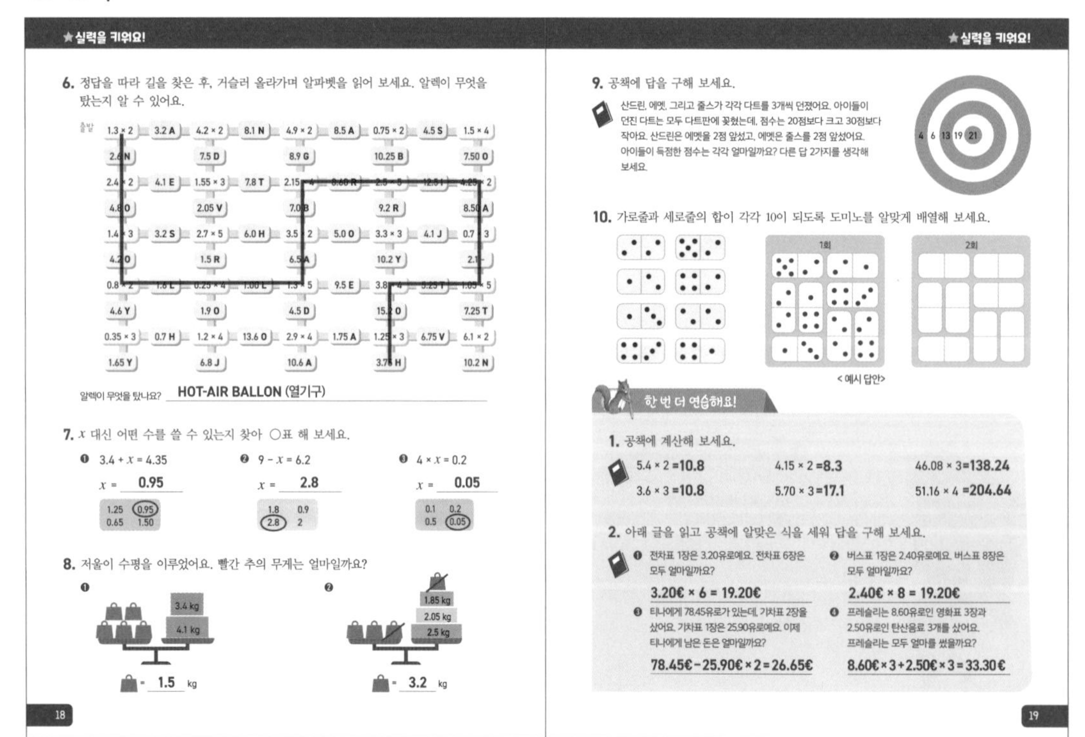

★실력을 키워요!

6. 정답을 따라 길을 찾은 후, 거슬러 올라가며 알파벳을 읽어 보세요. 알렉이 무엇을 탔는지 알 수 있어요.

알렉이 무엇을 탔나요? HOT-AIR BALLON (열기구)

7. x 대신 어떤 수를 쓸 수 있는지 찾아 ○표 해 보세요.

❶ $3.4 + x = 4.35$　x = 0.95
❷ $9 - x = 6.2$　x = 2.8
❸ $4 \times x = 0.2$　x = 0.05

8. 저울이 수평을 이루었어요. 빨간 추의 무게는 얼마일까요?

❶ = 1.5 kg　❷ = 3.2 kg

9. 공책에 답을 구해 보세요.

산드린, 에멧, 그리고 줄스가 각각 다트를 3개씩 던졌어요. 아이들이 던진 다트는 모두 다트판에 꽂혔는데, 점수는 20점보다 크고 30점보다 작아요. 산드린은 에멧을 2점 앞섰고, 에멧은 줄스를 2점 앞섰어요. 아이들이 득점한 점수는 각각 얼마일까요? 다른 답 2가지를 생각해 보세요.

10. 가로줄과 세로줄의 합이 각각 10이 되도록 도미노를 알맞게 배열해 보세요.

<예시 답안>

한 번 더 연습해요!

1. 공책에 계산해 보세요.

5.4 × 2 = 10.8　4.15 × 2 = 8.3　46.08 × 3 = 138.24
3.6 × 3 = 10.8　5.70 × 3 = 17.1　51.16 × 4 = 204.64

2. 아래 글을 읽고 공책에 알맞은 식을 세워 답을 구해 보세요.

❶ 전차표 1장은 3.20유로예요. 전차표 6장은 모두 얼마일까요?
3.20€ × 6 = 19.20€

❷ 버스표 1장은 2.40유로예요. 버스표 8장은 모두 얼마일까요?
2.40€ × 8 = 19.20€

❸ 티나에게 78.45유로가 있는데, 기차표 2장을 샀어요. 기차표 1장은 25.90유로예요. 이제 티나에게 남은 돈은 얼마일까요?
78.45€ − 25.90€ × 2 = 26.65€

❹ 프레슬리는 8.60유로인 영화표 3장과 2.50유로인 탄산음료 3개를 샀어요. 프레슬리는 모두 얼마를 썼을까요?
8.60€ × 3 + 2.50€ × 3 = 33.30€

18　19

18쪽 8번

❶ (추 5개) = 3.4kg + 4.1kg
(추 5개) = 7.5kg
(추 1개) = 1.5kg

❷ (추 2개) = 1.85kg + 2.05kg + 2.5kg
(추 2개) = 6.4kg, (추 1개) = 3.2kg

18쪽 9번

<예시 답안>

	정답1	정답2
산드린	19+6+4=29	19+4+4=27
에멧	9+9+9=27	13+6+6=25
줄스	13+6+6=25	13+6+4=23

20-21쪽

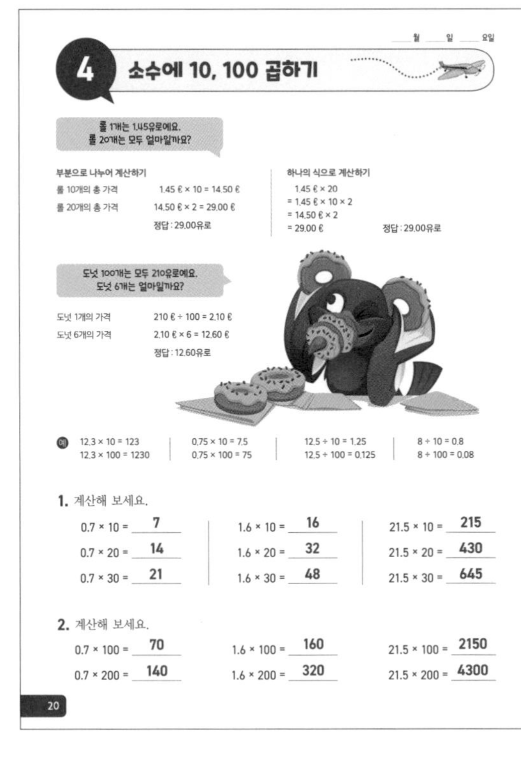

___월 ___일 ___요일

4 소수에 10, 100 곱하기

롤 1개는 1.45유로예요.
롤 20개는 모두 얼마일까요?

부분으로 나누어 계산하기

롤 10개의 총 가격 1.45 € × 10 = 14.50 €
롤 20개의 총 가격 14.50 € × 2 = 29.00 €
정답 : 29.00유로

하나의 식으로 계산하기

1.45 € × 20
= 1.45 € × 10 × 2
= 14.50 € × 2
= 29.00 € 정답 : 29.00유로

도넛 100개는 모두 210유로예요.
도넛 6개는 얼마일까요?

도넛 1개의 가격 210 € ÷ 100 = 2.10 €
도넛 6개의 가격 2.10 € × 6 = 12.60 €
정답 : 12.60유로

예 12.3 × 10 = 123, 12.3 × 100 = 1230 | 0.75 × 10 = 7.5, 0.75 × 100 = 75 | 12.5 ÷ 10 = 1.25, 12.5 ÷ 100 = 0.125 | 8 ÷ 10 = 0.8, 8 ÷ 100 = 0.08

1. 계산해 보세요.

0.7 × 10 = 7　　1.6 × 10 = 16　　21.5 × 10 = 215
0.7 × 20 = 14　　1.6 × 20 = 32　　21.5 × 20 = 430
0.7 × 30 = 21　　1.6 × 30 = 48　　21.5 × 30 = 645

2. 계산해 보세요.

0.7 × 100 = 70　　1.6 × 100 = 160　　21.5 × 100 = 2150
0.7 × 200 = 140　　1.6 × 200 = 320　　21.5 × 200 = 4300

20

3. 계산해 보세요.

0.9 ÷ 10 = 0.09　　21.5 ÷ 10 = 2.15　　153 ÷ 100 = 1.53
5.7 ÷ 10 = 0.57　　19 ÷ 100 = 0.19　　85 ÷ 100 = 0.85

4. 공책에 알맞은 식을 세워 답을 구한 후, 정답을 로봇에서 찾아 ○표 해 보세요.

❶ 줄넘기 1개는 7.50유로예요. 줄넘기 10개는 얼마일까요?
7.50€ × 10 = 75€

❷ 막대사탕 1개는 0.15유로예요. 막대사탕 100개는 얼마일까요?
0.15€ × 100 = 15€

❸ 공책 1권은 1.70유로예요. 공책 20권은 얼마일까요?
1.70€ × 20 = 34€

❹ 축구공 1개는 19.50유로예요. 축구공 30개는 얼마일까요?
19.50€ × 30 = 585€

❺ 테니스공 1개는 7.90유로예요. 테니스공 200개는 얼마일까요?
7.90€ × 200 = 1580€

❻ 초콜릿 바 10개는 모두 24.50유로예요. 초콜릿 바 3개는 얼마일까요?
24.50€ ÷ 10 = 2.45€, 2.45€ × 3 = 7.35€

❼ 연필 1자루는 1.20유로예요. 연필 500자루는 얼마일까요?
1.20€ × 500 = 600€

❽ 도넛 100개는 모두 190유로예요. 도넛 30개는 얼마일까요?
190€ ÷ 100 = 1.90€, 1.90€ × 30 = 57€

6.35 € (7.35 €) (15 €) (34 €) (57 €) (75 €) (585 €) (600 €) 1380 € (1580 €)

더 생각해 보아요!

10번째에는 성냥개비가 몇 개 필요할까요? 51개

1번째　2번째　3번째

보충 가이드 | 20쪽

자연수처럼 소수는 소수점을 기준으로 왼쪽으로 이동할 때마다 자리의 값이 10배씩 커지고, 오른쪽으로 이동할 때마다 $\frac{1}{10}$배씩 작아져요.

47.63 × 100 = 4763
47.63 × 10 = 476.3
47.63 × 1 = 47.63
47.63 × 0.1 = 4.763
47.63 × 0.01 = 0.4763
47.63 × 0.001 = 0.04763

더 생각해 보아요! | 21쪽

6, 11, 16…
이전 수보다 5씩 커지는 규칙이에요.

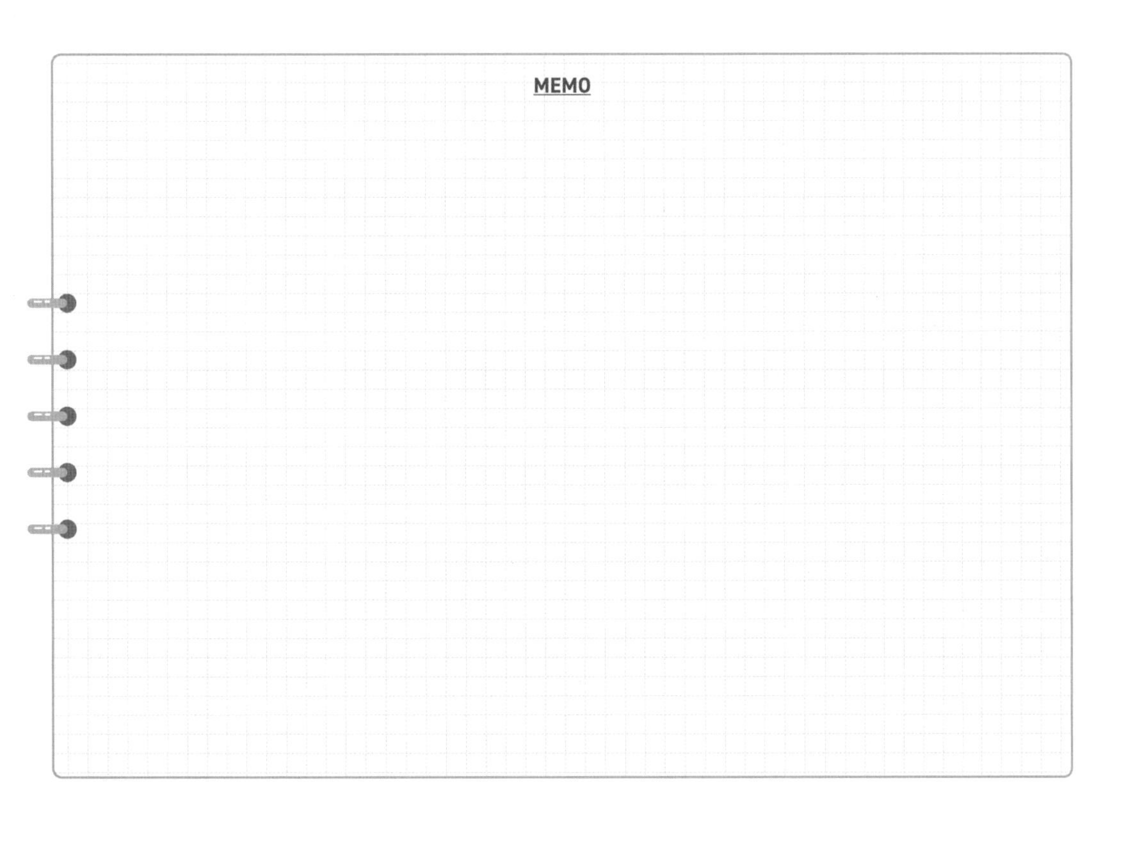

MEMO

22-23쪽

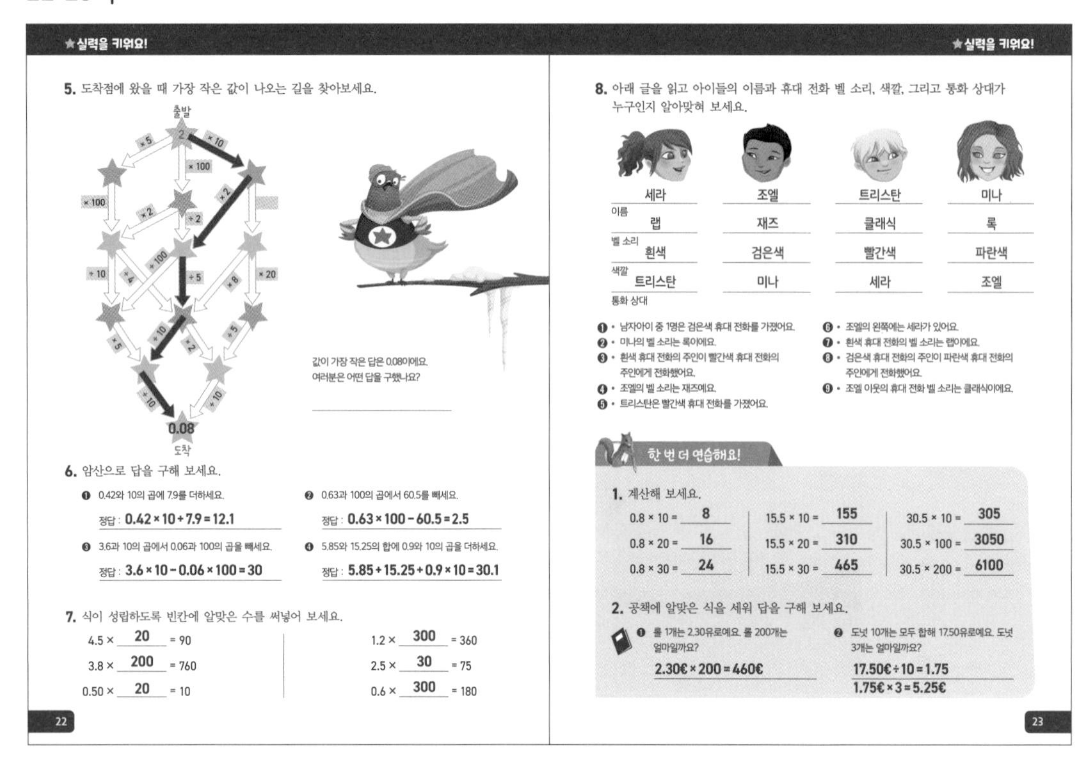

★실력을 키워요!

5. 도착점에 왔을 때 가장 작은 값이 나오는 길을 찾아보세요.

6. 암산으로 답을 구해 보세요.

❶ 0.42와 10의 곱에 7.9를 더하세요.
정답 : $0.42 \times 10 + 7.9 = 12.1$

❷ 0.63과 100의 곱에서 60.5를 빼세요.
정답 : $0.63 \times 100 - 60.5 = 2.5$

❸ 3.6과 10의 곱에서 0.06과 100의 곱을 빼세요.
정답 : $3.6 \times 10 - 0.06 \times 100 = 30$

❹ 5.85와 15.25의 합에 0.9와 10의 곱을 더하세요.
정답 : $5.85 + 15.25 + 0.9 \times 10 = 30.1$

7. 식이 성립하도록 빈칸에 알맞은 수를 써넣어 보세요.

$4.5 \times 20 = 90$
$3.8 \times 200 = 760$
$0.50 \times 20 = 10$
$1.2 \times 300 = 360$
$2.5 \times 30 = 75$
$0.6 \times 300 = 180$

22

★실력을 키워요!

8. 아래 글을 읽고 아이들의 이름과 휴대 전화 벨 소리, 색깔, 그리고 통화 상대가 누구인지 알아맞혀 보세요.

이름	세라	조엘	트리스탄	미나
벨 소리	랩	재즈	클래식	록
색깔	흰색	검은색	빨간색	파란색
통화 상대	트리스탄	미나	세라	조엘

❶ • 남자아이 중 1명은 검은색 휴대 전화를 가졌어요.
❷ • 미나의 벨 소리는 록이에요.
❸ • 흰색 휴대 전화의 주인이 빨간색 휴대 전화의 주인에게 전화했어요.
❹ • 조엘의 벨 소리는 재즈예요.
❺ • 트리스탄은 빨간색 휴대 전화를 가졌어요.
❻ • 조엘의 왼쪽에는 세라가 있어요.
❼ • 흰색 휴대 전화의 벨 소리는 랩이에요.
❽ • 검은색 휴대 전화의 주인이 파란색 휴대 전화의 주인에게 전화했어요.
❾ • 조엘 이웃의 휴대 전화 벨 소리는 클래식이에요.

한 번 더 연습해요!

1. 계산해 보세요.

$0.8 \times 10 = 8$
$0.8 \times 20 = 16$
$0.8 \times 30 = 24$
$15.5 \times 10 = 155$
$15.5 \times 20 = 310$
$15.5 \times 30 = 465$
$30.5 \times 10 = 305$
$30.5 \times 100 = 3050$
$30.5 \times 200 = 6100$

2. 공책에 알맞은 식을 세워 답을 구해 보세요.

❶ 룰 1개는 2.30유로예요. 룰 200개는 얼마일까요?
$2.30€ \times 200 = 460€$

❷ 도넛 10개는 모두 합해 17.50유로예요. 도넛 3개는 얼마일까요?
$17.50€ \div 10 = 1.75$
$1.75€ \times 3 = 5.25€$

23

MEMO

23쪽 8번

❻ 조엘의 왼쪽에는 세라가 있어요.
❺ 트리스탄은 빨간색 휴대 전화를 가졌어요.
❷ 미나의 벨 소리는 록이에요.

이름	세라	조엘	트리스탄	미나
벨 소리				록
색깔			빨간색	
통화 상대				

❶ 남자아이 중 1명은 검은색 휴대 전화를 가졌어요.
❹ 조엘의 벨 소리는 재즈예요.
❼ 흰색 휴대 전화의 벨 소리는 랩이에요.
❸ 흰색 휴대 전화의 주인이 빨간색 휴대 전화의 주인에게 전화했어요.

이름	세라	조엘	트리스탄	미나
벨 소리	랩	재즈		록
색깔	흰색	검은색	빨간색	
통화 상대	트리스탄		세라	

❽ 검은색 휴대 전화의 주인이 파란색 휴대 전화의 주인에게 전화했어요.
❾ 조엘 이웃의 휴대 전화 벨 소리는 클래식이에요.

이름	세라	조엘	트리스탄	미나
벨 소리	랩	재즈	클래식	록
색깔	흰색	검은색	빨간색	파란색
통화 상대	트리스탄	미나	세라	조엘

24-25쪽

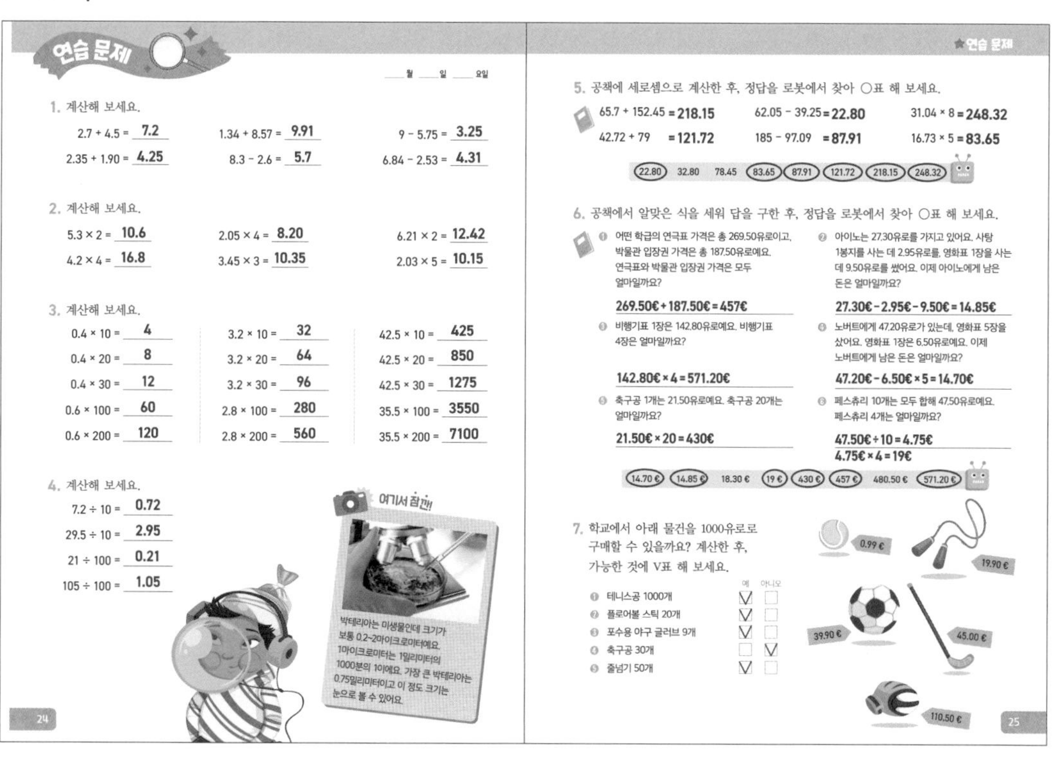

연습 문제

___월 ___일 ___요일

1. 계산해 보세요.

2.7 + 4.5 = 7.2　1.34 + 8.57 = 9.91　9 - 5.75 = 3.25
2.35 + 1.90 = 4.25　8.3 - 2.6 = 5.7　6.84 - 2.53 = 4.31

2. 계산해 보세요.

5.3 × 2 = 10.6　2.05 × 4 = 8.20　6.21 × 2 = 12.42
4.2 × 4 = 16.8　3.45 × 3 = 10.35　2.03 × 5 = 10.15

3. 계산해 보세요.

0.4 × 10 = 4　3.2 × 10 = 32　42.5 × 10 = 425
0.4 × 20 = 8　3.2 × 20 = 64　42.5 × 20 = 850
0.4 × 30 = 12　3.2 × 30 = 96　42.5 × 30 = 1275
0.6 × 100 = 60　2.8 × 100 = 280　35.5 × 100 = 3550
0.6 × 200 = 120　2.8 × 200 = 560　35.5 × 200 = 7100

4. 계산해 보세요.

7.2 ÷ 10 = 0.72
29.5 ÷ 10 = 2.95
21 ÷ 100 = 0.21
105 ÷ 100 = 1.05

여기서 잠깐!
박테리아는 미생물인데 크기가 보통 0.2~2마이크로미터예요. 1마이크로미터는 1밀리미터의 1000분의 1이에요. 가장 큰 박테리아는 0.75밀리미터이고 이 정도 크기는 눈으로 볼 수 있어요.

24

연습 문제

5. 공책에 세로셈으로 계산한 후, 정답을 로봇에서 찾아 ○표 해 보세요.

65.7 + 152.45 = 218.15　62.05 - 39.25 = 22.80　31.04 × 8 = 248.32
42.72 + 79 = 121.72　185 - 97.09 = 87.91　16.73 × 5 = 83.65

(22.80) 32.80 78.45 (83.65) (87.91) (121.72) (218.15) (248.32)

6. 공책에서 알맞은 식을 세워 답을 구한 후, 정답을 로봇에서 찾아 ○표 해 보세요.

❶ 어떤 학급의 연극표 가격은 총 269.50유로이고, 박물관 입장권 가격은 총 187.50유로예요. 연극표와 박물관 입장권 가격은 모두 얼마일까요?
269.50€ + 187.50€ = 457€

❷ 아이노는 27.30유로를 가지고 있어요. 사탕 1봉지를 사는 데 2.95유로를, 영화표 1장을 사는 데 9.50유로를 썼어요. 이제 아이노에게 남은 돈은 얼마일까요?
27.30€ - 2.95€ - 9.50€ = 14.85€

❸ 비행기표 1장은 142.80유로예요. 비행기표 4장은 얼마일까요?
142.80€ × 4 = 571.20€

❹ 노버트에게 47.20유로가 있는데, 영화표 5장을 샀어요. 영화표 1장은 6.50유로예요. 이제 노버트에게 남은 돈은 얼마일까요?
47.20€ - 6.50€ × 5 = 14.70€

❺ 축구공 1개는 21.50유로예요. 축구공 20개는 얼마일까요?
21.50€ × 20 = 430€

❻ 페스츄리 10개는 모두 합해 47.50유로예요. 페스츄리 4개는 얼마일까요?
47.50€ ÷ 10 = 4.75€
4.75€ × 4 = 19€

(14.70 €) (14.85 €) 18.30 € (19 €) (430 €) (457 €) 480.50 € (571.20 €)

7. 학교에서 아래 물건을 1000유로로 구매할 수 있을까요? 계산한 후, 가능한 것에 V표 해 보세요.

	예	아니오
❶ 테니스공 1000개	V	
❷ 플로어볼 스틱 20개	V	
❸ 포수용 야구 글러브 9개	V	
❹ 축구공 30개		V
❺ 줄넘기 50개	V	

0.99 €　19.90 €　39.90 €　45.00 €　110.50 €

25

25쪽 7번

❶ 0.99€×1000=990€
❷ 45.00€×20=900€
❸ 110.50€×9=994.5€
❹ 39.90€×30=1197€
❺ 19.90€×50=995€

26-27쪽

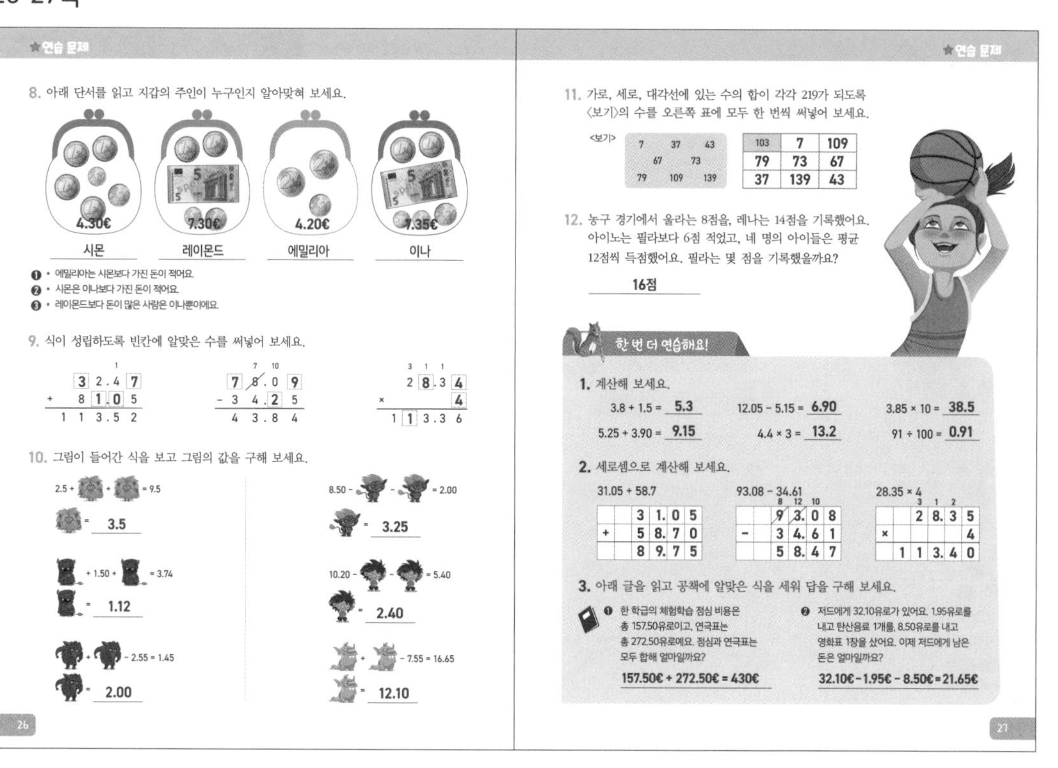

연습 문제

8. 아래 단서를 읽고 지갑의 주인이 누구인지 알아맞혀 보세요.

4.30€ 시몬　7.30€ 레이몬드　4.20€ 에밀리아　7.35€ 이나

❶ • 에밀리아는 시몬보다 가진 돈이 적어요.
❷ • 시몬은 이나보다 가진 돈이 적어요.
❸ • 레이몬드보다 돈이 많은 사람은 이나뿐이에요.

9. 식이 성립하도록 빈칸에 알맞은 수를 써넣어 보세요.

32.47 + 81.05 = 113.52
78.09 - 34.25 = 43.84
28.34 × 4 = 113.36

10. 그림이 들어간 식을 보고 그림의 값을 구해 보세요.

2.5 + ▢ + ▢ = 9.5　▢ = 3.5
8.50 - ▢ - ▢ = 2.00　▢ = 3.25
▢ + 1.50 + ▢ = 3.74　▢ = 1.12
10.20 - ▢ - ▢ = 5.40　▢ = 2.40
▢ + ▢ - 2.55 = 1.45　▢ = 2.00
▢ + ▢ - 7.55 = 16.65　▢ = 12.10

26

연습 문제

11. 가로, 세로, 대각선에 있는 수의 합이 각각 219가 되도록 〈보기〉의 수를 오른쪽 표에 모두 한 번씩 써넣어 보세요.

〈보기〉 7 37 43 67 73 79 109 139

103	7	109
79	73	67
37	139	43

12. 농구 경기에서 올라는 8점을, 레나는 14점을 기록했어요. 아이노는 필라보다 6점 적었고, 네 명의 아이들은 평균 12점씩 득점했어요. 필라는 몇 점을 기록했을까요?

16점

한 번 더 연습해요!

1. 계산해 보세요.

3.8 + 1.5 = 5.3　12.05 - 5.15 = 6.90　3.85 × 10 = 38.5
5.25 + 3.90 = 9.15　4.4 × 3 = 13.2　91 ÷ 100 = 0.91

2. 세로셈으로 계산해 보세요.

31.05 + 58.7 = 89.75
93.08 - 34.61 = 58.47
28.35 × 4 = 113.40

3. 아래 글을 읽고 공책에 알맞은 식을 세워 답을 구해 보세요.

❶ 한 학급의 체험학습 점심 비용은 총 157.50유로이고, 연극표는 총 272.50유로예요. 점심과 연극표는 모두 합해 얼마일까요?
157.50€ + 272.50€ = 430€

❷ 저드에게 32.10유로가 있어요. 1.95유로를 내고 탄산음료 1개를, 8.50유로를 내고 영화표 1장을 샀어요. 이제 저드에게 남은 돈은 얼마일까요?
32.10€ - 1.95€ - 8.50€ = 21.65€

27

26쪽 8번

❸ 레이몬드보다 돈이 많은 사람은 이나뿐이에요.→이나가 가장 많은 돈을 가지고 있고, 다음으로 레이몬드가 돈을 많이 가졌어요.
❶ 에밀리아는 시몬보다 가진 돈이 적어요.→에밀리아<시몬<레이몬드<이나 순으로 돈을 가졌어요.

27쪽 12번

4명 아이들의 총점 12×4=48
필라=x, 아이노=x-6
8+14+x+x-6=48
x+x=48-16
x+x=32, x=16

28-29쪽

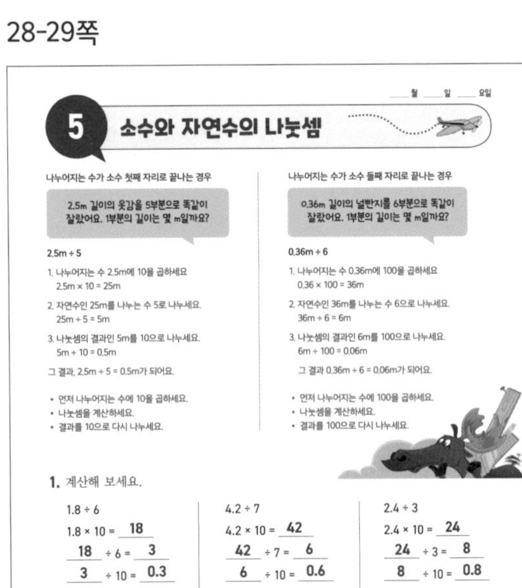

___월 ___일 ___요일

5 소수와 자연수의 나눗셈

나누어지는 수가 소수 첫째 자리로 끝나는 경우

2.5m 길이의 옷감을 5부분으로 똑같이 잘랐어요. 1부분의 길이는 몇 m일까요?

2.5m ÷ 5

1. 나누어지는 수 2.5m에 10을 곱하세요. 2.5m × 10 = 25m
2. 자연수인 25m를 나누는 수 5로 나누세요. 25m ÷ 5 = 5m
3. 나눗셈의 결과인 5m를 10으로 나누세요. 5m ÷ 10 = 0.5m

그 결과, 2.5m ÷ 5 = 0.5m가 되어요.

- 먼저 나누어지는 수에 10을 곱하세요.
- 나눗셈을 계산하세요.
- 결과를 10으로 다시 나누세요.

나누어지는 수가 소수 둘째 자리로 끝나는 경우

0.36m 길이의 널빤지를 6부분으로 똑같이 잘랐어요. 1부분의 길이는 몇 m일까요?

0.36m ÷ 6

1. 나누어지는 수 0.36m에 100을 곱하세요. 0.36 × 100 = 36m
2. 자연수인 36m를 나누는 수 6으로 나누세요. 36m ÷ 6 = 6m
3. 나눗셈의 결과인 6m를 100으로 나누세요. 6m ÷ 100 = 0.06m

그 결과 0.36m ÷ 6 = 0.06m가 되어요.

- 먼저 나누어지는 수에 100을 곱하세요.
- 나눗셈을 계산하세요.
- 결과를 100으로 다시 나누세요.

1. 계산해 보세요.

1.8 ÷ 6	4.2 ÷ 7	2.4 ÷ 3
1.8 × 10 = 18	4.2 × 10 = 42	2.4 × 10 = 24
18 ÷ 6 = 3	42 ÷ 7 = 6	24 ÷ 3 = 8
3 ÷ 10 = 0.3	6 ÷ 10 = 0.6	8 ÷ 10 = 0.8
1.8 ÷ 6 = 0.3	4.2 ÷ 7 = 0.6	2.4 ÷ 3 = 0.8

0.16 ÷ 4	0.28 ÷ 7	0.45 ÷ 9
0.16 × 100 = 16	0.28 × 100 = 28	0.45 × 100 = 45
16 ÷ 4 = 4	28 ÷ 7 = 4	45 ÷ 9 = 5
4 ÷ 100 = 0.04	4 ÷ 100 = 0.04	5 ÷ 100 = 0.05
0.16 ÷ 4 = 0.04	0.28 ÷ 7 = 0.04	0.45 ÷ 9 = 0.05

28

2. 계산해 보세요.

3.0 ÷ 5	2.7 ÷ 3	4.8 ÷ 6
3.0 × 10 = 30	2.7 × 10 = 27	4.8 × 10 = 48
30 ÷ 5 = 6	27 ÷ 3 = 9	48 ÷ 6 = 8
6 ÷ 10 = 0.6	9 ÷ 10 = 0.9	8 ÷ 10 = 0.8
3.0 ÷ 5 = 0.6	2.7 ÷ 3 = 0.9	4.8 ÷ 6 = 0.8

0.18 ÷ 9	0.32 ÷ 8	0.36 ÷ 4
0.18 × 100 = 18	0.32 × 100 = 32	0.36 × 100 = 36
18 ÷ 9 = 2	32 ÷ 8 = 4	36 ÷ 4 = 9
2 ÷ 100 = 0.02	4 ÷ 100 = 0.04	9 ÷ 100 = 0.09
0.18 ÷ 9 = 0.02	0.32 ÷ 8 = 0.04	0.36 ÷ 4 = 0.09

3. 계산한 후, 정답을 로봇에서 찾아 ○표 해 보세요.

1.5 ÷ 3 = 0.5	2.1 ÷ 7 = 0.3	0.18 ÷ 3 = 0.06
1.6 ÷ 4 = 0.4	6.4 ÷ 8 = 0.8	0.25 ÷ 5 = 0.05
1.8 ÷ 2 = 0.9	3.6 ÷ 6 = 0.6	0.24 ÷ 3 = 0.08

(0.05) (0.06) (0.08) 0.1 (0.3) (0.4) (0.5) (0.6) (0.8) (0.9) 1.0

4. 공책에 알맞은 식을 세워 답을 구한 후, 정답을 로봇에서 찾아 ○표 해 보세요.

❶ 4.2m 길이의 옷감을 6부분으로 똑같이 잘랐어요. 1부분의 길이는 몇 m일까요?
4.2m ÷ 6 = 0.7m

❷ 0.56m 길이의 리본을 8부분으로 똑같이 잘랐어요. 1부분의 길이는 몇 m일까요?
0.56m ÷ 8 = 0.07m

❸ 티몬은 3.5m 길이의 널빤지를 5부분으로 똑같이 잘랐어요. 제이미는 3.6m 길이의 널빤지를 4부분으로 똑같이 잘랐어요. 제이미의 널빤지가 티몬의 것보다 얼마나 더 길까요?
3.6m÷4-3.5m÷5=0.9m-0.7m=0.2m

❹ 0.21m 길이의 막대를 3부분으로 똑같이 잘랐어요. 그리고 0.24m 길이의 막대를 4부분으로 똑같이 잘랐어요. 서로 다른 막대에서 잘라 낸 조각 2개를 이으면 총 길이가 몇 m일까요?
0.21m÷3+0.24m÷4=0.07m+0.06m =0.13m

0.05 m (0.07 m) (0.13 m) (0.2 m) 0.5 m (0.7 m)

29

보충 가이드 | 28쪽

소수의 나눗셈을 할 때, 소수를 자연수로 만든 후 나눗셈을 해요. 나눠지는 수가 소수 첫째 자리인 경우 10을, 소수 둘째 자리인 경우 100을 곱해요. 그리고 나눗셈의 결과를 곱한 수만큼 다시 나누어 줘요.
정리하면, 소수의 나눗셈은 자연수와 같은 방법으로 계산하고, 몫의 소수점을 나눠지는 수의 소수점의 자리에 맞추어 찍어요. 즉 나눠지는 수가 소수 한 자리 수이면 몫도 소수 한 자리 수가 되고, 나눠지는 수가 소수 두 자리 수이면 몫도 소수 두 자리 수가 됩니다.

소수 한 자리 수: 6) 9.6 → 1.6
소수 두 자리 수: 13) 40.82 → 3.14

30-31쪽

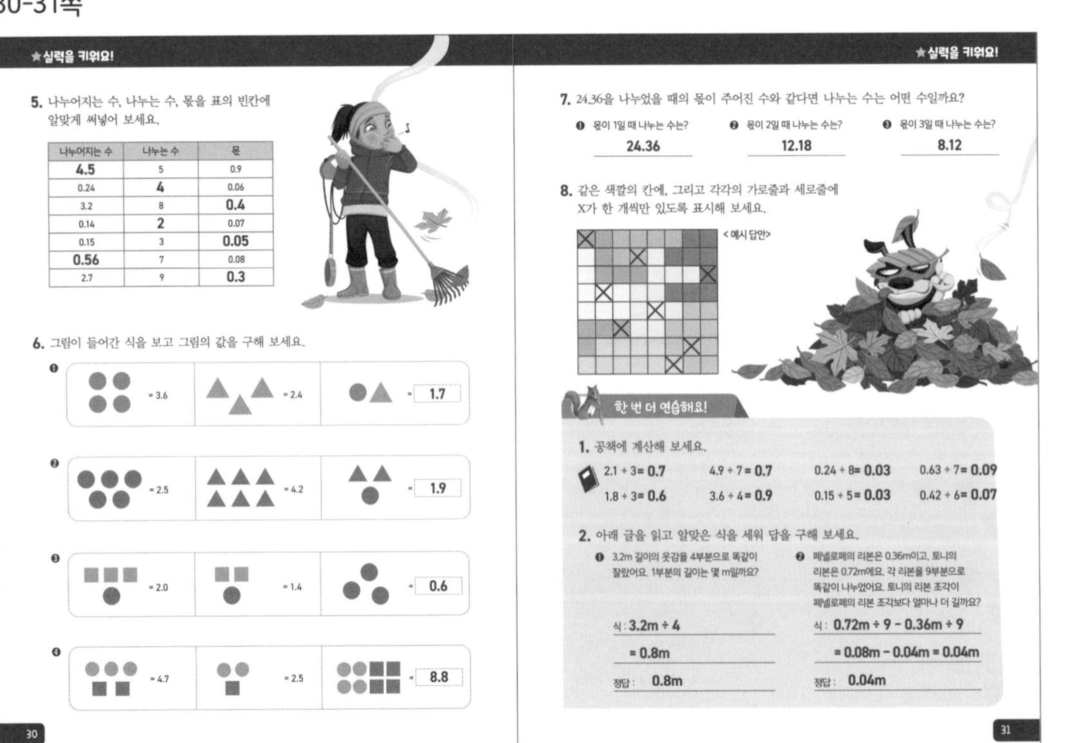

★실력을 키워요!

5. 나누어지는 수, 나누는 수, 몫을 표의 빈칸에 알맞게 써넣어 보세요.

나누어지는 수	나누는 수	몫
4.5	5	0.9
0.24	4	0.06
3.2	8	0.4
0.14	2	0.07
0.15	3	0.05
0.56	7	0.08
2.7	9	0.3

6. 그림이 들어간 식을 보고 그림의 값을 구해 보세요.

❶ ●●●● = 3.6 | ▲▲▲ = 2.4 | ●▲ = 1.7

❷ ●●●●● = 2.5 | ▲▲▲▲▲▲ = 4.2 | ▲▲● = 1.9

❸ ■■■● = 2.0 | ■■● = 1.4 | ●●● = 0.6

❹ ●●●■■ = 4.7 | ●●■ = 2.5 | ●●●●■■■■ = 8.8

30

7. 24.36을 나누었을 때의 몫이 주어진 수와 같다면 나누는 수는 어떤 수일까요?

❶ 몫이 1일 때 나누는 수는? 24.36
❷ 몫이 2일 때 나누는 수는? 12.18
❸ 몫이 3일 때 나누는 수는? 8.12

8. 같은 색깔의 칸에, 그리고 각각의 가로줄과 세로줄에 X가 한 개씩만 있도록 표시해 보세요.

<예시 답안>

한 번 더 연습해요!

1. 공책에 계산해 보세요.

2.1 ÷ 3 = 0.7	4.9 ÷ 7 = 0.7	0.24 ÷ 8 = 0.03	0.63 ÷ 7 = 0.09
1.8 ÷ 3 = 0.6	3.6 ÷ 4 = 0.9	0.15 ÷ 5 = 0.03	0.42 ÷ 6 = 0.07

2. 아래 글을 읽고 알맞은 식을 세워 답을 구해 보세요.

❶ 3.2m 길이의 옷감을 4부분으로 똑같이 잘랐어요. 1부분의 길이는 몇 m일까요?
식: 3.2m ÷ 4
= 0.8m
정답: 0.8m

❷ 페넬로페의 리본은 0.36m이고, 토니의 리본은 0.72m예요. 각 리본을 9부분으로 똑같이 나누었어요. 토니의 리본 조각이 페넬로페의 리본 조각보다 얼마나 더 길까요?
식: 0.72m ÷ 9 - 0.36m ÷ 9
= 0.08m - 0.04m = 0.04m
정답: 0.04m

31

30쪽 6번

❶ ●●●●=3.6
●=3.6÷4=0.9
▲▲▲=2.4, ▲=2.4÷3=0.8
●▲=0.9+0.8=1.7

❷ ●●●●●=2.5
●=2.5÷5=0.5
▲▲▲▲▲▲=4.2
▲=4.2÷6=0.7
▲▲●=0.7+0.7+0.5=1.9

❸ ■■■●-■■●=■
2.0-1.4=0.6, ■=0.6
0.6+0.6+●=1.4
●=1.4-1.2=0.2
●●●=0.6

❹ ●●●■■-●●■
=●■=4.7-2.5=2.2
●●●●■■■■=
=2.2×4=8.8

32-33쪽

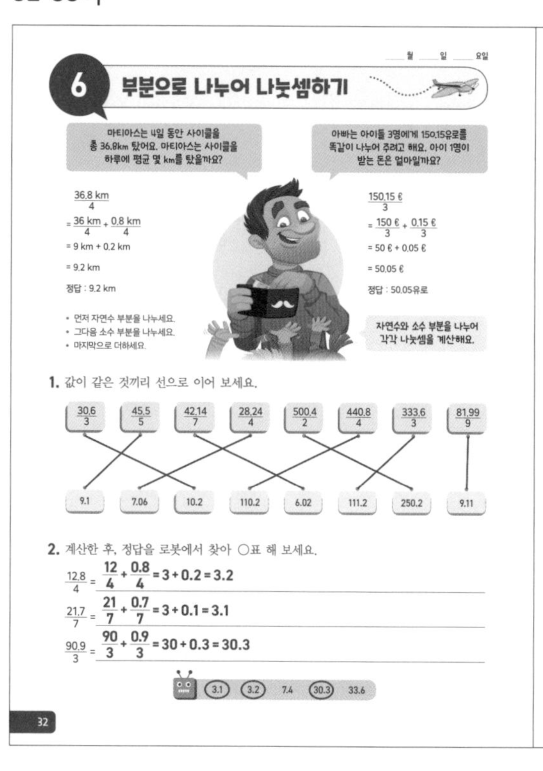

월 일 요일

6 부분으로 나누어 나눗셈하기

마티아스는 4일 동안 사이클을 총 36.8km 탔어요. 마티아스는 사이클을 하루에 평균 몇 km를 탔을까요?

$\frac{36.8\text{ km}}{4}$

$= \frac{36\text{ km}}{4} + \frac{0.8\text{ km}}{4}$

$= 9\text{ km} + 0.2\text{ km}$

$= 9.2\text{ km}$

정답 : 9.2 km

- 먼저 자연수 부분을 나누세요.
- 그다음 소수 부분을 나누세요.
- 마지막으로 더하세요.

아빠는 아이들 3명에게 150.15유로를 똑같이 나누어 주려고 해요. 아이 1명이 받는 돈은 얼마일까요?

$\frac{150.15\text{ €}}{3}$

$= \frac{150\text{ €}}{3} + \frac{0.15\text{ €}}{3}$

$= 50\text{ €} + 0.05\text{ €}$

$= 50.05\text{ €}$

정답 : 50.05유로

자연수와 소수 부분을 나누어 각각 나눗셈을 계산해요.

1. 값이 같은 것끼리 선으로 이어 보세요.

$\frac{30.6}{3}$ $\frac{45.5}{5}$ $\frac{42.14}{7}$ $\frac{28.24}{4}$ $\frac{500.4}{2}$ $\frac{440.8}{4}$ $\frac{333.6}{3}$ $\frac{81.99}{9}$

9.1 7.06 10.2 110.2 6.02 111.2 250.2 9.11

2. 계산한 후, 정답을 로봇에서 찾아 ○표 해 보세요.

$\frac{12.8}{4} = \frac{12}{4} + \frac{0.8}{4} = 3 + 0.2 = 3.2$

$\frac{21.7}{7} = \frac{21}{7} + \frac{0.7}{7} = 3 + 0.1 = 3.1$

$\frac{90.9}{3} = \frac{90}{3} + \frac{0.9}{3} = 30 + 0.3 = 30.3$

(3.1) (3.2) 7.4 (30.3) 33.6

32

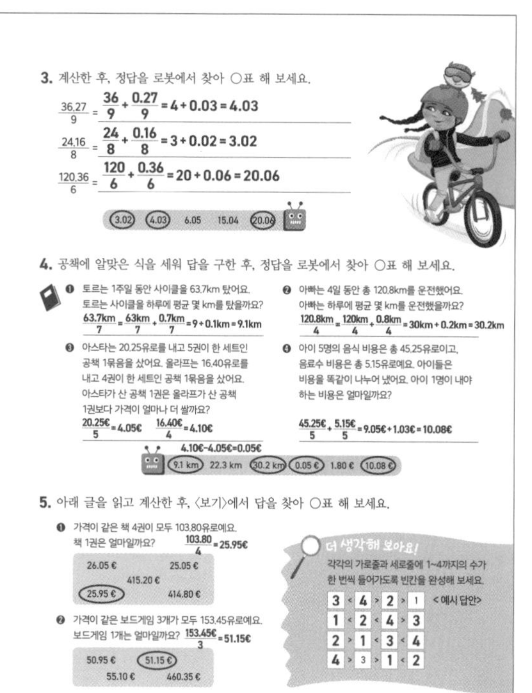

3. 계산한 후, 정답을 로봇에서 찾아 ○표 해 보세요.

$\frac{36.27}{9} = \frac{36}{9} + \frac{0.27}{9} = 4 + 0.03 = 4.03$

$\frac{24.16}{8} = \frac{24}{8} + \frac{0.16}{8} = 3 + 0.02 = 3.02$

$\frac{120.36}{6} = \frac{120}{6} + \frac{0.36}{6} = 20 + 0.06 = 20.06$

(3.02) (4.03) 6.05 15.04 (20.06)

4. 공책에 알맞은 식을 세워 답을 구한 후, 정답을 로봇에서 찾아 ○표 해 보세요.

❶ 토르는 1주일 동안 사이클을 63.7km 탔어요. 토르는 사이클을 하루에 평균 몇 km를 탔을까요?

$\frac{63.7km}{7} = \frac{63km}{7} + \frac{0.7km}{7} = 9 + 0.1km = 9.1km$

❷ 아빠는 4일 동안 총 120.8km를 운전했어요. 아빠는 하루에 평균 몇 km를 운전했을까요?

$\frac{120.8km}{4} = \frac{120km}{4} + \frac{0.8km}{4} = 30km + 0.2km = 30.2km$

❸ 아스타는 20.25유로를 내고 5권이 한 세트인 공책 1묶음을 샀어요. 올라프는 16.40유로를 내고 4권이 한 세트인 공책 1묶음을 샀어요. 아스타가 산 공책 1권은 올라프가 산 공책 1권보다 가격이 얼마나 더 쌀까요?

$\frac{20.25€}{5} = 4.05€$ $\frac{16.40€}{4} = 4.10€$

$4.10€ - 4.05€ = 0.05€$

❹ 아이 5명의 음식 비용은 총 45.25유로이고, 음료수 비용은 총 5.15유로예요. 아이들은 비용을 똑같이 나누어 냈어요. 아이 1명이 내야 하는 비용은 얼마일까요?

$\frac{45.25€}{5} + \frac{5.15€}{5} = 9.05€ + 1.03€ = 10.08€$

(9.1 km) 22.3 km (30.2 km) (0.05 €) 1.80 € (10.08 €)

5. 아래 글을 읽고 계산한 후, 〈보기〉에서 답을 찾아 ○표 해 보세요.

❶ 가격이 같은 책 4권이 모두 103.80유로예요. 책 1권은 얼마일까요? $\frac{103.80}{4} = 25.95€$

26.05 € 25.05 € 415.20 € (25.95 €) 414.80 €

❷ 가격이 같은 보드게임 3개가 모두 153.45유로예요. 보드게임 1개는 얼마일까요? $\frac{153.45€}{3} = 51.15€$

50.95 € (51.15 €) 55.10 € 460.35 €

더 생각해 보아요!

각각의 가로줄과 세로줄에 1~4까지의 수가 한 번씩 들어가도록 빈칸을 완성해 보세요. <예시 답안>

3 < 4 > 2 > 1

1 < 2 < 4 > 3

2 > 1 < 3 < 4

4 > 3 > 1 < 2

33

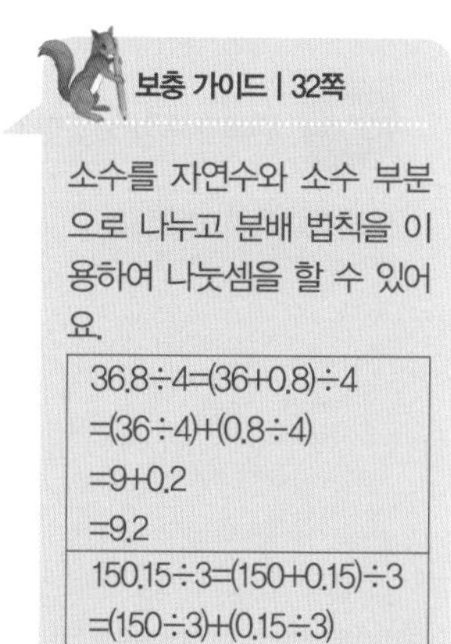

보충 가이드 | 32쪽

소수를 자연수와 소수 부분으로 나누고 분배 법칙을 이용하여 나눗셈을 할 수 있어요.

36.8÷4=(36+0.8)÷4 =(36÷4)+(0.8÷4) =9+0.2 =9.2
150.15÷3=(150+0.15)÷3 =(150÷3)+(0.15÷3) =50+0.05 =50.05

34-35쪽

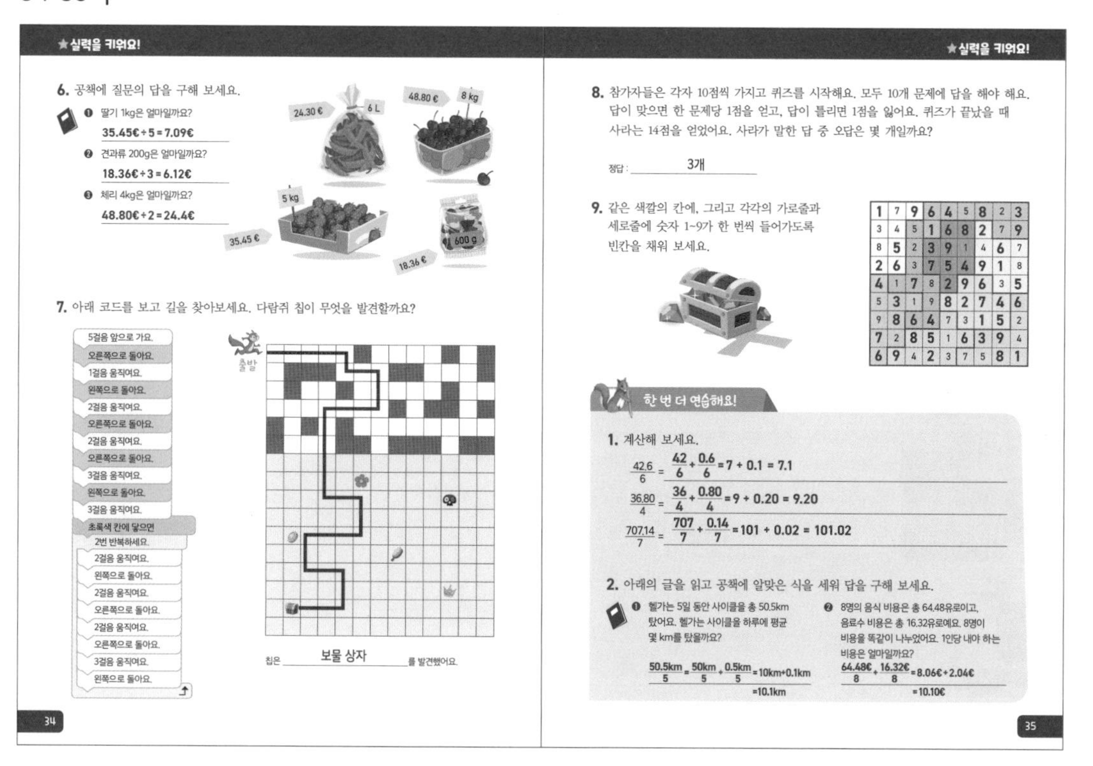

★실력을 키워요!

6. 공책에 질문의 답을 구해 보세요.

❶ 딸기 1kg은 얼마일까요?

35.45€ ÷ 5 = 7.09€

❷ 견과류 200g은 얼마일까요?

18.36€ ÷ 3 = 6.12€

❸ 체리 4kg은 얼마일까요?

48.80€ ÷ 2 = 24.4€

7. 아래 코드를 보고 길을 찾아보세요. 다람쥐 칩이 무엇을 발견할까요?

5걸음 앞으로 가요.
오른쪽으로 돌아요.
1걸음 움직여요.
왼쪽으로 돌아요.
2걸음 움직여요.
오른쪽으로 돌아요.
2걸음 움직여요.
오른쪽으로 돌아요.
3걸음 움직여요.
왼쪽으로 돌아요.
3걸음 움직여요.
초록색 칸에 닿으면
2번 반복하세요.
2걸음 움직여요.
왼쪽으로 돌아요.
2걸음 움직여요.
오른쪽으로 돌아요.
2걸음 움직여요.
오른쪽으로 돌아요.
3걸음 움직여요.
왼쪽으로 돌아요.

출발

칩은 보물 상자 를 발견했어요.

34

★실력을 키워요!

8. 참가자들은 각자 10점씩 가지고 퀴즈를 시작해요. 모두 10개 문제에 답을 해야 해요. 답이 맞으면 한 문제당 1점을 얻고, 답이 틀리면 1점을 잃어요. 퀴즈가 끝났을 때 사라는 14점을 얻었어요. 사라가 말한 답 중 오답은 몇 개일까요?

정답 : 3개

9. 같은 색깔의 칸에, 그리고 각각의 가로줄과 세로줄에 숫자 1~9가 한 번씩 들어가도록 빈칸을 채워 보세요.

1	7	9	6	4	5	8	2	3
3	4	5	1	6	8	2	7	9
8	5	2	3	9	1	4	6	7
2	6	3	7	5	4	9	1	8
4	1	7	8	2	9	6	3	5
5	3	1	9	8	2	7	4	6
9	8	6	4	7	3	1	5	2
7	2	8	5	1	6	3	9	4
6	9	4	2	3	7	5	8	1

한 번 더 연습해요!

1. 계산해 보세요.

$\frac{42.6}{6} = \frac{42}{6} + \frac{0.6}{6} = 7 + 0.1 = 7.1$

$\frac{36.80}{4} = \frac{36}{4} + \frac{0.80}{4} = 9 + 0.20 = 9.20$

$\frac{707.14}{7} = \frac{707}{7} + \frac{0.14}{7} = 101 + 0.02 = 101.02$

2. 아래의 글을 읽고 공책에 알맞은 식을 세워 답을 구해 보세요.

❶ 헬가는 5일 동안 사이클을 총 50.5km 탔어요. 헬가는 사이클을 하루에 평균 몇 km를 탔을까요?

$\frac{50.5km}{5} = \frac{50km}{5} + \frac{0.5km}{5} = 10km + 0.1km$

$= 10.1km$

❷ 8명의 음식 비용은 총 64.48유로이고, 음료수 비용은 총 16.32유로예요. 8명이 비용을 똑같이 나누었어요. 1인당 내야 하는 비용은 얼마일까요?

$\frac{64.48€}{8} + \frac{16.32€}{8} = 8.06€ + 2.04€$

$= 10.10€$

35

35쪽 8번

정답 수	10	9	8	7
오답 수	0	1	2	3
총점	20	18	16	14

36-37쪽

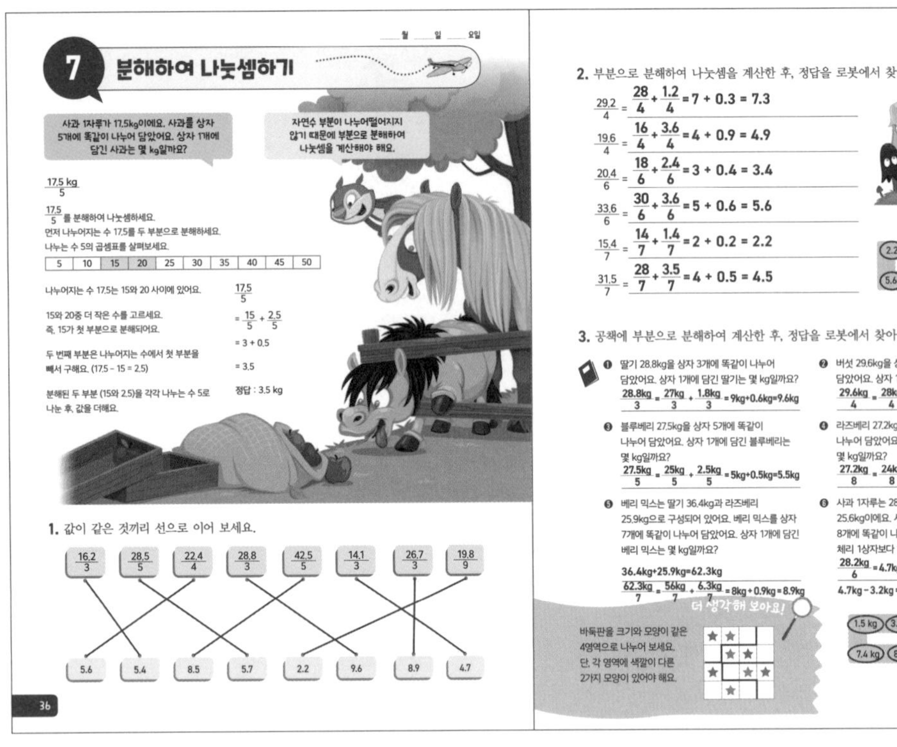
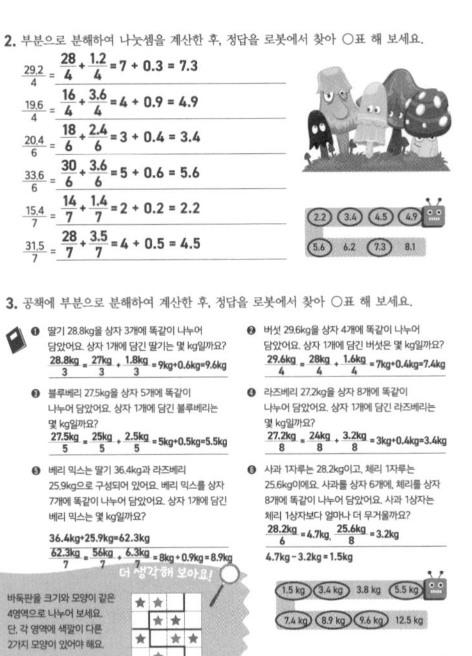

7 분해하여 나눗셈하기

사과 1자루가 17.5kg이에요. 사과를 상자 5개에 똑같이 나누어 담았어요. 상자 1개에 담긴 사과는 몇 kg일까요?

자연수 부분이 나누어떨어지지 않기 때문에 부분으로 분해하여 나눗셈을 계산해야 해요.

$\frac{17.5\text{ kg}}{5}$

$\frac{17.5}{5}$를 분해하여 나눗셈하세요.
먼저 나누어지는 수 17.5를 두 부분으로 분해하세요.
나누는 수 5의 곱셈표를 살펴보세요.

5	10	15	20	25	30	35	40	45	50

나누어지는 수 17.5는 15와 20 사이에 있어요.

15와 20중 더 작은 수를 고르세요. 즉, 15가 첫 부분으로 분해되어요.

두 번째 부분은 나누어지는 수에서 첫 부분을 빼서 구해요. (17.5 − 15 = 2.5)

분해된 두 부분 (15와 2.5)을 각각 나누는 수 5로 나눈 후, 값을 더해요.

$\frac{17.5}{5} = \frac{15}{5} + \frac{2.5}{5} = 3 + 0.5 = 3.5$

정답 : 3.5 kg

1. 값이 같은 것끼리 선으로 이어 보세요.

$\frac{16.2}{3}$, $\frac{28.5}{5}$, $\frac{22.4}{4}$, $\frac{28.8}{3}$, $\frac{42.5}{5}$, $\frac{14.1}{3}$, $\frac{26.7}{3}$, $\frac{19.8}{9}$

5.6, 5.4, 8.5, 5.7, 2.2, 9.6, 8.9, 4.7

2. 부분으로 분해하여 나눗셈을 계산한 후, 정답을 로봇에서 찾아 ○표 해 보세요.

$\frac{29.2}{4} = \frac{28}{4} + \frac{1.2}{4} = 7 + 0.3 = 7.3$

$\frac{19.6}{4} = \frac{16}{4} + \frac{3.6}{4} = 4 + 0.9 = 4.9$

$\frac{20.4}{6} = \frac{18}{6} + \frac{2.4}{6} = 3 + 0.4 = 3.4$

$\frac{33.6}{6} = \frac{30}{6} + \frac{3.6}{6} = 5 + 0.6 = 5.6$

$\frac{15.4}{7} = \frac{14}{7} + \frac{1.4}{7} = 2 + 0.2 = 2.2$

$\frac{31.5}{7} = \frac{28}{7} + \frac{3.5}{7} = 4 + 0.5 = 4.5$

2.2, 3.4, 4.5, 4.9, 5.6, 6.2, 7.3, 8.1

3. 공책에 부분으로 분해하여 계산한 후, 정답을 로봇에서 찾아 ○표 해 보세요.

❶ 딸기 28.8kg을 상자 3개에 똑같이 나누어 담았어요. 상자 1개에 담긴 딸기는 몇 kg일까요?
$\frac{28.8kg}{3} = \frac{27kg}{3} + \frac{1.8kg}{3} = 9kg + 0.6kg = 9.6kg$

❷ 버섯 29.6kg을 상자 4개에 똑같이 나누어 담았어요. 상자 1개에 담긴 버섯은 몇 kg일까요?
$\frac{29.6kg}{4} = \frac{28kg}{4} + \frac{1.6kg}{4} = 7kg + 0.4kg = 7.4kg$

❸ 블루베리 27.5kg을 상자 5개에 똑같이 나누어 담았어요. 상자 1개에 담긴 블루베리는 몇 kg일까요?
$\frac{27.5kg}{5} = \frac{25kg}{5} + \frac{2.5kg}{5} = 5kg + 0.5kg = 5.5kg$

❹ 라즈베리 27.2kg을 상자 8개에 똑같이 나누어 담았어요. 상자 1개에 담긴 라즈베리는 몇 kg일까요?
$\frac{27.2kg}{8} = \frac{24kg}{8} + \frac{3.2kg}{8} = 3kg + 0.4kg = 3.4kg$

❺ 베리 믹스는 딸기 36.4kg과 라즈베리 25.9kg으로 구성되어 있어요. 베리 믹스를 상자 7개에 똑같이 나누어 담았어요. 상자 1개에 담긴 베리 믹스는 몇 kg일까요?
36.4kg+25.9kg=62.3kg
$\frac{62.3kg}{7} = \frac{56kg}{7} + \frac{6.3kg}{7} = 8kg + 0.9kg = 8.9kg$

❻ 사과 1자루는 28.2kg이고, 체리 1자루는 25.6kg이에요. 사과를 상자 6개에, 체리를 상자 8개에 똑같이 나누어 담았어요. 사과 1상자는 체리 1상자보다 얼마나 더 무거울까요?
$\frac{28.2kg}{6} = 4.7kg$, $\frac{25.6kg}{8} = 3.2kg$
4.7kg − 3.2kg = 1.5kg

1.5 kg, 3.4 kg, 3.8 kg, 5.5 kg, 7.4 kg, 8.9 kg, 9.6 kg, 12.5 kg

더 생각해 보아요!

바둑판을 크기와 모양이 같은 4영역으로 나누어 보세요. 단, 각 영역에 색깔이 다른 2가지 모양이 있어야 해요.

36 37

보충 가이드 | 36쪽

자연수 부분이 나누어떨어지지 않을 때는 곱셈표를 이용해서 나누어떨어지는 수와 남은 수로 나누어 나눗셈을 해 보세요.

17.5÷5=(17+0.5)÷5
=(17÷5)+(0.5÷5)

17은 5의 배수가 아니라서 나누어떨어지지 않아요. 그래서 5의 배수 중 17보다 작은 15를 이용해요. 남은 자연수 2는 0.5와 더해서 계산해요.

17.5÷5=(15+2+0.5)÷5
=(15÷5)+(2.5÷5)
=3+0.5
=3.5

38-39쪽

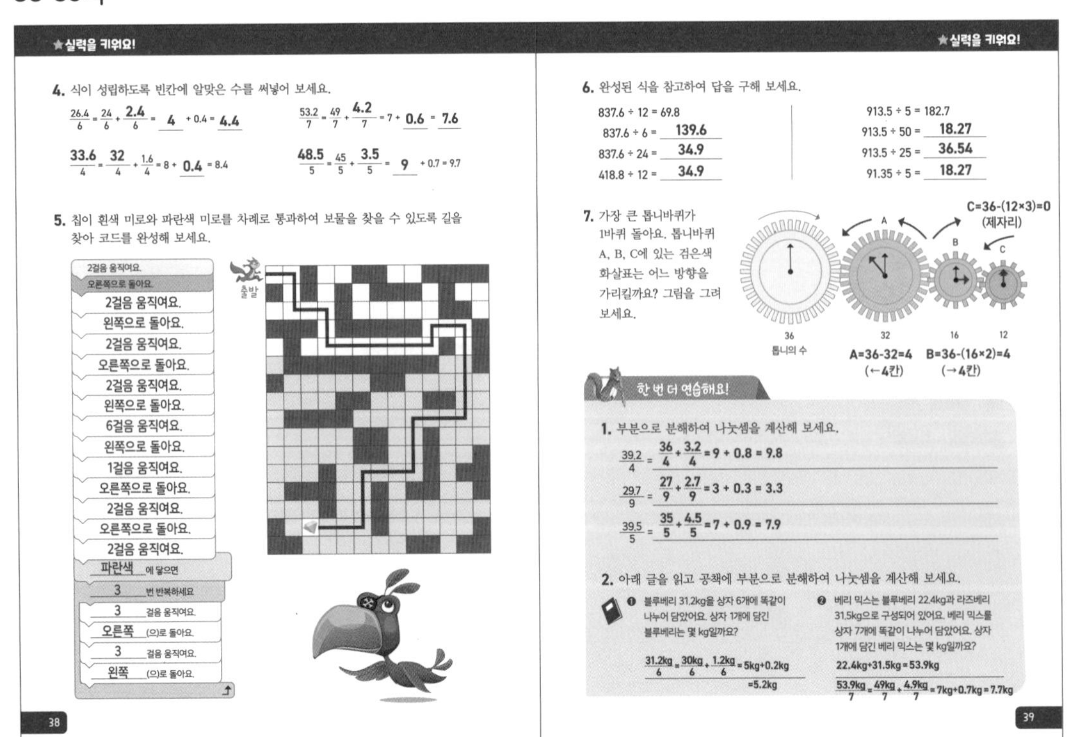

★실력을 키워요!

4. 식이 성립하도록 빈칸에 알맞은 수를 써넣어 보세요.

$\frac{26.4}{6} = \frac{24}{6} + \frac{2.4}{6} = 4 + 0.4 = 4.4$

$\frac{53.2}{7} = \frac{49}{7} + \frac{4.2}{7} = 7 + 0.6 = 7.6$

$\frac{33.6}{4} = \frac{32}{4} + \frac{1.6}{4} = 8 + 0.4 = 8.4$

$\frac{48.5}{5} = \frac{45}{5} + \frac{3.5}{5} = 9 + 0.7 = 9.7$

5. 칩이 흰색 미로와 파란색 미로를 차례로 통과하여 보물을 찾을 수 있도록 길을 찾아 코드를 완성해 보세요.

2걸음 움직여요.
오른쪽으로 돌아요.
2걸음 움직여요.
왼쪽으로 돌아요.
2걸음 움직여요.
오른쪽으로 돌아요.
2걸음 움직여요.
왼쪽으로 돌아요.
6걸음 움직여요.
왼쪽으로 돌아요.
1걸음 움직여요.
오른쪽으로 돌아요.
2걸음 움직여요.
오른쪽으로 돌아요.
2걸음 움직여요.
파란색 에 닿으면
3 번 반복하세요
3 걸음 움직여요.
오른쪽 (으)로 돌아요.
3 걸음 움직여요.
왼쪽 (으)로 돌아요.

출발

★실력을 키워요!

6. 완성된 식을 참고하여 답을 구해 보세요.

837.6 ÷ 12 = 69.8
837.6 ÷ 6 = 139.6
837.6 ÷ 24 = 34.9
418.8 ÷ 12 = 34.9

913.5 ÷ 5 = 182.7
913.5 ÷ 50 = 18.27
913.5 ÷ 25 = 36.54
91.35 ÷ 5 = 18.27

7. 가장 큰 톱니바퀴가 1바퀴 돌아요. 톱니바퀴 A, B, C에 있는 검은색 화살표는 어느 방향을 가리킬까요? 그림을 그려 보세요.

C=36-(12×3)=0 (제자리)

36 톱니의 수, 32, 16, 12

A=36-32=4 (←4칸) B=36-(16×2)=4 (→4칸)

한 번 더 연습해요!

1. 부분으로 분해하여 나눗셈을 계산해 보세요.

$\frac{39.2}{4} = \frac{36}{4} + \frac{3.2}{4} = 9 + 0.8 = 9.8$

$\frac{29.7}{9} = \frac{27}{9} + \frac{2.7}{9} = 3 + 0.3 = 3.3$

$\frac{39.5}{5} = \frac{35}{5} + \frac{4.5}{5} = 7 + 0.9 = 7.9$

2. 아래 글을 읽고 공책에 부분으로 분해하여 나눗셈을 계산해 보세요.

❶ 블루베리 31.2kg을 상자 6개에 똑같이 나누어 담았어요. 상자 1개에 담긴 블루베리는 몇 kg일까요?
$\frac{31.2kg}{6} = \frac{30kg}{6} + \frac{1.2kg}{6} = 5kg + 0.2kg = 5.2kg$

❷ 베리 믹스는 블루베리 22.4kg과 라즈베리 31.5kg으로 구성되어 있어요. 베리 믹스를 상자 7개에 똑같이 나누어 담았어요. 상자 1개에 담긴 베리 믹스는 몇 kg일까요?
22.4kg+31.5kg=53.9kg
$\frac{53.9kg}{7} = \frac{49kg}{7} + \frac{4.9kg}{7} = 7kg + 0.7kg = 7.7kg$

38 39

39쪽 7번

A-36개와 32개는 1 대 1로 함께 안으로 맞물리며 돌아가므로 32는 1바퀴 돌고 36-32=4만큼 왼쪽으로 돌아가요.
B-32와 16은 1 대 1로 함께 밖으로 맞물리며 돌아가므로 16은 2바퀴 돌고 36-(16×2)=4만큼 오른쪽으로 돌아가요.
C-16과 12는 1 대 1로 함께 안으로 맞물리며 돌아가므로 12는 3바퀴 돌고 36-(12×3)=0이 나오므로 제자리에 있어요.

40-41쪽

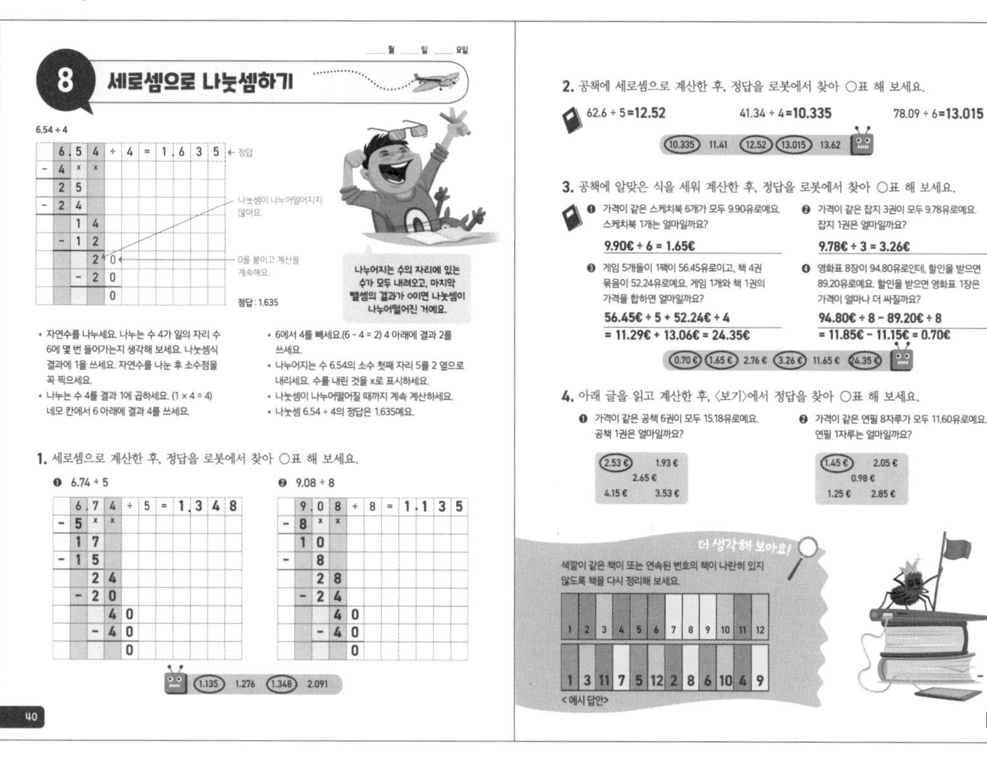

___월 ___일 ___요일

8 세로셈으로 나눗셈하기

6.54 ÷ 4

	6	. 5	4	÷	4	=	1	. 6	3	5
-	4	x	x							
	2	5								
-	2	4								
		1	4							
	-	1	2							
			2	0						
		-	2	0						
				0						

← 정답

나눗셈이 나누어떨어지지 않아요.

0을 붙이고 계산을 계속해요.

정답 : 1.635

나누어지는 수의 자리에 있는 수가 모두 내려오고, 마지막 뺄셈의 결과가 0이면 나눗셈이 나누어떨어진 거예요.

- 자연수를 나누세요. 나누는 수 4가 일의 자리 수 6에 몇 번 들어가는지 생각해 보세요. 나눗셈식 결과에 1을 쓰세요. 자연수를 나눈 후 소수점을 꼭 찍으세요.
- 나누는 수 4를 결과 1에 곱하세요. (1 × 4 = 4) 네모 칸에서 6 아래에 결과 4를 쓰세요.
- 6에서 4를 빼세요.(6 - 4 = 2) 4 아래에 결과 2를 쓰세요.
- 나누어지는 수 6.54의 소수 첫째 자리 5를 2 옆으로 내리세요. 수를 내린 것을 x로 표시하세요.
- 나눗셈이 나누어떨어질 때까지 계속 계산하세요.
- 나눗셈 6.54 ÷ 4의 정답은 1.635예요.

1. 세로셈으로 계산한 후, 정답을 로봇에서 찾아 ○표 해 보세요.

❶ 6.74 ÷ 5

	6	. 7	4	÷	5	=	1	. 3	4	8
-	5	x	x							
	1	7								
-	1	5								
		2	4							
	-	2	0							
			4	0						
		-	4	0						
				0						

❷ 9.08 ÷ 8

	9	. 0	8	÷	8	=	1	. 1	3	5
-	8	x	x							
	1	0								
-		8								
		2	8							
	-	2	4							
			4	0						
		-	4	0						
				0						

(1.135) 1.276 (1.348) 2.091

40

2. 공책에 세로셈으로 계산한 후, 정답을 로봇에서 찾아 ○표 해 보세요.

62.6 ÷ 5=**12.52** 41.34 ÷ 4=**10.335** 78.09 ÷ 6=**13.015**

(10.335) 11.41 (12.52) (13.015) 13.62

3. 공책에 알맞은 식을 세워 계산한 후, 정답을 로봇에서 찾아 ○표 해 보세요.

❶ 가격이 같은 스케치북 6개가 모두 9.90유로예요. 스케치북 1개는 얼마일까요?

9.90€ ÷ 6 = 1.65€

❷ 가격이 같은 잡지 3권이 모두 9.78유로예요. 잡지 1권은 얼마일까요?

9.78€ ÷ 3 = 3.26€

❸ 게임 5개들이 1팩이 56.45유로이고, 책 4권 묶음이 52.24유로예요. 게임 1개와 책 1권의 가격을 합하면 얼마일까요?

56.45€ ÷ 5 + 52.24€ ÷ 4
= 11.29€ + 13.06€ = 24.35€

❹ 영화표 8장이 94.80유로인데, 할인을 받으면 89.20유로예요. 할인을 받으면 영화표 1장은 가격이 얼마나 더 싸질까요?

94.80€ ÷ 8 - 89.20€ ÷ 8
= 11.85€ - 11.15€ = 0.70€

(0.70 €) (1.65 €) 2.76 € (3.26 €) 11.65 € (24.35 €)

4. 아래 글을 읽고 계산한 후, 〈보기〉에서 정답을 찾아 ○표 해 보세요.

❶ 가격이 같은 공책 6권이 모두 15.18유로예요. 공책 1권은 얼마일까요?

(2.53 €) 1.93 € 2.65 € 4.15 € 3.53 €

❷ 가격이 같은 연필 8자루가 모두 11.60유로예요. 연필 1자루는 얼마일까요?

(1.45 €) 2.05 € 0.98 € 1.25 € 2.85 €

더 생각해 보아요!

색깔이 같은 책이 또는 연속된 번호의 책이 나란히 있지 않도록 책을 다시 정리해 보세요.

1	2	3	4	5	6	7	8	9	10	11	12
1	3	11	7	5	12	2	8	6	10	4	9

<예시 답안>

41

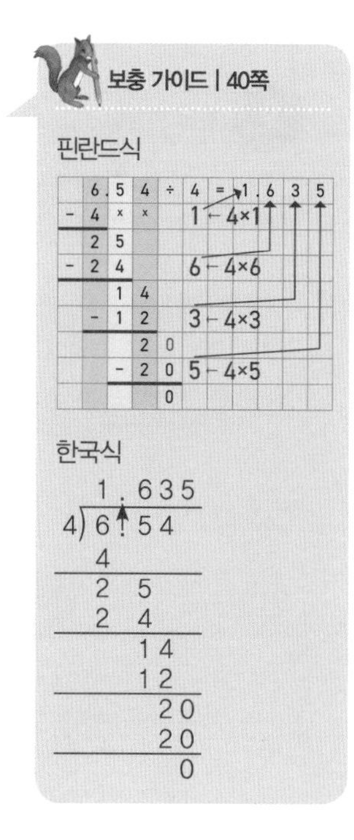

42-43쪽

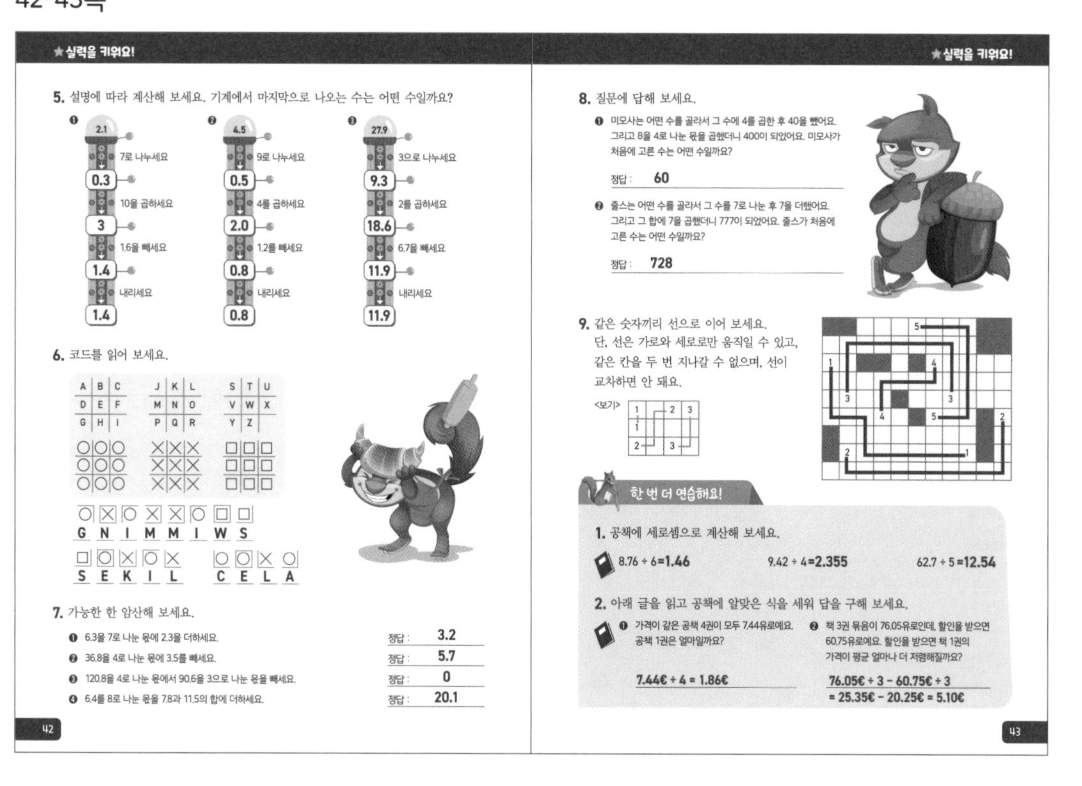

★ 실력을 키워요!

5. 설명에 따라 계산해 보세요. 기계에서 마지막으로 나오는 수는 어떤 수일까요?

❶ 2.1 → 7로 나누세요 → 0.3 → 10을 곱하세요 → 3 → 1.6을 빼세요 → 1.4 → 내리세요 → 1.4

❷ 4.5 → 9로 나누세요 → 0.5 → 4를 곱하세요 → 2.0 → 1.2를 빼세요 → 0.8 → 내리세요 → 0.8

❸ 27.9 → 3으로 나누세요 → 9.3 → 2를 곱하세요 → 18.6 → 6.7을 빼세요 → 11.9 → 내리세요 → 11.9

6. 코드를 읽어 보세요.

A B C / D E F / G H I J K L / M N O / P Q R S T U / V W X / Y Z

G N I M M I W S

S E K I L C E L A

7. 가능한 한 암산해 보세요.

❶ 6.3을 7로 나눈 몫에 2.3을 더하세요. 정답 : **3.2**

❷ 36.8을 4로 나눈 몫에 3.5를 빼세요. 정답 : **5.7**

❸ 120.8을 4로 나눈 몫에서 90.6을 3으로 나눈 몫을 빼세요. 정답 : **0**

❹ 6.4를 8로 나눈 몫을 7.8과 11.5의 합에 더하세요. 정답 : **20.1**

42

★ 실력을 키워요!

8. 질문에 답해 보세요.

❶ 미모사는 어떤 수를 골라서 그 수에 4를 곱한 후 40을 뺐어요. 그리고 8을 4로 나눈 몫을 곱했더니 400이 되었어요. 미모사가 처음에 고른 수는 어떤 수일까요?

정답 : **60**

❷ 줄스는 어떤 수를 골라서 그 수를 7로 나눈 후 7을 더했어요. 그리고 그 합에 7을 곱했더니 777이 되었어요. 줄스가 처음에 고른 수는 어떤 수일까요?

정답 : **728**

9. 같은 숫자끼리 선으로 이어 보세요. 단, 선은 가로와 세로로만 움직일 수 있고, 같은 칸을 두 번 지나갈 수 없으며, 선이 교차하면 안 돼요.

<보기>

한 번 더 연습해요!

1. 공책에 세로셈으로 계산해 보세요.

8.76 ÷ 6=**1.46** 9.42 ÷ 4=**2.355** 62.7 ÷ 5=**12.54**

2. 아래 글을 읽고 공책에 알맞은 식을 세워 답을 구해 보세요.

❶ 가격이 같은 공책 4권이 모두 7.44유로예요. 공책 1권은 얼마일까요?

7.44€ ÷ 4 = 1.86€

❷ 책 3권 묶음이 76.05유로인데, 할인을 받으면 60.75유로예요. 할인을 받으면 책 1권의 가격이 평균 얼마나 더 저렴해질까요?

76.05€ ÷ 3 - 60.75€ ÷ 3
= 25.35€ - 20.25€ = 5.10€

43

42쪽 6번

Alec likes swimming.
(알렉은 수영을 좋아해요.)

42쪽 8번

결괏값을 가지고 반대로 계산하면 처음 수를 알아낼 수 있어요.

❶ (400÷2+40)÷4=60

❷ (777÷7-7)×7=728

44-45쪽

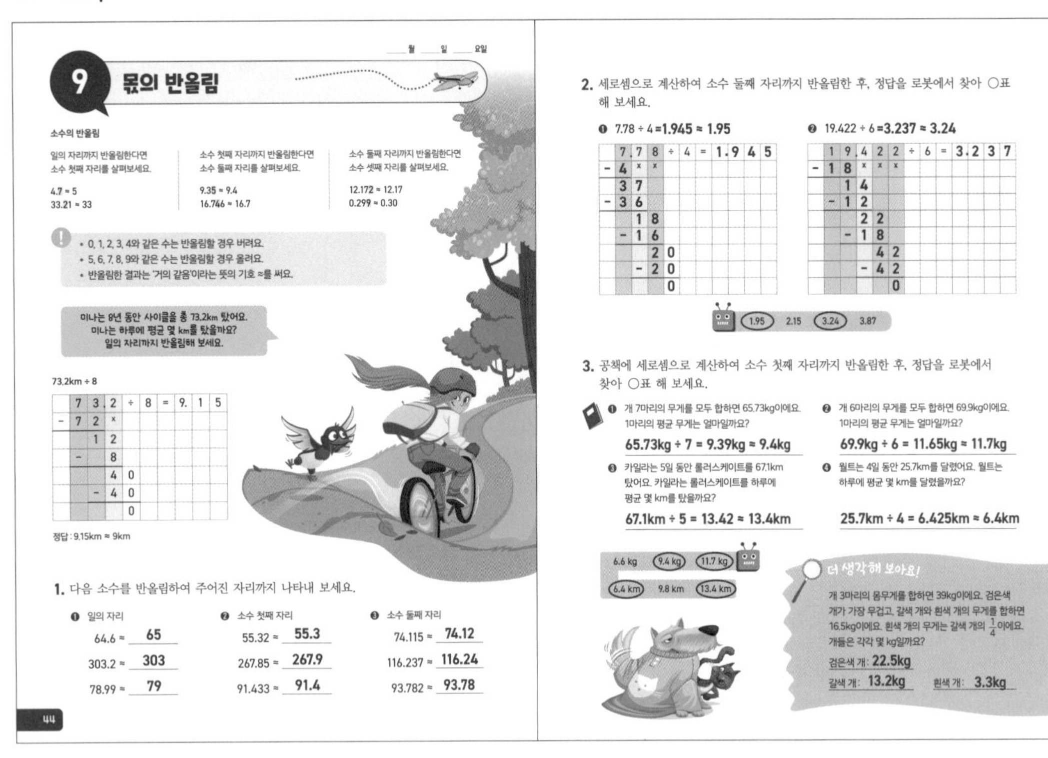

보충 가이드 | 44쪽

반올림은 구하려는 자리 바로 아래 자리의 숫자가 0, 1, 2, 3, 4이면 버리고 5, 6, 7, 8, 9이면 올리는 방법이에요.
올림은 구하려는 자리 아래에 0이 아닌 수가 하나라도 있으면 구하려는 자리의 수를 1 크게 해요.
버림은 구하려는 자리 아래의 수가 무엇이든 무조건 0으로 바꾸어요.

더 생각해 보아요! | 45쪽

❶검+갈+흰=39kg
❷갈=흰×4
❸갈+흰=16.5kg
❸에 ❷를 대입하면
흰×4+흰=16.5kg
흰×5=16.5kg
흰=16.5kg÷5=3.3kg
갈=흰×4이므로 3.3kg×4=13.2kg
❶에 흰=3.3kg
갈=13.2kg을 대입하면
검+13.2kg+3.3kg=39kg
검=39kg-16.5kg=22.5kg

46-47쪽

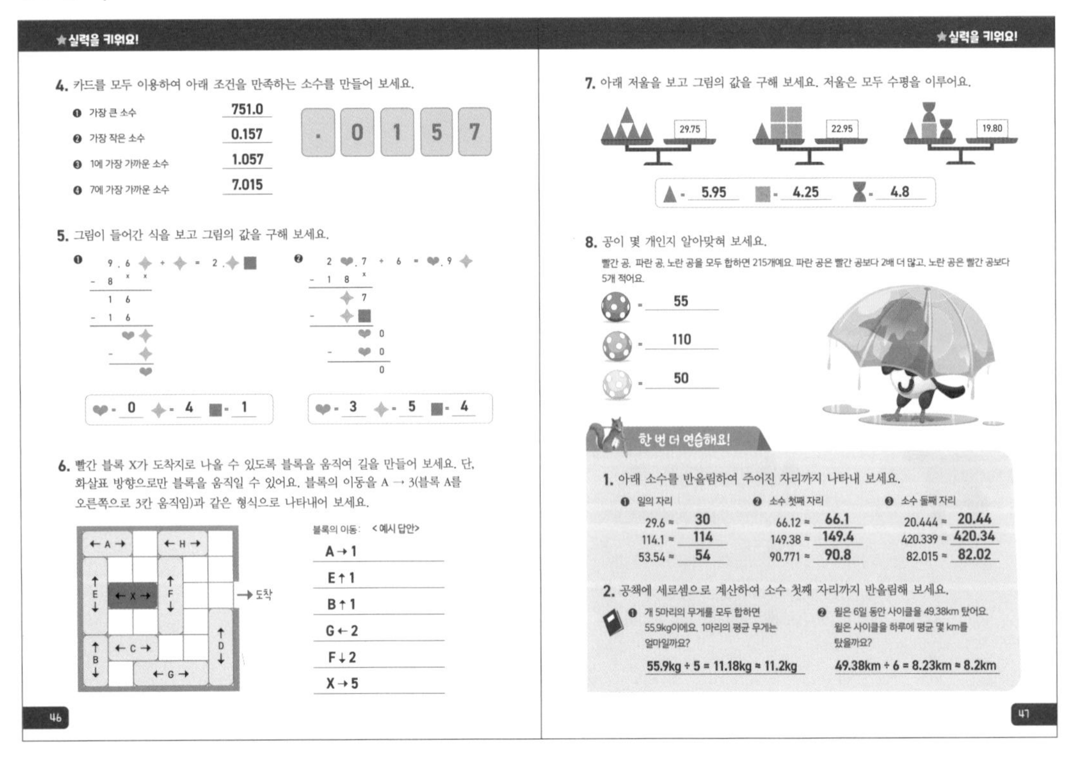

47쪽 7번

▲▲▲▲▲=29.75, ▲=5.95
▲■■■■=22.95
■■■■=22.95-5.95
■■■■=17, ■=4.25
▲■⧗⧗=19.80
⧗⧗=19.80-5.95-4.25
⧗⧗=9.6, ⧗=4.8

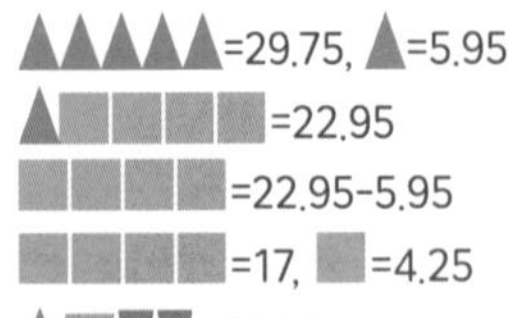

47쪽 8번

❶ 빨+파+노=215
❷ 파=빨×2
❸ 노=빨-5
❶식에 ❷와 ❸을 대입하면
빨+(빨×2)+(빨-5)=215
빨×4=215+5
빨×4=220
빨=55개, 파=110개, 노=50개

48-49쪽

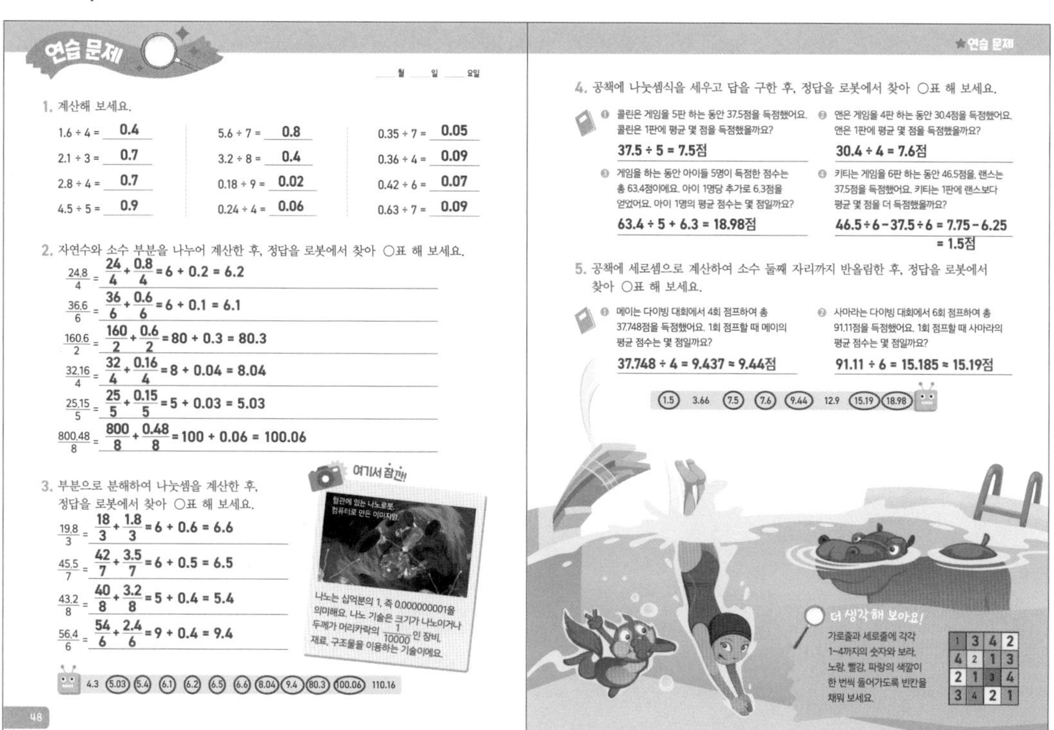
연습 문제
1. 계산해 보세요.
1.6 ÷ 4 = 0.4
2.1 ÷ 3 = 0.7
2.8 ÷ 4 = 0.7
4.5 ÷ 5 = 0.9
5.6 ÷ 7 = 0.8
3.2 ÷ 8 = 0.4
0.18 ÷ 9 = 0.02
0.24 ÷ 4 = 0.06
0.35 ÷ 7 = 0.05
0.36 ÷ 4 = 0.09
0.42 ÷ 6 = 0.07
0.63 ÷ 7 = 0.09
2. 자연수와 소수 부분을 나누어 계산한 후, 정답을 로봇에서 찾아 ○표 해 보세요.
3. 부분으로 분해하여 나눗셈을 계산한 후, 정답을 로봇에서 찾아 ○표 해 보세요.
여기서 잠깐!
4. 공책에 나눗셈식을 세우고 답을 구한 후, 정답을 로봇에서 찾아 ○표 해 보세요.
37.5 ÷ 5 = 7.5점
30.4 ÷ 4 = 7.6점
63.4 ÷ 5 + 6.3 = 18.98점
46.5÷6−37.5÷6 = 7.75−6.25 = 1.5점
5. 공책에 세로셈으로 계산하여 소수 둘째 자리까지 반올림한 후, 정답을 로봇에서 찾아 ○표 해 보세요.
37.748 ÷ 4 = 9.437 ≈ 9.44점
91.11 ÷ 6 = 15.185 ≈ 15.19점
더 생각해 보아요!

MEMO

50-51쪽

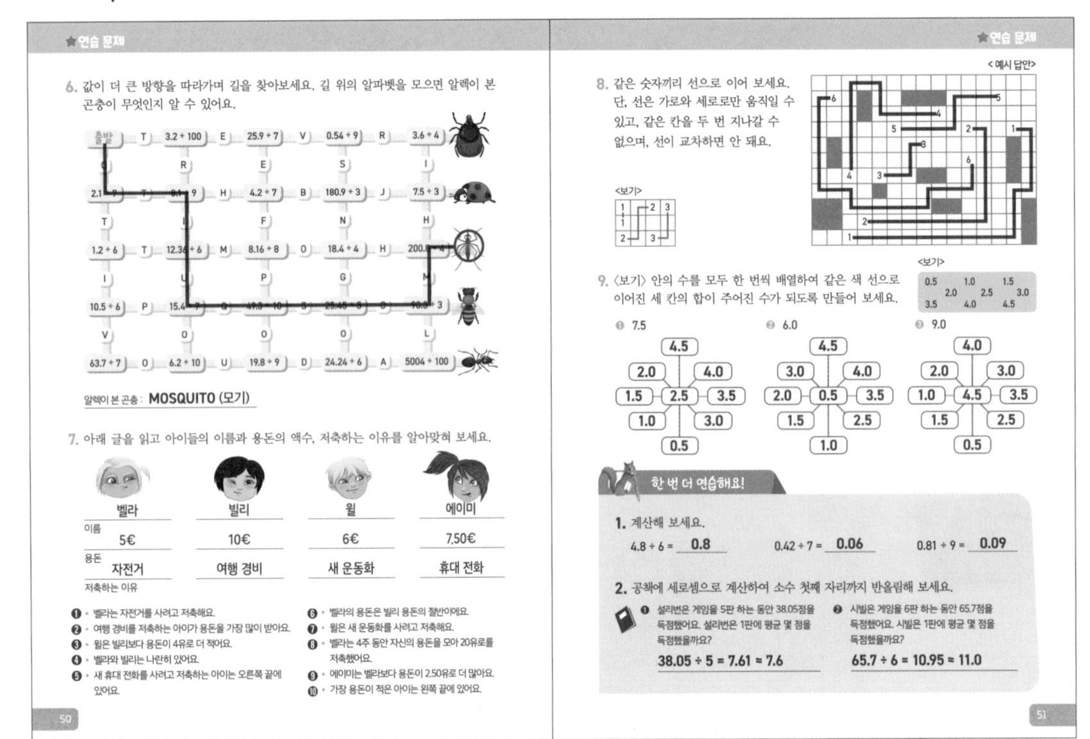

6. 값이 더 큰 방향을 따라가며 길을 찾아보세요. 길 위의 알파벳을 모으면 알렉이 본 곤충이 무엇인지 알 수 있어요.

알렉이 본 곤충: **MOSQUITO (모기)**

7. 아래 글을 읽고 아이들의 이름과 용돈의 액수, 저축하는 이유를 알아맞혀 보세요.

이름	벨라	빌리	윌	에이미
용돈	5€	10€	6€	7.50€
저축하는 이유	자전거	여행 경비	새 운동화	휴대 전화

❶ • 벨라는 자전거를 사려고 저축해요.
❷ • 여행 경비를 저축하는 아이가 용돈을 가장 많이 받아요.
❸ • 윌은 빌리보다 용돈이 4유로 더 적어요.
❹ • 벨라와 빌리는 나란히 있어요.
❺ • 새 휴대 전화를 사려고 저축하는 아이는 오른쪽 끝에 있어요.
❻ • 벨라의 용돈은 빌리 용돈의 절반이에요.
❼ • 윌은 새 운동화를 사려고 저축해요.
❽ • 벨라는 4주 동안 자신의 용돈을 모아 20유로를 저축했어요.
❾ • 에이미는 벨라보다 용돈이 2.50유로 더 많아요.
❿ • 가장 용돈이 적은 아이는 왼쪽 끝에 있어요.

8. 같은 숫자끼리 선으로 이어 보세요. 단, 선은 가로와 세로로만 움직일 수 있고, 같은 칸을 두 번 지나갈 수 없으며, 선이 교차하면 안 돼요.

9. 〈보기〉 안의 수를 모두 한 번씩 배열하여 같은 색 선으로 이어진 세 칸의 합이 주어진 수가 되도록 만들어 보세요.

한 번 더 연습해요!

1. 계산해 보세요.

$4.8 \div 6 =$ **0.8** $0.42 \div 7 =$ **0.06** $0.81 \div 9 =$ **0.09**

2. 공책에 세로셈으로 계산하여 소수 첫째 자리까지 반올림해 보세요.

❶ 설리번은 게임을 5판 하는 동안 38.05점을 득점했어요. 설리번은 1판에 평균 몇 점을 득점했을까요?

$38.05 \div 5 = 7.61 \approx 7.6$

❷ 시빌은 게임을 6판 하는 동안 65.7점을 득점했어요. 시빌은 1판에 평균 몇 점을 득점했을까요?

$65.7 \div 6 = 10.95 \approx 11.0$

MEMO

50쪽 7번

❺ 새 휴대 전화를 사려고 저축하는 아이는 오른쪽 끝에 있어요.
❿ 가장 용돈이 적은 아이는 왼쪽 끝에 있어요.

이름				
용돈	가장 적음.			
저축하는 이유				휴대 전화

❹ 벨라와 빌리는 나란히 있어요.
❶ 벨라는 자전거를 사려고 저축해요.
❸ 윌은 빌리보다 용돈이 4유로 더 적어요.
❼ 윌은 새 운동화를 사려고 저축해요.
❻ 벨라의 용돈은 빌리 용돈의 절반이에요.

이름	벨라	빌리	윌	
용돈	빌리 용돈÷2		빌리 용돈-4€	
저축하는 이유	자전거		새 운동화	휴대 전화

❽ 벨라는 4주 동안 자신의 용돈을 모아 20유로를 저축했어요. → 20€÷4=5€, 빌리=5€×2=10€, 윌=10€-4€=6€
❾ 에이미는 벨라보다 용돈이 2.50유로 더 많아요.
❷ 여행 경비를 저축하는 아이가 용돈을 가장 많이 받아요.

이름	벨라	빌리	윌	에이미
용돈	5€	10€	6€	7.50€
저축하는 이유	자전거	여행 경비	새 운동화	휴대 전화

52-53쪽

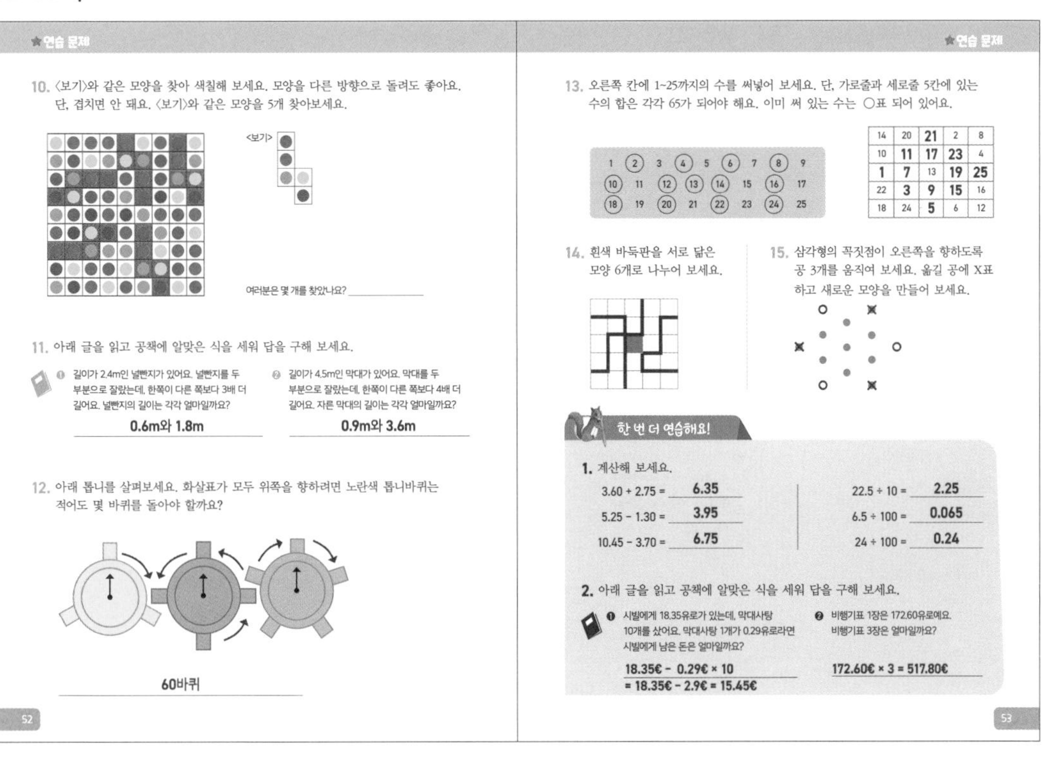

★연습 문제

10. 〈보기〉와 같은 모양을 찾아 색칠해 보세요. 모양을 다른 방향으로 돌려도 좋아요. 단, 겹치면 안 돼요. 〈보기〉와 같은 모양을 5개 찾아보세요.

〈보기〉

여러분은 몇 개를 찾았나요? ____

11. 아래 글을 읽고 공책에 알맞은 식을 세워 답을 구해 보세요.

❶ 길이가 2.4m인 널빤지가 있어요. 널빤지를 두 부분으로 잘랐는데, 한쪽이 다른 쪽보다 3배 더 길어요. 널빤지의 길이는 각각 얼마일까요?
0.6m와 1.8m

❷ 길이가 4.5m인 막대가 있어요. 막대를 두 부분으로 잘랐는데, 한쪽이 다른 쪽보다 4배 더 길어요. 자른 막대의 길이는 각각 얼마일까요?
0.9m와 3.6m

12. 아래 톱니를 살펴보세요. 화살표가 모두 위쪽을 향하려면 노란색 톱니바퀴는 적어도 몇 바퀴를 돌아야 할까요?
60바퀴

52

13. 오른쪽 칸에 1~25까지의 수를 써넣어 보세요. 단, 가로줄과 세로줄 5칸에 있는 수의 합은 각각 65가 되어야 해요. 이미 써 있는 수는 ○표 되어 있어요.

1 ② 3 ④ 5 ⑥ 7 ⑧ 9 ⑩ 11 ⑫ ⑬ ⑭ 15 ⑯ 17 ⑱ 19 ⑳ 21 ㉒ 23 ㉔ 25

14	20	21	2	8
10	11	17	23	4
1	7	13	19	25
22	3	9	15	16
18	24	5	6	12

14. 흰색 바둑판을 서로 닮은 모양 6개로 나누어 보세요.

15. 삼각형의 꼭짓점이 오른쪽을 향하도록 공 3개를 움직여 보세요. 옮길 공에 X표 하고 새로운 모양을 만들어 보세요.

한 번 더 연습해요!

1. 계산해 보세요.

3.60 + 2.75 = **6.35**
5.25 - 1.30 = **3.95**
10.45 - 3.70 = **6.75**
22.5 ÷ 10 = **2.25**
6.5 ÷ 100 = **0.065**
24 ÷ 100 = **0.24**

2. 아래 글을 읽고 공책에 알맞은 식을 세워 답을 구해 보세요.

❶ 시빌에게 18.35유로가 있는데, 막대사탕 10개를 샀어요. 막대사탕 1개가 0.29유로라면 시빌에게 남은 돈은 얼마일까요?
18.35€ - 0.29€ × 10 = 18.35€ - 2.9€ = 15.45€

❷ 비행기표 1장은 172.60유로예요. 비행기표 3장은 얼마일까요?
172.60€ × 3 = 517.80€

53

52쪽 11번

❶ $x+x\times3=2.4$m, $x\times4=2.4$m
$x=2.4$m$\div4$, $x=0.6$m
다른 쪽 널빤지
0.6m×3=1.8m

❷ $x+x\times4=4.5$m, $x\times5=4.5$m
$x=4.5$m$\div5$, $x=0.9$m
다른 쪽 막대
0.9m×4=3.6m

52쪽 12번

3개의 톱니바퀴가 서로 맞물리면서 화살표가 모두 위쪽을 향하게 돌려면 톱니바퀴 개수인 3, 4, 5의 최소공배수를 구해야 해요.
3, 4, 5의 최소공배수는 60이므로 60바퀴를 돌아야 해요.

54-55쪽

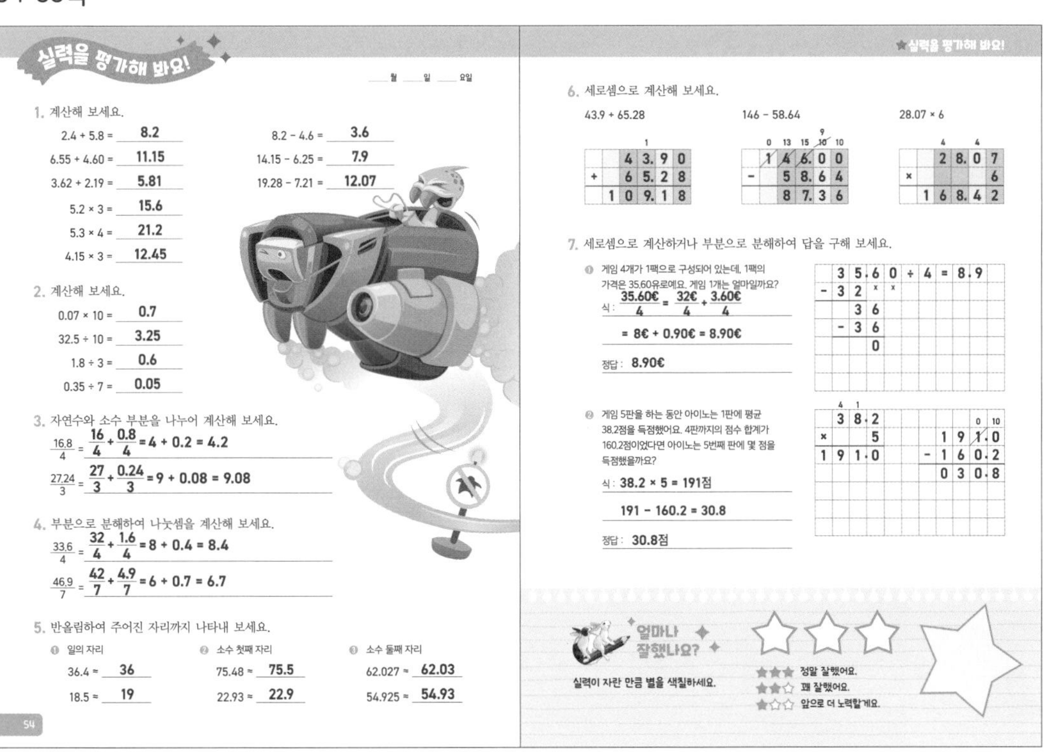

실력을 평가해 봐요!

____월 ____일 ____요일

1. 계산해 보세요.

2.4 + 5.8 = **8.2**
6.55 + 4.60 = **11.15**
3.62 + 2.19 = **5.81**
5.2 × 3 = **15.6**
5.3 × 4 = **21.2**
4.15 × 3 = **12.45**
8.2 - 4.6 = **3.6**
14.15 - 6.25 = **7.9**
19.28 - 7.21 = **12.07**

2. 계산해 보세요.

0.07 × 10 = **0.7**
32.5 ÷ 10 = **3.25**
1.8 ÷ 3 = **0.6**
0.35 ÷ 7 = **0.05**

3. 자연수와 소수 부분을 나누어 계산해 보세요.

$\frac{16.8}{4}=\frac{16}{4}+\frac{0.8}{4}=4+0.2=4.2$

$\frac{27.24}{3}=\frac{27}{3}+\frac{0.24}{3}=9+0.08=9.08$

4. 부분으로 분해하여 나눗셈을 계산해 보세요.

$\frac{33.6}{4}=\frac{32}{4}+\frac{1.6}{4}=8+0.4=8.4$

$\frac{46.9}{7}=\frac{42}{7}+\frac{4.9}{7}=6+0.7=6.7$

5. 반올림하여 주어진 자리까지 나타내 보세요.

❶ 일의 자리
36.4 ≈ **36**
18.5 ≈ **19**

❷ 소수 첫째 자리
75.48 ≈ **75.5**
22.93 ≈ **22.9**

❸ 소수 둘째 자리
62.027 ≈ **62.03**
54.925 ≈ **54.93**

54

★실력을 평가해 봐요!

6. 세로셈으로 계산해 보세요.

43.9 + 65.28 = **109.18**
146 - 58.64 = **87.36**
28.07 × 6 = **168.42**

7. 세로셈으로 계산하거나 부분으로 분해하여 답을 구해 보세요.

❶ 게임 4개가 1팩으로 구성되어 있는데, 1팩의 가격은 35.60유로예요. 게임 1개는 얼마일까요?
식: $\frac{35.60€}{4}=\frac{32€}{4}+\frac{3.60€}{4}$
= 8€ + 0.90€ = 8.90€
정답: **8.90€**

35.60 ÷ 4 = 8.9

❷ 게임 5판을 하는 동안 아이노는 1판에 평균 38.2점을 득점했어요. 4판까지의 점수 합계가 160.2점이었다면 아이노는 5번째 판에 몇 점을 득점했을까요?
식: 38.2 × 5 = 191점
191 - 160.2 = 30.8
정답: **30.8점**

얼마나 잘했나요?
실력이 자란 만큼 별을 색칠하세요.
★★★ 정말 잘했어요.
★★☆ 꽤 잘했어요.
★☆☆ 앞으로 더 노력할게요.

56-57쪽

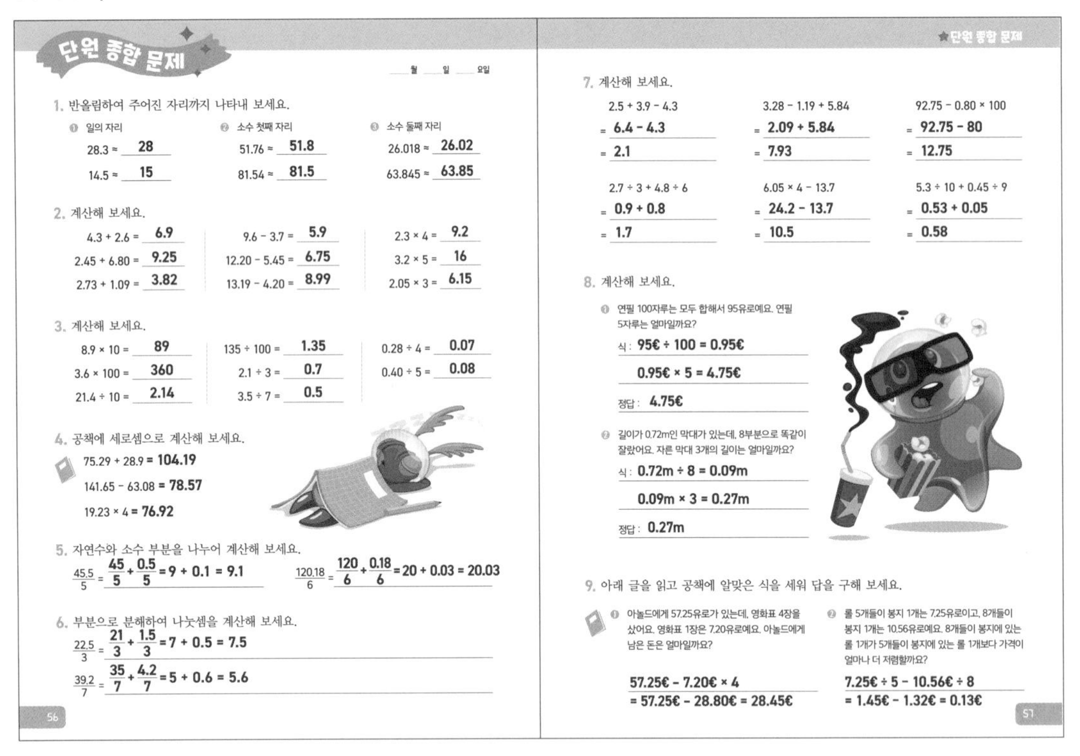

단원 종합 문제

___월 ___일 ___요일

1. 반올림하여 주어진 자리까지 나타내 보세요.

① 일의 자리
28.3 ≈ **28**
14.5 ≈ **15**

② 소수 첫째 자리
51.76 ≈ **51.8**
81.54 ≈ **81.5**

③ 소수 둘째 자리
26.018 ≈ **26.02**
63.845 ≈ **63.85**

2. 계산해 보세요.

4.3 + 2.6 = **6.9**
2.45 + 6.80 = **9.25**
2.73 + 1.09 = **3.82**

9.6 − 3.7 = **5.9**
12.20 − 5.45 = **6.75**
13.19 − 4.20 = **8.99**

2.3 × 4 = **9.2**
3.2 × 5 = **16**
2.05 × 3 = **6.15**

3. 계산해 보세요.

8.9 × 10 = **89**
3.6 × 100 = **360**
21.4 ÷ 10 = **2.14**

135 ÷ 100 = **1.35**
2.1 ÷ 3 = **0.7**
3.5 ÷ 7 = **0.5**

0.28 ÷ 4 = **0.07**
0.40 ÷ 5 = **0.08**

4. 공책에 세로셈으로 계산해 보세요.

75.29 + 28.9 = **104.19**
141.65 − 63.08 = **78.57**
19.23 × 4 = **76.92**

5. 자연수와 소수 부분을 나누어 계산해 보세요.

$\frac{45.5}{5} = \frac{45}{5} + \frac{0.5}{5} = 9 + 0.1 = 9.1$

$\frac{120.18}{6} = \frac{120}{6} + \frac{0.18}{6} = 20 + 0.03 = 20.03$

6. 부분으로 분해하여 나눗셈을 계산해 보세요.

$\frac{22.5}{3} = \frac{21}{3} + \frac{1.5}{3} = 7 + 0.5 = 7.5$

$\frac{39.2}{7} = \frac{35}{7} + \frac{4.2}{7} = 5 + 0.6 = 5.6$

56

★단원 종합 문제

7. 계산해 보세요.

2.5 + 3.9 − 4.3
= **6.4 − 4.3**
= **2.1**

3.28 − 1.19 + 5.84
= **2.09 + 5.84**
= **7.93**

92.75 − 0.80 × 100
= **92.75 − 80**
= **12.75**

2.7 ÷ 3 + 4.8 ÷ 6
= **0.9 + 0.8**
= **1.7**

6.05 × 4 − 13.7
= **24.2 − 13.7**
= **10.5**

5.3 ÷ 10 + 0.45 ÷ 9
= **0.53 + 0.05**
= **0.58**

8. 계산해 보세요.

① 연필 100자루는 모두 합해서 95유로예요. 연필 5자루는 얼마일까요?
식 : **95€ ÷ 100 = 0.95€**
0.95€ × 5 = 4.75€
정답 : **4.75€**

② 길이가 0.72m인 막대가 있는데, 8부분으로 똑같이 잘랐어요. 자른 막대 3개의 길이는 얼마일까요?
식 : **0.72m ÷ 8 = 0.09m**
0.09m × 3 = 0.27m
정답 : **0.27m**

9. 아래 글을 읽고 공책에 알맞은 식을 세워 답을 구해 보세요.

① 아놀드에게 57.25유로가 있는데, 영화표 4장을 샀어요. 영화표 1장은 7.20유로예요. 아놀드에게 남은 돈은 얼마일까요?
57.25€ − 7.20€ × 4
= 57.25€ − 28.80€ = 28.45€

② 롤 5개들이 봉지 1개는 7.25유로이고, 8개들이 봉지 1개는 10.56유로예요. 8개들이 봉지에 있는 롤 1개가 5개들이 봉지에 있는 롤 1개보다 가격이 얼마나 더 저렴할까요?
7.25€ ÷ 5 − 10.56€ ÷ 8
= 1.45€ − 1.32€ = 0.13€

57

58-59쪽

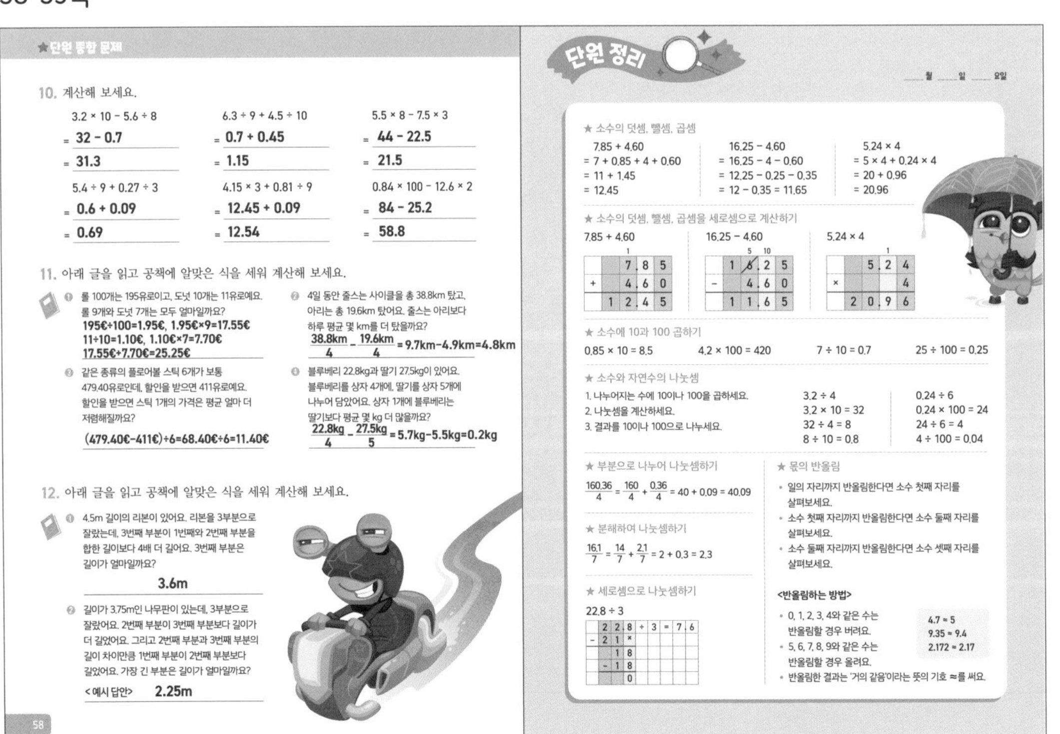

★단원 종합 문제

10. 계산해 보세요.

3.2 × 10 − 5.6 ÷ 8
= **32 − 0.7**
= **31.3**

6.3 ÷ 9 + 4.5 ÷ 10
= **0.7 + 0.45**
= **1.15**

5.5 × 8 − 7.5 × 3
= **44 − 22.5**
= **21.5**

5.4 ÷ 9 + 0.27 ÷ 3
= **0.6 + 0.09**
= **0.69**

4.15 × 3 + 0.81 ÷ 9
= **12.45 + 0.09**
= **12.54**

0.84 × 100 − 12.6 × 2
= **84 − 25.2**
= **58.8**

11. 아래 글을 읽고 공책에 알맞은 식을 세워 계산해 보세요.

① 롤 100개는 195유로이고, 도넛 10개는 11유로예요. 롤 9개와 도넛 7개는 모두 얼마일까요?
195€÷100=1.95€, 1.95€×9=17.55€
11÷10=1.10€, 1.10€×7=7.70€
17.55€+7.70€=25.25€

② 4일 동안 줄스는 사이클을 총 38.8km 탔고, 아리는 총 19.6km 탔어요. 줄스는 아리보다 하루 평균 몇 km를 더 탔을까요?
$\frac{38.8km}{4} - \frac{19.6km}{4}$ **= 9.7km−4.9km=4.8km**

③ 같은 종류의 플로어볼 스틱 6개가 보통 479.40유로인데, 할인을 받으면 411유로예요. 할인을 받으면 스틱 1개의 가격은 평균 얼마 더 저렴해질까요?
(479.40€−411€)÷6=68.40€÷6=11.40€

④ 블루베리 22.8kg과 딸기 27.5kg이 있어요. 블루베리를 상자 4개에, 딸기를 상자 5개에 나누어 담았어요. 상자 1개에 블루베리는 딸기보다 평균 몇 kg 더 많을까요?
$\frac{22.8kg}{4} - \frac{27.5kg}{5}$ **= 5.7kg−5.5kg=0.2kg**

12. 아래 글을 읽고 공책에 알맞은 식을 세워 계산해 보세요.

① 4.5m 길이의 리본이 있어요. 리본을 3부분으로 잘랐는데, 3번째 부분이 1번째와 2번째 부분을 합한 길이보다 4배 더 길어요. 3번째 부분은 길이가 얼마일까요?
3.6m

② 길이가 3.75m인 나무판이 있는데, 3부분으로 잘랐어요. 2번째 부분이 3번째 부분보다 길이가 더 길었어요. 그리고 2번째 부분과 3번째 부분의 길이 차이만큼 1번째 부분이 2번째 부분보다 길었어요. 가장 긴 부분은 길이가 얼마일까요?
<예시 답안> **2.25m**

58

단원 정리

___월 ___일 ___요일

★ 소수의 덧셈, 뺄셈, 곱셈

7.85 + 4.60
= 7 + 0.85 + 4 + 0.60
= 11 + 1.45
= 12.45

16.25 − 4.60
= 16.25 − 4 − 0.60
= 12.25 − 0.25 − 0.35
= 12 − 0.35 = 11.65

5.24 × 4
= 5 × 4 + 0.24 × 4
= 20 + 0.96
= 20.96

★ 소수의 덧셈, 뺄셈, 곱셈을 세로셈으로 계산하기

7.85 + 4.60

		7.	8	5
+		4.	6	0
	1	2.	4	5

16.25 − 4.60

	1	6.	2	5
−		4.	6	0
	1	1.	6	5

5.24 × 4

		5.	2	4
×				4
	2	0.	9	6

★ 소수에 10과 100 곱하기

0.85 × 10 = 8.5
4.2 × 100 = 420
7 ÷ 10 = 0.7
25 ÷ 100 = 0.25

★ 소수와 자연수의 나눗셈

1. 나누어지는 수에 10이나 100을 곱하세요.
2. 나눗셈을 계산하세요.
3. 결과를 10이나 100으로 나누세요.

3.2 ÷ 4
3.2 × 10 = 32
32 ÷ 4 = 8
8 ÷ 10 = 0.8

0.24 ÷ 6
0.24 × 100 = 24
24 ÷ 6 = 4
4 ÷ 100 = 0.04

★ 부분으로 나누어 나눗셈하기

$\frac{160.36}{4} = \frac{160}{4} + \frac{0.36}{4} = 40 + 0.09 = 40.09$

★ 분해하여 나눗셈하기

$\frac{16.1}{7} = \frac{14}{7} + \frac{2.1}{7} = 2 + 0.3 = 2.3$

★ 세로셈으로 나눗셈하기

22.8 ÷ 3

	2	2.	8	÷	3	=	7.	6
−	2	1	×					
		1	8					
	−	1	8					
			0					

★ 몫의 반올림

- 일의 자리까지 반올림한다면 소수 첫째 자리를 살펴보세요.
- 소수 첫째 자리까지 반올림한다면 소수 둘째 자리를 살펴보세요.
- 소수 둘째 자리까지 반올림한다면 소수 셋째 자리를 살펴보세요.

<반올림하는 방법>

- 0, 1, 2, 3, 4와 같은 수는 반올림할 경우 버려요.
- 5, 6, 7, 8, 9와 같은 수는 반올림할 경우 올려요.
- 반올림한 결과는 '거의 같음'이라는 뜻의 기호 ≈를 써요.

4.7 ≈ 5
9.35 ≈ 9.4
2.172 ≈ 2.17

58쪽 12번

❶ 3부분으로 자른 리본을 a, b, c라고 했을 때 a+b=4(a+b)예요.
a+b=x, c=4x이며
x+4x=4.5m, x=0.9m
c=3.6m

a	b	c
b+x	c+x	c

❷ b=c+x
a=b+x
a+b+c=3.75m
(b+x)+(c+x)+c=3.75m
b+2x+2c=3.75m
c+x+2x+2c=3.75m
3c+3x=3.75m
c+x=3.75m÷3
c+x=1.25m
b=1.25m
a=1.25m+x
c=1.25m−x

다양한 답이 나올 수 있어요.
x=1m일 때 가장 긴 a=2.25m
x=0.5m일 때 가장 긴 a=1.75m

62-63쪽

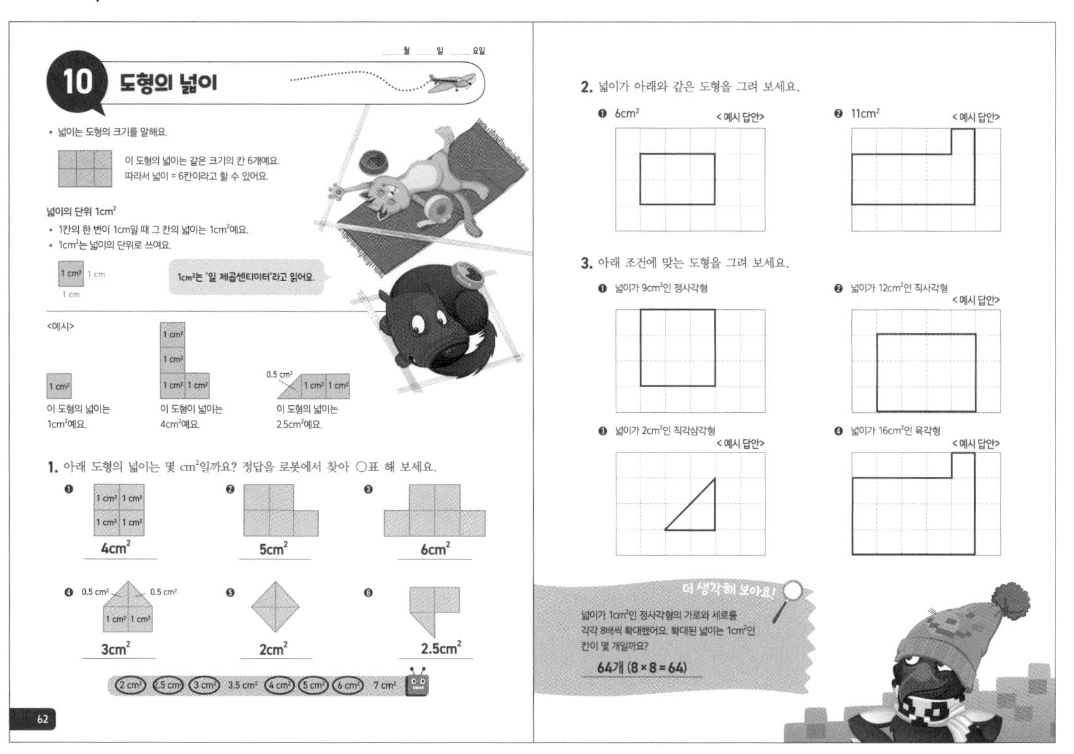

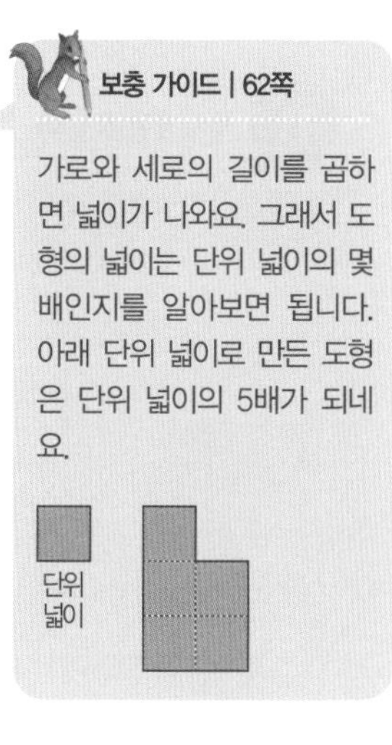

가로와 세로의 길이를 곱하면 넓이가 나와요. 그래서 도형의 넓이는 단위 넓이의 몇 배인지를 알아보면 됩니다. 아래 단위 넓이로 만든 도형은 단위 넓이의 5배가 되네요.

64-65쪽

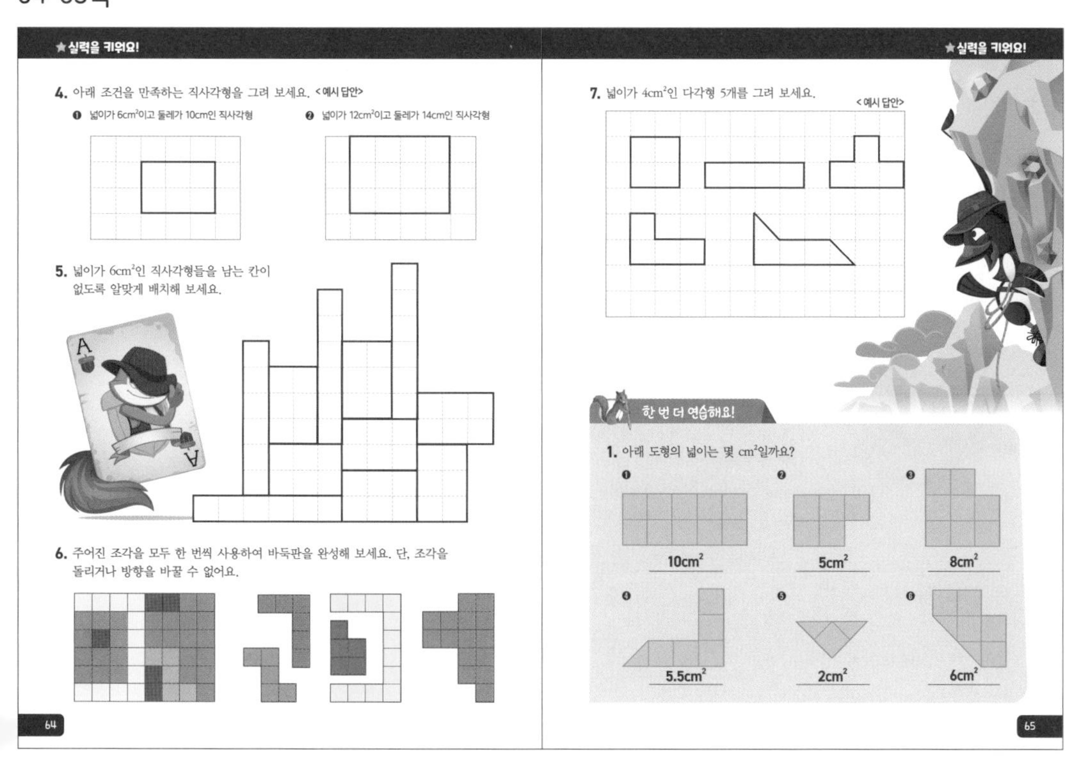

66-67쪽

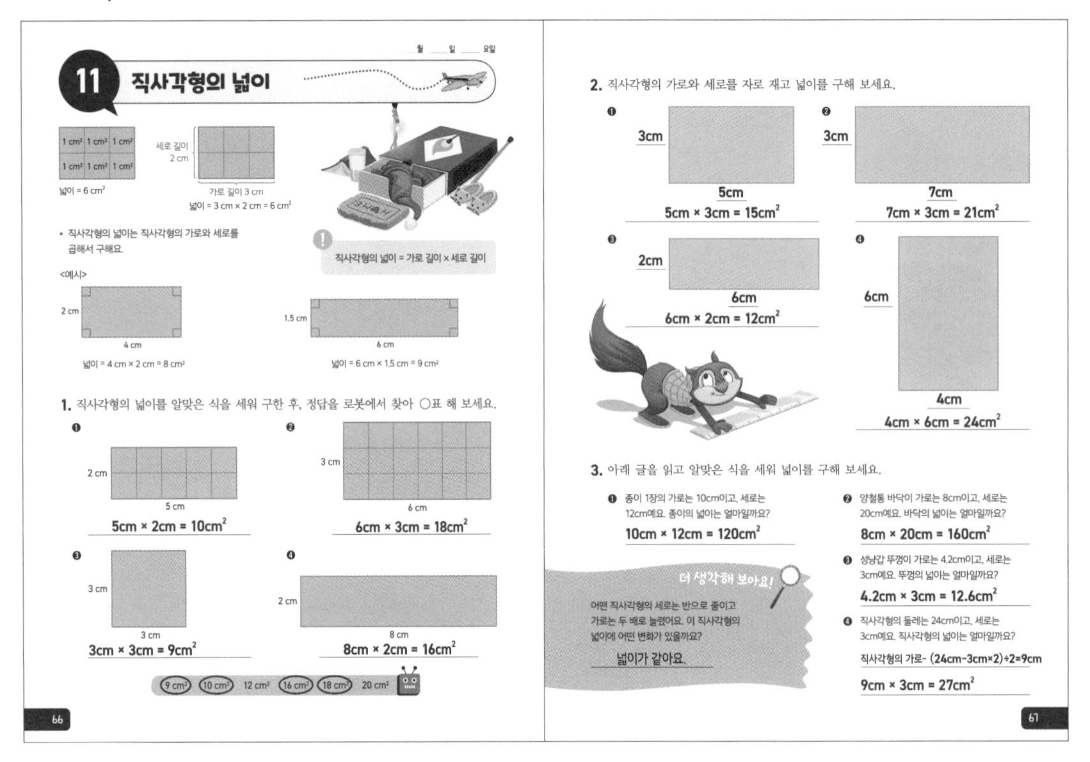

보충 가이드 | 66쪽

한 변의 길이가 1cm인 가로와 세로의 길이를 곱하면 정사각형의 넓이인 $1cm^2$가 나오고 1제곱센티미터라고 읽는다고 배웠어요.
가로와 세로가 1cm일 때의 넓이는 $1cm \times 1cm = 1cm^2$예요.
가로=2cm, 세로=3cm일 때의 넓이는 $2cm \times 3cm = 6cm^2$예요.
가로와 세로의 길이를 곱하면 넓이가 나오는 공식을 꼭 기억하세요.

68-69쪽

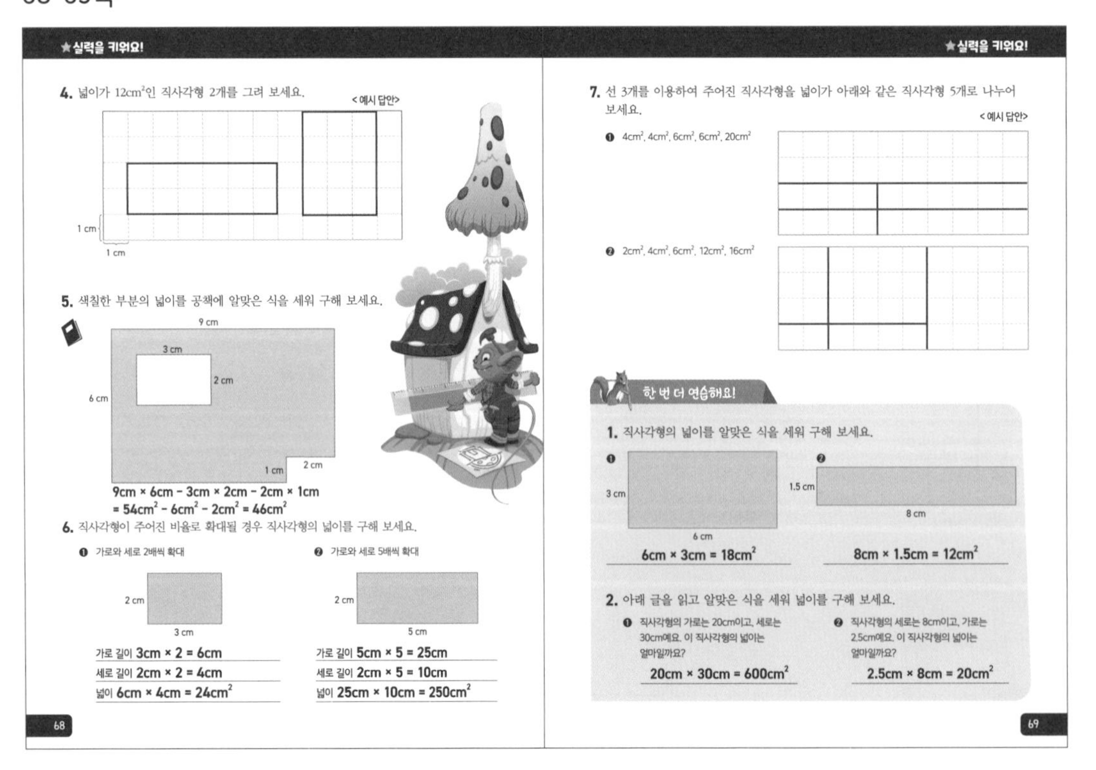

70-71쪽

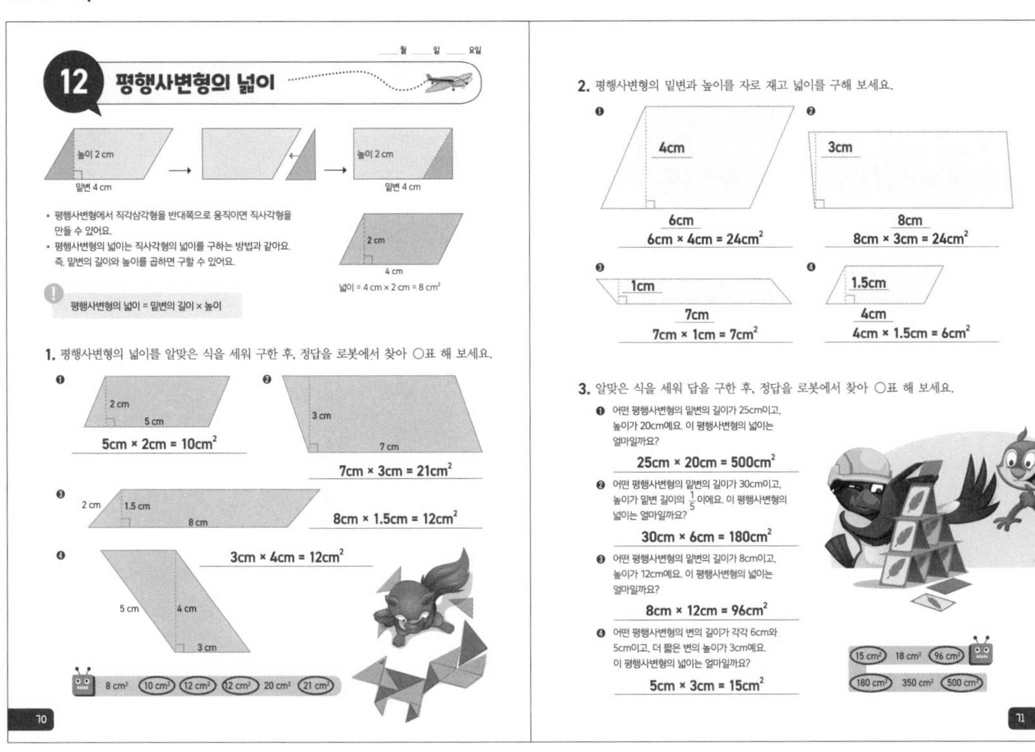

보충 가이드 | 70쪽

두 쌍의 대변(마주 보는 변)이 각각 평행한 사각형을 평행사변형이라 해요. 평행사변형을 그림처럼 잘라 도형을 만들면 직사각형이 되네요. 직사각형의 넓이를 구하는 공식은 가로와 세로의 길이를 곱하면 나온다고 했으니 평행사변형의 넓이도 직사각형의 넓이를 구하는 공식을 이용해요. 따라서 평행사변형의 넓이를 구할 때는 밑변과 높이를 찾아야 해요. 밑변과 높이는 평행사변형을 직사각형으로 만들었을 때 가로와 세로의 길이가 되기 때문이죠.

72-73쪽

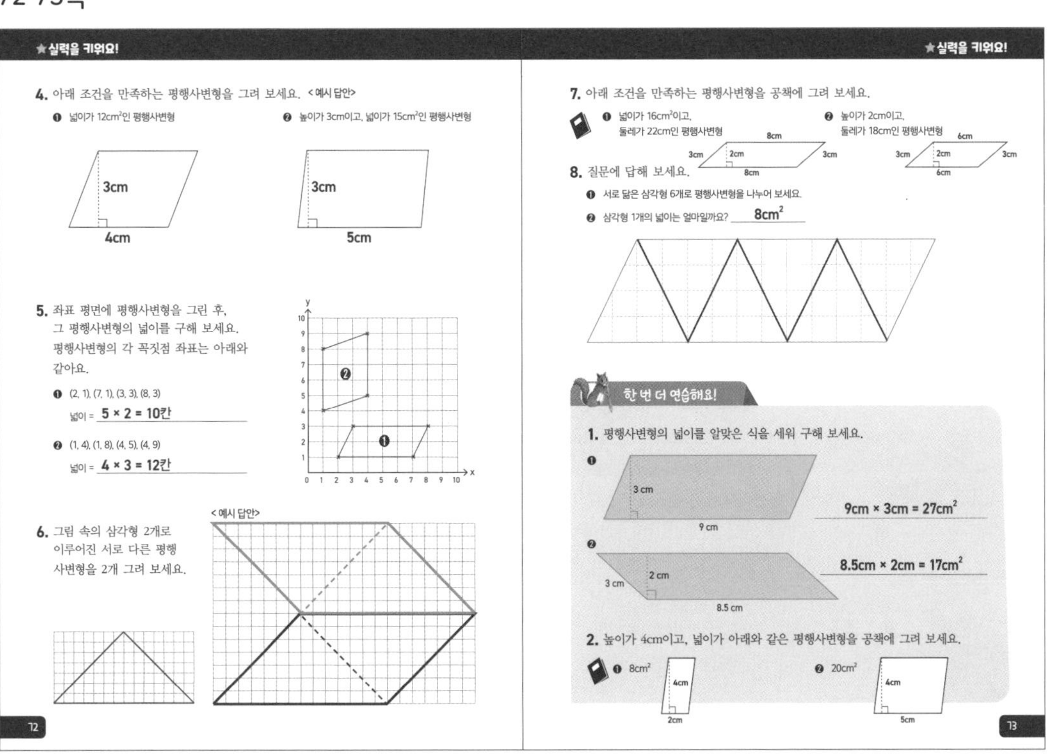

74-75쪽

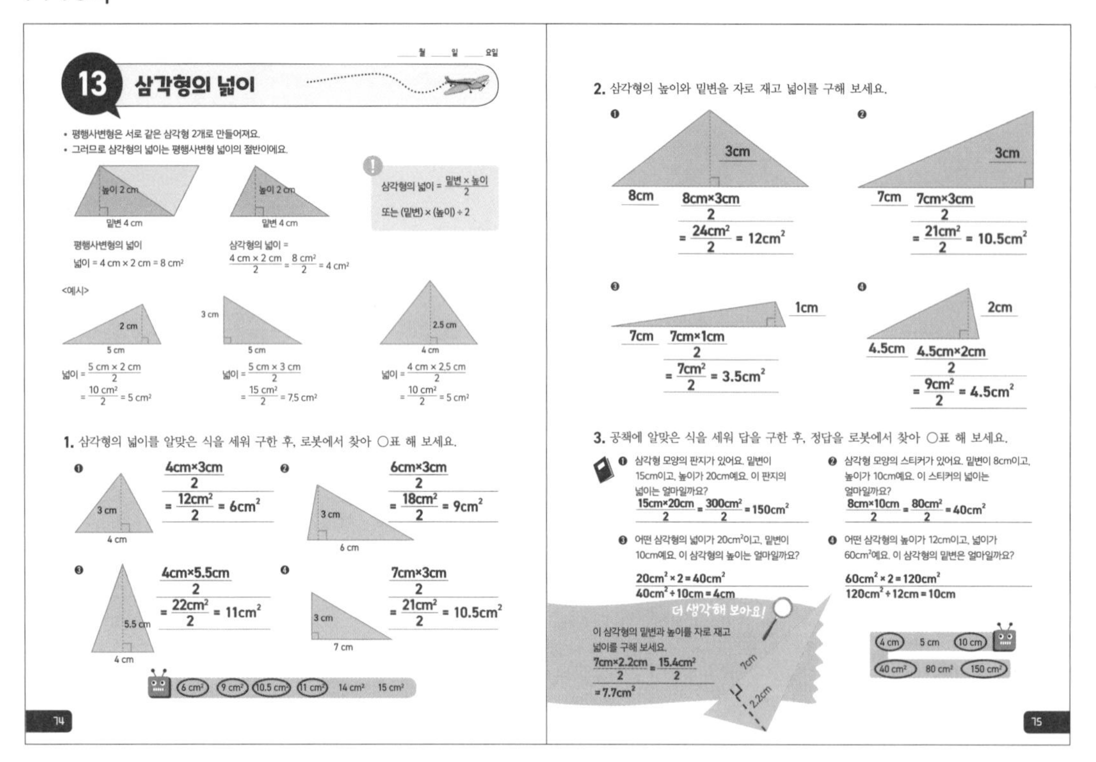

월 일 요일

13 삼각형의 넓이

- 평행사변형은 서로 같은 삼각형 2개로 만들어져요.
- 그러므로 삼각형의 넓이는 평행사변형 넓이의 절반이에요.

높이 2 cm, 밑변 4 cm

평행사변형의 넓이
넓이 = 4 cm × 2 cm = 8 cm²

삼각형의 넓이 = $\frac{4\text{ cm} \times 2\text{ cm}}{2} = \frac{8\text{ cm}^2}{2} = 4\text{ cm}^2$

삼각형의 넓이 = $\frac{밑변 \times 높이}{2}$
또는 (밑변) × (높이) ÷ 2

<예시>

넓이 = $\frac{5\text{ cm} \times 2\text{ cm}}{2} = \frac{10\text{ cm}^2}{2} = 5\text{ cm}^2$

넓이 = $\frac{5\text{ cm} \times 3\text{ cm}}{2} = \frac{15\text{ cm}^2}{2} = 7.5\text{ cm}^2$

넓이 = $\frac{4\text{ cm} \times 2.5\text{ cm}}{2} = \frac{10\text{ cm}^2}{2} = 5\text{ cm}^2$

1. 삼각형의 넓이를 알맞은 식을 세워 구한 후, 로봇에서 찾아 ○표 해 보세요.

❶ $\frac{4cm \times 3cm}{2} = \frac{12cm^2}{2} = 6cm^2$

❷ $\frac{6cm \times 3cm}{2} = \frac{18cm^2}{2} = 9cm^2$

❸ $\frac{4cm \times 5.5cm}{2} = \frac{22cm^2}{2} = 11cm^2$

❹ $\frac{7cm \times 3cm}{2} = \frac{21cm^2}{2} = 10.5cm^2$

(6 cm²) (9 cm²) (10.5 cm²) (11 cm²) 14 cm² 15 cm²

2. 삼각형의 높이와 밑변을 자로 재고 넓이를 구해 보세요.

❶ 3cm, 8cm: $\frac{8cm \times 3cm}{2} = \frac{24cm^2}{2} = 12cm^2$

❷ 3cm, 7cm: $\frac{7cm \times 3cm}{2} = \frac{21cm^2}{2} = 10.5cm^2$

❸ 1cm, 7cm: $\frac{7cm \times 1cm}{2} = \frac{7cm^2}{2} = 3.5cm^2$

❹ 2cm, 4.5cm: $\frac{4.5cm \times 2cm}{2} = \frac{9cm^2}{2} = 4.5cm^2$

3. 공책에 알맞은 식을 세워 답을 구한 후, 정답을 로봇에서 찾아 ○표 해 보세요.

❶ 삼각형 모양의 판지가 있어요. 밑변이 15cm이고, 높이가 20cm예요. 이 판지의 넓이는 얼마일까요?
$\frac{15cm \times 20cm}{2} = \frac{300cm^2}{2} = 150cm^2$

❷ 삼각형 모양의 스티커가 있어요. 밑변이 8cm이고, 높이가 10cm예요. 이 스티커의 넓이는 얼마일까요?
$\frac{8cm \times 10cm}{2} = \frac{80cm^2}{2} = 40cm^2$

❸ 어떤 삼각형의 넓이가 20cm²이고, 밑변이 10cm예요. 이 삼각형의 높이는 얼마일까요?
$20cm^2 \times 2 = 40cm^2$
$40cm^2 \div 10cm = 4cm$

❹ 어떤 삼각형의 높이가 12cm이고, 넓이가 60cm²예요. 이 삼각형의 밑변은 얼마일까요?
$60cm^2 \times 2 = 120cm^2$
$120cm^2 \div 12cm = 10cm$

더 생각해 보아요!
이 삼각형의 밑변과 높이를 자로 재고 넓이를 구해 보세요.
$\frac{7cm \times 2.2cm}{2} = \frac{15.4cm^2}{2}$
$= 7.7cm^2$

(4 cm) 5 cm (10 cm) (40 cm²) 80 cm² (150 cm²)

74 75

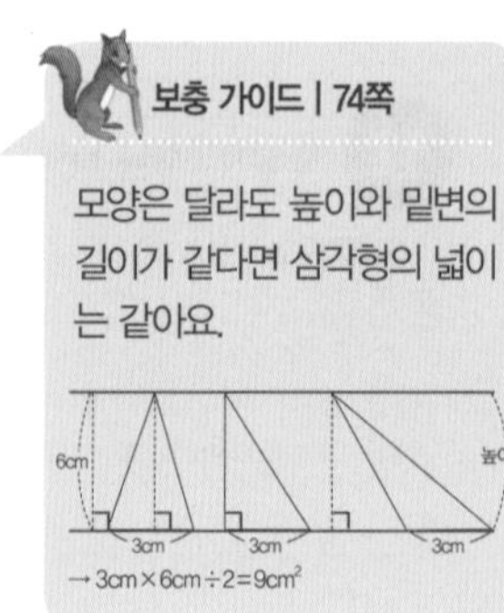

보충 가이드 | 74쪽

모양은 달라도 높이와 밑변의 길이가 같다면 삼각형의 넓이는 같아요.

76-77쪽

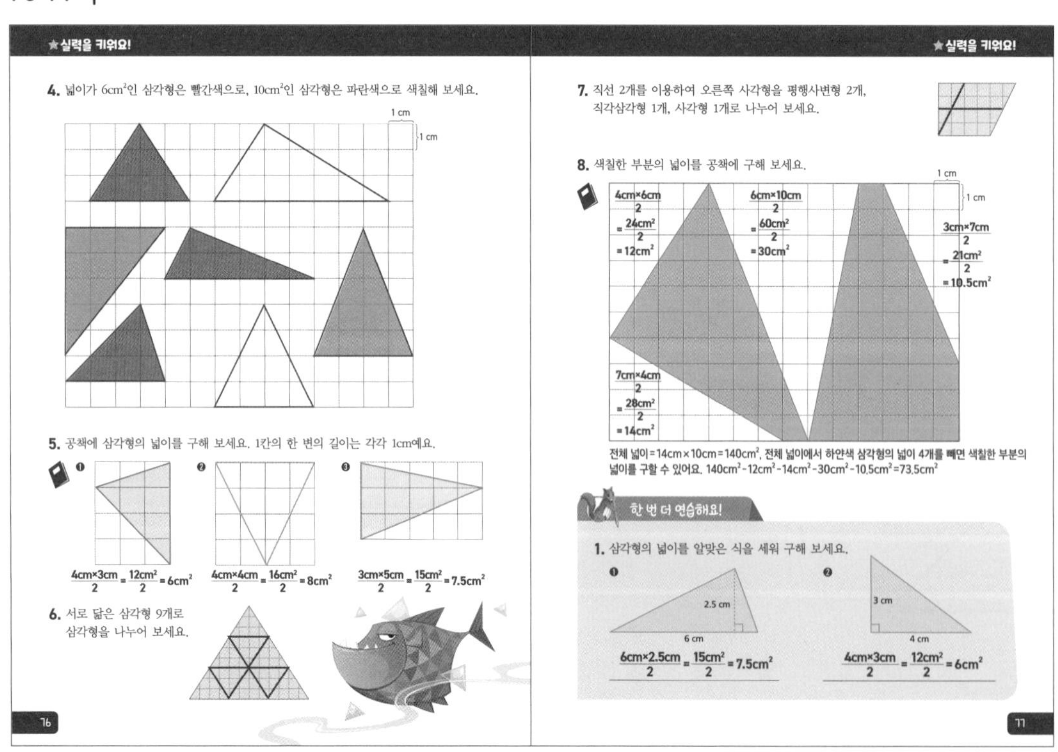

★실력을 키워요!

4. 넓이가 6cm²인 삼각형은 빨간색으로, 10cm²인 삼각형은 파란색으로 색칠해 보세요.

1 cm, 1 cm

5. 공책에 삼각형의 넓이를 구해 보세요. 1칸의 한 변의 길이는 각각 1cm예요.

❶ $\frac{4cm \times 3cm}{2} = \frac{12cm^2}{2} = 6cm^2$

❷ $\frac{4cm \times 4cm}{2} = \frac{16cm^2}{2} = 8cm^2$

❸ $\frac{3cm \times 5cm}{2} = \frac{15cm^2}{2} = 7.5cm^2$

6. 서로 닮은 삼각형 9개로 삼각형을 나누어 보세요.

7. 직선 2개를 이용하여 오른쪽 사각형을 평행사변형 2개, 직각삼각형 1개, 사각형 1개로 나누어 보세요.

8. 색칠한 부분의 넓이를 공책에 구해 보세요.

$\frac{4cm \times 6cm}{2} = \frac{24cm^2}{2} = 12cm^2$

$\frac{6cm \times 10cm}{2} = \frac{60cm^2}{2} = 30cm^2$

$\frac{3cm \times 7cm}{2} = \frac{21cm^2}{2} = 10.5cm^2$

$\frac{7cm \times 4cm}{2} = \frac{28cm^2}{2} = 14cm^2$

전체 넓이 = 14cm × 10cm = 140cm², 전체 넓이에서 하얀색 삼각형의 넓이 4개를 빼면 색칠한 부분의 넓이를 구할 수 있어요. 140cm² - 12cm² - 14cm² - 30cm² - 10.5cm² = 73.5cm²

한 번 더 연습해요!

1. 삼각형의 넓이를 알맞은 식을 세워 구해 보세요.

❶ 2.5 cm, 6 cm: $\frac{6cm \times 2.5cm}{2} = \frac{15cm^2}{2} = 7.5cm^2$

❷ 3 cm, 4 cm: $\frac{4cm \times 3cm}{2} = \frac{12cm^2}{2} = 6cm^2$

76 77

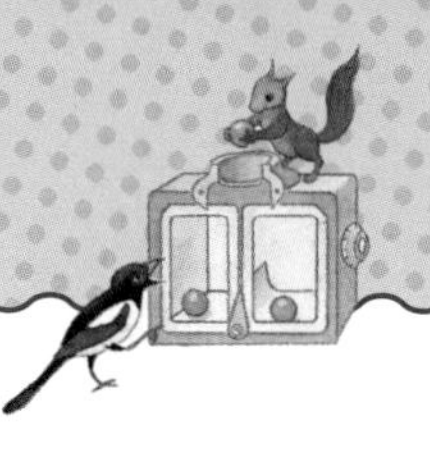

78-79쪽

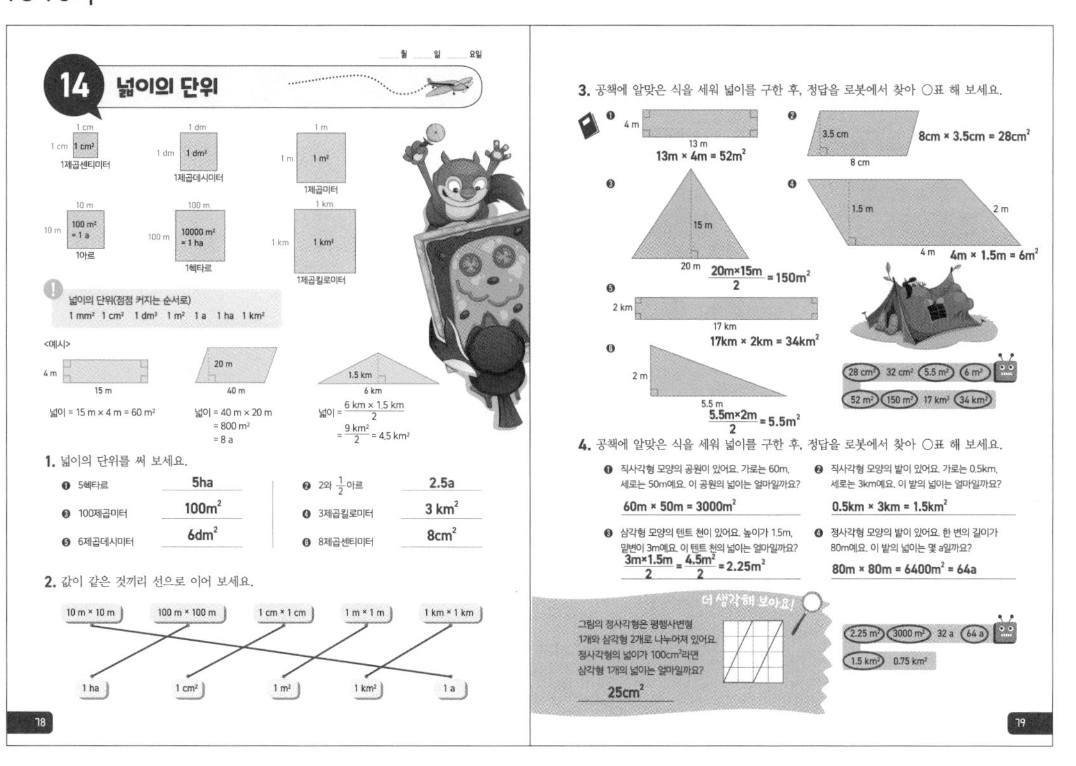

월 일 요일

14 넓이의 단위

1 cm² 1제곱센티미터 / 1 dm² 1제곱데시미터 / 1 m² 1제곱미터

100 m² = 1 a 1아르 / 10000 m² = 1 ha 1헥타르 / 1 km² 1제곱킬로미터

넓이의 단위(점점 커지는 순서로)
1 mm² 1 cm² 1 dm² 1 m² 1 a 1 ha 1 km²

<예시>

넓이 = 15 m × 4 m = 60 m²

넓이 = 40 m × 20 m = 800 m² = 8 a

넓이 = $\frac{6\text{ km} \times 1.5\text{ km}}{2} = \frac{9\text{ km}^2}{2}$ = 4.5 km²

1. 넓이의 단위를 써 보세요.

❶ 5헥타르	5ha	❷ 2와 $\frac{1}{2}$아르	2.5a
❸ 100제곱미터	100m²	❹ 3제곱킬로미터	3 km²
❺ 6제곱데시미터	6dm²	❻ 8제곱센티미터	8cm²

2. 값이 같은 것끼리 선으로 이어 보세요.

10 m × 10 m / 100 m × 100 m / 1 cm × 1 cm / 1 m × 1 m / 1 km × 1 km

1 ha / 1 cm² / 1 m² / 1 km² / 1 a

78

3. 공책에 알맞은 식을 세워 넓이를 구한 후, 정답을 로봇에서 찾아 ○표 해 보세요.

❶ 13m × 4m = 52m²

❷ 8cm × 3.5cm = 28cm²

❸ $\frac{20m \times 15m}{2}$ = 150m²

❹ 4m × 1.5m = 6m²

❺ 17km × 2km = 34km²

❻ $\frac{5.5m \times 2m}{2}$ = 5.5m²

28 cm² 32 cm² 5.5 m² 6 m² 52 m² 150 m² 17 km² 34 km²

4. 공책에 알맞은 식을 세워 넓이를 구한 후, 정답을 로봇에서 찾아 ○표 해 보세요.

❶ 직사각형 모양의 공원이 있어요. 가로는 60m, 세로는 50m예요. 이 공원의 넓이는 얼마일까요?
60m × 50m = 3000m²

❷ 직사각형 모양의 밭이 있어요. 가로는 0.5km, 세로는 3km예요. 이 밭의 넓이는 얼마일까요?
0.5km × 3km = 1.5km²

❸ 삼각형 모양의 텐트 천이 있어요. 높이가 1.5m, 밑변이 3m예요. 이 텐트 천의 넓이는 얼마일까요?
$\frac{3m \times 1.5m}{2} = \frac{4.5m^2}{2}$ = 2.25m²

❹ 정사각형 모양의 밭이 있어요. 한 변의 길이가 80m예요. 이 밭의 넓이는 몇 a일까요?
80m × 80m = 6400m² = 64a

2.25 m² 3000 m² 32 a 64 a 1.5 km² 0.75 km²

더 생각해 보아요!

그림의 정사각형은 평행사변형 1개와 삼각형 2개로 나누어져 있어요. 정사각형의 넓이가 100cm²라면 삼각형 1개의 넓이는 얼마일까요?
25cm²

79

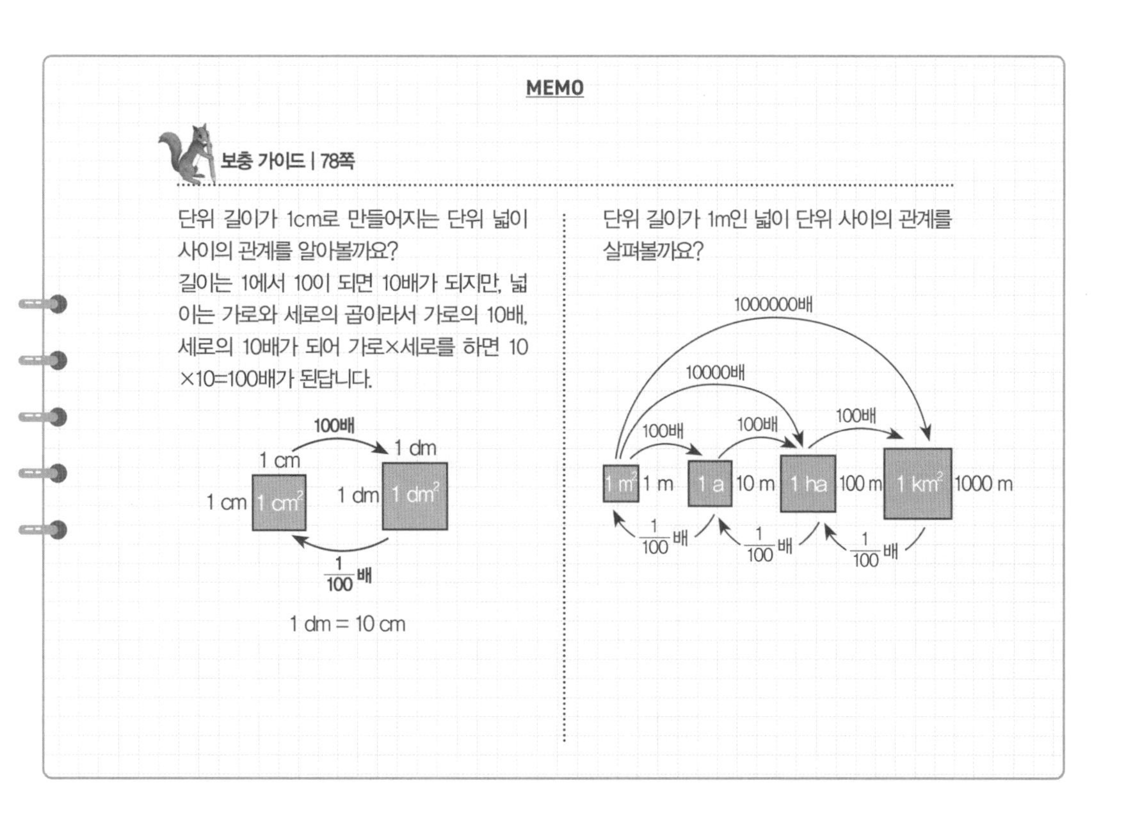

MEMO

보충 가이드 | 78쪽

단위 길이가 1cm로 만들어지는 단위 넓이 사이의 관계를 알아볼까요?
길이는 1에서 10이 되면 10배가 되지만, 넓이는 가로와 세로의 곱이라서 가로의 10배, 세로의 10배가 되어 가로×세로를 하면 10×10=100배가 된답니다.

단위 길이가 1m인 넓이 단위 사이의 관계를 살펴볼까요?

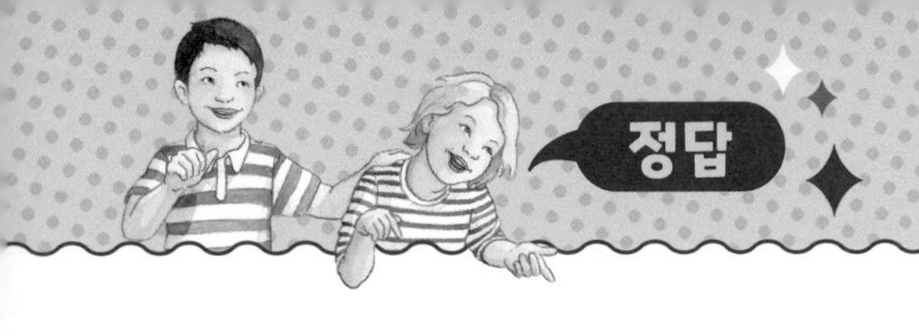

정답

80-81쪽

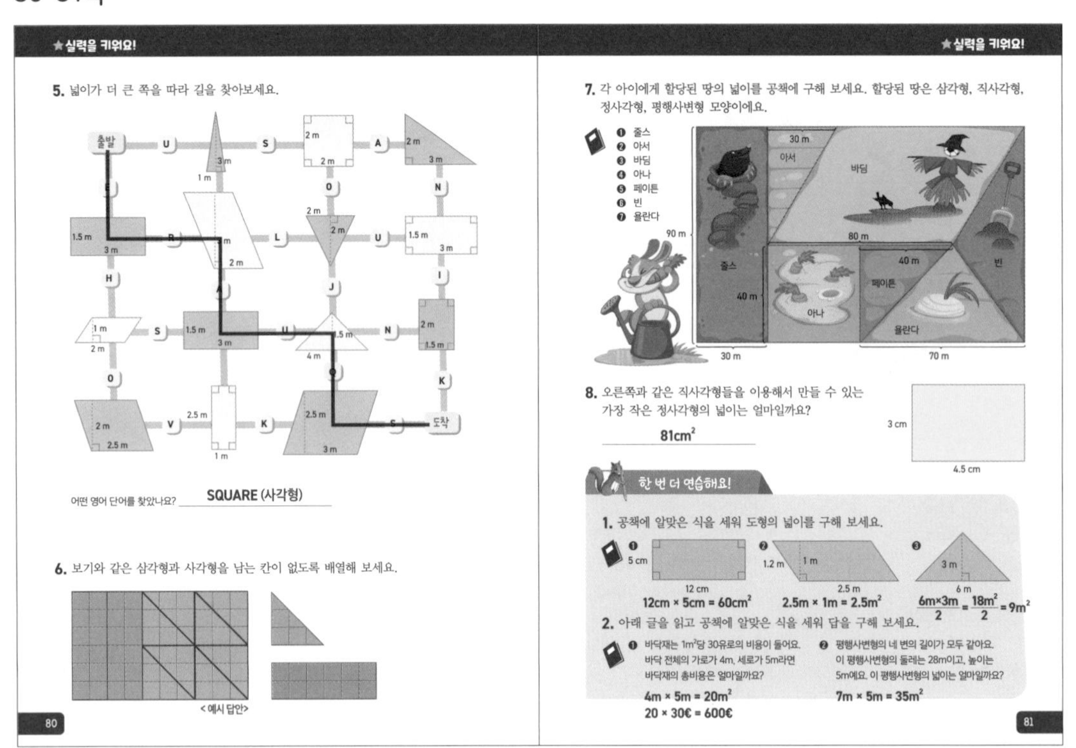

★실력을 키워요!

5. 넓이가 더 큰 쪽을 따라 길을 찾아보세요.

출발 U S A E N R L U H I J S U N O K V K S 도착

어떤 영어 단어를 찾았나요? **SQUARE (사각형)**

6. 보기와 같은 삼각형과 사각형을 남는 칸이 없도록 배열해 보세요.

< 예시 답안>

80

★실력을 키워요!

7. 각 아이에게 할당된 땅의 넓이를 공책에 구해 보세요. 할당된 땅은 삼각형, 직사각형, 정사각형, 평행사변형 모양이에요.

❶ 줄스
❷ 아서
❸ 바딤
❹ 아나
❺ 페이튼
❻ 빈
❼ 욜란다

8. 오른쪽과 같은 직사각형들을 이용해서 만들 수 있는 가장 작은 정사각형의 넓이는 얼마일까요?

3 cm, 4.5 cm

81cm²

한 번 더 연습해요!

1. 공책에 알맞은 식을 세워 도형의 넓이를 구해 보세요.

❶ $12cm \times 5cm = 60cm^2$

❷ $2.5m \times 1m = 2.5m^2$

❸ $\frac{6m \times 3m}{2} = \frac{18m^2}{2} = 9m^2$

2. 아래 글을 읽고 공책에 알맞은 식을 세워 답을 구해 보세요.

❶ 바닥재는 1m²당 30유로의 비용이 들어요. 바닥 전체의 가로가 4m, 세로가 5m라면 바닥재의 총비용은 얼마일까요?

$4m \times 5m = 20m^2$
$20 \times 30€ = 600€$

❷ 평행사변형의 네 변의 길이가 모두 같아요. 이 평행사변형의 둘레는 28m이고, 높이는 5m예요. 이 평행사변형의 넓이는 얼마일까요?

$7m \times 5m = 35m^2$

81

81쪽 7번

❶ 줄스 $30m \times 90m = 2700m^2$
❷ 아서 $30m \times 50m \div 2 = 750m^2$
❸ 바딤 $80m \times 50m = 4000m^2$
❹ 아나 $40m \times 40m = 1600m^2$
❺ 페이튼 $40m \times 40m \div 2 = 800m^2$
❻ 빈 $90m \times 30m \div 2 = 1350m^2$
❼ 욜란다 $70m \times 40m \div 2 = 1400m^2$

81쪽 8번

정사각형은 네 각이 모두 직각이고, 네 변의 길이가 모두 같은 사각형이에요. 가로로 2배, 세로로 3배가 커지면 가로와 세로 모두 9cm가 돼요. 그러므로 넓이는 $9cm \times 9cm = 81cm^2$

82-83쪽

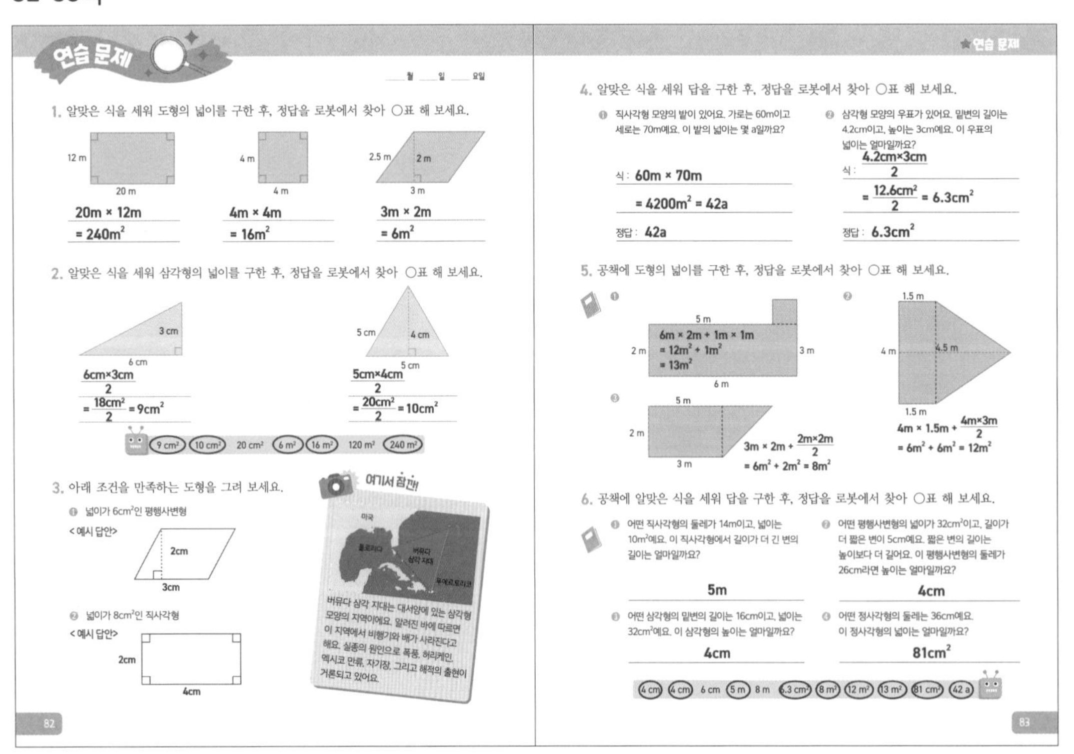

연습 문제

___월 ___일 ___요일

1. 알맞은 식을 세워 도형의 넓이를 구한 후, 정답을 로봇에서 찾아 ○표 해 보세요.

$20m \times 12m = 240m^2$ | $4m \times 4m = 16m^2$ | $3m \times 2m = 6m^2$

2. 알맞은 식을 세워 삼각형의 넓이를 구한 후, 정답을 로봇에서 찾아 ○표 해 보세요.

$\frac{6cm \times 3cm}{2} = \frac{18cm^2}{2} = 9cm^2$

$\frac{5cm \times 4cm}{2} = \frac{20cm^2}{2} = 10cm^2$

(9 cm²) (10 cm²) 20 cm² (6 m²) (16 m²) 120 m² (240 m²)

3. 아래 조건을 만족하는 도형을 그려 보세요.

❶ 넓이가 6cm²인 평행사변형
< 예시 답안> 2cm, 3cm

❷ 넓이가 8cm²인 직사각형
< 예시 답안> 2cm, 4cm

여기서 잠깐!

미국 플로리다 버뮤다 삼각 지대 푸에르토리코

버뮤다 삼각 지대는 대서양에 있는 삼각형 모양의 지역이에요. 알려진 바에 따르면 이 지역에서 비행기와 배가 사라진다고 해요. 실종의 원인으로 폭풍, 허리케인, 멕시코 만류, 자기장, 그리고 해적의 출현이 거론되고 있어요.

82

★연습 문제

4. 알맞은 식을 세워 답을 구한 후, 정답을 로봇에서 찾아 ○표 해 보세요.

❶ 직사각형 모양의 밭이 있어요. 가로는 60m이고 세로는 70m예요. 이 밭의 넓이는 몇 a일까요?

식: $60m \times 70m = 4200m^2 = 42a$
정답: 42a

❷ 삼각형 모양의 우표가 있어요. 밑변의 길이는 4.2cm이고, 높이는 3cm예요. 이 우표의 넓이는 얼마일까요?

식: $\frac{4.2cm \times 3cm}{2} = \frac{12.6cm^2}{2} = 6.3cm^2$
정답: 6.3cm²

5. 공책에 도형의 넓이를 구한 후, 정답을 로봇에서 찾아 ○표 해 보세요.

❶ $6m \times 2m + 1m \times 1m = 12m^2 + 1m^2 = 13m^2$

❷ $4m \times 1.5m + \frac{4m \times 3m}{2} = 6m^2 + 6m^2 = 12m^2$

❸ $3m \times 2m + \frac{2m \times 2m}{2} = 6m^2 + 2m^2 = 8m^2$

6. 공책에 알맞은 식을 세워 답을 구한 후, 정답을 로봇에서 찾아 ○표 해 보세요.

❶ 어떤 직사각형의 둘레가 14m이고, 넓이는 10m²예요. 이 직사각형에서 길이가 더 긴 변의 길이는 얼마일까요?
5m

❷ 어떤 평행사변형의 넓이가 32cm²이고, 길이가 더 짧은 변이 5cm예요. 짧은 변의 길이는 높이보다 더 길어요. 이 평행사변형의 둘레가 26cm라면 높이는 얼마일까요?
4cm

❸ 어떤 삼각형의 밑변의 길이는 16cm이고, 넓이는 32cm²예요. 이 삼각형의 높이는 얼마일까요?
4cm

❹ 어떤 정사각형의 둘레는 36cm예요. 이 정사각형의 넓이는 얼마일까요?
81cm²

(4 cm) (4 cm) 6 cm (5 m) 8 m (6.3 cm²) (8 m²) (12 m²) (13 m²) (81 cm²) (42 a)

83

83쪽 6번

❶ 길이가 더 긴 변은 5m예요.
$5m \times 2 + 2m \times 2 = 14m$
넓이는 $5m \times 2m = 10m^2$

❷ 길이가 더 긴 변은 8cm예요.
$(26cm - 5cm \times 2) \div 2 = 8cm$
높이는 $32cm^2 \div 8cm = 4cm$

❸ $32cm^2 \times 2 = 64cm^2$
$64cm^2 \div 16cm = 4cm$

❹ 정사각형의 한 변은 9cm예요.
넓이는 $9cm \times 9cm = 81cm^2$

84-85쪽

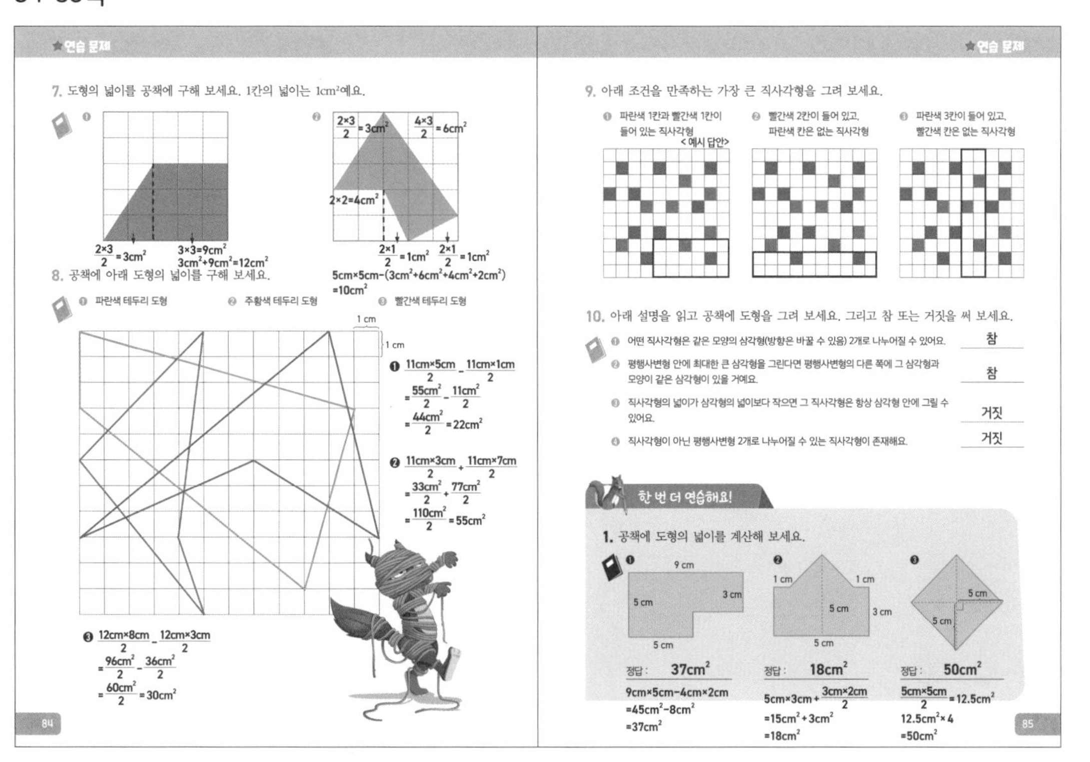

85쪽 10번

❸ 직사각형의 넓이가 삼각형의 넓이보다 작으면 그 직사각형은 항상 삼각형 안에 그릴 수 있어요.→거짓.
직사각형의 넓이=가로×세로
예) 3×5=15
삼각형의 넓이=밑변×높이÷2
예) 2×20÷2=20
예시처럼 삼각형의 넓이가 더 넓어도 직사각형의 가로 길이가 삼각형보다 긴 경우 삼각형 안에 그릴 수 없어요.

❹ 직사각형이 아닌 평행사변형 2개로 나누어질 수 있는 직사각형이 존재해요.→거짓. 직사각형은 네 각이 모두 직각이므로 2개로 나눌 때 직각을 꼭 포함해야 해요.

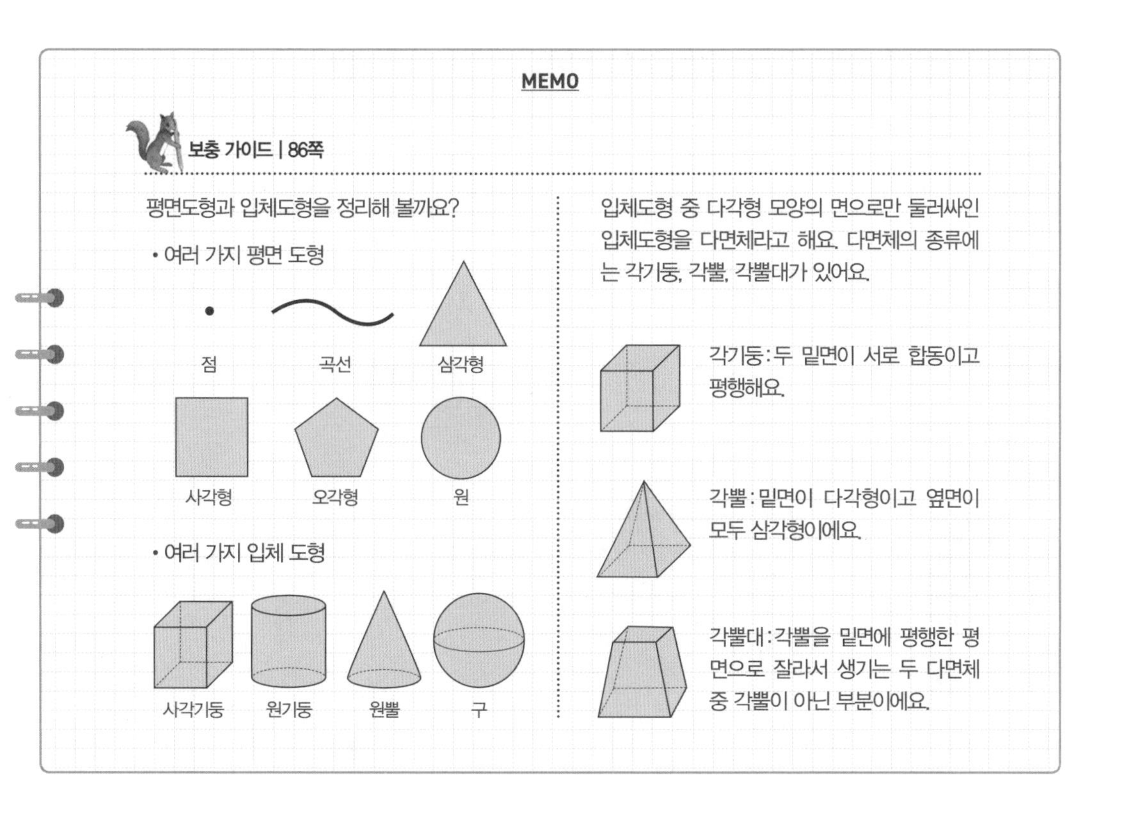

MEMO
보충 가이드 | 86쪽
평면도형과 입체도형을 정리해 볼까요?
• 여러 가지 평면 도형
점
곡선
삼각형
사각형
오각형
원
• 여러 가지 입체 도형
사각기둥
원기둥
원뿔
구
입체도형 중 다각형 모양의 면으로만 둘러싸인 입체도형을 다면체라고 해요. 다면체의 종류에는 각기둥, 각뿔, 각뿔대가 있어요.
각기둥: 두 밑면이 서로 합동이고 평행해요.
각뿔: 밑면이 다각형이고 옆면이 모두 삼각형이에요.
각뿔대: 각뿔을 밑면에 평행한 평면으로 잘라서 생기는 두 다면체 중 각뿔이 아닌 부분이에요.

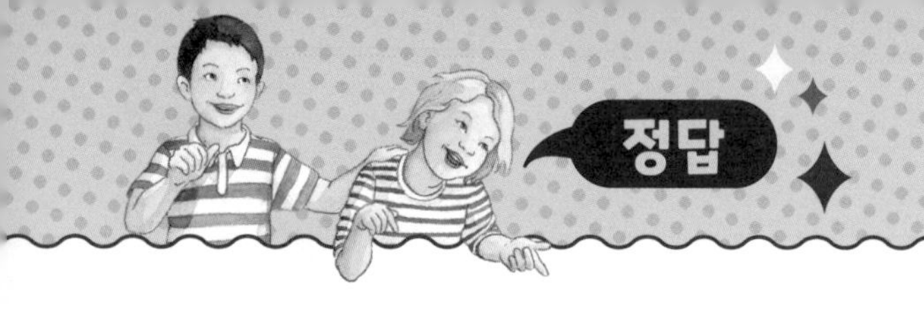

86-87쪽

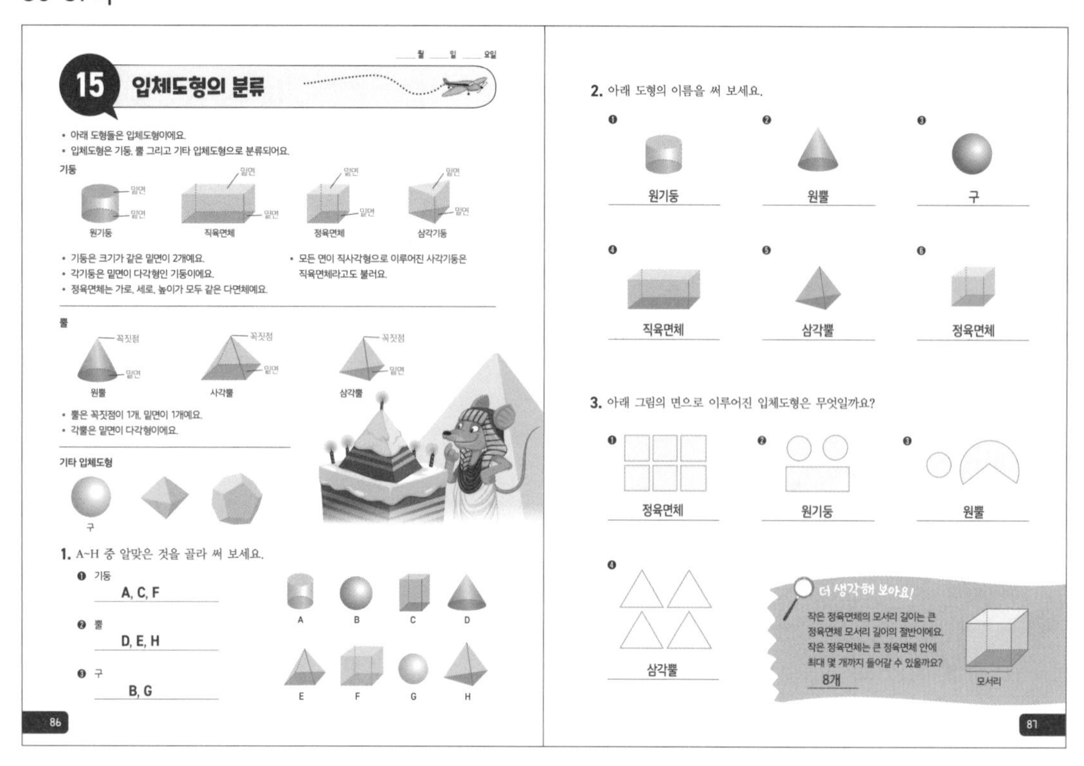

월 일 요일

15 입체도형의 분류

- 아래 도형들은 입체도형이에요.
- 입체도형은 기둥, 뿔 그리고 기타 입체도형으로 분류되어요.

기둥

원기둥 직육면체 정육면체 삼각기둥

- 기둥은 크기가 같은 밑면이 2개예요.
- 각기둥은 밑면이 다각형인 기둥이에요.
- 정육면체는 가로, 세로, 높이가 모두 같은 다면체예요.
- 모든 면이 직사각형으로 이루어진 사각기둥은 직육면체라고도 불러요.

뿔

원뿔 사각뿔 삼각뿔

- 뿔은 꼭짓점이 1개, 밑면이 1개예요.
- 각뿔은 밑면이 다각형이에요.

기타 입체도형

구

1. A~H 중 알맞은 것을 골라 써 보세요.

❶ 기둥 A, C, F

❷ 뿔 D, E, H

❸ 구 B, G

86

2. 아래 도형의 이름을 써 보세요.

❶ 원기둥 ❷ 원뿔 ❸ 구

❹ 직육면체 ❺ 삼각뿔 ❻ 정육면체

3. 아래 그림의 면으로 이루어진 입체도형은 무엇일까요?

❶ 정육면체 ❷ 원기둥 ❸ 원뿔

❹ 삼각뿔

더 생각해 보아요!

작은 정육면체의 모서리 길이는 큰 정육면체 모서리 길이의 절반이에요. 작은 정육면체는 큰 정육면체 안에 최대 몇 개까지 들어갈 수 있을까요?

8개

모서리

87

88-89쪽

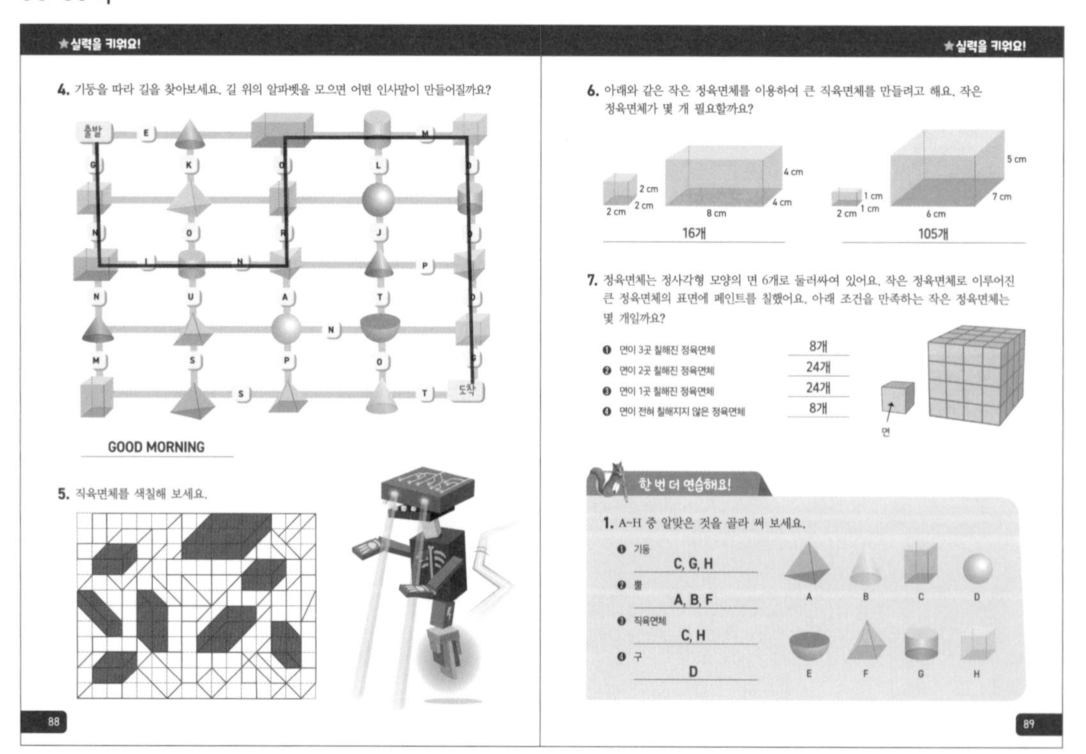

★실력을 키워요!

4. 기둥을 따라 길을 찾아보세요. 길 위의 알파벳을 모으면 어떤 인사말이 만들어질까요?

출발 도착

GOOD MORNING

5. 직육면체를 색칠해 보세요.

88

★실력을 키워요!

6. 아래와 같은 작은 정육면체를 이용하여 큰 직육면체를 만들려고 해요. 작은 정육면체가 몇 개 필요할까요?

2 cm 2 cm 2 cm / 8 cm 4 cm 4 cm — 16개

2 cm 1 cm 1 cm / 6 cm 7 cm 5 cm — 105개

7. 정육면체는 정사각형 모양의 면 6개로 둘러싸여 있어요. 작은 정육면체로 이루어진 큰 정육면체의 표면에 페인트를 칠했어요. 아래 조건을 만족하는 작은 정육면체는 몇 개일까요?

❶ 면이 3곳 칠해진 정육면체 8개

❷ 면이 2곳 칠해진 정육면체 24개

❸ 면이 1곳 칠해진 정육면체 24개

❹ 면이 전혀 칠해지지 않은 정육면체 8개

면

한 번 더 연습해요!

1. A~H 중 알맞은 것을 골라 써 보세요.

❶ 기둥 C, G, H

❷ 뿔 A, B, F

❸ 직육면체 C, H

❹ 구 D

89

89쪽 6번

❶ 4×2×2=16개

❷ 3×7×5=105개

90-91쪽

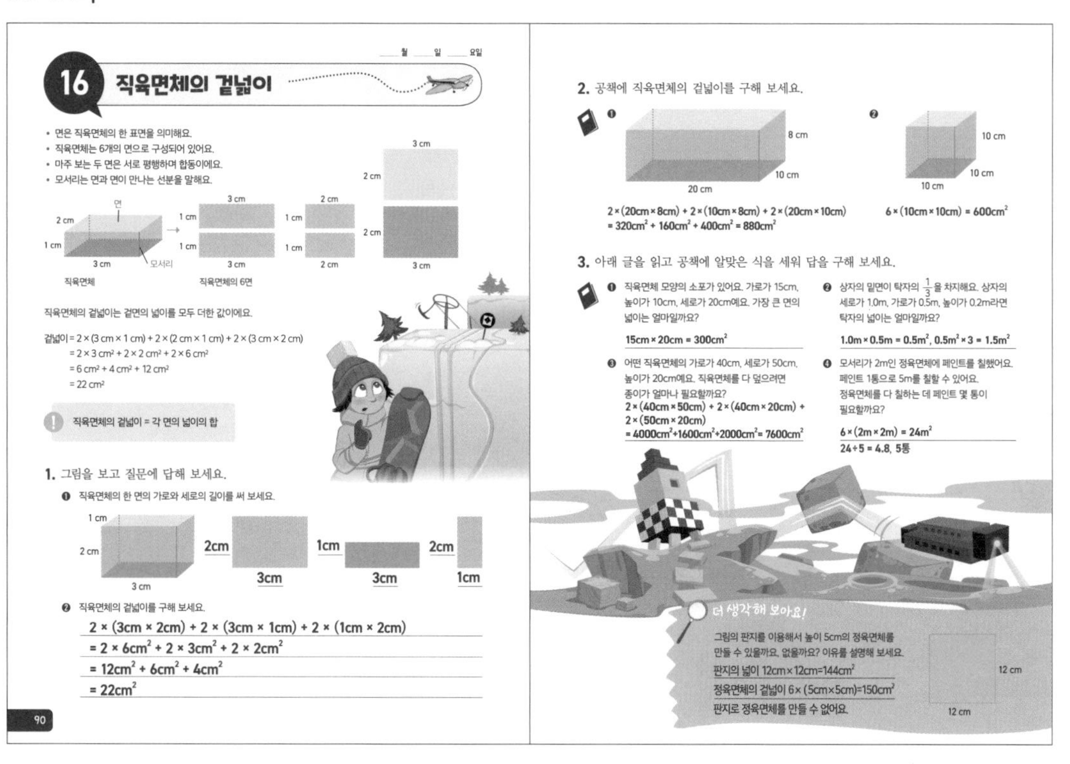

16 직육면체의 겉넓이

- 면은 직육면체의 한 표면을 의미해요.
- 직육면체는 6개의 면으로 구성되어 있어요.
- 마주 보는 두 면은 서로 평행하며 합동이에요.
- 모서리는 면과 면이 만나는 선분을 말해요.

직육면체 / 직육면체의 6면

직육면체의 겉넓이는 겉면의 넓이를 모두 더한 값이에요.

겉넓이 = 2 × (3 cm × 1 cm) + 2 × (2 cm × 1 cm) + 2 × (3 cm × 2 cm)
= 2 × 3 cm² + 2 × 2 cm² + 2 × 6 cm²
= 6 cm² + 4 cm² + 12 cm²
= 22 cm²

직육면체의 겉넓이 = 각 면의 넓이의 합

1. 그림을 보고 질문에 답해 보세요.

❶ 직육면체의 한 면의 가로와 세로의 길이를 써 보세요.
2cm 3cm / 1cm 3cm / 2cm 1cm

❷ 직육면체의 겉넓이를 구해 보세요.
2 × (3cm × 2cm) + 2 × (3cm × 1cm) + 2 × (1cm × 2cm)
= 2 × 6cm² + 2 × 3cm² + 2 × 2cm²
= 12cm² + 6cm² + 4cm²
= 22cm²

90

2. 공책에 직육면체의 겉넓이를 구해 보세요.

❶ 2 × (20cm × 8cm) + 2 × (10cm × 8cm) + 2 × (20cm × 10cm)
= 320cm² + 160cm² + 400cm² = 880cm²

❷ 6 × (10cm × 10cm) = 600cm²

3. 아래 글을 읽고 공책에 알맞은 식을 세워 답을 구해 보세요.

❶ 직육면체 모양의 소포가 있어요. 가로가 15cm, 높이가 10cm, 세로가 20cm예요. 가장 큰 면의 넓이는 얼마일까요?
15cm × 20cm = 300cm²

❷ 상자의 밑면이 탁자의 $\frac{1}{3}$을 차지해요. 상자의 세로가 1.0m, 가로가 0.5m, 높이가 0.2m라면 탁자의 넓이는 얼마일까요?
1.0m × 0.5m = 0.5m², 0.5m² × 3 = 1.5m²

❸ 어떤 직육면체의 가로가 40cm, 세로가 50cm, 높이가 20cm예요. 직육면체를 다 덮으려면 종이가 얼마나 필요할까요?
2 × (40cm × 50cm) + 2 × (40cm × 20cm) + 2 × (50cm × 20cm)
= 4000cm² + 1600cm² + 2000cm² = 7600cm²

❹ 모서리가 2m인 정육면체에 페인트를 칠했어요. 페인트 1통으로 5m를 칠할 수 있어요. 정육면체를 다 칠하는 데 페인트 몇 통이 필요할까요?
6 × (2m × 2m) = 24m²
24 ÷ 5 = 4.8, 5통

더 생각해 보아요!
그림의 판지를 이용해서 높이 5cm의 정육면체를 만들 수 있을까요, 없을까요? 이유를 설명해 보세요.
판지의 넓이 12cm × 12cm = 144cm²
정육면체의 겉넓이 6 × (5cm × 5cm) = 150cm²
판지로 정육면체를 만들 수 없어요.

92-93쪽

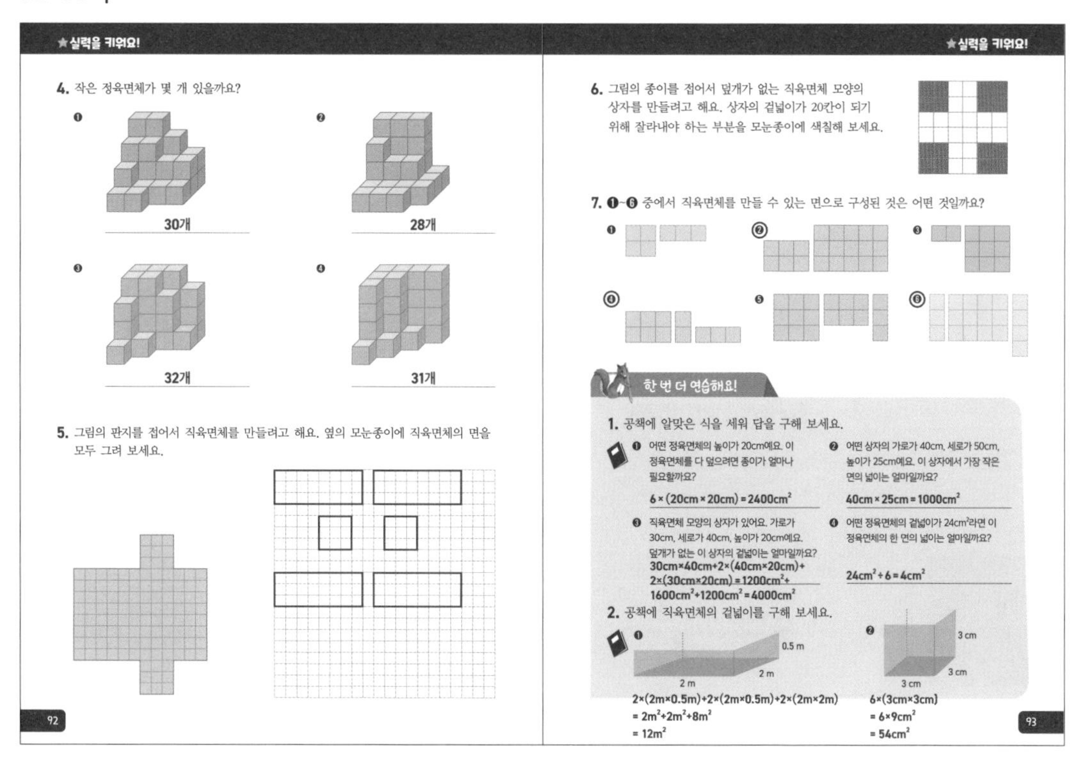

실력을 키워요!

4. 작은 정육면체가 몇 개 있을까요?
❶ 30개 ❷ 28개 ❸ 32개 ❹ 31개

5. 그림의 판지를 접어서 직육면체를 만들려고 해요. 옆의 모눈종이에 직육면체의 면을 모두 그려 보세요.

92

6. 그림의 종이를 접어서 뚜껑이 없는 직육면체 모양의 상자를 만들려고 해요. 상자의 겉넓이가 20칸이 되기 위해 잘라내야 하는 부분을 모눈종이에 색칠해 보세요.

7. ❶~❻ 중에서 직육면체를 만들 수 있는 면으로 구성된 것은 어떤 것일까요?

한 번 더 연습해요!

1. 공책에 알맞은 식을 세워 답을 구해 보세요.

❶ 어떤 정육면체의 높이가 20cm예요. 이 정육면체를 다 덮으려면 종이가 얼마나 필요할까요?
6 × (20cm × 20cm) = 2400cm²

❷ 어떤 상자의 가로가 40cm, 세로가 50cm, 높이가 25cm예요. 이 상자에서 가장 작은 면의 넓이는 얼마일까요?
40cm × 25cm = 1000cm²

❸ 직육면체 모양의 상자가 있어요. 가로가 30cm, 세로가 40cm, 높이가 20cm예요. 뚜껑이 없는 이 상자의 겉넓이는 얼마일까요?
30cm×40cm+2×(40cm×20cm)+2×(30cm×20cm) = 1200cm²+1600cm²+1200cm² = 4000cm²

❹ 어떤 정육면체의 겉넓이가 24cm²라면 이 정육면체의 한 면의 넓이는 얼마일까요?
24cm² ÷ 6 = 4cm²

2. 공책에 직육면체의 겉넓이를 구해 보세요.

❶ 2×(2m×0.5m)+2×(2m×0.5m)+2×(2m×2m)
= 2m²+2m²+8m²
= 12m²

❷ 6×(3cm×3cm)
= 6×9cm²
= 54cm²

93

93쪽 7번

직육면체의 한 면을 도장처럼 종이에 찍는다면 나올 수 있는 단면의 모습을 생각하면 됩니다.

❶ 가로×세로×높이=2×2×3일 때 단면은 2×2, 2×3, 2×3이므로 1×3은 불가능
❷ 가로×세로×높이=3×2×5일 때 단면은 3×2, 2×5, 3×5이므로 모두 가능
❸ 가로×세로×높이=1×3×3일 때 단면은 1×3, 3×3, 1×3이므로 1×2는 불가능
❹ 가로×세로×높이=3×2×1일 때 단면은 3×2, 2×1, 3×1이므로 모두 가능
❺ 가로×세로×높이=3×3×2일 때 단면은 3×3, 3×2, 3×2이므로 1×3은 불가능
❻ 가로×세로×높이=3×4×1일 때 단면은 3×4, 4×1, 3×1이므로 모두 가능

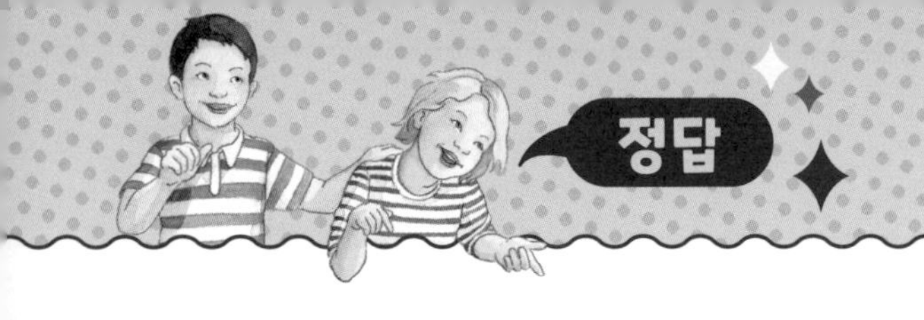

94-95쪽

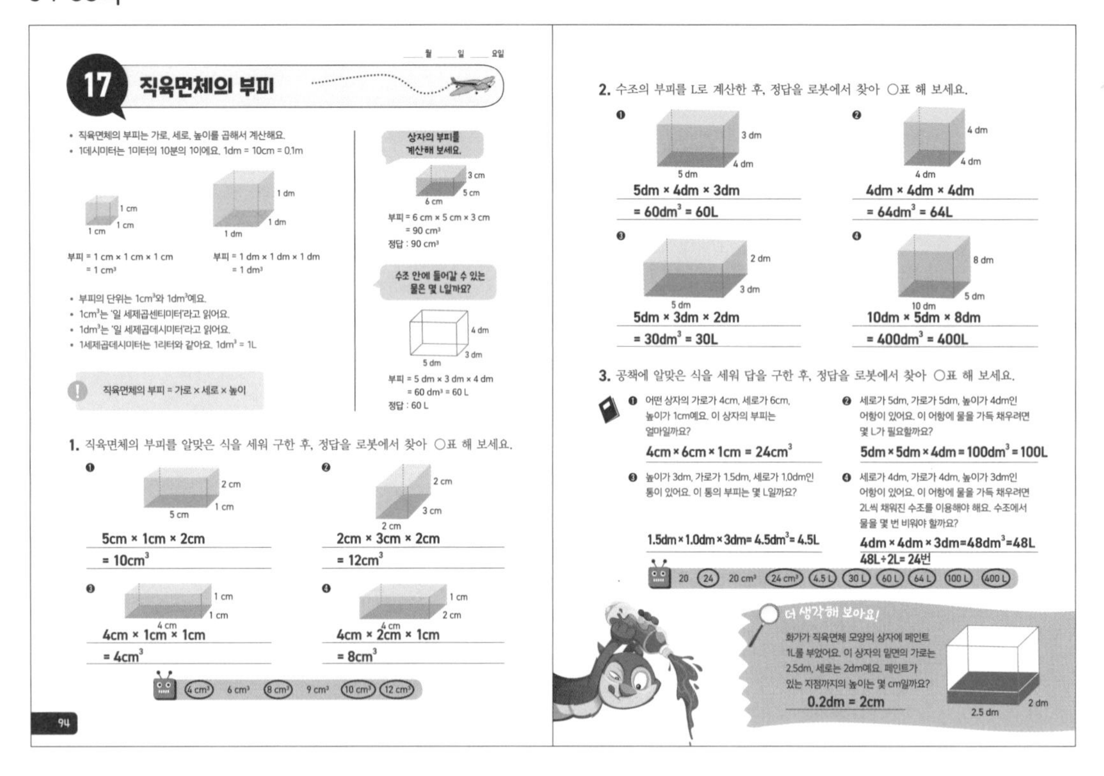

월 일 요일

17 직육면체의 부피

- 직육면체의 부피는 가로, 세로, 높이를 곱해서 계산해요.
- 1데시미터는 1미터의 10분의 1이에요. 1dm = 10cm = 0.1m

부피 = 1 cm × 1 cm × 1 cm = 1 cm³

부피 = 1 dm × 1 dm × 1 dm = 1 dm³

- 부피의 단위는 1cm³와 1dm³예요.
- 1cm³는 '일 세제곱센티미터'라고 읽어요.
- 1dm³는 '일 세제곱데시미터'라고 읽어요.
- 1세제곱데시미터는 1리터와 같아요. 1dm³ = 1L

직육면체의 부피 = 가로 × 세로 × 높이

상자의 부피를 계산해 보세요.

부피 = 6 cm × 5 cm × 3 cm = 90 cm³
정답 : 90 cm³

수조 안에 들어갈 수 있는 물은 몇 L일까요?

부피 = 5 dm × 3 dm × 4 dm = 60 dm³ = 60 L
정답 : 60 L

1. 직육면체의 부피를 알맞은 식을 세워 구한 후, 정답을 로봇에서 찾아 ○표 해 보세요.

❶ 5cm × 1cm × 2cm = 10cm³
❷ 2cm × 3cm × 2cm = 12cm³
❸ 4cm × 1cm × 1cm = 4cm³
❹ 4cm × 2cm × 1cm = 8cm³

4 cm³ 6 cm³ 8 cm³ 9 cm³ 10 cm³ 12 cm³

94

2. 수조의 부피를 L로 계산한 후, 정답을 로봇에서 찾아 ○표 해 보세요.

❶ 5dm × 4dm × 3dm = 60dm³ = 60L
❷ 4dm × 4dm × 4dm = 64dm³ = 64L
❸ 5dm × 3dm × 2dm = 30dm³ = 30L
❹ 10dm × 5dm × 8dm = 400dm³ = 400L

3. 공책에 알맞은 식을 세워 답을 구한 후, 정답을 로봇에서 찾아 ○표 해 보세요.

❶ 어떤 상자의 가로가 4cm, 세로가 6cm, 높이가 1cm예요. 이 상자의 부피는 얼마일까요?
4cm × 6cm × 1cm = 24cm³

❷ 세로가 5dm, 가로가 5dm, 높이가 4dm인 어항이 있어요. 이 어항에 물을 가득 채우려면 몇 L가 필요할까요?
5dm × 5dm × 4dm = 100dm³ = 100L

❸ 높이가 3dm, 가로가 1.5dm, 세로가 1.0dm인 통이 있어요. 이 통의 부피는 몇 L일까요?
1.5dm × 1.0dm × 3dm = 4.5dm³ = 4.5L

❹ 세로가 4dm, 가로가 4dm, 높이가 3dm인 어항이 있어요. 이 어항에 물을 가득 채우려면 2L씩 채워진 수조를 이용해야 해요. 수조에서 물을 몇 번 비워야 할까요?
4dm × 4dm × 3dm = 48dm³ = 48L
48L ÷ 2L = 24번

20 24 20 cm³ 24 cm³ 4.5 L 30 L 60 L 64 L 100 L 400 L

더 생각해 보아요!
화가가 직육면체 모양의 상자에 페인트 1L를 부었어요. 이 상자의 밑면의 가로는 2.5dm, 세로는 2dm예요. 페인트가 있는 지점까지의 높이는 몇 cm일까요?
0.2dm = 2cm

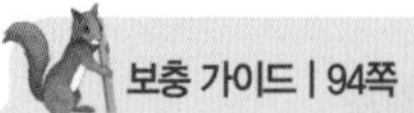

가로와 세로의 길이를 곱하면 넓이가 나온다고 배웠어요. 그래서 한 변의 길이가 1cm인 가로와 세로의 길이를 곱하면 정사각형의 넓이인 1cm²가 나오죠.
1cm×1cm=1cm²
이런 밑넓이에 높이를 곱하면 부피가 나와요.
정육면체의 부피
=밑넓이×높이
=밑면의 가로×밑면의 세로×높이
따라서 한 변의 길이가 1cm인 정육면체의 부피는 1cm×1cm×1cm=1cm³예요.

더 생각해 보아요! | 95쪽

$2.5\text{dm}\times2\text{dm}\times x=1\text{L}=1\text{dm}^3$
$x=0.2\text{dm}=2\text{cm}$

96-97쪽

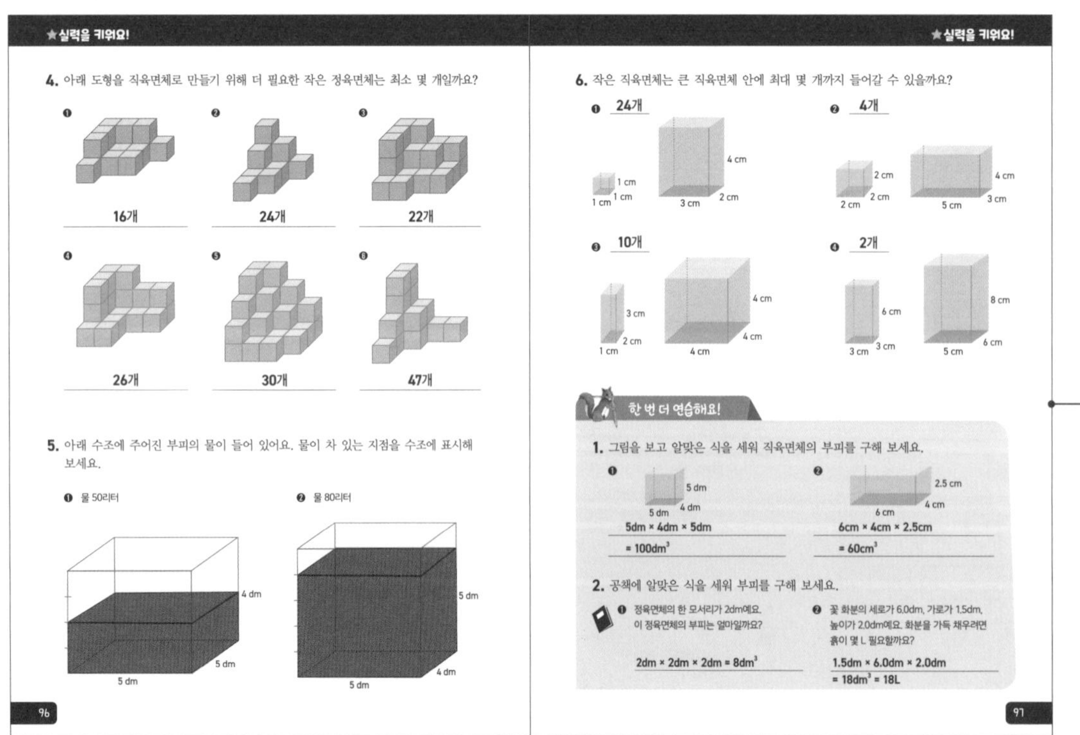

★실력을 키워요!

4. 아래 도형을 직육면체로 만들기 위해 더 필요한 작은 정육면체는 최소 몇 개일까요?

❶ 16개 ❷ 24개 ❸ 22개
❹ 26개 ❺ 30개 ❻ 47개

5. 아래 수조에 주어진 부피의 물이 들어 있어요. 물이 차 있는 지점을 수조에 표시해 보세요.

❶ 물 50리터
❷ 물 80리터

96

6. 작은 직육면체는 큰 직육면체 안에 최대 몇 개까지 들어갈 수 있을까요?

❶ 24개 ❷ 4개
❸ 10개 ❹ 2개

한 번 더 연습해요!

1. 그림을 보고 알맞은 식을 세워 직육면체의 부피를 구해 보세요.

❶ 5dm × 4dm × 5dm = 100dm³
❷ 6cm × 4cm × 2.5cm = 60cm³

2. 공책에 알맞은 식을 세워 부피를 구해 보세요.

❶ 정육면체의 한 모서리가 2dm예요. 이 정육면체의 부피는 얼마일까요?
2dm × 2dm × 2dm = 8dm³

❷ 꽃 화분의 세로가 6.0dm, 가로가 1.5dm, 높이가 2.0dm예요. 화분을 가득 채우려면 흙이 몇 L 필요할까요?
1.5dm × 6.0dm × 2.0dm = 18dm³ = 18L

97

96쪽 4번

작은 정육면체의 한 면을 1로 하여 직육면체의 부피를 구한 후, 현재 모양의 정육면체의 개수를 빼면 돼요.
❶ 4×4×2=32, 32-16=16
❷ 3×4×3=36, 36-12=24
❸ 4×4×3=48, 48-26=22
❹ 4×4×3=48, 48-22=26
❺ 4×4×4=64, 64-34=30
❻ 4×4×4=64, 64-17=47

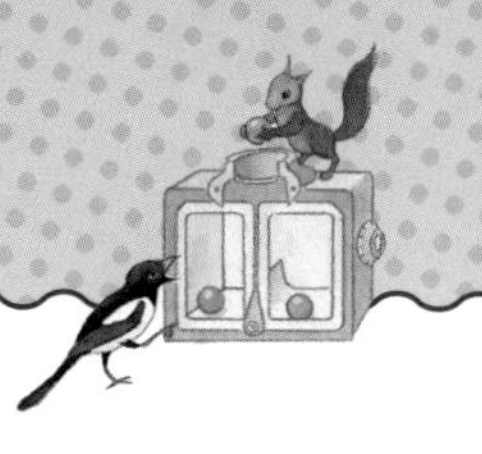

98-99쪽

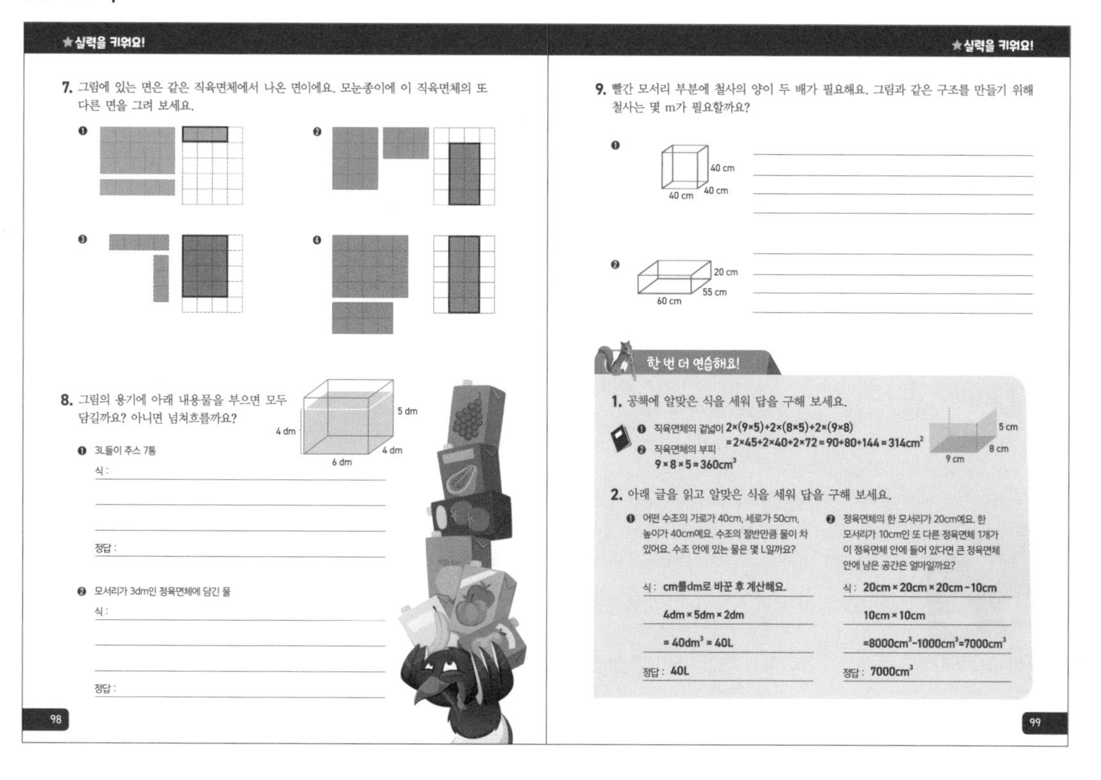

★실력을 키워요!

7. 그림에 있는 면은 같은 직육면체에서 나온 면이에요. 모눈종이에 이 직육면체의 또 다른 면을 그려 보세요.

❶ ❷ ❸ ❹

8. 그림의 용기에 아래 내용물을 부으면 모두 담길까요? 아니면 넘쳐흐를까요?

❶ 3L들이 주스 7통

식 :

정답 :

❷ 모서리가 3dm인 정육면체에 담긴 물

식 :

정답 :

98

★실력을 키워요!

9. 빨간 모서리 부분에 철사의 양이 두 배가 필요해요. 그림과 같은 구조를 만들기 위해 철사는 몇 m가 필요할까요?

❶

❷

한 번 더 연습해요!

1. 공책에 알맞은 식을 세워 답을 구해 보세요.

❶ 직육면체의 겉넓이 2×(9×5)+2×(8×5)+2×(9×8)
=2×45+2×40+2×72=90+80+144=314cm²

❷ 직육면체의 부피
9×8×5=360cm³

2. 아래 글을 읽고 알맞은 식을 세워 답을 구해 보세요.

❶ 어떤 수조의 가로가 40cm, 세로가 50cm, 높이가 40cm예요. 수조의 절반만큼 물이 차 있어요. 수조 안에 있는 물은 몇 L일까요?

식 : cm를 dm로 바꾼 후 계산해요.
4dm×5dm×2dm
=40dm³=40L

정답 : 40L

❷ 정육면체의 한 모서리가 20cm예요. 한 모서리가 10cm인 또 다른 정육면체 1개가 이 정육면체 안에 들어 있다면 큰 정육면체 안에 남은 공간은 얼마일까요?

식 : 20cm×20cm×20cm-10cm
10cm×10cm
=8000cm³-1000cm³=7000cm³

정답 : 7000cm³

99

98쪽 8번

❶ 용기의 남은 부분의 부피는 $6dm\times4dm\times1dm=24dm^3=24L$이고, 주스는 $3L\times7=21L$이므로 넘쳐흐르지 않아요.

❷ 용기의 남은 부분의 부피는 $6dm\times4dm\times1dm=24dm^3=24L$이고, 물은 $3dm\times3dm\times3dm=27dm^3=27L$이므로 넘쳐흘러요.

99쪽 9번

❶ 빨간 모서리 부분
40cm×16=640cm
파란 모서리 부분
40cm×4=160cm
총합
640cm+160cm=800cm=8m

❷ 빨간 모서리 부분
60cm×4+55cm×8+20cm×8=240cm+440cm+160cm=840cm
파란 모서리 부분
60cm×2=120cm
총합
840cm+120cm=960cm=9.6m

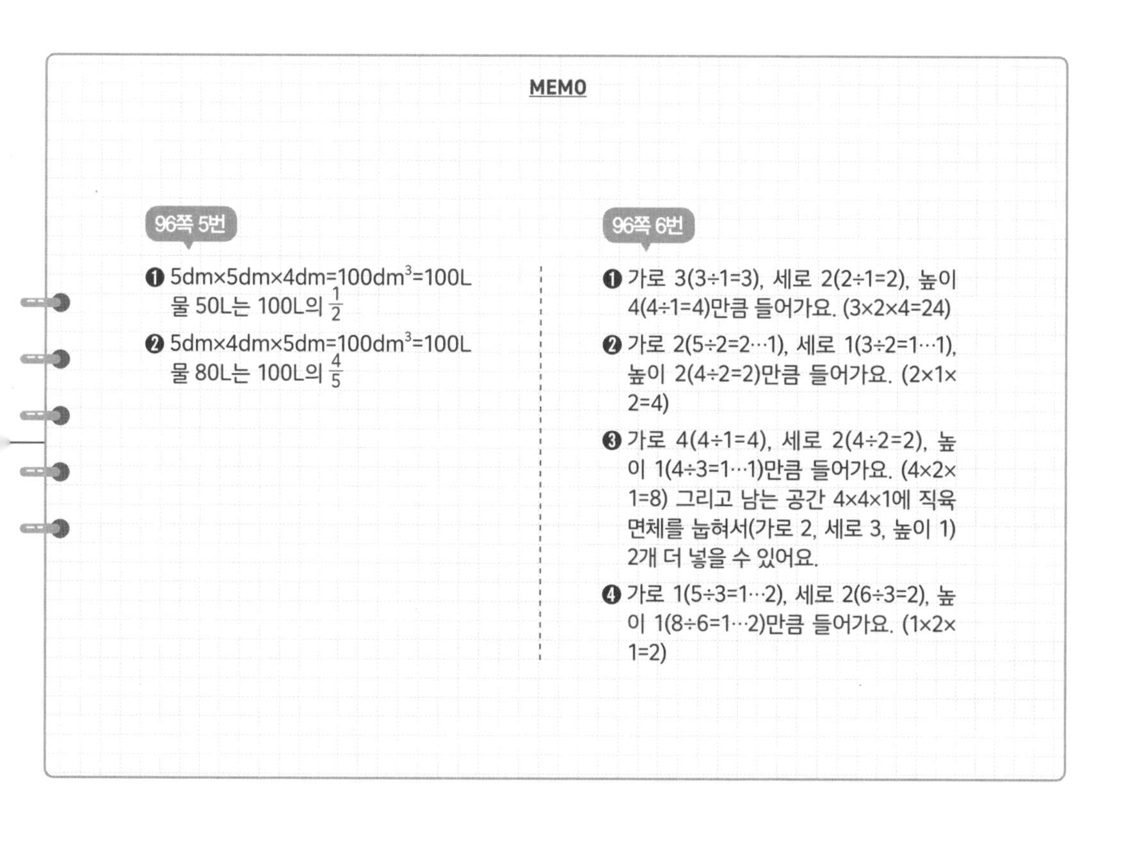

MEMO

96쪽 5번

❶ $5dm\times5dm\times4dm=100dm^3=100L$
물 50L는 100L의 $\frac{1}{2}$

❷ $5dm\times4dm\times5dm=100dm^3=100L$
물 80L는 100L의 $\frac{4}{5}$

96쪽 6번

❶ 가로 3(3÷1=3), 세로 2(2÷1=2), 높이 4(4÷1=4)만큼 들어가요. (3×2×4=24)

❷ 가로 2(5÷2=2⋯1), 세로 1(3÷2=1⋯1), 높이 2(4÷2=2)만큼 들어가요. (2×1×2=4)

❸ 가로 4(4÷1=4), 세로 2(4÷2=2), 높이 1(4÷3=1⋯1)만큼 들어가요. (4×2×1=8) 그리고 남는 공간 4×4×1에 직육면체를 눕혀서(가로 2, 세로 3, 높이 1) 2개 더 넣을 수 있어요.

❹ 가로 1(5÷3=1⋯2), 세로 2(6÷3=2), 높이 1(8÷6=1⋯2)만큼 들어가요. (1×2×1=2)

정답

100-101쪽

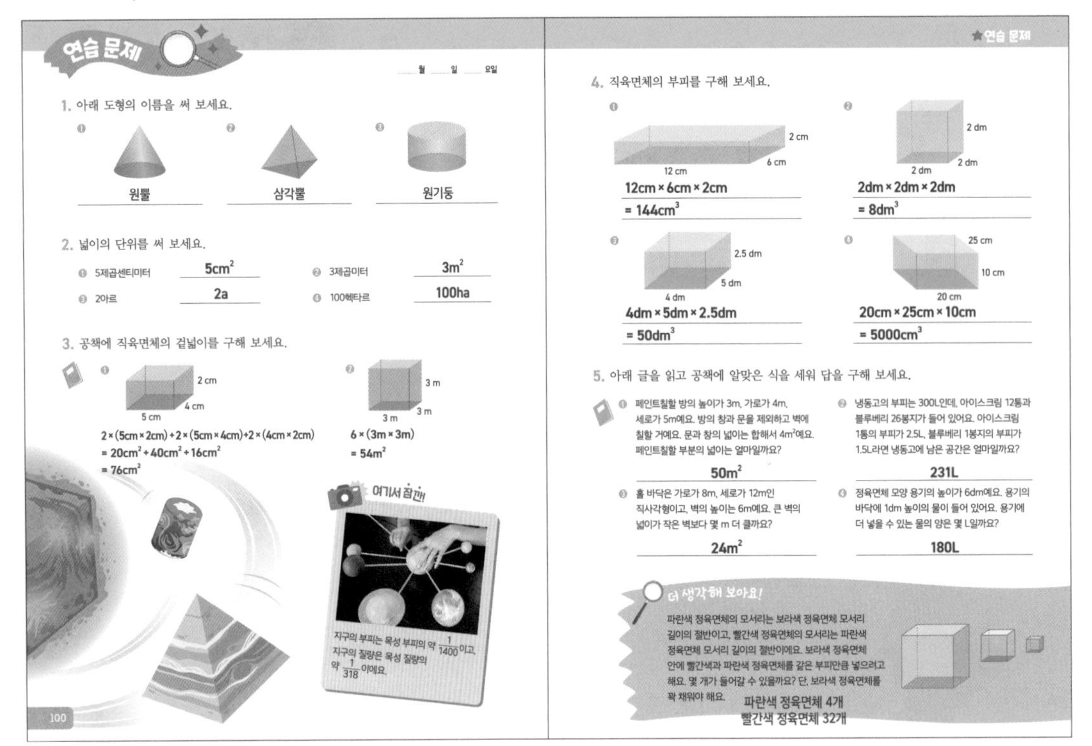

101쪽 5번

❶ 벽에만 페인트칠을 할 거라서 바닥의 넓이는 빼고 구해요.
$2\times(4m\times3m)+2\times(5m\times3m)-4m^2$
$=24m^2+30m^2-4m^2$
$=50m^2$

❷ $300L-2.5L\times12-1.5L\times26$
$=300L-30L-39L$
$=231L$

❸ $12m\times6m-8m\times6m$
$=72m^2-48m^2$
$=24m^2$

❹ $6dm\times6dm\times(6dm-1dm)$
$=180L$

더 생각해 보아요! | 101쪽

파란색 정육면체 안에 빨간색 정육면체는 8개가 들어가고, 보라색 정육면체 안에 파란색 정육면체는 8개가 들어가요. 보라색 정육면체 안에 빨간색과 파란색 정육면체가 같은 부피만큼 들어가야 하므로 파란색은 4개, 빨간색은 32개(4×8=32)가 들어가요.

102-103쪽

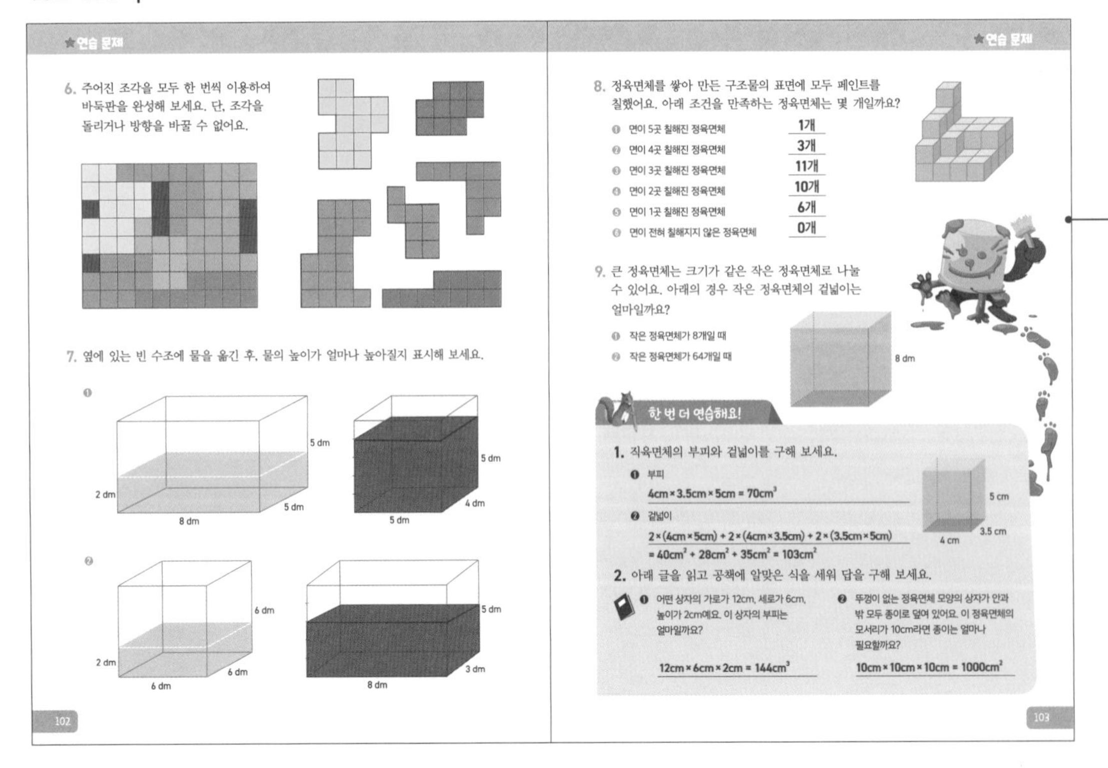

102쪽 7번

❶ 왼쪽 수조에 담긴 물의 부피 8dm×5dm×2dm=80L
오른쪽 수조의 부피 5dm×4dm×5dm×=100L이므로 $\frac{4}{5}$지점에 표시하면 돼요.

❷ 왼쪽 수조에 담긴 물의 부피 6dm×6dm×2dm=72L
오른쪽 수조의 부피 8dm×3dm×5dm=120L이므로 $\frac{3}{5}$지점에 표시하면 돼요.

104-105쪽

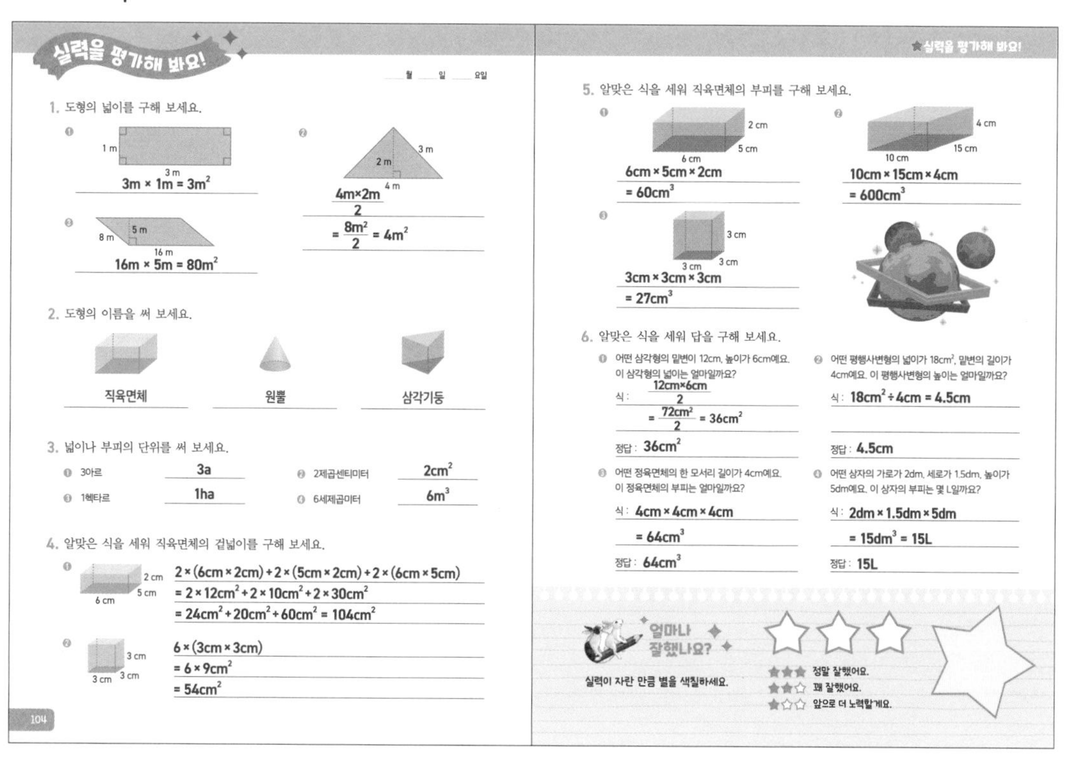

실력을 평가해 봐요!

___월 ___일 ___요일

1. 도형의 넓이를 구해 보세요.

❶ $3m \times 1m = 3m^2$

❷ $\frac{4m \times 2m}{2}$ $= \frac{8m^2}{2} = 4m^2$

❸ $16m \times 5m = 80m^2$

2. 도형의 이름을 써 보세요.

직육면체 / 원뿔 / 삼각기둥

3. 넓이나 부피의 단위를 써 보세요.

❶ 30아르 3a
❷ 2제곱센티미터 $2cm^2$
❸ 1헥타르 1ha
❹ 6세제곱미터 $6m^3$

4. 알맞은 식을 세워 직육면체의 겉넓이를 구해 보세요.

❶ $2 \times (6cm \times 2cm) + 2 \times (5cm \times 2cm) + 2 \times (6cm \times 5cm)$
$= 2 \times 12cm^2 + 2 \times 10cm^2 + 2 \times 30cm^2$
$= 24cm^2 + 20cm^2 + 60cm^2 = 104cm^2$

❷ $6 \times (3cm \times 3cm)$
$= 6 \times 9cm^2$
$= 54cm^2$

104

★실력을 평가해 봐요!

5. 알맞은 식을 세워 직육면체의 부피를 구해 보세요.

❶ $6cm \times 5cm \times 2cm$
$= 60cm^3$

❷ $10cm \times 15cm \times 4cm$
$= 600cm^3$

❸ $3cm \times 3cm \times 3cm$
$= 27cm^3$

6. 알맞은 식을 세워 답을 구해 보세요.

❶ 어떤 삼각형의 밑변이 12cm, 높이가 6cm예요. 이 삼각형의 넓이는 얼마일까요?
식 : $\frac{12cm \times 6cm}{2}$
$= \frac{72cm^2}{2} = 36cm^2$
정답 : $36cm^2$

❷ 어떤 평행사변형의 넓이가 $18cm^2$, 밑변의 길이가 4cm예요. 이 평행사변형의 높이는 얼마일까요?
식 : $18cm^2 \div 4cm = 4.5cm$
정답 : 4.5cm

❸ 어떤 정육면체의 한 모서리 길이가 4cm예요. 이 정육면체의 부피는 얼마일까요?
식 : $4cm \times 4cm \times 4cm$
$= 64cm^3$
정답 : $64cm^3$

❹ 어떤 상자의 가로가 2dm, 세로가 1.5dm, 높이가 5dm예요. 이 상자의 부피는 몇 L일까요?
식 : $2dm \times 1.5dm \times 5dm$
$= 15dm^3 = 15L$
정답 : 15L

얼마나 잘했나요?
실력이 자란 만큼 별을 색칠하세요.
★★★ 정말 잘했어요.
★★☆ 꽤 잘했어요.
★☆☆ 앞으로 더 노력할게요.

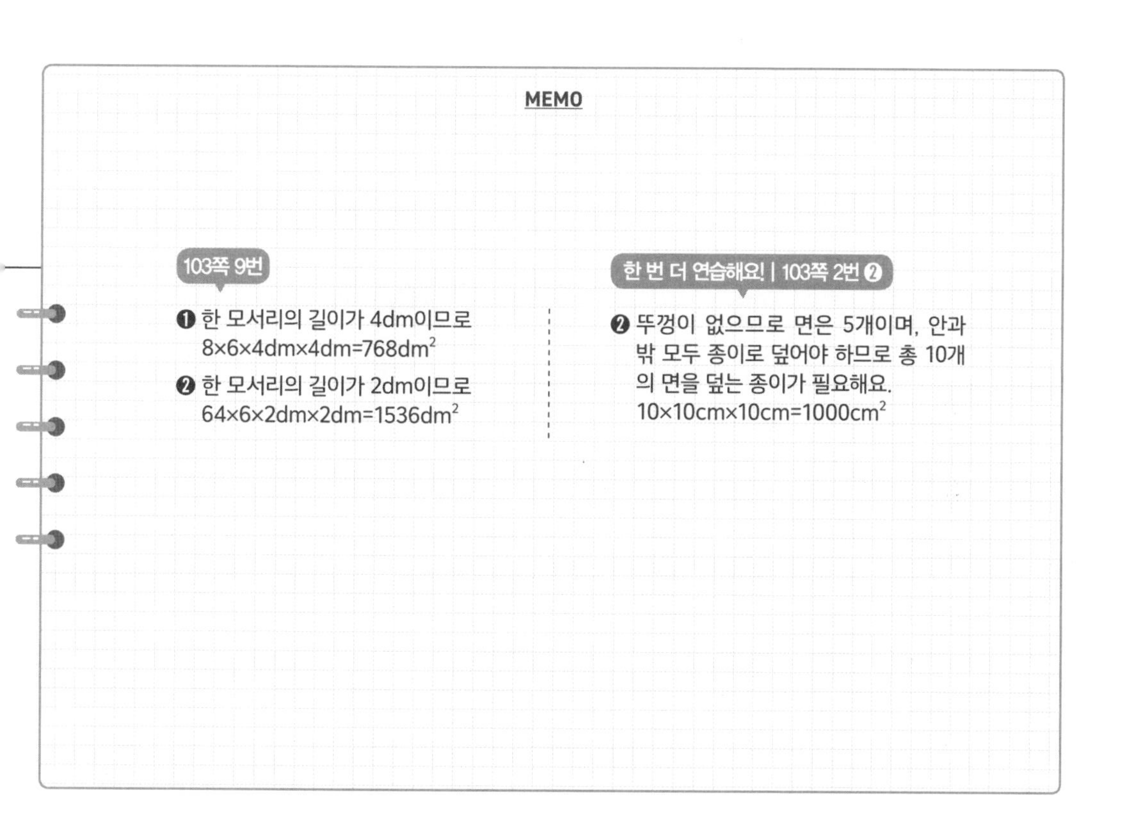

MEMO

103쪽 9번

❶ 한 모서리의 길이가 4dm이므로
$8 \times 6 \times 4dm \times 4dm = 768dm^2$

❷ 한 모서리의 길이가 2dm이므로
$64 \times 6 \times 2dm \times 2dm = 1536dm^2$

한 번 더 연습해요! | 103쪽 2번 ❷

❷ 뚜껑이 없으므로 면은 5개이며, 안과 밖 모두 종이로 덮어야 하므로 총 10개의 면을 덮는 종이가 필요해요.
$10 \times 10cm \times 10cm = 1000cm^2$

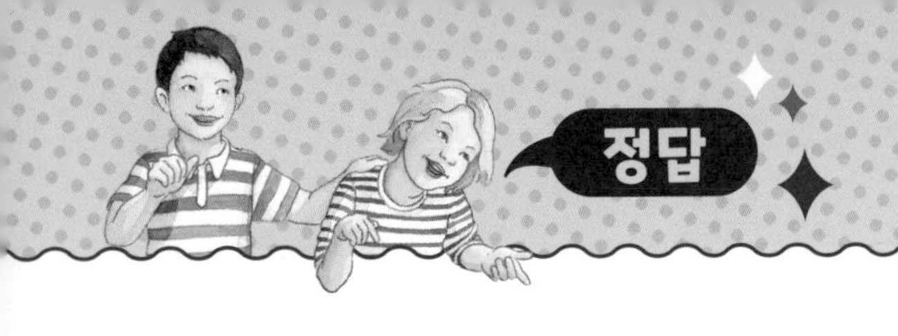

106-107쪽

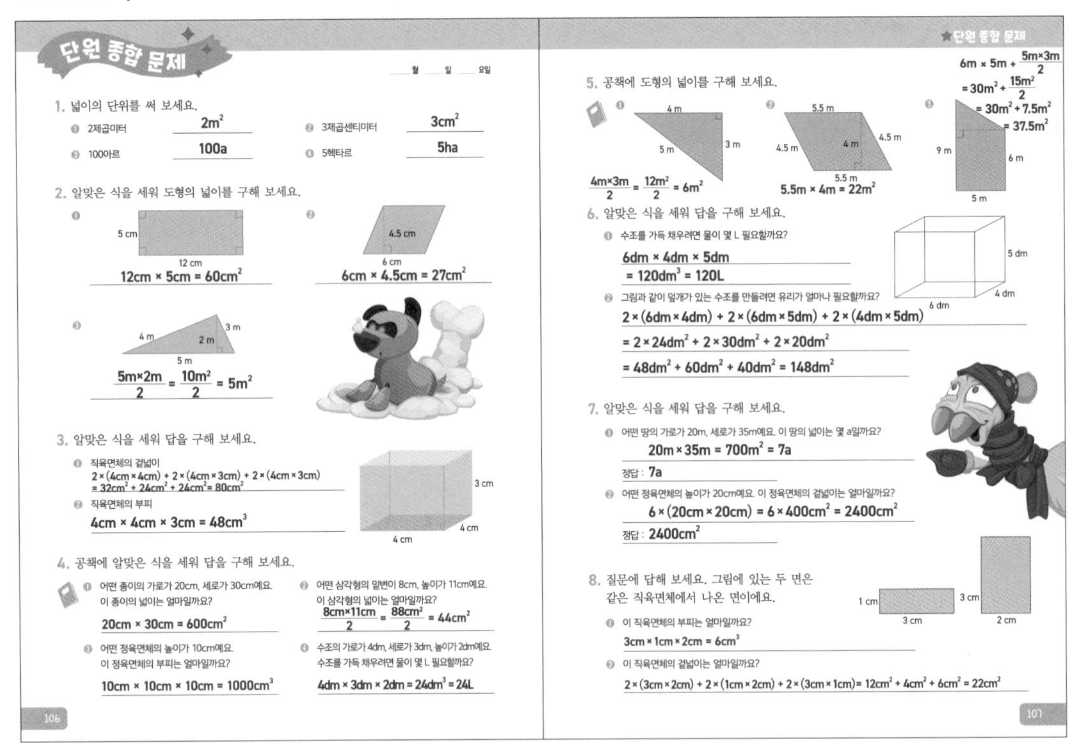

단원 종합 문제

___월 ___일 ___요일

1. 넓이의 단위를 써 보세요.
   - ❶ 2제곱미터 $2m^2$
   - ❷ 3제곱센티미터 $3cm^2$
   - ❸ 100아르 100a
   - ❹ 5헥타르 5ha

2. 알맞은 식을 세워 도형의 넓이를 구해 보세요.
   - ❶ $12cm \times 5cm = 60cm^2$
   - ❷ $6cm \times 4.5cm = 27cm^2$
   - ❸ $\frac{5m \times 2m}{2} = \frac{10m^2}{2} = 5m^2$

3. 알맞은 식을 세워 답을 구해 보세요.
   - ❶ 직육면체의 겉넓이
     $2 \times (4cm \times 4cm) + 2 \times (4cm \times 3cm) + 2 \times (4cm \times 3cm)$
     $= 32cm^2 + 24cm^2 + 24cm^2 = 80cm^2$
   - ❷ 직육면체의 부피
     $4cm \times 4cm \times 3cm = 48cm^3$

4. 공책에 알맞은 식을 세워 답을 구해 보세요.
   - ❶ 어떤 종이의 가로가 20cm, 세로가 30cm예요. 이 종이의 넓이는 얼마일까요?
     $20cm \times 30cm = 600cm^2$
   - ❷ 어떤 삼각형의 밑변이 8cm, 높이가 11cm예요. 이 삼각형의 넓이는 얼마일까요?
     $\frac{8cm \times 11cm}{2} = \frac{88cm^2}{2} = 44cm^2$
   - ❸ 어떤 정육면체의 높이가 10cm예요. 이 정육면체의 부피는 얼마일까요?
     $10cm \times 10cm \times 10cm = 1000cm^3$
   - ❹ 수조의 가로가 4dm, 세로가 3dm, 높이가 2dm예요. 수조를 가득 채우려면 물이 몇 L 필요할까요?
     $4dm \times 3dm \times 2dm = 24dm^3 = 24L$

5. 공책에 도형의 넓이를 구해 보세요.
   - ❶ $\frac{4m \times 3m}{2} = \frac{12m^2}{2} = 6m^2$
   - ❷ $5.5m \times 4m = 22m^2$
   - ❸ $6m \times 5m + \frac{5m \times 3m}{2} = 30m^2 + \frac{15m^2}{2} = 30m^2 + 7.5m^2 = 37.5m^2$

6. 알맞은 식을 세워 답을 구해 보세요.
   - ❶ 수조를 가득 채우려면 물이 몇 L 필요할까요?
     $6dm \times 4dm \times 5dm = 120dm^3 = 120L$
   - ❷ 그림과 같이 덮개가 있는 수조를 만들려면 유리가 얼마나 필요할까요?
     $2 \times (6dm \times 4dm) + 2 \times (6dm \times 5dm) + 2 \times (4dm \times 5dm)$
     $= 2 \times 24dm^2 + 2 \times 30dm^2 + 2 \times 20dm^2$
     $= 48dm^2 + 60dm^2 + 40dm^2 = 148dm^2$

7. 알맞은 식을 세워 답을 구해 보세요.
   - ❶ 어떤 땅의 가로가 20m, 세로가 35m예요. 이 땅의 넓이는 몇 a일까요?
     $20m \times 35m = 700m^2 = 7a$
     정답 : 7a
   - ❷ 어떤 정육면체의 높이가 20cm예요. 이 정육면체의 겉넓이는 얼마일까요?
     $6 \times (20cm \times 20cm) = 6 \times 400cm^2 = 2400cm^2$
     정답 : $2400cm^2$

8. 질문에 답해 보세요. 그림에 있는 두 면은 같은 직육면체에서 나온 면이에요.
   - ❶ 이 직육면체의 부피는 얼마일까요?
     $3cm \times 1cm \times 2cm = 6cm^3$
   - ❷ 이 직육면체의 겉넓이는 얼마일까요?
     $2 \times (3cm \times 2cm) + 2 \times (1cm \times 2cm) + 2 \times (3cm \times 1cm) = 12cm^2 + 4cm^2 + 6cm^2 = 22cm^2$

106 107

108-109쪽

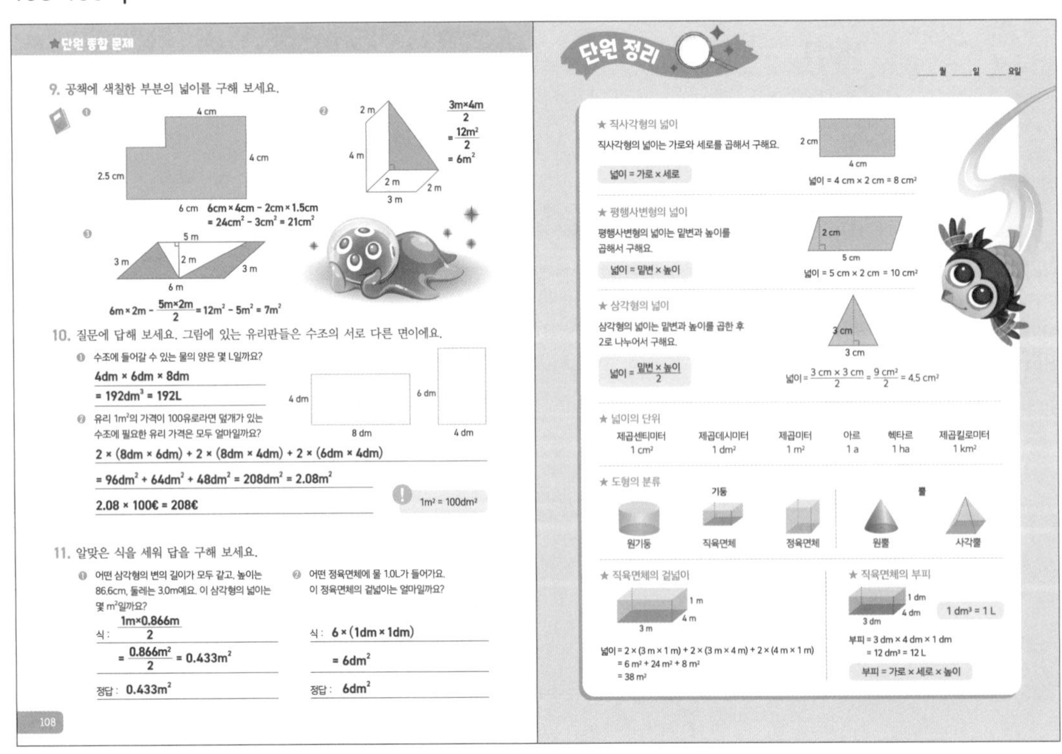

단원 종합 문제

9. 공책에 색칠한 부분의 넓이를 구해 보세요.
   - ❶ $6cm \times 4cm - 2cm \times 1.5cm = 24cm^2 - 3cm^2 = 21cm^2$
   - ❷ $\frac{3m \times 4m}{2} = \frac{12m^2}{2} = 6m^2$
   - ❸ $6m \times 2m - \frac{5m \times 2m}{2} = 12m^2 - 5m^2 = 7m^2$

10. 질문에 답해 보세요. 그림에 있는 유리판들은 수조의 서로 다른 면이에요.
    - ❶ 수조에 들어갈 수 있는 물의 양은 몇 L일까요?
      $4dm \times 6dm \times 8dm = 192dm^3 = 192L$
    - ❷ 유리 $1m^2$의 가격이 100유로라면 덮개가 있는 수조에 필요한 유리 가격은 모두 얼마일까요?
      $2 \times (8dm \times 6dm) + 2 \times (8dm \times 4dm) + 2 \times (6dm \times 4dm)$
      $= 96dm^2 + 64dm^2 + 48dm^2 = 208dm^2 = 2.08m^2$
      $2.08 \times 100€ = 208€$
      $1m^2 = 100dm^2$

11. 알맞은 식을 세워 답을 구해 보세요.
    - ❶ 어떤 삼각형의 변의 길이가 모두 같고, 높이는 86.6cm, 둘레는 3.0m예요. 이 삼각형의 넓이는 몇 m^2일까요?
      식 : $\frac{1m \times 0.866m}{2} = \frac{0.866m^2}{2} = 0.433m^2$
      정답 : $0.433m^2$
    - ❷ 어떤 정육면체에 물 1.0L가 들어가요. 이 정육면체의 겉넓이는 얼마일까요?
      식 : $6 \times (1dm \times 1dm) = 6dm^2$
      정답 : $6dm^2$

108

단원 정리

___월 ___일 ___요일

★ 직사각형의 넓이
직사각형의 넓이는 가로와 세로를 곱해서 구해요.
넓이 = 가로 × 세로
넓이 = 4 cm × 2 cm = 8 cm²

★ 평행사변형의 넓이
평행사변형의 넓이는 밑변과 높이를 곱해서 구해요.
넓이 = 밑변 × 높이
넓이 = 5 cm × 2 cm = 10 cm²

★ 삼각형의 넓이
삼각형의 넓이는 밑변과 높이를 곱한 후 2로 나누어서 구해요.
넓이 = $\frac{밑변 \times 높이}{2}$
넓이 = $\frac{3 cm \times 3 cm}{2} = \frac{9 cm^2}{2} = 4.5 cm^2$

★ 넓이의 단위

제곱센티미터	제곱데시미터	제곱미터	아르	헥타르	제곱킬로미터
1 cm²	1 dm²	1 m²	1 a	1 ha	1 km²

★ 도형의 분류
기둥: 원기둥, 직육면체, 정육면체
뿔: 원뿔, 사각뿔

★ 직육면체의 겉넓이
넓이 = 2 × (3 m × 1 m) + 2 × (3 m × 4 m) + 2 × (4 m × 1 m)
= 6 m² + 24 m² + 8 m²
= 38 m²

★ 직육면체의 부피
부피 = 3 dm × 4 dm × 1 dm
= 12 dm³ = 12 L
1 dm³ = 1 L
부피 = 가로 × 세로 × 높이

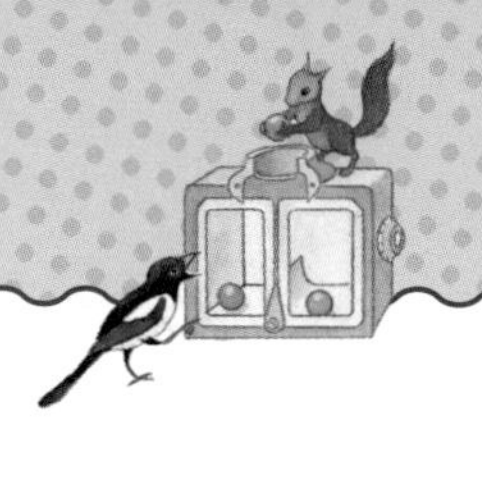

112-113쪽

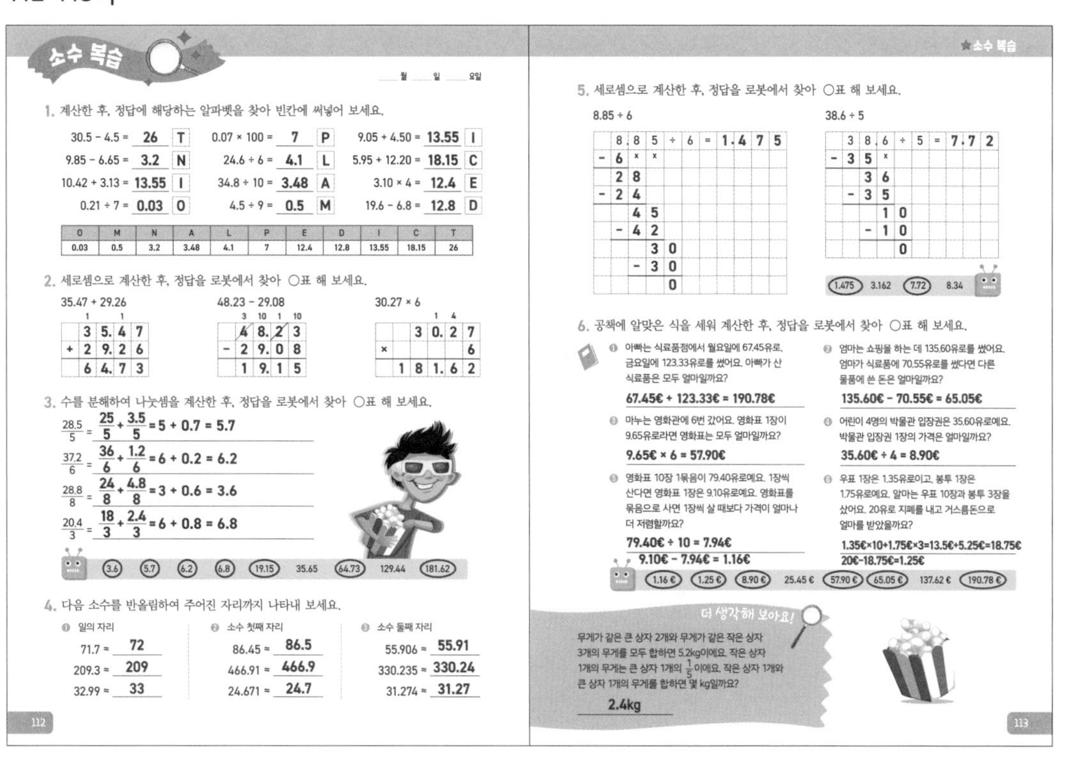

소수 복습

___월 ___일 ___요일

1. 계산한 후, 정답에 해당하는 알파벳을 찾아 빈칸에 써넣어 보세요.

30.5 − 4.5 = 26 T　0.07 × 100 = 7 P　9.05 + 4.50 = 13.55 I
9.85 − 6.65 = 3.2 N　24.6 ÷ 6 = 4.1 L　5.95 + 12.20 = 18.15 C
10.42 + 3.13 = 13.55 I　34.8 ÷ 10 = 3.48 A　3.10 × 4 = 12.4 E
0.21 ÷ 7 = 0.03 O　4.5 ÷ 9 = 0.5 M　19.6 − 6.8 = 12.8 D

O	M	N	A	L	P	E	D	I	C	T
0.03	0.5	3.2	3.48	4.1	7	12.4	12.8	13.55	18.15	26

2. 세로셈으로 계산한 후, 정답을 로봇에서 찾아 ○표 해 보세요.

35.47 + 29.26 = 64.73　48.23 − 29.08 = 19.15　30.27 × 6 = 181.62

3. 수를 분해하여 나눗셈을 계산한 후, 정답을 로봇에서 찾아 ○표 해 보세요.

$\frac{28.5}{5} = \frac{25}{5} + \frac{3.5}{5} = 5 + 0.7 = 5.7$

$\frac{37.2}{6} = \frac{36}{6} + \frac{1.2}{6} = 6 + 0.2 = 6.2$

$\frac{28.8}{8} = \frac{24}{8} + \frac{4.8}{8} = 3 + 0.6 = 3.6$

$\frac{20.4}{3} = \frac{18}{3} + \frac{2.4}{3} = 6 + 0.8 = 6.8$

3.6　5.7　6.2　6.8　19.15　35.65　64.73　129.44　181.62

4. 다음 소수를 반올림하여 주어진 자리까지 나타내 보세요.

① 일의 자리: 71.7 ≈ 72, 209.3 ≈ 209, 32.99 ≈ 33
② 소수 첫째 자리: 86.45 ≈ 86.5, 466.91 ≈ 466.9, 24.671 ≈ 24.7
③ 소수 둘째 자리: 55.906 ≈ 55.91, 330.235 ≈ 330.24, 31.274 ≈ 31.27

112

5. 세로셈으로 계산한 후, 정답을 로봇에서 찾아 ○표 해 보세요.

8.85 ÷ 6 = 1.475　38.6 ÷ 5 = 7.72

1.475　3.162　7.72　8.34

6. 공책에 알맞은 식을 세워 계산한 후, 정답을 로봇에서 찾아 ○표 해 보세요.

① 아빠는 식료품점에서 월요일에 67.45유로, 금요일에 123.33유로를 썼어요. 아빠가 산 식료품은 모두 얼마일까요?
67.45€ + 123.33€ = 190.78€

② 엄마는 쇼핑을 하는 데 135.60유로를 썼어요. 엄마가 식료품에 70.55유로를 썼다면 다른 물품에 쓴 돈은 얼마일까요?
135.60€ − 70.55€ = 65.05€

③ 마누는 영화관에 6번 갔어요. 영화표 1장이 9.65유로라면 영화표는 모두 얼마일까요?
9.65€ × 6 = 57.90€

④ 어린이 4명의 박물관 입장권은 35.60유로예요. 박물관 입장권 1장의 가격은 얼마일까요?
35.60€ ÷ 4 = 8.90€

⑤ 영화표 10장 1묶음이 79.40유로예요. 1장씩 산다면 영화표 1장은 9.10유로예요. 영화표를 묶음으로 사면 1장씩 살 때보다 가격이 얼마나 더 저렴할까요?
79.40€ ÷ 10 = 7.94€
9.10€ − 7.94€ = 1.16€

⑥ 우표 1장은 1.35유로이고, 봉투 1장은 1.75유로예요. 알마는 우표 10장과 봉투 3장을 샀어요. 20유로 지폐를 내고 거스름돈으로 얼마를 받았을까요?
1.35€×10+1.75€×3=13.5€+5.25€=18.75€
20€−18.75€=1.25€

1.16€　1.25€　8.90€　25.45€　57.90€　65.05€　137.62€　190.78€

더 생각해 보아요!
무게가 같은 큰 상자 2개와 무게가 같은 작은 상자 3개의 무게를 모두 합하면 5.2kg이에요. 작은 상자 1개의 무게는 큰 상자 1개의 $\frac{1}{5}$이에요. 작은 상자 1개와 큰 상자 1개의 무게를 합하면 몇 kg일까요?
2.4kg

113

112쪽 1번

DECIMAL POINT (소수점)

더 생각해 보아요! | 113쪽

큰 상자를 x라 하면, 작은 상자는 $\frac{1}{5}x$예요.
큰 상자 2개와 작은 상자 3개의 무게를 합하면 5.2kg이므로
$x+x+\frac{3}{5}x=5.2$kg
분모를 5로 통분하면 $\frac{13}{5}x=5.2$kg
$13x=26$kg, $x=2$kg
작은 상자는 2kg÷5=0.4kg
작은 상자 1개와 큰 상자 1개의 무게는 2.4kg이에요.

114-115쪽

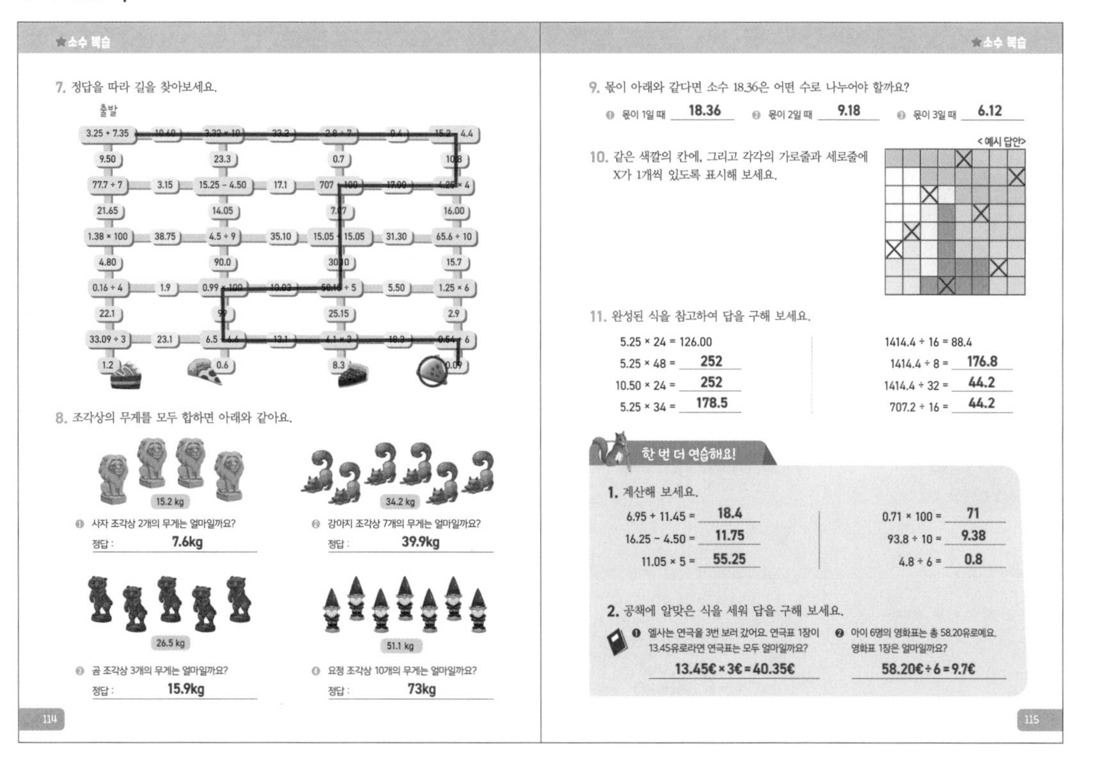

소수 복습

7. 정답을 따라 길을 찾아보세요.

출발

8. 조각상의 무게를 모두 합하면 아래와 같아요.

15.2 kg　34.2 kg　26.5 kg　51.1 kg

① 사자 조각상 2개의 무게는 얼마일까요? 정답: 7.6kg
② 강아지 조각상 7개의 무게는 얼마일까요? 정답: 39.9kg
③ 곰 조각상 3개의 무게는 얼마일까요? 정답: 15.9kg
④ 요정 조각상 10개의 무게는 얼마일까요? 정답: 73kg

114

9. 몫이 아래와 같다면 소수 18.36은 어떤 수로 나누어야 할까요?

① 몫이 1일 때 18.36　② 몫이 2일 때 9.18　③ 몫이 3일 때 6.12

10. 같은 색깔의 칸에, 그리고 각각의 가로줄과 세로줄에 X가 1개씩 있도록 표시해 보세요.

<예시 답안>

11. 완성된 식을 참고하여 답을 구해 보세요.

5.25 × 24 = 126.00
5.25 × 48 = 252
10.50 × 24 = 252
5.25 × 34 = 178.5

1414.4 ÷ 16 = 88.4
1414.4 ÷ 8 = 176.8
1414.4 ÷ 32 = 44.2
707.2 ÷ 16 = 44.2

한 번 더 연습해요!

1. 계산해 보세요.

6.95 + 11.45 = 18.4　0.71 × 100 = 71
16.25 − 4.50 = 11.75　93.8 ÷ 10 = 9.38
11.05 × 5 = 55.25　4.8 ÷ 6 = 0.8

2. 공책에 알맞은 식을 세워 답을 구해 보세요.

① 엘사는 연극을 3번 보러 갔어요. 연극표 1장이 13.45유로라면 연극표는 모두 얼마일까요?
13.45€×3€=40.35€

② 아이 6명의 영화표는 총 58.20유로예요. 영화표 1장은 얼마일까요?
58.20€÷6=9.7€

115

114쪽 8번

❶ 15.2kg÷4=3.8kg
3.8kg×2=7.6kg
❷ 34.2kg÷6=5.7kg
5.7kg×7=39.9kg
❸ 26.5kg÷5=5.3kg
5.3kg×3=15.9kg
❹ 51.1kg÷7=7.3kg
7.3kg×10=73kg

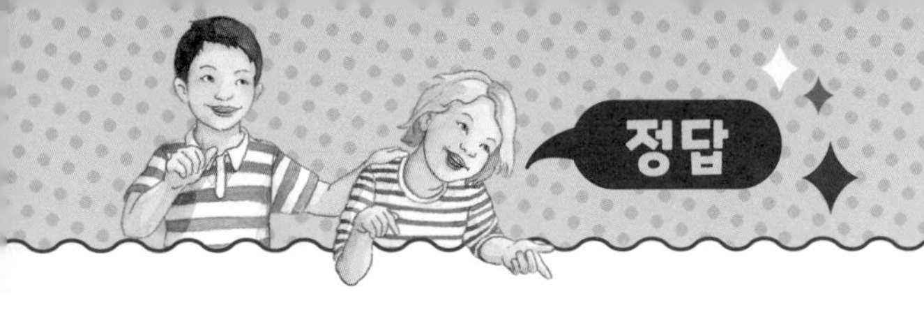

116-117쪽

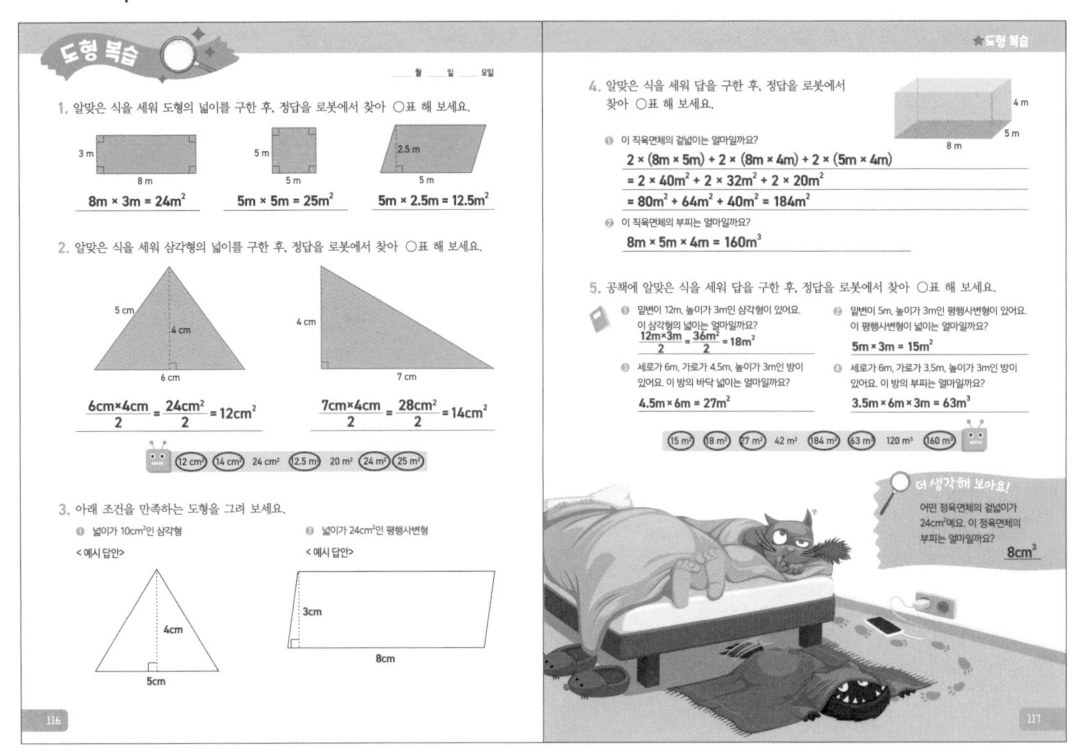

도형 복습

___월 ___일 ___요일

1. 알맞은 식을 세워 도형의 넓이를 구한 후, 정답을 로봇에서 찾아 ○표 해 보세요.

$8m \times 3m = 24m^2$ $5m \times 5m = 25m^2$ $5m \times 2.5m = 12.5m^2$

2. 알맞은 식을 세워 삼각형의 넓이를 구한 후, 정답을 로봇에서 찾아 ○표 해 보세요.

$\frac{6cm \times 4cm}{2} = \frac{24cm^2}{2} = 12cm^2$ $\frac{7cm \times 4cm}{2} = \frac{28cm^2}{2} = 14cm^2$

12 cm² 14 cm² 24 cm² 12.5 m² 20 m² 24 m² 25 m²

3. 아래 조건을 만족하는 도형을 그려 보세요.

❶ 넓이가 $10cm^2$인 삼각형 <예시 답안> (4cm, 5cm)

❷ 넓이가 $24cm^2$인 평행사변형 <예시 답안> (3cm, 8cm)

4. 알맞은 식을 세워 답을 구한 후, 정답을 로봇에서 찾아 ○표 해 보세요.

❶ 이 직육면체의 겉넓이는 얼마일까요?

$2 \times (8m \times 5m) + 2 \times (8m \times 4m) + 2 \times (5m \times 4m)$
$= 2 \times 40m^2 + 2 \times 32m^2 + 2 \times 20m^2$
$= 80m^2 + 64m^2 + 40m^2 = 184m^2$

❷ 이 직육면체의 부피는 얼마일까요?

$8m \times 5m \times 4m = 160m^3$

5. 공책에 알맞은 식을 세워 답을 구한 후, 정답을 로봇에서 찾아 ○표 해 보세요.

❶ 밑변이 12m, 높이가 3m인 삼각형이 있어요. 이 삼각형의 넓이는 얼마일까요? $\frac{12m \times 3m}{2} = \frac{36m^2}{2} = 18m^2$

❷ 밑변이 5m, 높이가 3m인 평행사변형이 있어요. 이 평행사변형의 넓이는 얼마일까요? $5m \times 3m = 15m^2$

❸ 세로가 6m, 가로가 4.5m, 높이가 3m인 방이 있어요. 이 방의 바닥 넓이는 얼마일까요? $4.5m \times 6m = 27m^2$

❹ 세로가 6m, 가로가 3.5m, 높이가 3m인 방이 있어요. 이 방의 부피는 얼마일까요? $3.5m \times 6m \times 3m = 63m^3$

15 m² 18 m² 27 m² 42 m² 184 m² 63 m³ 120 m³ 160 m³

더 생각해 보아요! 어떤 정육면체의 겉넓이가 $24cm^2$예요. 이 정육면체의 부피는 얼마일까요? $8cm^3$

116 117

더 생각해 보아요! | 117쪽

겉넓이를 6으로 나누면 한 면의 넓이를 알 수 있어요.
$24cm^2 \div 6 = 4cm^2$
한 면의 넓이가 $4cm^2$이므로 한 변은 2cm예요.
부피는 $2cm \times 2cm \times 2cm = 8cm^3$

118-119쪽

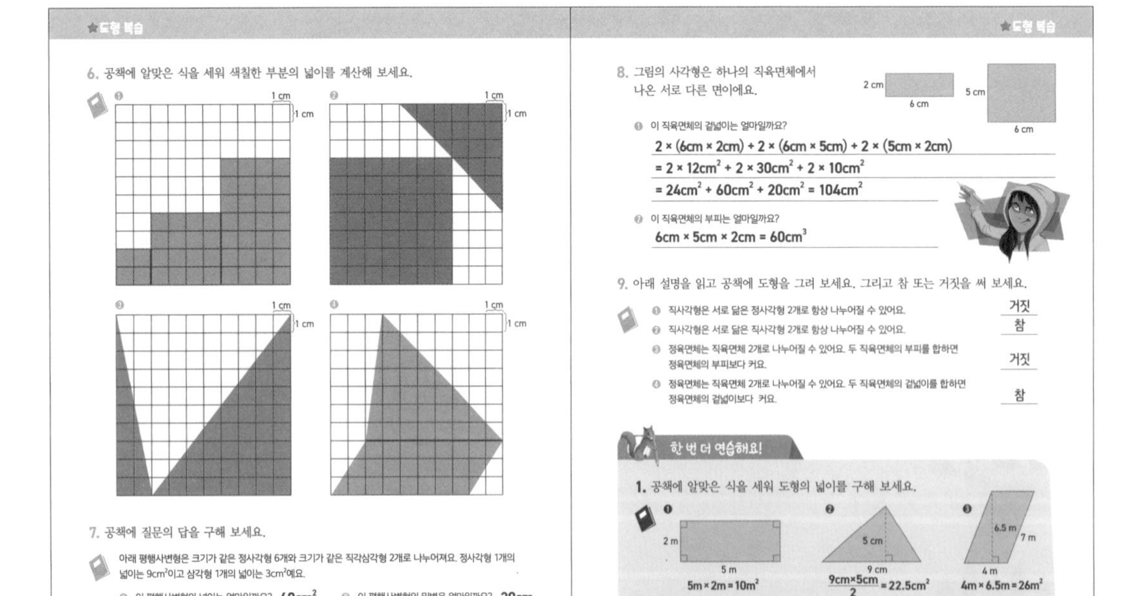

도형 복습

6. 공책에 알맞은 식을 세워 색칠한 부분의 넓이를 계산해 보세요.

7. 공책에 질문의 답을 구해 보세요.

아래 평행사변형은 크기가 같은 정사각형 6개와 크기가 같은 직각삼각형 2개로 나누어져요. 정사각형 1개의 넓이는 $9cm^2$이고 삼각형 1개의 넓이는 $3cm^2$예요.

❶ 이 평행사변형의 넓이는 얼마일까요? $60cm^2$ ❷ 이 평행사변형의 밑변은 얼마일까요? 20cm

8. 그림의 사각형은 하나의 직육면체에서 나온 서로 다른 면이에요.

❶ 이 직육면체의 겉넓이는 얼마일까요?

$2 \times (6cm \times 2cm) + 2 \times (6cm \times 5cm) + 2 \times (5cm \times 2cm)$
$= 2 \times 12cm^2 + 2 \times 30cm^2 + 2 \times 10cm^2$
$= 24cm^2 + 60cm^2 + 20cm^2 = 104cm^2$

❷ 이 직육면체의 부피는 얼마일까요?

$6cm \times 5cm \times 2cm = 60cm^3$

9. 아래 설명을 읽고 공책에 도형을 그려 보세요. 그리고 참 또는 거짓을 써 보세요.

❶ 직사각형은 서로 닮은 정사각형 2개로 항상 나누어질 수 있어요. 거짓
❷ 직사각형은 서로 닮은 직사각형 2개로 항상 나누어질 수 있어요. 참
❸ 정육면체는 직육면체 2개로 나누어질 수 있어요. 두 직육면체의 부피를 합하면 정육면체의 부피보다 커요. 거짓
❹ 정육면체는 직육면체 2개로 나누어질 수 있어요. 두 직육면체의 겉넓이를 합하면 정육면체의 겉넓이보다 커요. 참

한 번 더 연습해요!

1. 공책에 알맞은 식을 세워 도형의 넓이를 구해 보세요.

❶ $5m \times 2m = 10m^2$ ❷ $\frac{9cm \times 5cm}{2} = 22.5cm^2$ ❸ $4m \times 6.5m = 26m^2$

2. 공책에 알맞은 식을 세워 답을 구해 보세요.

❶ 직육면체의 겉넓이 $2 \times (5cm \times 3cm) + 2 \times (5cm \times 2cm) + 2 \times (3cm \times 2cm) = 30cm^2 + 20cm^2 + 12cm^2 = 62cm^2$

❷ 직육면체의 부피 $5cm \times 3cm \times 2cm = 30cm^3$

118 119

118쪽 6번

❶ $2cm \times 2cm + 4cm \times 4cm + 4cm \times 7cm$
$= 4cm^2 + 16cm^2 + 28cm^2$
$= 48cm^2$

❷ $7cm \times 7cm + \frac{6cm \times 6cm}{2}$
$= 49cm^2 + 18cm^2$
$= 67cm^2$

❸ $\frac{2cm \times 10cm}{2} + \frac{8cm \times 10cm}{2}$
$= 10cm^2 + 40cm^2$
$= 50cm^2$

❹ $\frac{8cm \times 7cm}{2} + 8cm \times 3cm$
$= 28cm^2 + 24cm^2$
$= 52cm^2$

118쪽 7번

❶ 정사각형 6개의 넓이 $9cm^2 \times 6 = 54cm^2$
직각삼각형 2개의 넓이 $3cm^2 \times 2 = 6cm^2$
$54cm^2 + 6cm^2 = 60cm^2$

❷ $3cm \times 6 = 18cm$, 삼각형의 높이가 3cm이고, 밑변은 2cm이므로 평행사변형의 밑변은 $18cm + 2cm = 20cm$

124-125쪽

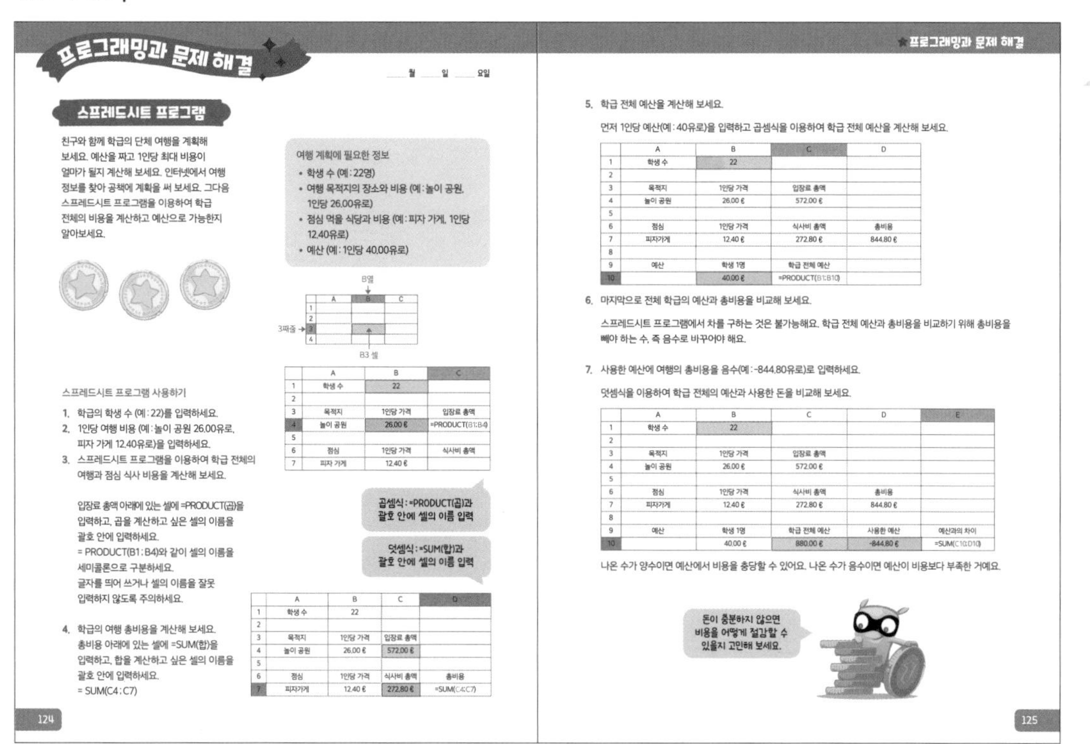

프로그래밍과 문제 해결

____월 ____일 ____요일

스프레드시트 프로그램

친구와 함께 학급의 단체 여행을 계획해 보세요. 예산을 짜고 1인당 최대 비용이 얼마가 될지 계산해 보세요. 인터넷에서 여행 정보를 찾아 공책에 계획을 써 보세요. 그다음 스프레드시트 프로그램을 이용하여 학급 전체의 비용을 계산하고 예산으로 가능한지 알아보세요.

여행 계획에 필요한 정보
- 학생 수 (예 : 22명)
- 여행 목적지의 장소와 비용 (예 : 놀이 공원, 1인당 26.00유로)
- 점심 먹을 식당과 비용 (예 : 피자 가게, 1인당 12.40유로)
- 예산 (예 : 1인당 40.00유로)

B열 / 3째줄 / B3 셀

	A	B	C
1			
2			
3			
4			

스프레드시트 프로그램 사용하기

1. 학급의 학생 수 (예 : 22)를 입력하세요.
2. 1인당 여행 비용 (예 : 놀이 공원 26.00유로, 피자 가게 12.40유로)을 입력하세요.
3. 스프레드시트 프로그램을 이용하여 학급 전체의 여행과 점심 식사 비용을 계산해 보세요.

   입장료 총액 아래에 있는 셀에 =PRODUCT(곱)을 입력하고, 곱을 계산하고 싶은 셀의 이름을 괄호 안에 입력하세요.
   = PRODUCT(B1 : B4)와 같이 셀의 이름을 세미콜론으로 구분하세요.
   글자를 띄어 쓰거나 셀의 이름을 잘못 입력하지 않도록 주의하세요.

	A	B	C
1	학생 수	22	
2			
3	목적지	1인당 가격	입장료 총액
4	놀이 공원	26.00 €	=PRODUCT(B1:B4)
5			
6	점심	1인당 가격	식사비 총액
7	피자 가게	12.40 €	

곱셈식 : =PRODUCT(곱)과 괄호 안에 셀의 이름 입력

덧셈식 : =SUM(합)과 괄호 안에 셀의 이름 입력

4. 학급의 여행 총비용을 계산해 보세요.
   총비용 아래에 있는 셀에 =SUM(합)을 입력하고, 합을 계산하고 싶은 셀의 이름을 괄호 안에 입력하세요.
   = SUM(C4 : C7)

	A	B	C	D
1	학생 수	22		
2				
3	목적지	1인당 가격	입장료 총액	
4	놀이 공원	26.00 €	572.00 €	
5				
6	점심	1인당 가격	식사비 총액	총비용
7	피자가게	12.40 €	272.80 €	=SUM(C4:C7)

5. 학급 전체 예산을 계산해 보세요.

   먼저 1인당 예산(예 : 40유로)을 입력하고 곱셈식을 이용하여 학급 전체 예산을 계산해 보세요.

	A	B	C	D
1	학생 수	22		
2				
3	목적지	1인당 가격	입장료 총액	
4	놀이 공원	26.00 €	572.00 €	
5				
6	점심	1인당 가격	식사비 총액	총비용
7	피자가게	12.40 €	272.80 €	844.80 €
8				
9	예산	학생 1명	학급 전체 예산	
10		40.00 €	=PRODUCT(B1:B10)	

6. 마지막으로 전체 학급의 예산과 총비용을 비교해 보세요.

   스프레드시트 프로그램에서 차를 구하는 것은 불가능해요. 학급 전체 예산과 총비용을 비교하기 위해 총비용을 빼야 하는 수, 즉 음수로 바꾸어야 해요.

7. 사용한 예산에 여행의 총비용을 음수(예 : -844.80유로)로 입력하세요.

   덧셈식을 이용하여 학급 전체의 예산과 사용한 돈을 비교해 보세요.

	A	B	C	D	E
1	학생 수	22			
2					
3	목적지	1인당 가격	입장료 총액		
4	놀이 공원	26.00 €	572.00 €		
5					
6	점심	1인당 가격	식사비 총액	총비용	
7	피자가게	12.40 €	272.80 €	844.80 €	
8					
9	예산	학생 1명	학급 전체 예산	사용한 예산	예산과의 차이
10		40.00 €	880.00 €	-844.80 €	=SUM(C10:D10)

나온 수가 양수이면 예산에서 비용을 충당할 수 있어요. 나온 수가 음수이면 예산이 비용보다 부족한 거예요.

돈이 충분하지 않으면 비용을 어떻게 절감할 수 있을지 고민해 보세요.

보충 가이드 | 124쪽

액셀 프로그램을 이용하여 직접 만들어 보세요. 명령어를 바르게 넣으면 엑셀 프로그램에서 바로 계산이 나온답니다.

MEMO